AF666117

Heuristik im Mathematikunterricht

Daniela Stiller · Katharina Krichel ·
Wolfgang Schwarz

Heuristik im Mathematikunterricht

Bedeutung des Problemlösens in der Geschichte und seine didaktische Funktion für die Zukunft

Daniela Stiller
Friedrich-Wilhelm-Raiffeisen-Schule (IGS)
Hamm/Sieg, Deutschland

Wolfgang Schwarz
Bergische Universität Wuppertal
Wuppertal, Deutschland

Katharina Krichel
Gesamtschule Uellendahl Katernberg
Wuppertal, Deutschland

ISBN 978-3-662-63751-7
ISBN 978-3-662-63752-4 (eBook)
https://doi.org/10.1007/978-3-662-63752-4

Die Deutsche Nationalbibliothek verzeichnet diese Publikation in der Deutschen Nationalbibliografie; detaillierte bibliografische Daten sind im Internet über http://dnb.d-nb.de abrufbar.

Springer Spektrum

Planung/Lektorat: Andreas Rüdinger
Springer Spektrum ist ein Imprint der eingetragenen Gesellschaft Springer-Verlag GmbH, DE und ist ein Teil von Springer Nature.
Die Anschrift der Gesellschaft ist: Heidelberger Platz 3, 14197 Berlin, Germany

Vorwort

Wozu dient Mathematikunterricht an deutschen Schulen?

Durch die bildungsstandardgebundene Lehrplanreform in den deutschen Bundesländern hat die Antwort auf diese Frage von staatlicher Seite eine neue Schwerpunktsetzung erhalten, ganz wesentlich bedingt durch TIMSS (Third International Mathematics and Science Study) und PISA (Programme for International Student Assessment) und andere internationale Vergleichsstudien, die Defizite deutscher Schülerinnen und Schüler in ganz bestimmten Bereichen offenbart haben.

Das Lösen praktischer Probleme mithilfe der Mathematik, also die lebensweltbezogene Anwendung der im Mathematikunterricht erworbenen Kenntnisse und Fertigkeiten, ist einem bedeutenden Teil der deutschen Schüler fremd und nicht oder nur schwer möglich. Deutschland, das Land der Ingenieure und Maschinenexportnation Nummer eins, belegte in der ersten PISA-Studie ausgerechnet im Bereich *Mathematical Literacy* einen Platz im unteren Mittelfeld aller teilnehmenden Länder der OECD (Organisation for Economic Cooperation and Development). Und der PISA-Bericht offenbarte auch: Der in Deutschland erreichte Mittelwert lag nicht nur unter dem OECD-Durchschnitt, Deutschland gehört außerdem zu den fünf Ländern mit den am wenigsten normalverteilten Schülerergebnissen.

Nach dem sogenannten PISA-Schock wurden viele mögliche Gründe für den Befund breit – und zwar in einem überraschenden Maße auch in der gesellschaftlichen Öffentlichkeit – diskutiert, noch bevor die Studienergebnisse offiziell vorlagen. Unter massivem gesellschaftlichem Handlungszwang benannte die Ständige Konferenz der Kultusminister der Länder in der Bundesrepublik Deutschland (KMK) am 6. Dezember 2001, nur zwei Tage nach der Veröffentlichung der deutschen PISA-Ergebnisse, sogenannte Handlungsfelder für die nun schnellstmöglich einzuleitenden Reformen. Dabei war eine fachdidaktische Analyse kaum begonnen, geschweige denn abgeschlossen, und Klarheit oder Einigkeit über die Ursachen der festgestellten Defizite herrschte keineswegs.

Die PISA-Ergebnisse waren sicherlich Auslöser, nicht aber einzige Ursache für die Reformen der letzten zwei Jahrzehnte. Bereits im Verlauf der 1990er Jahre war ein reformfreundliches Klima entstanden, das sich beispielhaft in der Denkschrift *Zukunft der Bildung – Schule der Zukunft* aus dem Jahre 1995 ausdrückte, in einem Beschluss der KMK aus demselben Jahr, der eine regelmäßige Durchführung von Leistungserhebungen empfiehlt, und in dem Folgebeschluss aus dem Jahre 1997, das deutsche Schulsystem durch internationale Vergleichsstudien untersuchen zu lassen. Es gab auch vor dem Jahr 2000 bereits mehr oder weniger konkrete Ansätze zur Reform des Unterrichts, wie das Programm *Steigerung der Effizienz des mathematisch-naturwissenschaftlichen Unterrichts* belegt. Rolf Becker befand 2012 in seiner Bestandsaufnahme des deutschen Bildungssystems jedoch, dass die Schwere der Probleme den beteiligten gesellschaftlichen Gruppen durch das kollektiv empfundene Versagen bei der PISA-Studie erst ins Bewusstsein gerückt werden mussten.

Mit Blick auf die Geschichte zeigt sich, dass sich Reformbestrebungen im Bereich der Bildung mit einiger Regelmäßigkeit als gesellschaftliche Projekte wiederholen.

> Die sich verbreitende Erkenntnis, dass Bildung nicht nur die Identitäten und Werthaltungen nachwachsender Generationen, sondern auch die politischen und ökonomischen Chancen der Gesellschaftsmitglieder beeinflusst, heizte die politischen Diskussionen über Bildung an (Becker 2012, S. 123).

Was Becker hier beschreibt, bezieht sich aber nicht auf das Ende des 20., sondern auf das 19. Jahrhundert, als das gesamtdeutsche Schulwesen erstmals einer Reform unterworfen wurde. Auch in der Nachkriegszeit, unter dem Eindruck des Kalten Krieges wurden die nach sozialen Schichten, Geschlechtern und Regionen sehr ungleich verteilten Bildungschancen problematisiert (vgl. Becker 2012, S. 136). Ziemlich genau 50 Jahre später und weit über 100 Jahre nach der ersten Reform gilt noch immer: In keinem anderen Industrieland sind der schulische und der spätere ökonomische Erfolg so eng an die soziale Herkunft gekoppelt wie in Deutschland.

Die unter dem immensen gesellschaftlichen und politischen Druck von der KMK ab 2003 herausgegebenen Bildungsstandards sind das zentrale Element der jüngsten deutschen Bildungsreform, die die Überarbeitung bzw. völlige Neukonzeption der Lehrpläne bedeutete und nicht nur das hier im Mittelpunkt stehende Sekundarschulwesen betraf. Auch für das Fach Mathematik bedeuteten die dort formulierten Kompetenzbeschreibungen einen Bruch mit den bis dato üblichen Lehrplänen. Die Bildungsstandards forderten vor allem zweierlei ein:

- Abkehr von rein fachinhaltsbezogenen Unterrichtsvorgaben und Hinwendung zur Integration prozessorientierter Inhalte
- Abkehr von der operationalisierten Beschreibung zu erlernender Fachinhalte in bestimmten Unterrichtseinheiten und Hinwendung zu Kompetenzformulierungen für Doppeljahrgangsstufen (Outputsteuerung statt Inputsteuerung)

Eine besondere Stellung nahm und nimmt dabei die Problemlösefähigkeit ein. Und das nicht nur im Fach Mathematik.

Die Bedeutung des Problemlösens war von vielen namhaften Mathematikdidaktikern schon seit dem ausgehenden 19. Jahrhundert immer herausgestellt worden (vgl. Dewey 1910; Pólya 1966; Schoenfeld 1985; Winter 1991; Leuders 2003), und im Rahmen der TIMS-Studie aus dem Jahr 1995 stellte Baumert fest:

> In den Basisvorstellungen über die erforderlichen mathematischen Kompetenzen und über generelle Prinzipien der Stoffauswahl besteht weitgehend Konsens. Es zählen dazu vor allem mathematisches Problemlösen, der verständige Umgang mit mathematischen Symbolen, Begriffen und Modellen sowie mathematisches Denken, und zwar – das ist entscheidend – sowohl in inner- als auch in außermathematischen Zusammenhängen (Baumert 1997, S. 60).

Erst nach dem „PISA-Schock" aber wurde dieser Gedanke in Deutschland bildungspolitisch relevant und das Problemlösen in der Folge des 2003 gefassten Beschlusses der KMK als eine verbindlich zu erwerbende prozessbezogene Kompetenz in den Bildungsstandards verankert (KMK 2004a, 2004b, 2005). Nach der Begriffsbestimmung der KMK umfasst das mathematische Problemlösen die Bearbeitung vorgegebener sowie selbstformulierter Fragen, die Auswahl und Anwendung geeigneter heuristischer Hilfsmittel, Strategien und Prinzipien, die Überprüfung der Plausibilität von Ergebnissen, das Finden von Lösungsideen und schließlich die Reflexion der Lösungswege. Heckmann und Padberg beschreiben die Notwendigkeit dieser Veränderung einige Jahre später folgendermaßen:

> Im Zuge der gesellschaftlichen Entwicklung haben sich die Anforderungen immer weiter in diese Richtung verschoben: Das Finden effizienter Lösungswege in (mathematischen) Problemsituationen spielt eine immer größere Rolle, während das reine Ausführen von Routinen durch den technischen Fortschritt immer weiter verdrängt wird (Heckmann und Padberg 2012, S. 14).

Und trotz dieser klaren Zielrichtung sind auch 20 Jahre nach der ersten TIMS-Studie und gut 15 Jahre nach Beginn der skizzierten Umgestaltungen im deutschen Mathematikunterricht die gesteckten Ziele nicht erreicht. Während sich die PISA-Leistungen zwischen 2003 und 2018 statistisch verbessert haben und nun leicht über dem OECD-Durchschnitt liegen, wird in der aktuellen gesellschaftlichen Diskussion deutlich, dass nach wie vor Defizite bestehen; die Wirtschaft ebenso wie höhere Bildungsinstitutionen stellen fest, dass die Fähigkeiten der Schulabgänger nicht ihren Erwartungen entsprechen. Zentraler Kritikpunkt: Die Schüler sind, selbst bei Besitz solider mathematischer Grundkenntnisse, nicht in der Lage, selbständig, zielgerichtet und planvoll mit spezifischen, praxisnahen Problemstellungen umzugehen.

Auch das Papier *Grundbildung sichern – Abbrüche vermeiden* des Landes Rheinland-Pfalz formuliert ein Anforderungsprofil, welches deutliche Hinweise gibt, dass der aktuelle Mathematikunterricht nicht verfängt. Es belegt außerdem nachdrücklich die besondere Position, die die mathematischen Kompetenzen in den Augen der Bildungspolitik besitzen. „Niemand sollte scheitern – nicht in der Schule, nicht im Studium und nicht in der Ausbildung. Auch nicht an Mathematik" (MBWWK 2014, S. 3) lautet das alarmierende und zugleich so vielsagende Motto. Die Art von Mathematik, um die es dabei geht, ist nicht das gewissenhafte, fehlerlose Durchführen zahlloser Berechnungen, sondern der situationsangemessene, kreative, dabei keineswegs willkürliche Umgang mit mathematischen Fachkenntnissen.

Mittel- bis langfristig muss es also darum gehen, die Problemlösefähigkeiten der Schüler zu erweitern, damit aus Problemen Aufgaben werden – und das gelingt nur durch eine fundamentale Umgestaltung des Mathematikunterrichts mit einem neuen Fokus: der Heuristik.

Literatur

- Baumert J, Lehmann R, Lehrke M, Schmith B, Clausen M, Hosenfeld I, Köller O, Neubrand J (1997) TIMSS – Mathematisch-naturwissenschaftlicher Unterricht im internationalen Vergleich. Deskriptive Befunde. Leske + Budrich Verlag, Opladen
- Becker R (2012) Bildung. Die wichtigste Investition in die Zukunft. In: Hradil S (Hrsg.) Deutsche Verhältnisse. Eine Sozialkunde. Bundeszentrale für politische Bildung, Bonn, S 121–149
- Dewey J (1910) How we think. Heath & Co, Boston
- Heckmann K, Padberg F (2012) Unterrichtsentwürfe Mathematik Sekundarstufe I. Springer Spektrum Verlag, Berlin
- KMK (Ständige Konferenz der Kultusminister der Länder in der Bundesrepublik Deutschland) (Hrsg.) (2004a) Bildungsstandards der Kultusministerkonferenz. Erläuterungen zur Konzeption und Entwicklung. Luchterhand Verlag, München
- KMK (Ständige Konferenz der Kultusminister der Länder in der Bundesrepublik Deutschland) (Hrsg.) (2004b) Bildungsstandards im Fach Mathematik für den Mittleren Schulabschluss. Luchterhand Verlag, München
- KMK (Ständige Konferenz der Kultusminister der Länder in der Bundesrepublik Deutschland) (Hrsg.) (2005) Bildungsstandards im Fach Mathematik für den Primarbereich (Jahrgangsstufe 4). Luchterhand Verlag, München
- Leuders T (Hrsg.) (2003) Mathematik-Didaktik. Praxishandbuch für die Sekundarstufe I und II. Cornelsen Verlag, Berlin
- MBWWK (Ministerium für Bildung, Wissenschaft, Weiterbildung und Kultur, Rheinland-Pfalz/Schule Wirtschaft Rheinland-Pfalz) (Hrsg.) (2014) Grundbildung sichern – Abbrüche vermeiden. Mathematik in Schule, Ausbildung und Studium. http://mathematik.bildung-rp.de/fileadmin/user_upload/mathematik.bildung-rp.de/Fortbildungsmaterial/Broschuere_Grundwissen_sichern_-_Abbrueche_vermeiden.pdf. Zugegriffen: 31. Oktober 2020
- Pólya G (1966) Vom Lösen mathematischer Aufgaben. Einsicht und Entdeckung, Lernen und Lehren. Bd 1. Birkenhäuser Verlag, Basel
- Schoenfeld AH (1985) Mathematical Problem Solving. Academic Press, Orlando
- Winter H (1991) Entdeckendes Lernen im Mathematikunterricht. Einblicke in die Ideengeschichte und ihre Bedeutung für die Pädagogik. Vieweg Verlag, Braunschweig

Inhaltsverzeichnis

Aufgaben, Probleme und systematisches Problemlösen

1

► In diesem einleitenden Kapitel geht es im Wesentlichen darum, das terminologische Netz bereitzustellen, welches für die Auseinandersetzung mit Heuristik im schulischen Kontext erforderlich ist.

Ausgangspunkt ist die Unterscheidung zwischen Aufgabe und Problem und die mathematikdidaktische Ausschärfung dieser Nuancierung. Mit besonderem Augenmerk auf den Schulbezug werden dann Öffnungsprozesse vorgestellt und an konkreten Beispielen erläutert, mit denen sich Routineaufgaben in Problemaufgaben überführen lassen, deren Lösung den Einsatz problemlösender Handlungsroutinen, sog. Heurismen, erfordert. Die wichtigsten Entwicklungsschritte des Bewusstseins der Existenz solcher heuristischer Strategien des Problemlösens und deren systematischer Nutzung und Gestaltung werden in einer kurzen Geschichte der Heuristik skizziert, die den zeitlichen Bogen von den Urformen heuristischer Strategien in der Antike bis hin zu aktuellen Ansätzen des 21. Jahrhunderts spannt.

1.1 Aufgabe und Problem

Auch wenn ein intuitives Verständnis für die Begriffe „Aufgabe" und „Problem" allgemein vorausgesetzt werden darf, werden sie in (mathematik-)didaktischer Hinsicht trennschärfer gedacht und benutzt, als dies im Alltagsgebrauch der Fall ist. Der Unterschied oder, genauer gesagt, die Unterscheidung zwischen beiden ist eine entscheidende Stellschraube, wenn es darum geht, die Fähigkeiten zum Problemlösen bewusst zu fördern.

Problem und Aufgabe lassen sich besonders deutlich in ihrer Abgrenzung gegeneinander erfassen: Ein *Problem* meint eine „schwierige Aufgabe, komplizierte Fragestellung" oder auch eine „nicht gelöste Frage". Man spricht gemeinhin von einem Problem, wenn ein unerwünschter Anfangszustand aufgrund fehlender Mittel und Methoden nicht in den wünschenswerten Zielzustand überführt werden kann. Der „Akteur" sieht sich einer *Barriere* gegenüber, die die Transformationen des Anfangs- in den Zielzustand verhindert.

D. Stiller, K. Krichel, W. Schwarz, *Heuristik im Mathematikunterricht*,
https://doi.org/10.1007/978-3-662-63752-4_1

Dem gegenüber steht nun klar der Begriff der *Aufgabe*, zu deren erfolgreicher Bewältigung der Einsatz bekannter und grundsätzlich abrufbarer Mittel notwendig ist.

► Eine *Aufgabe* ist eine, unter Umständen implizite oder auch nur subjektiv empfundene, Handlungsaufforderung, die zu erfüllen der Aufgeforderte in der Lage ist, oder ein unerwünschter innerer oder äußerer Zustand eines Individuums, den es in einen wünschenswerten Zustand überführen kann. Das heißt, dass ihm die kognitiven und/oder auch materiellen Mittel zur Verfügung stehen, um den geforderten oder gewünschten Zielzustand zu erreichen.

► Es wird von einer *mathematischen Aufgabe* oder *Routineaufgabe* (Abb. 1.1) gesprochen, wenn ein bestimmtes Ziel zu erreichen ist und die zur Zielerreichung notwendigen Methoden und Operationen bekannt sind, diese abgerufen und sicher durchgeführt werden können.

Während bei einer Aufgabe lediglich der Einsatz bekannter und grundsätzlich abrufbarer Mittel zum Erreichen des Zieles notwendig ist, müssen bei einem *Problem* das Wissen für die durchzuführende Transformation erst konstruiert oder vorhandene Kenntnisse um- bzw. neu strukturiert werden. Der auf dem Gebiet der Didaktik des Problemlösens lange Zeit maßgebliche Mathematiker und Mathematikdidaktiker George Pólya hat ebenfalls den Begriff „Aufgabe" – für den unterrichtlichen Kontext – definiert:

> Es gibt alle möglichen Unterscheidungsmerkmale zwischen Aufgaben; der für den Lehrer wichtigste Unterschied ist der zwischen Routine- und Nichtroutineaufgabe. Die letzteren verlangen vom Schüler ein gewisses Maß an Kreativität und Originalität, die Routineaufgaben dagegen nicht. Die Nichtroutineaufgabe kann vieles, die Routineaufgabe dagegen kann praktisch nichts zur geistigen Entwicklung des Schülers beitragen. Die Grenzlinie zwischen beiden Arten von Aufgaben mag nicht besonders scharf sein; aber die Extremfälle sind klar erkennbar (Pólya 1980, S. 3).

Die Unterscheidung, die Pólya hier trifft, lässt unmittelbar die Identität seiner „Routineaufgabe" mit dem heute gängigen Begriff *Aufgabe* und seiner „Nichtroutineaufgabe" mit dem Begriff des *Problems* (auch *Problemaufgabe* genannt) erkennen.

Das ursprünglich von dem Altgriechischen πρόβλημα (*próblema*) stammende Wort „Problem" bezeichnet eine „schwierige Aufgabe, komplizierte Fragestellung" oder auch

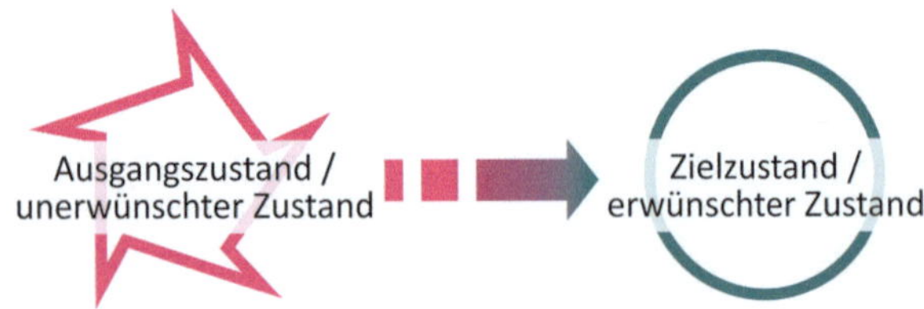

Abb. 1.1 Schematische Darstellung einer (Routine-)Aufgabe

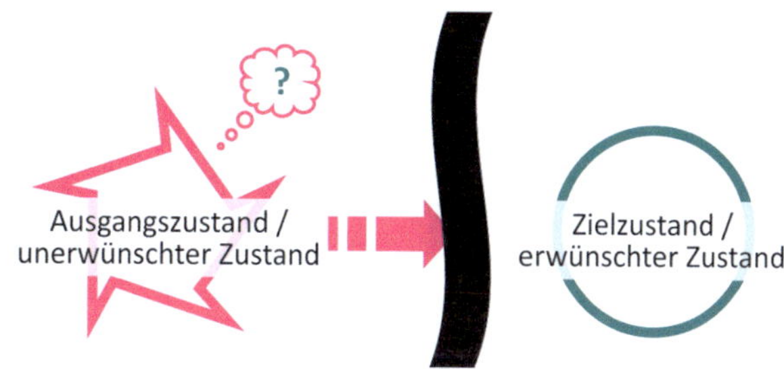

Abb. 1.2 Schematische Darstellung eines Problems

eine „nicht gelöste Frage“. In der Alltagssprache wird der Begriff allerdings auch synonym mit Begriffen wie „Ärger“, „Erschwernis“, „Komplikation“, „Schwierigkeit“ oder „Unannehmlichkeit“ gebraucht. Es kann im Unterricht durchaus wichtig sein, sich dieser Verständnisebene der Schüler bewusst zu sein, denn die Erfahrung zeigt, dass nicht wenige Schüler schon vor dem Wort „Problem“ zurückschrecken. Eine sensible Heranführung ist daher von Bedeutung. Auf die herausragende Bedeutung, die Pólya der „Nichtroutineaufgabe“, also dem *Problem*, zuweist, wird später einzugehen sein.

In der Psychologie ebenso wie in der Mathematikdidaktik finden sich spezifischere Definitionen des Begriffs „Problem“. Dörner (1979) beschreibt den Begriff „Problem“ als einen unerwünschten Anfangszustand, den der Betreffende aufgrund fehlender Mittel und Methoden nicht unmittelbar in den für ihn wünschenswerten Zielzustand überführen kann. Der Betreffende sieht sich einer Barriere gegenüber, die die notwendigen Transformationen des Anfangs- in den Zielzustand zu überführen verhindert. Die Barriere kann bezüglich ihrer Beschaffenheit, in ihrem Ausmaß und in ihrem Umfang variieren, so dass das Problem und die damit verbundene Problemlösung von der Art der zugrunde liegenden Barriere abhängig sind (oder einander bedingen).

► Ein *Problem* (Abb. 1.2) ist eine, unter Umständen implizite oder auch nur subjektiv empfundene, Handlungsaufforderung, die zu erfüllen der Aufgeforderte nicht in der Lage ist, oder ein unerwünschter innerer oder äußerer Zustand eines Individuums, den es nicht in einen wünschenswerten Zustand überführen kann. Es bestehen Hindernisse (Barrieren) zwischen dem Ausgangszustand und dem Zielzustand oder erwünschten Endzustand, die es unmöglich machen, das Ziel auf direktem Weg mit den vorhandenen (und bekannten) Mitteln und Methoden zu erreichen. Diese fehlenden Mittel können kognitiver oder auch materieller Art sein. Der Handlungsplan eines Problemlösers weist also Lücken auf, die ihn an einem routinemäßigen Vorgehen hindern.

1.1.1 Aufgabe oder Problem?

Die Grenzlinie zwischen Aufgabe und Problem ist nicht nur, wie Pólya sagt, nicht scharf – es gibt sie in einem allgemeingültigen Sinn gar nicht. Der US-amerikanische Mathematikdidaktiker Schoenfeld beschreibt den relativistischen bzw. subjektiven Charakter des *Problems* sehr treffend, wenn er feststellt:

> Die Schwierigkeit, den Begriff des Problems zu definieren, liegt darin begründet, dass Problemlösen relativ ist. Dieselben Aufgaben, die einigen Personen beträchtliche Anstrengungen abverlangen, mögen für andere Routineaufgaben sein, und für einen Mathematiker mag es bloß eine Frage des Erinnerns sein, sie zu lösen. Daher ist „Problemhaftigkeit" keine Eigenschaft, die einer Aufgabe innewohnt. Vielmehr ist es eine besondere Beziehung zwischen dem Individuum und der Aufgabe, die die Aufgabe *für diese Person* zu einem Problem macht (Schoenfeld 1985, S. 74).

Es ist für den Unterrichtenden also nicht möglich, Aufgaben und Probleme voneinander zu unterscheiden, ohne über exakte Kenntnisse der Fähigkeiten, Fertigkeiten und des Vorwissens der Lernenden zu verfügen. Hinzu kommt, dass in Bezug auf die Frage eines binnendifferenzierten Unterrichts, eine Routineaufgabe/Problemaufgabe in den Köpfen der Schüler als Individuen unvermeidlich eine Doppelgestalt einnimmt: Während einige Schüler an der Aufgabe ihre mathematischen Kenntnisse lediglich kurz wiederholend einsetzen, werden andere rekonstruktives Geschick benötigen, um sich wieder an den einst bekannten „Merksatz" zu erinnern. Ebenso ist es möglich, dass einige Schüler entweder keine Verbindungen zu vorhandenen Kenntnissen herstellen können oder diese Kenntnisse gar nicht vorhanden sind, so dass für diese Lerner von einer Problemaufgabe gesprochen werden muss. Ob eine Aufgabe oder ein Problem vorliegt, ist damit immer personenabhängig, da das Vorhandensein bzw. der Charakter einer Barriere von dem Vorwissen und den Fähigkeiten des Individuums abhängig ist.

Was eine eindeutige Verwendung der Fachbegriffe zusätzlich erschwert, ist der Umstand, dass im schulischen Kontext der Begriff „Aufgabe" in einem formalen Sinn für all das verwendet wird, was Lernern im Unterricht vorgelegt oder was von ihnen verlangt wird. Auch das Putzen der Tafel oder die Erledigung des Mülldienstes ist eine Aufgabe in der Klassen- oder Schulgemeinschaft.

1.1.2 Problemschwierigkeit

Abb. 1.2 veranschaulicht neben den definitorischen Aspekten noch einen weiteren, der nicht selten eine Rolle spielt: Die Barriere zwischen Ausgangs- und Zielzustand kann so hoch sein, dass sie den Blick auf das Ziel verstellt und dem Individuum daher der Zielzustand gar nicht bewusst ist, was hier durch das gedachte Fragezeichen angedeutet wird. In der Allgemeinen Psychologie werden Problemsituationen nach folgenden Kriterien kategorisiert, die auch für didaktische Fragestellungen und die Aufbereitung von Lernmaterial relevant sind oder sein können:

- *Komplexität:* Anzahl der Elemente (einfache vs. komplexe Probleme)
- *Vernetztheit:* Anzahl und Dichte der Verknüpfung zwischen den Elementen (gering vs. hochvernetzte Probleme)

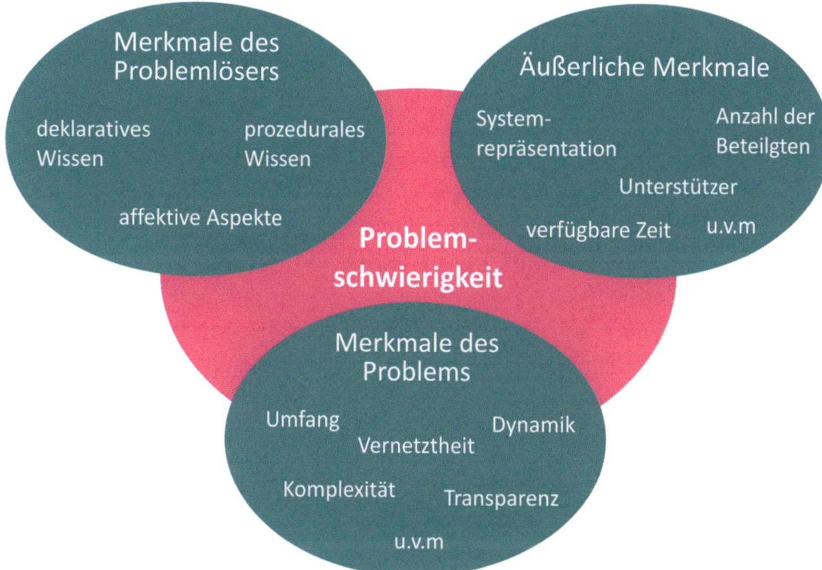

Abb. 1.3 Einflussgrößen bei der Problemschwierigkeit. (Ergänzt nach Hussy 1984; Frensch und Funke 1995, Kap. 1)

- *Polytelie:* Anzahl der Ziele (Probleme mit einem und Probleme mit mehreren evtl. konfligierenden Zielen)
- *Transparenz:* Bekanntheit der Verknüpfungen und der Wirkungsbeziehungen (transparente vs. intransparente Probleme)
- *Dynamik:* Ausmaß der Eingriffsabhängigkeit des Systems (statische vs. dynamische Probleme)

Bezogen auf das Lösen der Probleme lassen sich die Situationen äußerlich nach folgenden Merkmalen unterscheiden:

- Systemrepräsentation (grafisch, numerisch, sprachlich)
- Anzahl der beteiligten Personen (individuelles vs. kollektives Problemlösen)
- Anwesenheit eines Unterstützers
- Verfügbare Zeit (Probleme ohne vs. mit Zeitdruck)

Neben diesen Aspekten treten auch Personenmerkmale, die Einfluss auf die individuelle Schwierigkeit eines Problems nehmen, so dass sich die Gesamtschwierigkeit wie in Abb. 1.3 veranschaulichen lässt.

1.2 Routineaufgabe und Problemaufgabe

1.2.1 Merkmale

Routineaufgabe und Problemaufgabe lassen sich wegen ihres rein subjektiven Charakters nicht nach objektiv messbaren Kriterien unterscheiden. Sie können jedoch aus der Perspektive des Lerners charakterisiert und kontrastiert werden. Tab. 1.1 fasst dazu die Aussagen mehrerer Autoren zu den Eigenschaften von Routine- und Problemaufgaben zusammen.

Diese Übersicht nimmt auf unterschiedliche Arten von Aufgaben und verschiedene Schritte innerhalb des Problemlöseprozesses Bezug, so dass nicht sämtliche aufgeführten Merkmale in allen Fällen relevant sind. Die zwei folgenden Beispiele sollen die genannten Merkmale für eine (typische) Routineaufgabe und eine (typische) Problemaufgabe veranschaulichen.

Tab. 1.1 Übersicht der wesentlichen Unterscheidungsmerkmale von Routine- und Problemaufgabe. (Vgl. Lange 2013, S. 28–36; Bardy 2007, S. 138)

Routineaufgabe	Problemaufgabe
Aufgabe kann einem bestimmten (mathematischen) Bereich oder Thema zugeordnet werden.	Kein direkter Zugang zur Aufgabe erkennbar (zum Beispiel über einen bestimmten mathematischen Bereich oder ein Thema).
Es ist offensichtlich, was gegeben und gesucht wird.	Aufgabestellung wirft Fragen auf, die ein Hindernis darstellen und ist offen/mehrdeutig.
Aufgabe wird nicht als (subjektiv) schwierig empfunden.	Der Zielzustand ist unbekannt oder nicht genau definiert.
Lösungsweg ist offensichtlich und abrufbar.	Aufgabe wird (subjektiv) als schwierig oder ungewohnt empfunden.
Einzusetzende Mittel, Methoden und Operationen sind bekannt und abrufbar.	Die (individuelle) Suche nach Lösungsideen und -wegen ist notwendig.
Reproduziertes Wissen oder die Anwendung von Algorithmen liefert die Lösung.	Kein Zugang zu etwas Anwendbarem vorhanden.
Kein kreativer Prozess notwendig.	Entwicklung neuer Erkenntnisse erforderlich.
Lösungsgarantie (Routine- oder Rechenfehler ausgenommen).	Anwendung verschiedener Verfahren und Verknüpfung sowie mehrere Transferleistungen sind notwendig.
Kein (tieferes) Verständnis notwendig.	Es wird ein gewisses Maß an Kreativität gefordert.
Lässt keinen Raum zum Weiterdenken oder weitere mathematische Fragestellungen.	Keine garantierte Lösung.

Routineaufgabe – ein Beispiel

Löse folgende lineare Gleichung nach x auf:

$$5 \cdot (x - 2) = 6 + 3x$$ ◄

Tab. 1.2 Tabellarische Übersicht über mögliche Schritte beim Lösen einer Routineaufgabe und didaktische Anmerkungen

Aspekte der Routineaufgabe	Didaktische Anmerkungen
$5 \cdot (x-2) = 6+3x$ Die Aufgabe kann einem bestimmten (mathematischen) Bereich oder Thema zugeordnet werden.	Diese Aufgabe ist nach den Bildungsstandards für das Fach Mathematik für den Mittleren Schulanschluss der Leitidee „Funktionaler Zusammenhang" zuzuordnen. Die Schüler sollen unter anderem Gleichungen lösen und Fragen nach der Lösbarkeit und Lösungsvielfalt von linearen Gleichungen formulieren.
Aus der Aufgabestellung ist zu entnehmen, was gesucht wird.	Gegeben ist die Gleichung $5 \cdot (x-2) = 6+3x$. Gesucht wird x.
Aufgabe wird nicht als (subjektiv) schwierig empfunden.	Das Lösen von Gleichungen wird in Jahrgang 8 thematisiert, so dass das Lösen dieser Aufgaben in einer 8. Klasse zu keinen größeren Schwierigkeiten führen sollte.
Lösungsweg ist offensichtlich und abrufbar.	Die Gleichung soll nach x aufgelöst werden. Die hierzu notwendigen Handlungsschritte sind bekannt.
Einzusetzende Mittel, Methoden und Operationen sind bekannt und abrufbar. Reproduziertes Wissen oder die Anwendung von Algorithmen liefert die Lösung.	Vereinfache den Ausdruck rechts und links so weit wie möglich (das Auflösen der Klammern durch Ausmultiplizieren und das Zusammenfassen gleicher Summanden muss beherrscht werden). $5 \cdot (x - 2) = 6 + 3x \mid \text{Ausmultiplizieren}$ $5x - 10 = 6 + 3x \mid + 10$ $5x = 16 + 3x \mid - 3x$ $2x = 16 \mid : 2$ $x = 8$ $L = \{8\}$
Kein kreativer Prozess notwendig.	Das Lösen der Gleichung erfolgt nach einem vorgegebenen Algorithmus.
Lösungsgarantie (Routine- oder Rechenfehler ausgenommen).	Der Algorithmus liefert eine garantierte Lösung. Rechenfehler im Rahmen des Ausmultiplizierens, Umsortierens und der Anwendung des Kommutativgesetztes sind möglich.
Kein (tieferes) Verständnis notwendig.	Beide Seiten links und rechts des Gleichheitszeichens haben denselben Wert. Die durchzuführenden Operationen dürfen den Wahrheitsgehalt der Gleichung nicht ändern.
Lässt keinen Raum zum Weiterdenken oder weitere mathematische Fragestellungen.	Mit der Angabe der Lösung gilt die Aufgabe als gelöst.

Um die hier vorliegende Aufgabe zu lösen, muss der Lerner lediglich über eine epistemische Struktur verfügen, die das Wissen über Regeln, Begriffe, Sätze, Definitionen und die Durchführung von Algorithmen beinhaltet, wie Tab. 1.2 zu entnehmen ist. Unter einem Algorithmus wird eine schrittweise Handlungsabfolge verstanden, die so detailliert und verständlich ist, dass der Betreffende die Anweisungen unmittelbar umsetzen kann und nach einer endlichen Anzahl von Durchführungsschritten zuverlässig eine Lösung erhält. Ganz anders verhält es sich bei der folgenden Fragestellung.

Problemaufgabe – ein Beispiel

Paula, Matz und Lukas wollen in den Zirkus. Wie alle anderen Besucher, wollen auch sie gerne in der ersten Reihe sitzen. Sie fragen an der Kasse, ob dort noch Plätze frei sind. Die Kassiererin antwortet: „Ein Drittel ist bereits von Schülern belegt, 6 Plätze mehr sind durch Familien besetzt und 5 Plätze müssen für Menschen mit Behinderung freigehalten werden. Insgesamt hat die erste Reihe 45 Plätze."

Können die drei Freunde die Show aus der ersten Reihe sehen? ◄

Gute Problemaufgaben zeichnen sich dadurch aus, dass sie ein divergentes Arbeiten auf einem individuellen sowie differenzierten Niveau ermöglichen, wie Tab. 1.3 zu entnehmen ist. Darüber hinaus wird eine Vielzahl bereits erworbener mathematischer Kompetenzen angesprochen und miteinander verknüpft, so dass sich im Lerner neue mathematische Ideen entwickeln oder auch neue Probleme gefunden werden. Problemaufgaben zielen

Tab. 1.3 Tabellarische Übersicht über mögliche Schritte beim Lösen einer Problemaufgabe und didaktische Anmerkungen

Aspekte der Problemaufgabe	Didaktische Anmerkungen
Kein direkter Zugang zur Aufgabe erkennbar (zum Beispiel über einen bestimmten mathematischen Bereich oder ein Thema).	Die Problemaufgabe lässt sich keinem bestimmten mathematischen Inhaltsbereich zuordnen. Sie kann daher im Kontext verschiedener mathematischer Inhalte thematisiert werden. Es wird kein Lösungsverfahren vorgegeben, so dass unterschiedliche Ansätze und Lösungswege möglich sind.
Die Aufgabestellung wirft Fragen auf, die ein Hindernis darstellen.	Was ist die Referenzgröße? In welchem Zusammenhang stehen die Größen zueinander?
Die Aufgabe wird (subjektiv) als schwierig oder ungewohnt empfunden.	Auch wenn die hinter der Aufgabe stehenden Rechenoperationen keine Schwierigkeiten darstellen, wird vermutlich der fehlende Zugang zu dem Problem als schwierig empfunden.
Eine (individuelle) Suche nach Lösungsideen und -wegen ist notwendig.	Fragen wie „Was ist gegeben?", „Was ist gesucht?" und „Wie können alle Angaben zu einer Rechnung vereint werden?" können ebenso zielführend sein wie die Frage, aus welchen bekannten Verfahren und Vorgehensweisen sich eine Lösungsidee entwickeln lässt.

Tab. 1.3 (Fortsetzung)

Aspekte der Problemaufgabe	Didaktische Anmerkungen
Anwendung verschiedener Verfahren und Verknüpfung sowie mehrere Transferleistungen sind notwendig. Das Anfertigen einer informativen Figur hilft den Sachverhalt zu strukturieren und Beziehungen zwischen den Angaben und Zusammenhänge herzustellen. Darüber hinaus werden die Aussagen auf die wesentlichen Informationen reduziert und die Größen zueinander in Beziehung gesetzt.	Das Problem lässt sich auf unterschiedliche Arten und Weisen lösen. Lösungsidee 1: Erstellen einer grafischen Repräsentationsform 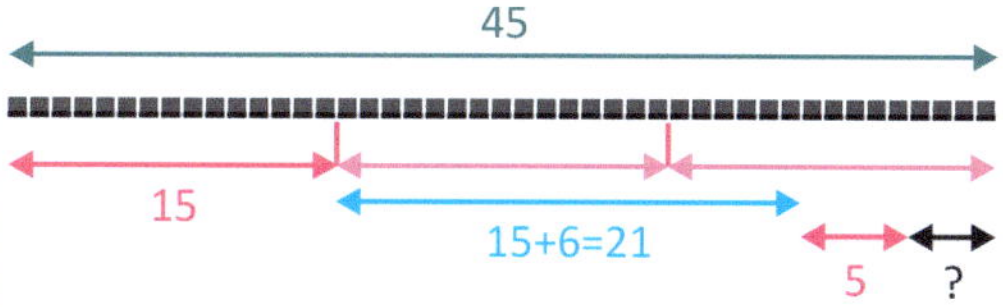 45 15 15+6=21 5 ? Hieraus wird ? $= 45 - 15 - 21 - 5$ unmittelbar ersichtlich.
Das Aufstellen einer Gleichung erfordert ein gewisses Maß an Abstraktionsfähigkeit, trägt aber ebenso dazu bei, die Aussagen auf die wesentlichen Informationen zu reduzieren, wie die informative Figur. Die Gleichung beschreibt die algebraischen Zusammenhänge, indem die Informationen zueinander in Beziehung gesetzt werden. Ist die Gleichung einmal aufgestellt, kommen erneut bekannte Mittel und Methoden zum Einsatz, so dass die Anwendung von Algorithmen die richtige Lösung liefert.	Lösungsidee 2: Aufstellen einer Gleichung $45 \cdot \frac{1}{3} + \left(45 \cdot \frac{1}{3} + 6\right) + 5 + x = 45$ $15 + 21 + 5 + x = 45$ Somit gibt $x = 4$ es noch vier freie Plätze in der ersten Reihe.
Es wird ein gewisses Maß an Kreativität gefordert.	Die unterschiedlichen Lösungswege deuten darauf hin, dass kreative Ideen zielführend sein können.
Keine garantierte Lösung.	Fehlende Ideen liefern keine Lösung.
Fehlendes Verständnis liefert auch keinen Erfolg.	Der Betreffende muss wissen, in welchem Verhältnis die Größen zueinanderstehen.
Lässt Raum zum Weiterdenken, für mathematische Fragestellungen oder einen alternativen Lösungsweg.	Die Lösungswege können miteinander verglichen, diskutiert und bewertet werden.

auf die aktive und konstruktive Auseinandersetzung mit sowie eine Weiterentwicklung der Mathematik ab, anstatt die Mathematik als fertiges Konstrukt unreflektiert zu nutzen.

Die Bereitschaft, sich mit einem Problem auseinanderzusetzen, die (individuelle) Suche nach einer Lösungsidee, die Verknüpfung verschiedenster mathematischer Kompetenzen, die Entwicklung neuer Ideen, das Erkennen neuer Fragestellungen und das Finden neuer Wahrheiten stellen den eigentlichen Lernerfolg dar und tragen zum Erwerb der Problemlösekompetenz maßgeblich bei.

1.2.2 Von der Aufgabe zum Problem

Um den Problemlöseprozess in Gang zu setzen und damit die Problemlösekompetenz zu fördern, bedarf es also (Problem-)Aufgaben, die vom Lerner echte Entscheidungen einfordern, indem sie mehrere Lösungswege zulassen, die Anwendung verschiedener Verfahren ermöglichen, Raum für die Entwicklung neuer Ansätze lassen oder bekannte Verfahren miteinander verknüpfen und (mindestens) eine Transferleistung erfordern. Die in der mathematikdidaktischen Literatur als „offen" bezeichneten Aufgaben erfüllen in der Regel diese Anforderungen an eine Problemlöseaufgabe.

Eine offene Aufgabe liegt vor, wenn sich der Lerner einem Anfangszustand (A) gegenüber sieht, den es durch gewisse Transformationen (T) in einen gewünschten Zielzustand (Z) zu überführen gilt, jedoch mindestens einer dieser drei Komponenten A, T und/oder Z unklar oder nicht eindeutig ist (vgl. Blum und Wiegand 2000, S. 52). Diese Beschreibung zeigt, dass es sich um nichts anderes als eine *Problemaufgabe* handelt.

Tab. 1.4 zeigt die acht verschiedenen möglichen Aufgaben-/Problemszenarien, die sich kombinatorisch aus den drei Kategorien Ausgangszustand, Transformation und Zielzustand ergeben. Es wird (vereinfacht) nur eine binäre Ausprägung dieser drei Kategorien zugelassen: x für gegeben/bekannt, – für nicht gegeben/unbekannt. Mit Ausnahme der Muster- und Anwendungsaufgaben stellt jedes weitere der so definierten Aufgabenformate spezifische Anforderungen an den Bearbeiter, die man als „heuristische" Anforderungen bezeichnen kann, da es um strukturelle Entscheidungen für den Prozess der Problemfindung geht. Jedes Format kann darüber hinaus auch hinsichtlich der erforderlichen mathematischen Kenntnisse, Fähigkeiten und Fertigkeiten klassifiziert bzw. differenziert ausgestaltet werden.

Es gibt unterschiedliche Möglichkeiten, eine bereits existierende Aufgabe auf ein gewähltes Aufgabenformat hin zu verändern, was auch als *Öffnen der Aufgabe* bezeichnet wird. Hierzu zählen das bewusste Weglassen oder auch das Hinzufügen von Informationen, die Formulierung einer umgekehrten Fragestellung, die Variation einer Aufgabe durch Änderung der Begriffe, Bedingungen, Behauptungen oder Fragen sowie die metho-

Tab. 1.4 Acht Aufgabenformate nach Kategorien „Anfangszustand", „Transformation" und „Zielzustand"

Anfangszustand	Transformation	Zielzustand	Aufgabenformat
x	x	x	Musteraufgabe mit Lösung
x	x	–	Anwendungsaufgabe
–	x	x	Umkehrung einer Anwendungsaufgabe
x	–	x	Begründungsaufgabe/Beweisaufgabe
x	–	–	Problemaufgabe
–	–	x	Umkehrung einer Problemaufgabe
–	x	–	Erfindung einer Aufgabe zu einem Thema
–	–	–	Problemsituation/offene Aufgabe

denoffene, das heißt nicht auf einen bestimmten Lösungsweg oder eine bestimmte Form der Darstellung fixierte, Aufgabenstellung. Büchter und Leuders (2005, S. 95) fassen diesen Prozess der Öffnung formelhaft als „durch Umkehrung, durch Variation oder durch Weglassen" zusammen.

Da sie für die didaktische Praxis von größter Bedeutung sind, werden diese Verfahren nun an konkreten Aufgaben aus dem Bereich der Geometrie vorgestellt.

1.2.2.1 Öffnen durch Weglassen

Kegelaufgabe

Rollt man einen Kreissektor zusammen, so entsteht ein Kegel. Der Umfang u des Kegelgrundkreises ist dann gleich der Bogenlänge b des Kreissektors.

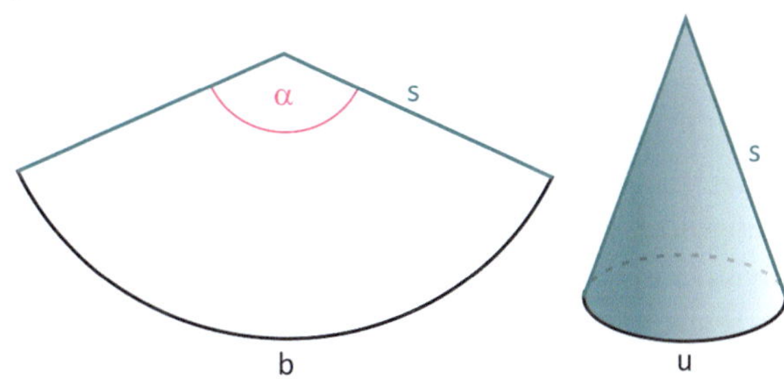

Wie groß muss der Mittelpunktswinkel α für den Kreissektor ausgewählt werden, damit ein Kegel mit der Seitenlänge $s = 8\,\text{cm}$ und Grundkreisradius $r = 3\,\text{cm}$ entsteht? ◄

Die Formulierung der Aufgabenstellung beeinflusst maßgeblich das Anforderungsniveau. In obiger Fassung beinhaltet diese Aufgabe viele hilfreiche Hinweise, Benennungen und zwei Zeichnungen, wodurch nicht nur die Bearbeitung, sondern auch die anschließende Korrektur der Aufgabe verhältnismäßig schnell und einfach erfolgen kann.

Anders verhält es sich bei der durch Weglassen von Informationen geöffneten Formulierung:

Kegelproblem

Bei welchem Mittelpunktswinkel α des Sektors entsteht ein Kegel mit maximalem Volumen, wenn $s = 8\,\text{cm}$ gegeben ist? ◄

Durch das Weglassen der Bezeichnungen und Skizzen wird aus der Routineaufgabe eine Problemlöseaufgabe. Es ist außerdem möglich, durch neue Fragestellungen oder Arbeitsaufträge den Aufgabencharakter zu verändern. Fragen und Aufforderungen wie „Was meinst du dazu?", „Finde den Fehler in der Argumentation!", „Erfinde eine Geschichte zu der gegebenen Situation!", „Wie lässt sich die gerade gelöste Aufgabe variieren, und wie verändert sie sich dabei?" sind nur einige Beispiele, wie sich „starre" und ergebnisorientierte Aufgaben in vielseitige und kompetenzorientiert Aufgaben verwandeln lassen.

Parkplatzaufgabe

Ein Parkplatz hat eine Größe von 6000 m^2. Jeder Stellplatz ist 5 m lang und 3 m breit. 30 % der Fläche werden für Zufahrtswege benötigt.

Wie viele Autos können auf dem Parkplatz parken? ◄

Diese Fragstellung erlaubt genau eine richtige Lösung. Durch das Weglassen von Informationen kann aber auch diese Aufgabe geöffnet werden, so dass folgende Problemaufgabe entsteht:

Parkplatzproblem

Ein Parkplatz ist ungefähr so groß wie ein Fußballfeld.

Wie viele Autos können in etwa darauf parken? Begründe deine Antwort! ◄

Durch das Weglassen der Zahlenangaben entsteht eine Problemaufgabe, bei der Annahmen gemacht oder Nachforschungen angestellt werden, Entscheidungen getroffen, Abschätzungen getätigt und Vereinfachungen gefunden werden müssen, um die zur Berechnung notwendigen Größen zu ermitteln. Wie groß ist ein Fußballfeld? Wie wird der Flächeninhalt eines Rechtecks berechnet? Wie groß ist ein Auto im Durchschnitt? Wie breit sind die Wege zwischen den Stellplätzen? Wie wird die Wegfläche berechnet? Welche Einheiten werden benötigt?

Diese und andere Fragen müssen beantwortet werden, was den Lernern einerseits eine hohe Transferleistung und eigenes Engagement bei der Bearbeitung abverlangt, ihnen andererseits aber viel Raum für eigenaktives Arbeiten und Kommunizieren sowie mathematischen Freiraum gibt, in dem ganz unterschiedliche Lösungen möglich sind.

1.2.2.2 Öffnen durch Formulieren einer Umkehraufgabe

Rechteckaufgabe

Die Seiten eines Rechtecks sind 12 cm lang und 6 cm breit.

Berechne den Flächeninhalt. ◄

Bei dieser Aufgabe liefert die Anwendung der Formel zur Flächeninhaltsberechnung die richtige Lösung. Soll hingegen eine echte Entscheidungsmöglichkeit bezüglich des Lösungsweges bestehen und sollen verschiedene Verfahren sowie Transferleistungen zum Einsatz kommen, kann dies durch die Formulierung einer Umkehraufgabe ermöglicht werden, die zum Beispiel lautet:

Rechteckproblem

Ein Rechteck hat eine Seitenlänge von 32 m und einen Flächeninhalt von 640 m^2.

Berechne den Umfang des Rechtecks. ◄

Um diese Problemaufgabe zu lösen, sind nicht nur Transferleistungen nötig, sondern auch verschiedene Lösungswege möglich. Neben Kenntnissen über die Umfangs- und Flächeninhaltsformel müssen mehrere Rechenoperationen durchgeführt werden, um eine Lösung zu erhalten. Darüber hinaus lassen sich weitergehende Fragestellungen anschließen, beispielsweise „Wie ändert sich bei gleichbleibender Breite der Flächeninhalt, wenn die Länge des Rechtecks verdoppelt/halbiert wird?"

1.2.2.3 Öffnen durch Fehlersuche

„Aus Fehlern lernt man" heißt ein allgemein bekanntes Sprichwort. Die wenig ansprechende Aufgabe „Löse die Gleichung $x^2 - 5x - 14 = 0$" wird durch das Einfügen eines Fehlers in die Aufgabe geöffnet, so dass eine Problemaufgabe aus ihr wird:

Fehlersuche

Finde die Fehler in Pauls Hausaufgaben und korrigiere sie:

$$x^2 - 5x - 14 = 0$$

$$x_1 = -\frac{5}{2} + \sqrt{\left(\frac{5}{2}\right)^2 - 14}$$

$$x_1 = -\frac{5}{2} + \sqrt{\frac{25}{4} - 14}$$

$$= -\frac{5}{2} + \sqrt{-\frac{31}{4}}$$

$D < 0$, also hat die Gleichung keine Lösung.

Die richtige Lösung lautet:

$$x^2 - 5x - 14 = 0$$

$$x_{1,2} = -\left(-\frac{5}{2}\right) \pm \sqrt{\left(\frac{5}{2}\right)^2 + 14} \quad | \quad \text{Erkennen der Vorzeichenfehler}$$

$$x_{1,2} = \frac{5}{2} \pm \sqrt{\frac{25}{4} + 14} \quad | \quad \text{Erkennen des Fehlers bei der Addition}$$

$$x_{1,2} = \frac{5}{2} \pm \sqrt{\frac{25}{4} + \frac{56}{4}}$$

$$x_{1,2} = \frac{5}{2} \pm \sqrt{\frac{81}{4}}$$

$$x_{1,2} = \frac{5}{2} \pm \sqrt{-\frac{31}{4}}$$

$$x_1 = \frac{5}{2} + \frac{9}{2} = 7$$

$$x_2 = \frac{5}{2} - \frac{9}{2} = -2$$

◄

Das Beispiel zeigt, wie eine offensichtlich falsch gelöste Aufgabe dazu beitragen kann, dass Lerner sich mit bereits bekannten Inhalten auf neue Art und Weise auseinandersetzen. Durch diese Aufgabenstellung findet nicht nur die Formel zur Lösung einer quadratischen Gleichung Anwendung, sondern es werden gleichzeitig weitere Grundfähigkeiten eingeübt und die mathematische Genauigkeit geschult.

1.3 Systematisches Problemlösen

Der Begriff des Problemlösens ist nicht auf die Mathematik beschränkt, sondern findet auch in vielen anderen Wissenschaftsbereichen wie Philosophie, Psychologie, Informatik, Ingenieurwesen und Chemie sowie in nahezu allen Lebensbereichen Anwendung. Probleme zu lösen, ist Teil unseres täglichen Lebens. Ein verloren gegangener Gegenstand, die Koordination und Einhaltung wichtiger Termine, die Vorbereitung auf eine Prüfung, das Lösen einer Schul- oder Hausaufgabe: Immer wieder sehen wir uns kleineren oder größeren Problemen gegenüber, die es zu lösen gilt und für deren erfolgreiche Bewältigung ganz unterschiedliche Fähigkeiten bzw. Dispositionen wie Motivation, Neugierde, Ausdauer, Flexibilität, Kreativität, Zielstrebigkeit und Reflexionsfähigkeit notwendig sind. Rückschläge, Frustration und Grenzerfahrungen müssen dabei ebenso in Kauf genommen werden wie die Möglichkeiten, sein Ziel am Ende nicht zu erreichen. Andererseits kann eine erfolgreiche Problemlösung innere Befriedigung verschaffen, zu Lob und Anerkennung verhelfen, Chancen eröffnen oder auch allgemein Selbstbewusstsein und Selbstwertgefühl stärken, so dass die erzielten Erfolgserlebnisse zu einer höheren Leistungs- und Lernbereitschaft beitragen.

Nicht jeder Mensch ist ein intuitiv guter Problemlöser. Neben der geeigneten Motivationslage und dem zur Verfügung stehenden (fachlichen) Wissen ist auch ein gewisses Maß an „geistiger Beweglichkeit“ (vgl. Bruder und Collet 2011, S. 31) erforderlich. Gute Problemlöser sind in der Lage, das Problem auf seine wesentlichen Merkmale zu reduzieren, es zu abstrahieren und Gedankengänge auch rückwärts nachzuvollziehen. Darüber hinaus können sie Abhängigkeiten schnell erkennen und situationsangepasst mehrere Aspekte gleichzeitig und das Problem aus unterschiedlichen Perspektiven betrachten. Zudem sind sie in der Lage, Annahmen und Kriterien zu variieren und bekannte Vorgehensweisen auf neue Kontexte zu übertragen. Wer über diese Fähigkeiten verfügt, hat einen großen Vorteil auf dem Gebiet des Problemlösens. Doch nicht jeder Mensch besitzt ein ausreichendes Maß an solch geistiger Beweglichkeit, um quasi-intuitiv erfolgreich Probleme zu lösen.

1.3.1 Problemlösen

Wenngleich das Problemlösen in allen Lebensbereichen von elementarer Bedeutung ist, lässt sich in den vergangenen Jahren eine intensive fachdidaktische Auseinandersetzung mit dem mathematischen Problemlösen und dem Problemlösen im Mathematikunterricht beobachten, und die Anzahl der Publikationen zu diesem Thema ist stark angestiegen (z. B. Bruder und Collet 2011; Grieser 2013; Rott 2013). Aber schon John Dewey (1910) befasste sich vor gut 100 Jahren mit der Frage des vollkommenen Denkaktes aus kognitionspsychologischer Perspektive. Dabei nahm er eine implizit konstruktivistische Grundhaltung ein, die den zirkulären Prozess zur Problemlösung in folgende fünf Schritte gliedert:

1. *Diskrepanzempfinden:* Auftreten einer Schwierigkeit/eines beunruhigenden Phänomens
2. *Explikation der Schwierigkeit:* Prüfung der Tatsachen zur Abgrenzung und Klärung des Problems
3. *Exploration des Problems:* Erarbeitung von Hypothesen/möglichen Lösungen
4. *Exploration der Lösungsansätze:* Bewertung der Realisierbarkeit und der Erfolgsaussichten
5. *Erprobung der Lösungsansätze und Prüfung der Ergebnisse*

Die augenfälligen Parallelen dieses Ansatzes zu den wenig jüngeren Ausarbeitungen Pólyas weisen auf konvergierende wissenschaftliche Strömungen hin, die ihren Niederschlag in den verschiedensten Forschungsdisziplinen des frühen 20. Jahrhunderts fanden, ohne dass eine direkte Übernahme angenommen werden muss (vgl. Hersh 2014, S. 68 f.).

George Pólya hat den Begriff des Problemlösens in der Mathematikdidaktik nachhaltig geprägt, und sein Werk *Schule des Denkens. Vom Lösen mathematischer Probleme* (Originaltitel *How to Solve It*) aus dem Jahre 1967 gehört bis heute zu den Grundlagenwerken auf dem Gebiet der Didaktik des Problemlösens. Sein Ziel war es, Lernenden zum selbständigen Denken zu verhelfen, indem sie lernen, ein vorliegendes Problem zu strukturieren und auf diese Weise nicht nur eine Lösung zu erhalten, sondern auch die dahinterstehenden „Motive und Verfahren" (Pólya 1995, S. 8) zu verstehen. Nach Pólya vollzieht sich das mathematische Problemlösen in vier Phasen:

1. Verstehen der Aufgabe
2. Entwicklung einer Lösungsidee
3. Ausarbeitung einer Lösung/Aufstellen eines Plans
4. Rückschau und Einordnung

Diese Phasen verknüpft er mit verschiedenen Fragenstellungen wie „Was ist unbekannt?", „Was ist gegeben?", „Kennst du eine verwandte Aufgabe?", „Kannst du die Aufgabe anders ausdrücken?", an denen sich der Lernende orientieren kann. Bis heute wird in der Mathematikdidaktik im Wesentlichen der Problemlöseprozess nach Pólya zugrunde gelegt, wenn auch gelegentlich leicht adaptiert. Empirische Studien belegen die Tragfähigkeit der von ihm etablierten Phasierung.

▶ **Definition** *Problemlösen* soll in dem Bemühen gesehen werden, Hindernisse auf dem Weg vom Anfangszustand zu dem erwünschten Endzustand zu überwinden. Der Problemlöser kennt zwar kein Verfahren, wie er die Hindernisse überwinden kann, ist aber bereit, sich trotz Schwierigkeiten und Rückschlägen mit der Situation zu befassen, um sich dem Zielzustand zu nähern.

Problemlösen vollzieht sich in einem dynamischen Prozess, in dem oft mehrere Schritte notwendig sind, um eine Lösung zu finden, und der eine ständige Reflexion und flexible Adaption der eingesetzten kognitiven wie metakognitiven Mittel erfordert.

1.3.2 Heurismen

Um ein Problem erfolgreich lösen zu können, muss der Problemlöser über entsprechende kognitive wie auch metakognitive Fähigkeiten und heuristische Strukturen verfügen. Die kognitiven Fähigkeiten umfassen das Wissen in Form von Regeln, Sätzen, Definitionen, Beweisen und Algorithmen. Metakognition bezeichnet die Kontrolle über die eigenen Denk- und Lernaktivitäten, die es erlaubt, Wissen zielgerichtet auszuwählen, anzuwenden und Lösungsideen zu entwickeln sowie diese nach Erfolg oder Misserfolg zu reflektieren und zu adaptieren.

Innerhalb der verschiedenen Abschnitte des Problemlöseprozesses (Phasen) kommt – bei aller Variabilität – eine große Anzahl wiederkehrender, abstrakter Handlungsroutinen zum Einsatz, die von verschiedenen Forschern des Problemlösens unterschiedlich kategorisiert, klassifiziert und hierarchisiert werden. Diese problemlösenden Handlungsroutinen, die durch Metakognition reflektiert, optimiert und bewusst gewählt werden können, werden als Heurismen bezeichnet.

► Der Begriff *Heurismus* bezeichnet ein wiederkehrendes spezifisches, planvolles, organisiertes Vorgehen zum Auffinden eines Weges zur Lösung eines Problems. Der Begriff wird oft mit dem Ausdruck *Problemlösestrategie* synonym verwendet. In der Regel ist für eine erfolgreiche Problemlösung die Anwendung mehrerer Heurismen notwendig.

Heuristische Strukturen eines Problemlösers setzen sich aus drei funktionalen Einheiten zusammen: einem *Analysator*, der die Eigenschaften eines vorliegenden Problems ermittelt; einem *Speicher* bereits bekannter und erprobter Lösungsmethoden (Heurismen); einem *Kontrollsystem*, das das Ergebnis bewertet und das Verfahren reflektiert und evaluiert (vgl. Dörner 1979, S. 47 f.)

1.3.3 Heuristik

Heuristik bezeichnet die Theorie und Praxis des Problemlösens. Sie beschäftigt sich mit der Analyse von Problemlöseprozessen, der Systematisierung von erfolgreich eingesetzten Mitteln des Problemlösens und Handlungsroutinen (Heurismen) und strebt eine

Steigerung der Problemlöseeffizienz durch Kenntnisse auf der Metaebene des Problemlösens an.

► *Heuristik* ist die Wissenschaft von den Heurismen – die übergeordnete Ebene, auf der die Auswahl und Anwendung von Problemlösestrategien reflektiert und erforscht wird.

1.4 Kurze Geschichte der Heuristik

Spätestens seit der Antike – und möglicherweise schon viel früher – waren die Menschen bemüht, Mittel und Wege zu finden, um Probleme des täglichen Lebens mathematisch zu lösen. Dabei hielten sie neben der Lösung auch ihre Vorgehensweise und die auf dem Weg zur Problemlösung gemachten Entdeckungen fest, so dass auf dieser Grundlage künftige Probleme gelöst werden konnten. Dies mündete schließlich in die bewusste und zielgerichtete Formulierung methodischer Vorgehensweisen, die nicht nur einer Ergebnisfindung diente, sondern auch zu neuen Erkenntnissen und damit zu neuen Fortschritten verhalf. Diese Form der Erkenntnisgewinnung sowie die Untersuchung der Mittel und Methoden des Aufgabenlösens wurden im Laufe der Jahrhunderte immer weiter ausdifferenziert und perfektioniert und schließlich unter dem Begriff „Heuristik" zusammengefasst, so dass Heuristik heute allgemein als „die Lehre oder Wissenschaft von den Verfahren, Probleme zu lösen" oder auch als „methodische Anleitung, Anweisung zur Gewinnung neuer Erkenntnisse" beschrieben wird.

Das erste Auftreten solcher im engeren Sinne heuristischer Tätigkeit lässt sich nicht ermitteln, doch lassen sich wichtige Entwicklungsschritte der Heuristik an bestimmten Stellen begründet vermuten und spätestens ab der Zeit der griechischen Klassik auch belegen.

Es sei noch einmal betont, dass hier die Entwicklung des Bewusstseins der Existenz heuristischer Strategien und der Versuche ihrer systematischen Gestaltung und Nutzung betrachtet wird, nicht die Entwicklung der Strategien selbst – erst im nächsten Kapitel werden (ausschnittsweise) historische Problemstellungen und ihre Verbindungen zu den hier ermittelten heuristischen Hilfsmitteln und Heurismen näher beleuchtet.

1.4.1 Heuristische Strategien in Frühgeschichte und Antike

Schon aus den frühen Zivilisationen sind vielfältige mathematische und insbesondere auch geometrische Kenntnisse überliefert; auch für nicht schriftführende, prähistorische Kulturen lässt sich immer wieder solches Wissen begründet vermuten. Dass sich solches Spezialwissen aus sehr spezifischen Bedürfnissen und Fragestellungen entwickelte, muss angenommen werden und mithin das Problemlösen als solches als ein bewusster Akt der Auseinandersetzung mit naturweltlichen oder sozio-kulturellen Erfordernissen. Was allerdings den Nachweis der Reflexion dieser problemlösenden Tätigkeit angeht, gelingt er zweifelsfrei erst bei den griechischen Philosophen.

1.4.1.1 Antiphon

Der Sophist Antiphon beeinflusste mit seinem Lösungsansatz maßgeblich das Quadraturproblem und damit die historische Entwicklung und die Entstehung der Heuristik. Seine Idee: die „Ausschöpfung" des Kreises durch immer besser angepasste Polygone. Dazu schrieb er in einen Kreis regelmäßige Vielecke ein und verdoppelte deren Seitenzahl so lange, bis sich die Seiten der Polygone wegen ihrer „Kleinheit" mit dem Kreisumfang deckten (Abb. 1.4). Da bekannt war, dass aus jedem Polygon ein flächengleiches Quadrat konstruiert werden konnte musste sich, nach Antiphons Meinung, auch aus den Polygonen ein flächengleicher Kreis konstruieren lassen.

Auch wenn Antiphons Gedankengängen den strengen Ansprüchen seiner Zeitgenossen nicht genügten, da „sich Krummes niemals mit Geradem decken und deshalb sich kein Polygon der Kreisperipherie vollständig anschmiegen könnte [...]", entwickelte er die erste Form der „Ausschöpfung" (daher die später gängige Bezeichnung „Exhaustion") und schuf damit eine für das Finden von Ergebnissen bedeutende Vorgehensweise, die sich als Ausgangsform heuristischer Strategien, nämlich der der „sukzessiven Approximation", auffassen lässt. In Anlehnung an die Erkenntnisgewinnung nach Antiphon entwickelte Eudoxos von Knidos schließlich die Exhaustionsmethode (vom lateinischen *exhaurire* für „herausnehmen", „erschöpfen", „vollenden"), die die Basis für die Inhaltsbestimmung gekrümmter Flächen und Volumina durch Ausschöpfung legte.

Zwar entwickelte sich die Exhaustionsmethode schließlich zu einem Algorithmus, dennoch war sie ein bedeutendes Instrument mathematischer Entdeckung und wurde zu einer Erfindungsmethode ausgearbeitet. Darüber hinaus festigte sie die Wissenschaft und ermöglichte weitere Fortschritte. Die Exhaustionsmethode stellt ein antikes Verfahren zur

Abb. 1.4 Antiphons Vorgehen zur Quadratur des Kreises durch einbeschriebene Polygone bei schrittweiser Verdopplung der Seitenzahl

Berechnung von Flächen dar und gilt als die älteste bekannte, wenn auch implizite heuristische Strategie.

1.4.1.2 Heuristische Vorgehensweise nach Platon

An dieser Stelle soll auf ein Beispiel aus der griechischen Antike hingewiesen werden, aus dem hervorgeht, dass bereits Platon die Bedeutung heuristischer Vorgehensweisen bei der Lösung geometrischer Probleme zu schätzen wusste. In der Überlieferung heißt es, dass Sokrates einem Sklaven Menons die folgende Aufgabe stellte: Gegeben ist ein Quadrat mit der Seitenlänge 2 Einheiten, welches in ein Quadrat mit doppeltem Flächeninhalt verwandelt werden soll. Gesucht wird die Länge der Seiten des neuen Quadrats (Abb. 1.5).

Der Sklave stellte zunächst Vermutungen über die Länge der Seiten auf, die jedoch nicht zum gewünschten Ergebnis führten. Durch gezielte Fragen des Sokrates fand der Sklave schließlich die Lösung des Problems. Platon bezeichnete den anfänglichen Misserfolg als „Zustand des bewußten Nicht-Wissens" (Mainzer 1980, S. 42), welcher die Grundlage für neue konstruktive Ideen schafft.

Die Tatsache, dass ein einfacher Sklave in der Lage war, diese Aufgabe zu lösen, führte Platon darauf zurück, dass sich der Schüler an ähnliche und bereits gelöste Probleme zurückerinnert hat, die ihn schließlich auf die richtige Lösung brachten. Für Platon war dies ein Beweis dafür, dass jeder Mensch nach entsprechender Unterweisung in der Lage ist, (derartige) Problemstellungen zu lösen.

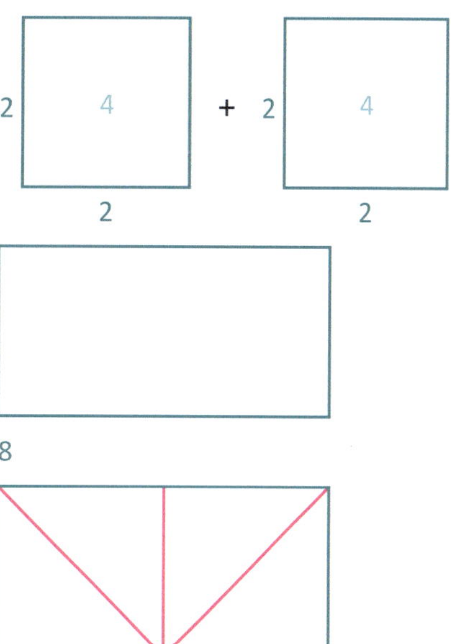

Abb. 1.5 Quadratverdopplung in Platons *Menon*

1.4.1.3 Methodenlehre des Archimedes

„Heureka" soll Archimedes der Legende nach durch die Straßen von Syrakus gerufen haben, als er endlich die Lösung für ein schwieriges physikalisches Problem und damit das Auftriebsgesetz gefunden hatte. „Heureka" bedeutet „Ich habe es gefunden" – ein Satz, der als erstes Zeugnis heuristischen Vorgehens in der Geschichte gesehen werden kann. Aber nicht nur der Ausspruch stammt von Archimedes, sondern auch das früheste Werk mathematischer Heuristik.

Mit seiner „mechanischen Methode" entwickelte Archimedes also nicht nur eine auf mechanischen Überlegungen basierende „heuristische Methode" (Kropp 1969, S. 41), um Flächeninhalte und Volumina geometrischer Objekte zu berechnen; er gab auch – ganz bewusst – eine genaue Beschreibung seiner heuristischen Vorgehensweise an, mit dem Ziel, die Darstellung und Weitergabe von Methoden zum Finden weiterer mathematischer Ergebnisse zu ermöglichen. „Die Methodenlehre von Archimedes [...] dürfte das früheste Werk der mathematischen Heuristik sein, der Kunde also vom Gewinnen, Finden, Entdecken, Entwickeln neuen Wissens und vom methodischen Lösen von Problemen" (Winter 1991, S. 35) und ist Zeugnis für den ersten expliziten Gebrauch heuristischer Strategien in der Antike.

1.4.1.4 Das Pappos-Prinzip

Pappos' Hauptwerk waren die *Collectiones*, eine mathematische Sammlung in acht Bänden, in denen er Auszüge aus den Schriften namhafter Mathematiker wie Euklid, Apollonios und Archimedes aufgriff, erweiterte und teils kritisch kommentierte. Im siebten Buch bezieht sich Pappus auf ausgewählte Schriften von Euklid, Apollonios und Aristäus und erkennt, dass die dort behandelten mathematischen Aufgaben alle nach dem gleichen Schema gelöst wurden. Pappos schrieb in diesem Zusammenhang von „der Kunst des Aufgabenlösens" (nach einer freien Übersetzung von Pólya) und entwickelte auf dieser Grundlage eine Methode zur Lösung mathematischer Probleme, die als das Pappos-Prinzip in die Geschichte einging.

Das Prinzip beruht auf der Analyse als „rückläufige Lösung" und der Synthese als „fortschreitendes Schließen", die heute als Heurismen des Rückwärtsarbeitens bzw. des Vorwärtsarbeitens allgemein bekannt sind. Pappos' Werk kann damit als erster Versuch angesehen werden, das Problemlöseverhalten systematisch zu erfassen, also im eigentlichen Sinne eine Heuristik zu schaffen.

1.4.1.5 Erster produktiver Einsatz heuristischer Verfahren nach Proklos

Proklos verfasste einflussreiche Kommentare zum ersten Buch von Euklids *Elementen* und erstellte ein Mathematikverzeichnis, das die Hauptquelle für unsere Kenntnis der Geometrie in der Antike darstellt. Proklos stellte außerdem einige allgemeine Überlegungen zum euklidischen Konstruktionsverfahren an und formulierte für all jene, deren „Geschicklichkeit des Geistes nicht ausreicht, um Lösungen ohne Methode zu entwickeln" (Zimmermann 1990, S. 150), eine Vorgehensweise zur Ergebnisfindung.

In seinen Ausführungen sprach Proklos somit erstmals von einem „produktiven Einsatz heuristischer Verfahren“ (Zimmermann 1990, S. 151) und schrieb von den uns heute bekannten heuristischen Techniken und Heurismen *Rückwärtsarbeiten*, *Anfertigung einer Zeichnung* und von der *Rückführung auf eine bekanntes Problem.* Man kann daraus schließen, dass es Proklos primär um eine Systematisierung und ein Verständnis der euklidischen Mathematik ging.

1.4.2 Stagnation im Mittelalter

Das Römische Reich war zu Beginn des Mittelalters von zahllosen Kriegen zerrüttet, innerpolitischen Machtkämpfen geschwächt und dem Aufstieg der christlichen Kirche geprägt, infolge dessen die Wirtschaft und der Handel zerfielen, der Feudalismus herrschte und das hellenistische Kulturgut abgelehnt und verurteilt wurde. Zur gleichen Zeit erlebten die islamisch geprägten Länder eine beispiellose Entfaltung ihres Kulturgutes und der mathematischen Entwicklungen. Während in den europäischen Ländern das griechisch-hellenistische Erbe abgelehnt wurde, sammelte man in den islamischen Ländern die mathematischen Schriften, übersetzte sie ins Arabische und verfasste einflussreiche Kommentare. Auf diese Weise wurden Werke namhafter griechisch-antiker Mathematiker wie Euklid, Archimedes, Apollonios und Heron wiederentdeckt, darin beschriebene Methoden und Beweise übernommen und aus den gewonnenen Erkenntnissen und nach dem Vorbild der hellenistischen Mathematik neues mathematisches Kulturgut entwickelt. So können den Arabern Verdienste in den Bereichen Arithmetik, Zahlentheorie, Algebra, Geometrie, Trigonometrie, Näherungsrechnung und erste Ansätze im Bereich der Analysis und darüber hinaus dem Erhalt wertvoller griechischer Schriften zugeschrieben werden.

Nach der Eroberung Toledos – Zentrum der Übersetzungen arabischer Schriften ins Lateinische – im Jahr 1085 durch die Christen gelangte schließlich das Erbe der griechischen Mathematik in großer Anzahl ins Abendland und konnte so diesem zugänglich gemacht werden. Inzwischen war das christliche Europa wieder erstarkt, und Wissenschaft und Bildung fanden neben der christlichen Theologie und Philosophie ihren Platz in der Gesellschaft. Trotz einiger Errungenschaften im Bereich der Mathematik können auf dem Gebiet der Heuristik erst in der Renaissance Fortschritte nachgewiesen werden.

1.4.3 Wiederentdeckung in der Renaissance und der frühen Neuzeit

1.4.3.1 René Descartes' Methode zur Problemlösung

Descartes veröffentlichte im Jahre 1637 die Schrift *Von der Methode des richtigen Vernunftgebrauchs und der wissenschaftlichen Forschung*, in der er – unter anderem auf den Kenntnissen der geometrischen Analysis von Pappos und der Arithmetik des Diophant basierend – eine analytische Methode zur Problemlösung entwickelte (Descartes 1637). Er gilt damit als der Erfinder der analytischen Geometrie, die Algebra und Geometrie unter heuristischen Aspekten miteinander verbindet. Sein heuristisches Vorgehen führt Descartes dabei auf die Befolgung von vier Vorschriften zurück:

1. Versuche, das gegebene mit vorhandenem Wissen zu vernetzen (die Problemlösung nur auf Basis von absolut gesicherten Erkenntnissen suchen).
2. Zerlege das Problem in Teilprobleme.
3. Gehe systematisch vor – vom Einfachen zum Komplexen.
4. Schaue zurück und reflektiere die Lösung.

In seinen *Regeln zur Ausrichtung der Erkenntniskraft* entwickelte Descartes darüber hinaus die Idee, Probleme aus ihrer Wortfassung in eine Gleichung zu übersetzen; so hat er einen – gelegentlich nach Pólya „Descartes'sches Schema" genannten – Heurismus gewonnen, der für die Mathematik und zahlreiche Anwendungen eine große Bedeutung besitzt:

1. Reduziere die Aufgabe auf die Bestimmung unbekannter Größen.
2. Beschreibe die Beziehungen, die der Bedingung entsprechend zwischen den Unbekannten und den Daten bestehen müssen.
3. Trenne von der Bedingung einen Teil ab, dem zufolge man dieselbe Größe auf zwei verschiedene Arten ausdrücken kann (was eine Gleichung ergibt oder – bei Fortsetzung dieses Verfahrens – ein Gleichungssystem).

Als Erfinder der analytischen Geometrie hat Descartes zudem den *Heurismus des Rückwärtsarbeitens* und den *Heurismus der Variation* der Darstellung produktiv zur arithmetischen Lösung geometrischer Probleme genutzt. „Diese algebraisierte Analysis des Descartes ist in seinen Augen für geometrisches Problemlösen ein überaus leistungsfähiger und jedem zugänglicher Heurismus", fasst Winter (1991, S. 97) zusammen.

1.4.3.2 Bonaventura Cavalieri

Nach der Phase der mittelalterlichen Stagnation kann Cavalieri als „Neuentdecker" der Approximation/Exhaustionsmethode angesehen werden, die später zur Entwicklung der Infinitesimalrechnung maßgeblich weitergenutzt wurde.

1.4.3.3 Joachim Jungius

Jungius hat zu Beginn des 17. Jahrhunderts vermutlich als einer der Ersten den Begriff „Heuretik" genutzt und ihn als Synonym für die Begriffe „Analysis" und „Zetetik" verwendete. Jungius sah in der Heuretik ein analytisches Verfahren innerhalb der Mathematik, auf dessen Grundlage jede Wissenschaft sowie die Philosophie ihre Erkenntnisse aufbauen sollte. Für ihn stellte die Heuretik die höchste Stufe der (nicht nur mathematischen) Erkenntnisgewinnung – den „summum Mathematicarum disciplinarum apicem" (Vogelius 1677, S. 269) – dar, mit deren Unterstützung Probleme nicht nur gefunden, aufgestellt und gelöst, sondern auch neue Sätze gefunden, Regeln erschaffen und Zweifel ausgeräumt werden konnten. Damit betrachtet Jungius diese Disziplin als eine Bereicherung für den Menschen, die weit über die Mathematik hinausging und in allen Lebensbereichen Anwendung finden konnte.

Jungius ist der Ansicht, dass „für die mathematische Wissenschaften speziell die Geometrie [...] den Wert wirklicher Wissenschaft beanspruchen [...]" (Matuschka 1974, S. 12) könne, und er fordert daher, dass die Philosophie zur Erkenntnisgewinnung die Geometrie mehr in den Fokus rücken solle.

1.4.3.4 Michael Gottlieb Hansch

Hansch ersetzt in seinem 1728 verfassten Buch den Titel *Ars inveniendi* durch *Heuretik*, womit er den neuen Weg der Erkenntnisgewinnung und Forschung zum Ausdruck bringt. Er definiert die Heuretik als „ein System von Regeln, die aus dem Bereich der Logik und aus dem Gebiet der Geometrie stammen und mit deren Hilfe natürliche Denkordnung unterschiedlich entfaltet wird; Heuretik ist die Kunst des Denkens, Überlegens, Schlußfolgerns, Erfindens, die vernünftige Philosophie, welche die angeborene Logik ergänzt bzw. vervollständigt" (Matuschka 1974, S. 13). Auch Hansch hebt die Bedeutung der Geometrie in diesem Zusammenhang explizit hervor.

1.4.4 Das 20. Jahrhundert: Direkte Vorläufer

Die Heuristik gilt als eines der ältesten wissenschaftlichen Verfahren, um Erkenntnisprozesse herbeizuführen und zu optimieren. Im 20. Jahrhundert erlebte die Heuristik einen starken Aufschwung, der unter anderem auf die große Nachfrage nach kreativen Ideen in Gesellschaft, Forschung und Industrie zurückzuführen war und damit weltweit die Entwicklung neuer heuristischer Methoden vorantrieb (vgl. Serebryakova 2016).

1.4.4.1 George Pólya

Pólya gilt als Urvater der modernen Heuristik und seine Werke *Schule des Denkens. Vom Lösen mathematischer Probleme* und *Vom Lösen mathematischer Aufgaben – Einsichten und Entdeckung, Lernen und Lehren* (erschienen in zwei Bänden) gehören zu den mathematik-didaktischen Standardwerken der Gegenwart. Die *Schule des Denkens* (Originaltitel *How to Solve It*) aus dem Jahr 1949 wurde bis heute in zwölf Sprachen übersetzt. Pólyas Werk, das sich in erster Linie an Studenten und (Mathematik-)Lehrer richtet, ging die Frage voraus, wie (mathematische) Lösungen in der Geschichte der Mathematik gefunden und neue Tatsachen entdeckt wurden. Pólya suchte einen Weg, mathematische Erfindungen und Entdeckungen zu machen, entwickelte Lösungsmethoden mathematischer Probleme und führte verschiedene Ansätze und Fragestellungen zur Heuristik an. Die Nutzung der Methoden sollte dabei nicht nur eine Lösung des Problems liefern, sondern darüber hinaus „[...] die Mittel und Wege, die Motive und Verfahren einer Lösung [...] [begreifbar machen]" (Pólya 1995, S. 9). Kern seiner Arbeiten bilden die *Vier*

Phasen der Problemlösung, die bis heute untrennbar mit der Heuristik verbunden sind und als Leitfaden auf dem Weg zur Problemlösung dienen (Abschn. 1.3.1).

Das zweibändige Buch *Vom Lösen mathematischer Aufgaben* aus dem Jahr 1961 „untersucht die Mittel und Methoden des Aufgabenlösens" (Pólya 1966, S. 10), welche auch unter dem Begriff „Heuristik" zusammengefasst werden. Neben ausführlichen Lösungswegen richtet Pólya seinen Fokus auf die Entstehungsgeschichte der Lösungen, mit dem Ziel, eine Anweisung zur Orientierung bei der Lösung von (mathematischen) Problemen zu entwickeln. Ausgehend von (elementaren mathematischen) und „ansprechend gewählten" Aufgaben skizziert Pólya die Entstehungsgeschichte einer Lösung, indem er Lösungswege reflektiert, kommentiert und wichtige methodische Schritte als allgemeine Anweisung formuliert.

Im ersten Band stellt Pólya vier elementare Ansätze zur Problemlösung vor, zu denen er das Schema zweier geometrischer Körper, das Descartes'sche Schema, das Rekursionsverfahren und das Superpositionsverfahren zählt. Im zweiten Teil des ersten Bandes widmet sich Pólya schließlich dem Begriff der Aufgabe, bevor er abschließend die verschiedenen Lösungsschemata bewertet.

1.4.4.2 Martin Glatfeld

In dem 1977 veröffentlichten Sammelband mit dem Titel *Mathematik lernen – Probleme und Möglichkeiten* publizierte Glatfeld den Aufsatz *Mathematiklernen und Heuristik – dargestellt am Beispiel der Teilbarkeit* (Glatfeld 1977, S. 76–139), in welchem er unter Rückbezug auf Pólyas Problemlöseprozess das Mathematiklernen als ein Zusammenspiel von beweisführenden und heuristischen Methoden herausarbeitet und eine Transparenz der Mathematik fordert.

1990 erscheint *Finden, Erfinden, Lernen – Zum Umgang mit Mathematik unter heuristischem Aspekt*, in dem sich Glatfeld erneut mit dem Lernen von Mathematik unter heuristischer Perspektive befasst. Dabei wird dem heuristischen Vorgehen eine besondere Rolle sowohl in der Forschung als auch beim Lernen von Mathematik beigemessen. In dem Bestreben, „Heuristik als didaktisch-methodische Aufgabe zu reflektieren und zu konkretisieren" (Glatfeld 1990, S. 7), verweist Glatfeld darüber hinaus auf die Notwendigkeit einer Weiterentwicklung auf diesem Gebiet. Die einzelnen Beiträge zeigen in ihrer Gesamtheit ein umfassendes Bild von der Vielschichtigkeit der Problematik, liefern darüber hinaus aber auch ganz konkrete Ansätze für die Umsetzung der Mathematik als einen dynamischen Prozess.

1.4.4.3 Alan H. Schoenfeld

Schoenfeld stellt in seinem 1985 in Orlando/USA veröffentlichtem Buch *Mathematical Problem Solving* eine empirische Studie vor, die das Verhalten amerikanischer Schüler der Sekundarstufe I beim Lösen geometrischer Probleme analysiert. Bei der Untersuchung wird der Grad der Ausprägung für die vier Aspekte *Resources*, *Heuristics*, *Control* und *Belief System* während des Problemlöseprozesses der Schüler ermittelt.

Ressourcen umfassen nach Schoenfeld das vorhandene (mathematische) Wissen, wie Definitionen und mathematische Lehrsätze, die zur Problemlösung herangezogen werden. *Heuristik* beinhaltet alle heuristischen Strategien, über die der Problemlöser verfügt, während die *Kontrolle* die Fähigkeit darstellt, das Vorgehen im Problemlöseprozess zu reflektieren und abschließend zu bewerten. Das *Belief System* nach Schoenfeld lässt sich als *mathematische Weltanschauung* übersetzen, die meint, welchen Wert die Mathematik für jeden Einzelnen besitzt, was eine Rahmenbedingung für die anderen drei genannten Aspekte liefert.

Schoenfelds Studie zeigte, dass die Schüler im Vergleich zu einem Mathematiker beim Problemlösen über wenige Ressourcen und heuristische Strategien verfügen und ihr Vorgehen eher planlos verläuft. Bei dem übergeordneten Aspekt des *Belief Systems* zeigt sich, dass die Schüler empirisch vorgehen, der Mathematiker hingegen (wie zu erwarten) mathematisch orientiert ist. Eine Ursache für die mangelnde mathematische Weltanschauung (bezogen auf die Geometrie) kann auch in dem methodischen Vorgehen und der Unterrichtsführung des Mathematiklehrers gesehen werden. Durch die Art und Weise, wie der Geometrieunterricht in der Schule vollzogen wird (nämlich als empirische Theorie), gelingt es dem Lehrer nicht, den Schülern die Bedeutung der Unterrichtsinhalte nahezubringen, so dass sie zwangsläufig eine empirische Sichtweise von Mathematik entwickeln.

1.4.4.4 Heinrich Winter

Winter gilt als einer der Wegbereiter der modernen Mathematikdidaktik in Deutschland und hat den Mathematikunterricht von der Grundschule bis über die Oberstufe hinaus nachhaltig beeinflusst. In einem 1988 veröffentlichten Aufsatz zum Thema *Lernen durch Entdecken* befasst sich Winter mit der Entstehungsgeschichte und der bis heute fundamentalen Bedeutung des entdeckenden Lernens für den Mathematikunterricht.

Die Nutzung heuristischer Strategien sieht Winter als eine wichtige Voraussetzung beim Lernen durch Entdeckungen an und definiert Heuristik als die „Kunde vom planmäßigen (geschickten, gewitzten) Lösen von Problemen (also von Aufgaben die – gemessen am jeweiligen Befähigungsstand – nicht rein routinemäßig erledigt werden können) und zum selbständigen Vermehren und Behalten des Wissens [. . .]" (Winter 1988, S. 6) Die Methodenlehre des Archimedes und dessen Grundgedanken zieht Winter als Anschauungsbeispiel heran, arbeitet daran die zugrunde liegenden Heurismen heraus und macht sie für alle Lernenden zum (erfolgreichen) Lösen von Problemen zugänglich. Gleichzeitig wird sein Kerngedanke – echtes Lernen findet durch erfinderisch-entdeckende Tätigkeit statt – untermauert.

Winters Hauptwerk *Entdeckendes Lernen im Mathematikunterricht* erschien 1989. Seine darin aufgestellte Hauptthese lautet:

> Das Lernen von Mathematik ist umso wirkungsvoller – sowohl im Hinblick auf handfeste Leistungen, speziell Transferleistungen, als auch im Hinblick auf mögliche schwer fassbare bildende Formung –, je mehr es im Sinne eigener aktiver Erfahrungen betrieben wird, je mehr der Fortschritt im Wissen, Können und Urteilen des Lernenden auf selbständigen entdeckerischen Unternehmungen beruht (Winter 1991, S. 1).

Dies ist eine bis heute vielfach zitierte Grundthese in der Mathematikdidaktik. Aus psychologischer Sicht – und von Winter aufgegriffen – beruht das entdeckende Lernen auf der Idee, dass die Erkenntnisgewinnung, der Wissenserwerb sowie der Erwerb der Problemlösefähigkeit durch die Eigenaktivität und Anwendung vorhandenen Wissens erfolgen, es aber in der Regel eines äußeren Impulses bedarf, um diesen Prozess in Gang zu setzen.

1995 erschien der Aufsatz *Mathematikunterricht und Allgemeinbildung*, in dem Winter drei *Grunderfahrungen* formuliert, die seiner Ansicht nach auf vielfältige Art und Weise miteinander verbunden sind und deren Vermittlung er als eines der grundlegenden Ziele des Mathematikunterrichts erachtet, damit (auch) der Mathematikunterricht zur Allgemeinbildung der Schüler beitragen kann. Diese Grunderfahrungen bestehen nach Winter darin:

1. Erscheinungen der Welt um uns, die uns alle angehen oder angehen sollten, aus Natur, Gesellschaft und Kultur, in einer spezifischen Art wahrzunehmen und zu verstehen,
2. mathematische Gegenstände und Sachverhalte, repräsentiert in Sprache, Symbolen, Bildern und Formen, als geistige Schöpfungen, als eine deduktiv geordnete Welt eigener Art kennen zu lernen und zu begreifen,
3. in der Auseinandersetzung mit Aufgaben Problemlösefähigkeiten, die über die Mathematik hinausgehen (heuristische Fähigkeiten), zu erwerben (Winter 1995, S. 37 ff.).

Diese von Winter definierten Grunderfahrungen wurden von der KMK in den Bildungsstandards sowie von einigen Bundesländern in Zusammenhang mit der Kompetenzorientierung und dem Beitrag des Faches zur Bildung aufgegriffen und teils auch direkt in die aktuell geltenden Lehrplanschriften übernommen (Kap. 4).

1.4.5 Das 21. Jahrhundert: Aktuelle Ansätze

Die seit Mitte der 1990er Jahre durchgeführten internationalen Vergleichsstudien waren es, die eine gesellschaftliche Debatte über mögliche Gründe für das nicht erwartungsgemäße Abschneiden der deutschen Schüler ausgelöst haben. Insbesondere die Tatsache, dass das Lösen praktischer Probleme mithilfe der Mathematik die Teilnehmer vor scheinbar unüberwindbare Schwierigkeiten stellte, zeigte für viele akuten Handlungsbedarf auf.

Unbeschadet der Tatsache, dass sich schon seit den 1980er Jahren in der Mathematikdidaktik, beeinflusst durch internationale Forschungsentwicklungen, Problemlösen und Heuristik auch unter deutschsprachigen Spezialisten bereits als Themenfeld etabliert hatten, wurde es jetzt auf der Suche nach möglichen Ursachen einerseits und geeigneten Mitteln und Wegen zur „Problemlösung" andererseits einer breiten Öffentlichkeit bekannt. Viele namhafte Mathematikdidaktiker fanden nun das Forum, um die Schlüsselrolle heuristischer Kompetenzen auch im europäischen Umfeld in den Mittelpunkt der mathematik-didaktischen Reformdiskussion zu stellen, griffen Pólyas Ideen und Ansätze in Verknüpfung mit den amerikanischen Erfahrungen der letzten Jahrzehnte auf und entwickelten sie weiter.

In der Mathematikdidaktik werden aktuell drei Systematiken der Heuristik vertreten, die für eine Bezugnahme und Adaption für den Kontext der Primar- und Sekundarschulausbildung zur Verfügung stünden und die terminologische und didaktische Lücke füllen helfen könnten; es sind dies die sehr aktuellen Systematiken nach Schwarz, Schreiber und Bruder. Die drei modernen Systematiken unterscheiden sich nicht nur durch die in ihnen erfassten heuristischen „Vorgehensweisen", wie sie hier neutral bezeichnet werden sollen, sondern besonders hinsichtlich ihrer strukturellen Ordnung (horizontal wie vertikal) einerseits und sicherlich auch hinsichtlich der intendierten Rezipienten. Eine ausführlichere Darstellung dieser in Deutschland aktuell relevanten Systematiken findet sich in Krichel (2017, Kap. 5.2). Tab. 1.5 stellt die verwendeten Begriffe und Kategorisierungen einander gegenüber und setzt sie in ungefähre Relation zu den von Pólya identifizierten vier Phasen des Problemlösens, die nach wie vor von grundlegender Bedeutung für die didaktische Diskussion sind.

Einige Punkte seien hier kurz angesprochen, die aus dieser Zusammenschau und beim genaueren Studium dieser Systematiken auffallen. Zunächst ist die Nähe zwischen den von Schwarz und Schreiber gewählten Begrifflichkeiten und auch Inhalten zu nennen. Beide Systematiken unterscheiden sich vor allem in der Art ihrer Formulierungen, dem Grad ihrer Ausarbeitung und in der Wahl ihrer konkretisierenden Beispiele. Schwarz richtet sich gezielt an universitäre Lerner, Schreiber bezieht sich häufiger auf die schulische Relevanz seiner Beispiele. Beide Autoren haben ihre Kategorisierungen klar nach strukturellen bzw.

Tab. 1.5 Tabellarische Synopse der aktuellen heuristischen Kategorienbildungen nach Pólya (1949), Schwarz (2006), Bruder und Collet (2011) und Schreiber (2011)

Pólya (1949)	Schwarz (2006)	Schreiber (2011*)	Bruder (2011)
4 Phasen des Problemlösens, innerhalb derer heuristische „Vorgehensweisen" beschrieben werden	3 Gruppen von Heurismen: – Variation – Induktion – Reduktion	4 Gruppen von Heurismen**: – Induktion – Variation – Interpretation – Reduktion	3 hierarchische Klassen von Heurismen: – Hilfsmittel – Strategien – Prinzipien
Phase I: Verstehe das Problem	Variation der Darstellung (Interpretation): – Systemwechsel zwischen Umgangssprache und formaler Sprache – Systemwechsel zwischen Geometrie und Algebra – Systemwechsel zwischen diversen mathematischen Gebieten und linearer Algebra	Interpretation: – Übersetze in einen anderen Kontext – Verfertige ein Modell – Suche ein Analogon	Hilfsmittel: – Informative Figuren – Tabellen – Gleichungen – Wissensspeicher – Lösungsgraph

Tab. 1.5 (Fortsetzung)

Pólya (1949)	Schwarz (2006)	Schreiber (2011*)	Bruder (2011)
Phase II: Mache einen Lösungsplan	Variation der Problemstellung: – Umformulierung/Analogie – Reorganisation – Invarianz und Symmetrie – Generalisierung, Spezialisierung, Extremalprinzip – Sonderformen in der enumerativen Kombinatorik	Variation: – Variiere das Gegebene – Variiere den Allgemeinheitsgrad – Variiere die Exaktheitsstufe	Strategien: – Vorwärtsarbeiten – Rückwärtsarbeiten – Systematisches Probieren – Rückführend auf Bekanntes – Analogieschluss
Phase III: Führe den Plan aus	Unvollendete Induktion: – Systematisches Probieren – Vorwärtsarbeiten – Approximation – Vollendete Induktion	Induktion: – Probiere systematisch – Arbeite vorwärts – Versuche zu verallgemeinern	Prinzipien: – Symmetrieprinzip – Zerlegungsprinzip und Ergänzungsprinzip – Invarianzprinzip – Extremalprinzip – Fallunterscheidung
	Reduktion: – La descente infinie – Rückwärtsarbeiten/ Pappos-Prinzip – Modularisierung	Reduktion: – Unterscheide Fälle – Arbeite rückwärts – Argumentiere durch Widerspruch	
Phase IV: Halte Rückschau			

* Die 2011 erschienene Systematik nach Schreiber basiert auf dessen Vorlesungstätigkeiten bis 2007/2008.

** Schreiber (2011) selbst deutet keinerlei Anbindung zu Pólyas Phasen an. Er stellt seine Heurismen allerdings in der hier gegebenen Reihenfolge vor, in der sie sich an die Pólya'schen Phasen anlehnen lassen.

prozessualen Aspekten der von ihnen beobachteten und untersuchten heuristischen Vorgehensweisen vorgenommen – es liegt also, wie oben bereits angedeutet, keine unmittelbare Relation zu den Pólya'schen Phasen des Problemlöseprozesses vor.

Die Nomenklatur nach Bruder ist demgegenüber teils ungeschickt und irreführend: Die von ihr gewählte Bezeichnung der Hilfsmittel als Heurismen ist nicht treffend, wie insbesondere der Unterpunkt Wissensspeicher und umstrukturierte Wissensspeicher (Bruder und Collet 2011, S. 37) klar erkennen lässt. Auch ist die Unterscheidung in Strategien und Prinzipien nicht gänzlich plausibel, es ist aber offenbar, dass sie diese Einteilung – anders als Schwarz und Schreiber – nicht auf immanente Eigenschaften der Heurismen stützt, sondern sie auf den Anwendungskontext zurückführt.

Zwei Systematiken der – vom Standpunkt der jeweiligen Autoren – elementaren Heurismen sollen nun ein wenig genauer vorgestellt werden. Schwarz hat eine *fachmathematisch orientierte* Systematisierung der Heurismen vorgenommen, die einen sehr umfassenden, klar strukturierten und gut nachvollziehbaren Überblick zu den Heurismen, ihrer Kategorisierung und ihre Anwendungsmöglichkeiten liefert. Bruders und Collets Kategorisierung ist dagegen *didaktisch orientiert*, so dass ihr Fokus auf diejenigen Heurismen gerichtet ist, die sich für die Sekundarstufe I als sinnvoll und in der Praxis praktikabel erwiesen haben.

1.4.5.1 Wolfgang Schwarz

Im Jahr 2006 veröffentlichte Schwarz das Buch mit dem Titel *Heuristische Strategien des Problemlösens – Eine fachmethodische Systematik für die Mathematik*, mit dem er sich in erster Linie – ähnlich wie bereits Pólya – an die Mathematikstudenten und -lehrer richtete. Schwarz eröffnet darin seinen Lesern Wege, die Mathematik als „kreativen Prozess kennen zu lernen und dabei ein flexibel einsetzbares Instrumentarium heuristischer Strategien des Problemlösens herauszubilden" (S. i).

In Anlehnung an eine viergliedrige Systematik nach A. Schreiber untergliedert Schwarz die Heurismen in drei große Heurismenklassen:

- Heurismen der Variation,
- Heurismen der Induktion und
- Heurismen der Reduktion.

Diesen Klassen ordnet er weitere Strategien unter, die anhand ausgewählter mathematischer Beispiele illustriert werden, obwohl die verschiedenen heuristischen Strategien in Problemlöseprozessen selten in ihrer Reinform Verwendung finden. Eine Weiterentwicklung dieser Systematisierung lieferte Schwarz (2018) in *Problemlösen in der Mathematik – Ein heuristischer Werkzeugkasten*, die zu einer Verfeinerung der vier Problemlösephasen nach Pólya führt. Diese Darstellung macht deutlich, welch große Bedeutung und Sinnhaftigkeit den heuristischen Strategien zur Lösung mathematischer Probleme zukommt (Tab. 1.6).

Schwarz siedelt den *Heurismus der Variation*, den er in zwei Untergruppen teilt, am Beginn des Problemlöseprozesses an:

1. Die *Variation der Darstellung* ist eine heuristische Strategie, die dazu beiträgt, ein Problem – im Sinne der ersten Phase nach Pólya – zu identifizieren, zu verstehen und es in eine geeignete Darstellung zu überführen. Durch die Wahl einer geeigneten Repräsentationsform wird das vorliegende Problem abstrahiert und auf die wesentlichen Informationen reduziert, so dass eine verbesserte Problemwahrnehmung erzielt werden kann, wobei die Wahl einer geeigneten Darstellungsform in der Regel nicht einschrittig verläuft.

Tab. 1.6 Fachmethodische Systematik der heuristischen Strategien nach Schwarz (2006, 2018)

Phase I: Verstehen der Aufgabe
Identifikation des Problems
Auffinden einer geeigneten Darstellung
Variation der Darstellung (Interpretation): – Systemwechsel zwischen Umgangssprache und formaler Sprache mit ikonischen Elementen – Systemwechsel zwischen Geometrie und Algebra – Systemwechsel zwischen diversen mathematischen Disziplinen und Linearer Algebra
Phase II: Ausdenken eines Plans
Variation der Problemstellung: – Umformulierung und Analogiebildung – Variation der Wahrnehmung durch Reorganisation – Invarianzprinzip und Symmetrieprinzip – Generalisierung, Spezialisierung, Extremalprinzip – Sonderformen in der enumerativen Kombinatorik
Phase III: Ausführen des Plans
Heurismen der unvollendeten Induktion Heurismen der vollendeten Induktion Heurismen der Reduktion
– Systematisches Probieren – Vorwärtsarbeiten – Lokale und globale Approximation – La descente infinie – der unendliche Abstieg – Rückwärtsarbeiten und Pappos-Prinzip – Modularisierung

2. Die *Variation der Problemstellung* beinhaltet solche heuristischen Techniken, die die zweite Phase im Problemlöseprozess – das Ausdenken eines Plans – unterstützen. Dabei können Fragen ebenso unterstützend wirken wie die Umformulierung oder Umstrukturierung der Problemstellung, die Verallgemeinerung oder auch die Spezialisierung. Auch das Aufspüren von Analogien oder strukturellen Gemeinsamkeiten zu bereits gelösten Problemen, die Transformation der Daten oder das Auffinden von Symmetrien, sowohl innerhalb der vorliegenden Problemstellung als auch in geometrischen Kontexten, sind heuristische Tätigkeiten, die helfen, Lösungsideen zu entwickeln und das vorliegende Problem zu lösen. Dabei treten die Heurismen nach Schwarz selten in Reinform auf, so dass in der Regel erst eine Kombination aus mehreren Strategien der Variation eine Lösung liefert.

Die *Heurismen der Induktion* umfassen „heuristische Denkmuster, bei dem vom besonderen Einzelfall auf das Allgemeine, das Gesetzmäßige geschlossen wird“ (Schwarz 2006, S. 144). Das induktive Schließen ist für die Erkenntnisgewinnung, bei der Problemfindung, der Begriffsbildung, der Problemlösung und der Beweisführung von elementarer Bedeutung. In seiner Systematik unterscheidet Schwarz zwischen der unvollendeten und der vollendeten Induktion. Während die unvollendete Induktion auf eine plausible, singuläre Beobachtung ausgerichtet ist, die den Problemfinde- und den Problemlöseprozess in Gang setzen und damit der dritten Phase (Ausführen eines Plans) nach Pólya zugeordnet werden kann, handelt es sich bei der vollendeten Induktion um Beweistechniken im Rahmen der vollständigen Induktion, die einen demonstrativen Charakter haben, so dass hier nur bedingt von einer heuristischen Strategie gesprochen werden kann.

Die *Heurismen der Reduktion* sind vornehmlich regressiv orientierte Strategien, die einen logischen Charakter haben und mit deren Hilfe nach Voraussetzungen oder falschen Konsequenzen gesucht werden kann. Die Heurismen der Reduktion werden damit überwiegend bei der Problemlösung eingesetzt und können – wie bereits die Heurismen der Induktion – der dritten Phase im Problemlöseprozess nach Pólya zugeordnet werden.

Schwarz' fachmethodische Systematik der Heurismen ist klar strukturiert, und seine Beispiele zeigen sehr deutlich, welchen Nutzen und welche Kraft die Heurismen schon in ihrer Reinform besitzen. Auf Anschauungsbeispiele soll an dieser Stelle verzichtet werden, da sie den Publikationen des Autors zu entnehmen und dort reichlich vorhanden sind (Schwarz 2006, 2018).

1.4.5.2 Regina Bruder und Christina Collet

Bruder und Collet befassen sich in ihrer 2011 erschienenen Arbeit *Problemlösen lernen im Mathematikunterricht* ausführlich mit dem Thema des Problemlösenlernens im Kontext der schulischen Allgemeinbildung und zeigen Wege auf, mit denen die Problemlösekompetenz der Schüler (weiter-)entwickelt und als Lerngegenstand sowie Lernziel in den Mathematikunterricht implementiert werden kann. Ziel ist es dabei nicht (nur), den Forderungen der von der KMK festgeschriebenen Bildungsstandards zu entsprechen, sondern den Lernenden darzustellen, wie komplexe Inhalte erfasst, angegangen und schließlich erfolgreich gelöst werden können, und damit das „Wirkprinzip heuristischer Bildung" zu skizzieren.

Bruder und Collet (2011, S. 14) definieren Problemlösen als „das Kennen- und Anwendenlernen von Methoden und Techniken zum Lösen individuell schwieriger Aufgaben" und fassen solche Methoden und Techniken unter dem Begriff „Heuristik" zusammen. Sie unterteilen die (für den Mathematikunterricht wichtigen) Heurismen in heuristische Hilfsmittel, heuristische Strategien und heuristische Prinzipien, welche den Kern ihres Unterrichtskonzepts zum mathematischen Problemlösen bilden (Tab. 1.7).

Tab. 1.7 Heuristische Hilfsmittel, Strategien und Prinzipien nach Bruder und Collet (2011, S. 45 f., 68 ff., 87 f.)

Heuristische Hilfsmittel	Heuristische Strategien	Heuristische Prinzipien
Informative Figuren	Vorwärtsarbeiten	Symmetrieprinzip
Tabellen	Rückwärtsarbeiten	Zerlegungsprinzip
Gleichungen	Systematisches Probieren	Ergänzungsprinzip
Wissensspeicher	Rückführend auf Bekanntes	Invarianzprinzip
Lösungsgraph	Analogieschluss	Extremalprinzip
		Fallunterscheidung

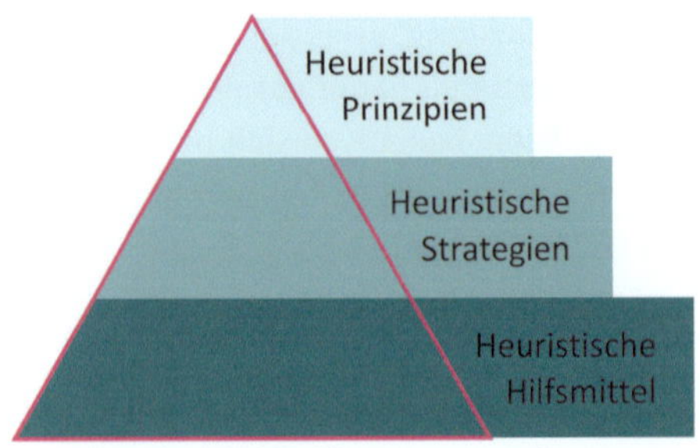

Abb. 1.6 Hierarchische Gliederung der Heurismen nach Bruder und Collet (2011)

Bei den *heuristischen Hilfsmitteln* handelt es sich nach Bruder und Collet nicht um Heurismen im eigentlichen Sinne, sondern um mögliche Vorgehensweisen, die helfen sollen, ein Problem zu erkennen, zu verstehen und zu strukturieren und damit den Mathematisierungsprozess in Gang zu setzen. Fragestellungen wie „Was ist gegeben?", „Was ist gesucht?" und „Wie lautet die Bedingung?" (die mit Pólyas identisch sind) können dazu beitragen, unter den zur Verfügung stehenden Hilfsmitteln das geeignete auszuwählen. Die heuristischen Hilfsmittel tragen somit dazu bei, ein gegebenes Problem in einem anderen Repräsentationsmodus zu realisieren und zu abstrahieren. Auf diese Weise können wichtige Informationen herausgefiltert werden, so dass die Problemsituation überschaubarer wird. Bruder und Collet fassen die informativen Figuren, Gleichungen, Lösungsgraphen, Wissensspeicher und Tabellen in dieser Kategorie zusammen (Tab. 1.7).

Während nach Bruder und Collet die heuristischen Hilfsmittel dazu beitragen, ein Problem zu verstehen und zu strukturieren, sind ihre *heuristischen Strategien* umfassende Methoden, die Handlungspläne für den Problemlöseprozess liefern. Die Anwendung heuristischer Strategien garantiert noch keine Lösung; sie ist eine Orientierungshilfe und wirkt unterstützend auf dem Weg der Ergebnisfindung. Hierzu zählen nach Bruder und Collet das systematische Probieren, das Vorwärts- und Rückwärtsarbeiten, der Analogieschluss und das Zurückführen auf Bekanntes.

Heuristische Prinzipien sind laut Bruder und Collet stark an die fachlichen Inhalte gebunden und erfordern ein gewisses Maß an geistiger Beweglichkeit. Dabei sind die Aspektbeachtung und der Aspektwechsel zwei der charakteristischsten Erscheinungsformen, die bei der Anwendung heuristischer Prinzipien zum Tragen kommen. Bruder und Collet deuten in ihrer Kategorisierung einen hierarchischen Aufbau der Heurismen an (Abb. 1.6).

1.5 Kommentar

Es fällt auf, dass sich die verschiedenen Autoren nicht nur hinsichtlich der von ihnen grundsätzlich erfassten, definierten und mit Benennungen versehenen problemlösenden Vorgehens- und Verhaltensweisen stark unterscheiden, sondern dass sich diese Unterschiedlichkeit auch im Differenzierungsgrad und hinsichtlich einer möglichen Hierarchisierung fortsetzt. Ebenso wird nicht immer eine Trennung eingehalten zwischen solchen Tätigkeiten, bei denen es sich tatsächlich um heuristische im Sinne der Definition handelt, und solchen, die nur rein mathematisches Handeln ausdrücken. Die Begriffe „Hilfsmittel", „Strategien" und „Prinzipien" werden im Allgemeinen wie auch im mathematischen Sprachgebrauch unterschiedlich definiert und ausgelegt. So werden anstelle des Wortes „Hilfsmittel" auch die Begriffe „Arbeitshilfe" oder „Werkzeug" verwendet; die Wörter „Methode", „Verfahrensweise", „Vorgehen" und „Vorgehensweise" sind Synonyme für den Strategiebegriff, und das Wort „Prinzip" wird auch gleichbedeutend mit den Begriffen „Grundsatz", „Regel", „Verfahrensweise" oder „Methode" gebraucht. Ob es sich bei der von Bruder und Collet vorgenommenen Einteilung der Heurismen in Hilfsmittel, Strategien und Prinzipien um eine sinnvolle und für den Nutzer schlüssige Kategorisierung und Begriffsauswahl handelt, ist fraglich.

Die Bildungsstandards begegnen dieser fachinternen Begriffsvielfalt und Unübersichtlichkeit damit, dass sie sich bezüglich der Vermittlung spezifischer Heurismen gar nicht festlegen, sondern stattdessen allgemein von einer Vermittlung *heuristischer Hilfsmittel, Strategien* und *Prinzipien* sprechen (vgl. KMK 2004, S. 8) – eine Dreiteilung, die wohlgemerkt nur ein Teil (wenn überhaupt) der Autoren vornimmt. Sicher feststellen lässt sich lediglich, dass dem heuristischen Vorgehen insgesamt eine besondere Rolle sowohl in der Forschung als auch beim Lernen von Mathematik beigemessen wird (Abschn. 3.8 und Kap. 4). Es muss erstaunen, dass trotz dieser Bedeutung des Problemlösebegriffs ein derart geringes Augenmerk nicht nur auf die terminologische und fachdidaktische Aufschlüsselung des Begriffs selbst, sondern auch auf die übergeordnete Disziplin der Heuristik gelegt wird. Die deutschen Bildungsstandards nehmen keine klare Position ein, auf welches fachwissenschaftliche Modell sie sich beziehen. Es fallen lediglich die wiederholend gleich gewählten Bezeichnungen „heuristische Hilfsmittel", „Strategien" und „Prinzipien" auf, die sich mit den von Bruder verwendeten Termini decken. Da die Bildungsstandards jedoch keinen Bezug zu einer der aktuellen Systematiken herstellen, lässt sich nicht nachvollziehen, ob diese begriffliche Nähe gewollt und inhaltlich bedeutsam ist.

Dieser nur vage hergestellte Bezug zu einer Terminologie und Systematik hat – vorhersehbarerweise – nicht vereinheitlichend auf die in den Lehrplanschriften der Bundesländer niedergelegten Vorgaben zu den Kompetenzerwartungen im Bereich Problemlosen gewirkt (Abschn. 4.2; Krichel 2017). Begrifflichkeiten der Bildungsstandards sind willkürlich – ohne jeden erkennbaren Bezug auf die fachwissenschaftliche Debatte und Forschung – gewählt und damit oft intransparent bis inhaltsleer. In den Lehrplanschriften der Bundesländer ihrerseits fehlt weiterhin auffällig eine Bezugnahme auf Fachsystematiken; gelegentlich lassen sich Bezüge zu Pólya oder Anleihen der von Winter beschriebenen Grunderfahrung 3 erkennen.

Bis heute fehlt damit eine didaktisch tragfähige, konsensfähige Terminologie zum (schulischen) Problemlösen als Grundlage für eine koordinierte Umsetzung der in den Bildungsstandards erhobenen Forderungen der KMK.

In Kap. 5 wird die neue, schulbezogene Systematik nach Krichel und Stiller entwickelt.

Literatur

Bardy, P. (2007). *Mathematisch begabte Grundschulkinder. Diagnostik und Förderung*. München: Spektrum.

Blum, W., & Wiegand, B. (2000). Offene Aufgaben – wie und wozu? *Mathematik lehren, 100*, 52–53.

Bruder, R., & Collet, C. (2011). *Problemlösen lernen im Mathematikunterricht*. Berlin: Cornelsen Verlag Scriptor.

Büchter, A. & Leuders, T. (2005). *Mathematikaufgaben selbst entwickeln. Lernen fördern – Leistungen überprüfen*. Berlin: Cornelsen Scriptor Verlag.

Descartes, R. (1637). *Discours de la méthode … dt. Von der Methode des richtigen Vernunftgebrauchs und der wissenschaftlichen Forschung*. Hamburg: Meiner. übers. und hg. von Lüder Gäbe (1960)

Dewey, J. (1910). *How we think*. Boston: Heath & Co.

Dörner, D. (1979). *Problemlösen als Informationsverarbeitung*. Stuttgart: Kohlhammer.

Frensch, P. A. & Funke, J. (Hrsg.). (1995). *Complex problem solving: The European perspective*. Hillsdale, NJ: Lawrence Erlbaum Associates.

Glatfeld, M. (Hrsg.). (1977). *Mathematik lernen – Probleme und Möglichkeiten*. Braunschweig: Vieweg.

Glatfeld, M. (Hrsg.). (1990). *Finden, Erfinden, Lernen – Zum Umgang mit Mathematik unter heuristischem Aspekt*. Frankfurt a. M.: Peter Lang.

Grieser, D. (2013). *Mathematisches Problemlösen und Beweisen. Eine Entdeckungsreise in die Mathematik*. Wiesbaden: Springer.

Hersh, R. (2014). *Experiencing mathematics: what do we do, when we do mathematics?* Providence: American Mathematical Society.

Hussy, W. (1984). *Denkpsychologie. Ein Lehrbuch. Band 1: Geschichte, Begriffs- und Problemlöseforschung, Intelligenz*. Stuttgart: Kohlhammer.

KMK (Ständige Konferenz der Kultusminister der Länder in der Bundesrepublik Deutschland) (Hrsg.). (2004). *Bildungsstandards im Fach Mathematik für den Mittleren Schulabschluss*. München: Luchterhand.

Krichel, K. (2017). *Problemlösen, Heuristik und Geometrie: Zwei Konzepte für einen neuen Mathematikunterricht der Orientierungsstufe, Band A, Heute und Morgen*. Dissertation im Fach Didaktik der Mathematik an der Bergischen Universität Wuppertal.

Kropp, G. (1969). *Vorlesungen über Geschichte der Mathematik*. Hochschultaschenbücher. Mannheim: Zürich Verlag.

Lange, D. (2013). *Inhaltsanalytische Untersuchung zur Kooperation beim Bearbeiten mathematischer Problemaufgaben*. Empirische Studien zur Didaktik der Mathematik, Bd. 17. Münster: Waxmann.

Mainzer, K. (1980). *Geschichte der Geometrie*. Mannheim: Bibliographisches Institut.

Matuschka, M. (1974). *Heuristik. Geschichte des Wortes und der Versuch der Entwicklung allgemeiner und spezieller Theorien von der Antike bis Kant*. Düsseldorf: Philosophische Fakultät der Universität Düsseldorf.

Pólya, G. (1949). *Die Schule des Denkens. Vom Lösen mathematischer Probleme*. Francke Verlag.

Pólya, G. (1966). *Vom Lösen mathematischer Aufgaben*. Einsicht und Entdeckung, Lernen und Lehren, Bd. 1. Basel: Birkenhäuser.

Pólya, G. (1980). Wie lehren wir Problemlösen? *Mathematik lehren, 1*, 3–5.

Pólya, G. (1995). *Schule des Denkens. Vom Lösen mathematischer Probleme* (4. Aufl.). Tübingen: Francke.

Rott, B. (2013). Mathematisches Problemlösen. Ergebnisse einer empirischen Studie. In T. Fritzlar, F. Heinrich & B. Zimmermann (Hrsg.), *Ars inveniendi et dejudicandi* Bd. 2. Münster: WTM.

Schoenfeld, A. H. (1985). *Mathematical problem solving*. Orlando: Academic Press.

Schreiber, A. (2011). *Begriffsbestimmungen. Aufsätze zur Heuristik und Logik mathematischer Begriffsbildung*. Berlin: Logos Verlag.

Schwarz, W. (2006). *Heuristische Strategien des Problemlösens. Eine fachmethodische Systematik für die Mathematik*. Münster: WTM.

Schwarz, W. (2018). *Problemlösen in der Mathematik: ein heuristischer Werkzeugkasten*. Berlin: Springer Spektrum.

Serebryakova, K. (2016). *Zur Geschichte von Heuristiken. Ein asymmetrischer Vergleich zentriert um Altschuller und TRIZ*. Stuttgarter Beiträge zur Wissenschafts- und Technikgeschichte, Bd. 8. Berlin: Logos.

Vogelius, M. (1677). Historia Vitae et Mortis Ioachimi Iungii, Mathematici Summi, cetera que incomparabilis Philosophi. In H. Witte (Hrsg.), *Memoriae philosophorum, oratorum, poetarum, historicorum et philologorum nostri seculi clarissimorum renovatae decas prima (- nona)* (S. 261–280). Königsberg: Hallervord.

Winter, H. (1988). Lernen durch Entdecken. *Mathematik lehren*, *28*, 6–13.

Winter, H. (1991). *Entdeckendes Lernen im Mathematikunterricht* (2. Aufl.). Einblicke in die Ideengeschichte und ihre Bedeutung für die Pädagogik. Braunschweig: Vieweg.

Winter, H. (1995). Mitteilungen der Gesellschaft für Didaktik der Mathematik. *Mathematikunterricht und Allgemeinbildung*, *61*, 37–46.

Zimmermann, B. (1990). Heuristische Strategin in der Geschichte der Mathematik. Entstehung Entwicklung, Einflüsse. In M. Glatfeld (Hrsg.), *Finden, Erfinden, Lernen – Zum Umgang mit Mathematik unter heuristischem Aspekt* (S. 130–164). Frankfurt am Main: Peter Lang.

Problemlösen in der Bildungsgeschichte – Teil 1: Problemlösen und die Genese der Geometrie

2

► Kernanliegen dieses Kapitels ist es, die fundamentale Bedeutung des Problemlösens für die Entstehung, Entwicklung und Vermittlung von Mathematik in der Kulturgeschichte herauszustellen. Die zahlreichen Materialien zu Flächeninhaltsbestimmungen und Volumenberechnungen, die von den frühen Hochkulturen bis zur griechisch-römischen Mathematik dokumentiert sind, lassen die Vermutung plausibel erscheinen, dass die Unterweisung in fortgeschrittener Mathematik ausschließlich anhand konkreter Probleme, vorwiegend ausgerichtet an geometrischen Herausforderungen des Alltags, stattfand und dass das Problemlösen selbst als ein zentrales Bildungsziel für die staatstragende Bildungselite der damaligen Zeit angesehen werden darf. Insbesondere die babylonischen Texte lassen eine mehr oder weniger bewusste Anwendung einiger grundlegender, wiederkehrender Methoden erkennen, was aus heutiger Sicht als heuristisches Handeln beurteilt werden kann. Dazu wird eine mögliche Verzahnung der von den frühen Hochkulturen beim Problemlösen praktizierten Vorgehensweisen mit den heuristischen Techniken und Heurismen nach Krichel und Stiller vorgenommen.

Die Geschichte des Mathematiklehrens und -lernens ist im Abendland hochkomplex und vielfältig. Brüche und Wissensverlust spielen eine ebenso große Rolle wie über Jahrhunderte, ja Jahrtausende, überlebende Traditionen und plötzliche „Wiedergeburten" längst vergessener Erkenntnisse. Da nur aus den Wurzeln des Mathematikunterrichts und dieser Vielfalt der Wechselfälle seiner Geschichte die bis heute so polemisch, teils verbittert, geführten „Glaubenskriege" zur Didaktik der Mathematik verständlich werden, soll in diesem Kapitel den Grundüberzeugungen und historischen Hintergründen der Mathematikdidaktik in ihren Grundzügen und Hauptentwicklungen nachzeichnet werden. Es gibt viele mathematikhistorische Abhandlungen, die sich eingehend mit der Entwicklung der Didaktik insgesamt befassen, auf die an gegebener Stelle verwiesen wird. Hier interessiert jedoch die Frage nach der Rolle, die Probleme jeweils in der Vermittlung mathematischer Kenntnisse einnehmen, so dass der Zusammenhang mit der überfachlichen

D. Stiller, K. Krichel, W. Schwarz, *Heuristik im Mathematikunterricht*,
https://doi.org/10.1007/978-3-662-63752-4_2

Fähigkeit des Problemlösens und dem Problemlösen als Teil mathematischen Unterrichts und allgemeiner Bildung herausgearbeitet werden soll.

Es stellen sich im Spannungsfeld mit Mathematikdidaktik und Bildung folgende Kernfragen, denen in diesem Kapitel abrissartig nachgegangen werden soll, um die historische Dimension des Problemlösebegriffs in der (mathematischen) Allgemeinbildung einordnen zu können:

- Was lässt sich über die kulturgeschichtliche Entwicklung der Unterweisung in Mathematik, möglichst unter Bezug auf das Lösen von Problemen, aussagen?
- Welche Bedeutung hat und hatte das Lösen von Problemen für den Bildungsbegriff?
- Welchen Stellenwert weist der Bildungsbegriff dem Problemlösepotenzial der Mathematik zu?

Das vorliegende Kapitel gibt einen Überblick über die Bedeutung des Problems in der frühen Geschichte der Mathematik; es gilt aufzuzeigen, welche enge Verzahnung zwischen der Entstehung der Geometrie (und allgemein der Mathematik) und (prä-)historischen Problemlösungen vorliegt. Prominente und weniger bekannte Aufgabenstellungen aus der Frühzeit der uns bekannten Mathematikgeschichte verschiedener Kulturen werden zu diesem Zweck vorgestellt und im folgenden Kapitel hinsichtlich ihres heuristischen Potenzials betrachtet. Zudem werden der historische Zusammenhang und die Quellensituation kurz beleuchtet. Außereuropäische Entwicklungen werden nur dort aufgegriffen, wo sie für den europäischen Kontext erhellend sind.

Um welche Art von Problemen wird es dabei vorrangig gehen? Bei Euklid sind es häufig Konstruktionsaufgaben, die als Probleme präsentiert werden. Unter anderem Vollrath (2000, S. 37) weist darauf hin, dass sich „die Bestimmung des Flächeninhaltes [...] wie ein roter Faden als *grundlegendes* Problem durch die Mathematikgeschichte zieht".

Wegen der vielfältigen Abhängigkeiten und historischen wie auch logischen Verquickungen ist es nicht immer möglich oder sinnvoll, diese Überlegungen unabhängig von dem Bildungsbegriff oder der Didaktik im Allgemeinen anzustellen, so dass an einigen Stellen auch Ausführungen zu der zugrunde liegenden Idee von Bildung zu finden sind, die die Einordnung des Problems bzw. des Problemlösens ermöglichen. In seiner Vielschichtigkeit tritt der Problembegriff außerdem natürlich nicht nur in der Mathematik in Erscheinung; Auslassungen und Überschneidungen sind mithin unumgänglich.

Was dieses Kapitel wenigstens schlaglichtartig außerdem zu zeigen beabsichtigt, ist die fundamentale Bedeutung des Problemlösens für die Mathematik und ihre Entstehung.

In der Entwicklungsgeschichte der Mathematik zeigt sich ein Wechselspiel zwischen Theoriebildung und Problemstellungen. „Beim Entstehen von Mathematik geht die Dynamik jedoch von den Problemen aus", schreibt Vollrath (2000, S. 37). Die Vorstellung oder der Eindruck, dass Mathematik und/oder Geometrie stets als (voll ausgebildetes) System von Begriffen, Axiomen und Sätzen existiert hat, ist demnach schlicht falsch. Vielmehr steht ein iterativer Prozess dahinter:

> Wenn man Mathematik treibt, dann ergeben sich Begriffsbildungen als Lösungen von Problemen. Die Begriffe erweisen sich dann als Quellen neuer Probleme. Die Lösungsidee kann zu neuen Sätzen oder neuen Begriffen führen. Bei der Durchführung des Lösungsweges sind Begriffe, Sätze und bereits gelöste Probleme die entscheidenden Hilfsmittel (Vollrath 2000, S. 7).

Ganz im Sinne eines genetischen, entdeckenden bzw. forschenden Unterrichts ist es dieser Weg, der es den Schülern ermöglicht, Mathematik nicht als fertiges, oftmals und für viele sinnleeres Konstrukt zu erleben, sondern im Gegenteil Mathematik in ihrem eigentlichen Sinne als problemlösendes Abenteuer selbst zu erschaffen.

► Das Problem ist damit in allen Phasen und in umfassendstem Sinne Ausgangspunkt des Mathematiktreibens – und sollte genau so auch den Unterricht charakterisieren.

In der folgenden historischen Zusammenschau wird es primär um geometrische Probleme gehen, deren Inhalte für die sekundarschulorientierten Unterrichtskonzepte IHiMU und CHIME (Kap. 6 und 7) eine Rolle spielen bzw. spielen könnten. Dennoch wird an geeigneter Stelle auch auf prägnante Beispiele fortgeschrittener Art eingegangen. Die Auswahl der Problemstellungen erhebt keinen Anspruch auf Vollständigkeit, sondern dient dazu, a) zu plausibilisieren, dass heuristisches Handeln bereits sehr früh für mathematisches Handeln postuliert – wenn auch nicht bewiesen – werden kann, und b) aufzuzeigen, dass sich im Rahmen vergleichsweise einfacher geometrischer Problemstellungen relevante heuristische Techniken und Heurismen in Anwendung bringen lassen. Außerdem sollen Doppelungen möglichst vermieden werden, weshalb chronologisch fortschreitend stets nur erweiternde mathematische Kenntnisse aufgeführt werden.

2.1 Prähistorische Indizien

Aus einer Reihe von Gründen ist es schwierig, Aussagen über die Vermittlung von Mathematik in prähistorischer Zeit zu machen. Wenig ist über die mathematischen Kenntnisse aus der Zeit vor Beginn der schriftlichen Aufzeichnungen überhaupt bekannt; da ist die Frage, wie dieses Wissen weitergegeben und vermittelt oder welcher Stellenwert welcher Art von Wissen beigemessen wurde, kaum zu beantworten. Einige hypothetische Betrachtungen sollen an dieser Stelle jedoch angestellt werden, die sich auf Informationen zu anderen kulturellen Bereichen beziehen.

Dass mathematisches Wissen auch für eine Zeit, in der es noch keine schriftlichen Aufzeichnungen gab, als bekannt vorausgesetzt werden darf, kann als gesichert gelten, schon allein deswegen, weil die prähistorische Zeit in einigen Gegenden wie Mitteleuropa erst spät endete und durch kulturelle Kontakte zu den schriftführenden Mittelmeerzivilisationen Informationen überliefert sind, die einen Eindruck davon vermitteln, welches kulturelle Niveau auch in illiteraten Gesellschaften erreicht wurde. Geht man jedoch weiter zurück, so kann man sich nur auf indirekte Hinweise stützen.

Quellenlage
Mathematisches Material in seiner frühesten Form ist vielgestaltig und wegen der fehlenden Begleitung durch Schriftquellen weder eindeutig zu identifizieren noch zu interpretieren. Regelmäßig gekerbte Objekte oder solche mit teils gruppierten „Strichmustern" spätestens aus dem Jungpaläolithikum werden allerdings heute von vielen Forschern als Belege erster numerischer Versuche und Fertigkeiten betrachtet. Spätestens mit dem Neolithikum setzt der Beginn erster Handelstätigkeit ein und wird die erste Mathematik notwendig, um die Warenmengen erfassen zu können. Erst Objekte, dann nur noch ikonische Darstellungen dienten als Repräsentanten der zu erfassenden realen Waren. Es ist sehr wohl möglich, dass diese ikonischen Darstellungen, die bald mit Zahlsymbolen kombiniert wurden, zur Entwicklung der Schrift für menschliche Sprache führten. Die ersten geometrischen Kenntnisse fanden ihren Niederschlag insbesondere in Ornamenten auf Gegenständen unterschiedlichster Art und in architektonischen Konstruktionen. Intensiv wurden die zahlreichen Steinsetzungen auf den Britischen Inseln untersucht, die alle in das späte Neolithikum datieren.

Eine Reihe von Forschern sieht den Ursprung der Geometrie grundsätzlich in einem rituellen Kontext. Fassbar wird dies freilich erst durch schriftliche Aufzeichnungen, die diese Idee für die frühgriechische Zeit und auch im indischen Kulturraum stützen (van der Waerden 1963, 1983; Seidenberg 1960, 1965, 1977). Die Anfänge dieser Vorstellungen und damit auch die geometrische Bearbeitung liegen jedoch in vorhistorischen Phasen dieser Hochkulturen, und van der Waerden vertritt die These eines gemeinsamen Ursprungs in der Donauregion. Aufgrund der großen Parallelitäten – speziell auch mit Blick auf die Kenntnis des sogenannten Satzes des Pythagoras bzw. pythagoreischer Tripel – zwischen frühhistorischer Mathematik in Europa und Asien wird eine gemeinsame Vorläufermathematik postuliert, die „in der Jungsteinzeit, etwa zwischen 3000 und 2500 v. Chr. existiert haben muss und sich von Mitteleuropa aus nach Großbritannien, in den Nahen Osten, nach Indien und nach China ausgebreitet haben muss" (van der Waerden 1983, S. xi).

Kulturgeschichtliche, didaktische und heuristische Aspekte

Frage

Was lässt sich über die kulturgeschichtliche Entwicklung der Unterweisung in Mathematik, möglichst unter Bezug auf das Lösen von Problemen, aussagen?

Man darf annehmen, dass sich Kenntnisse der Zahlensymbole und -systeme rasch unter den Personen verbreiteten, die miteinander in Handelskontakt standen, und dass sich ein gemeinsamer Code entwickelte, der das System praktikabel und effizient für die Benutzer machte. Eine Unterweisung, so kann man vermuten, fand während des praktischen

Tuns statt und erforderte auf dieser Entwicklungsstufe wohl wenig formelle Instruktion. Der große problemlösende Wert dieser „Mathematisierung" einer bis dahin weitgehend unmathematischen Welt ist allerdings kaum zu überschätzen.

> Wenn z. B. ein Händler mit 3 Kühen und 5 Schafen [. . .] über Land geschickt wurde, so bekam er ein solches Gefäß mit 3 Kegeln und 5 Scheibchen mit, das zur Kontrolle dem Empfänger verschlossen abgeliefert werden mußte. Zu noch größerer Sicherheit wurden manchmal die in dem Gefäß enthaltenen Körper auf der Außenseite aufgezeichnet (Gericke 1996, S. 1).

Die architektonischen Hinterlassenschaften seit dem Neolithikum geben vielfach Hinweise darauf, dass die Erbauer geometrische Kenntnisse und vor allem ein hohes Interesse an (komplexen) geometrischen Gestaltungsgrundsätzen hatten. Verschiedentlich wurden pythagoreische Zahlentripel in sehr alten Bauwerken identifiziert und als Beleg zitiert. Isoliert betrachtet sind solche Befunde stets angreifbar, zusammen mit den wenig späteren schriftlichen Aufzeichnungen scheint es dagegen durchaus plausibel, eine intensive Beschäftigung mit geometrischen Konstruktionen zu vermuten, die ihre Berechtigung aus rituellen Wertzuschreibungen erhielt.

Im besondere Maße war es wohl die Suche nach astronomischem Wissen, teils aus rituell-religiösen, teils aus praktischen Motiven heraus, die die Entwicklung der Mathematik und Geometrie vorantrieb, was zahllose Bauwerke mit astronomisch begründeten Eigenschaften belegen. Die Spekulationen, die sich hieraus ergeben, weisen dahin, dass mathematisches Wissen in dieser Zeit eng mit den religiösen Vorstellungen verknüpft gewesen sein könnte und sich eine ganz bestimmte Gruppe von Personen mit solch numinosen Inhalten beschäftigen durfte oder konnte. Da die Schrift in dieser Zeit nicht existierte, müssen Kenntnisse notwendigerweise oral tradiert worden sein (vgl. Mathews 1985). Über Umfang und Art der Unterweisung können keine fundierten Aussagen gemacht werden, aber es sei auf spätere Kulturen verwiesen, die sich bewusst gegen eine schriftliche Niederlegung ihres kulturellen Wissensschatzes entschieden; das wohl am besten dokumentierte und bekannteste Beispiel hierfür ist die keltische Zivilisation Mitteleuropas.

Während für ökonomische Zwecke bald nach dem Erstkontakt mit der griechischen Kultur, um 600 v. Chr., das griechische Alphabet gebräuchlich wurde, wurden weder theologisches noch historisches oder wissenschaftliches Wissens in dieser Form niedergelegt – eine bewusste Entscheidung der für die Tradierung kulturellen Wissens zuständige Bevölkerungsgruppe (der sogenannten Druiden). Diese beharrten auf einer rein mnemonischen Überlieferungsweise, bis zu dem allmählichen Ende ihrer Kultur, durch eine Kombination aus Aufgehen in einer romanisierten Gesamtbevölkerung, internen kriegerischen Auseinandersetzungen, Verdrängung durch die germanischen Völker in der Völkerwanderungszeit und schließlich der Verbreitung des Christentums. Auch wenn die archäologisch-historische Quellenlage keine genauen Aussagen über den Grad mathematischer Kenntnisse erlaubt, so ist doch eines klar: Unterweisungen waren nicht anders denkbar als in verbaler Form. Und das wenige, was über die Ausbildung keltischer Druiden, aus der Spätzeit, bekannt ist, lässt es sehr wahrscheinlich erscheinen, dass das Auswendiglernen einen hohen Stellenwert besaß. Möglicherweise wirft dies ein Schlaglicht auf die Art des Unterrichts, wie sie in nichtschriftführenden Kulturen (zu früherer Zeit) praktiziert wurde, ehe man zur schriftlichen Niederlegung und Unterweisung überging.

Gedanken zu einer neolithischen Ur-Geometrie

Die Anfänge der Geometrie zu ergründen, ist letztlich nicht möglich, da geistige Konstrukte hinter den sichtbaren Manifestationen archäologisch nicht fassbar sind. Spätestens im Jungpaläolithikum (ab ca. 40.000 v. Chr.) lassen sich zwar nach geometrischen Prinzipien gestaltete Malereien und Ritzungen identifizieren, und aus archäologischer Sicht ist davon auszugehen, dass noch früher solche Darstellungen auf nicht erhaltenen Materialien angefertigt wurden. Für die Zeit des Neolithikums mit der einsetzenden Verwendung von Keramik werden die Quellen zahlreicher, die Belegdichte wird wesentlich größer. Sehr viele Keramiken zeichnen sich durch eine regelmäßige, ornamentale Verzierung mit parallel angeordneten Punkt- und Strichmustern oder mit Reihen von Dreiecken und Rechtecken aus. Es ist erwähnenswert, dass diese Gestaltung von Gebrauchskeramik in der Archäologie als Äquivalent eines Leitfossils und damit als (oftmals wichtigstes) Merkmal für die Zuordnung von Bevölkerungen zu bestimmten Kulturkreisen dient. Ob allerdings das bloße Vorhandensein regelmäßiger, gezeichneter oder gravierter Strukturen bereits Geometrie in unserem Sinne war, darüber lässt sich trefflich – und fruchtlos – streiten. Auch wenn die Ästhetik bei der Entstehung der Geometrie eine Rolle gespielt haben mag und erste geometrische Strukturen bereits in der Urgesellschaft auftreten, soll hier der Fokus auf jene Kulturen und Zeiten gelegt werden, für die historisch, d. h. schriftlich belegt ist, dass Probleme des (praktischen) Lebens den Ausgangspunkt für die Entwicklung in unserem Sinne und bis heute gültiger geometrischer Kenntnisse bildeten. Trotz dieser Problematik gibt es einige Arbeiten, die sich mit diesem Feld mathematikhistorischer Forschung auseinandersetzen. Hier werden schlaglichtartig Beispiele herausgegriffen, die dem Zweck des Kapitels dienen, wie es oben umrissen wurde.

Mathews (1985) arbeitete im engen Austausch mit den Arbeiten besonders van der Waerdens und Seidenbergs einen Kern geometrischen Wissens heraus, das im Neolithikum entdeckt, konsolidiert und tradiert worden zu sein scheint. Hierzu gehören insbesondere Rechtecke, rechtwinklige Dreiecke über ihren Diagonalen und Gnomone. Dass schon früh bei der Untersuchung dieser geometrischen Objekte algebraische Vorstellungen entwickelt wurden, ist angesichts der später fassbaren mathematischen Kenntnisse plausibel. Aus dieser Perspektive wäre viel der späteren Mathematik letztlich auf die mündliche geometrische Tradition der Jungsteinzeit zurückzuführen.

Mathews setzt die von ihm rekonstruierten Inhalte einer vorgeschichtlichen Geometrie in Bezug zu Euklids *Elementen* und kommt zu dem Schluss, dass sie Buch II und einem Teil der in Buch I präsentierten Sätze entsprechen (Tab. 2.1).

Aber zu welchem Zweck wurden diese frühen mathematischen Kenntnisse überhaupt entwickelt? Und wie weit reichten sie? Um Ideen hierzu zu entwickeln, seien zunächst die hypothetischen (rekonstruierten) Kenntnisse nach Mathews (1985) kurz dargestellt,

Tab. 2.1 Korrelation der von Mathews rekonstruierten neolithischen geometrischen Sätze zu Euklid. (Mathews 1985, S. 199)

Ancient Core	Euklid
I.1	EII.1*
I.2	EI.43
I.3	EI.43
II.1	EII.4, EII.7, EII.6
II.2	EII.8
II.3	EII.9, EII.10
II.4	EII.6, EII.14
III.1	EI.47

* Diese Bezeichnung bezieht sich auf Elemente Buch II und die jeweils benannten Propositionen

der einen Kern jungsteinzeitlicher Mathematik postuliert, der sich ganz wesentlich auf die Kenntnisse von Gnomonen stützt.

- I.1: Wenn die längere Seite eines Rechtecks in beliebige Abschnitte aufgeteilt wird, so entspricht der Flächeninhalt des ursprünglichen Rechtecks der Summe der Rechtecke, deren eine Seite der kurzen Seite des Ausgangsrechtecks und deren andere Seiten jeweils den Abschnitten der längeren Seite des Ausgangsrechtecks entsprechen (Abb. 2.1).

Wählt man auf der Diagonalen eines Rechtecks einen beliebigen Punkt, sind zwei Rechtecke eindeutig bestimmt (Abb. 2.2, weiß und blaugrün), die innerhalb des Ausgangsrechtecks komplementäre Gnomonecken (Eckkomplemente) zweier Gnomone mit identischen Gnomonarmen darstellen. Abb. 2.3 zeigt in blaugrün dasjenige Gnomon, dessen Eckkomplement das blaugrüne Rechteck aus Abb. 2.2 ist.

- I.2: Die Gnomonkomplemente sind flächeninhaltsgleich (Abb. 2.4).
- I.3: Die Gnomonbasen sind flächeninhaltsgleich (Abb. 2.5).

Auf diesen Feststellungen über Gnomone aufbauend lassen sich weitere Fragestellungen untersuchen, so die Frage nach der Differenz zwischen den Flächeninhalten zweier Quadrate (als speziellen Rechtecken). Die erste Möglichkeit besteht darin, mithilfe des

Abb. 2.1 Aufteilung eines Rechtecks in Teilrechtecke bei gleichbleibendem Gesamtflächeninhalt

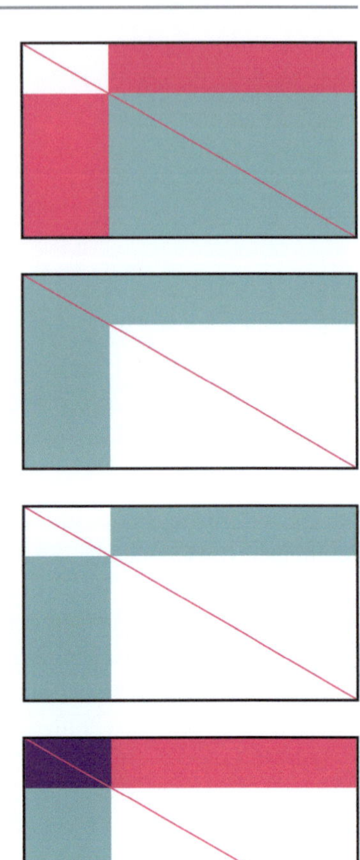

Abb. 2.2 Aufteilung eines Rechtecks in vier rechteckige Teilflächen durch Festlegung eines beliebigen Punktes auf seiner Diagonalen

Abb. 2.3 Gnomon (*blaugrün*) in einem Rechteck

Abb. 2.4 Gnomonkomplemente (*blaugrün*)

Abb. 2.5 Gnomonbasen (*magenta* und *blaugrün*, mit Überschneidungsfläche in *dunkelviolett*)

sogenannten „Satzes des Pythagoras" ein Quadrat zu konstruieren, das der gesuchten Differenz entspricht. Die zweite Möglichkeit ist die geschachtelte Anordnung beider Quadrate, so dass die gesuchte Differenz innerhalb des größeren und außerhalb des kleineren vorgegebenen Quadrats als Fläche erkennbar wird.

- II.1 (Gnomon): Die Differenz zwischen äußerem und innerem Quadrat ist gleich dem Flächeninhalt der Summe aus Eckkomplement und der beiden (kongruenten) Gnomonkomplementen. Durch Umarrangieren lässt sich diese Fläche auch als Rechteck darstellen (Abb. 2.6).
- II.2: Die Differenz lässt sich auch als viermal das Rechteck aus dem arithmetischen Mittel und der halben Differenz der Seitenlängen beider Quadrate auffassen oder – durch eine andere Aufteilung – als viermal das Rechteck aus der Seitenlänge des kleineren Quadrats und der halben Differenz der Seitenlängen beider Quadrate zusammen

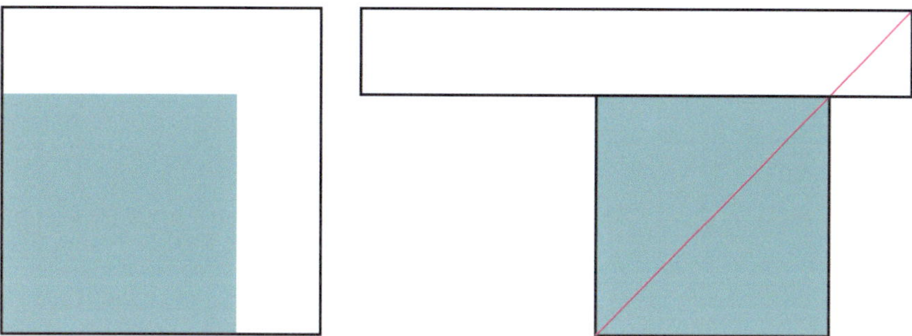

Abb. 2.6 Differenz zweier Quadrate. Darstellung als Gnomon (*links*) und gerichtetes (*aligned*) Gnomon (*rechts*). (Nach Mathews 1985, S. 197)

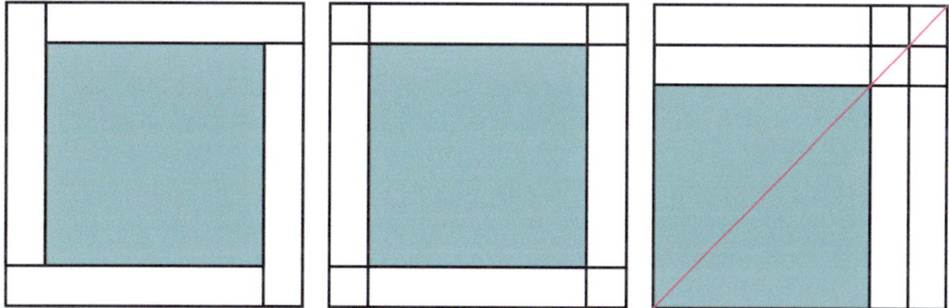

Abb. 2.7 Differenz zweier Quadrate. Aufteilungsvarianten (*links*) und (*Mitte*) und Verschiebung zum Quasi-Gnomon (*rechts*). (Nach Mathews 1985, S. 197)

mit viermal dem Quadrat über der halben Differenz der Seitenlängen beider Quadrate (Abb. 2.7).

Diese Überlegungen und Kenntnisse lassen sich nun zur Addition der Flächeninhalte zweier Quadrate weiternutzen.

- II.3 Die Summe der Flächeninhalte zweier Quadrate entspricht der Summe des doppelten Flächeninhalts des Quadrats über dem arithmetischen Mittel ihrer Seitenlängen und des doppelten Flächeninhalts des Quadrats über der Hälfte der Differenz ihrer Seitenlängen (Abb. 2.8).
- II.4: Der Flächeninhalt eines Rechtecks ist gleich der Differenz der Flächeninhalte der Quadrate über dem arithmetischen Mittel und der halben Differenz seiner Seitenlängen (Abb. 2.9).

Schließlich lässt sich aus diesen flächenvergleichenden Zerlegungen von Quadraten und Rechtecken auch der sogenannte „Satz des Pythagoras", neutral auch als Diagonal Square Theorem (DST) bezeichnet, schließen (Abb. 2.10).

Abb. 2.8 Die Summe zweier Quadrate entspricht dem Doppelten des Quadrats ihres arithmetischen Mittels und zweimal dem Quadrat der Hälfte ihrer Differenz, wie einfaches Abzählen zeigt. (Nach Mathews 1985, S. 198)

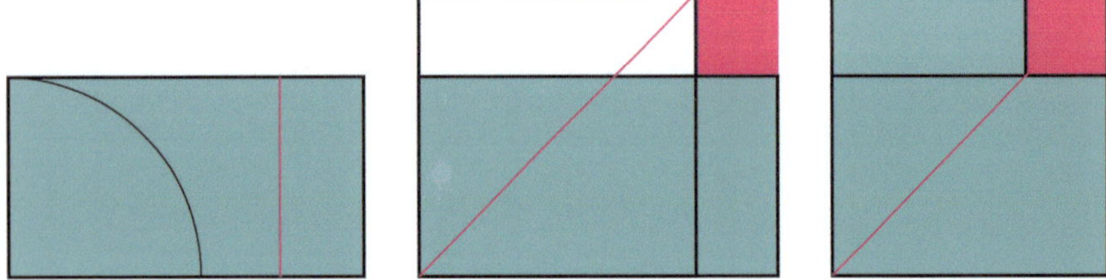

Abb. 2.9 Der Flächeninhalt eines beliebigen Rechtecks (*links*) lässt sich als Differenz zweier Quadrate konstruieren (*Mitte* und *rechts*). (Nach Mathews 1985, S. 199)

Ein beliebiges Quadrat (in Abb. 2.10 weiß hinterlegt), in das ein weiteres Quadrat einbeschrieben ist, lässt sich auf zwei Arten zerlegen: Es kann entweder als Summe des einbeschriebenen Quadrats und zweier Rechteckflächen (die durch paarweises Zusammenlegen der dreieckigen Flächen entstehen und durch die Berührungspunkte des einbeschriebenen Quadrats mit dem äußeren Quadrat eindeutig festgelegt sind) aufgefasst werden, oder man zerlegt es in zwei Quadrate und zwei Rechtecke, deren Seitenlängen durch die Berührungspunkte des einbeschriebenen Quadrats mit dem äußeren Quadrat eindeutig festgelegt sind. Aufgrund des Prinzips der Invarianz und der Kongruenz der in beiden Fällen entstehenden Rechteckflächen (vgl. Betrachtungen zu den Gnomonen oben) ergibt sich, dass der Flächeninhalt des einbeschrieben Quadrats identisch ist mit der Summe der Flächeninhalte der beiden Quadrate, die bei der anderen Art der Zerlegung entstehen. Es folgt unmittelbar:

Beispiel

III.1 Das Quadrat über der Diagonalen eines beliebigen Rechtecks ist flächeninhaltsgleich mit der Summe der Quadrate über seinen beiden Seiten. ◀

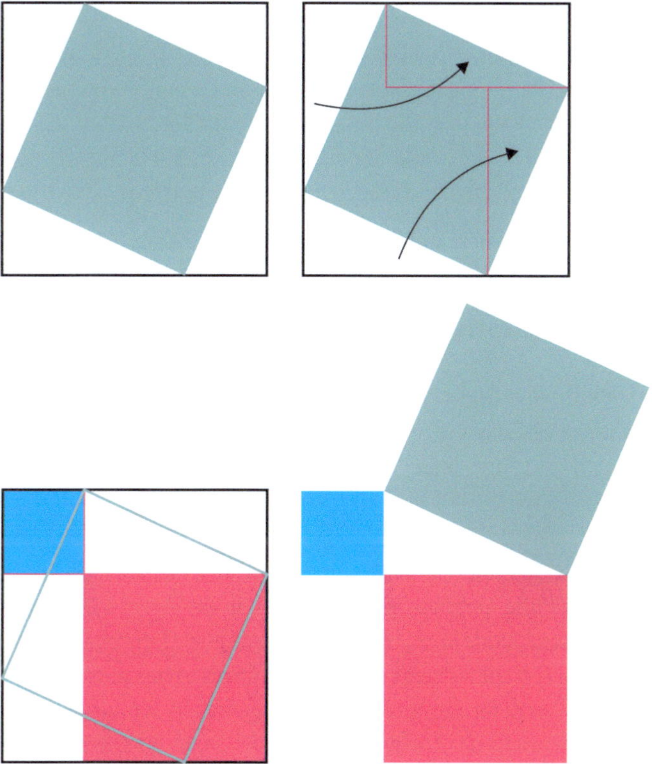

Abb. 2.10 Das Diagonal Square Theorem (Satz des Pythagoras) ergibt sich unmittelbar aus vergleichenden Zerlegungsbetrachtungen. (Nach Mathews 1985, S. 202)

Die postulierten Problemstellungen

Es stellt sich die Frage nach dem Grund für das fassbare geometrische Interesse in der frühen menschlichen Kulturgeschichte. Eine sichere Antwort ist nicht möglich, aber die Zusammenhänge, aus denen uns diese Kenntnisse am deutlichsten entgegentreten, lassen die Vermutung zu, dass rituelle Gedanken eine Rolle gespielt haben mögen. So finden wir die frühesten Belege für geometrisches Wissen in den Steinkreisen des nördlichen Europas und in den indischen Altarbauten.[1] Im Falle vedischer Tradition lässt sich das theologisch begründete Bestreben erkennen, Altäre zu konstruieren, deren Oberflächen gleichgroß waren oder anderen spezifischen Erfordernissen genügten, wie etwa ein doppelt so großer Flächeninhalt. Daneben waren es Bedürfnisse, die durch astronomische Beobachtungen und den daraus entwickelten Möglichkeiten zur Vorhersage von Ereignissen befriedigt

[1] Van der Waerden, Mathews und Seidenberg vertraten die Hypothese eines gemeinsamen, neolithischen Ursprungs der Mathematik im Allgemeinen und der Geometrie im Besonderen. Van der Waerdens wichtigstes hier zitiertes Werk ist sein *Geometry and Algebra in Ancient Civilizations* (van der Waerden 1983).

werden konnten, die die Entwicklung der Geometrie zu dieser Zeit vorantrieben – ob dies primär unter praktischen, wie etwa ackerbaulichen oder theologisch-astrologischen Gesichtspunkten geschah, ist nach wie vor Gegenstand der wissenschaftlichen Diskussion. Plausibel erscheint jedoch, dass die Sesshaftwerdung der Menschheit als maßgebliche Triebfeder dieser kulturellen Entwicklung angesehen werden kann, wie spätere Hauptanwendungsgebiete geometrischer und allgemein mathematischer Kenntnisse und spätere Überlieferungspraktiken nahelegen.

2.2 Alt- und frühhistorische Zeugnisse

Über den Unterricht in den frühen Hochkulturen ist im Vergleich zu den vorausgehenden Zeiten sehr viel mehr bekannt, was sich durch die Verschriftlichung – wenn auch nicht unbedingt didaktisch-pädagogischer Gedanken – durch die Zielkulturen selbst erklärt.

Quellenlage

Die mesopotamischen Quellen reichen bis in das dritte vorchristliche Jahrtausend zurück und gewähren in ihrer Fülle nicht nur einen Einblick in die Art des Mathematikunterrichts der ersten Hochkulturen, sondern sogar in den damaligen „Lehrplan". Zudem ist hier archäologisch der pädagogische Zusammenhang der Quellen gesichert.

Dagegen ist die Überlieferung aus dem altägyptischen Kulturraum weniger gut; in seiner Gesamtheit entspricht der Corpus ägyptischer Texte gerade einmal der Menge an mesopotamischen mathematischen Schriftzeugnissen. Und nur bei einem kleinen Teil dieser Texte wiederum handelt es sich um mathematische Schriften aus der Zeit zwischen etwa 2000 v. Chr. und 200 n. Chr. Es gibt keine archäologischen Beweise dafür, dass die Papyri (auch wenn es sich um Lehrtexte handeln dürfte) aus einem Unterrichts- oder schulischen Kontext stammen.

Kulturgeschichtliche, didaktische und heuristische Aspekte

Frage

Was lässt sich über die kulturgeschichtliche Entwicklung der Unterweisung in Mathematik, möglichst unter Bezug auf das Lösen von Problemen, aussagen?

Basis der mathematischen Ausbildung der mesopotamischen Schreiber war das Auswendiglernen verschiedener standardisierter „Texte", die die Keilschriftsymbole, Fachvokabular, Maßsysteme und numerische Tabellen umfassten. Durch umfassende Studien können Inhalte einschließlich ihrer Position im Lehrplan wie folgt rekonstruiert werden (nach Bernard et al. 2014, S. 31):

- Listen mit Maßeinheiten für Rauminhalte, Gewicht, Flächen und Längen
- Tabellen zu dem Zusammenhang zwischen den verschiedenen Maßeinheiten und Zahlen im sexagesimalen Stellenwertsystem
- Numerische Tabellen zu Kehrwerten, Multiplikation, Quadraten, Quadratwurzeln und Kubikwurzeln

Die sichere – und auswendige – Beherrschung dieses Grundwissens musste in schriftlichen Prüfungen nachgewiesen werden.

Wer diese Grundlagen der babylonischen Mathematik gemeistert hatte, befasste sich auf einem mittleren Niveau deutlich weniger formalisiert mit Rechenoperationen im sexagesimalen Stellenwertsystem, vor allem der freien Multiplikation (das heißt Rechentechniken für beliebige Zahlen anstelle eines formelhaft auswendig gelernten Katalogs von Multiplikationsergebnissen) und der Bestimmung von Kehrwerten großer Zahlen. Diese Fertigkeiten wurden zur Flächeninhaltsberechnung von Quadraten und anderen Figuren angewandt. Aus den wenigen überlieferten ägyptischen Quellen lassen sich vergleichbare Kenntnisse ablesen, wobei auffällt, dass hier die freien Berechnungen möglicherweise stärker vertreten sind.

Fortgeschrittener Mathematikunterricht bestand in der Anwendung der erworbenen Kenntnisse zur Lösung konkreter Probleme, wie die Tafel YBC 4663#1 (YBC = Yale Babylonian Collection, New Haven) beispielhaft belegt (zur Aufgabe mehr in Abschn. 2.2.1.5), bei der es um den rechnerischen Zusammenhang von nicht weniger als neun Parametern geht. Wichtig ist dabei, dass die Art der Problemstellung und das folgende „Rezept" klar einen Rückbezug auf die zuvor gelehrten Inhalte herstellen, so dass der didaktische Charakter dieser Tafel feststeht. Auch die Quelle ST V (ST = Susa-Texte) ist eine didaktisierte Aufgabensammlung, bei der der Schwierigkeitsgrad ansteigt und zudem „schwerere Aufgaben als Umkehrungen von einfacheren behandelt werden" (Gericke 1996, S. 32) – ein eindeutiges Indiz für konzeptuell entwickelte Didaktik.

Eine vergleichbare lehrplanähnliche Abfolge von Inhalten lässt sich für das alte Ägypten hingegen nicht begründet identifizieren. Die wenigen umfangreicheren Papyri ähneln den babylonischen Tafeln stark in ihrer Struktur, weshalb sie in der Forschung ebenfalls zumeist als pädagogische Texte interpretiert werden. Dabei ist die Sachlage insgesamt sehr viel weniger klar: Die Existenz von Schulen ist zwar auch für Ägypten durch einzelne schriftliche Zeugnisse belegt, tragfähige, archäologische Befunde sind jedoch rar. Es gibt auch keine klaren Belege, dass die Mathematik im ägyptischen Bildungswesen vergleichbar stark verankert war wie im mesopotamischen; ob die überlieferten mathematischen Papyri tatsächlich schulisch genutzte Unterrichtsmaterialien darstellen, ob sie in diesem Falle für die Ausbildung von Spezialisten oder für alle Schreiber gedacht waren oder ob es sich gar um „private" Aufzeichnungen von Experten handelt, ist wissenschaftlich nicht gesichert.

Während sich Unterrichtsmaterial für das Grund- und das mittlere Niveau babylonischen Mathematikunterrichts klar und auch eindeutig als solches identifizieren lässt, ist die Situation bei höheren mathematischen Inhalten anders, und die Frage stellt sich, ob und wie man hier Forschungsaufzeichnungen von Lehrmitteln unterscheiden kann. Diese Problematik, die aus der archäologischen und historiografischen Sachlage erwächst, war es, die zu einer lang andauernden Debatte über das „Wesen" früher Mathematik und ihres Unterrichts und zu zwei konträren Auffassungen führte.

Auf der einen Seite vertreten Forscher die Auffassung, dass die babylonische und auch die ägyptische Mathematik als reine „Rezeptmathematik" den auszubildenden Mathematikern algorithmische Vorschriften an die Hand gab; diese Mathematik wird als wenig abstrakt, nicht an allgemeinen Beweisen interessiert und unkreativ charakterisiert, was eine strikt repetitive Form des Unterrichts bedinge. Auf der anderen Seite stehen Forscher, die zu bedenken geben, dass Rückschlüsse auf den mit den mathematischen Texten verbundenen Unterricht hochspekulativ sind. Ob und inwieweit die Lehrer die eigenständige Auseinandersetzung der Lerner mit den gestellten Sachproblemen gefordert und befördert haben, ist nicht festzustellen. Die „Rezepte" können ebenso gut als Wissensspeicher gedient haben, ohne dass sich unmittelbar eine Verbindung zur Didaktik des damaligen Unterrichts ziehen ließe.

Einige Indizien weisen darauf hin, dass der ägyptische Mathematikunterricht mit nur einem Lehrer und einem Lerner abgehalten wurde; auch eine direkte unterrichtliche Verknüpfung zwischen geometrischen Problemlösungen und Rechtstexten kann vermutet werden.

Dass die babylonische (und altägyptische) Mathematik wenig formalisiert war und sich – abseits der Frage der praktischen Unterweisung – nicht auf dem Abstraktionsniveau späterer Mathematik (speziell der griechischen) bewegte, ist wohl richtig. Andererseits gilt es zu bedenken, dass die teils ausgesprochen aufwendigen und vielschrittigen „Rezepte" weder zufällige Erscheinungen sein können, noch ist es denkbar, dass die Spezialisten der damaligen Zeit nicht in der Lage gewesen wären, die einzelnen Schritte innerhalb ihres eigenen mathematischen und allgemeinen kulturellen, vielleicht auch religiösen Gesamtkonzeptes zu reflektieren und zu begründen. Ob diese Betrachtungen aber Kerninhalte des Unterrichts gewesen sind, inwieweit sie als alleinige Lösungswege akzeptiert wurden oder ob auch hier die keineswegs ungewöhnliche Diskrepanz zwischen schriftlich Fixiertem und lebenspraktischen Alltagshandlungen im alten Ägypten wirkte und individuelle Problemlösungen sehr wohl gewünscht oder gar gefordert wurden, bleibt reine Spekulation.

Bei aller gebotenen Vorsicht angesichts der Quellenlage lässt die Analyse der mathematischen Texte keinen Zweifel daran, dass die Unterweisung in fortgeschrittener Mathematik (ausschließlich) anhand konkreter Probleme stattfand. Die Texte gehen von einer – oft sehr exakt beschriebenen – Problemsituation aus, die in der Folge mithilfe eines Rezepts Schritt für Schritt gelöst wird. Spezifische Probleme waren Ausgangspunkt des Unterrichts (und der mathematischen Forschung) jenseits der mathematischen Grundausbildung (wenn nicht der Beschäftigung mit Mathematik insgesamt, wie in Kap. 6 zu sehen sein wird). Ob und inwieweit aber das eigenständige Auffinden von Lösungen ebenfalls Ziel des Unterrichts war, bleibt im Dunkeln. Dass der Kern des mathematischen Interesses der frühen Hochkulturen im Lösen vielfältiger Probleme aus den Bereichen Architektur,

Ingenieurwissenschaften, Astronomie und Wirtschaft lag, lässt sich jedoch angesichts der vielen tausend mathematischen Textzeugnisse nicht leugnen, so dass das Problemlösen als ein zentrales Bildungsziel des Mathematikunterrichts für die staatstragende Bildungselite der damaligen Zeit postuliert werden kann.

Frage

Welche Bedeutung hatte das Lösen von Problemen für den Bildungsbegriff, und welchen Stellenwert weist der Bildungsbegriff dem Problemlösepotenzial der Mathematik zu?

Diese Fragen lassen sich für die frühen Hochkulturen in Mesopotamien und Ägypten nur indirekt und hypothetisch erwägen. Tatsache ist, dass die Schreiber als ausführende Verwaltungsorgane und Bildungselite der frühen Hochkulturen einen stark standardisierten Wissens- und Fertigkeitskanon besaßen. Dies allein zeigt schon, dass ein Begriff davon und ein Stück weit auch ein Konsens existierte, was zur Bildung gehörte; und mathematisches Wissen war ein grundlegender Bestandteil dieser Bildung. Betrachtet man die Aufgaben, mit denen sich die Mathematiker abseits der Grundfertigkeiten befassten, so lässt sich begründet spekulieren, dass die Mathematik ein überlebenswichtiges (astronomische Berechnungen zur Bestimmung von Überflutungen), juristisch (Vermessung von Grundeigentum bzw. Lehen) und auch wirtschaftlich (Optimierung von Arbeiterversorgung und -entlohnung sowie der Planung von Baumaßnahmen) bedeutsames Instrument der Staatsführung war.

2.2.1 Die Geometrie der Babylonier

Das mathematische Wissen der Babylonier wurde uns auf zahlreichen Tontafeln überliefert. Viele der heutigen Kenntnisse über die mathematischen Fähigkeiten der Babylonier verdanken wir dem deutschen Sprachwissenschaftler Georg Friedrich Grotefend, dem es zu Beginn des 19. Jahrhunderts erstmals gelang, die Keilschrift zu entziffern. Bei den gefundenen Tontafeln handelt es sich um wirtschaftliche Aufzeichnungen, Zahlensysteme, arithmetische Tabellen, Felderpläne und mathematische Texte. Ähnlich wie bei den Ägyptern zeugen auch die Funde aus dem Reich der Babylonier davon, dass die zu lösenden Aufgaben praktischer Natur waren. Und so enthalten die Texte nicht nur Berechnungsvorschriften, sondern auch Pläne von Feldern und Grundrisse von Häusern oder von technischen Bauten wie Dämmen und Kanälen. Die mathematische Fachsprache der Babylonier lässt keinen Zweifel zu, dass der Ursprung der Mathematik im täglichen Leben lag. So wird das Trapez als „Kopf eines Ochsen“, die Waagerechte als „das Hinaufsteigen“ und die Senkrechte als „das Hinabsteigen“, das Volumen als „Erdmasse“ oder „Ziegel“ und das Rechteck als „Feld“ bezeichnet. Es gibt einige gute Darstellungen zur Mathematik und Geometrie der Babylonier, die auch eine kulturhistorische Einordnung in den archäologischen Kontext bieten und die sich zur vertiefenden Lektüre eignen. Für die Analyse mit Blick auf die algebraische Interpretation und Analyse ist besonders auf die teils sehr aktuellen Arbeiten Høyrups zu verweisen.

Auch wenn die Aufgabensammlungen überwiegend Lösungen zu praktischen Realproblemen lieferten, besaßen die Babylonier durchaus auch abstrakte, elementargeometrische Kenntnisse. Besondere Aufmerksamkeit wurde den mathematischen Texten geschenkt, nachdem im Jahre 1916 der pythagoreische Lehrsatz sowie ein Rechenverfahren zur Bestimmung der Quadratwurzel in den Schriften nachgewiesen werden konnten – Kenntnisse, die bis dato den Griechen zugeschrieben worden waren. Babylonische mathematische Texte lassen sich in zwei Kategorien einteilen:

1. *Tabellentexte:* Sie enthalten neben Rechenhilfen, Hinweisen zur Multiplikation und Division, Tabellen über Potenzen, Wurzeln und Exponenten auch Informationen über das Verhältnis von Körpergewicht und Volumen sowie Koeffizienten (oftmals, besonders im englischen Sprachgebrauch, als „Konstanten“ bezeichnet) in geometrischen Formeln. Sie bilden einen Wissensspeicher, der bei der Lösung der eigentlichen Aufgaben bzw. Problemstellungen herangezogen werden kann.
2. *Aufgabentexte:* Sie führen die Lösungswege für unterschiedliche Problemstellungen vor; in einigen Fällen wird auch nur das Problem mit der zugehörigen Lösung gezeigt. Den Lösungsmethoden wurde seitens der Wissenschaftler im Rahmen der Entzifferung der Keilschriften besondere Aufmerksamkeit geschenkt, da sie tiefergehenden Aufschluss über das mathematische Denken der Babylonier beim Lösen mathematischer Probleme geben. Bemerkungen wie „Dies behalt im Kopf“ als Hinweis auf ein Zwischenergebnis oder „Nimmst du an“ (Vogel 1959, S. 41) als Zeichen der Wiederholung der Zahlenwerte zeigen, wie die Babylonier beim Lösen komplexer Aufgaben vorgingen. Die immer wieder auftauchende Schlussbemerkung „So ist das Verfahren“, gefolgt von einer Probe oder gar einem logischen Gedankenschluss am Ende einer Aufgabe, lassen die Folgerung zu, dass die Babylonier Mathematik nicht nur zur Lösung von Alltagsproblemen heranzogen, sondern bereits über weitreichende theoretische Kenntnisse verfügten. Auch Gericke (1996, S. 24 f.) kommt zu dem Schluss, dass angesichts dessen, was in manchen Problemaufgaben als bekannt vorausgesetzt wird, ein reiner Praxisbezug auszuschließen ist. Die babylonische Mathematik basierte auf dem Sexagesimalsystem.

Um nicht den eigentlichen Zweck des Kapitels aus dem Blick zu verlieren, werden im Folgenden nicht alle Aufgaben im übersetzten Originalwortlaut wiedergegeben – in einigen Fällen soll dies jedoch geschehen, um die ursprüngliche Arbeits- und vielleicht auch Denkweise der babylonischen Mathematiker ein Stück weit mit zu berücksichtigen. Die Transkription ist dabei wegen der unterschiedlichen in Benutzung befindlichen Transkriptionssysteme nicht einheitlich, um keine Veränderungen an den Zitaten vornehmen zu müssen. Folgende zwei Schreibweisen finden sich daher in den folgenden Originalbeispielen gleichberechtigt nebeneinander:

1. Bei der von Gericke und anderen bevorzugten Notation werden Potenzen mit positiven Exponenten im Sexagesimalsystem (Stellen vor unserem Komma) mit Kommata voneinander abgetrennt. Ein Semikolon trennt diese Stellen von denen mit negativem Exponenten (Stellen hinter unserem Komma).
   Beispiel: $1{,}50; 30 = 1 \cdot 60^1 + 50 \cdot 60^0 + \frac{30}{60}$
2. Høyrup und andere Autoren markieren 60er-Potenzen mit positivem Exponenten mit dem Zeichen `, wobei die Anzahl der Symbole auch den Exponenten angibt. Negative Exponenten werden in entsprechender Weise mit ′ markiert. Das Zeichen ° wird für den Exponenten 0 benutzt, aber nur geschrieben, wenn danach noch Stellen folgen.
   Beispiel: $1`50°30' = 1 \cdot 60^1 + 50 \cdot 60^0 + \frac{30}{60}$

Ein Teil der Aufgaben wird jedoch nur in moderner Schreibweise und ins Dezimalsystem transponiert vorgestellt und besprochen. Für eine gute und aktuelle Einführung in die verwendeten babylonischen Ausdrücke und ihr Verständnis sei auf Høyrup (2002) verwiesen. Die Aufgaben stammen aus verschiedenen Sammlungen, und es ist zu erwähnen, dass die Bezeichnungen sich mehrheitlich auf den heutigen Aufbewahrungsort beziehen und weder mit Fundort noch Entstehungszeit in einem unmittelbaren Zusammenhang stehen.

Außerdem ist anzumerken und in den folgenden ausgewählten Beispielen auch zu sehen, dass die babylonische Mathematik/Geometrie stark verbal geprägt war, obwohl durchaus auch grafische Darstellungen auf den Tontafeln enthalten sind. Um exakte Konstruktionen handelt es sich dabei jedoch nicht, sondern um erläuternde Skizzen, anhand derer die sprachlich gegebenen Problemlösungen visuell nachvollzogen werden können. Eine bekannte Darstellung (vgl. MCT 42; MCT = Mathematical Cuneiform Text; deutsch MKT = Mathematische Keilschrifttexte) zeigt beispielsweise ein Quadrat mit der Seitenlänge 30, einer Angabe eines Wertes für $\sqrt{2}$ und der errechneten Länge der Diagonalen. Solche Grundkenntnisse können für die babylonische Geometrie als bekannt vorausgesetzt werden.

Die Frage nach dem Wesen der babylonischen Mathematik

Bereits Vogel weist darauf hin, dass Probleme zwar vornehmlich auf algebraische Weise gelöst wurden, die verwendeten Fachwörter wie „Länge", „Breite" und „Quadrate" aber darauf schließen lassen, dass die Geometrie eine zentrale Rolle bei der Bewältigung der Aufgabe spielte. Høyrup hat eine alte mathematikhistorische Debatte wiederbelebt, die auch für unsere Diskussion und Bewertung der Nützlichkeit der Geometrie von Bedeutung sein mag oder diese zumindest weiter anregt und in eine neue Richtung zu lenken vermag:

Er sieht in der babylonischen Mathematik eine *auf geometrischen Grundvorstellungen basierende* und mit ihnen operierende Mathematik verwirklicht, die sich fundamental von unserer *grundsätzlich algebraisch formulierten eigenen* Mathematik unterscheidet. Dabei vertritt er die Hypothese, dass es sich bei der babylonischen Mathematik bzw. Geometrie letztlich um Algebra, in einer heute fremden und schwer zugänglichen Ausdrucksform, und nicht lediglich um einen algebraischen Ansatz für die Lösung geometrischer Probleme gehandelt hat:

> Für die Babylonier war die fundamentale Darstellungsform die geometrische. Die meisten ihrer „algebraischen" Probleme betreffen Rechtecke mit Länge, Breite und Flächeninhalt oder Quadrate mit ihrer Seitenlänge und Flächeninhalt. Wir [...] begegnen im Weiteren einem Problem (YBC 6967 [...]), das nach zwei unbekannten Größen fragt, aber da von ihrem Produkt als einer „Oberfläche" gesprochen wird, ist offenkundig, dass diese Größen als die zwei Seiten eines Rechtecks gedacht bzw. dargestellt werden (Høyrup 2013, S. 11 f.).

Die babylonische Denkweise über Mathematik war damit im Kern geometrisch. Dass die babylonischen Mathematiker ihre so formulierten Problemstellungen in ein anderes Darstellungssystem übertrugen, um (auf algebraischem Wege) zu Lösungen zu gelangen, zeigt an, wie selbstverständlich und zugleich fundamental wichtig der Wechsel zwischen diesen Systemen war.

Andere Autoren sehen in der babylonischen Mathematik hingegen keine Algebra verwirklicht, sondern betrachten sie als reine Rezeptmathematik, in die nachträglich komplexeres Wissen – und vor allem auch Erkenntnisinteresse – seitens der Babylonier hineininterpretiert wurde und wird. So faszinierend die mathematikhistorische Debatte zu diesem Thema ist, berührt sie unser Anliegen nur am Rande und soll daher nicht detailliert ausgeführt werden. Mit Blick auf die Komplexität und die Natur der im Folgenden präsentierten (ausschnittartigen) Auswahl der erhaltenen Problemstellungen und ihrer Lösungsvorschriften scheint Høyrups Hypothese in den Augen der Autoren jedoch völlig plausibel. Für die folgenden Überlegungen ist es nicht entscheidend, welche Perspektive letztlich eingenommen wird oder welche sich möglicherweise im Laufe weiterer Forschungen durchsetzen kann.

2.2.1.1 Polygone

Ähnlich wie die Ägypter berechneten auch die Babylonier die Flächeninhalte von Quadraten, Rechtecken, Dreiecken, Trapezen und Volumina von Würfeln, Quadern und Prismen. Die Lösungsmethoden zeigen jedoch deutlich, dass die Babylonier geschickte – und den Ägyptern überlegene – Mathematiker waren. So erfolgte die Flächenberechnung von Quadraten und Rechtecken zwar einerseits über die Längen gegebener Seiten, andererseits waren die Babylonier auch in der Lage, bei gegebenem Flächeninhalt und bestimmten Bedingungen die beiden Seitenlängen durch das Aufstellen einer quadratischen Gleichung mit zwei Unbekannten zu bestimmen.

Das erste hier ausgewählte Problem weist zahlreiche Anknüpfungspunkte zu den oben präsentierten Ideen zu einer neolithischen Geometrietradition auf. Der Text AO 8862 #3 (AO = Antiquités Orientales, Louvre, Paris) lautet:

> Länge, Breite. Ich habe die Länge und Breite multipliziert und so eine Fläche gebildet. Zweitens habe ich das, was die Länge über die Breite hinausgeht, mit der Summe aus der Länge und meiner Breite multipliziert; ich habe (es) zu meiner Fläche addiert; es ist 4400. Schließlich habe ich die Länge und die Breite addiert; es ist 100 (Nach Lehmann 1994, S. 93).

Tab. 2.2 Moderne Notation zu Problem #3 in Text AO 8862

Originaltext (nach Vogel 1959, S. 55 f.)	Moderne Notation
Du, zur Berechnung, 100 die Summe von Länge und Breite, 100 mal 100 10000.	$(x+y)^2 = 10.000$
Von 10.000 4400 das Feld subtrahieren, 5600 Es geht nicht mehr weiter.	$(x+y)^2 - (xy + x^2 - y^2)$ $= 2y^2 + xy$ $= 10.000 - 4400$ $= 5600$
Es geht nicht mehr weiter. Seine Hälfte, von 100 bricht ab, (gibt) 50.	$\left(\frac{x+y}{2}\right) = 50$
Seine Hälfte, von 100 bricht ab, (gibt) 50, mal 50 2500	$\left(\frac{x+y}{2}\right)^2 = 2500$
zu 5600 addierst du 2500	$2y^2 + xy + \left(\frac{x+y}{2}\right)^2$ $= \left(\frac{x+3y}{2}\right)^2$ $= 5600 + 2500$ $= 8100$
davon (ist) 90 Quadratwurzel	$\frac{x+3y}{2} = \sqrt{8100} = 90$
100 über 90, um wieviel geht es hinaus? (Um) 10 geht es hinaus.	$x + y - \frac{x+3y}{2} = \frac{x-y}{2} = 10$
10 zu 50 addiere, 60 ist die Länge,	$\frac{x-y}{2} + \frac{x+y}{2} = x = 10 + 50 = 60$
10 von 50 subtrahiere und so ist 40 die Breite.	$\frac{x+y}{2} - \frac{x-y}{2} = y = 50 - 10 = 40$

In unserer heutigen algebraischen Schreibweise würde sich dieses Problem als Gleichungssystem folgendermaßen darstellen lassen:

$$\begin{aligned} xy + (x-y)\cdot(x+y) &= 4400 \\ x + y &= 100 \end{aligned}$$

Tab. 2.2 enthält die Übersetzung des Originaltexts und die Umsetzung in die moderne algebraische Schreibweise.

Wie die zugrunde liegende geometrische Bearbeitung ausgesehen haben mag, ist aus dem Konstruktionsvorschlag in Tab. 2.3 ersichtlich.

Nun tritt die Verzahnung zwischen Geometrie und Mathematik im Allgemeinen in babylonischer Zeit besonders deutlich hervor, was auch durch ihre spezifische verbale Notation begründet ist. Es ist nach wie vor ein wissenschaftlicher Streitpunkt, wo die Grenze zwischen Algebra und Geometrie wirklich verlief: War Vogel noch der Ansicht, die Babylonier hätten einen Weg gefunden, verschiedenste geometrische Probleme auf

Tab. 2.3 Geometrische Deutung der Aufgabe aus AO 8862 #3 in Gegenüberstellung mit einer adaptierten Fassung von Vogels Umsetzung in algebraische Schreibung

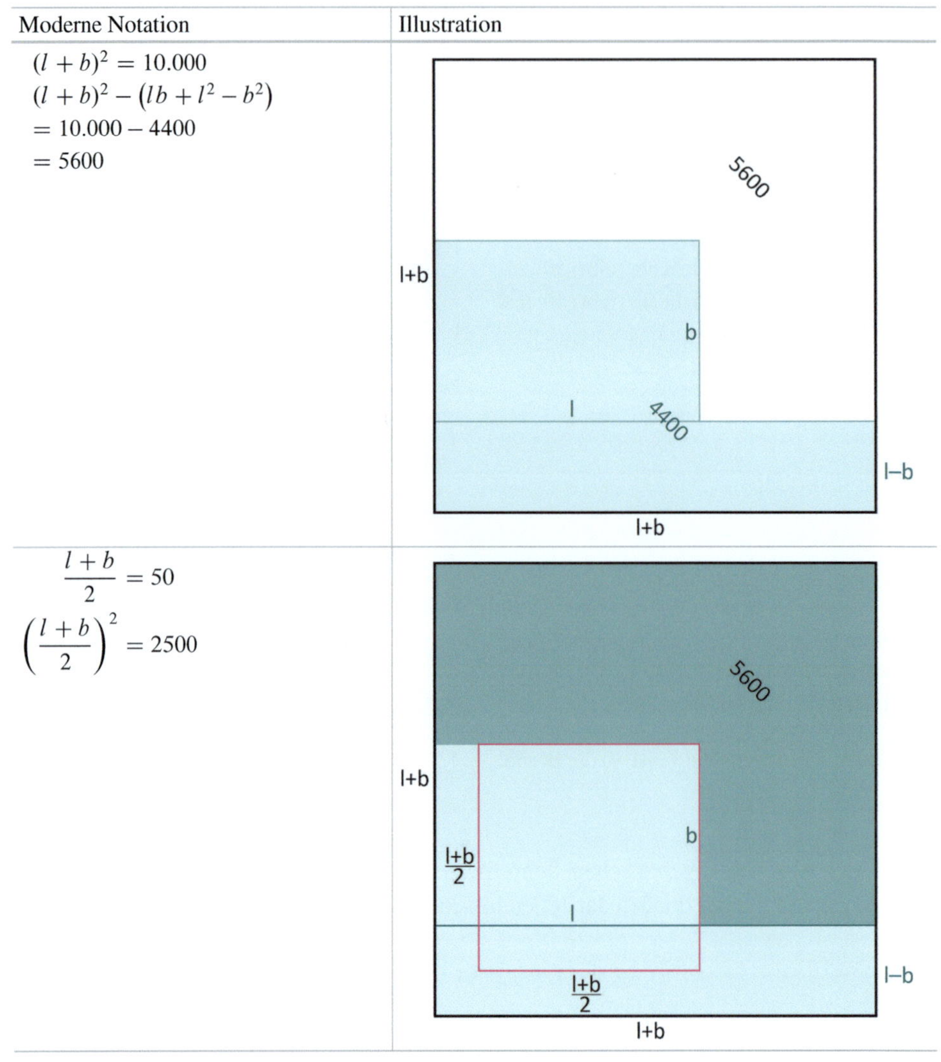

Moderne Notation	Illustration
$(l+b)^2 = 10.000$ $(l+b)^2 - \left(lb + l^2 - b^2\right)$ $= 10.000 - 4400$ $= 5600$	
$\frac{l+b}{2} = 50$ $\left(\frac{l+b}{2}\right)^2 = 2500$	

Tab. 2.3 (Fortsetzung)

Moderne Notation	Illustration
$(l+b)^2 - (lb + l^2 - b^2) + \left(\frac{l+b}{2}\right)^2$ $= b + \left(\frac{l+b}{2}\right)$ $5600 + 2500 = \left(\frac{l+3b}{2}\right)^2$ $8100 = \left(\frac{l+3b}{2}\right)^2$ $\sqrt{8100} = \frac{l+3b}{2}$ $90 = \frac{l+3b}{2}$	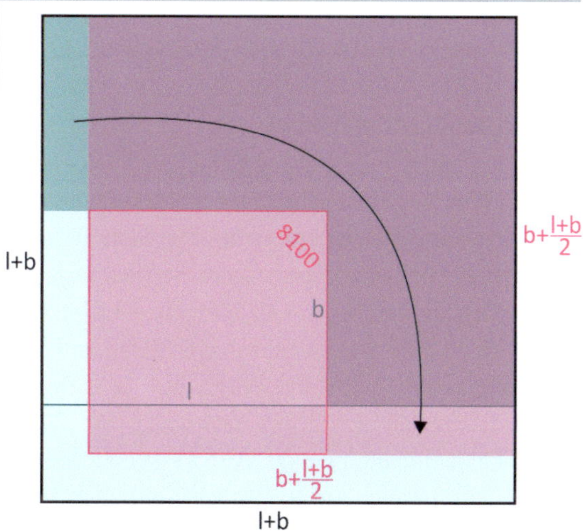
$l + b - \frac{l+3b}{2} = \frac{l-b}{2} = 10$ $\frac{l+b}{2} + \frac{l-b}{2} = l$ $50 + 10 = l$ $60 = l$ $\frac{l+b}{2} - \frac{l-b}{2} = b$ $50 - 10 = b$ $60 = b$	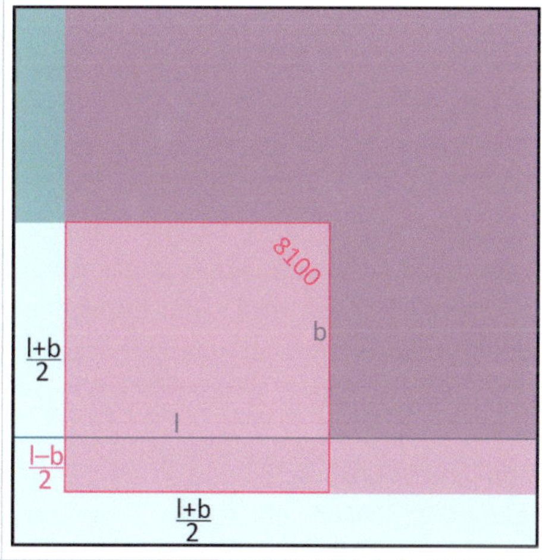

algebraische Weise zu lösen, so steht beispielsweise Høyrup heute auf dem Standpunkt, dass die Geometrie lediglich die algebraische Notation der Babylonier war – er stellt damit in Abrede, dass immer ein echtes geometrisches Interesse im Mittelpunkt stand. Obiges Beispiel scheint für diese Sichtweise zu sprechen.

Unregelmäßige Polygone

Wie der Flächeninhalt unregelmäßiger Vielecke von den Babyloniern bestimmt wurde, ist aus verschiedenen erhaltenen Felderplänen und Katastertafeln ersichtlich. Selbstverständlich war die Berechnung des Flächeninhalts von Quadrat, Rechteck und Dreieck den Babyloniern bekannt. Eine nähere Betrachtung scheint wenig lohnenswert. Die intensive Beschäftigung mit Polygonen aller Arten ist letztlich wohl dem Bestreben geschuldet, Flächen bewirtschaftbaren Landes zu erfassen und in der Folge aufzuteilen. Daneben wurden allerdings auch regelmäßige Polygone wie Sechs- und Siebenecke behandelt (deren praktischer Nutzen sich nicht recht erschließt), ihre „Konstanten" ermittelt und zur Bestimmung ihrer Flächeninhalte genutzt. Auf ST II (Vorderseite) ist ein Sechseck abgebildet, an dem lediglich drei Zahlwerte angebracht sind. Die Seitenlänge der gleichseitigen Dreiecke beträgt [0;]30 (sie ist als 30 an einer innerhalb des Sechsecks liegenden Dreiecksseite und an einer Außenseite des Sechsecks vermerkt) und eine innerhalb des gleichseitigen Dreiecks notierte Zahl [0;]6,33,45. Es lässt sich leicht nachrechnen, dass diese den Flächeninhalt des Dreiecks angibt.

Die in den Konstantentabellen wie ST III gesammelten Werte werden in verschiedensten Berechnungen immer wieder herangezogen und mittels Proportionalitätsfaktoren auf die jeweiligen Problemstellungen angepasst verwendet. Dies ist eines der Argumente, die die Annahme stützen, dass das Konzept der Ähnlichkeit bei den Babyloniern sehr wohl eine Rolle gespielt hat. Auch wird in der Betrachtung dieser Figuren wohl das erwachende Interesse der Babylonier an nicht unmittelbar praktischen mathematischen Überlegungen deutlich.

Trapeze und Transversalen

Auch die Länge der flächenhalbierenden Transversalen in Trapezen war für die Babylonier von Interesse, und wird u. a. in den Texten YBC 4675 behandelt. Es ließen sich analog zu obigen Ausführungen geometrische Herleitungen oder Interpretationen des babylonischen Vorgehens angeben. In moderner Notation bestimmen die Rechenvorschriften die Transversalenlänge im Trapez wie in Tab. 2.4 angegeben.

Die Berechnung der Länge der Diagonalen in einem gleichschenkligen Trapez beschäftigte die Babylonier ebenfalls. Gegeben sind die beiden Schenkel a und die Parallelseiten b und c (Tab. 2.5).

Die mögliche geometrische Herleitung erschließt sich unmittelbar mit Blick auf die Verwendung der Quadrate über den beteiligten Seiten und der wiederholten Differenz- bzw. Summenbildung, die auf die Länge der Diagonalen hinführen.

Tab. 2.4 Moderne Notation und Illustration der Berechnung der Transversalenlänge im beliebigen Trapez

Moderne Notation	Illustration
$A_1 = A_2$ und $\frac{h_2}{h_1} = \frac{x-c}{a-x}$ $\frac{a+x}{2}h_1 = \frac{x+c}{2}h_2$ $\frac{a+x}{2}h_1\frac{h_2}{h_1} = \frac{x+c}{2}h_2\frac{x-c}{a-x}$ $\frac{a+x}{2} = \frac{x^2-c^2}{2(a-x)}$ $(a+x)(a-x) = x^2-c^2$ $a^2-x^2 = x^2-c^2$ $x = \sqrt{\frac{a^2-c^2}{2}}$	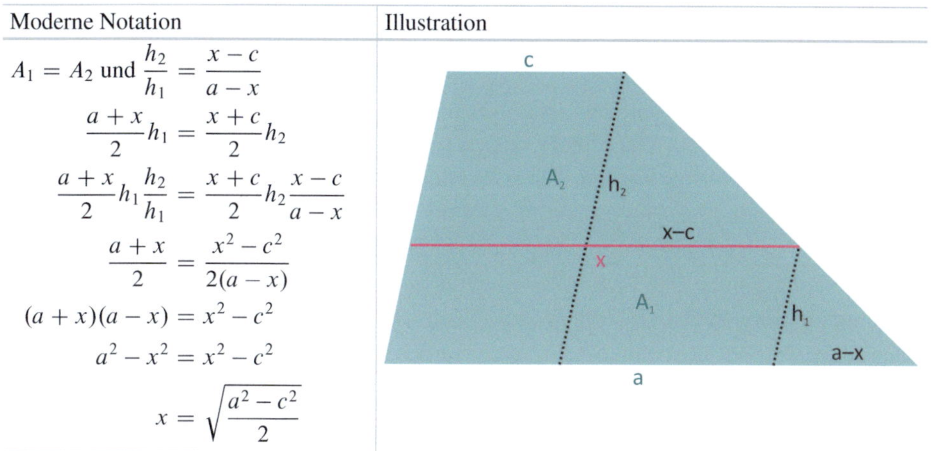

Tab. 2.5 Moderne Notation und Illustration der Berechnung der Diagonalenlänge im gleichschenkligen Trapez

Moderne Notation	Illustration
$h^2 = b^2 - \left(\frac{a-c}{2}\right)^2$ $d^2 = h^2 + \left(a - \frac{a-c}{2}\right)^2$ $d^2 = b^2 - \left(\frac{a-c}{2}\right)^2 + \left(a - \frac{a-c}{2}\right)^2$ $d^2 = b^2 - \left(\frac{a-c}{2}\right)^2 + a^2 - 2a\left(\frac{a-c}{2}\right) + \left(\frac{a-c}{2}\right)^2$ $d^2 = b^2 + ac$	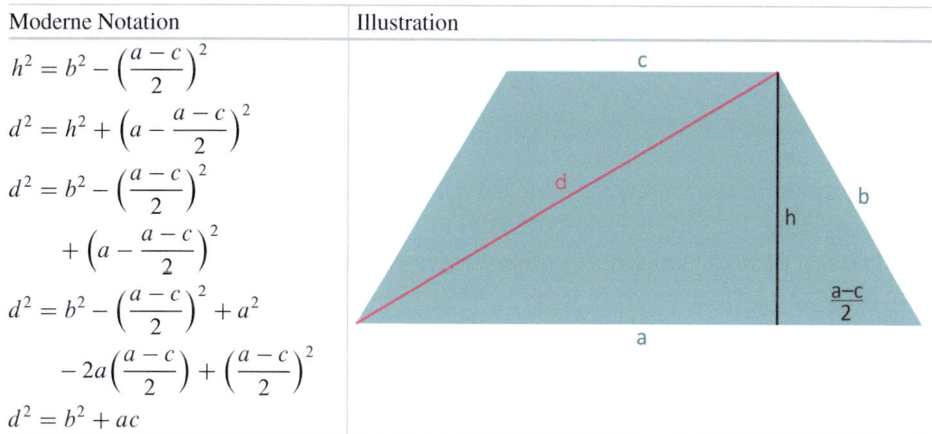

Näherung für allgemeine Vierecke

Der Keilschrifttext BM 85194 (BM = British Museum), aufbewahrt im Britischen Museum in London und unter dem Namen „Ringwall" bekannt, beinhaltet Aufgaben rund um die Themen Dämme, Fundamente von Tempelanlagen, Wassergräben und Brunnenziegeln oder in Verbindung mit Problemstellungen rund um Grund und Boden. Insbesondere die gerechte Aufteilung von Ackerflächen beschäftigte die babylonischen Geometer bei ihren Berechnungen rund um Vierecke und andere Polygone.

Zur Flächenberechnung allgemeiner Vierecke nutzten die Babylonier die auch bei den Ägyptern gebräuchliche Methode, die im Englischen als *Surveyors' Formula* bekannt ist und sich in moderner Schreibung wie folgt fassen lässt:

$$A = \frac{(a + c)}{2} \cdot \frac{(b + c)}{2}$$

Diese ergibt über die Verwendung der arithmetischen Mittelwerte der gegenüberliegenden Seitenpaare natürlich nur einen mehr oder weniger groben Näherungswert des Flächeninhalts und wurde nur für weniger kritische Fälle oder bei annähernd rechteckigen Landflächen angewandt (vgl. Høyrup 2002, S. 230). Für Rechtecke ist die Lösung korrekt, auf Trapeze bezogen liefert diese Methode der Berechnung recht gute Werte, bei allgemeinen Vierecken nur eine mehr oder weniger grobe Näherungslösung. Eine genaue(re) Bestimmung war den Babyloniern grundsätzlich sehr wohl möglich, dennoch gab es viele lebensalltägliche Problemsituationen, in denen den Babyloniern solche Näherungslösungen offensichtlich ausreichten.

2.2.1.2 Dreiecke und Ähnlichkeit

In Text BM 85194 #26 ist eine Rampe Gegenstand des Problems. Diese wurden errichtet, um Stadtmauern oder ummauerte Festungsanlagen einnehmen zu können, indem Fußtruppen über die Rampe die Mauerkrone erreichen konnten (Abb. 2.11).

Gegeben sind das Volumen der fertigen Rampe mit 5400 Volumeneinheiten sowie die Breite von 6 Einheiten. Außerdem ist die Länge (auf Bodenniveau) der bereits errichteten Rampe von 32 Einheiten und deren Höhe von 36 Einheiten bekannt. Eigentliches Ziel der Problemstellung ist es zu ermitteln, um wie viele Einheiten die Rampe noch zu verlängern ist, damit sie die Mauerkrone erreicht. Die meisten Autoren (z. B. Vogel, Høyrup, Lehmann) stellen die Aufgabe wie in Abb. 2.11 links dar; auf der rechten Seite ist ein Gegenvorschlag zu sehen, der den realen Erfordernissen eher entsprechen dürfte. In Tab. 2.6 wird die Originalaufgabe gezeigt, kommentiert und im Dezimalsystem nachgerechnet.

Nun ist diese Problemaufgabe ein gutes Beispiel für die Doppelgesichtigkeit babylonischer Mathematik, denn auch wenn die Errichtung einer solchen Belagerungsrampe ganz

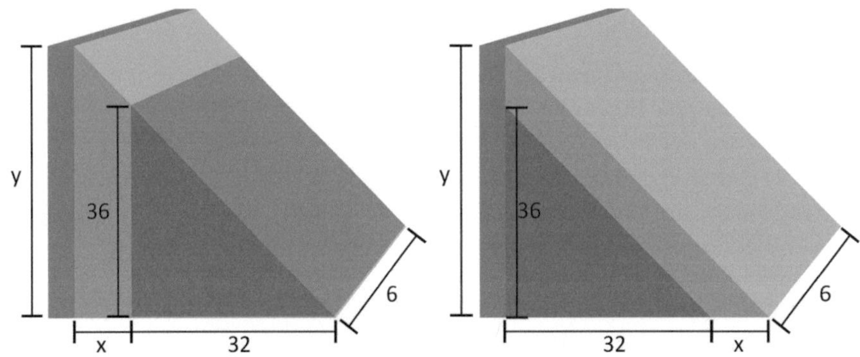

Abb. 2.11 Zwei mögliche Lesarten des in BM 85194 enthaltenen Problems zum Belagerungsdamm

Tab. 2.6 Kommentar zu Problem #26 in Text BM 85194

Originaltext (zitiert nach Høyrup 2002, S. 218 ff.)	Kommentar
Of earth, $1''30'$. A city inimical to Marduk I shall seize. Away from the fundament of the earth a length of 32 in front of me I have gone. 36 the height of the earth.	Angabe des Gesamtvolumens von 5400 Volumeneinheiten. Länge der bereits fertiggestellten Rampe beträgt 32 Einheiten. Die bereits fertiggestellte Höhe liegt bei 36 Einheiten.
The length what I must stamp, so that the city I may seize? The length in front of the ḫurḫurum (the vertical back front reached so far) what?	Welche Länge ist noch zu „stampfen", um die Stadt zu erobern? Wie groß ist die noch fehlende Höhe?
You, igi 32 detach, $1'\,52''\,30'''$ you see. $1'52''30'''$ to 36, the height, raise, $1°7'\,30''$ you see.	Über den Kehrwert (igi) wird der Proportionalitätsfaktor von der Länge zur Höhe der Rampe bestimmt: $\frac{36}{32} = 1\frac{1}{8}$
Igi 6, the fundament of the earth, detach, $10'$ you see. $1''30'$, the earth, to $10'$ raise, $15'$ you see.	Der Kehrwert der Rampenbreite von 6 Einheiten wird bestimmt. Multiplikation dieses Wertes mit dem Gesamtvolumen liefert den Flächeninhalt des Rampenquerschnitts: $5400 \cdot \frac{10}{60} = 900$
15 to <2> repeat, $30'$ you see.	Verdopplung des Querschnitts (der fertigen Rampe) zu einem Rechteck.
$30'$ to $1°7'\,30''$ raise. $33'45$ you see.	Das Rechteck wird mittels des Proportionalitätsfaktors der Seitenlängen zu einem Quadrat vergrößert.
$33'4$<5>, what is equalside? 45 is equalside, 45 the height of the city wall.	Gesucht wird die Seitenlänge dieses Quadrats, also $\sqrt{2025} = 45$. Dies entspricht der Höhe der Stadtmauer.
4<5>, the height of the city wall, over 36, the height of the earth, what goes beyond? 9 it goes beyond. Igi $1°7'\,30''$ detach, $53'\,20''$ you see, $53'\,20''$ to 9 raise, 8 you see, 8 the length in front of you to stamp.	Die Differenz zwischen Höhe der Stadtmauer und der bereits errichteten Rampe beträgt 9 Einheiten. Durch Multiplikation des umgekehrten Proportionalitätsfaktors mit diesem Wert ergibt sich die noch fehlende Länge der Rampe von 8 Einheiten.

sicher ein relevantes, praktisches Problem der damaligen Zeit war, ist hier die kultur- und wissenschaftshistorische Dimension mindestens ebenso interessant. Die Aufgabenstellungen zeigen, wie ein praktisches Problem durch professionelle Mathematiker der damaligen Zeit umgedeutet und mit Blick auf verschiedene Parameter einer rein mathematischen Untersuchung unterzogen wurde, in der immer wechselnde Größen als bekannt bzw. gesucht festgelegt wurden – auch wenn sich manche (wenn nicht die Mehrheit) dieser Probleme in der Realität niemals stellen (vgl. hierzu auch Melville und Melville 2008, S. 147 f.). Dies zeigt sich schon in dem Umstand, dass in allen Rampenproblemen das Volumen der

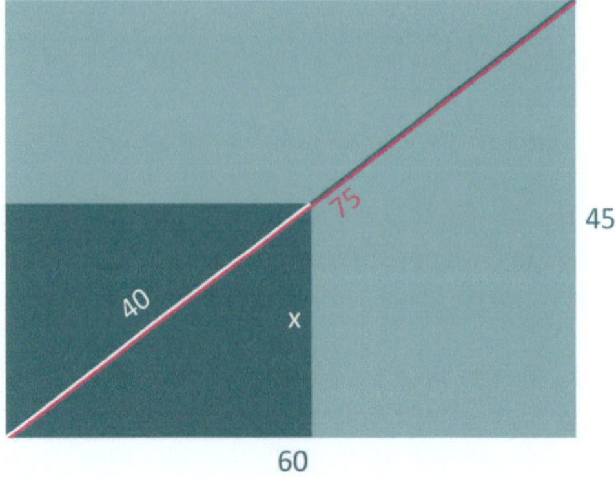

Abb. 2.12 Bestimmung der Seitenlängen eines Rechtecks bei gegebener Diagonale und Seitenverhältnis

fertigen Rampe als bekannte Größe in die Berechnungen einfließt und nicht etwa (Teil-) Ergebnis ist, was aus der Perspektive des Ingenieurs wesentlich mehr Sinn ergäbe.

Methode des falschen Ansatzes

Die Methode des falschen Ansatzes ist eine der Vorgehensweisen, die das große Können babylonischer Mathematiker belegt. Grundidee ist es, einen geeigneten, aber beliebigen Wert als Lösung anzunehmen und dann davon auszugehen, dass „der richtige Wert der gesuchten Größe [...] sich zu dem angenommenen wie das richtige Ergebnis zu dem erhaltenen falschen" verhält (Vogel 1959, S. 62).

Das Beispiel TMS XIX #1 in Abb. 2.12 soll diese Methode verdeutlichen: Gegeben ist ein Rechteck, dessen Diagonale 40 Einheiten beträgt und dessen Breite drei Viertel der Länge misst, in unserer Schreibung also $d = 40$ und $b = \frac{3}{4}l$.

Statt durch systematisches Probieren die richtigen Lösungen für Länge und Breite zu bestimmen, wird für die Länge der im Grunde beliebige Wert 60 angenommen – der aber sehr wohl mit Blick auf die durchzuführende Rechnung und das bekannte Seitenverhältnis gewählt ist. Auf dieser Grundlage wird eine Breite von 45 Einheiten und eine Diagonale von 75 Einheiten Länge errechnet. Dieses Ergebnis wird nun mit der geforderten Diagonallänge ins Verhältnis gesetzt und der so ermittelte Faktor zur Berechnung der gesuchten Länge des Rechtecks verwendet:

$$\begin{aligned} \frac{40}{75} &= \frac{l}{60} \\ 60 \cdot \frac{40}{75} &= l \\ 32 &= l\,. \end{aligned}$$

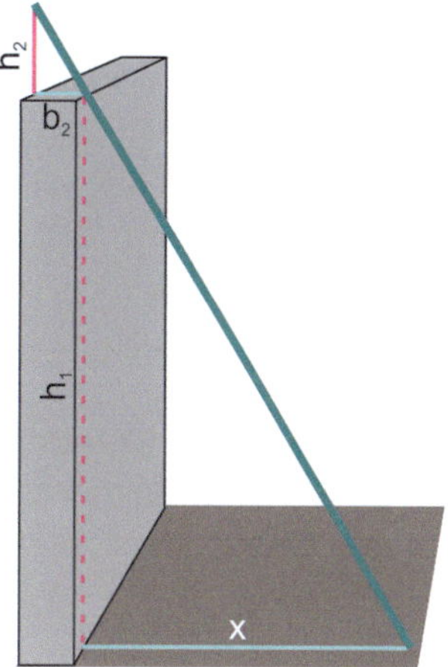

Abb. 2.13 Veranschaulichung des Problems der Stange auf der Mauer

Über das gegebene Verhältnis von Länge zur Breite wird schließlich die Breite von 24 Einheiten berechnet:

$$b = \frac{3}{4}l$$
$$b = 24\,.$$

Ähnlichkeit

Der Umstand, dass die Babylonier mit größter Wahrscheinlichkeit kein mit dem unseren vergleichbares Verständnis des Winkelbegriffs besaßen, wird immer wieder als Argument für eine ebenfalls fehlende Vorstellung von Ähnlichkeit (im mathematischen Sinne) bemüht; dieser Schluss basiert auf der Herleitung der Ähnlichkeit von konstanten Winkelgrößen. Nach aktueller Forschungslage kann jedoch davon ausgegangen werden, dass die Babylonier sehr wohl ein Konzept von Ähnlichkeit besaßen, wie u. a. die soeben beschriebene Nutzung der Methode des falschen Ansatzes belegt. Ebenso zeigen die oben dargestellte Rechnung zur Höhe des Belagerungsdammes und die Rechnungen mit Kreissegmenten (Abschn. 2.2.1.4), dass auch dort das Konzept der Ähnlichkeit benutzt wurde. Deutlich tritt dies auch bei den sogenannten Konstanten hervor, durch die babylonische Mathematiker unterschiedlichste Werte regelmäßiger Figuren angaben, indem sie einen (linearen) Parameter der betreffenden Figur auf den Wert 1 setzten: Für konkrete Fälle wurden nämlich diese „Konstanten" dann mittels eines Faktors p an die erforderliche Größe angepasst bzw. p^2 bei Flächenberechnungen.

Das klarste Beispiel für das babylonische Verständnis der Ähnlichkeit ist die folgende Problemstellung (Abb. 2.13): Es ist eine Mauer von der Höhe $h_1 = 10$ und der Breite $b_1 = 1$ gegeben. Auf der Mauer (an der vom Betrachter entfernten Kante) steht senkrecht eine Stange der Länge $h_2 = 1$. Die Frage ist, wie weit man sich von der Mauer entfernen muss, um die Spitze der Stange sehen zu können.

Die sehr kurze Berechnung nutzt den Kehrwert (*igi*) der Länge der Stange und multipliziert diesen mit der Höhe der Mauer, also $x = \frac{1}{h_2} \cdot h_1$.

Was daran mit Blick auf die Frage nach der Ähnlichkeit in der babylonischen Mathematik auffällt, ist die allgemeine – und hier wegen der Länge 1 eigentlich unnötige – Berechnung mithilfe des Kehrwerts. Für andere Zahlenwerte als Länge der Stange hingegen ist dieser Rechenschritt hingegen zwingend erforderlich, und zwar um das Verhältnis zwischen den „Höhen“ in beiden ähnlichen Dreiecken rechnerisch zu nutzen.

2.2.1.3 Pythagoreischer Lehrsatz und Quadratwurzeln

Im Jahre 1916 konnte in Keilschrifttexten erstmals die Verwendung des pythagoreischen Lehrsatzes nachgewiesen werden – Wissen, das man bis dato den Griechen zugeschrieben hatte (vgl. Vogel 1959, S. 12). Aktuell sprechen die bekannten archäologischen und epigraphischen Zeugnisse dafür, dass die Regel im 19. Jahrhundert v. Chr. in die babylonische Mathematik eingebracht oder von ihr entdeckt wurde. Es ist eine ganze Reihe von Texten bekannt (Høyrup 2002, S. 385 f.), die sich mit – teils deutlich komplexeren – Varianten nachstehender, einfacher Problemstellung aus BM 85196 #9 befassen:

> Ein Balken, 0;30
> Von oben ist er 6 herabgekommen.
> Von unten was hat er sich entfernt?
> Dass die Babylonier zur Lösung dieser Aufgabe den „Satz des Pythagoras“ anwandten, lässt sich an ihrer Rechenvorschrift (Tab. 2.7) ablesen.

In Text BM 34568 findet sich eine Reihe verwandter Probleme, die mehrheitlich eher jenseits reiner Nützlichkeit zu sehen sind. Bei Problemaufgabe #12 ist bekannt, dass ein „Stab“ 3 *kus* länger als eine Mauer ist und dass der Aufstellpunkt des Stabes sich genau 9 *kus* von der Mauer entfernt, wenn man ihn so anlehnt, dass sich seine Spitze genau auf Höhe der Mauer befindet (Abb. 2.14).

Tab. 2.7 Rechenvorschrift in moderner Notation

Rechenvorschrift (nach Gericke 1996, S. 33)	Moderne Notation
30 quadriere, 15[,0] sieht du.	$x^2 = 30^2 = 15{,}0$
6 von 30 abgezogen, 24 siehst du.	$x - a = 24$
24 quadriere, 9,36 siehst du.	$(x-a)^2 = 24^2 = 9{,}36$
9,36 von 15[,0] ziehe ab. 5,24 siehst du.	$x^2 - (x-a)^2 = b^2 = 5{,}24$
5,24 hat was als Quadratwurzel? 18.	$\sqrt{5{,}24} = 18$
18 am Boden hat er sich entfernt.	

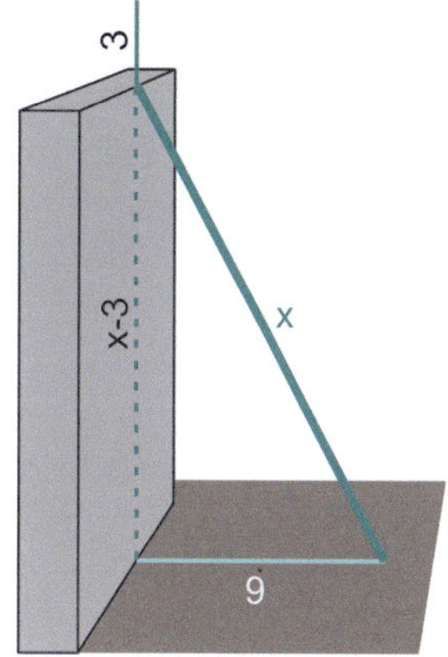

Abb. 2.14 Veranschaulichung des von den Babyloniern mithilfe des Satzes des Pythagoras gelösten Problems (BM 34568 #12)

Der erste Teil der Rechnung ist in moderner algebraischer Umsetzung leicht folgendermaßen zu lösen:

$$x^2 = (x - a)^2 + b$$
$$x^2 = x^2 - 2ac + a^2 + b^2$$
$$x = \frac{a^2 + b^2}{2a}$$
$$x = \frac{3^2 + 9^2}{2 \cdot 3}$$
$$x = 15\ .$$

Ein Blick in die Transkription der Rechenvorschrift zeigt, dass die Babylonier eine genau dementsprechende Rechnung durchführten. Für eine genaue Besprechung und Analyse ableitbarer geometrischer Herleitungen vgl. Stiller (2017, S. 195 f.).

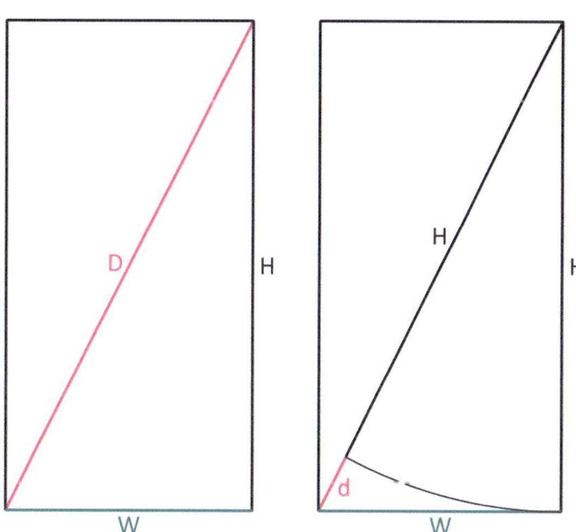

Abb. 2.15 Bestimmung der Diagonalen eines Tores nach babylonischer Rechenvorschrift (VAT 6598 #1 und #2)

Tab. 2.8 Berechnung eines Näherungswertes für eine Quadratwurzel, die nicht als Hilfswert in den Tabellen enthalten war

Moderne Notation	Kommentar
$D^2 = H^2 + W^2$ $(H + d)^2 = H^2 + W^2$ $H^2 + 2Hd + d^2 = H^2 + W^2$	Unter Nutzung des Satzes des Pythagoras lässt sich die gesuchte Diagonale (Wurzel der Summe aus Breite und Höhe des Tores) als Summe der Höhe und einer kleinen Abweichung d darstellen.
$H^2 + 2Hd \approx H^2 + W^2$ $2Hd \approx W^2$ $d \approx \frac{W^2}{2H}$	Da d klein ist, wird der Summand d^2 vernachlässigt, wodurch sich d annähern lässt als Quotient aus dem Quadrat der Breite des Tores und der doppelten Höhe.
$D \approx H + \frac{W^2}{2H}$	Die Diagonale (Wurzel) lässt sich daher als Summe dieses Näherungswertes und der Höhe des Tores annähern.

Die Babylonier rechneten im Bedarfsfall auch mit Näherungswerten. Einen interessanten Hinweis auf eine mögliche „Intervallschachtelung" geben zwei Rechenvorschriften, die es den Babyloniern erlaubten, Näherungswerte für eine Quadratwurzel zu ermitteln, die nicht aus einer Tabelle abzulesen ist. In VAT 6598 #1 und #2 (VAT = Vorderasiatische Abteilung, Tontafeln: Staatliche Museen, Berlin) wird nach folgenden Vorschriften die Diagonale eines Tores (Abb. 2.15) von bekannter Höhe und Breite (im Beispiel 10 und 40 Einheiten) bestimmt:

$$\#1\ D = H + \frac{W^2}{2H}$$
$$\#2\ D = H + W^2 \cdot 2H\ .$$

Tatsächlich liefert insbesondere Vorschrift #1 eine gute Näherung, wie die Überlegungen in Tab. 2.8 zeigen.

Es kann begründet spekuliert werden, dass nicht nur eine solche „einschrittige" Annäherung den Babyloniern ein bekanntes Verfahren darstellte, sondern auch mehr-, zumindest aber zweischrittige Annäherungen dieser Art verwendet wurden. Gericke erklärt so den guten Näherungswert für $\sqrt{2} = 1{,}4142128\ldots$, von dem oben bereits die Rede war. Denn dieses Ergebnis ergibt sich bei Anwendung der Näherungsformel, wie sie oben für die Tordiagonale vorgeschlagen wurde, auf den gröberen Näherungswert 1;25, wie er aus einer Quadratzahltabelle zu entnehmen ist.

2.2.1.4 Berechnungen am Kreis

Umkreis

Auf TMS I ist ein gleichschenkliges Dreieck gegeben, dessen Grundseite 60 Einheiten und dessen Schenkel 50 Einheiten lang sind. Gesucht wird der Umkreisradius des Dreiecks.

Tab. 2.9 Moderne Notation und Illustration der Berechnung der Radiuslänge

Illustration	Moderne Notation (nach Gericke 1996, S. 37 f.; Vogel 1959, S. 69; Lehmann 1994, S. 131)
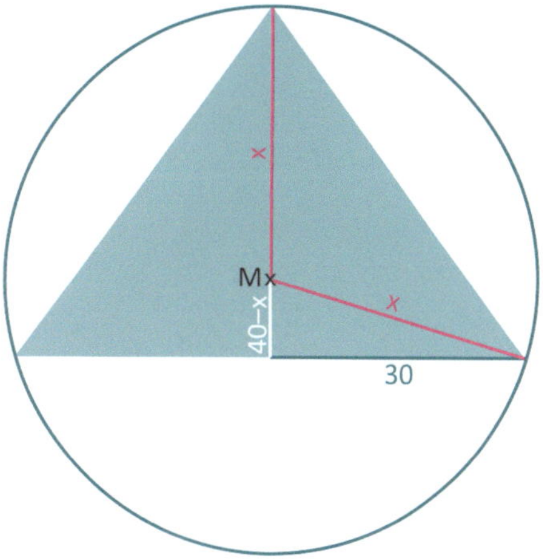 M x x 40–x 30	Die Rechnung kann analog zu dem Verfahren erfolgen, wie es oben für BM 34568 #12 gezeigt wurde: $x^2 = (40 - x)^2 + 30^2$ $x^2 = 40^2 - 2 \cdot 40x + x^2 + 30^2$ $x = \frac{40^2 + 30^2}{21 \cdot 40}$ $x = 31\frac{1}{4}$

Die Lösung weist neben der Rechnung auch eine sehr akkurate Zeichnung, durchgeführt mit dem Zirkel, auf und geht in folgenden Schritten vor sich: Zunächst wurde die Höhe des gleichschenkligen Dreiecks mit 40 Einheiten – über Anwendung des Satzes des Pythagoras – bestimmt. Die restliche Rechnung ist (in moderner Schreibweise) in Tab. 2.9 angegeben.

Auch mit Berechnungen in „Thaleskreisen" zur Bestimmung von Sehnenlängen oder Abständen zwischen Sehnen und Kreisbögen befassten sich die babylonischen Mathematiker, beispielsweise in BM 85194 #20 und #21. Für eine genauere Darstellung sei auf Stiller (2017, S. 199 f.) verwiesen.

Kreissektoren

Gegenstand der Aufgabe BM 85194 #16 ist ein Brunnen, dessen äußere Umrandung aus vielen kleinen Ziegelsteinen in Form gleichschenkliger Trapeze zusammengesetzt ist (Abb. 2.16). Jedes bildet einen Kreisringausschnitt. Gegeben sind die Grundlinien mit $a = \frac{1}{24}$ Einheiten und $c = \frac{1}{36}$ Einheiten und der Schenkel mit der Länge $s = \frac{1}{18}$ Einheiten. Gesucht werden die Anzahl der benötigten Ziegelsteine sowie der Durchmesser $d_{\text{innen}} = 2 \cdot r_{\text{innen}}$ des Innenkreises und dessen Umfang u_{innen}.

In einem ersten Schritt wird der Proportionalitätsfaktor $\frac{c}{a-c}$ bestimmt; es kann angenommen werden, dass der Proportionalitätsfaktor über die Ähnlichkeit der Dreiecke ermittelt wird:

$$\frac{c}{c-a} = \frac{\frac{1}{36}}{\frac{1}{24} - \frac{1}{36}} = \frac{\frac{1}{36}}{\frac{3}{72} - \frac{2}{72}} = \frac{\frac{1}{36}}{\frac{1}{72}} = \frac{72}{36} = 2\,.$$

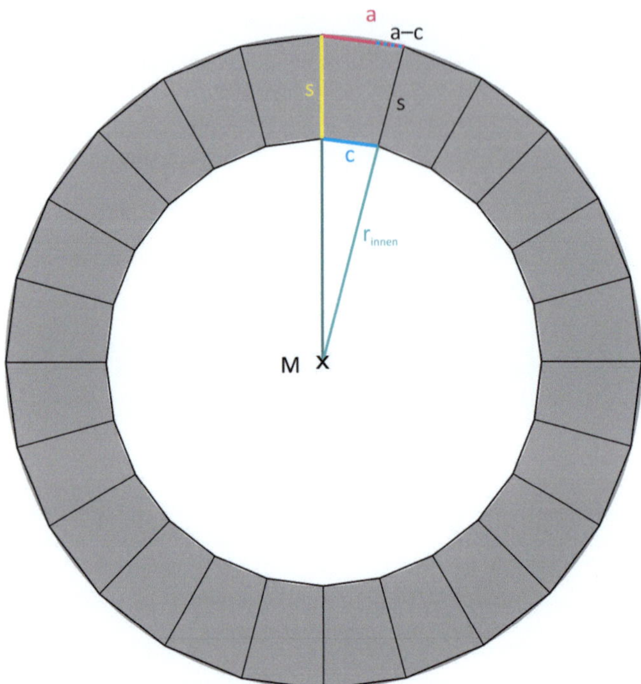

Abb. 2.16 „Brunnenproblem" BM 85194 #16. Bekannt sind die Maße der gleichschenklig trapezförmigen Ziegel, gesucht die Maße des fertigen Brunnens und die Anzahl der benötigten Ziegel pro Lage

Aufgrund der Ähnlichkeit ergibt sich unmittelbar, dass $r_{\text{innen}} = 2 \cdot s$ gilt. Damit beträgt der Innendurchmesser des Brunnens:

$$d_{\text{innen}} = s \cdot 4 = \frac{1}{18} \cdot 4 = \frac{2}{9}\,.$$

Wie bereits angesprochen arbeiteten die praktisch orientierten babylonischen Mathematiker mit der, für unser Empfinden recht groben, Näherung $\pi = 3$, so dass sich der Umfang des Innenkreises als

$$u_{\text{innen}} = \pi \cdot d = 3 \cdot \frac{2}{9} = \frac{2}{3}$$

ergibt. Abschließend die Anzahl der benötigten Ziegel zu ermitteln, erfordert nun nicht mehr als eine einfache Division:

$$\frac{u_{\text{innen}}}{c} = \frac{2}{3} : \frac{1}{36} = 24\,.$$

2.2.1.5 Volumenberechnungen

Die Babylonier kannten, wie auch die Ägypter, die Volumenformeln für Würfel und Quader, entwickelten aber darauf aufbauend die Formeln für Prismen mit rechteckigem, drei-

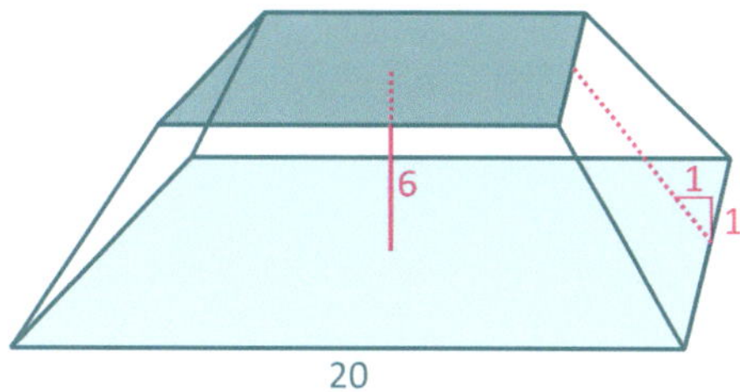

Abb. 2.17 Veranschaulichung des Pyramidenstumpfes aus BM 85210 #C2

eckigem oder trapezförmigem Querschnitt. Auch das Volumen des Zylinders als Spezialvariante des Prismas wurde (zumindest näherungsweise) von den Babyloniern berechnet. Die Babylonier waren jedoch nicht nur in der Lage oder daran interessiert, das Volumen von Tempelfundamenten, Brückenpfeilern, Mauern, Dämmen und Kanälen unterschiedlichster Formen zu bestimmen, sondern auch alle anderen Einflussgrößen wie Tagesleistung eines Arbeiters, Tageslohn, Arbeitsdauer, Anzahl der Arbeiter, Anzahl der benötigten Tagewerke sowie die Gesamtkosten eines geplanten Bauvorhabens zu bestimmen. Die Volumenbestimmung beantwortete dabei die alltäglich aufkommenden Fragen nach vorhandenem Gewicht, Preisen, Materialbedarf, Arbeitskräften und Kosten. Dabei arbeiteten die Babylonier mit Aufgabensammlungen, bei denen systematisch jeweils bestimmte Parameter bekannt bzw. gesucht waren. Gute Beispiele hierfür stellt Gericke (1996, S. 29 f.) aus den Tafeln YBC 4657 (Aufgabensammlung) und YBC 4663 und YBC 4662 (enthalten Lösungen zu dem Großteil der Aufgabensammlung) vor, die dort nachzulesen sind.

Zwei prägnante Aufgaben sollen hier einen Eindruck von Vorgehen und Kenntnissen der babylonischen Mathematiker mit Blick auf Volumenberechnungen geben: Problemstellung BM 85210 #C2 handelt von einem Ziegelbau in Form eines Pyramidenstumpfes (Abb. 2.17). Gegeben ist die Grundfläche mit 20 *GAR* und einer Höhe h von 6 *kuš*. Die Neigung der Seitenflächen beträgt 1 : 1[2]. Zunächst wird über den Rücksprung die Kantenlänge der quadratischen Deckfläche als 19 *GAR* bestimmt (da 12 *kuš* = 1 *GAR*).

Eine sehr ähnliche Problemstellung (BM 85194 #14) befasst sich mit einem Kegelstumpf, von dem ebenfalls die Höhe 6 Ellen, jedoch jeweils die Umfänge der kreisförmigen Grund- und Deckfläche bekannt sind, so dass die Berechnung der Flächeninhalte vorgeschaltet wird (Abb. 2.18).

Für beide Volumenberechnungen führen die Rechenvorschriften auf die (hier in moderner Schreibweise gegebene) Näherungsformel

$$V = \frac{a^2 + b^2}{2} \cdot h$$

[2] Den Babyloniern war das Konzept der Winkelgröße im Allgemeinen zwar nicht unbekannt, aber doch zumindest fremd. Abseits der rechten Winkel spielte es in ihrer Mathematik praktisch keine Rolle. Über den „Rücksprung", mit dem nicht nur die Babylonier die Neigung architektonischer Konstruktionen angaben (mehr in Abschn. 2.2.2.2).

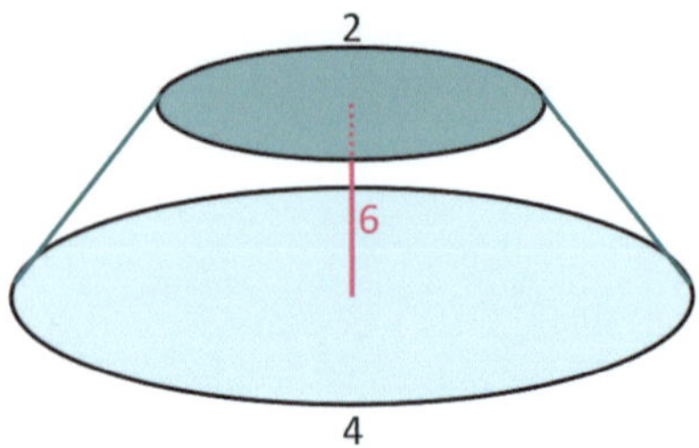

Abb. 2.18 Veranschaulichung des Kegelstumpfes aus BM 85194 #14

hin. Es gibt verschiedene Vorstellungen, wie diese – nicht korrekte – Formel zustande gekommen sein kann (vgl. Vogel 1959, S. 81; Popp 1968, S. 42); die Mittelwertnutzung ist jedoch ein beliebtes Instrument der babylonischen Mathematik, wie schon die *Surveyors' Formula* für allgemeine Vierecke erkennen lässt. Es sei noch erwähnt, dass es eine beschädigte Quelle gibt, die die Interpretation zulässt, dass die Babylonier auch die richtige Vorschrift zur Berechnung des Volumens von Pyramiden- und Kegelstumpf kannten. Da dies für die Ägypter gesichert ist, erscheint eine solche Rekonstruktion nicht gänzlich unplausibel.

2.2.2 Geometrie der Ägypter

Die altägyptischen Kenntnisse in Mathematik sind durch eine Vielzahl vor allem indirekter Quellen wie Pyramiden, Grabbauten und Tempelanlagen sowie anderen technologischen Erzeugnissen belegt; der Textcorpus, auf den sich die mathematikhistorische Forschung für das alte Ägypten beziehen kann, ist verglichen mit dem babylonischen jedoch klein und überschaubar. Unmittelbaren Aufschluss über mathematisches Wissen geben uns nur eine Handvoll Texte, die alle aus der Zeit des Mittleren Reiches (2055–1650 v. Chr.) stammen: fünf Papyri, eine Pergamentrolle und zwei Holztafeln. Davon gelten der Papyrus Rhind (im Folgenden: pRhind) und der Moskauer Papyrus (im Folgenden: pMoskau) bis heute als die wichtigsten Dokumente zur ägyptischen Mathematik. Bei beiden Dokumenten handelt es sich um Aufgabensammlungen mit Lösungshinweisen, die von Schreibern in den Beamtenschulen als Unterrichtshandbücher verfasst wurden und beide aus der Zeit um 1650 v. Chr. bzw. 1850 v. Chr. stammen.

pRhind beinhaltet die vollständigste und vielseitigste Sammlung mathematischer Probleme, und sie lässt eine strukturierte Anordnung erkennen; so sind die dort behandelten Probleme nicht nur nach inhaltlichen Gesichtspunkten zusammengefasst, es ist auch eine zunehmende Komplexität in den Anforderungen erkennbar. Interessanterweise unterscheiden sich die aufgeführten geometrischen Probleme von denjenigen, die sich nicht mit der Geometrie befassen, (meist) durch eine angefügte Skizze, die abschließend (!) zur Darstellung des Problems in grafischer Form herangezogen wird. Des Weiteren findet man in diesem Zusammenhang auch kleinere Skizzen, aus denen die zu entnehmende Größe entnommen werden kann. Geht man davon aus, dass die aus späterer Zeit belegten Verfahren zur Feldvermessung schon zur Entstehungszeit des pRhind bekannt waren, so „würde der Pap. Rh. genau die Geometrie gelehrt haben, die der Praktiker brauchte" (Gericke 1996, S. 60).

Im *pMoskau* werden weiterführende Aufgaben behandelt wie die Körperberechnungen von quaderförmigen und zylinderförmigen Behältnissen, die unter Zugrundelegung der Kreisflächenformel ermittelt werden. Auch hierbei handelt es sich um Anwendungsgebiete des täglichen Lebens; somit entsprechen die hier angesprochenen Quader und Zylinder den viereckigen und runden Getreidesilos, deren Inhalte berechnet werden sollen (Vogel 1958, S. 67).

Verglichen mit der babylonischen Mathematik erschließt sich die ägyptische unmittelbarer, da sie auf dem Dezimalsystem basiert; allerdings finden sich insbesondere bezogen auf die Messung und Vorstellung von Flächen- und Rauminhalten gravierende Abweichungen. Die Ägypter arbeiteten häufig mit kleineren Einheiten, die sich nicht quadratisch bzw. kubisch zu den größeren Grundeinheiten verhielten, sondern vielmehr Streifen bzw. Schichten der größeren Maßeinheiten bildeten.

Zum Wesen der ägyptischen Mathematik

Die Quellen lassen den Eindruck entstehen, dass die Mathematik in der ägyptischen Kultur „tief mit einer Vielzahl praktischer Aktivitäten verwoben" (Rossi 2010, S. 407) war. Dieser Schluss ergibt sich auch mit Blick auf die nicht eigentlich mathematischen Texte, die in großer Anzahl in Ägypten gefunden wurden und die sich zu einem großen Teil mit buchhalterischen, bautechnischen und anderen administrativen Vorgängen in dem komplexen Staatsapparat befassten. Auch die medizinischen Texte lassen immer wieder klar die Anwendung mathematischer Kenntnisse erkennen, wenn die Verfahren auch nicht ausgeführt werden.

Infolge der jährlich wiederkehrenden Nilschwemme hatten besonders die ägyptischen Bauern großes Interesse, den Flächeninhalt gradlinig begrenzter Flächen zu berechnen, denn durch die verloren gegangenen Begrenzungen mussten Grund und Boden immer wieder neu abgesteckt und rechtmäßig zugewiesen werden. Trotz einer offensichtlichen und sicherlich nicht zufälligen Häufung bestimmter Problemfelder, die sich in der ägyptischen Mathematik erkennen lassen, sollte nicht außer Acht gelassen werden, dass – gerade mit Blick auf die begrenzt zur Verfügung stehenden Primärquellen – der praktische Charakter nicht darüber hinwegtäuschen sollte, dass die beschriebenen Lösungsverfahren sehr wohl auch, indirekt, auf ganz andere Probleme angewandt werden können, die (in den erhaltenen Schriften) nicht erwähnt werden. Hinweise auch auf weitere Spezialistentexte, die die Zeiten nicht überdauert haben, gibt pRhind, wo es um den Bereich der Metallverarbeitung geht. Dass aus diversen technischen Feldern keine schriftlichen Aufzeichnungen erhalten sind, kann verschiedene Ursachen haben. Die archäologischen und kulturhistorischen Untersuchungen lassen jedoch kaum einen Zweifel daran zu, dass auch in diesen Feldern mathematisches Spezialistenwissen existiert haben muss.

2.2.2.1 Rechtecke

Viele der oben umschriebenen, lebensnotwendigen Tätigkeiten basierten auf der korrekten Bestimmung der landwirtschaftlichen Flächen. Die von den Ägyptern entwickelten Flächeninhaltsformeln für Quadrate, Rechtecke, gleichschenklige Dreiecke und gleichschenklige Trapeze bildeten die Grundlage für die Berechnung jeder beliebigen Figur mit geradlinig begrenzen Seiten.

In pRhind Nr. 49 ist ein Rechteck Gegenstand des vorliegenden Problems. Gesucht wird die Hälfte des Flächeninhalts einer rechteckigen Fläche mit den Seitenlängen 10 ḫt und 2 ḫt, wobei 1 ḫt = 100 mḥ (Ellen) entspricht (Tab. 2.10).

Eine ebenfalls auf den Flächeninhalt des Rechtecks bezogene Aufgabe findet sich in pMoskau Nr. 6. Gegeben sind der Flächeninhalt eines Rechtecks mit 12 Flächeneinheiten und das Seitenverhältnis $\frac{1}{2} + \frac{1}{4} = \frac{3}{4}$ zwischen Breite und Länge. Gesucht wird die Länge der beiden Seiten (Tab. 2.11).

Die etwas umständliche Bildung des Kehrwertes im ersten Schritt dieser Rechenvorschrift ist aus mathematischer Sicht vollkommen unnötig. Die Methode funktioniert ebenso, wenn ein Quadrat auf Grundlage der kürzeren Seite gebildet wird. Möglicherweise arbeiteten die ägyptischen Mathematiker grundsätzlich bevorzugt mit dem Quadrat über der längeren Seite.

Auch der in Tab. 2.11 dokumentierte Umgang mit Brüchen scheint etwas umständlich, belegt aber die im alten Ägypten praktizierte Darstellung echter Brüche als eine Summe paarweise verschiedener Stammbrüche; man spricht in diesem Zusammenhang heute in der Zahlentheorie von „ägyptischen Darstellungen" und forscht darüber, wie viele Stammbruchsummanden für ägyptische Darstellungen bestimmter Typen von Bruchzahlen mindestens benötigt werden.

Tab. 2.10 Moderne Notation der Bestimmung des halben Flächeninhalts eines Rechtecks mit Kommentar

Moderne Notation (nach Imhausen 2003, S. 70)	Kommentar
$\frac{1}{2} \cdot 2\,\text{ht} = 1\,\text{ht}$	Zunächst wird die 2 ḫt lange Seite des Rechtecks halbiert. Wie aus anderen Aufgaben zur Flächenberechnung zu entnehmen ist, handelt es sich dabei in der Regel um die kleinere, an zweiter Stelle genannte Seite.
$1 \cdot 100\,\text{mh} = 100\,\text{mh}$	Nun wird die Seitenlänge in Ellen umgerechnet.
$10 \cdot 100\,\text{mh} = 1000\,\text{mh}$	Dann wird auch die andere Seite des Rechtecks in Ellen umgerechnet.
$100\,\text{mh} \cdot 1000\,\text{mh} = 100.000\,\text{mh} \cdot \text{mh}$	Schließlich folgt die Berechnung des Flächeninhalts durch Multiplikation der Seitenlängen.

Tab. 2.11 Moderne Notation der Bestimmung der Seitenlängen eines Rechtecks mit bekanntem Flächeninhalt mit Kommentar und Illustration

Moderne Notation (nach Vogel 1958, S. 64)	Kommentar und Illustration
$\frac{1}{2} + \frac{1}{4}$ der Länge für die Breite.	
Dividiere 1 durch $\frac{1}{2} + \frac{1}{4}$, es gibt $1\,\frac{1}{3}$.	Zunächst wird der Kehrwert des Seitenverhältnisses gebildet: $\frac{1}{\frac{1}{2}+\frac{1}{4}} = 1\,\frac{1}{3}$
Multipliziere 12 mit $1\,\frac{1}{3}$, es gibt 16.	Durch die Multiplikation dieses Kehrwerts mit dem gegebenen Flächeninhalt erhält man den Flächeninhalt eines Quadrats, dessen Seitenlängen mit der längeren Seite des gegebenen Rechtecks übereinstimmen: $12 \cdot 1\,\frac{1}{3} = 16$ 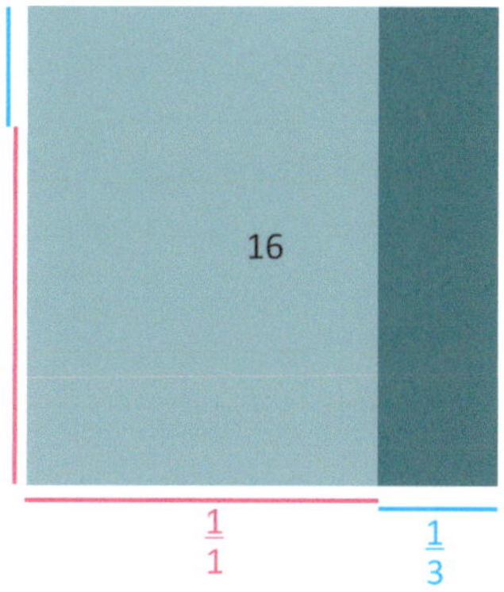

Tab. 2.11 (Fortsetzung)

Moderne Notation (nach Vogel 1958, S. 64)	Kommentar und Illustration
Berechne seinen Winkel, es gibt 4 für die Länge.	Durch das Ziehen der Wurzel wird die Länge dieser Seite bestimmt: $\sqrt{16} = 4$
Sein $\frac{1}{2} + \frac{1}{4}$ als 3 für die Breite.	Schließlich wird über das Seitenverhältnis die fehlende Seitenlänge bestimmt: $\left(\frac{1}{2} + \frac{1}{4}\right) \cdot 4 = 3$

2.2.2.2 Dreiecke und Ähnlichkeit

Die Problemstellungen in pRhind Nr. 51 (Abb. 2.19) und pMoskau Nr. 4 befassen sich mit der Flächenberechnung eines gleichschenkligen Dreiecks. Gesucht wird die Dreiecksfläche bei gegebener Grundseite (4 Einheiten) und Höhe (10 Einheiten). Zunächst wird die Grundseite halbiert und das Ergebnis mit der Höhe multipliziert. Welche praktische Vorstellung die Ägypter mit dieser Vorschrift verbunden haben, lässt sich aus der Bemerkung „um es rechteckig zu machen“ ablesen.

pRhind enthält an dieser Stelle eine Skizze, die Vogels Interpretation (1958, S. 65), das Dreieck werde in zwei rechtwinklige Dreiecke zerlegt, die sich so zu einem Rechteck zusammensetzten lassen, infrage stellt und andeutet, dass es sich – zumindest in diesem Fall – nicht um die geeignete Lesart handelt. Vielmehr scheint es sich um ein rechtwinkliges Dreieck zu handeln, dessen Zerlegung dann entsprechend vorzustellen wäre.

Die von den Ägyptern durchgeführte Berechnung

$$\frac{1}{2} \cdot 4 = 2$$
$$10 \cdot 2 = 20$$

entspricht jedenfalls der heute geläufigen Formel $A_{\text{Dreieck}} = \frac{\text{Grundseite} \cdot \text{Höhe}}{2}$.

Die Ägypter haben sich auch weiterführend mit rechtwinkligen Dreiecken befasst, wie in Problem Nr. 7 im pMoskau dargestellt. Diese Aufgabe kombiniert die Methoden, die oben bereits bei den Flächeninhaltsberechnungen bei Rechtecken zur Sprache kamen, mit Berechnungen am Dreieck.

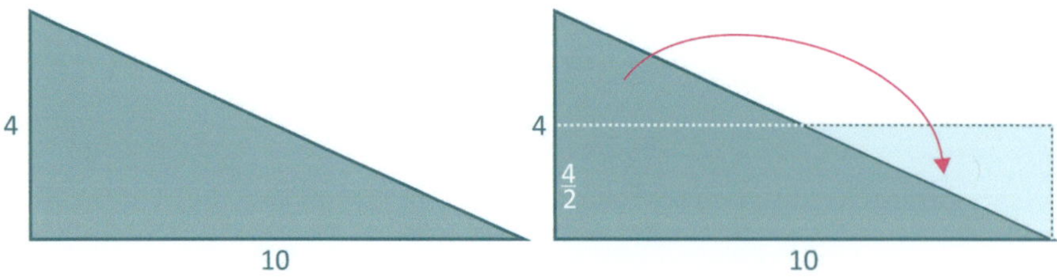

Abb. 2.19 Der Berechnung der Dreiecksfläche in pRhind Nr. 51 zugrunde liegende geometrische Überlegung

Ausgehend von einem rechtwinkligen Dreieck, mit gegebenem Flächeninhalt von 20 Einheiten und einem Seitenverhältnis von $2 + \frac{1}{2}$, der den rechten Winkel einschließenden Seiten, wird die Länge der beiden Seiten gesucht. Zunächst wird das Dreieck zu einem Rechteck ergänzt, um anschließend durch Nutzung des Seitenverhältnisses den Flächeninhalt des Quadrats über der längeren Seite zu berechnen. Die Wurzel dieses Flächeninhalts entspricht dann der Länge der längeren Seite des Dreiecks; die kürzere Seite wird wiederum über das bekannte Verhältnis berechnet (für eine ausführliche Darstellung s. Stiller 2017, S. 209 f.). Damit lehnt sich das Verfahren eng an das oben für Rechtecke beschriebene an.

Ähnlichkeit und *seqet*

Eine herausragende Rolle in der Geschichte der Ägypter spielte der Pyramidenbau. So lassen sich die Aufgaben pRhind Nr. 56–59 als so genannte „Pyramidenaufgaben" zusammenfassen, deren Texte um Skizzen ergänzt sind, die den Aufriss einer Pyramide zeigen und konkrete Zahlenangaben enthalten. Diese Aufgaben befassen sich mit der Beziehung zwischen der Länge der Grundkante, der Höhe und dem sogenannten Rücksprung (*seqet*; Abb. 2.20), wobei stets eine der drei Größen aus den beiden anderen berechnet wird. Der Rücksprung gibt an, wie weit die Böschung bei einer vertikalen Höhe von einer Elle zurückspringt, und liefert damit – im modernen Verständnis – ein Maß für den Neigungswinkel der Seitenfläche einer Pyramide. Der Winkelbegriff selbst war den Ägyptern ebenso fremd wie den Babyloniern.

Dass die exakte Messung des Rücksprungs für die praktische Bauplanung von größter Bedeutung war, liegt auf der Hand, wenn man sich den schrittweisen Bau vor Augen führt, an dessen Ende ein möglichst perfekter geometrischer Körper stehen sollte.

pRhind Nr. 56 zeigt die Berechnungsgrundlage des Rücksprungs einer quadratischen Pyramide bei gegebener Grundkante von 360 Ellen und einer Höhe von 250 Ellen (Tab. 2.12).

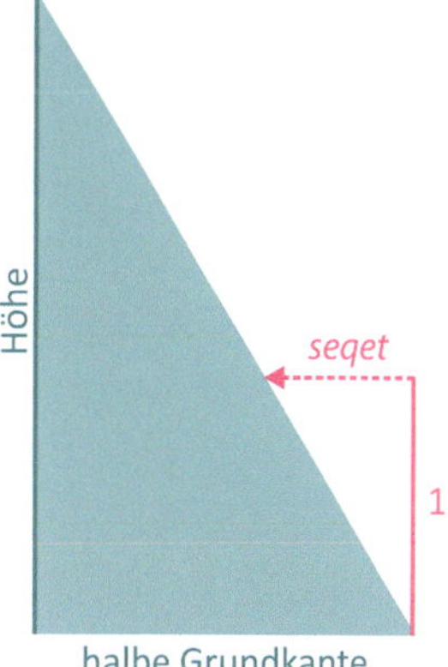

Abb. 2.20 Pyramidenrücksprung (*seqet*)

Tab. 2.12 Kommentar und Illustration zu pRind Nr. 56

Kommentar (zitiert nach Gericke 1996, S. 61)	Illustration
Beispiel der Berechnung einer Pyramide, 360 Ellen in der Länge der Seite, 250 Ellen in der Höhe. Laß mich wissen ihren Rücksprung.	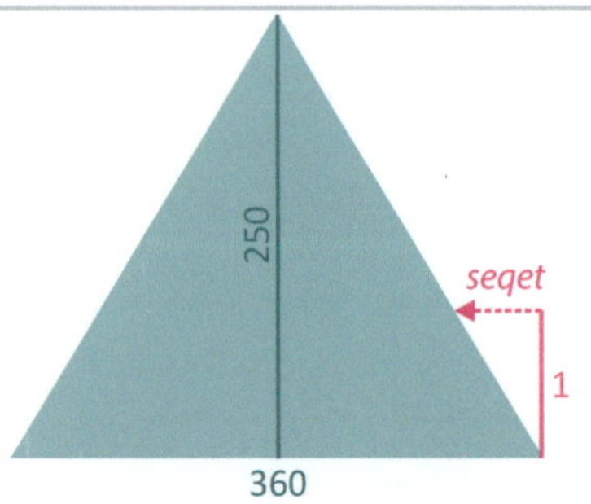 Zur Verdeutlichung ist der Rücksprung in der Illustration stark vergrößert dargestellt.
Nimm $\frac{1}{2}$ von 360, es ist 180.	Die Grundkante wird halbiert, da nur der halbe Pyramidenquerschnitt für die Beantwortung der Frage relevant ist. 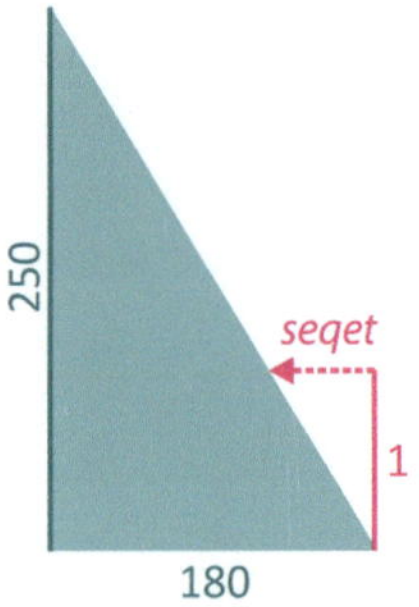
Rechne mit 250 um 180 zu erhalten. {Nimm 250 so oft, bis es 180 ergibt, d. h., dividiere 180 durch 250.}	Es wird das Seitenverhältnis $\frac{\text{halbe Breite}}{\text{Höhe}} = \frac{180}{250}$ aufgestellt.
Es ist $\overline{2}\,\overline{5}\,\overline{50}$ Elle.	Die Berechnung ergibt $\frac{1}{2} + \frac{1}{5} + \frac{1}{50} = \frac{18}{25}$. Dass hier im Original gleich die Einheit (mḫ) mitgeschrieben wird, zeigt an, dass der Wert sofort als *seqet* gelesen wurde, also als Maß des auf 1 mḫ bezogenen Rücksprungs.
1 Elle hat 7 Handbreiten. Multipliziere 1 mit 7. Der Rücksprung ist $5 + \frac{1}{25} = 5\frac{1}{25}$ Handbreiten.	Abschließend wird durch einfache Multiplikation in eine kleinere und bei diesem Ergebnis praktikablere Maßeinheit umgerechnet.

Die Ägypter ermittelten also den Rücksprung durch das Verhältnis von halber Grundseite zur Höhe, was sich in moderner Notation folgendermaßen fassen lässt:

$$seqet = \frac{\frac{\frac{1}{2}\text{Grundkante}}{\text{Höhe}}}{1}\,.$$

Dabei nutzten sie – ob und bis zu welchem Grad bewusst – die Ähnlichkeit der beiden beteiligten Dreiecke, des halben Pyramidenquerschnitts sowie des *seqet*-Dreiecks mit seiner genormten vertikalen Seitenlänge.

2.2.2.3 Trapeze

Auf ähnliche Weise wird auch das gleichschenklige Trapez berechnet. Dieses ist nach Ansicht der Ägypter dem „abgeschnittenen Stück einer Fläche [gleichzusetzen], das durch die Höhe und die oberen und unteren Kanten charakterisiert wird" (Imhausen 2003, S. 75). Die Problemstellung pRhind Nr. 52 zeigt, wie die Ägypter zu der (hier in moderner Schreibweise als Gleichung gegebenen) Rechenvorschrift

$$A_{\text{Trapez}} = \frac{a+b}{2} \cdot h$$

gelangt sind (Tab. 2.13).

Tab. 2.13 Berechnung des Trapezflächeninhalts nach pRhind Nr. 52 mit Kommentar und (maßstäblicher) Illustration

Berechnung	Kommentar und Illustration
	Gegeben sind die Höhe mit 20 ḫt Einheiten und die Seiten mit den Längen 6 ḫt und 4 ḫt. 4 20 6

Tab. 2.13 (Fortsetzung)

Berechnung	Kommentar und Illustration
$6 + 4 = 10$	Im ersten Schritt werden die bekannten Seitenlängen addiert. Geometrisch lässt sich dies als eine Ergänzung des Trapezes zu einem Rechteck mit den Seitenlängen 6 ht + 4 ht = 10 ht und der Trapezhöhe 20 ht deuten, auf die der Originaltext auch selbst hinweist. 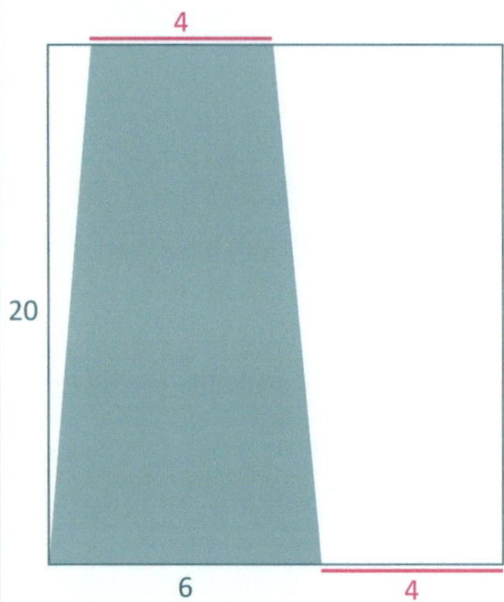
$\frac{1}{2} \cdot 10 = 5$	Durch Zerlegen und Umarrangieren des Trapezes – wie beim Dreieck ebenfalls üblich – zeigt sich, dass die kürzere Seitenlänge des so entstandenen Rechtecks der Hälfte der eben durch Addition ermittelten Seitenlänge 6 ht + 4 ht = 10 ht entspricht. 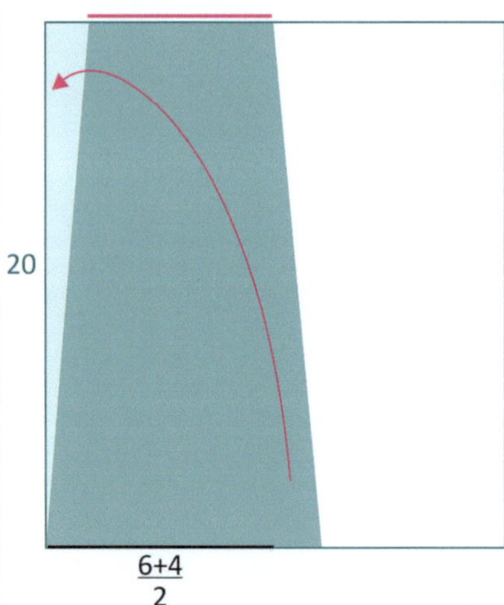
$20 \cdot 5 = 100$	Damit ist die Berechnung auf die eines Rechteckflächeninhalts zurückgeführt, die sich als Multiplikation der Seitenlängen darstellt.

Dass das Verfahren in dieser Einfachheit nur bei gleichschenkligen Trapezen funktioniert, ist offensichtlich. Die reine Rechenvorschrift gibt keinen Hinweis darauf, dass eine „beidseitige" Zerlegung gedacht wurde – sie widerspricht dieser Idee jedoch auch nicht, und man darf annehmen, dass die ägyptischen Mathematiker, von diesem einfachsten Falle ausgehend, die Verallgemeinerbarkeit auf alle Trapeze erkannt und die Rechenvorschrift in der Folge unterschiedslos angewandt haben.

2.2.2.4 Berechnungen am Kreis

Die Problemstellung pRhind Nr. 50 zeigt, wie der Flächeninhalt eines runden Feldes mit gegebenem Durchmesser d bestimmt wird. Es fällt sogleich auf, dass die Ägypter den Kreis offenbar anders verstanden als die babylonischen Mathematiker. War dort stets der Umfang das definierende Moment, ist es in der ägyptischen Mathematik der Durchmesser.

Die Rechnung der Ägypter zur Bestimmung der Kreisfläche bei einem Durchmesser $d = 9$ Einheiten lautet in moderner Notation:

$$\frac{1}{9} \cdot 9 = 1$$
$$9 - 1 = 8$$
$$8 \cdot 8 = 64\,.$$

Die überlieferten mathematischen Texte geben in ihrer Gesamtheit Aufschluss darüber, dass die Ägypter die Kreisfläche stets nach derselben Vorgehensweise bestimmt haben, die sich verallgemeinernd wie folgt fassen lässt:

$$\frac{1}{9} \cdot d$$
$$d - \frac{1}{9} \cdot d$$
$$\left[d - \left(\frac{1}{9} \cdot d\right)\right] \cdot \left[d - \left(\frac{1}{9} \cdot d\right)\right].$$

In moderner algebraischer Schreibweise lässt sich diese Verminderung des Durchmessers um $\frac{1}{9}$ seiner Länge mit anschließender Quadratur verkürzt angeben als:

$$A_{\text{Kreis}} = \left(\frac{8}{9}d\right)^2$$

Die Ägypter gingen also davon aus, dass der Flächeninhalt eines Kreises mit einem Durchmesser von 9 Einheiten so groß ist wie der eines Quadrats mit einer Seitenlänge von 8 Einheiten. Der Überlieferung zufolge erbrachten die Ägypter den Nachweis für die oben angegebene Formel, indem sie Quadrate und Kreise, bei denen die Länge der Quadratseite mit dem Durchmesser des Kreises übereinstimmte, mit Getreidekörnern bedeckten. Die Auszählung der Körner ergab, dass die Quadratfläche mehr Körner enthielt und damit größer war als die Kreisfläche. Durch schrittweise Verkleinerung der Quadratfläche wurde die Anzahl der Körner denen der Kreisfläche angeglichen. Dabei fanden sie heraus, dass die Anzahl der Körner beider Flächen übereinstimmte, wenn die Seite des Quadrats $\frac{8}{9}$ der Länge des Kreisdurchmessers entsprach.

Kreiszahl

Wie gut ist diese Näherung (der Kreiszahl, die wir heute mit π angeben), die die Ägypter nutzten? Aus heutiger Sicht und mit heutigem Kenntnisstand kann auf Grundlage der Kreisformel $A_{\text{Kreis}} = \pi \cdot \left(\frac{d}{2}\right)^2$ ein Näherungswert für die „Kreiszahl" der Ägypter berechnet werden:

$$\pi \cdot \left(\frac{d}{2}\right)^2 = \left(\frac{d}{2} \cdot d\right)^2$$

$$\pi = \frac{\frac{64}{81} \cdot d^2}{\frac{1}{4} \cdot d^2}$$

$$\pi = \frac{256}{81} \approx 3{,}16049$$

Im Vergleich zu den Babyloniern, die stets mit der sehr groben Näherung von arbeiteten, stellt die ägyptische „Kreiszahl" damit eine deutliche Verbesserung der Rechengenauigkeit dar. Oben wurde eine mögliche Herleitung über den praktischen Vergleich des Kreisflächeninhalts mit verschiedenen Quadratflächen geschildert. Es findet sich jedoch auch ein Rechenbeispiel, das an eine geometrische Plausibilisierung, wenn nicht Herleitung, des Wertes $\frac{8}{9}$ denken lässt.

Im Gegensatz zu den meisten anderen Problemstellungen beginnt pRhind Nr. 48 mit einer Skizze, der zwei Rechnungen beigefügt sind. Eine Rekonstruktion dieser Angaben zeigt, dass es sich bei der Skizze um die Aufgabenstellung und bei den beiden Rechnungen um Anweisungen zur Berechnung zweier Flächen handelt. Die Skizze zeigt ein Quadrat, das durch Abtrennung der Ecken in ein Achteck umgewandelt und einem Kreis einbeschrieben wird. Abb. 2.21 zeigt das im Papyrus skizzierte Quadrat mit der Seitenlänge 9 Einheiten. Durch Abtrennen der 4 Ecken (auf je $\frac{1}{3}$ der Seiten) ergibt sich für das entstandene Achteck eine Fläche von

$$A = 9^2 - 4 \cdot \frac{3^2}{2} = 63 \text{ Flächeneinheiten}\,.$$

Ein hierzu flächeninhaltsgleiches Quadrat hat mithin die Seitenlänge $\sqrt{63}$ Einheiten, was einem Quadrat mit der Seitenlänge von $\sqrt{64} = 8$ Einheiten angenähert werden kann. So erklärt sich möglicherweise die Verwendung von $\frac{8}{9}d$ als Seitenlänge eines annähernd flächeninhaltsgleichen Quadrats.

2.2.2.5 Volumenberechnungen

Die Berechnung von Rauminhalten beschäftigte die ägyptische Mathematik vor allem aus Gründen der Planung von Hoch- und Tiefbauprojekten wie Tempeln, Palästen, Gräbern

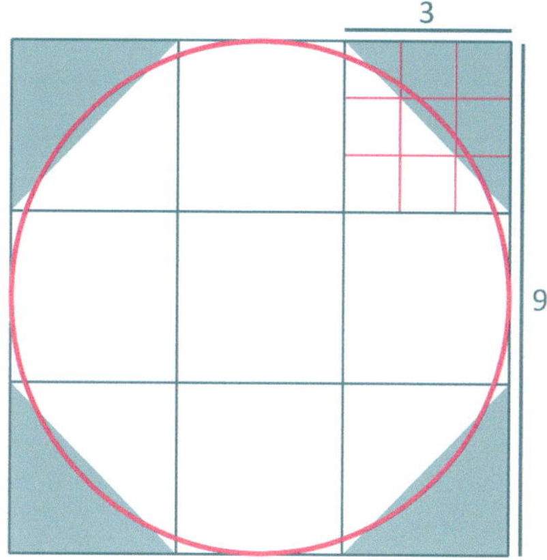

Abb. 2.21 Einschreibung eines Kreises in ein regelmäßiges Vieleck (pRhind Nr. 48)

oder Pyramiden. Wichtige Kenngrößen ließen sich nur auf Grundlage genauer Kenntnisse der zu errichtenden bzw. zu entfernenden Mengen an Stein, Erde und/oder Sand kalkulieren. Dies konnte die erforderliche Menge an Arbeitern sein oder der zu erwartende Tagesarbeitsfortschritt jedes einzelnen Arbeiters, der wiederum vor Ort genauestens überprüft und zur (gerechten) Entlohnung herangezogen wurde.

Prismen

Die Aufgaben pRhind Nr. 41–46 befassen sich mit der Volumenberechnung von zylindrischen und kubischen Getreidespeichern. pRhind Nr. 41 zeigt die Vorgehensweise zur Berechnung eines zylindrischen Getreidespeichers mit einem gegeben Durchmesser von 9 mḫ̆ und einer Höhe von 10 mḫ̆ (Tab. 2.14).

Es fällt auf, dass in dieser Problemstellung mit exakt denselben Zahlwerten gearbeitet wird wie bei der Kreisaufgabe pRhind Nr. 48. Man darf davon ausgehen, dass dies zur Vereinfachung der exemplarischen Darstellung des Rechenverfahrens diente. Ein didaktisches Interesse lässt sich also postulieren.

Vergleicht man dieses Ergebnis mit demjenigen, das die heute gebräuchliche Volumenformel für Zylinder liefert ($V_{\text{Zylinder}} = \pi \cdot r^2 \cdot h = \pi \cdot \left(\frac{9}{2}\right)^2 \cdot 10 \approx 636{,}17$), ergibt sich eine Abweichung von 0,6 %.

Analog hierzu wird in pRhind Nr. 44 die Volumenberechnung eines Würfels mit einer Länge, einer Breite und einer Höhe von je 10 Einheiten durchgeführt, die wie folgt aussieht:

$$(1) \quad 10 \cdot 10 = 100$$

$$(2) \; 100 \cdot 10 = 1000$$

Die durchgeführten Schritte belegen mithin die Volumenberechnung nach der Formel $V =$ Grundfläche · Höhe.

Tab. 2.14 Berechnung des Rauminhalts eines zylindrischen Getreidespeichers mit Kommentar und Illustration

Berechnung	Kommentar und Illustration
$\frac{1}{9} \cdot 9 = 1$ $9 - 1 = 8$ $8 \cdot 8 = 64$	Die Rechenvorschrift folgt zunächst den oben beschriebenen Schritten zur Berechnung der kreisförmigen Grundfläche. Das Ergebnis von 8 mḫ wird mit sich selbst multipliziert und ergibt so eine Grundfläche von 64 (mḫ^2).
$64 \cdot 10 = 640$	Anschließend wird die Grundfläche mit der Höhe des Getreidespeichers von 10 Einheiten multipliziert und liefert ein Gesamtvolumen von 640 (mḫ^3).

Pyramidenstumpf

Bis heute fehlen epigraphische Nachweise auf die Kenntnis der allgemeinen Volumenformel für die Pyramide, doch ist die Volumenberechnung eines quadratischen Pyramidenstumpfes in pMoskau Nr. 14 belegt. Wie auch Abb. 2.22 nahelegt, ist davon auszugehen, dass die vergleichsweise einfachere Volumenberechnung einer vollständigen Pyramide den Ägyptern als bekannt angenommen werden kann (vgl. Rossi 2010, S. 415).

Die Berechnungen des (immensen) Pyramidenvolumens dienten beispielsweise zur Abschätzung, ob ein gewählter Steinbruch für das gesamte Bauvolumen ausreichen würde, und die Berechnung eines Pyramidenstumpfes könnte – da die Ägypter im Gegensatz zu anderen Hochkulturen keine Pyramidenstümpfe um ihrer selbst willen zu errichten pflegten – dazu genutzt worden sein, um zu ermitteln, bei Erreichen welcher Bauphase der Zuliefersteinbruch möglicherweise würde gewechselt werden müssen, was wiederum zur besseren Planung der daraus folgenden praktischen, z. B. logistischen, Veränderungen gedient haben mag.

Bei dem in Tab. 2.15 vorgestellten Problem geht es um die Berechnung eines quadratischen Pyramidenstumpfes mit der Höhe von 6 Einheiten, einer oberen Kantenlänge von 2 Einheiten und einer unteren Kantenlänge von 4 Einheiten.

Abb. 2.22 Pyramidenstumpf aus pMoskau Nr. 14

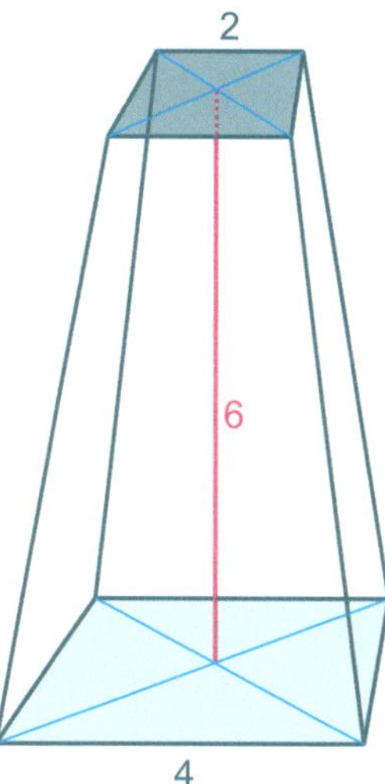

Tab. 2.15 Berechnung des Volumens des Pyramidenstumpfes pMoskau Nr. 14 mit Kommentar und in moderner Notation

Berechnung (nach Gericke 1996, S. 63)	Moderne Notation und Kommentar
Rechne du mit dieser 4 quadriert. Es entsteht 16.	Zunächst wird mit $4^2 = 16$ der Flächeninhalt der Grundfläche bestimmt.
Verdopple du 4. Es entsteht 8.	Der Rechenschritt $2 \cdot 4 = 8$ erklärt sich nicht unmittelbar und wird unten erläutert. Es ist bemerkenswert, dass der Text hier von einer Verdopplung spricht, diesen Schritt also nicht erkennbar (!) mit der Kantenlänge der Deckfläche in Zusammenhang bringt.
Rechne du mit dieser 2 quadriert. Es entsteht 4.	Nun wird der Flächeninhalt der Deckfläche mit $2^2 = 4$ berechnet.
Addiere du diese 16 und diese 8 und diese 4. Es entsteht 28.	Die drei Einzelergebnisse werden addiert, was einen Hinweis darauf gibt, dass die „Verdopplung" doch als Flächenberechnung zu verstehen sein muss: $16 + 8 + 4 = 28$
Berechne $\overline{3}$ von 6. Es entsteht 2.	Nun wird die Höhe des Pyramidenstumpfes durch $\frac{1}{3} \cdot 6 = 2$ gedrittelt.
Rechne du mit 28 2 mal. Es entsteht 56.	Schließlich wird die so verminderte Höhe mit der Summe der drei Flächeninhalte zum Gesamtvolumen multipliziert: $28 \cdot 2 = 56$

Das als Rechenvorschrift gefasste Vorgehen entspricht exakt der heute gebräuchlichen Formel:

$$V_{\text{qPyramidenstumpf}} = \left(a^2 + ab + b^2\right) \cdot \frac{h}{3}$$

2.2.3 Synopse: Geometrie der frühen Hochkulturen und systematisches Problemlösen

Spätestens die Ägypter und Babylonier besaßen elementare geometrische Kenntnisse, deren Zielrichtung es war, Probleme aus dem täglichen Leben zu lösen. Wie zahlreiche Quellen belegen, war man in beiden Hochkulturen in der Lage, Flächeninhalte zu berechnen, indem unbekannte, auch krummlinig berandete, Flächen auf bekannte Flächen zurückgeführt wurden. Dabei wurde die Quadratur als ideale Form angesehen, krummlinig begrenzte Flächen – unter ausschließlicher Verwendung von Zirkel und Lineal – in Rechtecke zu überführen. In der Regel konnten so nur Näherungswerte als Lösungen ermittelt werden, ohne dass sie als solche erkannt wurden. Während den Ägyptern und Babyloniern solche Näherungslösungen für ihre Praxis genügten, forderten die Griechen – als die unmittelbaren Vorfahren unserer heutigen modernen Naturwissenschaft (und Mathematik) – Beweise für Konstruktionen und allgemeine Sätze und auch theoretisch exakte Lösungen, was einen Bruch mit der praxisnahen Aufgabenkultur der Ägypter und Babylonier bedeutete. Dabei behielten die griechischen Mathematiker Geraden und Kreise als axiomatische Grundelemente – gleichbedeutend mit den natürlichen Zahlen im Bereich der Arithmetik – bei, so dass sie die zur Lösung geometrischer Probleme benutzten Konstruktionen unter ausschließlicher Verwendung von Zirkel und Lineal durchführten, mit dem Ziel, Flächeninhalte nicht zu berechnen, sondern beliebige Flächen in flächengleiche Quadrate zu überführen. Dieses Streben nach einer beweisenden, axiomatischen Geometrie bei gleichzeitiger Beibehaltung der strengen Konstruktionsforderung führte schließlich zu einer Klasse von Aufgaben, deren Lösung nicht möglich war. Die Würfelverdopplung, die Winkeldreiteilung und die Quadratur des Kreises zählten dabei zu den bedeutendsten Problemen und gingen als die drei klassischen Probleme der Antike in die Geschichte ein.

Die Bemühungen um eine Lösung dieser Probleme dauerten mehrere Jahrhunderte an und brachten lange Zeit keine zufriedenstellenden Ergebnisse, verhalfen aber auf der anderen Seite zu Beobachtungen und Entdeckungen, die zum Nachdenken über das Vorgehen beim Lösen von Problemen selbst führten; im Laufe der Zeit wurde eine Erfindungsmethode herausgearbeitet, die schließlich produktiv zu neuen Problemlösungen führte. Und somit ist es vermutlich der festgelegten Konstruktionsvorgabe und der „Unlösbarkeit" der genannten Aufgaben zu verdanken, dass neue mathematische Methoden und Beweisverfahren entwickelt wurden, die zum Grundstein für die „Urform heuristischer Strategien" (Zimmermann 1990, S. 139) wurden.

Die mit * markierten Nennungen in Tab. 2.16 und 2.17 sind hypothetischer Bestandteil des in den Quellen dokumentierten Vorgehens, die anderen Einträge sind evident. Da einige Aufgaben als illustrierende Beispiele für den problemlöserischen Kontext gewählt und nur in moderner Fassung gezeigt wurden, werden für diese nur potenziell verwendete bzw. verwendbare heuristische Techniken und Heurismen (Kap. 5) benannt.

Tab. 2.16 Babylonische Mathematik: Verknüpfungsvorschläge geometrischer Problemstellungen mit heuristischen Techniken und Heurismen. (Kategorisierung nach Krichel 2017 und Stiller 2017; Kap. 5)

Aufgabe	Kategorien	Evident oder hypothetisch (*) eingesetzte Techniken oder Heurismen
Gegeben: halber Rechtecksumfang, Summe der Flächeninhalte des Rechtecks und des Rechtecks, dessen Seiten Summe und Differenz der Seitenlängen des Ausgangsrechtecks entsprechen Gesucht: beide Seitenlängen	Heuristische Techniken	Gleichungen Grafische Repräsentationsformen*
	Heurismen der Analyse und Adaption	Rückführen auf Bekanntes* Heurismus der Strukturnutzung
	Heurismen der konkreten Handlung	Vorwärtsarbeiten Rückwärtsarbeiten*
Gegeben: Trapez, Flächeninhalte der Teiltrapeze, parallele Seiten Gesucht: Länge der Transversalen	Heuristische Techniken	Gleichungen De- und Rekonstruktion*
	Heurismen der Analyse und Adaption	Heurismus der Affinität Heurismus der Strukturnutzung*
	Heurismen der konkreten Handlung	Vorwärtsarbeiten
Gegeben: rechtwinkliges Trapez, zur Grundseite parallele Transversale, Flächeninhalte der Teiltrapeze, Seitenverhältnis der Abschnitte auf orthogonaler Seite Gesucht: Länge der Abschnitte auf orthogonaler Seite	Heuristische Techniken	Gleichungen* Grafische Repräsentationsformen* De- und Rekonstruktion*
	Heurismen der Analyse und Adaption	Heurismus der Affinität*
	Heurismen der konkreten Handlung	Vorwärtsarbeiten*
Gegeben: gleichschenkliges Trapez, Länge aller Seiten Gesucht: Länge der Diagonalen	Heuristische Techniken	Gleichungen* Grafische Repräsentationsformen* De- und Rekonstruktion*
	Heurismen der Analyse und Adaption	Heurismus der Affinität*
	Heurismen der konkreten Handlung	Vorwärtsarbeiten*
Gegeben: Belagerungsrampe (dreieckiger Querschnitt), errichtete Rampenhöhe, Volumen der fertigen Rampe, geplante Rampenhöhe Gesucht: Dicke des fertigen Teilstücks und Enddicke des Damms	Heuristische Techniken	Gleichung*
	Heurismen der Analyse und Adaption	Heurismus der Affinität* Heurismus der Strukturnutzung*
	Heurismen der konkreten Handlung	Vorwärtsarbeiten*

Tab. 2.16 (Fortsetzung)

Aufgabe	Kategorien	Evident oder hypothetisch (*) eingesetzte Techniken oder Heurismen
Gegeben: zwei rechtwinklige Dreiecke, drei Kathetenlängen Gesucht: die vierte Kathetenlänge	Heuristische Techniken	Grafische Repräsentationsformen*
	Heurismen der Analyse und Adaption	Heurismus der Affinität*
	Heurismen der konkreten Handlung	
Gegeben: rechtwinkliges Dreieck, eine Kathetenlänge (indirekt), Hypotenusenlänge Gesucht: die Länge der zweiten Kathete	Heuristische Techniken	Gleichungen*
	Heurismen der Analyse und Adaption	Heurismus der Affinität
	Heurismen der konkreten Handlung	
Gegeben: rechtwinkliges Dreieck, Gesucht: Hypotenuse	Heuristische Techniken	
	Heurismen der Analyse und Adaption	Heurismus der Affinität
	Heurismen der konkreten Handlung	Vorwärtsarbeiten*
Gegeben: Breite und Höhe eines Rechtecks Gesucht: Diagonale	Heuristische Techniken	Gleichungen* Grafische Repräsentationsformen*
	Heurismen der Analyse und Adaption	Heurismus der Strukturnutzung*
	Heurismen der konkreten Handlung	Vorwärtsarbeiten*
Gegeben: gleichschenkliges Dreieck mit gegebener Grund- und Schenkellänge gesucht: Umkreisradius des Dreiecks	Heuristische Techniken	Gleichungen* Grafische Repräsentationsformen* De- und Rekonstruktion*
	Heurismen der Analyse und Adaption	Heurismus der Affinität
	Heurismen der konkreten Handlung	Vorwärtsarbeiten* Rückwärtsarbeiten*
Gegeben: rechtwinkliges Dreieck im Kreis, Kreisumfang, Kreisdurchmesser (indirekt) „Pfeil"länge Gesucht: Länge der Sehne	Heuristische Techniken	Gleichungen* Grafische Repräsentationsformen*
	Heurismen der Analyse und Adaption	Heurismus der Affinität
	Heurismen der konkreten Handlung	Vorwärtsarbeiten*

Tab. 2.16 (Fortsetzung)

Aufgabe	Kategorien	Evident oder hypothetisch (*) eingesetzte Techniken oder Heurismen
Gegeben: gleichschenklige Trapeze (Ziegelsteine), die Kreisring bilden (Brunnen), bogenförmige Grundlinie, Schenkellänge Gesucht: Anzahl der benötigten Ziegelsteine, Durchmesser Inkreis und Umfang	Heuristische Techniken	De- und Rekonstruktion*
	Heurismen der Analyse und Adaption	Heurismus der Affinität* Heurismus der Strukturnutzung*
	Heurismen der konkreten Handlung	Vorwärtsarbeiten*
Gegeben: quadratischer Pyramidenstumpf, Höhe, Grundfläche, Rücksprung der Seitenflächen, Deckfläche (indirekt) Gesucht: Volumen	Heuristische Techniken	Gleichungen*
	Heurismen der Analyse und Adaption	Heurismus der Affinität*
	Heurismen der konkreten Handlung	Vorwärtsarbeiten*
Gegeben: Kegelstumpf, Höhe, Umfang von Grund- und Deckfläche Gesucht: Volumen	Heuristische Techniken	Gleichungen*
	Heurismen der Analyse und Adaption	Heurismus der Affinität*
	Heurismen der konkreten Handlung	Vorwärtsarbeiten*

Tab. 2.17 Ägyptische Mathematik: Verknüpfungsvorschläge geometrischer Problemstellungen mit heuristischen Techniken und Heurismen. (Kategorisierung nach Krichel 2017 und Stiller 2017; Kap. 5)

Aufgabe	Kategorien	Evident oder hypothetisch (*) eingesetzte Techniken oder Heurismen
Gegeben: Rechteck, Seitenlängen Gesucht: Hälfte des Flächeninhalts	Heuristische Techniken	Gleichungen De- und Rekonstruktion*
	Heurismen der Analyse und Adaption	Heurismus der Affinität*
	Heurismen der konkreten Handlung	Vorwärtsarbeiten
Gegeben: Rechteck, Flächeninhalt, Verhältnis zwischen den Seitenlängen Gesucht: Seitenlängen	Heuristische Techniken	Grafische Repräsentationsformen* De- und Rekonstruktion
	Heurismen der Analyse und Adaption	Heurismus der Affinität*
	Heurismen der konkreten Handlung	Vorwärtsarbeiten
Gegeben: gleichschenkliges Dreieck, Grundseite, Höhe Gesucht: Flächeninhalt	Heuristische Techniken	Gleichungen* De- und Rekonstruktion
	Heurismen der Analyse und Adaption	Heurismus der Affinität
	Heurismen der konkreten Handlung	

Tab. 2.17 (Fortsetzung)

Aufgabe	Kategorien	Evident oder hypothetisch (*) eingesetzte Techniken oder Heurismen
Gegeben: rechtwinkliges Dreieck, Flächeninhalt und Seitenverhältnis Gesucht: Länge der beiden Seiten	Heuristische Techniken	Gleichung* Grafische Repräsentationsformen* De- und Rekonstruktion
	Heurismen der Analyse und Adaption	Heurismus der Affinität
	Heurismen der konkreten Handlung	Vorwärtsarbeiten*
Gegeben: quadratische Pyramide, Grundkante, Höhe Gesucht: Rücksprung	Heuristische Techniken	Gleichungen* Grafische Repräsentationsformen*
	Heurismen der Analyse und Adaption	Heurismus der Strukturnutzung*
	Heurismen der konkreten Handlung	
Gegeben: gleichschenkliges Trapez, Höhe und obere und untere Kantenlänge Gesucht: Flächeninhalt	Heuristische Techniken	Gleichungen* Grafische Repräsentationsformen* De- und Rekonstruktion*
	Heurismen der Analyse und Adaption	Heurismus der Affinität
	Heurismen der konkreten Handlung	Vorwärtsarbeiten*
Gegeben: Kreis und Durchmesser Gesucht: Flächeninhalt	Heuristische Techniken	Grafische Repräsentationsformen* De- und Rekonstruktion*
	Heurismen der Analyse und Adaption	Heurismus der Affinität*
	Heurismen der konkreten Handlung	Rückwärtsarbeiten* Systematisches Probieren*
Gegeben: Zylinder, Durchmesser, Höhe Gesucht: Volumen	Heuristische Techniken	Gleichungen*
	Heurismen der Analyse und Adaption	Heurismus der Affinität
	Heurismen der konkreten Handlung	Vorwärtsarbeiten*
Gegeben: quadratischer Pyramidenstumpf, Höhe, obere und untere Kantenlänge Gesucht: Volumen	Heuristische Techniken	Gleichungen* De- und Rekonstruktion*
	Heurismen der Analyse und Adaption	Rückführen auf Bekanntes*
	Heurismen der konkreten Handlung	Systematisches Probieren*

2.3 Griechisch-römische Mathematik

Mit der griechischen Zivilisation änderte sich für ganz Mitteleuropa der Lauf der Kulturgeschichte nachhaltig – in den verschiedensten Bereichen. Gerade für die Mathematik als Wissenschaft und ihre heutige Existenzform ist die Bedeutung der griechischen Kultur kaum zu überschätzen. Und auch die Griechen selbst waren von der großen Wichtigkeit der Mathematik (in dem einen oder anderen Sinne) überzeugt: Platon, auch einer der einflussreichsten Pädagogen der Geschichte, war überzeugt, dass nur sie wahres Wissen ermögliche, die Logik und ganz allgemein die Denkfähigkeit schule, die auch in anderen Bereichen nützlich und notwendig ist.

Ein anderer stark griechisch geprägter Kulturaspekt spielt ebenfalls bis heute eine Rolle: Die Griechen waren das Volk, das die Pädagogik erfand. Im Bewusstsein vieler, auch aktueller, Bildungsforscher waren die Griechen, die ja den bis heute gültigen Begriff prägten, die Ersten, die sich „Gedanken über die Schwierigkeiten der Vermittlung von Erkenntnissen machten und die Frage stellten, welche Art und welches Maß von Wissen einerseits und welche ‚Tugenden' (Haltungen, Werte, Charaktervorzüge) der Mensch andererseits benötigt, um ein ‚gutes' Gemeinwesen mitgestalten zu können" (Kuhlmann 2013, S. 13).

Quellenlage

Trotz der immensen Bedeutung der griechischen Tradition, ist die Primärquellenlage für den griechisch-römischen Mathematikunterricht deutlich schlechter, als dies für die mesopotamischen Hochkulturen der Fall ist. Es lassen sich fünf Klassen von Quellenmaterial unterscheiden:

1. Mathematische Texte
2. Metamathematische Texte
3. Indirekte textliche Überlieferungen
4. Archäologische Funde und Befunde
5. Fragmente

Mathematische Texte dieser Kulturperiode wurden nicht in ihrer Originalversion tradiert; sie wurden „Klassiker", die im Lauf der langen griechisch-römischen Geschichte wieder und wieder kopiert, ergänzt, mit Kommentaren versehen wurden und auch mit ihnen verschmolzen. Dies betrifft auch eine Vielzahl der ganz und gar mathematischen, teils mathematikdidaktischen, Texte wie die Schriften von Euklid, Archimedes oder Ptolemäus.

Das gleiche Überlieferungsproblem zeigt sich auch bei der zweiten Klasse von Quellen: Neben den Fachschriften sind auch Texte erhalten, in denen die Bedeutung der Mathematik aus einer Außenperspektive heraus sichtbar bzw. aktiv reflektiert wird; hierzu gehören Platos *Republik*, Vitruvs Standardwerk *De Architectura* und Quintilianus' *Institutio Oratoria*, was bereits die Bandbreite der mathematischen Anwendungen und die umfassende Wertschätzung andeutet, die man ihr entgegenbrachte.

In einer Art mittleren Position zwischen diesen beiden Enden des Textartenkontinuums gibt es zahlreiche schriftstellerische und philosophische Texte, die mathematische Inhalte mittelbar als Zitate überliefern oder Kommentare zu ihnen darstellen.

Neben diese drei Quellentypen treten zwei weitere: archäologische Funde und Befunde zum Lehren und Lernen von Mathematik sowie isolierte Fragmente, die keinerlei pädagogische oder fachwissenschaftliche Einordnung erlauben.

Während die Klassen 1 bis 3 der vorgestellten Quellen gut vertreten und erforscht sind, beschränken sich unmittelbare, archäologische Beweise auf eine vergleichsweise geringe Datenmenge. Die Problematik, die hierdurch entsteht, ist die folgende: Die Art der Überlieferung der ersten drei Quellentypen durch einen (bewussten) Filter hat uns über Jahrtausende nur einen Teil der ursprünglichen Informationen zukommen lassen. So können zwar bestimmte Schlüsse über den Mathematikunterricht der griechisch-römischen Antike gezogen werden – es bleiben jedoch immer Schlüsse auf Grundlage eingeschränkten, selektierten Quellenmaterials. Das Bild, das sich ergibt, ist nicht nur unvollständig, sondern verzerrt. Neben diesen „polierten" und über Jahrtausende weiter verarbeiteten Texten wären dringend Beweise des Typs 4 notwendig, um zu verstehen, wie der ursprüngliche Lehr- und Lernkontext der Lerner aussah, bevor oder während sie sich beispielsweise mit den Texten Euklids befassen konnten. So wie die Sachlage sich darstellt, ziehen Bernard et al. (2014, S. 40 f.) aus den textlichen Quellen die folgenden indirekten Schlüsse zum Mathematikunterricht:

> Die reiche Kultur des Kommentierens und Annotierens kanonischer Texte spricht für eine Entstehung in einem Bildungszusammenhang höheren Niveaus. Nur mathematische Praxis aus der obersten Schicht der Bevölkerung hatte überhaupt eine Möglichkeit in die Überlieferungstradition einzufließen – wie viele „niedere" mathematische Tätigkeiten und damit verbundener mathematischer Unterricht zeitgleich existiert haben mögen, ist nicht rekonstruierbar und höchstens einmal in Spuren zu erahnen. Euklids Elemente müssen nicht zwingend als Unterrichtstext interpretiert werden, wie häufig behauptet wird; erst Proklus hat dem Text diese Dimension durch seinen Kommentar (nicht weniger als achthundert Jahre nach dessen Entstehung) zugeschrieben, möglicherweise weil er selbst als Lehrer in dem Werk eine didaktische Natur zu erkennen meinte oder sie bewusst als weitere einbezog (Bernard et al. 2014, S. 41).

Kulturgeschichtliche, didaktische und heuristische Aspekte

Frage

Was lässt sich über die kulturgeschichtliche Entwicklung der Unterweisung in Mathematik, möglichst unter Bezug auf das Lösen von Problemen, aussagen?

Zwar beschreiben einige, auch relativ frühe, Texte Vorstellungen von Mathematikunterricht (Platons *Menon*, *Politea*, *Nomoi*; Isokrates' *Antidosis*; Quintilianus' *Institutio Oratoria*). Sie behandeln die Frage, welche Rolle mathematischer Unterricht innerhalb des gesamten Bildungsrahmens hat und welcher Natur er sein sollte. Es ist aber zu bedenken, dass es sich um idealtypische, literarische und dazu noch auf die höchste Bildungselite verweisende Beschreibungen handelt. Aufgrund dessen und der oben geschilderten Quellenproblematik sind die nun skizzierten Unterrichtsszenarien nur als plausible Rekonstruktionen zu verstehen. Ein Schlaglicht auf die Vorstellungen vom Lernen, die wohl für die längste Phase der Menschheitsgeschichte angenommen werden können, wirft Sokrates' berühmtes Bild des Lehrens als Maieutik, also „Hebammenkunst". Hier tritt der Gedanke, dass etwas bereits im Lerner Vorhandenes zutage gefördert werden müsse, deutlich hervor. Fragt man, woher das vorausgesetzte Wissen stammt, so würden die frühen Lehrer um Plato wohl mit dem Reich der Ideen antworten, andere wohl mit dem aus Imitation und Auswendiglernen angesammeltem Faktenwissen.

Der agonistische Diskurs stand im Mittelpunkt griechischer Bildung, unabhängig von dem unterrichteten Fachinhalt. Verschiedene Anekdoten belegen diese kulturelle Praxis auch für mathematische, insbesondere geometrische Themen. Dass bei diesen Streitgesprächen visuelle Hilfsmittel eine Rolle spielten, lässt sich den Überlieferungen zwar entnehmen, aber es sind keine originalen Beispiele bekannt. Ob und wie sie im eigentlichen Unterrichtskontext Verwendung fanden, ist vollkommen unklar. Keine physischen Überreste irgendeines didaktischen Hilfsmittels sind gefunden worden, die Rückschlüsse auf den Geometrieunterricht erlauben.

Der Unterricht, den Proklos genoss und den er selbst als Lehrer erteilte, ist in seiner Biographie in Umrissen beschrieben: Als Sohn wohlhabender Eltern erhielt Proklos seine Bildung bei wechselnden Lehrern, die er während einer mehrjährigen Wanderschaft aufsuchte. Dabei wurden ihm Kenntnisse aus verschiedensten Bereichen vermittelt, unter anderem auch aus der Mathematik. Diese soll er bei dem alexandrinischen Philosophen Hero gelernt haben, und zwar die neupythagoreische Mathematik, wie sie zum Verständnis Platons *Timaios* notwendig ist. Die Vermittlung mathematischen Wissens erfolgte also nicht als eigenständiges Fach, sondern vielmehr im Zusammenhang mit und in Abhängigkeit von philosophischen Texten und einer gesamtphilosophischen Ausbildung. Zudem war es übliche Praxis, dass Schüler bei ihren Lehrern wohnten und mit diesen während ihrer Ausbildungszeit lebten. Für die Elite, zu der Proklos gehörte, lässt sich begründet vermuten, dass der grundbildende Unterricht, der der eigentlichen Ausbildung vorausging, im Elternhaus und durch Privatlehrer abgehalten wurde. Als Lehrer unterrichtete Proklos seine Schüler in Gruppen, indem er „kritische Diskussionen zu einem traditionellen und vielfältigen Material anleitete" (Bernard et al. 2014, S. 43). Die Ergebnisse dieser Diskussionen hat er möglicherweise in seinen Euklid-Kommentaren verwendet.

Archäologisch lässt sich nichts von diesen möglichen und literarisch beschriebenen Szenarien nachweisen. Die erhaltenen baulichen Strukturen lassen keine spezielle „didaktische" Architektur erkennen, und die Unterbringung einzelner Schüler bei Lehrern hinterlässt ebenso wenig greifbare Spuren. Es scheint, dass das Studium klassischer Texte den Kern des fortgeschrittenen Lehrprogramms ausmachte, das seinen Wissensrahmen weiter spannte als die uns heute vertrauten Fächer; so wurde auch die Mathematik anhand

Tab. 2.18 Die traditionelle Struktur des Bildungswesens der griechisch-römischen Antike

	Inhalte	Lehrer
Primarniveau: *ludus litterarius*	Erwerb kultureller Grundfähigkeiten	*magister ludi*
Sekundarniveau: *schola grammatici*	Literatur und Poesie, höhere Mathematik	*grammaticus*, *professores* (für besondere Disziplinen)
Tertiärniveau: *schola rhetoris/oratoris*	Rhetorik und andere spezialisierte Felder wie Philosophie, Medizin, Recht	Rhetor, Philosoph, Lehrer der Medizin, Rechtswissenschaft

nicht im engeren Sinne mathematischer Texte gelehrt, wie solchen von Aristoteles oder Platon.

Mit diesen wenigen Absätzen ist unser Wissen zur griechischen Unterrichtspraxis (der Spätantike) bereits weitgehend beschrieben. Es existieren zwar fragmentarische Hinweise auf elementare mathematische Bildung, die sich aber nicht einordnen lassen, so dass ein „Lehrplan" vergleichbar dem mesopotamischen nicht einmal vermutet, geschweige denn rekonstruiert werden kann. Die Orte, an denen Unterricht stattfand, lassen sich gleichfalls nicht fassen – und die wenigen Beispiele, wo dies gelingt, zeigen große geographische und zeitliche Unterschiede. In Tab. 2.18 wird das uniforme Standardmodell der antiken griechisch-römischen Bildung, das von vielen Forschern (Marrou 1965; Clarke 1971; Bonner 1977; Cribiore 2001) gut ein Jahrhundert lang vertreten wurde, zusammenfassend dargestellt.

Vergleichsweise neuere Studien lassen jedoch begründete Zweifel an der Ubiquität dieses Modells aufkommen, ohne dass bestritten wird, dass es zu bestimmten Zeiten und an bestimmten Orten der griechisch-römischen Zivilisationsgeschichte in dieser Form tatsächlich existierte. Unter Beachtung neuerer Forschungsergebnisse muss aber festgestellt werden, dass sich Schulen völlig unterschiedlicher Art im Römischen Reich nach den jeweiligen Notwendigkeiten und Möglichkeiten etablierten. Und dies kann in einem System ohne zentrale bildungspolitische Steuerung auch kaum überraschen. Die Hauptfaktoren, die die „Bildungsbiographien" der damaligen Zeit von unseren heutigen Vorstellungen so klar abweichen lassen, waren:

- Bildung und ihre Inhalte hingen von Herkunft und dem daraus folgenden sozialen Status ab.
- Lehrer ließen sich nicht notwendigerweise einer der „Bildungsstufen" zuordnen, d. h., dass dieselben Personen auf unterschiedlichen Stufen und darüber hinaus auch in verschiedenen Gebieten lehrten.
- Schüler verschiedener Niveaustufen wurden gemeinsam unterrichtet, ohne dass uns die genaue Lokalisierung des Unterrichts möglich wäre.
- Abseits der großstädtischen Zentren muss man mit einer abweichenden Form und Art „schulischer" Bildung rechnen, da hier personell völlig andere Voraussetzungen herrschten und außerdem der Rezipientenkreis stark eingeschränkt sein konnte.

Arithmetisches Problemlösen/Heuristiklehre

Diophantus' *Arithmetica* ist der erste Text der Geschichte, der als gezielt „heuristisches" (wobei dieser Terminus als „heuresis" sogar auftritt) und darüber hinaus explizit didaktisches Werk hervortritt. Von den ursprünglich 13 Büchern sind insgesamt zehn in griechischer Sprache und vier in arabischer Übersetzung erhalten geblieben, einschließlich des aufschlussreichen Vorworts. Hier erklärt der Verfasser, das Ziel sei es, „den Leser der Abhandlung dazu zu befähigen, die Fähigkeit zur Lösungsauffindung (εὕρεσις) bei arithmetischen Problemen zu entwickeln" (Bernard et al. 2014, S. 50). Und es folgen didaktisch geordnete und aufbereitete Problemstellungen und ihre Lösungen, die den Erwerb einer Reihe von Problemlösetechniken ermöglichen. Unter Berücksichtigung der gesamten Überlieferungssituation und verschiedener textlicher Hinweise fassen Bernard, Proust und Ross die Möglichkeit ins Auge, dass in der griechisch-römischen Tradition eine weit verbreitete Praxis des Arithmetikunterrichts in Gestalt des Lösens von Problemen existierte, die für uns durch die *Arithmetica* nur noch zu erahnen ist.

Frage

Welchen Stellenwert weist der Bildungsbegriff dem Problemlösepotenzial der Mathematik zu?

Es ist sicher aussagekräftig, dass in den zentralen Bildungsfeldern der griechisch-römischen Antike, in der Philosophie, der Astronomie (und Astrologie), den militärischen wie zivilen Ingenieurwissenschaften und der Architektur die Mathematik integraler Teil der Bildung war. Mit Blick auf den sogenannten *Corpus agrimensorum* kommen Bernard, Proust und Ross zu folgender Einschätzung:

> These texts significantly characterize mathematical skills as being basically dependent on the wider culture of the architect and useful for that culture. Such discussions about the utility of mathematical training within a larger intellectual framework are also characteristic of the introductory material contained in the Greek metrological corpus and in some prefaces in the CA [corpus agrimensorum; Anmerkung des Verfassers]. Vitruvius and Pappus/Hero also insist on the importance of developing creative skills which combine theoretical prerequisites with practical skills (Bernard et al. 2014, S. 49 f.).

2.3.1 Geometrie der Griechen

Mit den Griechen erfolgt ein tiefer Bruch in der Geschichte der Mathematik, die zu diesem Zeitpunkt (ab etwa 600 v. Chr.) bereits auf eine sehr lange Tradition zurückblickte. Die Griechen gingen von Rechenvorschriften zu allgemeinen, definierenden Sätzen über, strafften die Inhalte dadurch, „so daß Kräfte für neue Entdeckungen frei werden" (Gericke 1996, S. 111). Diese Einschätzung mag ein Stück weit außer Acht lassen, dass es primär „Entdeckungen" in der selbst geschaffenen neuen, axiomatischen Mathematik waren – nicht solche, die in direktem Bezug zu den früheren „Forschungsfragen" standen. Die große Wertschätzung[3] dürfte zu einem großen Teil ihrer bis heute dominierenden Stellung im gesamten wissenschaftlichen Diskurs geschuldet sein.

Obwohl die griechische Mathematik bis auf den heutigen Tag so nachhaltigen Einfluss ausübt, gibt es nur sehr wenige Überlieferungen aus der frühesten Entstehungszeit dieses mathematischen Wissens, so dass die Rekonstruktion der genauen Anfänge dieses Wandels schwierig zu fassen sind. Originales Quellenmaterial gibt es gar keines; mehr oder weniger originalgetreue Abschriften stammen frühestens aus dem 9. Jahrhundert n. Chr., wobei viele dieser Abschriften auch nur Fragmente der ursprünglichen Ganzschriften umfassen. Durch die vielfachen Kommentierungen und Bearbeitungen, Editionen und Zusammenstellungen vorhandenen Materials verkompliziert sich die Datenlage noch weiter. Tatsächlich gibt es an dieser Stelle nicht viel, was die griechische Geometrie an dieser Stelle beitragen kann, da die bis heute überlieferten Problemstellungen nur in wenigen Einzelfällen noch Rückschlüsse auf ihre Entstehungszusammenhänge zulassen. Dieser Umstand ist durch die doppelgesichtige Natur der griechischen Mathematik begründet, um die es im Folgenden kurz gehen soll.

Zur Natur der griechischen Mathematik

Die griechische Tradition hat die Mathematik fraglos geprägt wie keine andere. War man lange Zeit weder an den Entstehungshintergründen noch am Kontext interessiert, setzt sich in der jüngeren Vergangenheit die Erkenntnis durch, dass „die berühmten [griechischen] Mathematiker nur die Spitze eines Eisberges sind, der aus mehreren nebeneinander existierenden und sich teilweise überschneidenden mathematischen Praktiken bestanden haben muss“ (Asper 2010, S. 107).

Das Zerrbild basiert auf der problematischen Überlieferungskultur und der von den Griechen selbst betriebene Überbetonung der einen von zwei komplett getrennten mathematischen Kulturen. Auch wenn dies ein lange Zeit weitgehend ignorierter Aspekt der (antiken) Historiografie war, so häufen sich inzwischen Belege, die zeigen, dass diese neue Mathematik der Griechen mit ihrem rein axiomatischen Aufbau letztlich nicht ohne Kontext gedacht werden kann und es auch im griechischen Kulturraum eine uralte Tradition der Praktiker gab, die sich mit ganz vergleichbaren Problemstellungen wie die in den vorhergehenden Abschnitten geschilderten befasste und mit einiger Wahrscheinlichkeit auf genau dieser teils jahrtausendealten Überlieferung aus babylonischer und ägyptischer Zeit beruhte, möglicherweise nicht nur durch Wissenstransfer, sondern auch durch unmittelbare Migrationsbewegungen in der griechischen Frühzeit.

Die dominierende und langfristig, d. h. bis heute, primär in Erscheinung tretende mathematische Kultur jedoch ist die „euklidische“, die axiomatisch aufgebaute, rein logisch-deduktiv operierende, die nach sehr unklaren Anfängen maßgeblich durch Platon und seine Schule in der athenischen Periode geprägt wurde. Sie entstand in einem kleinen, eli-

[3] Eine Wertschätzung, die in ihrem Ausmaß und ihrem mittlerweile erlangten Totalitätsanspruch durchaus an Überhöhung grenzt und Traditionen anderer Kulturräume oder Epochen nicht selten grundsätzlich infrage stellt.

tären Kreis einer Bildungs- und auch politischen Elite – wenn man Asper (2010, S. 122) folgt, wahrscheinlich zunächst als Erweiterung oder Nebenprodukt der bereits uralten praktischen Mathematik. In der damaligen Zeit dürfte sie kaum gesamtgesellschaftliche Relevanz besessen haben, abseits eines gewissen quasi-sportlichen Messens der Geisteskräfte. Die ungleiche Überlieferung der beiden mathematischen Kulturen ist in erster Linie sozial bedingt.

Der letztlich entscheidende Impuls zur Axiomatisierung ging von Aristoteles aus, der eine Wissenschaft durch Definition ihrer Elemente definiert hat: Grundsätze, Lehrsätze, Grundbegriffe und abgeleitete Begriffe. Als problematisch erweist sich der Evidenzbegriff des Aristoteles, der in der modernen Mathematik durch das Postulat der Widerspruchsfreiheit abgelöst wurde. Diese Ablösung von dem Wahrheitsbegriff ist es jedoch, die (bis heute) Gefahr birgt, Mathematik nur als leeres Spiel mit Symbolen zu sehen (vgl. Meschkowski 1979, S. 63). Das nach Aristoteles konstruierte System hatte Schwächen, und die „platonisch-aristotelische" Art von Mathematik, die ihre höchste Form in der Abkehr von jedem Praxis-, vielleicht auch Realitätsbezug fand, wurde auch durchaus nicht allseits als einzig wahre oder überlegene Variante wahrgenommen. Besonders Archimedes bildete mit seiner „angewandten Mathematik" ein gewisses Gegengewicht und hielt sich in seinen mathematischen Arbeiten auch keineswegs an die Reinheit der logischen Deduktion, da er sich auch physikalischer Argumente in der Beweisführung bediente und allgemein die Ebene der Anschaulichkeit nutzte, die von den „Puristen" nicht akzeptiert wurde.

Mit Blick auf die reiche mathematische Tradition der vorgriechischen Kulturen ist also festzustellen, dass die Geometrie der Griechen nicht durch neue Entdeckungen und Erfindungen überzeugt, sondern vielmehr als neuartige, eine von Grund auf logisch-deduzierende Wissenschaft in Erscheinung tritt.

> Hier vollzog sich der in der Geschichte einmalige Wandel von einer auf Rezepten und vagen Begriffen beruhenden Praxis zu einer aus Definitionen, Axiomen und streng logisch bewiesenen Lehrsätzen bestehenden Theorie. Das hiermit begründete Erbe war mehr als 2000 Jahre lang so mächtig, daß der Mathematiker meist als Geometer und die von den Griechen am Beispiel geometrischen Stoffes begründete axiomatisch-deduktive Methode der Erkenntnissicherung als „mos geometricus" bezeichnet wurde (Scriba und Schreiber 2005, S. 1).

Wie dieser Schritt vollzogen wurde, bleibt spekulativ. Sehr frühe Hinweise lassen sich bei zwei langen, möglicherweise seit der Jungsteinzeit (Abschn. 2.1) bekannten Sätzen finden: Der Satz des Thales kann mit einiger Sicherheit als der erste bewiesene Satz der griechischen Mathematik gelten, auch wenn Thales selbst wohl eher eine Plausibilitätsbetrachtung gelungen sein dürfte – der Weg in Richtung des späteren, „euklidisch" genannten Systems war dennoch eingeschlagen. Auch den sogenannten „Satz des Pythagoras" stellten erst die Griechen auf ein bewiesenes Fundament, auch wenn gezeigt wurde, wie virtuos und vielfältig das Wissen um diesen Satz bereits seit Langem eingesetzt wurde. Im Übrigen schreibt Proklos nicht nur, Thales sei der erste Mathematiker gewesen, sondern, dass er die Mathematik aus Ägypten nach Griechenland gebracht habe.

2.3.1.1 Pyramidenhöhe

Wie schon die Ägypter und Babylonier, beschäftigten sich die Griechen – und der Überlieferung zufolge bereits Thales von Milet – mit dem Problem, die Höhe von Gegenständen, speziell der Pyramiden, zu bestimmen. Während die Ägypter die Höhe aus dem Rücksprung (*seqet*; Abschn. 2.2.2.2) und der Kantenlänge der Grundfläche der Pyramide selbst bestimmten, scheint Thales' Lösung auf den Haupteigenschaften des rechtwinklig-gleichschenkligen Dreiecks und den daraus resultierenden unmittelbar identischen Seitenlängen basiert zu haben (Abb. 2.23).

Andere Autoren sind der Ansicht, dass Thales die (beliebige) Länge des Pyramidenschattens benutzt und diesen ins Verhältnis zu der Schattenlänge eines Stabes mit bekannter Länge setzte (der an der Schattenspitze der Pyramide senkrecht im Boden stand). Daraus ergab sich, dass sich die Länge des Stabes zur Höhe der Pyramide verhält, wie der Schatten des Stabes zum Pyramidenschatten (Abb. 2.24, oben). Doch selbst wenn man also annimmt, dass Thales mit anderen Seitenverhältnissen als dem 1:1 gearbeitet hat, besteht – zur Vermeidung einer zusätzlichen Rechnung (Abb. 2.24, unten, Draufsicht) – weiterhin die Notwendigkeit, die Messung genau dann vorzunehmen, wenn der Schatten der Pyramidenspitze senkrecht zu einer ihrer Grundkanten fällt (Abb. 2.24, Mitte, Draufsicht).

Thales werden darüber hinaus – basierend auf den von den Ägyptern und Babyloniern entwickelten geometrischen Erkenntnissen – sechs grundlegende Theoreme der Geometrie zugeschrieben; er soll erste Beweisversuche unternommen haben, womit er als Erster grundlegende geometrische Sätze in eine abstrakt-theoretische Form gebracht und damit die abstrakte lineare Geometrie eingeführt hätte. Auch war er es möglicherweise, der den Winkelbegriff erstmals in die Geometrie einbrachte.

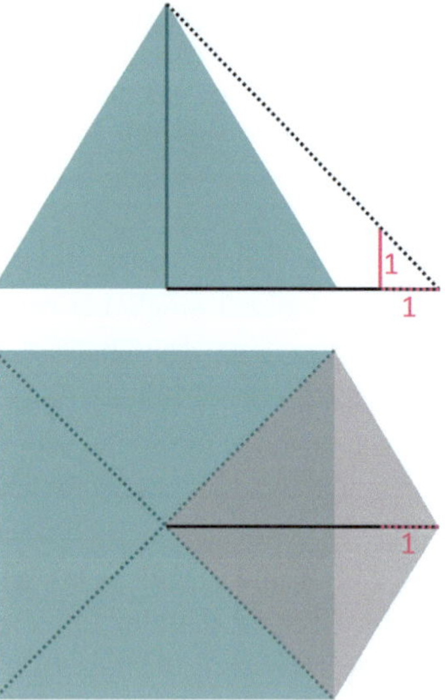

Abb. 2.23 Bestimmung der Pyramidenhöhe bei einem Verhältnis von Schattenlänge zu Körperhöhe von 1:1

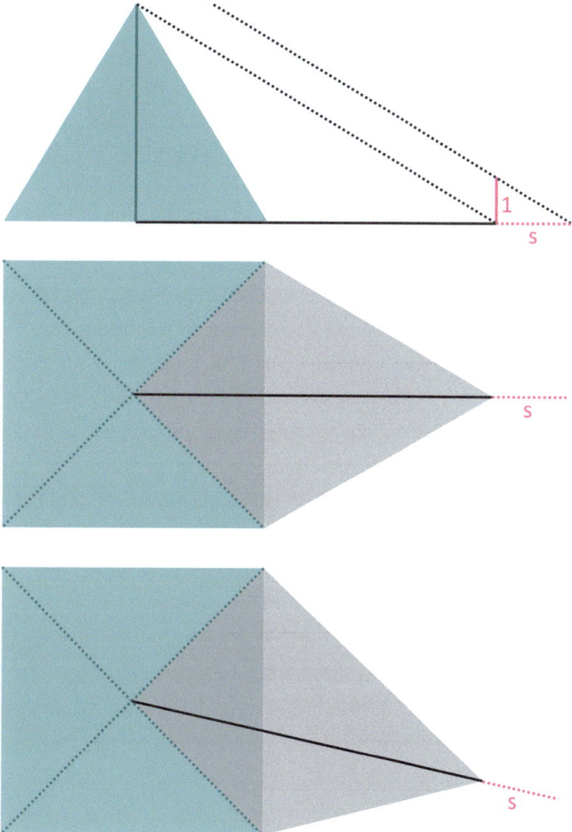

Abb. 2.24 Bestimmung der Pyramidenhöhe bei einem beliebigen Verhältnis von Schattenlänge *s* zur Körperhöhe

2.3.1.2 Entfernungsbestimmung

Thales wurde auch eine (nicht genau überlieferte) Methode zur Bestimmung der Entfernung von Schiffen auf dem Meer zugeschrieben, zu der ebenfalls die geometrischen Erkenntnisse der Ägypter und Babylonier herangezogen wurden. Es gibt verschiedene Hypothesen, nach denen ein der Groma verwandtes Werkzeug benutzt wurde, um beispielsweise auf ein Schiff zu peilen, den Winkel zu fixieren und die Apparatur dann so zu drehen, dass landseitig in einem kongruenten Dreieck ein Punkt in identischer Entfernung angepeilt werden konnte, dessen Entfernung vom Fußpunkt des Turms (Länge a′ in Abb. 2.25) sich ohne Schwierigkeiten durch Messung feststellen ließ.

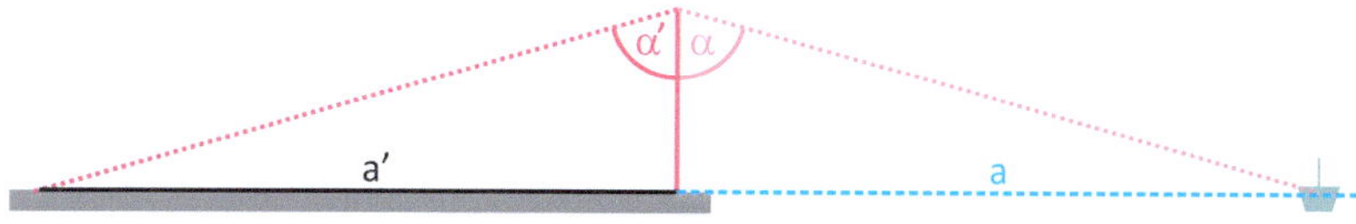

Abb. 2.25 Bestimmung der Entfernung eines Schiffes durch Nutzung eines kongruenten Dreiecks auf Land

Diese Methode steht in direktem Zusammenhang mit Thales' viertem Theorem, wonach ein Dreieck durch eine Seite und die beiden anliegenden Winkel vollständig bestimmt wird. In dem vorliegenden Fall ist das Primärdreieck gebildet aus Turmspitze und Fußpunkt und Schiff sowie der bekannten Höhe des Turms, des durch Messung erhaltenen Winkels an der Turmspitze und dem rechten Winkel am Fußpunkt des Turms.

2.3.1.3 Die geometrische Arithmetik

Mit Blick auf den Zusammenhang zwischen Geometrie und der Entstehung allgemeinerer Problemlösefähigkeiten ist auch die Methode „geometrische Arithmetik" der frühen griechischen Mathematiker (besonders der Pythagoreer) von Interesse; die Vereinigung von arithmetischen Grundbegriffen mit geometrischen Kenntnissen ermöglichte es, Zahlen zu „figurieren". Auf diese Weise ließen sich Dreieckszahlen, Quadratzahlen, Rechteckzahlen oder Kubikzahlen geometrisch darstellen, so dass ihre Eigenschaften erforscht und Zusammenhänge veranschaulicht werden konnten. Auch wenn die geometrischen Eigenschaften hier in erster Linie für zahlentheoretische Erkenntnisse genutzt wurden, wird die argumentative Kraft der Geometrie auch für die „reine" Mathematik hier besonders deutlich. Mit Blick auf die oben dargestellten Aufgaben liefern die figurierten Quadratzahlen ein eindrückliches Beispiel (Abb. 2.26).

Um von einer Quadratzahl n^2 ausgehend die nächstgrößere zu bestimmen, muss offensichtlich $2n + 1$ addiert werden. Es gilt also $(n + 1)^2 = n^2 + 2n + 1$ oder auch, ebenso einsichtig, $(n + 2)^2 = n^2 + 2 \cdot 2n + 2^2$, was wiederum unmittelbar mit den zeichnerisch-geometrischen Kenntnissen und Verfahren der Flächenzerlegung (und Flächeninhaltsberechnung) von Quadraten, wie sie bereits spätestens seit babylonischer Zeit verwendet wurden, in Einklang steht. Diese Darstellungsweise kann außerdem praktisch für alle folgenden Beispiele der geometrischen Bearbeitung ebenfalls benutzt werden und für natürliche Zahlen unmittelbar rechnerische Lösungen liefern.

2.3.1.4 Inkommensurabilität

Die Entdeckung der Inkommensurabilität von Strecken – bei der Untersuchung von $\sqrt{2}$ – stürzte die griechische oder zumindest pythagoreische Mathematik zunächst in eine Krise. Der Entdeckung der Inkommensurabilität ging die Frage voraus, welche Länge die Dia-

Abb. 2.26 Geometrische Arithmetik – Beispiel für die Untersuchung der Quadratzahlen

gonale im Einheitsquadrat besitzt. Die Pythagoreer mussten erkennen, dass sie zwar in der Lage waren, jedes beliebige rationale Zahlenverhältnis geometrisch abzubilden, sich aber umgekehrt nicht jedes geometrisch auftretende Streckenverhältnis als (ganzzahliges) Zahlenverhältnis darstellen ließ.

Die Entdeckung inkommensurabler Strecken führte jedoch auch dazu, dass die Geometrie in den Augen der griechischen Mathematiker klar über der Arithmetik stand, war sie doch als Einzige in der Lage, Lösungen für Zahlwerte zu liefern, die sich der arithmetischen Behandlung letztlich entzogen. Vor diesem Hintergrund erklärt sich wohl die geometrische Gesamtausrichtung der (klassischen) griechischen logisch-deduktiven Mathematik, die sich insbesondere auch beim Lösen von Gleichungen manifestiert. Es war Eudoxos von Knidos, der die Proportionenlehre umformulierte und „die Geometrie von den pythagoreischen Fesseln, der Beschränkung auf rationale Größen" befreite (Scriba und Schreiber 2005, S. 39). Es entwickelte sich eine geometrische Algebra, für die nun ein Beispiel folgt, das sich unschwer mit den Ausführungen zur aktuell insbesondere von Høyrup postulierten babylonischen Algebra (Abschn. 2.2.1) in Verbindung bringen lässt.

2.3.1.5 Quadratur von Polygonen

Die Griechen waren mittels geometrischer Konstruktion in der Lage, Flächen verschiedener Form unter Wahrung der Flächeninhaltsgleichheit ineinander zu überführen. Der sogenannte „Satz des Pythagoras" erlaubte es, zwei Quadrate in ein einziges flächeninhaltsgleiches Quadrat zu überführen. Die Lösung der Gleichung stellt sich geometrisch als Problem zur Umwandlung eines beliebigen Rechtecks in ein flächeninhaltsgleiches Quadrat (oder umgekehrt) dar (Tab. 2.19).

Außerdem war es auf Grundkenntnisse zu kongruenten Dreiecken und dem Prinzip der Flächeninvarianz aufbauend in Kombination unproblematisch, ein Rechteck durch die „Flächenanlegung" (Gericke 1996, S. 87) in ein beliebiges anderes Rechteck (oder eben ein Quadrat; s. oben) zu transformieren. Eine solche geometrische Bearbeitung kann für das in Tab. 2.20 dargestellte Problem angewandt werden.

Da sich ein beliebiges Vieleck stets in Dreiecke zerlegen lässt, die sich ihrerseits zu Rechtecken ergänzen lassen, ist die Berechnung des Flächeninhalts jedes Polygons durch Addition (und anschließende Halbierung) aller so entstandener Rechtecke möglich. Gericke weist darauf hin, dass es für die Zusammenfassung der Rechtecke zwei grundsätzliche Optionen gibt:

1. Alle Rechtecke werden in Quadrate transformiert, die sich dann nacheinander mittels des „Satzes des Pythagoras" addieren lassen.
2. Eine Seitenlänge wird festgelegt, und alle Rechtecke werden zu solchen mit dieser gemeinsamen Seitenlänge durch Flächenanlegung umgewandelt.

Aus diesen zwei kleinen Beispielen ist erkennbar, dass fortan das Problem, das es zu lösen gilt, im Grunde nur noch ein der wissenschaftlichen Exploration und der Mathematik inhärentes ist. Praktische Bezüge lassen sich nur gelegentlich als treibende Kräfte hinter

Tab. 2.19 Geometrische Lösung der Umwandlung eines beliebigen Rechtecks in ein flächeninhaltsgleiches Quadrat mit Kommentar und algebraischer Lösung in moderner Notation

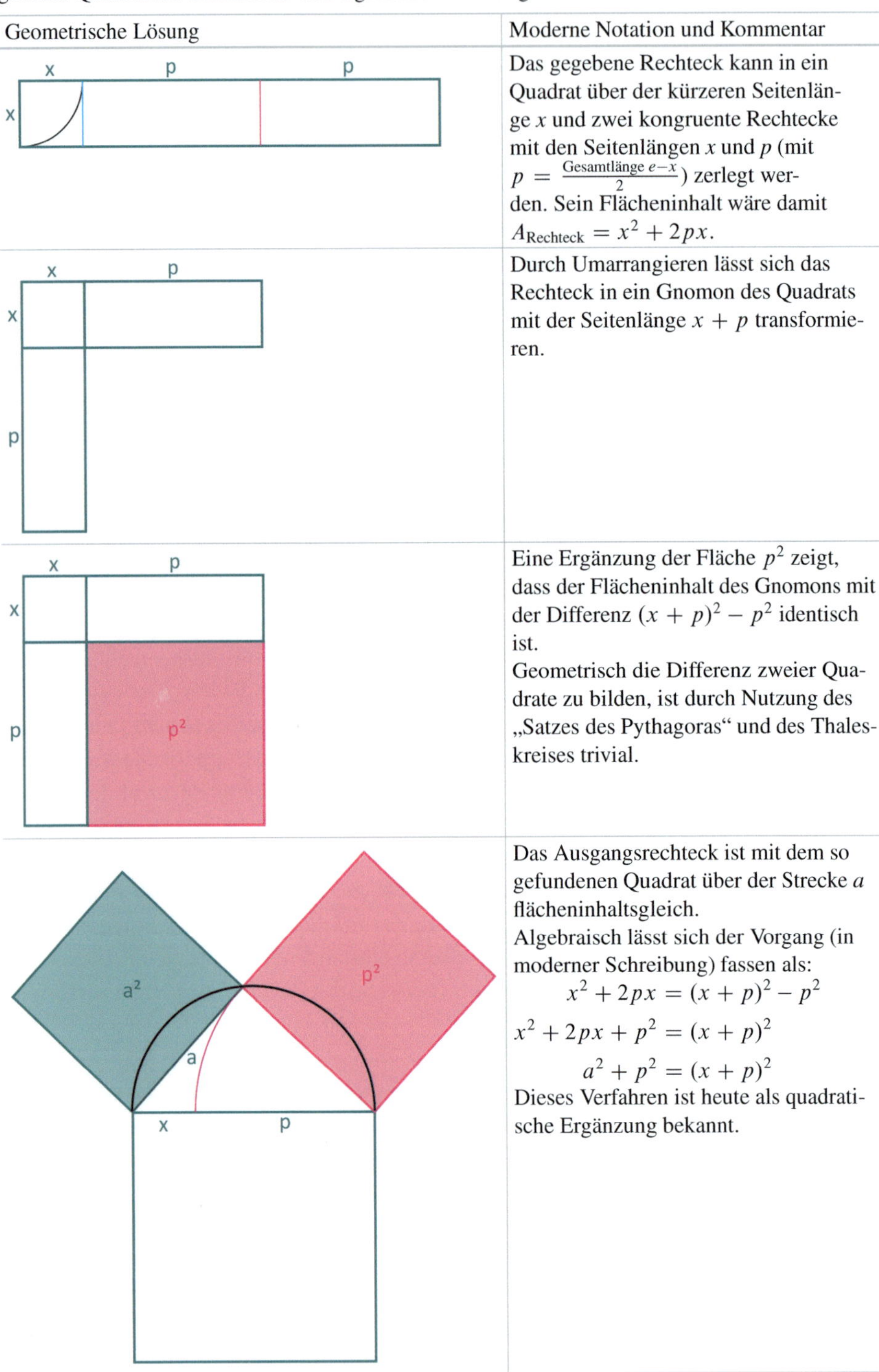

Geometrische Lösung	Moderne Notation und Kommentar
	Das gegebene Rechteck kann in ein Quadrat über der kürzeren Seitenlänge x und zwei kongruente Rechtecke mit den Seitenlängen x und p (mit $p = \frac{\text{Gesamtlänge } e - x}{2}$) zerlegt werden. Sein Flächeninhalt wäre damit $A_{\text{Rechteck}} = x^2 + 2px$.
	Durch Umarrangieren lässt sich das Rechteck in ein Gnomon des Quadrats mit der Seitenlänge $x + p$ transformieren.
	Eine Ergänzung der Fläche p^2 zeigt, dass der Flächeninhalt des Gnomons mit der Differenz $(x + p)^2 - p^2$ identisch ist. Geometrisch die Differenz zweier Quadrate zu bilden, ist durch Nutzung des „Satzes des Pythagoras" und des Thaleskreises trivial.
	Das Ausgangsrechteck ist mit dem so gefundenen Quadrat über der Strecke a flächeninhaltsgleich. Algebraisch lässt sich der Vorgang (in moderner Schreibung) fassen als: $x^2 + 2px = (x + p)^2 - p^2$ $x^2 + 2px + p^2 = (x + p)^2$ $a^2 + p^2 = (x + p)^2$ Dieses Verfahren ist heute als quadratische Ergänzung bekannt.

Tab. 2.20 Geometrische Lösung der Umwandlung eines beliebigen Rechtecks in ein flächeninhaltsgleiches Rechteck mit einer vorgegebenen Seitenlänge (c) mit Kommentar und algebraischer Lösung in moderner Notation

Geometrische Lösung	Moderne Notation und Kommentar
c, b, a	Ein Rechteck, von dem die Längen der Seiten a und b (und damit sein Flächeninhalt) bekannt sind, soll in ein flächeninhaltsgleiches Rechteck mit einer vorgegebenen Seitenlänge c überführt werden. Algebraisch entspricht dies der Gleichung $cx = ab$.
c, b, a	Unter Nutzung der vorgegebenen Seite c wird die Diagonale des Rechtecks $c \cdot b$ konstruiert und auf dieser Grundlage anschließend ein Rechteck mit derselben Diagonalen, aber der Seitenlänge a.
c, x	Das so gewonnene Rechteck $x \cdot a$ bildet bei Subtraktion des Rechtecks $c \cdot b$ ein Gnomon. Da das Gnomonkomplement $(a - c) \cdot b$ flächeninhaltsgleich mit $(x - b) \cdot c$ ist, gilt unmittelbar $c \cdot x = a \cdot b$.

der formal aufgebauten Gesamtkonstruktion erkennen. Dass auch (und auch gerade) die Suche nach Problemlösungen in diesem Umfeld das Nachdenken über die Metaebene der Heuristik befördert hat, ist unstrittig, und sicher lässt sich die weitere Problemgeschichte dahingehend untersuchen. Für unser Anliegen sind sie nicht unmittelbar interessant und werden nicht vertieft.

2.3.2 Synopse: Geometrie der Griechen und systematisches Problemlösen

Tab. 2.21 Griechische Mathematik: Verknüpfungsvorschläge geometrischer Problemstellungen mit heuristischen Techniken und Heurismen. (Nach Krichel 2017 und Stiller 2017; Kap. 5)

Aufgabe	Kategorien	Evident oder hypothetisch (*) eingesetzte Techniken oder Heurismen
Gegeben: Schatten einer Pyramide, Stab bekannter Länge, (...) Gesucht: Höhe der Pyramide	Heuristische Techniken	Gleichungen* Grafische Repräsentationsformen*
	Heurismen der Analyse und Adaption	Heurismus der Affinität*
	Heurismen der konkreten Handlung	
Gegeben: rechtwinkliges Dreieck durch Peilung auf ein Schiff, einer der nicht rechten Winkel Gesucht: Kathetenlänge	Heuristische Techniken	Grafische Repräsentationsformen*
	Heurismen der Analyse und Adaption	Heurismus der Affinität* Heurismus der Strukturnutzung*
	Heurismen der konkreten Handlung	Vorwärtsarbeiten*
Gegeben: Rechteck Gesucht: flächeninhaltsgleiches Quadrat	Heuristische Techniken	Gleichungen* Grafische Repräsentationsformen* De- und Rekonstruktion*
	Heurismen der Analyse und Adaption	Heurismus der Affinität*
	Heurismen der konkreten Handlung	Vorwärtsarbeiten*
Gegeben: Rechteck Gesucht: flächeninhaltsgleiches Rechteck mit vorgegebener Seitenlänge	Heuristische Techniken	Gleichungen* Grafische Repräsentationsformen* De- und Rekonstruktion*
	Heurismen der Analyse und Adaption	Rückführen auf Bekanntes* Heurismus der Affinität*
	Heurismen der konkreten Handlung	Vorwärtsarbeiten*

2.4 Symbiose: Geometrie und systematisches Problemlösen

Das vorliegende Kapitel hat einige der kulturhistorischen Zusammenhänge beleuchtet und insbesondere den Problemen nachgespürt, die die frühen Mathematiker der Geschichte beschäftigt haben. Dabei war der Blick klar auf die Geometrie, auf die „Erdvermessung", ihr Entstehen und ihre Anwendungen gerichtet. Wie die Bespiele deutlich zeigen, war die früheste Geometrie eine praktische, an den Problemen des Alltags ausgerichtete Geometrie, die für tägliche Arbeiten und Tätigkeiten von elementarer Bedeutung war; sie durchzog das Leben der Gemeinschaft auf vielen Ebenen und war zur Sicherung des Überlebens notwendig. Wenngleich die archäologischen und frühhistorischen Zeugnisse also belegen, dass die frühe Geometrie sehr eng an ihren Verwendungskontext gebunden war, finden sich auch Beispiele, die zumindest begründet vermuten lassen, dass der fortgesetzte Umgang mit geometrischen Fragestellungen, Verfahren und den bereits gefundenen Ergebnissen immer wieder dazu geführt hat, ein tieferes Verständnis, ein System, eine übergeordnete Struktur zu vermuten und in Teilen auch zu untersuchen.

Es sind insbesondere die babylonischen Texte, die in ihrer Fülle einige grundlegende, wiederkehrende Methoden erkennen lassen, die Høyrup (2002, S. 96 f.) folgendermaßen zusammenfasst und die den Blick deutlich auf die große Nähe zwischen Geometrie und heuristischem Handeln lenken helfen:

1. „Naives" Ausschneiden und Zusammenfügen
2. Skalierung
3. Änderung anderer Eigenschaften
4. Zähltechniken, Koeffizienten und „contributions"
5. Falscher Ansatz/Bündelung
6. Skizzen

Auch wenn es Høyrup nicht um eine systematische Anbindung seiner epigraphischen Analyse babylonischer Mathematik an Heuristik ging, sind seine Befunde doch mit Blick auf problemlösende Systematiken von größtem Interesse. Die Nähe zu einigen der wichtigsten Heurismen ist nicht zu übersehen. Die Analyse der überlieferten Beispiele vor- und frühgeschichtlicher, problemlösender Mathematik lassen aus heutiger Sicht eine – mehr oder weniger bewusste – Anwendung verschiedener heuristischer Techniken und Heurismen erkennen. Die Analyse der oben vorgestellten Problemstellungen gibt einen Eindruck davon, welche von diesen zumindest implizit schon bekannt waren und wie sie sich aus der praktischen Beschäftigung mit der Geometrie heraus entwickelt haben könnten.

Tab. 2.16, 2.17 und 2.21, die sich auf die Inhalte derjenigen geometrischen Fragestellungen beschränken, die für den Unterricht in der Sekundarstufe I und insbesondere in der Orientierungsstufe nutzbar gemacht werden könnten, vermitteln einen guten Eindruck von der Vielfältigkeit der Anknüpfungspunkte. Die gebotene Aufschlüsselung und vorgeschlagene Zuordnung zu heuristischen Techniken und Heurismen ist nicht ins Detail ausgeführt. Bei eigener Bearbeitung der vorgestellten und vieler anderer solcher Aufgaben werden sich die unterschiedlichsten problemlösenden Verfahren umsetzen lassen.

Diese tabellarischen Zusammenstellungen sollen keineswegs den Eindruck erwecken, die Babylonier (oder Ägypter) hätten bereits eine systematische Problemlösetechnik entwickelt oder bewusst eingesetzt – es sollte aber sehr wohl deutlich machen, dass sich wiederkehrende Muster bei der Bearbeitung (mehr oder weniger ausschließlich) geometrischer Problemstellungen zu einem Verhalten verdichten lassen, das man möglicherweise als proto-heuristisch bezeichnen kann und sollte. Die Verfahren, die noch immer oft geringschätzig als „Rezeptmathematik" bezeichnet werden, wurden mit Konsequenz, einer guten Portion theoretischen Interesses an den „inneren Vorgängen" der Mathematik und in verschiedenen Bereichen so systematisch betrieben, dass ein gewisses Maß an Reflexion des eigenen Handelns vorausgesetzt werden muss.

> Ein weiterer Faktor spricht für diese Sichtweise, nämlich der spezifische kulturelle Zusammenhang, aus dem viele der babylonischen Texte stammen, die Høyrup folgendermaßen beschreibt: The larger part of the practitioners' fund of knowledge is evidently applicable in practice, at least according to the convictions of the environment within which they function. As far as this part is concerned, problems – viz., the problems which the craft or profession is supposed to deal with – are fundamental, and appropriate techniques have been developed which allow it to handle these problems. But the training of future practitioners, whether effected in a school or done on the job, will have to start from simpler tasks than those taken care of by the master – in part from tasks which have been prepared with the special purpose of training the techniques which the apprentice should learn but which have no direct practical relevance; here, techniques or methods are thus primary, and problems are secondary, derived from the techniques which are to be trained (Høyrup 2002, S. 363).

Gerade die Tatsache, dass sich die babylonische Mathematik in absolut fundamentaler Weise – viel grundlegender, als dies bei der heute allgemein vorherrschenden Mathematikkultur der Fall ist – der geometrischen (Be-)Deutung ihres Tuns bewusst war, ist für uns von Interesse, da es eben doch ein Schlaglicht auf die Bedeutung der Geometrie für erste systematische Problemlöseversuche werfen mag. Auch wenn die historischen Aufzeichnungen gerade für die Zeit der prägenden griechischen Antike lückenhaft und tendenziös sind, lässt sich ein Eindruck gewinnen von der engen Verbindung und fruchtbaren Wechselbeziehung zwischen praktischen Problemen, dem Entstehen der Geometrie und einer systematischen Problemlösekultur. Vor dem jahrtausendelangen Erfahrungshintergrund operierten auch später noch viele Praktiker, von deren heuristischen Taten keine Spuren geblieben sind. Und doch ist es sicherlich kein Zufall, dass es in Zeiten einer zunehmend theoretisch geprägten Mathematik gerade Archimedes von Syrakus, Heron von Alexandria mit seiner *geometria practica* und Pappos von Alexandria sind, die bis heute als geniale Problemlöser hervortreten, die sich des heuristischen Potenzials der Geometrie bewusst bedient haben, ohne die praktische Anwendung und Bedeutung aus den Augen zu verlieren, und eben dadurch Zusammenhänge und Lösungen erkannten, die sich weder aus der Perspektive des reinen Praktikers noch aus der des rein axiomatisch arbeitenden Aristotelianers erschließen lassen.

Die Verflechtung der Entstehung von Mathematik und Geometrie im Speziellen wurde durch die Beispiele ausschnittartig illustriert. Es ist nicht möglich, in diesem Rahmen eine umfassende und allen Aspekten gerecht werdende Darstellung zu bieten. Kernanliegen dieses Kapitels war es, vor Augen zu führen, dass es schon sehr früh teils rein praktische, teils aber auch schon innermathematische Problemstellungen waren, die die Entwicklung der Mathematik vorangetrieben haben – und dass die Geometrie dabei eine mindestens ebenso wichtige Rolle gespielt haben mag wie die Arithmetik, die meist als früheste Ausdrucksform mathematischen Denkens gilt. Gleich, welches Teilgebiet der Mathematik man in den Fokus rückt, gilt:

> Die Entstehung dieses „Eigenbereichs der Mathematik" geschah [...] in enger Beziehung zur äußeren Wirklichkeit. [...] Die wechselseitige Verflechtung von empirischer Beobachtung und wissenschaftlicher Theoriebildung ist ein Charakteristikum nicht nur der Naturwissenschaften, sondern auch der geschichtlichen Entwicklung des mathematischen Denkens. Damit soll nicht geleugnet werden, daß es immer wieder Phasen gab, in denen die Anstöße zum Ausbau der mathematischen Theorien aus der Mathematik selbst kamen, innermathematische Impulse also bestimmend waren, während in anderen Fällen externe Anforderungen zu Neuentwicklungen Anlaß gaben (Scriba und Schreiber 2005, S. 29).

Vor allem die mehrfach dargestellte Quellenlage, aber sicher auch Unterschiede in der Geisteshaltung vergangener Epochen verweisen dieses Kapitel in den Bereich der begründeten Spekulation. Es handelt sich hier nicht um eine primär mathematikhistorische Abhandlung, und diese Überlegungen wurden nicht mit den Ziel angestellt, eine Neuinterpretation des epigraphischen Materials vorzulegen, sondern mit dem klaren Blick darauf, die mögliche und oftmals unterschätzte potenzielle Bedeutung der Geometrie beim Aufbau heuristischer Fähigkeiten und Fertigkeiten schon in frühen Zeugnissen zu plausibilisieren; dabei schwingt der Grundgedanke des genetischen Lernens mit.

► Geometrie und Problemlösefähigkeiten haben sich gegenseitig bedingt und in einem steten Kreislauf entwickelt.

Literatur

Asper, M. (2010). The two cultures of mathematics in ancient Greece. In E. Robson & J. Stedall (Hrsg.), *The Oxford handbook of the history of mathematics* (S. 107–132). Oxford: Oxford University Press.

Bernard, A., Proust, C., & Ross, M. (2014). Mathematics education in antiquity. In A. Karp & G. Schubring (Hrsg.), *Handbook on the history of mathematics education* (S. 27–53). New York: Springer.

Bonner, S. F. (1977). *Education in ancient rome: from the elder Cato to the younger Pliny*. Berkeley: University of California Press.

Clarke, M. L. (1971). *Higher education in the ancient world*. London: Routledge and Kegan Paul.

Cribiorc, R. (2001). *Gymnastics of the mind: Greek education in Hellenistic and Roman Egypt*. Princeton: Princeton University Press.

Gericke, H. (1996). *Mathematik in Antike und Orient. Mathematik im Abendland. Sonderausgabe in einem Band*. Wiesbaden: Fourier.

Høyrup, J. (2002). *Lengths, widths, surfaces: a portrait of old babylonian algebra and its kin. Sources and studies in the history of mathematics and physical sciences*. New York: Springer.

Høyrup, J. (2013). *Algebra in Cuneiform: Introduction to an Old Babylonian Geometrical Technique*. Berlin: Max-Planck-Institut für Wissenschaftsgeschichte.

Høyrup, J. (2014). Mathematics Education in the European Middle Ages. In A. Karp & G. Schubring (Hrsg.), *Handbook on the History of Mathematics Education* (S. 109–124). New York: Springer Verlag.

Imhausen, A. (2003). Ägyptische Algorithmen. Eine Untersuchung zu den mittelägyptischen mathematischen Aufgabentexten. In *Ägyptologische Abhandlungen 65*. Wiesbaden: Harrassowitz.

Krichel, K. (2017). *Problemlösen, Heuristik und Geometrie: Zwei Konzepte für einen neuen Mathematikunterricht der Orientierungsstufe, Band A, Heute und Morgen*. Dissertation im Fach Didaktik der Mathematik an der Bergischen Universität Wuppertal.

Kuhlmann, C. (2013). *Erziehung und Bildung. Einführung in die Geschichte und Aktualität pädagogischer Theorien*. Wiesbaden: Springer.

Lehmann, J. (1994). *So rechneten Ägypter und Babylonier. 4000 Jahre Mathematik in Aufgaben*. Leipzig: Urania.

Marrou, H.-I. (1965). *Histoire de l'éducation dans l'Antiquité* (6. Aufl.). Paris: Seuil.

Mathews, J. (1985). A Neolithic oral tradition for the van der Waerden/Seidenberg origin of mathematics. *Archive für the History of Exact Sciences, 34*(3), 193–210.

Melville, S. C., & Melville, D. J. (2008). Observations on the diffusion of military technology: siege warfare in the near east and Greece. In M. Ross (Hrsg.), *From the banks of the Euphrates* (S. 145–168). Winona Lake: Eisenbrauns.

Meschkowski, H. (1979). *Problemgeschichte der Mathematik 1*. Mannheim: BI Wissenschaftsverlag.

Popp, W. (1968). *Geschichte der Mathematik im Unterricht*. Beiträge für den mathematischen Unterricht, Bd. 1. München: Bayerischer-Schulbuch-Verlag.

Rossi, C. (2010). Mixing, building, and feeding: mathematics and technology in ancient Egypt. In E. Robson & J. Stedall (Hrsg.), *The Oxford handbook of the history of mathematics* (S. 407–428). Oxford: Oxford University Pressm.

Scriba, C. J., & Schreiber, P. (2005). *5000 Jahre Geometrie. Geschichte, Kulturen, Menschen*. Berlin: Springer.

Seidenberg, A. (1960). The ritual origin of geometry. *Archive for History of Exact Sciences, 1*(5), 488–527.

Seidenberg, A. (1965). The sixty system of sumer. *Archive for History of Exact Sciences, 2*(5), 436–440.

Seidenberg, A. (1977). The origin of mathematics. *Archive for History of Exact Sciences, 18*(4), 301–342.

Stiller, D. (2017). *Problemlösen, Heuristik und Geometrie: Zwei Konzepte für einen neuen Mathematikunterricht der Orientierungsstufe, Band B, Gestern und Übermorgen*. Dissertation im Fach Didaktik der Mathematik an der Bergischen Universität Wuppertal.

van der Waerden, B. L. (1983). *Geometry and algebra in ancient civilizations*. Berlin: Springer.

van der Waerden, B. L. (1963). *Science awakening. Science editions*. New York: John Wiley & Sons.

Vogel, K. (1958). Vorgriechische Mathematik I. Vorgeschichte und Ägypten. In *Mathematische Studienhefte im mathematischen Unterricht an Höheren Schulen. Heft 1*. Hannover: Hermann Schroedel Verlag KG.

Vogel, K. (1959). *Vorgriechische Mathematik II.* Die Mathematik der Babylonier. Mathematische Studienhefte für den mathematischen Unterricht an Höheren Schulen, Heft 2. Hannover: Schroedel.

Vollrath, H.-J. (2000). Problemorientierung als didaktisches Prinzip. In P. Baptist (Hrsg.), *Mathematikunterricht im Wandel – Bausteine für den Unterricht* (S. 31–45). Bamberg: Buchner.

Zimmermann, B. (1990). Heuristische Strategin in der Geschichte der Mathematik. Entstehung Entwicklung, Einflüsse. In M. Glatfeld (Hrsg.), *Finden, Erfinden, Lernen – Zum Umgang mit Mathematik unter heuristischem Aspekt* (S. 130–164). Frankfurt am Main: Peter Lang.

3 Eine kurze Geschichte des Problemlösens in der Bildungsgeschichte – Teil 2: Problemlösen und Mathematikunterricht

► In diesem zweiten Teil der kurzen Geschichte des Problemlösens steht dessen Bedeutung für den Mathematikunterricht vom Mittelalter bis zum 21. Jahrhundert im Vordergrund. Für jede Epoche wird erörtert, was sich über die kulturgeschichtliche Entwicklung der Unterweisung in Mathematik, möglichst unter Bezug auf das Lösen von Problemen, aussagen lässt und welchen Stellenwert der jeweilige Bildungsbegriff, ideal oder real, dem Problemlösepotenzial der Mathematik zuerkennt. Im Hinblick auf die in Kap. 6 und 7 vorgestellten Konzepte für einen Mathematikunterricht von (über-)morgen nehmen jüngere Ansätze einen breiteren Raum ein, in dem insbesondere die psychologischen und lehr-lernpsychologischen Theoriebildungen, die das späte 19. Jahrhundert und das 20. Jahrhundert prägten und die zu massiven Umwälzungen im Verständnis von Denken und Lernen führten, thematisiert werden. Auch die Diskussion um fachgebundenen oder nicht-fachgebundenen Unterricht wird angerissen; dabei wird deutlich, dass die Ziele fächerübergreifenden Lernens aus verschiedensten Gründen und Grundbedingungen der postmodernen Lebenswirklichkeit konsensfähig sind.

Nachdem die meist nur indirekt fassbaren wechselseitigen Entstehungsimpulse zwischen Geometrie und Problemlösen aus der frühen Geschichte bis zum klassischen griechischen Altertum dargestellt worden sind, soll es im zweiten Teil der kurzen Bildungsgeschichte um die didaktische Bedeutung des Problemlösens insbesondere im Mathematikunterricht gehen. Ab dem Mittelalter sind Vorgänger bis heute gültiger didaktischer Grundideen und Prinzipien entstanden, und auch über die tatsächliche Organisation des Unterrichts ist weit mehr bekannt als aus noch früheren geschichtlichen Epochen.

Ausgehend vom Mittelalter, das seine Spuren in didaktischer und insbesondere organisatorischer Hinsicht in Form der bis heute rigiden Fächerstruktur stärker hinterlassen hat, als man vermuten könnte, über die Renaissance und die Zeit der Aufklärung spannt dieses Kapitel den Bogen in die Gegenwart und stellt in zwei Exkursen außerdem die für das Verständnis der aktuellen Debatten grundlegenden Modelle und Konzeptionen

D. Stiller, K. Krichel, W. Schwarz, *Heuristik im Mathematikunterricht*,
https://doi.org/10.1007/978-3-662-63752-4_3

aus Lernpsychologie und Didaktik (Abschn. 3.6) sowie bedeutende Unterrichtskonzepte (Abschn. 3.9) im Überblick vor; außerdem wird die Diskussion um den fachgebundenen bzw. nicht-fachgebundenen Unterricht in Grundzügen vorgestellt (Abschn. 3.7). Diese zusätzlichen Einblicke sollen einerseits die Begründungszusammenhänge gegenwärtiger Bildungsdiskurse erhellen helfen, bilden andererseits aber auch die weitere Grundlage für die in Kap. 6 und 7 vorgestellten Unterrichtskonzepte.

3.1 Das Mittelalter

Die Quellenlage ist für den europäischen Raum dieser Zeit noch dürftiger als zuvor, besonders in der Völkerwanderungszeit: Der Zerfall römischer, dann west- und oströmischer Machtstrukturen im Verlauf der Völkerwanderungszeit und die nur langsame Reorganisation der kulturellen Einheiten des mittelalterlichen Europa bedingen eine lange Phase fehlender Quellen, aber auch Entwicklungen und Fortschritte auf dem Gebiet der Bildung selbst. Das heißt natürlich nicht, dass in dieser Zeit keinerlei Unterricht und Bildung stattfanden. Während des Frühmittelalters (etwa ab 750 v. Chr.) wurden erste neue Bildungsinstitutionen begründet. Die Verbreitung und der „öffentliche" Diskurs jedoch waren auf das Engste begrenzt und spielten sich – bezogen auf Mitteleuropa – fast ausschließlich auf klerikaler Ebene ab, und das sowohl personell als auch inhaltlich. Im Hoch- und Spätmittelalter mit dem Aufstieg der Städte und städtischen Kultur folgten dann die ersten Universitäten und begann auch die Institutionalisierung der Laienbildung.

Dies ist auch die wichtigste Grundunterscheidung bei der Frage nach der Entwicklung des Mathematikunterrichts: Die kirchlich-theologische Unterrichtskultur ist von der Bildung der „Praktiker" zu trennen, von der leider nur die kaufmännische Richtung gut dokumentiert ist. Dass auch handwerkliche Berufe mathematische Bildung erforderten, steht außer Frage, ist aber in den Quellen nicht fassbar.

Frage

Was lässt sich über die kulturgeschichtliche Entwicklung der Unterweisung in Mathematik, möglichst unter Bezug auf das Lösen von Problemen, aussagen?

Die Spätantike und Völkerwanderungszeit war für die Mathematik(-didaktik) wie die Unterrichtskultur insgesamt eine schwierige Zeit. Für Augustinus' Zeit, also das späte 4. Jahrhundert n. Chr., ist belegt, dass die Bildung bereits auf Grammatik und Rhetorik zusammengeschmolzen war. Das Quadrivium existierte nicht mehr, und Augustinus selbst sah keinen Wert in der Beschäftigung mit der Mathematik, die über eine Verwendung für das Bibelstudium hinausginge. Zwar betrachtet er die mathematischen Erkenntnisse als göttlichen Ursprungs – einen Grund, sie zu erforschen und zu verstehen, sieht er darin jedoch nicht (vgl. Høyrup 2014, S. 110). Es gibt keine Hinweise, dass in Europa in der Folgezeit Mathematik unterrichtet oder in irgendeiner Form weiterhin betrieben wurde.

Die Aufzeichnungen des Isidor von Sevilla belegen ganz im Gegenteil, welch dramatischer Verfall sich bis zum 7. Jahrhundert ereignet hat. Systematischer, gar didaktisierter Unterricht fand nicht mehr statt, und die Bevölkerungsgruppen, die auf grundlegende mathematische Kenntnisse angewiesen waren, bezogen ihre Kenntnisse mit großer Wahrscheinlichkeit allein aus praktischer Unterweisung während ihrer Ausbildung.

Mit Karl dem Großen begann eine Wiederbelebung des Bildungswesens. Mathematisches Wissen stand jedoch auf Karls Liste notwendiger Bildungsinhalte sehr weit unten; nur als *calculus*, also zur Kalenderberechnung, tritt die Mathematik indirekt in Erscheinung. Dabei ist klar, dass grundlegende Rechenfertigkeiten an verschiedenen Stellen vorausgesetzt wurden, ohne dass erkennbar wäre, wo und auf welche Weise diese Kenntnisse erworben wurden. Eine oftmals Alkuin von York zugeschriebene Sammlung von mathematischen Problemen, die älteste erhaltene auf Lateinisch, verweist eindeutig auf das Vorhandensein mathematischen Unterrichts. Sie behandelt 56 Problemstellungen aus verschiedenen Themenkreisen (Probleme des täglichen Lebens, Probleme unterschiedlicher Art aus der Unterhaltungsmathematik und Aufgaben der rechnenden Geometrie), setzt jedoch wiederum bereits Grundkenntnisse voraus.

Zwar dauerte es noch lange Zeit, bis sich das von Karl dem Großen avisierte Schulwesen auch nur im Ansatz etablieren konnte, seine Ideen führten jedoch wenigstens zu einem wachsenden Interesse der Klöster an antiken Schriften. So begannen in der Zeit nach Karls Tod wieder vermehrt Übersetzungen und Abschriften griechischer und römischer Werke über die mathematischen Wissenschaften zu zirkulieren. Bis ins 12. Jahrhundert hinein waren Boethius' *Arithmetica* und die lateinischen Quellen zur Landvermessung in der *Geometria practica*, in Kombination mit einer Auswahl aus Euklid, Grundlage allen Arithmetik- und Geometrieunterrichts, sofern man wirklich von einem solchen sprechen kann. An den Domschulen Lothringens wurde, möglicherweise unter arabischem Einfluss, ein neuer Abakus eingeführt, der anscheinend vorwiegend zu didaktischen Zwecken eingesetzt wurde, ebenso wie ein Brettspiel namens Rhitmomachie, das die Beherrschung der Arithmetik nach Boethius erforderte. Aus dem Bereich der Astronomie – immerhin wurde das Astrolab in dieser Epoche erfunden – lässt sich kein Hinweis für eine systematische Unterweisung finden. Mit Blick auf die Geometrie kommt Høyrup (2014, S. 113) zu dem ernüchternden Schluss, „dass jedweder weitergehende Unterricht in landvermesserischer Geometrie, so er denn existierte, völlig vergeblich gewesen war". Die überlieferten Briefwechsel „gehören nicht in zur Geschichte der Wissenschaft, sondern zu der der Unkenntnis" (nach Tannery 1922, S. 79).

In Verbindung mit einem Wandel der städtischen Kultur entstehen im Hochmittelalter Schulen in zuvor nicht bekannter Größe und Verbreitung; auch tritt der freie Gelehrte und Lehrer in Erscheinung, der gegen Geld seine Schüler unterweist. In Paris, einer der auch bildungspolitisch bedeutendsten Städte des Mittelalters, lassen sich für diese Zeit eindeutige Informationen über Mathematikdidaktik finden. Die Klosterschulen boten auch den Söhnen reicher Bürger Bildung an, über die lange Zeit einflussreiche didaktische Texte erhalten sind, insbesondere das *Didascalicon* und die *Practica geometriae* des Hugo von St. Victor. Während das *Didascalicon* sich um eine Rechtfertigung der Lerninhalte und einen

Einblick in ihre Struktur bemüht, handelt es sich bei der *Practica geometriae* im echten Wortsinne um eine didaktisierte Geometrielehre: Die Geometrie dürfte tatsächlich von der praktischen Art gewesen sein, wie der Titel und auch die Ausführungen im *Didascalicon* besagen. Ab welchem Alter die Unterweisung erfolgen sollte oder an welche Zielgruppen sich Hugo richtete, geht aus dem Text nicht hervor. Bemerkenswert aber ist die gründliche, durchdachte Struktur der Inhalte, die auf gutem subeuklidischem Material basieren. Evans (1976) geht davon aus, dass dieses Material im Hochmittelalter einen größeren, unmittelbaren Einfluss auf das Wiederaufleben der Mathematik ausübte, da es von einer viel größeren und vielfältigeren Leserschaft rezipiert wurde, als die – sehr wichtigeren – Übersetzungen Euklids, die im 12. Jahrhundert entstanden.

Für den wieder erstarkenden Unterricht in Mathematik waren die Übersetzungen der Elemente von Euklid einerseits und der Import der sogenannten indisch-arabischen Ziffern von größter Bedeutung. Dabei sind zwei Dinge die zweite „Generation" der Euklid-Übersetzungen (angefertigt von Adelards Schülern) betreffend interessant zu beobachten: Erstens zeigen diese Texte bereits klare didaktische Überarbeitungen. Zweitens hat sich die inhaltliche Ausrichtung klar von der Anwendung in astronomischen Zusammenhängen weg bewegt; die Mathematik selbst ist vorrangiges Ziel des Studiums der Schriften geworden. Auch wenn die Ausbreitung sowohl der *Elemente*, des *Almagest* als auch der indisch-arabischen Ziffern im Bildungskontext des Hochmittelalters sich wieder nicht historisch klar fassen lässt, so sind ihre Auswirkungen eindeutig und umfassend. Am Ende des 12. Jahrhunderts steht – mit einer Vielzahl anderer (neu) auflebender wissenschaftlicher Disziplinen – auch die Mathematik für den Beginn einer neuen Bildungsepoche.

Universitäten

Die florierenden Städte und die in ihnen ablaufenden kulturellen und sozialen Transformationsprozesse führten im 13. Jahrhundert zur Entstehung einer der wichtigsten Bildungsinstitutionen der europäischen Geschichte: der Universität. Die im Norden Europas entstehenden Universitäten, etwa in Paris und Oxford, später auch in Cambridge und Heidelberg, erwuchsen dabei unmittelbar aus dem Kathedralschulwesen der karolingischen Epoche, und fußten daher auf den freien Künsten, einschließlich der Mathematik. Über den (Mathematik-)Unterricht an den Universitäten lässt sich historisch einiges mit Sicherheit sagen. Die Ausbildung an der Artistenfakultät (später in Philosophische Fakultät umbenannt) begann im Alter von etwa 14 Jahren und dauerte sechs Jahre, wobei nach vier Jahren der Grad des Baccalaureus erreicht wurde. Wer die vollen sechs Jahre erfolgreich abschloss, führte seine Studien üblicherweise an den prestigeträchtigen Medizinischen Fakultäten oder den Fakultäten des Kanonischen Rechts, gegebenenfalls auch an der Theologischen Fakultät fort. Mathematik wurde lediglich in den ersten sechs Jahren an der Philosophischen Fakultät gelehrt, und es war kein Pflichtfach.

Es gibt auch aufschlussreiche Hinweise, dass und wie Mathematik im voruniversitären und universitären Umfeld gelehrt wurde; hier sind besonders einige Einführungen in die Arbeit mit den arabischen Ziffern zu nennen, und auch Euklids *Elemente* wurden an den Universitäten gelehrt, wie besonders eindrücklich durch eine Sammlung von *Quaestiones*

(Grabmann 1934) zu allen 15 Büchern der *Elemente* belegt ist. Es scheint allerdings wahrscheinlicher, dass lediglich die ersten vier Bücher regulär im Mathematikunterricht dieser Zeit behandelt wurden. Eine didaktisierende Gestaltung mathematischer Texte bzw. ihrer Neuübersetzungen bleibt weiterhin fassbar, so etwa in der von Campanus von Novara angefertigten Fassung der *Elemente*, die gut 300 Jahre, bis ins späte 16. Jahrhundert, als Standardausgabe verwendet wurde. Bis zum Ende des Mittelalters gibt es wenige Änderungen an der skizzierten Situation der mathematischen Lehre an der Pariser Universität. Obwohl es immer wieder Universitätsgelehrte gab, die auf dem Gebiet der Mathematik arbeiteten und forschten und auch bedeutende Beiträge lieferten, wurde von den Studenten zur Abschlussprüfung nicht mehr verlangt, als dass sie überhaupt „etwas Mathematik gehört haben sollten" (vgl. Høyrup 2014, S. 117). Andererseits werden in Paris gegen Mitte des 14. Jahrhunderts Lehrstühle für Astrologie eingerichtet, die mathematische Ausbildungsteile an ihre Fakultät ziehen und binden. Wie viele der als Fundament der Astrologie betrachteten Werke allerdings tatsächlich und in welcher Tiefe gelehrt wurden, ist historisch nicht nachvollziehbar. Für die Universität von Oxford steht ein Kanon von Texten fest, der die universitäre Mindestbildung in Mathematik umschreibt: Nach vier Jahren an der Artistenfakultät mussten die Studenten sechs Bücher von Euklid, die *Arithmetica* von Boethius sowie Sacroboscos *Tractatus de Algorism* und *Tractatus de Sphaera* kennen; zu jedem dieser Inhalte sind sogar Zeitkontingente fest vorgeschrieben. *Computus* nannte man im eruopäischen Mittelalter Lehrbücher zur Rechnung mit Zeit, etwa im Rahmen der (kirchlichen) Kalenderrechnung. Dass darüber hinaus fortgeschrittene Mathematik gelehrt wurde, darf für Oxford als sicher gelten.

Für die Universitäten Wien und Heidelberg, die beide dem Pariser Modell folgten, sind die erforderlichen Kenntnisse in Mathematik zur Erlangung des Baccalaureat bzw. der Licentia recht detailliert überliefert. Die Inhalte sind Tab. 3.1 zu entnehmen.

Zumindest für Wien gibt es schriftliche Hinweise, die darauf hindeuten, dass Mathematik insgesamt eher als nicht ernsthafte Wissenschaft betrachtet wurde; und überhaupt verwundert aus heutiger Sicht die Tatsache, dass trotz des großen Interesses an Logik und Naturphilosophie aristotelischen Zuschnitts der Unterricht in Mathematik an den mittelalterlichen Universitäten so wenig entwickelt und rudimentär blieb.

Da in der Zeit vor der Erfindung des Buchdrucks mit beweglichen Lettern nur wenige Werke und in geringer Anzahl von Kopien schriftlich vorlagen bzw. sich im Eigentum der Studenten befanden, waren Vorlesungen die Hauptinformationsquelle. Während sich in Kombination mit intensiven Diskussionen philosophische (und das heißt auch mathematik-philosophische) Fertigkeiten und Kenntnisse gut vertiefen lassen, ist dies für das, was wir unter Mathematik verstehen, schwer vermittelbar. Um hier Fortschritte zu erzielen, muss praktische Anwendung geübt werden, was in der damaligen universitären Lehre nur an einigen wenigen Stellen möglich war: Computus, Rhitmomachie und das Rechnen mit den indisch-arabischen Ziffern – und eben diese mathematischen Nischenfertigkeiten – blieben bis in die Neuzeit bedeutsam.

Tab. 3.1 Mathematische Bildungsinhalte der wichtigsten mittelalterlichen Universitäten Nordeuropas im Überblick. (Basierend auf Høyrup 2014, S. 118 ff.)

	Artistenfakultät	Höhere Fakultäten
Paris	Sacroboscos *Tractatus de Algorism* Sacroboscos *Tractatus de Sphaera* Computus Boethius' *Arithmetica* Boethius' *De musica* Euklids *Geometria* Ptolemäus' *Astrolab* Ptolemäus' *Almagest* Theodosius' und Menelaos' Traktate zur sphärischen Geometrie Jābir ibn Aflah's und al-Bitrujī's Arbeiten zur planetaren Astronomie weitere astrologische Schriften	
Oxford	sechs Bücher von Euklid (5 Wochen) Boethius' *Arithmetica* (3 Wochen) Sacroboscos *Tractatus de Algorism* (8 Tage) Sacroboscos *Tractatus de Sphaera* (8 Tage) Computus (8 Tage)	
Bologna	ein Algorismo für ganze Zahlen und Brüche (sexagesimale Brüche für astronomische Berechnungen) die astronomischen Tafeln von Alfonso X. Campanus' Fassung von Euklids *Elementen* I–III Traktate über die Verwendung des Astrolabiums und des Quadranten *Theorica planetarum* Buch III des *Almagest* (Theorie der Sonne)	
Wien	Sacroboscos *Tractatus de Sphaera* Sacroboscos *Tractatus de Algorism* Euklids Elemte Buch I (oder vergleichbar)	*Theorica planetarum* fünf Bücher Euklids (Pecham's) *Perspectiva communis* Traktate zu Proportionen eines zu den *latitude of forms* etwas Musik etwas Arithmetik
Heidelberg	Euklids *Perspectiva* Euklids *Elemente* I–IV Sacroboscos *Tractatus de Algorism* Computus *Theorica planetarum*	Verschiedene mathematische Ganzschriften *De Sphaera*

Laienschulwesen

Erstmals in Norditalien lassen sich nichtklerikale Schulen fassen, die mathematische Grundbildung (für Jungen) sicherten. Dass dies zuerst im kommerziell aufstrebenden und hochinnovativen Raum Norditalien geschah, kann kaum überraschen. Der „Lehrplan“ ist durch die überlieferten Rechenbücher (auch Abbacus-Bücher genannt) gut bekannt und lässt sich wie folgt zusammenfassen:

1. Zahlen in der indisch-arabischen Ziffernschreibweise notieren
2. Multiplikationstabellen und ihre Anwendung
3. Division durch Umkehrung der Multiplikationstabellen, dann auch durch mehrstellige Divisoren
4. Bruchrechnung
5. Kommerzielle Mathematik verschiedenster Art, ohne erkennbare Reihenfolge

Für die Frage des problemorientiertem Unterrichts in Mathematik ist von besonderem Interesse, dass fast von Beginn an die schulische Unterweisung durch Problemstellungen ergänzt wurden, die die Schüler zu Hause zu bearbeiten und zu lösen hatten. Auch gab es weiterführende Inhalte, die in Lehrbüchern ausführlich, scheinbar aber nicht in der Schule behandelt wurden. Die genaue Funktion der Rechenbücher ist nicht gänzlich klar. Es scheint plausibel, dass sie als Sammlung von Aufgaben für den Lehrer dienten und nicht im Besitz der Lerner waren. Ebenfalls erwähnenswert ist, dass viele Techniken, die in den Handelshäusern in der Buchhaltung nachweislich angewendet wurden, keineswegs Schulstoff waren, sondern erst während der praktischen Ausbildung, aber auf Grundlage der schulischen Basiskenntnisse erworben wurden. Hinzu traten spezielle Rechenschulen, wie die von Adam Ries in Erfurt und Annaberg geleiteten.

Für Flandern, das ab dem 12. Jahrhundert ebenfalls einen substanziellen wirtschaftlichen Aufstieg erlebte, lassen sich gewisse Parallelentwicklungen beobachten. Auch hier wurden in Bürgerschulen Lese- und Schreibfertigkeiten zusammen mit mathematischen Grundkenntnissen vermittelt, aber die erhaltenen schriftlichen Quellen lassen vermuten, dass sich keine vergleichbare kaufmännische Rechentradition und darauf aufbauend schulische Mathematiklehre wie in Norditalien entwickelte. In Deutschland wurde Handelsrechnen durch private Rechenmeister gelehrt, deren Anzahl stetig zunahm.

Ingenieure und Kunsthandwerker

Ein weiteres Feld mathematischer Bildung lässt sich für das späte Mittelalter fassen; es existierte autonom, ohne festen Bezug zu universitären Traditionen oder den Laienschulen. Möglicherweise ununterbrochen seit der Antike wurde mathematisches Wissen innerhalb von spezialisierten Berufsgruppen weitergegeben, das weder der wissenschaftlichen Tradition noch der „praktischen Geometrie“ angehört. Heute würde man von ingenieurwissenschaftlicher Mathematik sprechen, wie sie von Baumeistern, Schiffbauern und anderen exakt arbeitenden Ingenieurwissenschaften benötigt, aber stets nur im Rahmen der Ausbildung vermittelt wurde – nie in einer eigens dafür eingerichteten Schule.

Die Unterweisung geschah, so darf man annehmen, weitgehend mündlich und war außerdem sehr stark auf die einzelnen Professionen beschränkt.

Frage

Welchen Stellenwert weist der Bildungsbegriff dem Problemlösepotenzial der Mathematik zu?

Es zeigt sich eine deutliche Diskrepanz zwischen der theoretischen Bildung der Universitäten und dem Rechenschulwesen italienischen Zuschnitts. Die Handelshäuser mit ihren vormodernen Buchhaltungssystemen und wirtschaftlichen Großeinflusszonen waren auf kreative Lösungen angewiesen, die ein fundiertes Wissen in Arithmetik verlangten. Die Lehrinhalte der Rechenschulen waren mit Blick auf die zukünftige Anwendung strukturiert, und auch eine klare methodische Grundausrichtung war erkennbar. In Nordeuropa dagegen behalf man sich auch in Handelskreisen mit wenigen Grundkenntnissen, und das Rechenschulwesen, wo man seine Existenz sicher belegen kann, beschränkte sich fachinhaltlich – und so kann man argwöhnen auch didaktisch – auf ein absolutes Minimum.

Die für konkrete Problemlösungen eingesetzte Mathematik der mittelalterlichen „Ingenieure" ist durch die Art ihrer Vermittlung nicht mehr eindeutig zu rekonstruieren. Dass hier eine stumme Tradition existiert haben muss, steht jedoch außer Frage, und die Tatsache, dass hier spezialisiertes Wissen wohl über 1000 Jahre weitergegeben wurde, lässt den Stellenwert, den dieses Wissen innerhalb der Professionen besaß, erahnen.

3.2 Renaissance, frühe Neuzeit und Vormoderne

Mit dem Beginn der Renaissance setzte ein kultureller, letztlich gesamteuropäischer Wandel in allen Domänen der Gesellschaft und damit auch der Bildung ein. Der Bedeutungsverlust der katholischen Kirche zugunsten einer zunehmend an humanistischen Idealen orientierten und nationalstaatlich organisierten Feudalelite und ebenso der aufsteigenden Klasse des Bürgertums führte zu einer Neuausrichtung der lehrenden und wissenschaftlichen Institutionen. Der Staat gewann maßgeblich an Einfluss auf die Bildungseinrichtungen, und die Mathematik wurde (zumindest zeitweise) im Rahmen dieser nationalen und humanistischen Reformbewegungen aus ihrem Schattendasein als Sekundär- oder Hilfswissenschaft im Quadrivium und der Medizin befreit.

Frage

Was lässt sich über die kulturgeschichtliche Entwicklung der Unterweisung in Mathematik, möglichst unter Bezug auf das Lösen von Problemen, aussagen?

Es ist interessant, dass sich die Rückbesinnung auf die antike Kulturtradition nicht nur inhaltlich und philosophisch nachvollziehen lässt, sondern auch auf der Ebene der Bildungspolitik in gewisser Weise eine Rückkehr zu den ersten Anfängen von schulischer

Bildung erfolgt: Wie schon die frühen Zivilisationen setzen die staatlichen Gebilde der beginnenden Neuzeit auf die Kontrolle der Bildungsinhalte, um ihre Interessen zu wahren, ihre Bürger zu kontrollieren und die eigene Macht zu fundamentieren. Es liegt nahe anzunehmen, dass dieses Ziel mit den nun zur Verfügung stehenden technischen Mitteln und der größeren politischen und ökonomischen Einflusssphäre noch besser als in vorchristlichen Zeiten erreicht werden konnte. Mit der wachsenden Bedeutung der Ökonomie sowohl in kultureller wie in regierungspolitischer Hinsicht nahmen dabei insbesondere die Bedeutung der mathematischen Bildung und der Bedarf an mathematisch geschulten Personen zu; dabei spielten auch religiöse Einflüsse und Konflikte – in Folge der Reformation – noch lange eine wichtige Rolle in dieser Entwicklung. Alle diese Umwälzungen der beginnenden Neuzeit gemeinsam etablierten einen neuen organisatorischen und didaktisch-methodischen Rahmen für (mathematische) Bildung.

Eine bis heute bestehende Innovation war die Einführung des Sekundarschulwesens, das nun den „voruniversitären" Stoff vermittelte. Diese neue Schulform war durch eine ganze Reihe voneinander unabhängiger Entwicklungen in den städtischen Zentren und auf Drängen vor allem des Bürgertums, aber auch durch Veränderungen an den Universitäten selbst, am Ende des Mittelalters vorbereitet worden. Nun jedoch bildete sich eine relativ einheitliche Struktur für eine solche voruniversitäre Ausbildungsinstitution, die sich vor allem durch drei Merkmale von der Ausbildung an der Artistenfakultät der Universitäten unterschied:

Der Unterricht wurde in jahrgangsgestuften Lerngruppen anstelle einer Vorlesung in Form eines lenkenden und didaktisierten Unterrichts und von einem verantwortlichen Lehrer abgehalten. Im Zuge dieser Neuerfindung bewirkte Melanchthon, selbst mathematisch gebildet, mit den von ihm verfassten Schulordnungen eine erste Neubewertung und – zunächst noch zögerliche – Stärkung des Mathematikunterrichts; gleichwohl blieb Arithmetik vor allem Inhalt der Hochschulen. Andererseits etablierte das protestantische Universitätssystem den mathematischen Lehrstuhl erstmals fest an der Artistenfakultät.

Auf katholischer Seite beförderten die Jesuiten die Ausbreitung der Bildungsinstitutionen – die sich allerdings sehr viel stärker an theologische Aspiranten richtete – und prägten ihre Inhalte maßgeblich. In der ersten standardisierten *Ratio Studiorum* von 1599 war die der Mathematik zugedachte Rolle minimal; auch, weil nach jesuitischem Verständnis des Lernprozesses eine Vermischung verschiedener Lerninhalte ungünstig war und so jedes Schuljahr auf einen einzigen Themenbereich fokussierte. Die Mathematik wurde daher nach dem aristotelischen System erst im letzten Schuljahr in philosophische Inhalte integriert in die Lehre einbezogen. Die konsensfähigen und in der *Ratio Studiorum* enthaltenen Vorschriften umreißen den als notwendig erachteten Mathematikunterricht folgendermaßen: Im letzten Studienjahr sollten Studenten etwa vier Monate lang eine Dreiviertelstunde Mathematik hören. Der Lehrer sollte die *Elemente* des Euklid behandeln und nach etwa zwei Monaten auch Inhalte aus der Geographie und *De Sphaera* parallel unterrichten. Die einzigen pädagogischen Hinweise besagen, dass und dies ist für uns sicher bemerkenswert – wechselnde Studenten ihren Klassenkameraden mathematische Probleme erläutern sollten und dass regelmäßige Wiederholungen sinnvoll seien (vgl. Schubring 2014, S. 135). Bedenkt man, dass viele Studenten das letzte Studienjahr nicht absolvierten und dass der mathematische Schwerpunkt hier auf astronomischen Themen lag, so wird klar, wie gering die Bedeutung der Mathematik für die Ausbildung geeigneter Kirchendiener in den Augen des Jesuitenordens war.

Frage

Welchen Stellenwert weist der Bildungsbegriff dem Problemlösepotenzial der Mathematik zu?

In der Zeit der frühen Nationalstaaten und vor allem religiöser Konflikte und Kämpfe um eine kulturelle wie geistige Vorherrschaft in Europa spielten die Mathematik insgesamt und auch ihre praktische Anwendung in der höheren Bildung keine erwähnenswerte Rolle. Gerade auch die Rückbesinnung auf antike Vorbilder im Zuge der Renaissance und der anschließenden Humanismusbewegung lenkte den Blick nach der langen Phase des Mittelalters viel stärker in Richtung (natur-)philosophischer Fragen und Bezugssysteme. Dass sich parallel dazu in der merkantilen Mittelschicht ein eigenes System praktischen Unterrichts fortsetzte, ist nachweisbar etwa in einer doch beträchtlichen Anzahl von Rechenbüchern und später auch anspruchsvolleren mathematischen Sammlungen, wie der *Arithmetica historica* von Suevus. Gerade dieses Buch war zwar auch als Lehrwerk zur Verwendung an Schulen gedacht, ist aber den Kaufleuten gewidmet und grundsätzlich ebenso oder sogar primär für ein Selbststudium konzipiert (vgl. Bjarnadóttir 2014, S. 437).

Ab 1628 legte Comenius mit seiner *Großen Didaktik* ein nachhaltig bedeutsames pädagogisches Werk vor, das eine erste allgemeine Erziehungstheorie schuf. Er definiert den Begriff der Allgemeinbildung erstmals in der Neuzeit, und zwar als Bildung, die „für irdisches und ewiges Leben nützlich ist, damit Kinder das lernen, was ihnen im späteren Leben begegnen wird und vorausschauend lernen, klug damit umzugehen" (Kuhlmann 2013, S. 23). Er beschrieb auch einige didaktische Grundprinzipien, die bis heute in der Pädagogik und Didaktikforschung Einfluss ausüben und inzwischen wissenschaftlich belegt sind: So sollten immer möglichst viele Sinneskanäle am Lernprozess beteiligt werden, und außerdem sollte vom Allgemeinen zum Speziellen, vom Leichten zum Schwierigen, vom Beispiel zur Regel usw. gearbeitet werden. Speziell über die Mathematik sagte er, dass „Arithmetik und Geometrie zum Teil wegen ihrer Notwendigkeit für das Leben und zum Teil wegen ihrer Bildungswichtigkeit, die den Geist anregen und schärfen" (Bjarnadóttir 2014, S. 438), gelehrt werde. Arithmetische Kenntnisse staffelte er wie folgt:

- 1. Lernjahr: Zahlenverständnis
- 2. Lernjahr: Addition und Subtraktion
- 3. Lernjahr: Multiplikation und Division
- 4. Lernjahr: Proportionen und Dreisatz

- 5. Lernjahr: Variationen von Proportionen
- 6. Lernjahr: Logistik
- 7. Lernjahr: Die heiligen und mystische Zahlen der Bibel

Im weiteren Verlauf des 17. Jahrhunderts stagnierten allerdings viele Entwicklungen, die sich bereits seit dem 16. Jahrhundert in Richtung der Moderne bewegt hatten. Neben dem Dreißigjährigen Krieg waren auch Seuchen Gründe, warum den Belangen der Bildung weniger Aufmerksamkeit geschenkt wurde als in der Phase zuvor. Im späteren Verlauf des Jahrhunderts kamen jedoch neue Entwicklungen in Gang, die auch und insbesondere die Lehre von Mathematik betrafen, und zwar aus bemerkenswerten Gründen. Offenbar führte mangelndes mathematisches Wissen in bestimmten Berufsgruppen zu existenziellen bzw. wirtschaftlich bedenklichen Missständen: Französische Schiffe sanken aufgrund fehlender navigatorischer Kenntnisse, und in bestimmten Regionen Italiens, die regelmäßig von Überschwemmungsereignissen betroffen waren, führten fehlende Kenntnisse in Wasserbautechnologie zu katastrophalen Zuständen. Der besonders in Frankreich, Italien und Portugal erstarkende Mathematikunterricht verlangte nach einer professionelleren Lehrerschaft, und so waren es nur noch einzelne, spezialisierte Lehrer, die diese Mathematikkurse – im Übrigen additiv zum laufenden Unterricht – erteilten. Neben den lang etablieren Schulen entstanden an der Schwelle zur Aufklärung besonders in Frankreich zahlreiche neue Schulen auch in Städten mittlerer Größe, die sich unter Leitung des französischen Oratoriums deutlich stärker der Wissenschaft und besonders auch der Mathematik verschrieben. Lehrpläne selbst sind nicht erhalten; die von Mitgliedern des Oratoriums verfassten Lehrwerke, die alle grundlegenden Gebiete der Mathematik systematisch abdecken, belegen dies jedoch nachdrücklich.

3.3 Die Sattelzeit

Etwa von der Mitte des 17. bis zur zweiten Hälfte des 19. Jahrhunderts erstreckt sich eine Phase des massiven gesellschaftlichen Umbruchs, die die Zeit der Aufklärung (1650/1700–1800) und die Sattelzeit (1750–1850/70) umfasst. Im deutschsprachigen Raum wird besonders das 18. Jahrhundert auch als pädagogisches Jahrhunderts charakterisiert, da sich Bildung und Erziehung erstmals als gesamtgesellschaftliche Projekte definierten, was zu einer Blüte einerseits der wissenschaftlichen Behandlung dieser Themen und andererseits der staatlichen bzw. zentralistischen Einflussnahme führte. Natürlich gab es auch zuvor pädagogisches Denken und Handeln, Theorien zum Lernen und Unterrichten, auch Bemühungen um eine Zentralisierung von Bildungsmaßnahmen – aber erst jetzt entsteht aus einer Vielzahl von pädagogisch-didaktischen Einzelkonzeptionen und parallel existierenden Institutionstraditionen allmählich, in einem echten öffentlichen Diskurs, wie er erst in der Zeit der Aufklärung möglich wird, ein festes Element staatsbürgerlichen Bewusstseins. Nach der ökonomischen folgte nun die philosophisch weltanschauliche Selbstfindung der noch jungen europäischen Nationalstaaten. Und die

Mathematik spielte in den auch bildungspolitischen Umwälzungen dieser Zeit, die in der Französischen Revolution gipfelte, eine Schlüsselrolle (Schubring 2014, S. 137).

Für den deutschen Sprachraum zeichnet Klafki von dieser prägenden Zeit der zweiten Hälfte des 18. und den ersten Jahrzehnten des 19. Jahrhunderts, in der der Bildungsbegriff entwickelt und im modernen Sinne geprägt wurde, das Bild einer Epoche, in der eine Bildungstheorie auf dem höchsten wissenschaftlichen, philosophischen und moralischem Niveau entworfen, entwickelt, diskutiert und verbreitet wurde. Neben den drei Hauptdimensionen moralische Bildung, kognitive Bildung und ästhetische Bildung ist auch die praktische, d. h. tätige Auseinandersetzung mit der Umwelt durchgängiger Bestandteil des klassischen Bildungskonzepts, da „dem Anspruch einer umfassenden, allgemeinen Menschenbildung nur entsprochen werden kann, wenn von den frühesten Phasen an [...] die Perspektive künftiger beruflicher Tätigkeiten und Bewährungen im Bildungsgang selbst repräsentiert ist" (Klafki 2007, S. 35). Dass die praktischen Folgen dieser theoretischen Fortschritte aus den verschiedensten historischen Gründen und Umständen der deutschsprachigen Länder der damaligen Zeit weit hinter dem zurückblieben, was an intellektuellem Potenzial zur Verfügung stand, ist richtig und zeigt sich im folgend Dargestellten.

Frage

Was lässt sich über die kulturgeschichtliche Entwicklung der Unterweisung in Mathematik, möglichst unter Bezug auf das Lösen von Problemen, aussagen?

Neue Schularten entstanden, bestehende Schulen änderten ihre Ausrichtung ebenso rasch und radikal, wie es diese Zeit als Epoche der – europäischen – Geschichte kennzeichnet. Aus den oben angesprochenen Entwicklungen des späteren 17. Jahrhunderts heraus entstanden überall in Europa Adels- und Militärschulen, die sich unter anderem besonders der Ausbildung von (Militär-)Ingenieuren widmeten: Mathematik war hier neben Naturwissenschaften und modernen Fremdsprachen ein integraler Bestandteil der Lehrpläne (und sogar Zugangsvoraussetzung), insbesondere für Artillerie- und Marineoffiziere. Aber auch an weniger anspruchsvollen Schulen für Offiziere der Kavallerie und Infanterie wurde Mathematik bald als Pflichtfach verlangt. Diese Art von Schulen war allerdings zunächst nur Angehörigen des Adels zugänglich, die den gehobenen Militärdienst anstrebten. Die herausgehobene Stellung, die die Mathematik an diesen Schulen sowohl in den Eingangs- als auch den Abschlussprüfungen besaß, wurde später, nach der Französischen Revolution, zum Modell für das staatliche Schulwesen (Schubring 2014, S. 138).

In Deutschland wurde das Sekundarschulwesen durch die Gründung der (pietistisch geprägten) Realschulen nachhaltig beeinflusst. Diese Schulen wandten sich erstmals in institutionalisierter Form ganz bewusst gegen eine Bildung „für die Universitäten" und versuchten nicht eine Weiterentwicklung oder Verbesserung gymnasialer Schulpraxis, sondern strebten eine ganz neue Art von Bildung an, die sich im Geiste des Philanthropismus der Vermittlung „nützlichen Wissens" verpflichtet fühlte (vgl. Schubring 2014,

S. 439). An diesen Realschulen mit meist ökonomischer und/oder technischer Ausrichtung spielte Mathematik eine ganz entscheidende Rolle. Eine analoge Entwicklung ist auch für die Niederlande festzustellen. Die Lehrpläne umfassten dort je nach Ausrichtung vor allem Geometrie, Trigonometrie und Logarithmen bzw. Arithmetik und Buchhaltungsrechnung. Durch den immensen reformerischen Druck, den diese Konkurrenzschulen ausübten, waren bald auch die alteingesessenen Gymnasien gezwungen, ihre strikt humanistisch-philologische Ausrichtung zu überdenken. Bis zum Ende des 18. Jahrhunderts hatten viele protestantische Gymnasien Mathematik zum Hauptfach erhoben, und bei der Einführung der Abiturprüfung im Jahr 1788 in Preußen war Mathematik eines der obligatorischen Prüfungsfächer (vgl. Schubring 2014, S. 140), was den Aufstieg des Faches auch innerhalb der Gymnasien belegt.

Auch an den katholischen Gymnasien und Kollegs wurden Realfächer sukzessive in den Fächerkanon aufgenommen. Für Österreich, das seine Reformen früh und koordiniert vorantrieb, lässt sich eine stete Aufwertung des Deutsch- und Mathematikunterrichts beobachten, die mit einer fortschreitenden Trennung zwischen Staat und Kirche auch in den Bildungsinstitutionen Hand in Hand ging. Aber auch in den deutschsprachigen katholischen Kleinstaaten fanden teils radikale, auf den Ideen der Aufklärung basierende Reformen dieser Art statt, die die Mathematik auch an katholischen Schulen stark aufwerteten.

Maßgeblicher – und visionärer – Didaktiker der Zeit war Pestalozzi, der um 1800 begann, seine Erziehungs- und Unterrichtstheorien zu entwickeln, die sowohl in Europa als auch den Vereinigten Staaten profunden Einfluss ausübten. Seine Kernidee war die genaue Ordnung des Lehr- bzw. Lernprozesses, der auch methodisch bereits viele heute wieder aktuelle Ideen aufweisen sollte: Der aktive, tätige Umgang mit Zahlen sollte zur Entdeckung über Sinneswahrnehmungen führen, und das Lernen in Gruppen und das gegenseitige Erklären wurden gefördert. Der Umgang mit dem konkreten Objekt und erst spätere Übertragung in die ikonische und dann symbolische Form waren Grundlage des Arithmetikunterrichts nach Pestalozzi'schem Zuschnitt (auch wenn dieser selbst keinen Mathematikunterricht entwickelte). In der Folge wurde an vielen Grundschulen mit Rechenbüchern und nach Pestalozzis Prinzipien gearbeitet, und das allgemeine Bestreben war es, sinnloses Auswendiglernen durch lebensweltlich orientiertes, propädeutisches und für das Denken als solch wertvolles Verstehen zu ersetzen.

Angesichts der heutigen Bedeutung der Vereinigten Staaten von Amerika mit Blick auf die neuesten Bildungsreformen sei kurz erwähnt, wie die Situation des Mathematikunterrichts in den englischen Kolonien aussah. Wenig überraschend ist in Übersee ein längeres Verharren in den Strukturen der frühen Neuzeit zu beobachten; das öffentliche Schulwesen war kaum an der Vermittlung mathematischer Bildung beteiligt, sie erfolgte innerhalb der Ausbildung im Handwerk oder Gewerbe. Dort waren beträchtliche Spezialkenntnisse auf auch hohem Niveau vorhanden, die aber wegen dieser fortbestehenden Trennung von der allgemeinen Bildung nicht zum gesamtgesellschaftlichen Wissensbestand zählte. In den (nicht sehr zahlreichen und sehr ungleichmäßig verbreiteten) Sekundarschulen fand im 17. und auch noch im 18. Jahrhundert „Rechenunterricht" oft auf der Basis von Rechenbüchern statt, die dem Schüler mathematische Probleme stellten, die dieser zu lösen versuchte und dann – gemeinsam mit dem Lehrer – mit den ebenfalls abgedruckten Musterlösungen verglich. Das Abschreiben der Problemstellungen und der Musterlösungen ergab im Lauf der Zeit ein persönliches Rechenbuch jedes Schülers, der in dieser Weise unterrichtet wurde. Die verwendeten Bücher waren dem eigenen Bekunden nach graduiert und ermöglichten so den Aufbau arithmetischer Kenntnisse durch die Bearbeitung der gestellten Probleme.

De facto blieben mathematische Kenntnisse, die über die grundlegendsten Rechenfertigkeiten hinausgingen, Privileg einiger weniger, die an den berufsspezifischen Bildungszentren ihre Unterweisung erhielten. Erst in der Folge der Amerikanischen Revolution kam es auch hier zu einem Umlenken, aber bis zum Ende des 18. Jahrhunderts war lediglich eine Schulpflicht für Jungen zwischen elf und 14 Jahren eingeführt worden, in deren Rahmen auch ein gewisses arithmetisches Grundwissen vermittelt wurde (vgl. Dauben 2014, S. 176 f.). Selbst an der Harvard-Universität wurde zunächst nur Grundwissen gelehrt, das die Studenten aus ihrer schulischen Vorbildung nicht mitbrachten. Etwa ab der Mitte des 18. Jahrhunderts aber begann man dort, die Lehrgebiete auf Geometrie, Algebra und insbesondere auf die Newton'sche „Fluxionsmethode“ (Differentialrechnung) auszudehnen. Dies geschah mit Blick auf die Behandlung von Newtons mechanischen und physikalischen Entdeckungen.

Frage

Welchen Stellenwert weist der Bildungsbegriff dem Problemlösepotenzial der Mathematik zu?

In Deutschland waren die Begründungszusammenhänge für die Bewertung dieser Frage auf Seiten der beiden Konfessionen vollkommen verschieden. Während in der protestantischen Philosophie utilitaristische Überzeugungen im weitesten Sinne den Ausschlag für die Neubewertung der Mathematik gaben, waren die katholischen Bildungsreformer eher von der geistesbildenden, disziplinierenden Kraft der Mathematik überzeugt.

Die Französische Revolution in Frankreich als dramatischer Höhepunkt der Epoche ist in den Augen der Zeitgenossen für die Wahrnehmung des damaligen Bildungssystems am aufschlussreichsten. An die Macht gelangt strebten die Revolutionäre in Frankreich nach einer vollständigen Neuordnung des Bildungswesens. Und hier trat nun die Mathematik im Verbund mit Naturwissenschaften als Disziplin der Aufklärung und der Revolution in Erscheinung, von denen Guillaume (1889, S. 197 f.) sagt:

- „Selbst grundlegende Studien dieser Wissenschaften sind der sicherste Weg, die intellektuellen Kapazitäten der Lerner zu entwickeln“, wohingegen das Grundwissen anderer Disziplinen „den Geist anwendet, aber nicht entwickelt.“
- „Die Literatur hat Grenzen, aber die Wissenschaften der Beobachtung und Berechnung haben keine.“

- Sie stellen bevorzugte Mittel zur Verbreitung der Aufklärung dar, als Heilmittel „gegen Vorurteile, gegen Engstirnigkeit".
- „Um die soziale Ordnung zur Perfektion zu bringen", um soziale Gleichheit zu erreichen: um „das Streben, Menschen zu beherrschen, durch das Streben, Menschen aufzuklären, zu ersetzen".

In und nach der Französischen Revolution war die Mathematik ein „Kernaspekt einer intellektuellen Erziehung, die Theorie und Praxis miteinander kombinierte" (Gispert 2014, S. 230), und insgesamt wurden zum ersten Mal staatliche Maßnahmen für eine Volksbildung ergriffen, die über die beruflich-funktionalen Erfordernisse hinausging. Mit dem Scheitern der Revolution waren jedoch auch diese Anliegen und Pläne zu großen Teilen zum Scheitern verurteilt. Die systematische Neugliederung des Schulwesens in einen Primar- und einen Sekundarsektor mit einem darauf aufbauenden Tertiärschulwesen und akademischen Einrichtungen wurde nicht umgesetzt. Zunächst konnte die Mathematik in der Phase der napoleonischen Zentralisierung des Schulwesens ihren Stellenwert behaupten: Neben Latein war sie nun das zweite Hauptfach zunächst aller französischen Lycées und in der Folge auch der vielen europäischen Staaten, die dieses Modell übernahmen.

In den Vereinigten Staaten lässt sich die anfangs ebenfalls geringe Bedeutung der Mathematik leicht an den Vorschriften ablesen, die am Harvard College galten. Allerdings führte hier die Einrichtung eines mathematischen Lehrstuhles im Jahr 1727 zu einer ersten, zaghaften Etablierung der Mathematik als Wissenschaft in den britischen Kolonien. Harvard und Yale waren die einzigen Bildungsstätten des amerikanischen Kontinents im 18. Jahrhundert, die tatsächlich „höhere Mathematik" lehrten. Verpflichtend war das Fach in Harvard nicht, und abschlussrelevant ebenso wenig. Erst im Jahr 1802 wurden Grundkenntnisse in Arithmetik Bedingung für die Zulassung zum Besuch des Colleges. In Yale, das in seiner Ausrichtung stark an den calvinistischen Glauben gebunden war, leitete Thomas Clap ab 1740 die Stärkung der Mathematik und der Newton'schen Weltanschauung ein. Was aus heutiger Sicht kurios erscheinen mag, war die von Clap realisierte, strikte Anbindung der Naturwissenschaften an den christlichen Glauben, so dass auch mit dem Studium der Mathematik die Suche nach (religiöser) Wahrheit verbunden wurde, keineswegs ein Weg hin zum Atheismus (vgl. Dauben 2014, S. 184).

Mit der Einrichtung des ersten Lehrstuhls für Mathematik auch in Yale im Jahr 1770 verschwanden Teile der Lehre, die sich auf Newtons Infinitesimalrechnung bezogen, wieder aus dem Lehrplan. Dennoch entsprachen die Inhalte, die in Yale und Harvard im Fach Mathematik um 1800 gelehrt wurden, dem, was auch im englischen (ehemaligen) Mutterland üblich war.

3.4 Das spätere 19. Jahrhundert

Klafki (2007, S. 29) kommt zu dem Schluss, dass im Lauf des 19. Jahrhunderts und sicherlich bis zum Ende des Nationalsozialismus in Deutschland der Begriff der höheren Bildung aus der deutschen Klassik stetig an Bedeutung verlor. Auch die frühen reformpädagogischen Bewegungen konnten hier nur wenig korrigierenden Einfluss nehmen. Klafkis Kritik richtet sich vor allem gegen folgende Merkmale des „Bildungsverfalls“:

- Bildung wurde auf die kognitive Dimension verengt, wobei außerdem das kritische Moment entfernt wurde.
- Wissenschaft wurde zunehmend von moralischen Erwägungen entleert und so auf ihre instrumentelle Ebene reduziert.
- Die ästhetische Dimension der Bildung ging zunehmend verloren.
- „Berufsbildung“ und „Allgemeinbildung“ existieren sowohl ideell-konzeptuell als auch organisatorisch so gut wie vollständig getrennt voneinander.

Kuhlmann (2013, Kap. 6) beschreibt die pädagogische Situation für weite Teile des 19. Jahrhunderts noch drastischer, wenn sie von „Schwarzer Pädagogik“ spricht, die maßgeblich auf Züchtigung und emotionalem Missbrauch der Heranwachsenden basiert habe. Inhaltlich trug diese Zeit nichts bei, was für unsere Betrachtung an dieser Stelle von Interesse sein könnte – außer, dass sie Stein des Anstoßes für die Reformpädagogiken wurde.

Frage

Was lässt sich über die kulturgeschichtliche Entwicklung der Unterweisung in Mathematik, möglichst unter Bezug auf das Lösen von Problemen, aussagen?

Für Frankreich sind Art und Inhalte des Mathematikunterrichts maßgeblich durch die neu geordneten (d. h. nachrevolutionären) Bildungseinrichtungen bestimmt. In der napoleonischen Zeit, in der Teile des heutigen Deutschland unter französischem Einfluss standen, setzte Frankreich seine nachrevolutionären Bildungsreformen auch dort um. Die staatlichen Lycées (in den Staaten des Rheinlands die Gymnasien) waren die Orte, an denen die Verwaltungselite des Landes ausgebildet wurden, und diese klare Zielvorstellung prägte alle Unterrichtsfächer und eben auch den Mathematikunterricht. Gispert macht einen Bedeutungsverfall der mathematischen Bildung im Verlauf des 19. Jahrhunderts aus, der sich in mehreren Schritten vollzog (Tab. 3.2).

Tab. 3.2 Schematische Übersicht zu den Schulformen in Frankreich des ausgehenden 19. Jahrhunderts. (Zusammengestellt nach Gispert 2014, S. 229 ff.)

↑		
	Grandes Écoles: École Polytechnique/Collèges	Collèges Modernes
	Lycées	Special Secondary Schools
	Upper Primary School	
	Lower Primary School	

In den ersten 50 Jahren drängten Latein und die humanistischen Disziplinen nach und nach die Mathematik zurück, die zunehmend weniger als „allgemeines“ Fach angesehen wurde. Dahinter steckte die klare Trennung zwischen „allgemeinbildenden“ Fächern und beruflicher Bildung. Wegen ihrer unmittelbaren professionellen Bedeutung für die Ausbildung der (Militär-)Ingenieure wurde die Mathematik für ungeeignet gehalten, zum Fächerkanon der klassisch bildenden Lycées und Collèges zu gehören. Dort wurde Mathematik (wie auch Physik und die anderen Naturwissenschaften) dann nur noch in den letzten zwei Jahren als Beifach gelehrt, und zwar (programmatisch nachvollziehbar) losgelöst von jeder praktischen Anwendung, also rein abstrakt und formal-logisch.

An den (oft privaten) Vorbereitungsschulen für die staatliche École Polytechnique hingegen wurde Mathematik – mit klarer Ausrichtung auf die Aufnahmeprüfung – gelehrt. In drei Jahren wurden hier vorwiegend Geometrie und Algebra, insbesondere Gleichungstheorie, unterrichtet. Im Primarschulwesen Frankreichs, das tatsächlich auch von breiteren Bevölkerungsschichten besucht wurde, tritt der Begriff Mathematik selbst nicht in Erscheinung. Im ersten Abschnitt der Primarschule ist nur von Arithmetik, Rechnen und dem metrischen System die Rede. Geometrie wurde im zweiten Abschnitt der Primarschule gelehrt. Dabei waren die Unterschiede zwischen dem Geometrieunterricht hier und im Sekundarschulwesen der Eliten eklatant: In den „Volksschulen“ wurde Geometrie rein praktisch und ohne theoretischen Unter- oder Oberbau gelehrt. Der bemerkenswerte Effekt dieser strikten Trennung zwischen „niederer“ und „höherer“ Bildung in Frankreich war, dass praktisch anwendbares mathematisches Wissen in der weniger gebildeten Bevölkerungsgruppe stärker vertreten war als in der Oberschicht. Offenbar zum Schutz der gesellschaftlichen Ordnung wurde den Primarschulen 1843 untersagt, etwas anderes als Elementarmathematik zu unterrichten und beispielsweise Algebra oder Logarithmen im Unterricht zu behandeln.

Im Verlauf der zweiten Hälfte des 19. Jahrhunderts wurde ein Versuch unternommen, das Schulwesen und gerade auch den Mathematikunterricht an den Lycées und Collèges zu reformieren, mehr anwendungsbezogene und praktische Elemente einzuführen und den rein formal-logischen Charakter der Instruktionen aufzugeben. Die Reform scheiterte. In ihrer Nachfolge entstand aber das spezielle Sekundarschulwesen, dessen Mathematikunterricht in enger Verzahnung mit praktischer Anwendung erfolgte und bei dem die Einbeziehung berufsbezogener, lebensweltlicher Beispiele methodisch-didaktischer Standard war (vgl. Gispert 2014, S. 232).

In den deutschen Staaten entfielen einige der in Frankreich markanten Phasen schwankender Bedeutung des Mathematikunterrichts. Besonders Bayern, das dem Rheinbund vorstand, behielt das zweigliedrige System mit Gymnasium und Realschule bei, Mathematikunterricht fand jedoch in beiden Schularten in beträchtlichem Umfang statt. Das dominante Preußen arbeitete bei seinen Bildungsreformen nach einem neohumanistischen Konzept, das explizit die integrierte Unterrichtung aller drei Hauptdisziplinen propagierte: (klassische) Sprachen, Geschichte und Geographie, Mathematik und Naturwissenschaften. Anders als in Frankreich waren alle Fächer grundsätzlich für jedes Schuljahr vorgesehen; inhaltlich waren die Anforderungen wesentlich höher, methodisch jedoch orientierte man sich auch hier an den formal-analytischen Prinzipien der Lycées. In der Vision Humboldts sollte das Gymnasium eine Brücke schlagen zwischen der Vermittlung des Triviums (der klassischen Fächer), das zum universitären Studium befähigte, und des Quadriviums (der praktisch ausgerichteten Fächer), das Inhalte für die Berufe der Mittelschicht vermittelte. Das Gymnasium hätte damit die Funktion einer modernen Gesamtschule eingenommen.

Dieser Gedanke konnte sich im deutschsprachigen Raum aus denselben Gründen nicht durchsetzen, die in Frankreich zum steten Konflikt und dauernden neuen Regelungen für die weiterführenden Schulformen sorgte. Die Realschulen wandten sich ebenso gegen die Idee wie die klassischen Gymnasien, und in der Folge entstanden neue Schularten wie das Realgymnasium, die ihre Entsprechung wiederum in den Entwicklungen in Frankreich hatten. Es ist zu betonen, dass an den Realschulen keineswegs eine grundsätzlich andere Art von Mathematik gelehrt wurde, was diese von ihren französischen Gegenstücken (Special Secondary Schools) klar unterschied. Der Grund hierfür lag in dem vereinheitlichten System der Lehrerausbildung: In Preußen waren alle Lehrer selbst Absolventen von Gymnasien und Universitäten und lehrten daher auf dieser gemeinsamen Basis sowohl an Realschulen als auch Gymnasien. Die ursprünglich avisierte Bedeutung der Mathematik an neohumanistischen Gymnasien schwand im Laufe der Zeit wieder beträchtlich.

Frage

Welchen Stellenwert weist der Bildungsbegriff dem Problemlösepotenzial der Mathematik zu?

Die Vorstellungen von Bildung dieser Zeit waren sowohl in Frankreich als auch in den deutschen Staaten weitgehend in zwei getrennte Bereiche zerrissen, die Gispert als „Ausbildung für die Praxis“ einerseits und „Lehre von Kultur und die intellektuelle Bildung des Geistes“ andererseits bezeichnet. Für die höhere, „klassische“ Bildung waren praktische Gesichtspunkte geradezu ein Ausschlusskriterium. In der berufsbezogenen Bildung, die jedoch nichts mit dem eigentlichen gesellschaftlichen Bildungsideal zu tun hatte, hingegen war sie von großer Bedeutung. Gerade die Geometrie wurde in Frankreich zeitweise sogar aus dem Unterricht der Primarschulen verbannt, da man ihr als theoretischer Wissenschaft das Potenzial unterstellte, die soziale Ordnung zu gefährden. Es ergibt sich sowohl für Frankreich als auch für die meisten deutschen Staaten in dieser Zeit das Bild, dass man sich des Problemlösepotenzials der Mathematik (und der Naturwissenschaften) sehr wohl bewusst war, das Bildungsideal aber so klar auf die humanistischen Wissenschaften fokussierte, dass dieses Potenzial schlicht als geringwertig betrachtet wurde – akzeptiert wurde es als wertvolles Wissen nur für einige Spezialisten und in geringerem Umfang für die praktischen (und dadurch per se minderwertigen) beruflichen Tätigkeiten der Mittel- und Unterschicht. In vielen deutschen Staaten wurden die mathematischen Unterrichtsinhalte nach und nach und oft nur teilweise an das neohumanistische Gymnasialmodell Preußens angepasst, oft gegen lang andauernde Widerstände. Mit der Reichsgründung 1871 wurden die Bildungsvorschriften unter der Führung Preußens vereinheitlicht. Der zuständige Konferenzvorsitzende war dem Mathematikunterricht gegenüber kritisch eingestellt und hatte bereits seit 1850 in Preußen dessen Bedeutung für die Abiturprüfungen (und damit effektiv für den gesamten Unterricht) konsequent reduziert. So einigte man sich nun auf einen niedrigen gemeinsamen Nenner, nach dem im neuen Deutschen Reich Mathematik an den Gymnasien zu unterrichten war: „Elementarmathematik" wurde Schulmathematik. Den Wert dieser stark eingeschränkten (und keinesfalls anwendungsorientierten) Mathematik sah man in der Herausbildung logisch-schließender Fähigkeiten.

3.5 Das frühe 20. Jahrhundert

In Mitteleuropa fand mit der fortschreitenden Industrialisierung und dem Beginn der Moderne ein tiefgreifender Wandel statt. Die etablierten, tradierten Bildungsinhalte der Bildungselite standen immer weniger im Einklang mit den Erfordernissen der umgebenden Welt – und damit auch den Interessen der Bildungsrezipienten selbst. Die Mathematik übernahm eine besondere Rolle im Kanon der neu aufgewerteten Fächer einer modernen humanistischen Bildung, die mehr Lebenswelt- und Realitätsbezug im Mathematikunterricht verlangte. In Deutschland führte dies ab 1900 zur reichseinheitlichen Schaffung dreier Schularten (humanistisches Gymnasium, Realgymnasium, Oberrealschule), die zum Abitur führten und sich inhaltlich auf der einen Seite durch die obligatorischen Sprachkenntnisse, auf der anderen durch ihren Unterricht in Mathematik (jetzt überall ein Hauptfach) voneinander abgrenzten. In der Folge gab es weitere Umwälzungen, die besonders den Übergang vom Sekundarschulbereich zum tertiären Bildungsbereich betrafen. Die Unzulänglichkeiten und Unstimmigkeiten in den verschiedenen Arten und inhaltlichen Schwerpunkten des Mathematikunterrichts und die Ressentiments, die horizontal wie vertikal die Bildungslandschaft zerrissen, führten zunächst zu antimathematischen Strömungen, die die Notwendigkeit einer grundsätzlichen Reform mathematischer Lehre deutlich machte.

Frage

Was lässt sich über die kulturgeschichtliche Entwicklung der Unterweisung in Mathematik, möglichst unter Bezug auf das Lösen von Problemen, aussagen?

Die französischen Mathematikcurricula wandelten sich mit Beginn des 20. Jahrhunderts dramatisch und waren besonders durch einen viel früheren und umfangreicheren Unterricht in Geometrie geprägt, die durch die neu definierten Bildungsziele und die neuen geometrischen Konzepte der Mathematiker jener Zeit legitimiert wurden. Auch didaktisch-methodisch wandelte sich der Unterricht: Das Vorgehen vom Konkreten zum Abstrakten, von der Induktion zur Deduktion etablierte sich, und die Anknüpfung fachlicher Inhalte an naturwissenschaftliche Disziplinen wie die Physik führte zur Einbeziehung auch gänzlich neuer Inhalte unter dem besonderen Augenmerk des Bezugs zu einem konkreten Sachverhalt oder experimentell gewonnenen Daten. Damit wurden pädagogische Prinzipien, die zuvor nur im Primarschulwesen, mit dem Ziel praxisorientierter (Aus)Bildung, eingesetzt wurden, erstmals in der höheren Bildung angewandt – und es zeigte sich, dass dieser Bezug auf das Konkrete keinen limitierenden Faktor darstellte, der die Entwicklungsmöglichkeiten der Lerner auf die reine Anwendung beschränkte, sondern als Unterrichtsprinzip die theoretisch-abstrakte Unterweisung ideal ergänzen konnte (vgl. Gispert 2014, S. 233 f.).

In Deutschland waren es die (unter anderem) von Felix Klein angestoßenen Reformen, die neue Mathematik- und Naturwissenschaftscurricula hervorbrachten. Die Einführung des „Funktionalen" (Analysis) als zentrales Thema des Mathematikunterrichts war eines der wichtigsten Anliegen, und letztlich wurden die erhobenen Forderungen im Meraner Programm (1905) verbindlich für alle deutschen Sekundarschularten festgeschrieben. Zu betonen ist die internationale Kooperation, die zu dieser Zeit die Reformbestrebungen in einer ganzen Reihe europäischer Staaten in der IMUK (Internationale Mathematische Unterrichtskommission) vereinte. In Deutschland wurde eine „Demokratisierung" des Schulsystems angestoßen, die die Loslösung von sozialem Status und Bildungsgang/-einrichtung durch eine Stärkung eines einzigen, gemeinsamen Primarschulbereichs anstrebte; eine Professionalisierung der Primarschullehrer durch eine Ausbildung an Pädagogischen Akademien war hier ein entscheidendes Instrument. Die Mathematiklehre dort befasste sich auch mit der Methodik für Rechenlehre und Geometrie, was in der Folge zur ersten ernsthaften Auseinandersetzung mit dem Akt des Lernens und Lehrens führte und der erste Schritt auf dem Weg zur Entstehung der Mathematikdidaktik in Westdeutschland war.

3.6 Exkurs: Lernpsychologie und Didaktik

Bevor fortführend auf die Entwicklung des Mathematikunterrichts im 20. und frühen 21. Jahrhunderts und sein Verhältnis zu Problemen und Problemlösefähigkeiten eingegangen wird, soll in diesem Exkurs ein kurzer Überblick über maßgebliche lehr-lerntheoretische Ansätze aus der Psychologie und die damit oftmals eng verschränkten philosophischen Vorstellungen und die wiederum aus beiden erwachsenden didaktisch-pädagogischen Konzepte des 20. Jahrhunderts gegeben werden. Dabei ist es in diesem Rahmen nicht möglich oder sinnvoll, Strömungen und Begrifflichkeiten umfassend differenziert darzustellen; es geht darum, den große Entwicklungsbogen mit Blick auf die Bedeutung des Problemlösens für den Mathematikunterricht aufzuzeigen, wie er im Verlauf des vergangenen Jahrhunderts fassbar wird. Im 20. Jahrhundert entwickelten sich das Forschungsinteresse am Akt des Lernens (und Denkens im Allgemeinen) in all seinen Facetten und damit einhergehend der schulische Unterricht rasant fort. Dies geschah auf der Grundlage der Erkenntnisse des späten 19. Jahrhunderts in den Bereichen der naturwissenschaftlichen Forschungen, die nun auch den physiologischen Ursachen und Abläufen

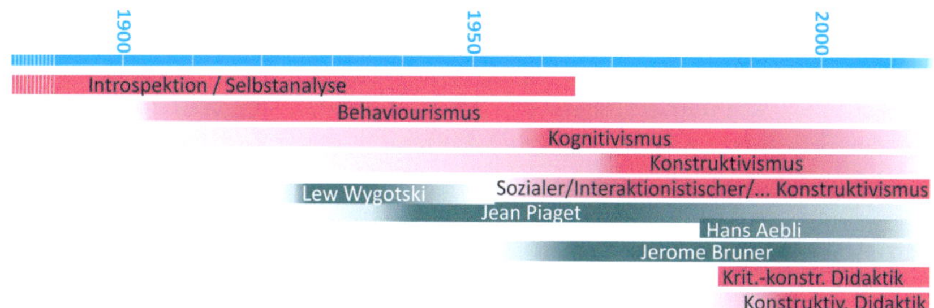

Abb. 3.1 Überblick über maßgebliche psychologische Strömungen und didaktische Konzepte des 20. Jahrhunderts bis in die Gegenwart

menschlichen Denkens und Lernens auf den Grund gehen wollten, aber ebenso auch auf sowohl philosophischen als auch psychologischen Neukonzeptionen des Individuums insgesamt. Es ist nicht ganz einfach, sich dieser komplexen Materie überblicksartig zu nähern, weshalb die Abb. 3.1 die zeitliche Einordnung der hier kurz vorzustellenden entwicklungspsychologischen Theorien und der ihnen zugrunde liegenden philosophischen Modelle veranschaulichen soll.

3.6.1 Anfänge: Introspektion/Selbstanalyse

Lange Zeit war die Epistemologie eine philosophische Wissenschaft. Sie befasste sich allein auf Basis persönlicher bzw. geteilter Weltanschauungen mit der Frage, wie Erkenntnisgewinn möglich war; dabei spielten auch religiöse Grundüberzeugungen eine wechselnd große Rolle. Am konkreten Lernakt im bescheidenen Rahmen konkreten Sachlernens waren diese an sehr viel höheren Erkenntnissen (wie der Gotteserkenntnis) orientierten philosophischen Theorien nur bedingt interessiert, wie sich durch die oft wenig didaktisierte Darbietung des Lernstoffs begründet vermuten lässt.

Die Introspektion fußt auf einer geisteswissenschaftlichen Grundhaltung in der Psychologie und ist systembedingt hochsubjektiv; der wissenschaftliche Wert ihrer Erkenntnisse wurde daher bereits von griechischen Philosophen infrage gestellt. Auch Kant lehnte sie als Instrument der Psychologie ab. Nichtsdestotrotz ist der Ansatz bis heute in Teilgebieten der Psychologie aktuell, und Dörner (1979) erklärt das besonders gegen Mitte des 20. Jahrhunderts auflebende Interesse an der Selbstanalyse bzw. dem geisteswissenschaftlichen Ansatz allgemein als eine Form der Romantisierung. Die Psychologie verschließt sich hier bewusst bestimmten naturwissenschaftlichen Grundsätzen.

3.6.2 Konzeptionen: Behaviorismus

Seit dem frühen 20. Jahrhundert versuchten andere Forscher, sich dem Problem des Lernens, also des Erkenntnisgewinns, objektiv-wissenschaftlich zu nähern. Einen ersten Höhepunkt radikaler Abkehr von geisteswissenschaftlichen (introspektiven) Betrachtungen des Lernakts stellt der *Behaviorismus* dar, der bis in die 1930er Jahre in den Vereinigten Staaten und später auch in Europa die psychologische Forschung zeitweise dominierte und bis heute fortentwickelt wird. Vorläufer war Thorndike, der Instruktionalismus bzw. direkten Unterricht propagierte, da dies am ehesten die gezielte Konditionierung des Lerners nach dem Reiz-Reaktions-Schema durch Anwendung positiver und negativer Verstärker erlaubt. Eine typische Variante des Instruktionalismus ist die Vier-Stufen-Methode:

1. Vorbereiten und erklären
2. Vormachen und erklären
3. Nachmachen und erklären lassen
4. Vertiefen durch Üben

Der Behaviorismus betrachtet das menschliche Handeln, den menschlichen Geist, und damit auch den Lernakt, in einem Black-Box-Modell mit Reiz-Reaktions-Schemata. Die einzigen wissenschaftlich haltbaren, da beobachtbaren und messbaren, psychologischen Komponenten sind nach diesem Ansatz der Reiz und die dadurch ausgelöste Reaktion. Die Mechanismen, mit denen der Behaviorismus das Lernen fasst, sind die Konditionierung und die Habituation. Konditionierung ist dabei die Automatisierung eines (positiven) Verhaltensmusters auf der Basis von gezielter Verstärkung, Habituation hingegen geschieht nichtassoziativ, also ohne gekoppelten (positiven oder negativen) Reiz, und umschreibt die abnehmende Reaktion auf regelmäßig wiederkehrende Reize, also die „Gewöhnung".

Der *Radikale Behaviorismus* berücksichtigt auch interne Prozesse wie Gedanken und Gefühle bei der Verhaltensanalyse und Theoriebildung. Bekanntester Vertreter des Radikalen Behaviorismus ist B. F. Skinner.

3.6.3 Modelle: Jean Piaget

Piaget publizierte seine bis heute einflussreiche Theorie zu den Stadien der Entwicklung des menschlichen Denkens erstmals 1947. Auf Basis langjähriger psychologischer Versuche unterscheidet er verschiedene solcher Stadien, die durch ansteigende Fähigkeit zu Denkleistungen bestimmt und gekennzeichnet sind. Im schulischen Kontext sind folgende Stadien von Bedeutung:

- Das präoperatorische Stadium (ca. 2. bis 6. Lebensjahr): Denkleistungen sind an konkretes Handeln gebunden, nicht kompositionsfähig und nicht reversibel.

- Das Stadium der konkreten Operationen (ca. 7. bis 11. Lebensjahr): Denkleistungen sind an konkrete Vorstellungen gebunden, kompositionsfähig und reversibel.
- Das Stadium der formalen Operationen (ab ca. 12. Lebensjahr): Denkleistungen sind nicht mehr an konkrete Vorstellungen gebunden, sondern formal-abstrakt und deduktiv; hypothetisches Denken ist möglich.

Besonders die Alterseinteilung der Stadien hat in den vergangenen Jahrzehnten zu Widerspruch angeregt; festzuhalten ist jedoch, dass sich grundsätzlich die Abfolge der Stadien bestätigen lässt, bereichsspezifisch jedoch deutlich divergieren kann.

Assimilation, *Akkommodieren* und *Adaptation* sind die drei von Piaget beschriebenen Reaktionsmuster des Geistes.

Piaget war mit seinen Ideen von Lernen ein Pionier der Abkehr vom dominanten behavioristischen Modell und Wegbereiter der kognitivistisch-konstruktivistischen Lerntheorie; allerdings wurden seine Arbeiten erst in den 1960er Jahren einem breiteren Publikum bekannt.

3.6.4 Modelle: Hans Aeblis operative Methode

Piagets Schüler Aebli entwickelte die Theorien weiter, indem er das (biologische) Alter weniger stark betonte und stattdessen auf andere Variablen, die Erziehungsbedingungen, fokussierte, bei denen er drei Variablen für maßgeblich hielt:

- Komplexität und Anschaulichkeit des Gegenstands
- Lernprozess (aufgrund unterschiedlicher Zeitdauer und Wiederholungen)
- Motivation

Aebli deutet die Stadien der Entwicklung als eine innerhalb von Lernprozessen wirksame Abfolge, die jedoch vom Lebensalter weitgehend unabhängig abläuft. (Neue) Operationen müssen verinnerlicht werden, was sich in drei Stufen vollzieht:

1. Konkrete Stufe
2. Figurale Stufe
3. Symbolische Stufe

Von entscheidender Bedeutung ist jedoch die Verbalisierung der Operationen (nicht ein exaktes Abarbeiten der drei Stufen), da es so „zu einem Prozess innerhalb des Lernenden kommt, der ihn durch ständige eigene Reflexion über seine Handlungen [. . .] zu einer Vorstellung führt, die die gleichzeitige Anwesenheit anschaulicher Stützen nicht mehr braucht" (Zech 1996, S. 95). Als Konsequenz für den Unterricht ergibt sich aus Aeblis Modell, dass zur Beförderung dieser schrittweisen Verinnerlichung verschiedene Darstellungsformen möglichst dich zusammenzubringen und einander deutlich zuzuordnen sind, um die symbolischen Darstellungen oder auch nur die Erinnerung an diese mit der gleichen Bedeutsamkeit „aufzuladen", wie sie die konkrete Operation besaß. Für Aebli spielt das echte Verständnis der konkreten Operationen eine Schlüsselrolle beim Erwerb und Aufbau flexiblen Wissens. Er fordert, die ursprüngliche Situation in verschiedenen Dimensionen zu verändern, um zu verhindern, dass (verfrüht) eine Automatisierung der Operationen einsetzt. Nur so erhält bzw. behält die gelernte „Operation" Beweglichkeit und bleibt damit flexibel einsetzbar.

3.6.5 Modelle: Darstellungsebenen nach Jerome Bruner

Auch Bruners Theorie der menschlichen Denkentwicklung stützt sich auf Piaget, und seine Position ist nicht weit von der Aeblis entfernt. Im englischen Sprachraum dürfen Bruners Arbeiten dennoch als weit stärker rezipiert und daher einflussreicher gelten. Die berühmtesten Elemente aus Bruners Arbeiten, die bis heute in pädagogischen Zusammenhängen verwendet werden, sind seine drei Darstellungsebenen (EIS-Prinzip):

1. *Enaktive Ebene:* Der konkrete Lerngegenstand wird physisch erfasst; Operationen werden real manipulierend durchgeführt.
2. *Ikonische Ebene:* Der Lerngegenstand wird bildhaft dargestellt; alle Operationen, die mit ihm durchzuführen sind, erfolgen nunmehr lediglich mit seinem Abbild.
3. *Symbolische Ebene:* An die Stelle des Bildes vom Gegenstand tritt das bloße Kürzel, das mehr oder weniger weit von der Realität entfernt sein kann. Operationen werden auf dieser Ebene formalisiert und ohne unmittelbar erkennbaren Bezug zur Realwelt durchgeführt; Ergebnisse der Operationen müssen in den ursprünglichen Sinnzusammenhang zurückübersetzt werden.

Bruner postuliert eine inkrementelle Funktionsweise dieser drei möglichen Repräsentationsmodi des menschlichen Geistes, d. h., in seiner Theorie müssen alle drei Ebenen im Verlauf des Lernaktes durchlaufen werden, um echtes Lernen zu erzielen. Dabei sind allerdings nicht unbedingt alle Einzelstadien klar zu identifizieren, und je nach Situation oder Lernerpersönlichkeit können bestimmte Schritte scheinbar wegfallen.

Ein weiterer von ihm eingeführter Terminus ist das *scaffolding*, das die Unterstützung bezeichnet, mit dem man den Lerner den Wechsel auf die nächst höhere Darstellungsebene ermöglicht – ein Gedanke, der seine Nähe zu den Ideen auch Lew Wygotskis zeigt (Abschn. 3.6.8). Bruner trat auf Grundlage seines Modells für Spiralcurricula und *entdeckendes Lernen* (Abschn. 3.9.3) ein.

3.6.6 Konzeptionen: Kognitivismus

Als Gegenpol zu dem ausschließlich an beobachtbaren Phänomenen des menschlichen Verhaltens interessierten Ansatz des Behaviorismus will der *Kognitivismus* die inneren, geistigen Vorgänge untersuchen, die dieses Verhalten bedingen. Menschliches Verhalten und insbesondere auch das Lernen sind hier also nicht Produkt eines Reiz-Reaktions-Schemas, sondern Ergebnis kognitiver Prozesse der Informationsaufnahme und -verarbeitung. Der menschliche Geist wird quasi als Computer modelliert. Eine kognitive Wende fand ab den späten 1950er und in den 1960er Jahren statt, stark motiviert durch die Arbeiten Noam Chomskys und auch John Deweys, der den „Reflexbogen" der Behavioristen bereits 1896 in Fachartikeln kritisierte. Auf der Grundlagenforschung und Modellbildung Piagets und Bruners werden komplexe Vorgänge im menschlichen Geist gerade beim Lernakt postuliert, unter anderem besonders das Akkommodieren und Assimilieren von Informationen, also die Anpassung bestehender Strukturen an neue Inhalte und die Erweiterung der Strukturen.

Der *Instruktionismus* ist eine kognitive Lerntheorie, die die rezeptive Aufnahme und Verarbeitung durch den Lerner in den Mittelpunkt stellt und sich mit dem allgemeinen Kommunikationsmodell fassen lässt. Zugrunde liegt die Idee, dass es eine für das Lernen günstigste Art und Weise des Lehrens gibt, die auf genauere Kenntnisse kognitiver Prozesse und besonders der Vorkenntnisse beruht. In diesem Rahmen kommen Frontalunterricht oder auch Pattern Drills bevorzugt zum Einsatz. Die beobachtbaren Unterschiede in den Ergebnissen solcher Lernprozesse erklären sich im Kognitivismus zum einen durch Abweichungen in den vorhandenen Informationsverarbeitungseinheiten, zum anderen durch die möglichen Störungen im Kommunikationsakt während der Vermittlung.

3.6.7 Konzeptionen: Konstruktivismus

Der *Konstruktivismus* kann als radikalere Weiterführung des Kognitivismus verstanden werden, mit dem er eine Reihe seiner Grundannahmen teilt. So steht auch im Konstruktivismus das Individuum mit seinen geistigen Prozessen im Fokus. Der große Unterschied zwischen beiden Theorien liegt in der angenommenen Verbindung zwischen Außenwelt und Individuum. Im Konstruktivismus bedeutet jedwedes Lernen eine Neuschöpfung, die erneute Erkenntnis im Lerner; Wissenstransfer ist grundsätzlich nicht möglich, so die Kernaussage der Konstruktivisten. Eine konstruktivistische Grundhaltung hat sich im Lauf des 20. Jahrhunderts in den verschiedensten Wissenschaftszweigen verbreitet und durchgesetzt; dies gilt für die (epistemologische) Philosophie ebenso wie für die Pädagogik und Psychologie – welche sich zunehmend auch auf Erkenntnisse der Neurowissenschaften stützt.

Die Grundidee wurde von verschiedenen Forschern in unterschiedlichen Richtungen weiterentwickelt, die jeweils bestimmte Aspekte stärker betonen und die Grundtheorie damit jeweils spezifisch *ausgestaltet* haben.

3.6.8 Modelle: Lew Wygotski und der Sozialkonstruktivismus

Wygotski, der als konstruktivistischer Psychologe gilt, entwickelte seine eigene Theorie aus einer kritischen Haltung zu den von Piaget postulierten genetischen Entwicklungsstadien; er vermisste die Einbeziehung des soziokulturellen Umfelds. Bis heute wirken Wygotskis Ideen auf die psychologische Forschung ein, da er als Wegbereiter einer besonderen Form des Konstruktivismus gelten kann, des *Sozialkonstruktivismus*, der nicht den individuellen Akt der Wirklichkeitskonstruktion in den Mittelpunkt stellt, sondern den durch soziale Interaktion vermittelten Akt der Konstruktion. Für ihn war die geistige Entwicklung ein durch praktische soziale Interaktion getragener Prozess, weshalb Sprache und kulturelle Praktiken in seinen Augen ganz maßgeblich die Abfolge der Entwicklungsschritte mitbestimmten. In diesem theoretischen Rahmen ist die Begriffsentwicklung der Spiegel der kognitiven Entwicklungsprozesse.

Wygotski teilte einige grundlegende Annahmen mit Piaget, wie etwa die schrittweise, altersdeterminierte Entwicklung. Die Unterschiede, die er auf diesen Stufen in der Begriffsbildung vorfindet, lassen ihn eine Abfolge von „Pseudobegriffen" über „Alltagsbegriffe" zu „wissenschaftlichen Begriffen" identifizieren, bei der der Abstraktionsgrad stetig zunimmt. Mit Blick auf das Lernen prägte Wygotski den wichtigen Begriff der Zone der nächsten Entwicklung (*zone of proximal development*). Das Lernen unterscheidet sich je nach Art der sozialen Interaktion innerhalb der Zone: Bei symmetrischer Interaktion, also unter annähernd gleich entwickelten Individuen, schreitet das Lernen allmählich durch die aktuelle Zone der nächsten Entwicklung fort; bei asymmetrischer Interaktion kann ein Lerner von einer Position am „unteren Ende" der Zone mithilfe der fähigeren Person bis an den äußersten Rand der Zone gelangen.

3.6.9 Kritisch-konstruktive Didaktik: Wolfgang Klafki

Klafkis lange Zeit sehr einflussreicher Entwurf einer kritisch-konstruktiven Didaktik ist keineswegs als Einzelleistung zu verstehen oder als die einzige Didaktik ihrer Art, die auf den oben dargelegten großen Strömungen des 20. Jahrhunderts in den Bereichen Psychologie, Entwicklung und Lernen beruht. Sie wurde exemplarisch ausgewählt, weil sie besonders im deutschsprachigen Raum einflussreich ist und außerdem wie eine Klammer die oben ausgeführten Erkenntnisse und Ideen zu einem Gesamtkonzept vereint und als theoretische Basis für eine Vielzahl spezifisch mathematischer Didaktiken gelten kann.

Klafkis Didaktik baut auf sogenannten *Schlüsselproblemen* auf und stellt so Probleme grundsätzlich in den Mittelpunkt des Unterrichts. Sie dienen in seiner Theorie als Ausgangspunkt für jegliche allgemeine Bildung, die Schüler in komplexen und fordernden Unterrichtsprozessen konstruieren. Dieses Prinzip ist auf kein Fach beschränkt, sondern verbindendes Element jeglichen allgemeinbildenden Unterrichts. Schlüsselprobleme sind Kristallisationspunkte für alle Dimensionen von Bildung. Klafki wurde vor allem kritisiert, weil viele seiner Didaktik die Alltagstauglichkeit absprachen. Die Arbeit allein anhand seiner Schlüsselprobleme sei nicht realisierbar. In Abschn. 3.7 wird auch auf Klafkis Vorstellungen von einem gänzlich anders konzipierten Unterricht näher eingegangen.

3.6.10 (Interaktionistisch-)Konstruktivistische Didaktik: Kersten Reich

Reich steht hier repräsentativ für die jüngste Generation von Didaktikern, die sich als konstruktivistisch charakterisieren lassen. Dabei ist auf die Unterscheidung zwischen Radikalem Konstruktivismus und Interaktionistischem Konstruktivismus hinzuweisen. Reich selbst stellt enge Bezüge zu Deweys Arbeiten her und versteht die interaktionistisch-konstruktivistische Didaktik als Weiterentwicklung des pragmatischen Ansatzes. Reich benennt sieben zentrale konstruktivistische Grundannahmen über Lernprozesse und erläutert diese ausführlich. Im Folgenden können nur die wichtigsten Aspekte kurz herausgegriffen werden:

1. Konstruktives Lernen:

> Lernvorgänge sind grundsätzlich konstruktiver Art. Je mehr das Lernen als Learning by doing erfolgt, desto viabler wird es für den Lerner sein, da er in seinem Tun abschätzen kann, was er Lernen muss und was überflüssig ist. Lerner entfalten hierbei reflektierte Sichtweisen über ihr Beobachten, über ihre Teilnahme und ihre Aktionen (Reich 2012, S. 200).

2. Re- und dekonstruktives Lernen:

> Lernen als Rekonstruktion ist kein Prozess bloßer Nachahmung oder Wiedergabe, sondern ein aktiver Aneignungsvorgang, der das Angeeignete immer aus der Sicht des Lerners modifiziert, bricht, verändert – insgesamt rekonstruiert, aber dabei auch im Blick auf das Individuum notwendig neu konstruiert. Mitunter treten auch Verwerfungen bisher Gelernten auf, so dass dekonstruktives Lernen ermöglicht wird. Sowohl für re- als auch dekonstruktives Lernen gelten die Grundsätze des konstruktiven Lernens (Reich 2012, S. 203).

3. Kreatives Lernen:

> Die Neugierde ist ein grundlegendes Motiv des kreativen Lernens. [. . .] Das kreative Denken erscheint aus konstruktivistischer Sicht als besonders wichtig in Lernprozessen, weil es mindestens vier Bereiche der Konstruktion von Wirklichkeiten berührt und fördern kann (Reich 2012, S. 205).

4. Soziales Lernen:

> Auch Konstruktionen über das Lernen sind immer schon in soziale Verhältnisse eingebettet. [. . .] Da soziales Lernen Zeit kostet, das von der übrigen vorhandenen Lernzeit abgeht, wird oft darauf verwiesen, dass Lernsysteme zu wenige Leistungen erbringen, wenn sie

fachliches Lernen durch weniger kontrollierbares und evaluierbares soziales Lernen einschränken. Nun zeigt aber auch hier die Pisa-Studie, dass diese Einschätzung falsch ist (Reich 2012, S. 208).

5. Situiertes Lernen:

   Menschliche Kognitionen entstehen zwischen intelligenten Individuen in sozial-historisch definierten Kontexten, in denen sie miteinander interagieren. Die Situationen, in denen wir als Lerner stehen, werden damit sehr wichtig. [...] Lernende sollen untersuchungsähnliche Beobachtungen, Explorationen, gegenseitigen Austausch, Evaluationen durchführen; sie sollen in einer motivierenden Lernumgebung entdeckendes Lernen praktizieren, wobei der Erwerb neuen Wissens dominant sein soll; ein diskursives Verständnis und eine gemeinsame Wissensaneignung sind erwünscht; Partizipation ist ein Schlüssel zum erfolgreichen Lernen; bei geleiteter Instruktionspraxis muss Anschluss an bisheriges Lernen gehalten werden, und neue Situationen müssen neues Lernen provozieren (Reich 2012, S. 215).

6. Emotionales Lernen:

   Lernen ist ein aktiver und interaktiver Prozess und beeinflusst das, was wir als Gelerntes festhalten. [...] Lernen impliziert immer die Anerkennung, den Dialog, die Auseinandersetzung mit anderen auf einer symbolischen und der imaginären Ebene [...], wie bereits thematisiert wurde. Das emotionale Lernen greift sehr stark in den imaginären Bereich ein (Reich 2012, S. 218).

7. Individuelles Lernen:

   Lernen ist ein lebenslanger Prozess, der für alle Altersgruppen Gemeinsamkeiten als auch Unterschiede aufweist. [...] Die Unterschiede liegen vor allem in den Fähigkeiten, die je nach Alter als bereits erlernte Assimilationsschemata oder Muster (z. B. des Denkens, Fühlens) in individuellen Eigenschaften vorliegen, die für die Bewältigung des Lernens bereitstehen und realisiert werden können (Reich 2012, S. 230).

Vieles von dem, was Reich in seiner konstruktivistischen Didaktik ausführt und umfassend und auf Grundlage zahlreicher aktueller Forschung und Literatur begründet, kann als weitgehender Konsens in aktuellen Unterrichtstheorien betrachtet werden; dabei realisieren nicht alle Theorien oder Konzepte gleichermaßen alle Idealvorstellungen bzw. setzen unterschiedliche Schwerpunkte.

3.7 Diskussion: Das Paradoxon der Fächergrenzen

3.7.1 Gefächerter und ungefächerter Unterricht

Gefächerter Unterricht in Form von Fachunterricht, Fachleistungskursen, Facharbeit oder Epochalunterricht bezeichnet eine bestimmte Gliederung sowohl der Lerninhalte als auch der Lehr-Lern-Situation innerhalb der Stundentafel. Bezogen auf die Inhalte bedeutet er eine relativ fest umrissene Aufteilung des gesamten Wissensbestands (oder desjenigen Teiles davon, der als zur schulischen Bildung gehörig betrachtet wird) einer Kultur nach Kriterien, die sich auf wissenschaftliche Disziplinen beziehen; wissenschaftliche Disziplinen sind historisch gewachsene, variable und permanent in Veränderung befindliche Gebilde, die sich durch Auswahl und Art ihrer Beschäftigung mit jeweils spezifischen Phänomenen der Umwelt oder der menschlichen Kultur definieren. Die Verknüpfung zwischen schulischen Fächern und wissenschaftlichen Disziplinen ist dabei – teils auch durch Verschiebungen und Umdeutungen im geschichtlichen Zusammenhang – eine lose. Bezogen auf die Organisationsform bedeutet Fachunterricht eine zeitliche und räumliche Aufgliederung des schulischen Lernens in meist feste und vorher zugeordnete Einheiten, in denen die Lerner sich mit bestimmten schulischen Fächern auseinandersetzen (müssen). Unterstützt wird diese Form der Organisation durch Fachlehrer, die auf bestimmte Gebiete spezialisiert sind und den Lernern in den festgelegten Fachunterrichtszeiten und -räumen zur Verfügung stehen bzw. sie ihre Fächer (inhaltlich) lehren (müssen).

Dem gegenüber steht das Extrem des ungefächerten Unterrichts in Gestalt von freiem oder gebundenem Gesamtunterricht (Abschn. 3.7.5.1) und Projektunterricht. Hier werden die oben zusammengefassten Organisationsmerkmale in ihr Gegenteil verkehrt. Was Stoffauswahl und Legitimation anbetrifft, stellen sich hier besondere Anforderungen, da ein eindeutiger Bezug auf einzelne wissenschaftliche Disziplinen entfällt (Abschn. 3.7.6).

Unterschieden werden können die Dimensionen der Inhalte auf der einen Seite und die Organisationsform auf der anderen.

3.7.2 Nicht-fachgebundener Unterricht

Differenzierung auf der inhaltlichen Ebene

Zwischen den beiden Extrempositionen finden sich verschieden konzeptionierte Formen nicht-fachgebundenen (synonym hierzu wird von vielen Autoren der Ausdruck „fächerübergreifend“ als Oberbegriff verwendet), aber nicht ungefächerten Unterrichts; Peterßen (2000) nennt dies zusammenfassend „mittleres Organisationsprinzip von Unterricht“, da sie sich auf der inhaltlichen Ebene zwischen gefächerten Unterricht und ungefächerten Unterrichts eingeordnet lassen (Abb. 3.2).

Es ist darauf hinzuweisen, dass für die hier beispielhaft benannten Varianten des „mittleren Organisationsprinzips“ sehr verschiedene Bezeichnungen verwendet wurden und werden, deren Entstehungsgeschichte, autorenabhängige Bedeutung und Bedeutungsnuancen hier nicht erörtert werden sollen; es genügt zu sagen, dass praktisch jeder Didaktiker oder Autor zum Thema eine eigene Bezeichnung vergeben hat. Dies führte zu einer schwer überschaubaren Begriffsvielfalt.

Weitgehend in Anlehnung an die Terminologie nach Peterßen (2000) werden die Begriffe hier wie folgt definiert verwendet:

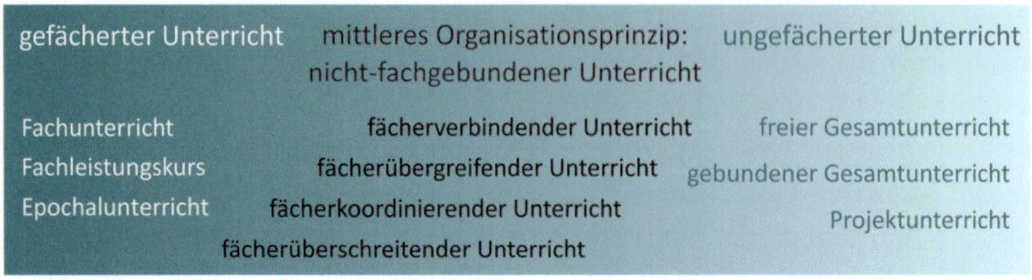

gefächerter Unterricht
mittleres Organisationsprinzip: nicht-fachgebundener Unterricht
ungefächerter Unterricht

Fachunterricht
Fachleistungskurs
Epochalunterricht

fächerverbindender Unterricht
fächerübergreifender Unterricht
fächerkoordinierender Unterricht
fächerüberschreitender Unterricht

freier Gesamtunterricht
gebundener Gesamtunterricht
Projektunterricht

Abb. 3.2 Gefächerter Unterricht, ungefächerter Unterricht und das „mittlere Organisationsprinzip" als Varianten von Unterricht auf der inhaltlichen Ebene

► *Fächerüberschreitender Unterricht* bezeichnet einen von einem einzelnen Fach verantworteten und ausgehenden, zeitlich und inhaltlich eng umgrenzt im Verbund mit einem anderen oder mehreren anderen Fächern stattfindenden Unterricht.

Beispiel: Im Englischunterricht wird die einfache Vergangenheit eingeführt. Um Synergieeffekte mit der muttersprachlichen grammatikalischen Kompetenz nutzen zu können, werden einige Unterrichtsstunden gemeinsam mit dem Deutsch-Fachkollegen gestaltet, in denen Gemeinsamkeiten und Unterschiede der jeweiligen Zeitenbildungsregeln und der Zeitenverwendungsregeln in den beiden linguistischen Systemen erarbeitet werden.

► *Fächerkoordinierender Unterricht* bezeichnet einen von mehreren Fächern ausgehenden, zeitlich und inhaltlich eng umgrenzt aufeinander abgestimmten Unterricht.

Beispiel: Im Englisch- und Deutschunterricht der Jahrgangsstufe 5 werden die besitzanzeigenden Fürwörter gelernt bzw. grammatikalisch aufgearbeitet. Die Fachkollegen legen ihre Schuljahresplanung so an, dass beide Fächer das Thema zur selben Zeit bearbeiten. So können zeitnah sinnstiftende Parallelen zwischen Mutter- und Fremdsprache aufgezeigt und unterrichtlich genutzt werden.

► *Fächerübergreifender Unterricht* bezeichnet eine Konzeption von Unterricht, der auf Inhalte verweist oder sich um Inhalte strukturiert, die in verschiedenen Fächern als zentrales Thema behandelt werden. Eine Auflösung der Fächergrenzen im eigentlichen Sinne ist hier nicht vorgesehen. Fächerübergreifender Unterricht ist additiv.

Beispiel: In der Sekundarstufe II soll fächerübergreifend zum Thema *Demokratie* gearbeitet werden. Jedes der beteiligten Fächer betrachtet das Thema aus seiner spezifischen Perspektive mit den ihm eigenen Fragestellungen, Arbeitsweisen und Erkenntnispotenzialen. So könnte im Deutschunterricht Heinrich Manns *Der Untertan* gelesen werden, um durch Kontrastbetrachtung das Wesen einer demokratischen Grundgesinnung herauszuarbeiten; der Geschichtsunterricht fokussiert auf historische Ursprünge der Demokratie oder auf deren Verfall in verschiedenen historischen Phasen; der Politikunterricht untersucht die ganz konkreten Mechanismen einer demokratisch organisierten Staatsform, wie etwa in der Schweiz, und kontrastiert zum eigenen System; im Englischunterricht werden politische Texte oder Reden gelesen, die ein gegebenenfalls abweichendes demokratisches Verständnis im angloamerikanischen Kulturraum erkennen lassen; im Erdkundeunterricht wird eine globale spatiale Analyse zur Verbreitung demokratischer Staatsformen durchgeführt.

► *Fächerverbindender Unterricht* unterbricht die Grenzen der bestehenden Fächer zeitweise, um diese miteinander zu verschmelzen. Ziel ist eine „zeitweilige Verbindung mehrerer Fächer zu einem gemeinsam verantworteten Unterricht, der unter Beibehaltung des Fachunterrichts diesem ergänzend an die Seite gestellt wird" (Peterßen 2000, S. 15). Fächerverbindender Unterricht ist notwendig themenzentriert. Entscheidend bei der Gestaltung sind die Vermeidung „additiven Unterrichts" und das Erreichen „integrativen Unterrichts".

Beispiel: Peterßen stellt fächerverbindenden Unterricht am Beispiel des Themas *Deichbau an der Nordsee* vor. Die Fächer Geographie, Geschichte, Physik, Biologie, Deutsch, Kunst und Mathematik sind dergestalt beteiligt, dass nicht nebeneinanderher gearbeitet wird, sondern in einem gemeinsam geplanten Rahmen alle diese Fächer an demselben Inhalt arbeiten. Es könnten also eine Projektwoche oder Projekttage abgehalten werden, in denen unter Beteiligung und gemeinsame Planung aller Fachkollegen ein Gesamtprodukt erarbeitet wird, das Komponenten aus allen (bzw. möglichst vielen) Fächern beinhaltet, z. B. eine Kampagne für den Bau eines neuen Deiches an einem vorgegebenen Ort. Die Lerner müssten sich mit der geographischen Situation, mit der Gefahrenanalyse, mit politischen Dimensionen wie Finanzierung und Rechtsgrundlagen, ökologischen Streifragen u. v. m. auseinandersetzen, wenn sie die gesamte Situation realitätsnah und umfassend bearbeiten wollen.

Es ist darauf hinzuweisen, dass gerade bei diesem mittleren Organisationsprinzip zu beachten ist, dass eine zeitliche und inhaltliche Parallelisierung allein nicht ausreicht, um von nicht-fachgebundenem Unterricht sprechen zu können. Gemeinsame Konzepte, die Wege und Ziele des Unterrichts umschreiben und festlegen, sind zwingend erforderlich. Sind diese Voraussetzungen gegeben, führt echter fächerverbindender Unterricht zu einer „Neukonstitution von Unterrichtsthemen, die erst durch die Verknüpfung fachlicher Perspektiven entstehen", indem er „sensibel jene ‚Leerstellen' aufspürt, die im Geflecht der Fächerlandschaft unbearbeitet bleiben" (Duncker und Popp 1998, S. 11). Es ist also damit zu rechnen, dass bislang gänzlich unbekannte Themenfelder in den notwendigen Freiräumen Fuß fassen und möglicherweise dauerhaft Teil einer Schule mit nicht-fachgebundenem Unterrichtskonzept werden.

Differenzierung auf der organisatorischen Ebene
Neben den oben umrissenen inhaltlichen Gestaltungsvarianten ist in den schulischen Organisationen grundlegend zwischen einer fächerergänzenden Gestaltung und einer integrierten Umsetzung nicht-fachgebundenen Unterrichts zu unterscheiden.

► *Fächerergänzender nicht-fachgebundener Unterricht* bedeutet, dass die Stundentafel regulär Anteile enthält, die für nicht-fachgebundenen Unterricht vorgesehen sind. Zu dieser Organisationsform gehören beispielsweise Projekte, die regelmäßig neben dem Fachunterricht stattfinden. Auch Fächer wie Naturwissenschaftliches Labor, das die im regulären Fachunterricht erworbenen Kenntnisse und Fertigkeiten unter einer nicht-fachgebundenen Perspektive vereint, fallen in diese Kategorie.

► *Integrierter nicht-fachgebundener Unterricht* bedeutet, dass in der Stundentafel statt einzelner Fächer ein Verbundfach ausgewiesen ist, das den nicht-fachgebundenen Unterricht (für die zusammengefassten Teilbereiche) als grundsätzliche Unterrichtsform festlegt. Diese Organisationsform ist in vielen Gesamtschulen in Form zweier Fächer zumindest für einen Teil der Sekundarstufe I realisiert: des Faches Naturwissenschaften, das grundsätzlich nicht fachgebunden die klassischen Unterrichtsfächer Biologie, Chemie und Physik vereint, und des Faches Gesellschaftslehre, in dem Geschichte, Erdkunde und Politik zusammengeführt sind.

3.7.3 Transcurricularer Unterricht

Als ein zentraler Beitrag für das in Kap. 7 dargestellte Unterrichtskonzept CHIME (Content and Heuristics Integrated Mathematics Education) soll der transcurriculare Unterricht an dieser Stelle definiert werden.

► *Transcurricularer Unterricht* bezeichnet einen Unterricht, in dem klar umgrenzte, nach didaktischen Prinzipien festgelegte Bildungsinhalte regulär im Verbund mehrerer Fächer, also integriert, unterrichtet werden. Transcurricularer Unterricht ist damit auf der inhaltlichen Ebene dem mittleren Organisationsprinzip zuzuordnen, da die Inhalte bewusst und systematisch im Verbund mit nahezu allen bestehenden Schulfächern unterrichtet werden. Transcurricularer Unterricht ist auf der organisatorischen Ebene grundsätzlich integriert angelegt, kann aber um fächerergänzende Elemente erweitert werden.

Im engeren Sinne transcurricularer Unterricht ist derzeit nicht in den Lehrplänen verankert, es gibt jedoch einzelne Inhalte, die sich dieser Idee annähern (von einem systematischen Unterricht zu sprechen, entspräche allerdings nicht den Tatsachen). Die aktuellen Lehrpläne legen als einen über alle Fächer hinweg zu unterrichtenden Inhalt die deutsche Sprache fest: „Deutsch in allen Fächern“, so die griffige Forderung. Damit ist mehr gemeint als die reflektiertere und bewusstere Anwendung der Unterrichtssprache, die bis auf wenige Ausnahmen selbstverständlich Deutsch war und ist. Vielmehr müssen auch in Nichtsprachfächern sämtliche schriftlichen Überprüfungen neben der fachlichen Berichtigung und Bewertung sprachlich korrigiert werden. Dies erfordert aber auch einen veränderten Umgang mit der Sprache und ihrem fachspezifischen Einsatz im Unterricht selbst, was besonders in traditionell „argumentationsarmen" Fächern, hier vielleicht besonders in Mathematik, für einen allmählichen, aber merklichen Wandel gesorgt hat.

Einen Entwurf für einen transcurricularen (Mathematik-)Unterricht zeichnet das Unterrichtskonzept CHIME in Kap. 7.

3.7.4 Konträre Positionen

Wie in Abschn. 3.7.1 und 3.7.2 kurz dargestellt wird in Didaktik und Unterrichtsforschung eine große Bandbreite unterschiedlicher Organisationsformen von (schulischem) Unterricht unterschieden und auch anerkannt. Dennoch dominiert der Fachunterricht den Alltag an deutschen weiterführenden Schulen.

3.7.4.1 Fachunterricht – was sonst?

> Dass gegliedert gelernt werden sollte und dass die Gliederung dabei am besten in Fächern mit Wissenschaftsorientierung erfolgen sollte, gehört auch heute noch zu den in der Gesellschaft weitgehend nicht hinterfragten Auffassungen über Schule und Unterricht (Peterßen 2000, S. 18).

Die Aufteilung der Lerninhalte in Fächer scheint oft vollkommen selbstverständlich, ja geradezu naturgegeben und keine echte Legitimation zu erfordern. Verlangt man bildungstheoretische Begründungen für diese Einteilung, so geben Verfechter vorwiegend folgende Punkte als Vorteile des Fachunterrichts an, die anschließend kurz kritisch beleuchtet werden:

- Fachunterricht ist eine historisch gewachsene Unterrichtsform und hat sich über so lange Zeit bewährt, dass seine Qualität grundsätzlich außer Frage steht.
- Fachunterricht sorgt für einen kontinuierlichen Wissenstransfer in der Gesellschaft.
- Fachunterricht ist bildungswirksam.

Fachunterricht ist eine historisch gewachsene Unterrichtsform und hat sich über so lange Zeit bewährt, dass seine Qualität grundsätzlich außer Frage steht

Es ist richtig, dass Fachunterricht sich aus geschichtlichen Umständen heraus entwickelt hat – die allerdings weder zwingend noch pädagogischer oder didaktischer Natur waren. Das grundsätzliche Prinzip einer Fachgliederung, wie sie bis heute an allgemeinbildenden Schulen praktiziert wird, ist der Struktur der Universitäten entlehnt, die sich seit dem Mittelalter in Deutschland etablierten. Dort waren insgesamt sieben freie Künste vorgesehen: Grammatik, Rhetorik, Dialektik (als Teile des Triviums) und Geometrie, Astronomie,

Arithmetik und Musik (als Teile des Quadriviums). Die zentrale und höchste Disziplin, um die herum diese Fächer in dienender Funktion konzipiert waren, war die Theologie. Unterhalb dieser universitären Ebene fand die Bildung angehender Kleriker – später auch wohlhabender Laien – in kirchlichen Schulen statt, an denen das System einer Fachgliederung mithin bloß als Vorbereitung auf und Zugangsregulativ für die universitäre Laufbahn eingeführt wurde.

Obwohl sich im Laufe der früheren und späteren Neuzeit der Fächerkanon als Reaktion auf sich stets verändernde politische und kulturelle Situationen geändert und in Auseinandersetzung mit wissenschaftlichen Entwicklungen und neu entstandenen Fachgebieten auch erweitert hat, wurde das grundsätzliche Organisationsprinzip niemals ernsthaft infrage gestellt, sondern „gelangte bis ins 19. Jahrhundert über das Höhere und dann das Mittlere Schulwesen, Bürgerschulen, auch in das Volksschulwesen hinein" (Peterßen 2000, S. 18). Nach der Einführung der Schulpflicht im 19. Jahrhundert entfaltete außerdem „Herbarts Formalstufentheorie [weitreichende Wirkung], in deren restringierter Schematisierung sich eine methodisierte Unterrichtswissenschaft herausbildete, die das Unterrichten im Rahmen eines starr gestuften Frontalunterrichts bis in das 20. Jahrhundert prägte" (Arnold und Bach 2011, S. 6). Hinzugefügt werden muss, dass das deutsche Bildungssystem – nach einer relativ kurzen Phase reformpädagogischer Bestrebungen – nach dem Zweiten Weltkrieg in West- wie in Ostdeutschland in verschiedenen Geprägen im Wesentlichen zu diesem lang etablierten System aus Fach-Frontalunterricht zurückgekehrt ist.

Fachunterricht sorgt für einen kontinuierlichen Wissenstransfer in der Gesellschaft
Dieses Argument zielt darauf ab, dass durch die festgelegte Einteilung des schulisch zu vermittelnden bzw. zu erwerbenden Wissens eine diachrone Homogenität entstehen soll, die es erlaubt, für die gesamte Gesellschaft einen Wissenskanon nicht nur einmal zu etablieren, sondern auch langfristig zu implementieren. Ein etabliertes Fach mit seinen – postulierten – Bezügen zu einer Fachwissenschaft hat es einerseits sicherlich einfacher, einmal festgelegte Inhalte zu legitimieren und auf immanente Zusammenhänge zu verweisen. Andererseits besteht die Gefahr der Stagnation. Die schulischen Fächer weisen nur noch vage Bezüge zu den Wissenschaften auf, deren Namen sie oft tragen, so dass die Frage nach der Selektion des Wissens, das hier seit lange Zeit transferiert wird, kritisch reflektiert werden sollte.

Fachunterricht ist bildungswirksam
Dass es möglich ist, im System des Fachunterrichts zu lernen haben zahllose Generationen in dieser Art unterrichteter Schüler bewiesen. Als Argument in der skizzierten Diskussion ist es jedoch ein schwaches, da eine solche Aussage nur im Vergleich mit den Ergebnissen einer anderen Art des Unterrichts qualitativen Wert und Überzeugungskraft besitzt.

3.7.4.2 Konträre Positionen: Nicht-fachgebundener Unterricht – was soll das?

Obige kurze Betrachtung hat gezeigt, dass die meist genannten und wahrgenommenen Vorteile des Fachunterrichts möglicherweise weniger objektiv und einer empirisch nachweisbaren Sachlage entspringen als einer allseitigen Vertrautheit und Allgegenwärtigkeit des Prinzips, die zu einem monopolistisch anmutenden Richtigkeitsanspruch dieser Organisationsform geführt haben. Die Verfechter des Fachunterrichts wenden sich oft gezielt gegen nicht-fachgebundene Unterrichtsformen, um das Primat des Fachunterrichts zu rechtfertigen. Auf solche Kritikpunkte wird in Abschn. 3.7.6 eingegangen.

Auf der anderen Seite sehen auch Duncker und Popp (1998, S. 8) nicht-fachgebundene Unterrichtsformen zum Teil in der Kritik am Fachunterricht begründet, wenn sie feststellen, dass „heute ein gefächerter Unterricht allein nicht mehr ausreicht für eine tragfähige Vorbereitung auf den Eintritt in und die Teilnahme am gesellschaftlichen Leben“. Etwas konkreter formulieren Kritiker des Fachunterrichts im Wesentlichen folgende Thesen:

- Fachunterricht schränkt den Blick auf die Wirklichkeit als Ganzes ein.
- Fachunterricht beschneidet das Leistungsvermögen der Lerner.
- Fachunterricht richtet sich – und zwar bewusst – nicht an Interessen und Bedürfnissen der Lerner aus.
- Fachunterricht bildet keine Handlungsfähigkeit aus.

Wie die nun anschließenden Kurzdarstellungen zu früheren und aktuellen Konzeptionen nicht-fachgebundenen Unterrichts zeigen werden, bilden diese Nachteilsformulierungen in ihrer Umkehrung gleichsam programmatische Kernpunkte für die verschiedenen Konzepte nicht-fachgebundenen Unterrichts.

3.7.5 Historische Konzepte nicht-fachgebundenen Unterrichts

Seit gut 150 Jahren wird, mit Beginn reformpädagogischer Bestrebungen, auch eine Auflösung der fachlichen Zersplitterung von schulischen Bildungsinhalten postuliert. Die einflussreichsten Konzepte nicht-fachgebundenen Unterrichts (Abb. 3.3) werden im Folgenden kurz vorgestellt, wobei hier weder der soziokulturelle noch der pädagogisch-historische Kontext erschöpfend dargestellt werden kann und soll; das Augenmerk liegt auf den legitimatorischen Aspekten, den zugrunde liegenden Vorstellungen von gutem Unterricht und den sich entwickelnden methodischen Formaten solcher nicht-fachgebundener Unterrichtskonzepte, um eine grundlegende Einführung in die historische Genese dessen zu liefern, was Grundlage für das CHIME-Konzept ist.

Abschn. 3.7.6.2 geht im Anschluss ausführlicher auf die Begründungszusammenhänge, Kernmerkmale usw. nicht-fachgebundener Ideen in der jüngsten deutschen Bildungsreform ein.

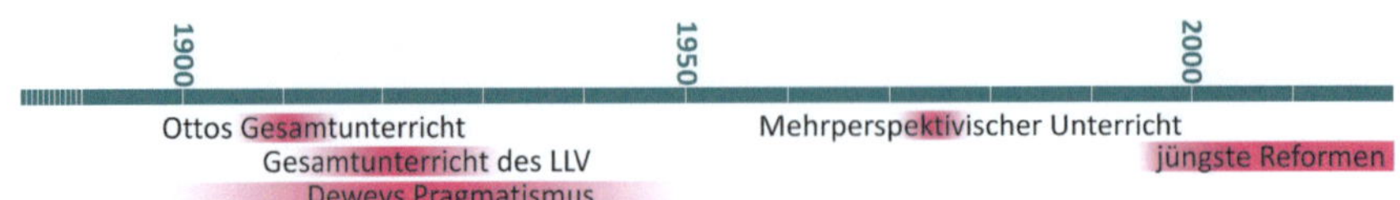

Abb. 3.3 Chronologische Übersicht zu den besprochenen historischen und aktuellen Konzepten nicht-fachgebundenen Unterrichts. *LLV* Leipziger Lehrerverein

3.7.5.1 Berthold Ottos Gesamtunterricht

Erste Ansätze, den Unterricht aus den schulischen Grenzen herauszulösen, finden sich bei Otto, der seine ganzheitlich Unterrichtsform basierend auf eigenen Erfahrungen und Lehrpraxis als Hauslehrer an seinen eigenen Kindern entwickelte. Kernpunkt ist der Unterricht als dialogisch erwachsender, spontaner und aus den Lernenden erwachsender Prozess, der während des Tischgesprächs ebenso gut wie während eines Spaziergangs abläuft. Ottos Ansatz ist vor der kritischen Haltung seiner Zeit am traditionellen Schulwesen zu verstehen, in dem es nicht um individuelles Lernen und Verstehen geht, sondern das die „Zucht des Stilldenkens in vorgeschriebenen Bahnen" (Otto 1914, S. 49) anstrebte. Diese Kritik wird besonders gegenüber dem Gymnasium erhoben, dem Otto unterstellt, das eigenständige Denken geradezu zu verunmöglichen.

Dem gegenüber ist Ottos Konzept von fächerübergreifendem Charakter, da es sich auf den Umgang der Eltern mit ihren Kindern und die instinktive Ausgestaltung des kindlichen Weltbildes zurückführt, in dem keine Fächergrenzen existieren. Für Otto (1965, S. 27 f.) steht fest, dass „die Unsumme von Fächern, aus denen man formale Bildung zusammenrezeptieren will, eine Sache für sich sind und mit wirklicher Geistesbildung nur wenig zu tun haben".

Mit Blick auf den erst später wirksamen Konstruktivismus und die daraus hervorgegangenen pädagogischen und didaktischen Konzepte, ist die Feststellung interessant, dass Ottos Ideen – bei aller Unterschiedlichkeit der Begründungszusammenhänge – auf das vergleichbare grundlegende Prinzip hinführen: Sein Unterricht zielt auf das Neubilden, nicht das Nachbilden ab.

Wirksamer Aspekt
Ausgestaltung eines holistischen Weltbildes (findet sich heute wieder in den Zielformulierungen der Bildungsstandards)

3.7.5.2 Der (gebundene) Gesamtunterricht des Leipziger Lehrervereins

Pragmatisch und am regulären Schulalltag ausgerichtet waren die Reformbemühungen des Leipziger Lehrervereins (LLV), der sich in der Mitte des 19. Jahrhunderts formierte, aber erst gegen Ende des Jahrhunderts durch die Begründung seiner methodischen Abteilung auf effektive Unterrichtsveränderungen hinzuwirken begann. Erklärtes Ziel war die

Verbesserung des Volksschulunterrichts durch die Idee der Arbeitsschule, die der Verein in Pilotstudien vor dem Ersten Weltkrieg als fächerübergreifenden Gesamtunterricht im ersten und zweiten Schuljahr an über 20 Schulen realisierte. Die hier gewonnenen Erkenntnisse und Erfahrungen flossen nach dem Ende des Krieges auch in die Richtlinien des Reiches für Grundschulen ein, die allerdings mit der Machtergreifung der Nationalsozialisten außer Kraft gesetzt wurden.

Kernpunkt des vom LLV vertretenen Gesamtunterrichts ist die Orientierung an der Entwicklung des Kindes. Die Qualität aller pädagogischen und didaktischen Entscheidungen wird an ihrer Entwicklungsgemäßheit gemessen. Besondere Kritik erfährt dabei die als völlig verfrüht empfundene Einführung der Kulturtechniken. Der Unterricht als Arbeitsunterricht soll den „Kenntniserwerb durch Sehen, Beobachten und Experimentieren aktiv im Sinne einer Verbindung von geistiger und körperlicher Arbeit" (Geigle 2005, S. 58) vorantreiben. Die Organisation des Unterrichts um eine Sacheinheit, „in die das Üben formaler Fähigkeiten wie z. B. das Lesen, Schreiben, Rechnen und Zeichnen organisch integriert werden kann, hat dabei die Fachgliederung zu ersetzen" (Geigle 2005, S. 58). Auch dieses Postulat wird mit dem kindlichen Entwicklungsstand begründet, denn bis zu ihrem 13. Lebensjahr, so die Position des LLV, befassten Kinder sich stets mit Einzelphänomenen und hätten „weder die Fähigkeit zur Zusammenfassung und Ordnung noch das Bedürfnis danach" (Geigle 2005, S. 59). Zugleich besteht eine Stärke des über die üblichen Fächer hinausreichenden Gesamtunterrichts darin, dass Zusammenhänge in der Lebensumwelt aufgezeigt werden können, die bei fachlich getrennter Betrachtung keine Rolle spielen bzw. keine Beachtung erfahren. Ziel des Gesamtunterrichts sind Erkenntnis, Verständnis und Einsicht, nicht das Anhäufen von (Fakten-)Wissen.

Zu erwähnen ist, dass sich die Arbeitsschule zwar der gleichberechtigten Bildung von kognitiven und praktischen Fähigkeiten und Fertigkeiten verschreibt (und dies in Opposition zu den „Lernschulen" ihrer Zeit tut), dass sie sich aber ebenso gegen den utilitaristischen Bildungsbegriff im Sinne einer späteren „Brauchbarkeit" des Lerners verwahrt: Die Entfaltung der individuellen Möglichkeiten, aber sehr wohl mit Blick auf die Teilhabe an der Kulturgemeinschaft, ist es, was Ziel des Gesamtunterrichts sein soll – und das auf jeder Stufe der Entwicklung, also nicht als „Hypothek" auf die Zukunft.

Kritisch angemerkt sei die Problematik der praktischen Gestaltung der „Sacheinheiten" und besonders ihrer innerlogischen Abhängigkeiten: Es besteht die Gefahr, dass sprachliche oder mathematische Einsichten nicht systematisch entwickelt werden, wenn tatsächlich auf die Sacheinheit konzentriert gearbeitet wird. Werden hingegen sprachliche und mathematische Einsichten gefördert, so leidet die inhaltliche Erarbeitung der Sacheinheit.

Wirksame Aspekte

- Integration verschiedenster Fächer im Sinne der Konzentration um Sacheinheiten
- Handlungsorientierung als eines der zentralen Prinzipien

- Produktorientierung
- Förderung kommunikativer und sozialer Kompetenzen durch die Arbeit in Schülergruppen, in denen zum Austausch angeregt wird
- Erziehung zur Selbständigkeit durch Selbsttätigkeit im Unterricht (handelnde Erarbeitung der Unterrichtsgegenstände)
- Arbeitsschule (wurde im Schulsystem der DDR als integraler Bestandteil allerdings nur der polytechnischen Schulen realisiert)

3.7.5.3 John Deweys Erziehungskonzeption

Dewey wird oft schlagwortartig mit dem fächerverbindenden Projektunterricht in Zusammenhang gebracht, was allerdings eine krasse Verkürzung seines philosophischen und pädagogischen Werks darstellt. Als maßgeblicher Vertreter des philosophischen Pragmatismus mit seiner Fokussierung auf die Prozesshaftigkeit der Realität übte Dewey nach Gründung seiner Laborschule in Chicago (1896) durch seine pädagogischen Schriften großen Einfluss auf die Bewegung der Progressive Education aus. Dewey selbst sah die konkrete Implementierung der „neuen" didaktischen Prinzipien in den schulischen Kontext durchaus kritisch, wie folgendes Zitat nachdrücklich belegt:

> Hiermit ist bereits angedeutet, daß die allgemeinen Prinzipien der neuen Erziehung aus sich selbst heraus die Probleme der Struktur und Organisation der fortschrittlichsten Schulen nicht zu lösen vermögen. Vielmehr stellen sie uns vor Fragen, die wir auf der Grundlage einer neuen Philosophie der Erfahrung bearbeiten müssen. Die Probleme werden nicht einmal erkannt, ganz zu schweigen von ihrer Lösung, wenn angenommen wird, es genüge, die Ideen und Praktiken der alten Erziehung abzulehnen und dann zum anderen Extrem weiterzugehen (Dewey 1963, S. 36).

Deweys Kritik richtet sich, wie die anderer Reformer, gegen den grundsätzlich und in den verschiedensten Hinsichten lebensfernen Charakter schulischen Lehrens und Lernens. Bezug zur Lebenserfahrung vermisst er ebenso wie die Bedeutung des Lernstoffs für die Gesellschaft, und er beklagt das Anhäufen von Wissen wie in einem Speicher, ohne dass damit Erkenntnis verbunden ist. Dabei fasst Dewey auch die institutionellen Rahmenbedingungen als Gründe ins Auge, wenn er die hohen Schülerzahlen in den Klassen ebenso wie die fehlende Ausstattung für praktische Arbeiten anführt.

Diesen Problemen will Dewey durch die Auflösung der Fächergrenzen begegnen, da die Schule „es im Unterschied zu den Wissenschaften nicht vermag, Zusammenhänge zwischen den einzelnen Fächern aufzuzeigen" (Geigle 2005, S. 85), und verweist dabei auf die bereits erfolgreich praktizierten „‚Projekt-', ‚Problem-' oder ‚Situations'methode" (Dewey 1935, S. 96 f.). Zentral sind dabei die Prozesshaftigkeit, die Einflüsse des erworbenen Wissens und die Kombination aus geistiger und körperlicher Aktivität.

Die zentralen Kategorien in Deweys philosophischer ebenso wie pädagogischer Arbeit sind die Erfahrung, die er explizit als Prozess definiert, und darauf aufbauend die

Erziehung, die sicherstellt, dass experimentelle Erfahrungen gegenüber empirischen Erfahrungen überwiegen, und so den Entwicklungsprozess optimiert. Die Kategorie der Erfahrung liegt auch der Forderung nach fächerübergreifendem Arbeiten in der Schule zugrunde: Die Diskrepanz zwischen den lebensweltlichen Erfahrungen der Schüler und den Erfahrungen, die sie im (klassischen) Unterricht machen, ist so groß, dass praktisch keinerlei Transfer zwischen diesen beiden Räumen gelingt – doch nur wenn Schul- und Lebenserfahrungen systematisch und konsequent verknüpft werden, können nach Deweys Konzeption die Erfahrungen in ihrer Gesamtheit und für die Gesamtheit des Lebens der Schüler wirken. Und eine solche Verknüpfung lässt gar keine Gliederung in Fächer zu, da alle Bereiche der Lebenswelt (und dann auch der Schulwelt) unentwirrbar miteinander verbunden sind. Besonders auch die Trennung zwischen Fächern, die als „allgemeinkulturell" und „technisch-naturwissenschaftlich" gelten, verwirft Dewey und fordert ihre Überwindung. Erfahrungen müssen, in Deweys Konzeption, praktisches Tun mit intellektueller Durchdringung und somit einer aktiven, experimentierenden Auseinandersetzung mit den Lerngegenständen verbinden.

Dewey lehnt ebenfalls „absolute" oder „höchste" Ziele als rein intellektuelle Konstrukte ab, die den Situationsbezug vermissen lassen und so letztlich als Symbole einer trügerischen Gewissheit von „Wahrheit" nur als Mittel zur Kontrolle dienen. Ziele müssten immer aus der aktuellen Situation erwachsen und praktisch sein. Als sachbezogene Ziele schulischer Bildung definiert Dewey Kenntnisse (gespeicherter, geistiger Besitz) und Wissen („geistiges Gut, das die Kräfte im Sinne einer besseren Lebensgestaltung lenkt"; Geigle 2005, S. 99). Er diagnostiziert in der Schule ein massives Ungleichgewicht zugunsten der Kenntnisse, die zwar als Grundlage geistiger Tätigkeit ihre Relevanz haben, jedoch keine eigenständigen Ziele darstellen.

Wenngleich Dewey Lehrpläne im gängigen Sinn ablehnt, wendet er sich gleichermaßen gegen den radikalen Subjektivismus: Die Lerngegenstände müssen, um pädagogisch, erzieherisch wirksam zu sein zwar vom Kind her ausgewählt werden, es gibt aber sehr wohl bestimmte Zielvorstellungen, was am Ende des Prozesses als Idealzustand erreicht werden kann. Die von Dewey bevorzugten bzw. entwickelten Methoden erwachsen aus seiner grundlegenden Zielsetzung, der „Entwicklung gründlicher Denkgewohnheiten" mit folgenden Kernaspekten:

- Reine Reproduktionen von Kenntnissen laufen diesem Ziel völlig zuwider, und so fordert er, dass bei der – natürlich notwendigen – Vermittlung von Kenntnissen die kritische Reflexion allzeit mitgeschult werden muss; das neue geistige Material muss sich außerdem in die bestehenden Kenntnisse oder Erfahrungen einfügen.
- Außerdem verweist Dewey darauf, dass es völlig falsch sei, von Kindern die Logik Erwachsener einzufordern; diese könnte nur imitiert, nicht aber real erreicht werden, da das psychologische und logische Denken sich „als aufeinander folgende Stadien eines einzigen zusammenhängenden Wachstumsprozesses" (Dewey 1951, S. 65) entwickle.
- Schließlich kritisiert Dewey die einseitige Überbetonung entweder des praktischen oder des theoretischen Denkens im Unterricht. Die Verschränkung beider Bereiche ist

für Deweys Konzeption eines guten Unterrichts entscheidend und ebenso damit verknüpft die Arbeit von Konkreten hin zum Abstrakten:

> Da konkretes Denken sich auf Handlungen bezieht, die den Zweck verfolgen, Schwierigkeiten in praktischen Angelegenheiten erfolgreich zu begegnen, so bedeutet „mit dem Konkreten beginnen" das Tun in den Vordergrund stellen und jene Beschäftigungen besonders zu pflegen, die nicht-mechanisch und nicht-routinemäßig ausgeführt werden, die daher ein intelligentes Auswählen und große Anpassung an Mittel und Material verlangen (Dewey 1951, S. 147 f.).

Zwischen diesen Eckpunkten identifiziert Dewey die Projekt-, Problem- oder Situationsmethode, für die die gleichzeitige praktische und geistige Aktivität der Schüler typisch ist, als eine mögliche Lösung für die oben skizzierten Probleme des Schulunterrichts.

Wirksame Aspekte

- Verhinderung des Erwerbs von Fähigkeiten und Fertigkeiten mit tatsächlicher Einsetzbarkeit durch schulische Fachzergliederung (Entstehung toten Wissens)
- Betonung der flexiblen Anwendbarkeit des Wissens
- Betonung des kritischen und reflektierenden Denkens als Voraussetzung für einen demokratischen Menschentyp
- Abzielen auf ein ausgewogenes Verhältnis zwischen Schüler- und Fach- bzw. Sachorientierung
- Ablehnung einer wertenden Klassifikation schulischer Fächer bzw. von Fachgebieten
- Ausgewogenes, komplementäres und gleichberechtigtes Verhältnis von Natur- und Kulturwissenschaften

3.7.5.4 Der mehrperspektivische Unterricht

Für das Grundschulcurriculum wurde ab 1971 durch die Arbeitsgruppe CIEL (Curriculum institutionalisierter Elementarerziehung) der mehrperspektivische Unterricht (MPU) konzipiert, der flexibel adaptierbare Vorschläge für Lehr- und Lernmaterialien und dazu passende Unterrichtspläne und -entwürfe umfassen sollte und so den Abstand zwischen hochfliegenden Curriculumstheorien und der Unterrichtswirklichkeit verringern wollte. Vor dem Hintergrund der sogenannten „deutschen Bildungskatastrophe" der 1960er Jahre waren zentrale Diskussionspunkte in der Bildungsdiskussion eine Verstärkung der Wissenschaftsorientierung und eine grundsätzliche Weiterentwicklung der Curricula. Die CIEL-Gruppe setzte diese Gedanken allerdings nicht – wie vielleicht zu erwarten und von anderen Reformströmungen der Zeit auch praktiziert – durch eine Stärkung der Fächertrennung im Grundschulunterricht um, sondern basierte den MPU im Gegenteil auf Handlungsfeldern und zugehörigen Kompetenzen.

Die Kritik an einem wissenschaftsorientierten Unterricht richtete sich unter anderem auch gegen die Ausrichtung an einer „zukünftigen Verwendung" der Schüler, wodurch zum einen die Grundschule ihre Eigenständigkeit verlieren müsste und zum Zulieferer degradiert werde, zum anderen würde dadurch die Gegenwart der Schüler gegen eine hypothetische Zukunft ausgespielt. Eine „Aufspaltung des Unterrichts in Fächer" weist die CIEL-Gruppe generell zurück und bemüht sich „um die Verwirklichung eines integrativen Konzepts, das sowohl die Schwächen des traditionellen Gesamtunterrichts zu meiden versucht und zugleich die Abbildung der Wirklichkeit in Schulfächern, die durch nichts anderes als durch eine fragwürdige Tradition zu rechtfertigen sind, ablehnt" (Dannenberg et al. 1974, S. 43 f.). Der MPU will dagegen eine Rekonstruktion der Wirklichkeit im Unterricht ermöglichen, der „über die gesellschaftlichen Verhältnisse aufklärt und – in Abgrenzung vom fachspezifischen wissenschaftsorientierten Unterricht – nicht in einzelnen Fächern, sondern in Projekten und Kursen in die Wirklichkeit" (vgl. Dannernberg et al. 1974, S. 50 f.) einführt.

Die Parallelen zur Dewey'schen Philosophie in den Kernzielen des MPU sind augenfällig: Die Trennung in den naturwissenschaftlich-technischen Bereich einerseits und den gesellschaftswissenschaftlich-kommunikativen andererseits lehnt auch die CIEL-Gruppe mit Blick auf die außerschulische Realität zum einen und eine potenzielle gesellschaftliche Fortentwicklung zum anderen ab; das Ziel, schulische Bildung zur Basis einer gerechteren Gesellschaftsordnung zu machen; die Befähigung zu kritisch-reflektiertem Lernen, zur selbständigen Unterscheidung von Wichtigem und Unwichtigem, was eine Übersimplifizierung der Unterrichtsinhalte verbietet und ein „variables System von Projekten und Kursen" (Hahn und Hiller 1975, S. 191) erfordert, um die Vielschichtigkeit der Realität für Schüler erlebbar zu und sie selbst so „langfristig zu kompetenten Partnern des gesellschaftlichen Diskurses" (Hahn und Hiller 1975, S. 190) zu machen. Diese Parallelen setzen sich auch bei der konkreten Ausgestaltung fort, wenn die CIEL-Gruppe die Handlung als konstitutiv für die Wirklichkeit betrachten, wobei auch hier in keiner Weise ein Aktionismus gemeint ist, sondern die Handlung immer gerade die kognitive Partizipation am Wechselspiel zwischen Lebewesen und Umwelt beinhaltet. Handlungsfähigkeit ist zentrale Intention des MPU.

Der MPU war von Anfang an nicht als geschlossene, vollständige didaktische Theorie angelegt und blieb so über die Jahre seiner Erarbeitung fragmentarisch und prozessbedingt uneinheitlich: Das Ergebnis der engen und ständig fortgesetzten Arbeit mit Praktikern aus der Schule waren halbfertige Medienvorgaben, die erst durch den konkreten Einsatz im Unterricht, durch die Verwendung durch die Schüler und durch den Lehrer ein „Curriculum" ergaben. Diese Offenheit der Strukturen und Inhalte sollte den Unterricht aus der Starre tradierter Formen befreien und ermöglichen, Riten und Rituale kritisch zu hinterfragen und so den Unterricht in die gesellschaftliche Gegenwart zu holen.

Der MPU gründet sich auf einer diskursiven Rechtfertigung, da absolute legitimierende Bezugspunkte – gleichwie in der Dewey'schen Konzeption – nicht anerkannt werden: Der Diskurs der Schule mit der Gesellschaft und innerhalb des Systems Schule kreiert die Legitimität des MPU. Als Konsequenz sind Unterrichtsinhalte nur durch ihre realweltbezogene Bedeutsamkeit begründbar – damit fehlt der künstlichen, außerschulisch nicht realisierten rigiden Fächertrennung im MPU jedwede Rechtfertigung, weswegen der

MPU in drei durchaus inkrementell zu verstehenden methodischen Großformen erfolgt: dem Projektunterricht, dem Kursunterricht und dem Metaunterricht.

Der MPU scheiterte aus verschiedenen Gründen, interessant ist aber besonders der Aspekt des „Relativismus“: Dem MPU gelang es nicht bzw. strebte er es gar nicht an, den Schülern Kriterien zur Bewertung der verschiedenen Produkte der mehrperspektivischen Rekonstruktion an die Hand zu geben; keinem wurde eine höhere Aussagekraft oder eine stärkere objektive Gültigkeit zugesprochen, so dass keinerlei verbindliche Ergebnisse gewonnen wurden, was viele Schüler besonders im Grundschulalter stark verunsicherte oder überforderte.

Wirksame Aspekte

- Der MPU folgt in weiten Teilen den Ideen Deweys (Abschn. 3.7.5.3).
- Die Perspektivität eines Lerninhalts soll bewusst gemacht werden.

Zwischenfazit

Die frühen und späteren reformpädagogischen Konzeptionen nicht-fachgebundenen Unterrichts lassen eine recht klare Entwicklungslinie erkennen, was zunehmende Komplexität, Bezug zur Schulwirklichkeit und Begründungszusammenhänge betrifft. Aus einer kleinen, recht oberflächlich legitimierten und in ihren realen Auswirkungen zunächst folgenlosen Idee eines Hauslehrers wuchs im Laufe der Zeit durch lebhaften Austausch in einer stetig wachsenden Gruppe von Kritikern des vorherrschenden Bildungsapparats ein komplexes, philosophisch, pädagogisch und lehr-lerntheoretisch fundiertes Gerüst für verschiedene, aber doch eng verwandte Konzepte nicht-fachgebundenen bzw. ungefächerten Unterrichts.

Bezeichnend ist dabei, dass dabei der Schwerpunkt dieser Entwicklung während eines größeren Teils des 20. Jahrhunderts in den Vereinigten Staaten lag, während in Deutschland die Nationalsozialisten an der Macht waren und man im Nachkriegsdeutschland dann zu den vertrauten und bewährten Bildungsstrukturen der Weimarer Republik, wenn nicht gar des Kaiserreichs zurückzukehren versuchte. Diese Reaktion auf den ideologischen Missbrauch der Institution Schule in Deutschland unterbrach die angestoßene Entwicklung noch einmal ebenso sehr wie die Instrumentalisierung durch die Nationalsozialisten selbst. Erst die erste Bildungskrise der Nachkriegszeit in Folge des Sputnik-Schocks brachte andere Ideen von Unterricht wieder in die deutsche Bildungslandschaft ein.

3.7.6 Aktuelle Konzepte nicht-fachgebundenen Unterrichts

Das Hinterfragen der etablierten unterrichtlichen Strukturen hat, wie eben gesehen, gerade im deutschen Sprachraum durchaus Tradition. In den 1960er und 1970er Jahren bemühte man sich allerdings vor allem darum, die Schule durch eine äußere Schulreform weiterzuentwickeln, die in Deutschland etwa durch die Schaffung von Gesamtschulen ihren Ausdruck fand. Bei späteren Reformbemühungen ab den 1980er Jahren lag der Schwerpunkt dann auf einer inneren Reform der Schule, als immer mehr Lehrer in einer „Reform von unten“ erfolgreich Freinet-Gruppen, offenen Unterricht oder Projektunterricht praktizierten. Aus dieser Zeit stammt eine Vielzahl der bis heute rezipierten Beiträge zum nicht-fachgebundenen Unterricht, die auch die aktuelle Reformdiskussion beeinflussen. Erst mit dem Einsetzen des reformfreundlichen Milieu der 1990er Jahre wurde der nicht-fachgebundene Unterricht wieder in weiten pädagogischen Kreisen aktuell: als Herzstück einer neuen Unterrichtskultur, als Bezugsrahmen für die Schulreform oder als ein Beitrag zur inneren Reform der deutschen Schule. Die Gewichtungen unterscheiden sich deutlich, Klafki weist aber zu Recht daraufhin, dass fächerübergreifender Unterricht in praktisch allen Schulentwicklungs- und Schulreformkonzepten eine Rolle spielt. Dabei lassen sich die verschiedenen Erscheinungsformen nicht-fachgebundenen Unterrichts als „Suchbewegungen, in denen die Gliederungen und Ordnungen schulischen Lernens neu erprobt [...] werden“ und dadurch eine Reform der Schule ermöglichen, „die sich auf Inhalte und Formen des Lernens besinnt und dabei bislang unbeachtete oder vernachlässigte Fragestellungen entdeckt und für Bildungsprozesse zurückgewinnt“ (Duncker und Popp 1998, S. 7).

Labudde (2014) weist darauf hin, dass bei nicht-fachgebundenen Gestaltung von Unterricht grundsätzlich zwei Dimensionen unterschieden werden können: die inhaltliche Ebene und die organisatorische Ebene. Im Diskurs werden diese beiden Ebenen häufig miteinander vermischt und auch unrichtigerweise verallgemeinernd miteinander verknüpft. Während sich inhaltlich die „Fächerverbundenheit“ graduell verschieben kann (hierfür ist eine Vielzahl verschiedener Bezeichnungen geprägt worden), lässt sich im schulischen Kontext praktisch-organisatorisch nur zwischen den Modi „ergänzend“ und „integriert“ unterscheiden.

Spätestens mit dem Beginn der jüngsten Bildungsreform, auch wegen deren Internationalität und kompetitiven Aspekten, sind das Interesse an nicht-fachgebundenen Unterrichtsformen und die Anzahl an Konzepten und Publikationen zum Thema explosionsartig gestiegen, so dass im Folgenden nicht einzelne Konzepte (die sich oft ohnehin wenig unterscheiden) und ihre Vertreter im Vordergrund stehen, sondern gemeinsame, übergeordnete Aspekte (Funktion, Gefahren, Ideologische Basis, Legitimation usw. nicht-fachgebundenen Unterrichts) in einer Zusammenschau dargestellt werden.

3.7.6.1 Funktionen

Wie die Bildungskommission NRW (1995) beschreibt, ist das Anliegen eine Neuaufstellung des fachlichen Lernens, das fachorientierte Strukturen einerseits und übergreifende Sachzusammenhänge andererseits gleichwertig integriert vermittelt. Baumert verweist darauf, dass auch Fachunterricht in letzter Konsequenz, und selbstreflektiert vermittelt, über seine eigenen engen Grenzen hinaus weist. Ein grundlegender Widerspruch zwischen Fach- und nicht-fachgebundenem Unterricht wird hier nicht aufgebaut. Vielmehr geht es darum zu prüfen, ob „Verkrustungen einer schulischen Fächerlandschaft, die sich in einer langjährigen Tradition unvermeidlich herausgebildet haben und die vielleicht [...] zu einer fast unhinterfragten Größe geworden sind, aufgebrochen und überwunden werden können" (Duncker und Popp 1998, S. 7). So betrachtet die weit überwiegende Zahl der einschlägigen Beiträge nicht-fachgebundenes Arbeiten grundsätzlich als Ergänzung zum klassischen Fachunterricht. Popp (1997, S. 144) umreißt in diesem Sinne drei zentrale Funktionen und Ausrichtungen des nicht-fachgebundenen Unterrichts:

1. Basis für den Fachunterricht
2. Integrationsraum für fachliche Kenntnisse
3. Projektunterricht

Befürworter des (reinen) Fachunterrichts wenden hingegen ein, dass Bildungswissen nur im Fachunterricht vermittelt werden könne, welcher „der zentrale Auftrag jeder ernsthaften Bildungsschule" (Giesecke 1998, S. 290) sei. Dem halten Duncker und Popp entgegen:

> Fächerübergreifend zu unterrichten bedeutet keineswegs den Verzicht auf fachliche Inhalte, Denkmodelle, Einsichten und Methoden, sondern deren Integration in Lebenszusammenhänge und Problemlöseprozesse, die aus einer oder wenigen Fachperspektiven allein nicht angegangen werden können (Duncker und Popp 1998, S. 9).

3.7.6.2 Gefahren

Dass das Prinzip der nicht-fachgebundenen, integrierten Vermittlung keineswegs automatisch zu gutem Unterricht führt, ist steter kritischer Diskussionspunkt. Die Gefahren liegen vor allem in einer zu starken Verkürzung der fachlichen Inhalte, wenn der Anspruch erhoben wird, zwei, drei oder gar vier verschiedene Fachgebiete permanent simultan zu behandeln. Auch bedeuten ein paar oberflächliche Anleihen aus bestimmten Fächern nicht, dass diese Fächer übergreifend unterrichtet werden: Wenn etwa das Ausmalen einer Abbildung Teil eines Biologieforschungsauftrags ist, dann wird hier noch lange kein Kunstunterricht erteilt. Außerdem darf der systematische Wissensaufbau nicht unter der facettenreichen Lernkultur leiden, sondern muss möglich und ihr klares Ziel sein.

Die größte Gefahr allerdings liegt in der drohenden Intransparenz der Verknüpfung zwischen den verschiedenen Wissensgebieten und Fertigkeitsarten, die in der Wahrnehmung der Lerner den Eindruck der Beliebigkeit hinterlassen könnte. Auch darf, wenn Projekt immer wieder auf Projekt folgt, keinesfalls der Eindruck einer bloßen Aneinanderreihung entstehen. Diese Schwierigkeiten scheinen nur durch eine systematische Reflexion und eine grundsätzliche Erziehung zur Eigenständigkeit, zum eigenverantwortlichen Lernmanagement umgehbar zu sein.

Die größte Befürchtung vieler Lehrkräfte jedoch liegt in dem Überschreiten der persönlichen, professionellen Komfortzone, das „notwendig zu unverbindlichem Gerede führen" (Duncker und Popp 1998, S. 9) müsse, anstelle des systematischen und sinnstiftenden Fachunterrichts. Duncker und Popp (1998, S. 9) weisen nachdrücklich darauf hin, dass diese befürchteten Probleme und das „Ableiten [...] in Unprofessionalität bei jeder Art von Unterricht gegeben sein kann".

3.7.6.3 Idee von Schule und Unterricht

Wie bei den historischen Vorläufern steht auch bei den neuen Konzepten zum nicht-fachgebundenen Unterricht die Kritik an schulunterrichtlicher Lebensweltferne im Vordergrund. Dies drückt wiederum die Vorstellung aus, dass Schule primärer Erfahrungsraum ist und nicht mehr, wie einst, das Leben ergänzend fachliche Spezialkenntnisse vermittelt. Aus dieser reformpädagogischen Tradition und Grundhaltung leiten sich die Ideen ab, die eine Schule als „Haus des Lernens" definieren. Keine dieser heute propagierten Ideen ist sachinhaltlich wirklich neu, sondern führen im Grunde die Ideen fort, die von Beginn an zur Legitimation des nicht-fachgebundenen Lernens ins Felde geführt wurden – denn letztlich ist die Befürwortung nicht-fachgebundenen Lernens schon immer, und auch heute wieder, an die Idee einer Umgestaltung der Schule insgesamt geknüpft: Das Streben nach nicht-fachgebundenen Unterrichtsformen bedeutet immer das Streben nach Freiräumen innerhalb der Institution Schule, die es erlauben, solche Inhalte zu berücksichtigen, „die komplexere gesellschaftliche, soziale, ethische, ökonomische, technologische und ökologisch Probleme und Zusammenhänge erhellen" (Duncker und Popp 1998, S. 9 f.).

3.7.6.4 Legitimationsdimensionen

Gesellschaftlicher Wandel

Es fällt heute möglicherweise leichter, einen Ansatz zu rechtfertigen, der der Schule den Charakter eines Lebensraumes zuweist, als je zuvor. Rasante und drastische Veränderungen in der Lebenswelt, im privaten wie technischen Bereich, führen nicht selten zu einem Gefühl der Überforderung – auch bei Eltern, die gern vermehrt Erziehungs- wie basale Bildungsaufgaben an öffentliche Institutionen abgeben. Gesamtgesellschaftlich lässt sich außerdem beobachten, dass der Zerfall in einen kulturell-geisteswissenschaftlichen Bereich und einen technisch-naturwissenschaftlichen Bereich stark fortschreitet und auch – und gerade – auf hohem Bildungsniveau eine regelrechte Spaltung droht, die der Gesamtkultur abträglich ist. Diese Zersplitterung wird de facto bereits in der Schule vorbereitet und gefestigt und kann, wenn sie für Jugendliche den Zugang zur Wirklichkeit einzuschränken beginnt, zu einer Entfremdung führen, die sowohl individuell als auch gesamtgesellschaftlich höchst bedenkliche Konsequenzen nach sich ziehen kann; Moegling (1998, S. 14) spricht von „einer zunehmenden Tendenz zur Verhäuslichung, Verinselung, Mediatisierung, Entleiblichung, Entsinnlichung" als Folgen, gerade bei Jugendlichen.

Die zunehmende Komplexität der Welt als Folge der „Wissensexplosion" und fortschreitenden technischen Entwicklung einerseits und der fortschreitenden Globalisierung mit allen Arten ökonomischer und kultureller Verflechtungen andererseits wird ebenfalls zur Begründung fächerübergreifenden Lernens herangezogen. Soll Schule in diesen verschiedenen Belangen integrierend, orientierend und sinnstiftend sein, muss sie diesen Prozessen wenn nicht entgegenwirken, so doch regulativ auf sie einwirken, indem vernetztes Denken angebahnt und eingeübt wird – und hierfür scheint das nicht-fachgebundene Lernen bessere Möglichkeiten zu bieten, wenn auch in unterschiedlichem Maße. Klafki fordert aus dieser unumkehrbaren Komplizierung heraus, dass Erziehung und Pädagogik eine globale Perspektive einnehmen müssen, von der aus überfachliche, epochaltypische Schlüsselprobleme als Unterrichtskern betrachtet werden. Frommer fasst die Lage folgendermaßen zusammen:

> In dieser Situation holt das einzelne Fach als Grundlage von Erziehung die Schüler nicht mehr dort ab, wo sie sich tatsächlich befinden. Schule war und ist eine notwendige Ergänzung zum „natürlichen" Hineinwachsen in eine bestehende Gesellschaft. Was Kindern und Jugendlichen heute fehlt, ist die Möglichkeit eigener Aktivität, des gemeinsamen Vorgehens, des Erlebnisses der Sinnhaltigkeit eigenen Lernens und des Gefühls, tatsächlich gebraucht zu werden, etwas zu leisten, was nicht durch Noten allgemeine Anerkennung findet (Frommer 1997, S. 119).

Bildungsbegriff

Auch der Bildungsbegriff wird in unterschiedlicher Art und Weise zur Legitimation nicht-fachgebundenen Unterrichts herangezogen. Dabei ist die Argumentationsstruktur mehr oder weniger komplex, je nachdem, ob das Prinzip eines nicht-fachgebundenen Unterrichts als solches oder ein vollständiges didaktisches Konzept, das den nicht-fachgebundenen Unterricht als eine Facette beinhaltet, in Bezug zum Bildungsbegriff gesetzt wird. Sicher steht kein einheitlicher Bildungsbegriff hinter all diesen Bemühungen, aber gewisse Grundgedanken treten wiederholt hervor:

Es besteht ein Zusammenhang zwischen der oben skizzierten gesellschaftlichen Entwicklung, dem Bildungsverständnis und fächerübergreifendem Unterricht, weshalb Rommel (2001) fordert, dass moderne Bildung die aktuellen Problemstellungen umfassen und jungen Menschen die Grundstrukturen der „zweiten Moderne", ihre Risiken und Lösungspotenziale transparent machen müsse. In ähnlicher Weise wird argumentiert, dass ein Wissenskanon im klassischen Sinne nicht mehr die Basis des Bildungsbegriffs darstellen könne, dass Fachwissen additiv keine Bildung mehr bedeute. Rebel (1989) betont aus diesen Gründen die Aspekte Strukturierung und Zusammenhang von Wissen und darüber hinausgehend die individuelle Wissensverarbeitung und Verantwortung als Wesen der postmodernen Bildung. Rommel untersucht diese Legitimationsdimension näher und kommt zu dem Schluss, dass der subjektivitätsorientierte Ansatz der einzig haltbare ist, wenn eine dogmatisierende Engführung sicher ausgeschlossen werden soll. „Die ‚allgemeinste' Zielorientierung fächerverbindenden Lernens stellt [...] das integrierende Subjekt selbst dar" (Rommel 2001, S. 370), womit Rommel die Pluralität seines Bildungsbegriffs begründet, in dem Bildung allenfalls noch eine Art regulative Idee darstellt – die konkrete Definition des Bildungsbegriffs hängt dagegen ganz vom Individuum ab.

Für die Begründung von Schulreformkonzepten, die nicht-fachgebundenen Unterricht beinhalten, wird der Bildungsbegriff ebenfalls herangezogen. Exemplarisch lässt sich dies an der Denkschrift der Bildungskommission NRW (1995) nachvollziehen: Hier wird eine vollständige Subjektivierung, wie Rommel sie sieht, zwar umgangen, obschon die Formulierungen zeigen, dass auch hier Bildung keine absolute Kategorie mehr darstellt.

Klafkis kritisch-konstruktive Didaktik (Abschn. 3.6.9) fußt gleichfalls auf einem Allgemeinbildungskonzept (auch er behält also einen normativen oder zumindest regulativen Bildungsbegriff bei), das er folgendermaßen umreißt: Allgemeinbildung ist „Bildung für alle zur Selbstbestimmungs-, Mitbestimmungs- und Solidaritätsfähigkeit", beinhaltet die „kritische Auseinandersetzung mit einem neu zu durchdenkenden Gefüge des Allgemeinen als des uns alle Angehenden" und bezeichnet die „Bildung aller uns heute erkennbaren humanen Fähigkeitsdimensionen des Menschen" (Klafki 1996, S. 40). Für Klafki bedeutet dies in der konkreten Umsetzung die Auseinandersetzung mit „epochaltypischen Schlüsselproblemen", die nicht anders als nicht-fachgebunden unterrichtbar sind.

Ob und inwiefern die traditionellen Fächer grundsätzlich bildungswirksam sind, ist eine strittige Frage. Einige Didaktiker bejahen sie und treten ein für eine Integration gefächerten Unterrichts in das, was häufig als fächerverbindender Unterricht bezeichnet wird. Andere sehen Bildung stets nur in nicht-fachgebundenen Lernräumen verwirklicht. Gegen die Behauptung, dass Fachunterricht völlig wirkungs- und bedeutungslos sei, wendet sich Schilmöller mit seinem Kommentar:

> Bildender Unterricht muß fachbezogen und fachüberschreitend zugleich sein: fachbezogen deshalb, weil sich nur im Rückbezug auf das Fach und auf den Erkenntnisstand der korrespondierenden Wissenschaftsdisziplin ein zutreffendes, intersubjektiv nachprüfbares Wissen über die Welt und ihre Phänomene erwerben läßt, fächerüberschreitend deshalb, weil sich die Frage nach der ethischen Relevanz dieses Wissens nur im Fach überschreitenden Rückbezug und Ausgriff auf das Handeln im Leben stellt und stellen lässt (Schilmöller 1997, S. 108).

Ganzheit(lichkeit)

Der Ganzheits- bzw. Ganzheitlichkeitsbegriff ist nicht trennscharf definiert und rekurriert als Begründung nicht-fachgebundenen Unterrichts weitgehend auf eher intuitiv zu bezeichnende Aspekte, die zu den historischen Ausgangspunkten der reformpädagogischen Bewegungen in Abgrenzung zu den traditionellen Schulfächern zu zählen sind. So wendet sich der Ganzheitlichkeitsgedanke in seinem Kern gegen das, was Moegling (1998) als „Atomisierung" der Lebenswelt bezeichnet und der er als Kategorie die „Ganzheitlichkeit" entgegenstellt und warnt:

> Eine ausschließlich fachspezialisierte Sichtweise der Wirklichkeit trägt zur Einengung der Wahrnehmung bei und verhindert die kritische De- und Neukonstruktion von Welt im Rahmen einer Konzeption, die an der Erziehung zur Mündigkeit orientiert ist (Moegling 1998, S. 41).

Aufgrund der fehlenden Definition ist der Ganzheitsbegriff allerdings umstritten und wird von vielen Forschern – teils mit eher polemisch anmutenden Begründungen – abgelehnt. Dabei geht es aber nicht selten weniger um eine bestrittene sachliche Relevanz als Wortklauberei: So schlägt Kahlert (1997, S. 115) vor, den Begriff durch „Vielseitigkeit des Weltzugangs" zu ersetzen.

Forscher wie Rekus andererseits befürchten, dass der Ganzheitsbegriff und das mit ihm traditionell verbundene Konzept „Lernen mit Kopf, Herz und Hand" zugunsten der individuellen Persönlichkeitsentfaltung die wissenschaftliche Aufklärung der Welt hintanstellt. Er äußert den Verdacht, dass „Kinder und Jugendliche bewußt von wissenschaftlichen Erklärungsweisen der Welt ferngehalten werden sollen, um sie für dieses oder jenes politische Weltbild offen zu halten" (Rekus 1996, S. 211). Er verweist schließlich darauf, dass der Begriff der Ganzheit nur als Konstruktion des Subjekts in der modernen Pädagogik vertretbar sei, da keine objektive Einheit oder Ganzheit der Welt existiert.

Lern- und Entwicklungspsychologie

Motivationspsychologische Gründe bilden den Kern dieses Legitimationsansatzes, der die Bereitschaft zu lebenslangem Lernen in den Mittelpunkt stellt. Die bereits zu den Eigenschaften der modernen, globalisierten Informationsgesellschaft getroffenen Feststellungen müssen nämlich noch um die Tatsache ergänzt werden, dass sich die technologischen Möglichkeiten in den vergangenen Jahrzehnten dramatisch beschleunigt fortentwickelt haben. Und auch wenn sich natürlich nicht vorhersagen lässt, ob diese Beschleunigung sich noch länger fortsetzt oder sich stabilisiert, so ist doch klar, dass sich die Bedingungen der realen Lebenswelt innerhalb einer einzigen Generation so sehr verändern, dass jedes einzelne gesellschaftlich eingebundene Individuum zu radikalen lebenslangen Weiterlernleistungen in der Lage sein muss – vorausgesetzt, es will sich der Gesamtgesellschaft nicht entziehen, sondern in ihr selbstbestimmt und selbstverantwortlich bestehen.

Hier setzt die lernpsychologische Betrachtung an, wenn festgestellt wird, dass die (auch individuell empfundene!) Sinnhaftigkeit des Lernens Voraussetzung dafür ist, dass sich intrinsische Motivation und als Folge aus ihr sowohl Fähigkeit wie auch Bereitschaft zu lebenslangem Lernen entwickeln. Und die Sinnhaftigkeit erschließt sich eben nur aus einer subjektiven Position, wenn an Erfahrungen und Lebensinteressen der Lerner angeknüpft wird. Dass diese in aller Regel „nicht-fachgebunden" sind, liegt auf der Hand.

Die Kognitionspsychologie wird insofern als Legitimationsgrundlage für die nichtfachgebundene Unterrichtung herangezogen, als sie die subjektive (Re-)Konstruktion der Wirklichkeit im Lerner durch aktive Auseinandersetzung zwischen Lerner und Umwelt betont und somit eine mehrperspektivisch, lernbereichsübergreifende und auch handlungsorientierte Ausrichtung des Unterrichts postuliert (vgl. Geigle 2005, S. 166 f.). Einige Forscher sind konstruktivistischen Überlegungen folgend überzeugt: „Wird das Vorverständnis der Schülerinnen und Schüler konsequent in den Unterricht einbezogen, kommt es quasi von selbst zu fächerübergreifendem Unterricht" (Labudde 2014, S. 13).

Nachteile des Fachunterrichts

Der Fachunterricht wird in erster Linie deshalb kritisiert, weil er den Bezug zur Lebensrealität der Lerner vermissen lässt, die nicht in einzelne Schulfächer untergliedert ist:

> Unsere Erfahrungswirklichkeit [...] stellt sich uns, wenngleich in unterschiedlichen Komplexitätsgraden, meistens in komplexen Lebenszusammenhängen dar, die wir zwar oft situa-

> tionsbedingt unter bestimmten dominanten Perspektiven wahrnehmen oder handelnd akzentuieren – z. B. unter ökonomischen, politischen, zwischenmenschlichen, ästhetischen, technischen Aspekten u.s.w. –, aber nicht säuberlich nach Abgrenzungskriterien einzelner Wissenschaften oder Schulfächer getrennt (Klafki 1998, S. 47).

Neben unmittelbar alltagsbezogenen Fähigkeiten und Kenntnissen fehlen im strikt getrennten Fachunterricht auch solche Gegenstandsbereiche, die diese Fachgrenzen überschreiten; Schlüsselprobleme können in einem solche Unterricht nicht adäquat integriert bearbeitet werden.

Die im Fachunterricht praktizierte Überbetonung des kognitiv-wissenschaftlichen Arbeitens zu Lasten der eigenaktiven Auseinandersetzung mit den Lerninhalten einerseits und der ästhetisch-musischen Bildung andererseits wird als ein großer Schwachpunkt des traditionellen Fachunterrichts wahrgenommen, dem mit nicht-fachgebundenen Strukturen (möglicherweise) ebenfalls Abhilfe geschaffen werden könnte. Außerdem macht die Einhaltung von Fächern organisatorisch die Einteilung des Schulalltags in Einheiten erforderlich. Inzwischen sind viele Schulen von der 45-Minuten-Taktung abgerückt, haben diese in aller Regel jedoch lediglich durch längere Perioden wie 60 Minuten oder 90 Minuten ersetzt, so dass die Kernkritik – die Zersplitterung des Lernprozesses – nicht an Gültigkeit verliert. Gerade begonnene Lernerfahrungen werden durch das Stundenende abrupt beendet, ohne dass man davon ausgehen kann, dass hier später nahtlos eine Anknüpfung gelingt. Auf der anderen Seite stehen Lerner, die einen Sachverhalt bereits erfasst und für sich zu einem sinnvollen Abschluss verarbeitet haben und nun bis zum Stundenende ausharren, ehe sie sich ganz anderen oder weiterführenden Aufgaben zuwenden können.

Ein weiterer Kritikpunkt am Fachunterricht betrifft einen Mangel an Werturteilsfähigkeit, der durch den strengen Fachunterricht begünstigt werde. Durch fachliches Wissen allein ist noch lange nicht die richtige Anwendung dieses Wissens gelernt. Dies kann nur durch die praktische und realitätsnahe Anwendung fachlicher Kenntnisse erprobt und schließlich erlernt werden – aber hierfür ist der Fachunterricht weder inhaltlich noch durch seine Organisationsform geeignet.

3.7.6.5 Interpersonelle Aspekte

In aktuellen Konzepten zum fächerübergreifenden Unterricht wird häufig auf die allgemein viel zitierte und keineswegs spezifisch mit dem fächerübergreifenden Unterricht verbundene Veränderung der Lehrerrolle verwiesen. Dass hier verschiedene didaktische und unterrichtsmethodische Ebenen vermischt werden, verunklart aber nur die Gemengelage.

Ein interessanterer Aspekt, der gerade mit Blick auf das hier zur Rede stehende Fach Mathematik Erwähnung verdient, ist dagegen die Genderproblematik. Von einem nichtfachgebundenen Unterricht erwarten sich viele Befürworter einen positiven Effekt auf die Lernbereitschaft der weiblichen Lerner, die von einer Neuausrichtung an den Lernerinteressen besonders profitieren könnten. Ein solcher Effekt konnte in der Studie zum naturwissenschaftlichen Unterricht von Klos (2008; Walpuski und Sumfleth 2012) tatsächlich nachgewiesen werden; es ist aber kritisch anzumerken, dass die empirische Forschung zu nicht-fachgebundenen Unterrichtsformen stark ausbaufähig ist.

3.7.6.6 Intentionale Aspekte

Die mit nicht-fachgebundenem Unterricht verknüpften Erwartungen und Ziele sind im Wesentlichen bereits in der Darstellung der Legitimationsaspekte hervorgetreten. Um einen abschließenden Überblick über den aktuellen Stand der Diskussion zu bieten, seien hier die wichtigsten als Schlüsselqualifikationen benannten Ziele lediglich alphabetisch zusammengestellt:

- Argumentationsfähigkeit*[1]
- Eigenverantwortung
- Empathie
- Entscheidungskompetenz
- Fantasie*
- Flexibilität*
- Kommunikationsfähigkeit*
- Kooperationsfähigkeit*
- Kreativität*
- Kritikfähigkeit*
- Lernkompetenz*
- Methodenkompetenz
- Planungskompetenz
- Problemerkenntnisfähigkeit*
- Reflexionsfähigkeit*
- Selbständigkeit*
- Sozialkompetenz*
- Teamfähigkeit*
- Transferfähigkeit*
- Vernetztes Denken*

Außerdem werden auf personaler Ebene die „Handlungsfähigkeit", „Verantwortlichkeit" und die „Werturteilsfähigkeit" (Schilmöller 1997) angeführt, die sich im Rahmen eines nicht-fachgebundenen Unterrichts erwerben und entwickeln ließen. Auf Ebene der sozialen Kompetenzen wird regelmäßig, aber keineswegs mit derselben Durchgängigkeit „kooperatives Lernen" mit all seinen beigeordneten Dimensionen als Bestandteil eines nicht-fachgebundenen Unterrichts genannt, außerdem die „gesellschaftliche Teilhabe" und „interkulturelles Verstehen" (Geigle 2005, S. 177). Auf der Inhaltsebene geht es in erster

[1] Die hier mit einem Asterisk markierten Qualifikationen finden bei der Entwicklung des CHIME-Konzepts besondere Berücksichtigung; es wird später an gegebener Stelle auf diese Liste zurückverwiesen.

Linie um das Herstellen von Lebensweltbezug durch näher an der Realität orientierte Inhalte, die in der nicht-fachgebundenen Unterrichtsorganisation verwirklicht werden können. Außerdem bietet die Aufhebung der Fachgrenzen die Möglichkeit, diese und andere etablierte Ordnungssysteme grundsätzlich kritisch hinterfragen zu lernen:

> Fächer repräsentieren Ordnungen des Wissens und der Erfahrung, die von Zeit zu Zeit überprüft, revidiert und korrigiert werden müssen, deren Struktur und Inhalt durchschaubar und der Reflexion zugänglich gemacht werden muss (Duncker 1997, S. 123).

Und nur wenn Unterricht die Möglichkeiten dazu bietet, ergibt sich auch der „Gewinn einer Metaebene in der Erkenntnis" (Duncker 1997, S. 123) – eine Idee, auf die noch zurückzukommen sein wird.

3.7.6.7 Inhaltliche Aspekte: Realität vs. Schulfächer?

Das Verhältnis zwischen der Lebenswirklichkeit der Lerner auf der einen Seite und den traditionellen Schulfachinhalten auf der anderen Seite bestimmt in weiten Teilen die Diskussion der möglichen Inhalte und Vorgaben nicht-fachgebundenen Unterrichts. Peterßen (2000, S. 55) vertritt den Standpunkt, dass dieser Unterricht sein Potenzial gerade aus einer fruchtbaren Rekombination und Verschränkung der Fächergliederung und der Alltagswirklichkeit schöpft. So können Themen von beträchtlicher Komplexität im Unterricht Platz finden, die den Horizont eines einzelnen Schulfaches übersteigen. Doch nicht nur Fachgrenzen allgemein werden so aufgelöst – auch der Abstand zwischen den Lernbereichen der Natur- und der Geistes-/Kulturwissenschaft soll so deutlich verringert werden. Da die „Vernetzungsstrukturen der modernen Wirklichkeit [...] aus empirischen und wertbezogenen Komponenten zusammengesetzt" (Rommel 1999, S. 221) sind, muss auch die Schule die (real längst existierende) Kooperation und Interdisziplinarität der natur- und geisteswissenschaftlichen Forschung abbilden. Kahlert konzipiert den Lebenswelt- und Fachbezug als sogenannte „didaktische Netze", über die er schreibt:

> Der zentrale Gedanke dieses Modells ist es, die für die Erschließung von Umweltbeziehungen didaktisch ergiebigen Erfahrungsbereiche des Alltagslebens mit dazu korrespondierenden fachlichen Perspektiven zu jeweils bipolaren Betrachtungsweisen auf den Unterrichtsinhalt zu verknüpfen (Kahlert 2001, S. 48).

Auch die Denkschrift Nordrhein-Westfalens (Bildungskommission NRW 1995) benennt in diesem Sinne überfachliche Dimensionen des Lernens, die als Reflexionsrahmen verschiedene Perspektiven auf die Wirklichkeit (und auch Lernordnungen) anregen und ermöglichen sollen.

Schlüsselprobleme

In den vergangenen Jahren ist die Frage nach der Qualität der herzustellenden Verbindungen laut geworden. Eine bloße Aneinanderreihung von Inhaltsaspekten ist nicht zielführend; die Verknüpfungen zwischen den fächerübergreifenden Aspekten müssen integrativ sein, d. h., es muss eine gemeinsame, didaktisch-pädagogische Zielsetzung vorliegen. Verschiedene Autoren äußern diesen Gedanken in leicht abweichenden Formulierungen und mit den ihnen eigenen Schwerpunktsetzungen, ohne sich jedoch inhaltlich zu widersprechen. Aus diesen Grundgedanken haben sich in vielen Publikationen zum Thema die Schlüsselprobleme als wichtiger Kern nicht-fachgebundenen Unterrichtens etabliert. Zunächst ist die Feststellung wichtig, dass diese Schlüsselprobleme, auf Basis von Klafkis grundlegenden Arbeiten, keineswegs als Absoluta betrachtet werden können, sondern stets Gegenstand des didaktischen bzw. des gesellschaftlichen Diskurses über Bildung sein müssen, um zur Allgemeinbildung zu führen.

> Allgemeinbildung bedeutet in dieser Hinsicht, ein geschichtlich vermitteltes Bewußtsein von zentralen Problemen der Gegenwart und – soweit voraussehbar – der Zukunft zu gewinnen, Einsicht in die Mitverantwortlichkeit aller angesichts solcher Probleme und Bereitschaft, an ihrer Bewältigung mitzuwirken. Abkürzend kann man von der Konzentration auf epochaltypische Schlüsselprobleme unserer Gegenwart und der vermutlichen Zukunft sprechen (Klafki 1996, S. 56).

Die folgende exemplarische Liste von Schlüsselproblemen nach Klafki diene hier zur Veranschaulichung und Verdeutlichung:

- Friedensfrage
- Umweltfrage
- Gesellschaftlich produzierte Ungleichheit
- Gefahren und Möglichkeiten der technischen Steuerungs-, Informations- und Kommunikationsmedien
- Subjektivität des Einzelnen
- Ich-Du-Beziehungen
- Rapides Bevölkerungswachstum
- Problematik des Nationalitätsprinzips
- Weltweite Vernetzung und Abhängigkeit
- Verhältnis von Industrie- und Entwicklungsnationen

Sind solche Schlüsselprobleme Inhaltsgrundlage für schulischen Unterricht, so ist offenkundig, dass nicht das „Beibringen" eines Lösungswegs Ziel sein kann, sondern gerade das Herausbilden von Bewertungskriterien für verschiedene Lösungen und mithin die Fähigkeit zur Reflexion. Dass ein solcher Unterricht das Problembewusstsein ganz allgemein (besonders im Vergleich zum traditionellen „Lehrgangsunterricht") fordert und fördert, liegt auf der Hand.

Anmerkungen zur Unterrichtsstruktur

Dass der oben skizzierte Problemunterricht hohe, ja höchste Anforderungen an die Lerner stellt, wird klar, wenn man ein solches Vorhaben mit den kleinen, übersichtlichen, eng umgrenzten, klar fokussierten, wenig kreativen und oft enggeführten Inhaltsfeldern des traditionellen Unterrichts vergleicht. Klafki selbst fordert daher eine Balance durch fakultative Angebote, die auf vielfältigste Art und Weise die Interessen und Fähigkeiten der Lerner entwickeln. Der Problemunterricht hingegen soll, nach seiner Konzeption, obligatorisch sein.

Klafki weist im Übrigen darauf hin, dass ein an Schlüsselproblemen ausgerichteter Unterricht nicht die Auflösung der (wissenschaftsgebundenen) Fachunterrichte zur Folge hat, sondern dass er als ergänzendes Prinzip sogar dringend notwendig ist. In diesem Sinne wird auch der Unterricht, der auf die durchgehend fachübergreifend strukturierten Schlüsselprobleme gerichtet ist, immer auch fachlich bestimmte Unterrichtsphasen erfordern. Aber Umfang und Aufbau solcher Phasen müssen dann konsequent didaktisch unter der Fragstellung durchdacht werden: Welche Erkenntnisse, Kenntnisse, Fähigkeiten und Fertigkeiten sind unverzichtbar notwendig, um die fachspezifischen Elemente des jeweils anstehenden, fächerübergreifenden schlüsselproblemorientierten Themas zugänglich zu machen? Damit ist ein neuartiges Verständnis fachlich akzentuierter Phasen in fächerübergreifenden Unterrichtszusammenhängen angezeigt (vgl. Klafki 1995, S. 38).

3.7.6.8 Empirische Befunde – funktioniert das?

Im Zusammenhang mit der Mathematikdidaktik, die hier von Interesse ist, soll kurz auf einige Studien und ihre Resultate hingewiesen werden, die sich mit naturwissenschaftlichem Unterricht befassen. Die Metastudie von Bennett et al. (2007) zeigt nach Auswertung von 17 Einzelstudien aus dem englischsprachigen Raum, dass nicht-fachgebundener Unterricht sich in der affektiven Dimension auswirkt, und dass sich diese positivere Haltung besonders deutlich bei weiblichen Lernern zeigt.

Ein Experiment, das Klos (2008) in der Orientierungsstufe in Nordrhein-Westfalen durchführte, zeigte, dass das Fachinteresse der weiblichen Lerner durch integrierten naturwissenschaftlichen Unterricht auf das gleiche Niveau wie das der männlichen Lerner stieg. Ein fachlicher Vor- oder Nachteil durch zwei Jahre integrierten Unterricht war nicht feststellbar; dafür wurden Unterschiede in der methodischen Gestaltung hin zu mehr Handlungsorientierung sichtbar.

Eine ähnliche Grundidee trägt die Studie von Åström (2008), die das Abschneiden bei der PISA-Studie untersuchte, in Abhängigkeit von der Art des naturwissenschaftlichen Unterrichts (integriert oder gefächert). Åström konnte praktisch keinerlei Unterschiede zwischen beiden Gruppen fassen. Damit lassen sich folgende Aussagen zum nichtfachgebundenen Unterricht (im Bereich des naturwissenschaftlichen Unterrichts) derzeit empirisch belegen:

- Er erhöht das Interesse der Lerner.
- Er verringert die Genderproblematik.
- Er begünstigt eine andere Unterrichtskultur.
- Er baut dieselben Kompetenzen auf wie gefächerter Unterricht.

3.7.7 Kommentar

Die verschiedenen, hier kurz umrissenen Aspekte der aktuellen Konzepte und besonders die Legitimationsansätze für einen nicht-fachgebundenen Unterricht beziehen sich zwar auf unterschiedliche Dimensionen menschlichen Lebens und wissenschaftliche Traditionen, sie widersprechen einander jedoch kaum. Vielmehr liegt der Fokus nur auf einem jeweils anderen Aspekt einer Gesamtlegitimation, die man – wie bei allen reformpädagogischen Bestrebungen – aus ihrer kritischen Haltung zu bestehenden Strukturen und Prozessen heraus verstehen muss. Dort identifizierte Mängel und ihre Auswirkungen auf alle am Bildungsprozess beteiligten Akteure (Schüler, Lehrer, Eltern, Schule als Institution und die übergeordnete Bildungspolitik in all ihren hierarchischen Teilebenen) bilden die Grundlage für alle diese Legitimationsfacetten.

Bei aller Verschiedenheit und teils auch widersprüchlichen Haltungen zu bestimmten Teilaspekten und Begründungsgrundlagen, ist der Grundtenor der aktuellen Diskussion recht eindeutig: Fächerübergreifendes Lernen ist kein umstrittenes pädagogisch-didaktisches Experiment, sondern aus verschiedensten Gründen und Grundbedingungen der postmodernen Lebenswirklichkeit dringend geboten. Dass die Ansichten über das Wie, Wann, Wo und Was genau dabei weit auseinandergehen, ist nicht überraschend. Die Ziele des nicht-fachgebundenen Unterrichts jedoch scheinen konsensfähig:

- Schule soll Kindern und Jugendlichen aus einer zunehmend spezialisierten, entkörperlichten Welt den Raum zu umfassenden Grunderfahrungen bieten, ja sie bewusst damit konfrontieren.
- Er soll sie auf die Herausforderungen einer universell interdependenten Risikogesellschaft vorbereiten, indem die kognitiven ebenso wie die sozialen und emotionalen Fähigkeiten und Fertigkeiten entwickelt werden.
- Die umfassenden Abhängigkeiten zwischen den verschiedensten Lebens- und Wissensbereichen machen eine Fähigkeit zur Metakognition unabdingbar, die die reinen Fachkenntnisse vernetzbar und zugleich in ihrer – individuellen wie gesellschaftlichen – Bedeutung bewertbar machen.

Selbstreflexion und Steuerungsfähigkeit der eigenen Impulse und Selbstverantwortung stellen für die Befähigung zur Entwicklung eines wahrhaft aufgeklärten Individuums oder, um es mit Deweys Worten zu sagen, des demokratischen Menschen notwendige Grundlagen dar, die das traditionelle System Schule nicht in ausreichendem Maße herausbildet.

Stolperstein Schulrealität

Arnolds und Bachs (2011, S. 6) Analyse ergibt, dass „trotz seiner Bedeutung in neueren Lehrplänen [...] fächerübergreifender Unterricht in Deutschland vergleichsweise selten durchgeführt wird; Schwerpunkte liegen im Bereich des Sachunterrichts der Grundschule sowie im Gesamt- und Projektunterricht“. Dass trotz aller erhobener Forderungen nach der Stärkung nicht-fachgebundener Unterrichtsformen und auch deren Festschreibung in

Lehrplanschriften ein solcher Unterricht real immer noch kaum stattfindet, liegt wohl vorwiegend in verschiedenen organisatorischen Aspekten begründet, die es kaum erlauben, die starren schulischen Strukturen zu lösen: Schulen sind fast ausschließlich am traditionellen Fächerkanon orientiert, und das ausdifferenzierte Fachlehrersystem mit der zugehörigen Ausbildungsstruktur führt dazu, dass sich Lehrer als Fachspezialisten für ein, zwei oder – in Ausnahmefällen – drei Fächer wahrnehmen. Die rein praktische Umsetzung steht damit potenziell in einem gewissen Widerspruch sowohl zu geltendem Recht, zum Leistungsvermögen der Lehrkräfte als auch zum tradierten Bild von Schule und Unterricht.

Duncker und Popp (1998), die auch das Entstehen neuer, nicht-fachgebundener Schuldisziplinen als eine mögliche künftige Entwicklungsrichtung ins Auge fassen, weisen zudem auf die Gefahr hin, die eine dauerhafte, curriculare Festschreibung nicht-fachgebundenen Unterrichts in der Organisation Schule in sich birgt: Das „neue Schulfach“ könnte sich nach einer gewissen Zeit zwischen den traditionellen Fächern einreihen und damit seine eigene Wirksamkeit verlieren – und zugleich noch den Anspruch der Anschließbarkeit der Wissensinhalte der anderen Fächer reduzieren.

Die strukturellen Möglichkeiten zur sukzessiven Etablierung nicht-fachgebundener Unterrichtsformen fassen Duncker und Popp (1998, S. 10 ff.) in ihren fünf Formen (bzw. Stufen) fächerübergreifenden Lehrens und Lernens wie folgt zusammen:

1. Erweiterung schulfachbezogener Arbeitsformen
2. Verknüpfung fachlicher Perspektiven zu einem Thema
3. Ausgestaltung fächerverbindender Lehrpläne und Curricula
4. Entwicklung von Schulprofilen
5. Konzipierung neuer Schuldisziplinen

Nur die ersten beiden Punkte beziehen sich dabei auf eine unmittelbare unterrichtliche Umsetzung, die anderen drei Aspekte verweisen auf makroorganisatorische Gestaltungsmöglichkeiten, die außerhalb des Einflusses der einzelnen Lehrpersonen oder Schulen liegen.

Der Ansatz des CHIME-Konzepts

Beide aufgeworfenen Schwierigkeiten will das in Kap. 7 vorgestellte Konzept berücksichtigen und lösen. Um die Professionalität der zuständigen Lehrenden auch in nicht-fachgebundenen Unterrichtsformen zu gewährleisten, müssen flexiblere Arbeitseinheiten geschaffen werden, die die regelmäßige Kooperation zwischen Fachspezialisten real ermöglichen. Solche Einheiten entwirft das CHIME-Konzept unter der Bezeichnung „Modul“ in Abschn. 7.2.3 und 7.3.1. Der Gefahr von sich abkapselnden und langfristig neuen Fächern anstelle nicht-fachgebundener Fächer wirken die genannten Module bereits entgegen, da sie ihren Platz als eingebundene, zeitlich umgrenzte Einheiten innerhalb anderer Fachunterrichte haben und eine Verselbständigung kaum möglich erscheint. Zum anderen steht aber auch die Idee der „heuristischen Sequenzen“ des CHIME-Konzepts einer solchen Entwicklung entgegen.

3.8 Das spätere 20. Jahrhundert: Die Neuentdeckung des Problems

Vor dem Hintergrund der in Abschn. 3.6 vorgestellten psychologischen und lehr-lernpsychologischen Theoriebildungen, die das 20. Jahrhundert prägten, fanden im Verständnis von Denken und Lernen massive Umwälzungen statt. Die Geschichte der Pädagogik und ihre Entwicklung sind nur vor dem Hintergrund der – implizit oder explizit – zugrunde liegenden Vorstellung des Individuums als Realität (re-)konstruierende Einheit nachvollziehbar, auf der alle heute relevanten Didaktiken und Unterrichtskonzepte beruhen. Dass es trotzdem keine unmittelbare Korrelation zwischen den wissenschaftlichen Erkenntnissen und den realen Bildungsangeboten gab, wird aus den nun folgenden Betrachtungen zur Entwicklung des Mathematik*unterrichts* im 20. Jahrhundert deutlich.

Frage

Was lässt sich über die kulturgeschichtliche Entwicklung der Unterweisung in Mathematik, möglichst unter Bezug auf das Lösen von Problemen, aussagen?

Nach dem Ersten Weltkrieg wurden Reformen in Frankreich (teils aus nationalistischen Gründen) an den Lycées in weiten Teilen wieder zurückgenommen, und es setzte eine Phase der Restauration ein, die zu einer erneuten Zurücksetzung der mathematischen Bildung führte. Die (Selbst-)Legitimierung der Mathematik veränderte sich in dieser Phase. Man erklärte, dass das Fach „das Ziel verfolge, die Geisteskultur zu bilden und zu formen" (Gispert 2014, S. 235), also keine praktischen und konkreten Ziele zu verfolgen (eine Haltung, die an den Gymnasien in Deutschland noch wesentlich länger dominierte als in Frankreich).

> Mathematics teachers in the lycées stood against any sign of applied studies and links to the real world, which were identified with the primary system, and therefore wanted to reject anything that could resemble a „primarization" of secondary education (Gispert 2014, S. 235).

In Deutschland drängten das Trauma des Ersten Weltkrieges und nachfolgende Wirtschaftskrisen die Wissenschaften in ihrer wahrgenommenen Bedeutung in eine randständige Position. Nationalistische Tendenzen breiteten sich in zunehmendem Maße und mit immer größerem Einfluss in der Bildungspolitik aus. Zugleich gewannen reformpädagogische Ideen in dieser Zeit an Einfluss. In den Zeiten des Dritten Reiches wurde der Mathematikunterricht in den Dienst der Machthaber gestellt. Seine Inhalte wurden an das Programm angepasst, etwa mithilfe von Lehrbüchern wie *Mathematik im Dienste der nationalpolitischen Erziehung mit Anwendungsbeispielen aus Volkswissenschaft, Geländekunde und Naturwissenschaften* (Ahrens und Dorner 1935). Daneben erfolgte eine Strukturreform der Sekundarschulen, die kaum praktische Veränderungen gegenüber der Weimarer Republik bedeutete. Weiterreichende Reformideen der nationalsozialistischen Partei wurden nie umgesetzt.

Die Zeit nach dem Zweiten Weltkrieg ist durch zahlreiche, keineswegs klar gerichtete Umwälzungen in der (europäischen) Bildungslandschaft geprägt. In Westdeutschland kehrte man in reaktionärem Konservatismus zu dem Zustand vor dem Ersten Weltkrieg zurück und gab damit auch erzielte Fortschritte der Weimarer Republik auf. Die Bildungspolitik in Deutschland stagnierte. Als der Sputnik-Schock in den meisten westlichen Staaten einen lebhaften Diskurs und die OEEC[2] (Organisation for European Economic Co-operation) die Stärkung mathematisch-naturwissenschaftlichen Unterrichts auslöste, wurden in Deutschland im Gegenteil die obligatorischen Mathematikstunden nochmals reduziert. Erst in der zweiten Hälfte der 1960er Jahre löste der immense Druck eine Reformwelle in Westdeutschland aus, die zu institutioneller Neuordnung und Ausbau der Bildungslandschaft führte. Die Mathematikdidaktik wurde im Zuge dieser Umgestaltung gestärkt und die Annäherung von Primar- und Sekundarschulwesen im Bereich der Lehrerausbildung weitergeführt. Auf curricularer Ebene wurden radikale Veränderungen von oben durch die KMK und aufgrund fehlender Reformbereitschaft von „unten" vor allem auf Basis *ausländischer Vorschläge und Erfahrungen* durchgesetzt.

Diese Erfahrungen stammen vorwiegend aus den Vereinigten Staaten. Und es ist durchaus kein Zufall, dass eine allgemeine Reformbewegung in den USA begann. Waren vor dem Zweiten Weltkrieg dort die Standards des Mathematikunterrichts noch stetig gesenkt worden, so stieg nach dem Krieg das Interesse an der Bildungsqualität allgemein und der mathematischen Bildung drastisch, aus einem einfachen Grund: Konkurrenzdruck. Die USA fürchteten, von der Sowjetunion technisch-militärisch überflügelt zu werden. Die sogenannte Neue Mathematik war die unmittelbare Folge. Die Ideen der Neuen Mathematik, die eine engere Angliederung der schulischen an die universitäre Mathematik anstrebte, wurden oft stark auf ihren Aspekt der Mengenlehre verkürzt, brachten aber auch eine stärkere Betonung der Abbildungsgeometrie und eine verständnisorientierte Analysis.[3]

In Deutschland lag die Hauptschwierigkeit in der (mangelhaften) Umsetzung, die de facto vor allem durch die Lehrwerke geleistet wurde. Relevant ist die Feststellung, dass in diesem Reformversuch die „praktische" Tradition erneut zugunsten des theoretisch geprägten Vorgehens an den Sekundarschulen zurücktreten sollte – was sich als nicht realisierbar erwies. Auch wenn diese Reform nur wenige Jahre später aufgehoben wurde, blieben bestimmte Rudimente erhalten, die bis heute wirksam sind. Obwohl die Mengenlehre wieder aus den Curricula verschwand, so gab es nun doch ein länderübergreifendes Grundgerüst des Mathematikunterrichts: fundamentale Ideen, die für Primar- und Sekundarschulbereich bestimmend sein sollten. In der *reformierten Oberstufe* an dem neu geschaffenen Gymnasium (Zusammenfassung des humanistischen Gymnasiums, des Realgymnasiums und der Oberrealschule, die alle drei das Abitur erteilen konnten) blieb Mathematik Pflichtfach.

[2] Es handelt sich um die 1948 gegründete Vorläuferorganisation der heute noch bestehenden OECD (Organisation for Economic Co-operation and Development).

[3] Vieles hiervon stellt einen klaren Rückbezug auf die von Felix Klein geforderten Veränderungen dar.

In der Deutschen Demokratischen Republik (DDR) ging man andere Wege. Eine zentralistische Struktur der Bildung beförderte unmittelbar nach dem Krieg reformpädagogische Ansätze und Arbeitsunterricht. Auch wenn dies bald wegen sowjetischer Einflussnahme teilweise aufgegeben werden musste, löste sich die DDR schon in den 1950er Jahren von solcher Bevormundung und gestaltete sein Schulsystem weitgehend selbständig. Mathematik war das stundenstärkste Schulfach und genoss zusammen mit den Naturwissenschaften das höchste gesellschaftliche Ansehen. Es gab spezielle Fachschulen für Mathematik, teils im Verbund mit Technik, und der Staat schrieb ab Anfang der 1960er Jahre dezidiert den gesamten Mathematikunterricht, seine Ausgestaltung und die Ausbildung der Lehrkräfte fest, schuf Leistungswettbewerbe und förderte Begabungen im mathematisch-technischen Bereich von oberster politischer Ebene. Durch konsequente Evaluationen und Weiterentwicklungen der Lehrpläne wurde das System fortwährend verbessert und verfeinert. Mit dem Beitritt der DDR zur Bundesrepublik Deutschland wurde das System an das westdeutsche Modell angepasst – das weniger hohe Standards in der mathematischen Bildung setzte.

Frage

Welchen Stellenwert weist der Bildungsbegriff dem Problemlösepotenzial der Mathematik zu?

Bereits in den 1940er Jahren erschien Pólyas epochemachendes Werk des mathematischen Problemlösens als eigenem Teilgebiet, der Heuristik: *How to Solve It*. Pólya befasste sich unter klar didaktischer Perspektive mit dem Prozess des Problemlösens und schuf eine erste und bis heute in weiten Teilen geltende Terminologie und sachfachliche Grundstruktur. Von ihm stammt das Vier-Phasen-Modell des Problemlösens (Abschn. 1.4.4.1). Mit Pólya wurde der Begriff des Problems nachdrücklich in den Bildungsdiskurs eingebracht. Verschiedene Autoren verarbeiteten Pólyas Ideen produktiv weiter, bezogen Teile aus seinen Arbeiten mehr oder minder intensiv in ihre Unterrichtskonzepte ein, und über den Verlauf des 20. Jahrhunderts hinweg lässt sich feststellen: *Das Problem rückte mehr und mehr in den Mittelpunkt der Betrachtungen der geistigen Konstruktionstätigkeit.*

Bildungspolitisch wurde dieser Entwicklung allerdings erst mit großer Verzögerung Rechnung getragen. Es macht den Anschein, dass die Mathematik zwar weithin als entscheidende Kompetenz für das Lösen von Problemen erkannt und anerkannt wurde – nur hatte dies lange keine klaren Konsequenzen für den Mathematikunterricht. Vielmehr stellten in den 1980er Jahren verschiedene amerikanische Forscher fest, dass auch Schüler, die in isolierten Leistungstests gut abschnitten, nicht dazu in der Lage waren, diese Fähigkeiten auf realistische Problemkontexte anzuwenden.[4] Diese Befunde wurde 1983 in einer pessimistischen Studie, dem „A Nation at Risk"-Report, publiziert. Ähnlich wie der PISA-Schock in Deutschland rief er in den Vereinigten Staaten eine breite öffentliche De-

[4] Dieses Phänomen ist auch als Wagenschein-Effekt bekannt. Es beschreibt allgemein die Unfähigkeit, vorhandenes Fachwissen auf konkrete Problemstellungen anzuwenden.

batte und eine Reformbewegung hervor, die die bis heute andauernde „Standards Era" einläutete. Der US-amerikanische National Council of Teachers of Mathematics (NCTM) erarbeitete in der unmittelbaren Folgezeit, also bereits in den 1980er Jahren, eine Konzeption des Mathematikunterrichts, in dem *das Problemlösen die zentrale Leitidee des Unterrichts* ist. Heurismen wurden als Schlüssel zur Verknüpfung disjunkter Inhalte und Themenfelder betrachtet, und die Beschäftigung mit Heuristik sollte Transfermöglichkeiten in andere Fachgebiete ermöglichen und die zuvor mangelhafte Fähigkeit fördern, realitäts- und anwendungsbezogene Probleme zu bewältigen. Über diese Bemühungen schreibt Baumert:

> Eine in mancher Hinsicht vorbildliche Konkretisierung dieser Kompetenzvorstellungen hat der „National Council of Teachers of Mathematics" (NCTM) mit zwei Publikationen „Curriculum and Evaluation Standards for School Mathematics" (1989) und „Professional Standards for Teaching Mathematics" (1991) vorgelegt (Baumert und Lehmann 1997, S. 60).

Auch in Europa war das Problemlösen vor diesem Hintergrund bereits in den 1980er Jahren ein Thema unter Mathematikdidaktikern. In Frankreich etablierte sich etwa ab Anfang der 1980er Jahre eine „Lehrmethode, die – die Mathematik in der Bandbreite ihrer Anwendungsbereiche betrachtend – das Hauptaugenmerk auf das Problemlösen legte und ‚angewandte' Teilgebiete des Fach bevorzugte" (Gispert 2014, S. 239). Anders als im angelsächsischen Raum waren es aber Einzeltheorien, die sich unter unterschiedlichen Namen etablierten, aber (zunächst) nicht einmal im Ansatz eine vergleichbare Wirkung für den Mathematikunterricht entfalteten. Erst mit dem Beginn der „Standards Era" um die Jahrtausendwende lässt sich auch in Europa ein grundsätzlicher Wandel hin zum Problemlösen als Kernanliegen des Mathematikunterrichts erkennen.

3.9 Exkurs: Unterrichtskonzepte des 20. Jahrhunderts

Die bis hierher umrissenen Entwicklungen und Diskurse beeinflussten maßgeblich auch die im Verlauf des 20. Jahrhunderts von verschiedenen Forschern vorgeschlagenen Unterrichtskonzepte, von denen die einflussreichsten und bis heute wirksamen nun kurz genannt werden sollen. Den Konzepten gemeinsam ist eine mehr oder weniger stark ausgeprägte Orientierung an *Problemen*, deren lernpsychologische Bedeutung immer deutlicher hervortrat. Mit Blick auf die beiden neuen Unterrichtskonzepte IHiMU (Integrierte Heuristiklehre im Mathematikunterricht) und CHIME (Content and Heuristics Integrated Mathematics Education) werden im Folgenden die für sie wirksamen Aspekte hervorgehoben.

3.9.1 Handlungsorientierter Unterricht

Hentig folgte in seinen Grundüberzeugungen in weiten Teilen Dewey und engagierte sich maßgeblich in der Bielefelder Laborschule (gegr. 1974), die im Wesentlichen Deweys Laborschule in Chicago nachempfunden war. Hentig und Gudjons stehen im deutschsprachigen Raum für den *handlungsorientierten Unterricht.*

Handlungsorientierter Unterricht betont, wie so häufig in Abgrenzung zum vorherrschenden pädagogischen Vorgehen der Zeit, die Wichtigkeit des unmittelbaren Erfahrens. Damit ist die Erwartung verbunden, dass handelnd erworbenes Wissen kein totes Wissen sein kann, sondern in verwandten (Problem-)Situationen abgerufen und produktiv eingesetzt werden kann. Die Nähe zu Deweys pragmatischem Ansatz mit seiner Betonung des Erfahrens ist deutlich. Die konkrete Unterrichtsgestaltung ist dabei von den Ideen und Ergebnissen Aeblis und Bruners beeinflusst.

▶ Für das IHiMU- und das CHIME-Konzept relevant ist die große Bedeutung, die der Verknüpfung zwischen (motorischer) Handlung und Erkenntnisgewinn zugeschrieben wird. Mathematisch-problemlösendes Wissen konkret handelnd aufzubauen, ist eines der zentralen Ziele.

3.9.2 Genetischer Unterricht

Der *genetische Unterricht* (nach Wagenschein), der besonders in der Mathematik und den Naturwissenschaften wirksam wurde, weist einige Elemente auf, die auf den später entstandenen *problemorientierten Unterricht* weisen. Auch für den genetischen Unterricht bedarf es „herausfordernder, aufschließender Probleme", und die Auswahl des Stoffes muss exemplarisch, nicht fachsystematisch erfolgen. *Genetisch – sokratisch – exemplarisch*, so lautete Wagenscheins Motto.

Was ist unter dem genetischen Prinzip zu verstehen? Warum sollte man sich als heutiger Lerner mit der Geschichte einer Wissenschaft befassen, die auch Irrwege und Sackgassen enthielt? Dieser häufig erhobene Einwand gegen den genetischen Ansatz basiert auf dem Missverständnis, dass Historie und Genesis gleichzusetzen sind. Schon Toeplitz hielt dem entgegen:

> Der Historiker [...] hat die Aufgabe, alles Gewesene zu registrieren, ob es gut war oder schlecht. Ich will aus der Historie nur die Motive für die Dinge, die sich hernach bewährt haben, herausgreifen und will sie direkt oder indirekt verwerten. [...] Nicht um die Geschichte handelt es sich, sondern um die Genesis der Probleme, der Tatsachen und Beweise, um die entscheidenden Wendepunkte dieser Genesis (Toeplitz 1927, S. 94).

Das schmale Buch *Problemgeschichte der Mathematik* von Herbert Meschkowski aus dem Jahre 1979 befasst sich mit einer solchen im Toeplitz'schen Sinne „genetischen" Darstellung der Mathematik (Meschkowski 1979).

▶ Für das CHIME-Konzept ist der Standpunkt des genetischen Lernens insofern fundamental, als es die historisch gewachsenen Bezüge zwischen fachmathematischem Wissen auf der einen Seite und dem Akt des Problemlösens auf der anderen Seite wann immer möglich nutzbar macht.

3.9.3 Entdeckendes und forschendes Lernen

Die Grundidee des *entdeckenden Lernens* spielte schon in der Reformpädagogik eine große Rolle. Der Wissenserwerb soll auf der Grundlage von Neugier und Eigenaktivität des Lerners erfolgen. Der Gedanke wurde in der Didaktik immer wieder und von einer Vielzahl von Fachgebieten aufgegriffen und in der Nachkriegszeit auch früh in offiziellen Bildungsschriften. Wissenschaftlich begründet wurde der Ansatz durch die Ergebnisse der Lehr-Lernforschung (Abschn. 3.6), und auch die bereits vorgestellten Theoretiker (besonders Bruner) wiesen auf die Bedeutung des Entdeckens hin, die sich aus ihren psychologischen Forschungen bzw. ihren Lerntheorien ergaben. Im deutschsprachigen Raum hat Winter (1989) diese Grundidee ab dem Ende der 1980er Jahre maßgeblich für das Fach Mathematik ausgearbeitet. Er leitet das entdeckende Lernen direkt aus konstruktivistischen Grundüberzeugungen her und beschreibt dabei immer wieder die enge Verbindung von Entdecken und Problemlösen, bezieht sich auch auf die Heuristik und fügt sich damit nahtlos an das, was für das IHiMU- und das CHIME-Konzept ausgeführt wird. Darüber hinaus analysiert er treffend die Hürden, die bei der Umsetzung des entdeckenden Lernens auftreten und auf die später zurückzukommen sein wird.

Als eine spezialisierte Form des entdeckenden Lernens kann das *forschende Lernen* gelten. Hier tritt der Gedanke hinzu, dass der Prozess der Entdeckung sich an wissenschaftlich-forschenden Prinzipien orientiert.

▶ Das IHiMU- und das CHIME-Konzept sind im Kern konstruktivistisch angelegt. Die eigenaktive Konstruktion mathematischen Wissens setzt in diesem Sinne gleichsam das entdeckende Lernen als Prinzip der Unterrichtsgestaltung voraus. Auch das forschende Lernen kann im CHIME-Konzept angebahnt und entwickelt werden.

3.9.4 Problemorientierter Mathematikunterricht

Problemorientierung als Unterrichtsprinzip, also problemorientierter oder auch problemlösender Unterricht, entwickelte sich gleichfalls aus reformpädagogischen Ansätzen und basiert auf der, auch von John Dewey vertretenen Konzeption, „dass das Lösen von Problemen lernmotivierend wirkt und so die Effektivität des Lehrens und Lernens steigert" (Tenorth und Tippelt 2007, S. 578). Entscheidend ist dabei, dass die vorgelegten Probleme „für die Lernenden relevant sind, weil sie eine gewisse Aktualität haben, als authentisch wahrgenommen werden oder aus andren Gründen das Interesse der Schüler wecken" (Tenorth und Tippelt 2007, S. 578). Mit einem Problem ist in diesem Zusammenhang aber keineswegs zwingend ein lebensweltliches Realproblem gemeint. Stowasser und Zimmermann sind zwei prominente deutsche Verfechter dieses Ansatzes für den Mathematikunterricht.

In der DDR wurde dieser Ansatz unter der Bezeichnung „problemhafter Mathematikunterricht" ebenfalls entwickelt. Es ist zu betonen, dass nicht eine Erhöhung des „Problemanteils" in den Übungsphasen des Unterrichts genügt, um einen problemorientierten Mathematikunterricht zu realisieren, sondern Probleme die Ausgangspunkte für sämtliche unterrichtlichen Phasen darstellen.

Diese Umgestaltung der Didaktik zur anwendungsbezogenen Kompetenzentwicklung fand keineswegs nur in der Mathematik und verwandten Fächern statt. In der Fremdsprachendidaktik lassen sich parallele Entwicklungen beobachten, wo nur mit anderen Bezeichnungen gearbeitet wird. Im Fremdsprachenunterricht ist das Task-Based Learning (TBL) eines der aktuell produktivsten didaktischen Konzept, bei dem es um nichts anderes geht, als das Lernen und Anwenden der fremden Sprache in konkreten „Problemsituationen" oder bezogen auf praktische „Aufgaben" zu realisieren – an die Stelle eines mathematischen Problems tritt hier das kommunikative Problem; darüber hinaus sind beide Ansätze eng verwandt.

► Für das IHiMU- und das CHIME-Konzept spielen die Ideen des PBL eine wichtige Rolle, da die Vermittlung heuristischer Kompetenzen Hauptziel des Konzepts ist. Daher müssen Probleme Ausgangspunkt des didaktischen Planungshandelns sein, wie es von den Vertretern des PBL herausgearbeitet wurde.

3.9.5 Realistic Mathematics Education

Die in den Niederlanden maßgeblich von Freudenthal entwickelte Realistic Mathematics Education (RME) vereint viele Elemente der bis hier vorgestellten Konzepte. Die zwei wichtigsten Grundsätze besagen:

1. Mathematik muss mit der Realität verknüpft sein. Damit ist nicht zwingend eine Anbindung an einen konkreten Sachgegenstand oder eine Realsituation gemeint, sondern es kann auch um die „geistige Realität" in den Köpfen der Lerner gehen.
2. Mathematik ist eine menschliche Aktivität. Dies hebt den prozessualen Charakter von Mathematik hervor.

Daraus ergibt sich in der RME die Gestaltung des Unterrichts nach dem Prinzip der Guided Reinvention, das dem genetischen Prinzip nahesteht. Treffers (1987) fasst die Hauptmerkmale der RME wie folgt zusammen:

- Kontextualisierung
- Gebrauch von Modellen
- Verwendung der Produkte und Konstrukte der Lerner
- Interaktivität des Lehrprozesses
- Verknüpfung mehrerer Lernprozesse

► Für das CHIME-Konzept liegt die Bedeutung der RME in geteilten Überzeugungen, die sich aus den Ideen des situierten Lernens speisen, und praktischen Aspekten, die in dieser Theorie herausgearbeitet wurden.

3.9.6 Situated Learning

Das *Situated Learning* (situierte Lernen) richtet sein Hauptaugenmerk auf die Qualität der Problemsituationen, in deren Rahmen Lernen stattfindet. Lernen ist dann am effektivsten, d. h., es bewirkt den größten und nachhaltigsten Kompetenzzuwachs, wenn die Situationen zu ihrem Erwerb geeignet gewählt sind. Damit ist es ein Prinzip der Unterrichtsgestaltung, das praktisch alle hier angesprochenen Unterrichtskonzepte berührt (Abschn. 3.6.10).

► Für das CHIME-Konzept ist die Idee des Situated Learning maßgeblich für die Gestaltung als integrierter Bestandteil von Sachfächern, die die Situiertheit der Problemstellungen gewährleisten sollen.

3.9.7 Kommentar

Schon die knapp gehaltene Übersicht über die ausgewählten Unterrichtskonzepte lässt erkennen, dass sie sich einander nicht grundsätzlich widersprechen oder gar ausschließen. Mit Blick auf ihre Entstehungszeiten und -zusammenhänge zeigt sich vielmehr, dass es sich um teils parallele, aber geographisch getrennte Entwicklungen handelt, die auf der Grundlage konstruktivistischer Erkenntnistheorie eine Effektivierung des (mathematischen) Lernens anstreben. Die verschiedenen Ansätze, die dabei im Rahmen des handlungsorientierten, des entdeckenden, des problembasierten oder des situierten Lernens bzw. Unterrichts entwickelt wurden, lassen sich als ein großes Kontinuum sich gegenseitig bedingender, ermöglichender und ergänzender Perspektiven verstehen, die im Laufe des vergangenen Jahrhunderts global konvergierten – und zwar mit einer zunehmend Fokussierung auf das Problem als Kernbegriff, Kernanliegen und gleichzeitig vielleicht wichtigstes Instrument.

3.10 Fazit und Kommentar

Die kurze Reise durch die Geschichte des Mathematikunterrichts der vergangenen 3000 bis 5000 Jahre sollte dazu dienen, einen ersten Eindruck nicht nur von der historischen Wechselhaftigkeit der Bedingungen und Realitäten zu gewinnen, sondern auch der (daraus resultierenden) Überlieferungssicherheit. Über weite Zeiträume der menschlichen Geschichte lässt sich nichts Gewisses über das Verständnis der Menschen von Wissen, Abstraktion, Mengen- oder Zahlvorstellungen aussagen, geschweige denn über die Methoden, solches Wissen oder solche Ideen an andere Mitglieder der Gemeinschaft weiterzugeben. Selbst für die Zeiträume, in denen Quellen Aufschluss geben, lassen sich manche Fragen schwer beantworten oder die zugrunde liegenden Geisteshaltungen nur vermuten, weil eine explizite Didaktik, eine klar formulierte Zielvorstellung des eigenen Bildungsbestrebens nur in Ausnahmefällen aufzuspüren ist.

In diesem Sinne sind die Gegenwart und die jüngere Geschichte gläserne Epochen, denn allenthalben erklärten und erklären Machthaber, Staaten oder größere Organisationen wie die OECD ihre Bildungsideale. Ob sie ihren Ansprüchen dabei gerecht werden, ist eine große Frage, die im Umkehrschluss wieder zum Nachdenken darüber anregt, ob alles, was schwarz auf weiß niedergelegt wird, auch Niederschlag in der Wirklichkeit findet – und ob umgekehrt das Fehlen solcher ausdrücklicher Erklärungen wirklich bedeuten muss, dass es kein Bildungsziel gegeben hat, wie es viele Forscher immer wieder vermuten.

Wie deutlich wurde, ist im Speziellen auch die Rolle des Problems in der (mathematischen) Bildungsgeschichte nicht einfach nachzuverfolgen. Aus langen Phasen menschlicher Kultur fehlen didaktisch-pädagogische Quellen, das europäische Mittelalter unterbrach die nicht primär religiös motivierte Entwicklung der Wissensvermittlung und erst mit der frühen Neuzeit können unmittelbare Einblicke in das pädagogische Denken genommen werden. Probleme treten als Gegenstand des Mathematikunterrichts jedoch immer wieder in Erscheinung, selbst dort, wo die Datenmenge gering ist, was an sich einen Hinweis auf die Verbreitung und Bedeutung geben mag. Aber wie lässt sich nun das Verhältnis von Problemlösen auf der einen Seite und den drei Kategorien Bildung, Lernen und Mathematik auf der anderen denken?

Problemlösen $\subset$ Bildung

Für weite Teile der Geschichte lässt sich der Wert, den die Gesellschaft bzw. die maßgeblichen gesellschaftlichen Schichten dem Problemlösen zuschrieben, nicht zweifelsfrei feststellen, sondern nur indirekt erkennen. Viele Überreste früher, hochentwickelte Kulturen legen Zeugnis davon ab, dass das Lösen von Problemen Teil der Bildung gewesen sein muss – für welche und wie umfangreiche Teile der Bevölkerung sie galt und in welcher Form diese Bildungsidee formuliert und tradiert wurde, ist dabei weitgehend ungewiss. Doch lassen die jahrhunderte-, teils jahrtausendelang bestehenden Leistungen auf ingenieurwissenschaftlichem, astronomischem oder auch mathematischem Gebiet keinen grundsätzlichen Zweifel an der Feststellung zu. Mit dem Beginn der frühen Neuzeit wird das Bild klarer. Es entwickelt sich ein Klima, in dem technologische Entwicklung und wissenschaftliche Forschung Hand in Hand immer rascher voranschreiten und das Lösen technischer Probleme im Zuge dessen stark in den Vordergrund des Bildungsbegriffs rückt – zumindest in einer bestimmten Ausprägung dieses Begriffs. (Bildungsbürgertum hielt an den „Klassikern“ lange fest, während naturwissenschaftliche Forschung lange oft von „Laien“ vorangetrieben wurde!)

Aus deutscher Perspektive wurde erst mit der Internationalisierung des Bildungsbegriffs, wie sie noch immer und mit nicht wenigen Schwierigkeiten und gegen zahlreiche Widerstände abläuft, das Problemlösen klar als zentrales Bildungsziel formuliert. Dies spiegelt eine sehr traditionelle Haltung zur Bildung und ihrer Funktion wider, die nun durch Einflüsse aus den verschiedensten Teilen der Welt, maßgeblich jedoch aus den Vereinigten Staaten, recht unsanft einem Transformierungsprozess unterzogen wird. Das Problemlösen steht mit einem Mal als zentrales Bildungsziel fest, und wie dieses Kapitel dargelegt hat, fußt diese Haltung auf historischen und erziehungsphilosophischen Fundamenten der abendländischen Tradition. Die Definition des Problembegriffs selbst ist dabei oft Anstoß für Debatten, in denen es eigentlich um etwas ganz anderes geht: die Frage nach der „Wichtigkeit“ und Eigenständigkeit der Fachwissenschaften und besonders der Mathematik. Im Grunde ist diese Scheindebatte schon gut 2000 Jahre alt. Sie wurde schon von Pseusippos und Menaichmos geführt und erledigt sich durch eine saubere Definition fast von selbst.

Problemlösen $\subseteq$ Lernen?

Mit der Erforschung des Lernprozesses, zunächst als philosophisch-pädagogische Disziplin, dann unter Federführung der Psychologie und nun unter zunehmend dominantem Einbezug der Neurowissenschaften, setzte ein Wandel in der Wahrnehmung des Problems und seiner Bedeutung für das Lernen insgesamt ein. Mit allen es umgebenden Parametern tritt das Problem zunehmend als ein fundamentaler Aspekt des Lernprozesses heraus. Durch die nachweisbare Verbindung zwischen aktivem, geistigem Tun und Wissens- und Kompetenzaufbau einerseits und die Suche nach sinnstiftenden Handlungsfeldern andererseits rückte das Lösen (komplexer) Problemaufgaben im Lauf der Zeit immer mehr in den Mittelpunkt didaktischer Modelle und der ihnen angegliederten Unterrichtskonzepte.

Problemlösen = Mathematiktreiben?

Betrachtet man die Entstehungszusammenhänge institutionalisierter Bildung – und insbesondere mathematischer Bildung –, so treten global ähnliche Phänomene in Erscheinung. Die frühen Hochkulturen schufen ein Bildungswesen im Interesse ihrer Selbsterhaltung, Legitimierung und Machtkonsolidierung, und mathematisches Wissen trug entscheidend hierzu bei. Daneben wurde die Mathematik frühzeitig als Hilfswissenschaft der Astronomie und Astrologie etabliert. Während der klassischen Antike trat der Aspekt der freien Bildung in den Vordergrund. Im Selbstverständnis der spätantiken Mathematik und ebenso im agonischen Diskurs, der als fortgeschrittenes Stadium des Unterrichts aufgefasst werden muss (Abschn. 2.3), spielt das Lösen von Problemen eine – wenn nicht *die* – zentrale

Rolle. Dabei ist der oben bereits angesprochene Konflikt zwischen Anhängern des Pseusippos und des Menaichmos zwar insofern interessant, als dass hier zwei abweichende Auffassungen des Problembegriffs aufeinandertreffen – er lässt aber in seiner Gesamtheit erkennen, dass für die mathematische Bildung der Antike die Formel *Mathematiktreiben = Problemlösen* bejaht werden kann.

Im mittelalterlichen Europa schwanden staatliche Einflüsse auf die Bildung, und Mathematik wurde als eine der philosophischen Künste vor allem im Hinblick auf ihren Beitrag zu Logik und agonisch-rhetorischen Fähigkeiten geschätzt (Abschn. 3.1). Aber die wissenschaftliche Tradition mittelalterlicher Prägung befähigt nicht zum Betreiben von Mathematik! Die heutige Schulmathematik bezieht sich aber immer noch mitunter, ob bewusst oder unbewusst, auf diese Tradition, und im Lauf der Zeit hat sich eine Situation ergeben, in der im schulischen Kontext eine pseudowissenschaftliche Grundhaltung das Verständnis von Mathematik durchzieht: Auf der einen Seite werden mechanisch Verfahren gepaukt, ohne dass ein Verständnis wenigstens der innermathematischen Zusammenhänge besteht, auf der anderen Seite lehnen viele Lehrende eine echte Anbindung der mathematischen Fachinhalte an praktische Anwendungen ab, weil sie die „Eigenständigkeit" der Mathematik gewahrt wissen wollen – eine Eigenständigkeit, die man historisch infrage stellen darf und die außerdem durch das Lernen von Algorithmen und Rezepten wohl kaum etabliert werden kann.

Die mathematische Metaebene, auf der es nur um die logische Durchdringung mathematischer Ideen und Konzepte geht (und die mit dem praktischen – oft unreflektierten – Rechnen, wie es in der Schule weit überwiegt, überhaupt nichts zu tun hat), wird allerdings ebenfalls weitgehend ausgeklammert mit dem Argument, dass Mathematik eine Naturwissenschaft und keine Geisteswissenschaft sei. (An dieser Stelle sei die Anmerkung gestattet, dass es definitorisch überhaupt keinen Zweifel geben kann, dass es sich bei einer Wissenschaft, die sich auf eine Handvoll durch den menschlichen Geist definierter Axiome stützt und diese zu einem hochkomplexen, rein theoretischen, in sich geschlossenen Logikkonstrukt ausbaut, um eine Geisteswissenschaft handelt.)

So hat sich die Mathematik als schulische Disziplin über viele Jahre, Jahrzehnte, vielleicht sogar Jahrhunderte, hinweg in eine Ecke bewegt, aus der ihre eigenen vorgeblich an (überlegener) Geistesbildung orientierten Ansprüche keinen Ausweg mehr bieten. Polemische Attacken begleiten jede innere Reformanstrengung des schulischen Mathematikunterrichts: Wer sich gegen das stupide Pauken mathematischer Rechenverfahren wendet, gilt als Feind notwendiger mathematischer Grundkenntnisse. Wer eine klare Anbindung an Sachfachinhalte fordert, verrät das Ideal der Mathematik als unabhängiger Wissenschaft. Wer den ästhetischen oder „Spaßfaktor" der Mathematik im Unterricht stärken will, bekommt den Vorwurf zu hören, dass er der vermeintlichen Entertainmentkultur der Schüler hinterherliefe und keine ernsthafte Mathematik betreiben wolle. Wer die Ideen- und Problemgeschichte der Mathematik in den Mittelpunkt des Unterrichts rücken möchte, der gilt als philosophischer Träumer, der aus der schönen exakten Wissenschaft ein geisteswissenschaftliches Schwatzfach machen möchte.

Was bei all diesen Vorwürfen übersehen wird, ist, dass die Schulmathematik an einem Scheideweg steht – oder sich möglicherweise bereits für den Weg auf den Abgrund zu entschieden hat. Denn kein polemischer Vorwurf oben skizzierten Zuschnitts kann darüber hinwegtäuschen, dass die Mathematik für viele Schüler Sinnhaftigkeit und Relevanz vermissen lässt, und man muss sagen: oft aus gutem Grund. Es ist inzwischen gute deutsche Gymnasialtradition, Mathematik ganz bewusst als nichtnützliche Wissenschaft zu präsentieren (denn schließlich ist Bildung ja mehr als praktisches Wissen für den Beruf, oder?) – nur dass hier ein Missverständnis vorliegt: „Nicht unmittelbar nützlich" und „unnütz" sind zwei sehr verschiedene Dinge. Und ein Unterricht, der sich starrsinnig in einer vorgeblich traditionellen Haltung der bewussten Weltabgewandtheit ergeht, ist nicht etwa „überzeitlich" und „von aktuellen Moden unabhängig", sondern schlichtweg nutzlos und auf dem Weg in die Bedeutungslosigkeit. Nicht die Mathematik, wohlgemerkt als geistiges Gut, und ihre Beiträge zum wissenschaftlichen und ingenieurswissenschaftlichen Denken stehen hier in der Kritik, sondern die Art und Weise, wie Mathematik in der (deutschen) schulischen Bildung interpretiert, dargestellt und vertreten wurde und oft noch immer wird.

Es schließt sich ein beeindruckend weit gespannter Kreis, wenn im aktuellen Denken über Mathematik als schulisches Unterrichtsfach das Problem als *das* konstituierende Merkmal hervortritt, denn es sind gerade das (mathematische) Problemlösen und der Erwerb heuristischer Fähigkeiten und Fertigkeiten, die helfen könnten, den Abgrund überwindbar zu machen, der sich zwischen der technisierten, unüberschaubaren und überwältigenden Lebensumwelt und dem Individuum aufgetan hat. Der aktuelle Lehrplan Singapurs – eines der erfolgreichsten Länder im internationalen Vergleich – zeigt die vielleicht klarste und radikalste Anpassung an die Standards, Best Practices und Ergebnisse der OECD-Studien wie PISA oder auch TALIS (Teaching and Learning International Survey). Er stellt das mathematische Problemlösen ins Zentrum seines gesamten Mathematiklehrplans. Eine Vorstellung, die sich mit der hier vertretenen deckt.

Literatur

Ahrens, C., & Dorner, A. (1935). *Mathematik im Dienste der nationalpolitischen Erziehung mit Anwendungsbeispielen aus Volkswissenschaft, Geländekunde und Naturwissenschaften*. Frankfurt a. M.: Diesterweg.

Arnold, K.-H., & Bach, A. (2011). Theorie des Unterrichts. In *Enzyklopädie Erziehungswissenschaft Online*. Weinheim, München: Juventa. https://doi.org/10.3262/EEO09110164.

Åström, M. (2008). *Defining integrated science education and putting it to test*. Norrköping: Universität Linköping.

Baumert, J., & Lehmann, R. (Hrsg.). (1997). *TIMSS – Mathematisch-naturwissenschaftlicher Unterricht im internationalen Vergleich*. Deskriptive Befunde. Opladen: Leske + Budrich.

Bennett, J., Lubben, F., & Hogarth, S. (2007). Bringing science to life: a synthesis of the research evidence on the effects of context-based and STS approaches to science teaching. *Science Education, 91*, 347–370.

Bildungskommission, N. R. W. (1995). *Zukunft der Bildung. Schule der Zukunft. Denkschrift der Kommission „Zukunft der Bildung – Schule der Zukunft" beim Ministerpräsidenten des Landes Nordrhein-Westfalen*. Neuwied: Luchterhand.

Bjarnadóttir, K. (2014). History of teaching arithmetic. In A. Karp & G. Schubring (Hrsg.), *Handbook on the history of mathematics education* (S. 431–458). New York: Springer.

Dannenberg, H. (1974). Vorveröffentlichung Grundschulkongreß '73 Baden-Württemberg. In K. Giel, G. G. Hiller & H. Krämer (Hrsg.), *Stücke zu einem mehrperspektivischen Unterricht*. Aufsätze zur Konzeption 1. (S. 41–53). Stuttgart: Klett.

Dauben, J. W. (2014). Mathematics education in North America to 1800. In A. Karp & G. Schubring (Hrsg.), *Handbook on the history of mathematics education* (S. 175–185). New York: Springer.

Dewey, J. (1935). Der Ausweg aus dem pädagogischen Wirrwarr. In J. Dewey & W. H. Kilpatrick (Hrsg.), *Der Projekt Plan: Grundlegung und Praxis* (S. 85–101). Weimar: Hermann Böhlaus Nachfolger.

Dewey, J. (1951). *Wie wir denken. Eine Untersuchung über die Beziehung des reflektiven Denkens zum Prozeß der Erziehung*. Zürich: Morgarten Verlag Conzett & Huber.

Dewey, J. (1963). Erfahrung und Erziehung. In J. Dewey, O. Handlin & W. Correll (Hrsg.), *Reform des Erziehungsdenkens. Eine Einführung in John Deweys Gedanken zur Schulreform* (S. 27–99). Weinheim: Beltz.

Dörner, D. (1979). *Problemlösen als Informationsverarbeitung*. Stuttgart: Kohlhammer.

Duncker, L. (1997). Vom Sinn des Ordnens. Zur Rekonstruktion der Wirklichkeit in und zwischen den Schulfächern. In L. Duncker & W. Popp (Hrsg.), *Grundlagen und Begründungen*. Über Fachgrenzen hinaus. Chancen und Schwierigkeiten eines fächerübergreifenden Lehrens und Lernens, (Bd. 1, S. 119–134). Dieck: Heinsberg.

Duncker, L., & Popp, W. (Hrsg.). (1998). *Fächerübergreifender Unterricht in der Sekundarstufe I und II. Prinzipien, Perspektiven, Beispiele*. Heilbrunn: Julius Klinkhardt.

Evans, G. R. (1976). The „sub-euclidean" geometry of the earlier middle ages, up to the mid-twelfth century. *Archive for History of Exact Sciences, 16, 2, 8*(7), 105–118.

Frommer, H. (1997). Über das Fach hinaus. Perspektiven fächerübergreifenden Unterrichts. In J. Keuffer & M. A. Meyer (Hrsg.), *Didaktik und kultureller Wandel: Aktuelle Problemlagen und Veränderungsperspektiven* (S. 115–127). Weinheim: Deutscher Studienverlag.

Geigle, M. (2005). *Konzepte zum fächerübergreifenden Unterricht. Eine historisch-systematische Analyse ihrer Theorie*. Studien zur Schulpädagogik, Bd. 46. Hamburg: Dr. Kovač.

Giesecke, H. (1998). *Pädagogische Illusionen. Lehren aus 30 Jahren Bildungspolitik*. Stuttgart: Klett-Cotta.

Gispert, H. (2014). Mathematics Education in France: 1800–1980. In A. Karp & G. Schubring (Hrsg.), *Handbook on the History of Mathematics Education* (S. 229–240). New York: Springer.

Grabmann, M. (1934). Eine für Examinazwecke abgefaßte Quaestionensammlung der Pariser Artistenfakultät aus der ersten Hälfte des XIII. Jahrhunderts. *Revue néo-scolastique de philosophie, 36*(41), 211–229. Deuxième série.

Guillaume, J. (1889). *Procès-verbaux du Comité d'Instruction Publique de l'Assemblée Législative, publiés et annotés*. Paris: Imprimerie Nationale.

Hahn, W., & Hiller, G. H. (1975). Mehrperspektivischer Sachunterricht – Vier Aspekte eines Begründungszusammenhangs. In K. Giel, G. G. Hiller & H. Krämer (Hrsg.), *Stücke zu einem mehrperspektivischen Unterricht*. Aufsätze zur Konzeption, (Bd. 2, S. 182–185). Stuttgart: Klett.

Høyrup, J. (2014). Mathematics education in the European middle ages. In A. Karp & G. Schubring (Hrsg.), *Handbook on the history of mathematics education* (S. 109–124). New York: Springer.

Kahlert, J. (1997). Vielseitigkeit statt Ganzheit. Zur erkenntnistheoretischen Kritik an einer pädagogischen Illusion. In L. Duncker & W. Popp (Hrsg.), *Grundlagen und Begründungen* (Bd. 1, S. 92–118). Heinsberg: Dieck.

Kahlert, J. (2001). Sachverhalte in unterschiedlichen Perspektiven entfalten. *Sache Wort Zahl, 40*, 47–51.

Klafki, W. (1995). Schlüsselprobleme und fachbezogener Unterricht. Kommentare aus bildungstheoretischer und didaktischer Sicht. *Die Deutsche Schule, 3*, 32–46. Beiheft.

Klafki, W. (1996). *Neue Studien zur Bildungstheorie und Didaktik. Zeitgemäße Allgemeinbildung und kritisch-konstruktive Didaktik*. Weinheim: Beltz.

Klafki, W. (1998). Fächerübergreifender Unterricht – Begründungsargumente und Verwirklichungsstufen. In S. Popp (Hrsg.), *Grundrisse einer humanen Schule* (S. 41–57). Innsbruck: Studien Verlag.

Klafki, W. (2007). *Neue Studien zur Bildungstheorie und Didaktik* (6. Aufl.). Weinheim: Beltz.

Klos, S. (2008). *Kompetenzförderung im naturwissenschaftlichen Anfangsunterricht – Der Einfluss eines Integrierten Unterrichtskonzepts (Dissertation)*. Studien zum Physik- und Chemielernen, Bd. 89. Berlin: Logos.

Kuhlmann, C. (2013). *Erziehung und Bildung. Einführung in die Geschichte und Aktualität pädagogischer Theorien*. Wiesbaden: Springer.

Labudde, P. (2014). Fächerübergreifender naturwissenschaftlicher Unterricht – Mythen, Definitionen, Fakten. *Zeitschrift für Didaktik der Naturwissenschaften, 20*(1), 11–19.

Meschkowski, H. (1979). *Problemgeschichte der Mathematik 1*. Mannheim: BI Wissenschaftsverlag.

Moegling, K. (1998). *Fächerübergreifender Unterricht – Wege ganzheitlichen Lernens in der Schule*. Bad Heilbrunn: Klinkhardt.

Otto, B. (1914). *Volksorganische Einrichtungen der Zukunftsschule*. Berlin: Verlag des Hauslehrers.

Otto, B. (1965). *Ratschläge für den häuslichen Unterricht. Besorgt und eingeleitet von Hermann Holstein*. Heidelberg: Quelle & Meyer.

Peterßen, W. H. (2000). *Fächerverbindender Unterricht. Begriff – Konzept – Planung – Beispiele*. München: Oldenbourg.

Popp, W. (1997). Die Spezialisierung auf Zusammenhänge als regulatives Prinzip der Didaktik. In L. Duncker & W. Popp (Hrsg.), *Grundlagen und Begründungen* (Bd. 1, S. 135–154). Heinsberg: Agentur DIECK.

Rebel, K. (1989). *Wissenschaftstransfer in der Weiterbildung. Der Beitrag der Wissenssoziologie*. Weinheim: Beltz.

Reich, K. (2012). *Konstruktivistische Didaktik. Lehr- und Studienbuch mit Online-Methodenpool*. Weinheim: Beltz Verlag.

Rekus, J. (1996). Zur Einheit von fachlichen und fachüberschreitenden Bildungsaufgaben im Unterricht. *Engagement: Zeitschrift Für Erziehung und Schule, 14*(3), 205–219.

Rommel, H. (1999). Fächerverbindender Unterricht und wissenschaftstheoretische Reflexionen. *Didaktische Konsequenzen für eine moderne Allgemeinbildung, Bildung und Erziehung, 52*(2), 217–235.

Rommel, H. (2001). Wozu fächerübergreifend unterrichten? Eine kritische Grundlagenreflexion zur „Einheit der Bildung". *Pädagogische Rundschau, 55*(3), 357–373.

Schilmöller, R. (1997). „Fächerübergreifender Unterricht" – Recht und Grenzen einer bildungspolitischen Forderung. *Vierteljahresschrift für wissenschaftliche Pädagogik, 73*(1), 90–115.

Schubring, G. (2014). Mathematics education in catholic and protestant Europe. In A. Karp & G. Schubring (Hrsg.), *Handbook on the history of mathematics education* (S. 130–143). New York: Springer.

Tannery, P. (1922). *Mémoires scientifiques, Tome V: Sciences exactes au Moyen Age, 1887–1921*. Toulouse, Paris: Édouard Privat/Gauthier-Villars.

Tenorth, H.-E., & Tippelt, R. (Hrsg.). (2007). *Beltz Lexikon Pädagogik*. Weinheim: Beltz.

Toeplitz, O. (1927). Das Problem der Universitätsvorlesungen über Infinitesimalrechnung und ihrerAbgrenzung gegenüber der Infinitesimalrechnung an den höheren Schulen. *Jahresber. Dtsch. Math.Verein*, *36*, 90.

Treffers, A. (1987). *Three dimensions: a model of goal and theory description in mathematics instruction – The Wiskobas project*. Dordrecht: Kluwer Academic Publishers.

Walpuski, S., & Sumfleth, E. (2012). Kompetenzen und Interesse fördern: Das Unterrichtskonzept Naturwissenschaft in NRW. *Unterricht Chemie*, *23*(130/131), 88–91.

Winter, H. (1989). *Entdeckendes Lernen im Mathematikunterricht. Einblicke in die Ideengeschichte und ihre Bedeutung für die Pädagogik*. Braunschweig: Vieweg.

Zech, F. (1996). *Grundkurs Mathematikdidaktik. Theoretische und praktische Anleitungen für das Lehren und Lernen von Mathematik*. Weinheim: Beltz.

Die jüngere deutsche Bildungsreform

4

> Versteht man die in Kap. 6 und 7 vorgestellten Unterrichtskonzepte für einen heuristikaffinen Unterricht von (über)morgen konfuzianisch als einen Weg, der entsteht, wenn man ihn geht, dann dient dieses Kapitel dazu auszuleuchten, wohin der Weg führen soll und wo er beginnen kann. Im Zuge der Auswertung der TIMS- und PISA-Studien etablierte man die Zielvorstellung „Problemorientierung" als Leitbegriff für die Gestaltung eines nachhaltig zukunftsfähigen Mathematikunterrichts und realisierte diese Vorstellung bei der Formulierung outputorientierter Bildungsstandards, die anschließend in den Lehrplänen der Bundesländer ausgearbeitet werden sollten. Eine sorgfältige Analyse der Lehrplanschriften zeigt jedoch, dass es an einem gemeinsamen fachdidaktischen Referenzrahmen fehlt, um die Vorgaben der KMK stringent umsetzen zu können. Bisher kann eine erfolgreich etablierte Problemlösekompetenz bei deutschen Schülern im Fach Mathematik nicht festgestellt werden, was mit der Feststellung korreliert, dass die Heuristik als eigentlicher Schlüssel zum Problemlösen bislang nur ein curriculares Schattendasein führt.

4.1 Der Weg zu den Bildungsstandards

Die vorhergehenden Kapitel haben gezeigt, dass sich viele Entwicklungen, die heute tiefgreifende Veränderungen im deutschen Bildungssystem bewirken, international vollzogen haben und schon seit mehreren Jahrzehnten virulent waren. Im Zuge der stetig fortschreitenden Globalisierung in den unterschiedlichsten Bereichen menschlicher Kultur war es wohl nur folgerichtig, dass der allgemeine Bildungsbegriff und damit auch die Idee von mathematischer Bildung Teil eines internationalen Diskurses wurde. Ihren bislang wichtigsten und folgenreichsten Niederschlag fand und findet dieser Diskurs in den PISA-Studien der OECD (Organisation for Economic Co-operation and Development) und den nationalen und internationalen Reaktionen auf deren dreijährliche Ergebnisse.

D. Stiller, K. Krichel, W. Schwarz, *Heuristik im Mathematikunterricht*,
https://doi.org/10.1007/978-3-662-63752-4_4

Die von der OECD vertretenen Zielformulierungen für den Mathematikunterricht fußen auf einer Tradition, deren Anfänge bis in die Mitte des vergangenen Jahrhunderts zurückreichen. Bereits Ende der 1950er Jahre arbeitete eine Dependance der Vorgängerorganisation der OECD, die OEEC (Organisation for European Economic Co-operation) daran, die Effizienz des Mathematik- und Naturwissenschaftsunterrichts zu erhöhen; der Mathematik wurde eine „strategische Bedeutung" zugeschrieben (vgl. Gispert 2014, S. 236). Was aber versteht die OECD eigentlich unter Mathematik, und was macht ihre „strategische Bedeutung" aus?

In den PISA-Veröffentlichungen wird diesbezüglich immer wieder Stellung bezogen; der bedeutende Unterschied zwischen mathematischem Wissen und mathematischen Kenntnissen auf der einen Seite und der Fähigkeit, diese auch für die eigentliche Aufgabe, das Lösen von Problemen des Lebens anzuwenden, auf der anderen Seite, wird betont und das Problemlösen als das eminente Ziel des Mathematikunterrichts formuliert.

Was genau versteht die OECD unter dieser Problemlösefähigkeit, die es zu erwerben und zu entwickeln gilt? Der Begriff wird von der Organisation definiert als

> an individual's capacity to use cognitive processes to confront and resolve real, cross-disciplinary situations where the solution path is not immediately obvious and where the content areas or curricular areas that might be applicable are not within a single subject area of mathematics, science or reading (OECD 2005, S. 26).

Der grundsätzlich nicht-fachgebundene Charakter der Problemlösefähigkeit wird hier markant herausgestellt: Echtes Problemlösen findet dann statt, wenn das Problem gerade nicht auf ein inhaltliches Feld eingegrenzt ist oder sich einem einzelnen Bereich zuordnen lässt. Auf diesen Grundüberzeugungen ruhend treten „Problemlösen" und „Anwendung" als die Kernaspekte eines guten Mathematikunterrichts im Sinne der OECD hervor.

Ganz in diesem Geiste startete der NCTM (National Council of Teachers of Mathematics) bereits im Jahr 1989 den standardbasierten Umbau des US-amerikanischen Mathematikunterrichts (Abschn. 3.8; NCTM 1989). Heute gelten in 45 der 50 Bundesstaaten die Common Core State Standards for Mathematics (CCSSM) als verbindliche Abschlussziele für Berufs- und Studienreife. Jüngst hat der NCTM (2013) das Programmpapier *Principles to Actions* publiziert, in dem das *Erste Leitprinzip: Lehren und Lernen* (*First Guiding Principle: Teaching and Learning*) durch acht *Mathematics Teaching Practices* konkretisiert und illustriert wird (vgl. NCTM 2014, S. 3). Praktisch alle betonen die Bedeutung prozessbezogener Kompetenzen für einen guten Mathematikunterricht, und die erstgenannte ist die Fähigkeit zum Problemlösen im engen Verbund mit dem mathematischen Schließen. Der NCTM weist an anderer Stelle explizit auf die doppelte Bedeutung des Ausdrucks *Problem Solving* hin, die sich im Deutschen durch die beiden Begriffe „Problemlösen" und „Heuristik" klarer differenzieren lässt:

- Problemlösen heißt nicht, nur ein bestimmtes Problem zu lösen, sondern bedeutet auch, das eigene mathematische Wissen und Können zu erweitern, indem man Probleme löst.

TIMSS, PISA und die Folgen

Um die aktuelle bildungspolitische Situation einzuordnen, soll hier ein kurzer Blick auf die TIMS-Studien der International Association for the Evaluation of Educational Achievement (IEA) und die PISA-Studien der OECD geworfen werden:

Die TIMS-Studien finden alle vier Jahre statt, wurde in Deutschland allerdings nur bei der Erstdurchführung im Jahr 1995 auch zur Erhebung der Leistungen der Mittel- und Oberstufenschüler eingesetzt. 1999 und 2003 gehörte Deutschland nicht zu den Teilnehmerstaaten, in den Studien der Jahre 2007 und 2015 nahm Deutschland dann mit Grundschulkindern des vierten Schuljahres an der Studie teil. TIMSS besteht aus fünf Komponenten und analysiert neben den fachbezogenen Leistungen auch Daten zu den geltenden Curricula; es wurden Befragungen von Schulleitern und Fachlehrern sowie qualitative Fallstudien (auch mit Filmaufnahmen; dieser Teil wurde als Videotape Classroom Study bezeichnet) durchgeführt.

Die PISA-Testungen werden seit dem Jahr 2000 im Dreijahresrhythmus durchgeführt und legen im Wechsel ihren Schwerpunkt auf einen der drei Testbereiche *Reading Literacy*, *Mathematical Literacy* und *Scientific Literacy*, der jeweils intensiver abgefragt wird und für den zwei Drittel der Testzeit zur Verfügung stehen. Es werden im Folgenden nur einige der Deutschland betreffenden Kernergebnisse, vorwiegend aus dem Bereich mathematische Grundbildung, vorgestellt und Trends aufgezeigt. Weder Aussagekraft noch Güte der Ergebnisse oder ihre bildungspolitische Interpretation sollen hier diskutiert werden; dazu gibt es umfangreiche kritische Literatur, auf die an gegebener Stelle verwiesen wird.

4.1.1 TIMSS 1995 und das Programm der Bund-Länder-Kommission

Das Abschneiden der deutschen Schülerinnen und Schüler der 7. und 8. Jahrgangsstufe bei der TIMS-Studie 1995 lag innerhalb eines breiten Mittelfeldes der 45 Teilnehmerstaaten, wobei anzumerken ist, dass das Alter der deutschen Schüler im Schnitt um sechs bis zwölf Monate über dem der anderen Teilnehmer in diesem Mittelfeld lag. Verglichen mit den meisten anderen nordost- und westeuropäischen Ländern ließ sich ein Rückstand von etwa einem Schuljahr feststellen.

Die von den deutschen Schülern gezeigten Leistungen waren außerdem auffallend heterogen: Sie bilden die erwarteten Niveaus der gesamten Sekundarstufe I – also eine Streuung von sechs Schuljahren – ab, und selbst innerhalb einer Schulform liegt die Abweichung bei zwei bis zweieinhalb Schuljahren. Auch konnten etwa 20 % der getesteten Schüler nur Kenntnisse auf dem Niveau der Grundschule nachweisen, was im international Vergleich negativ hervorsticht. Nur eine verschwindend geringe Gruppe von deutschen Schülern ist zu den Spitzenleistungen, die von 10 % einiger ostasiatischer Länder erbracht wurden, in der Lage. Inhaltlich liegen die „relativen Leistungsstärken der deutschen Schülerinnen und Schüler […] in der Arithmetik, im Umgang mit Maßeinheiten und in der deskriptiven Statistik. Die relativen Schwächen liegen in den mathematischen Kernbereichen Algebra und Geometrie" (Baumert et al. 1997, S. 24).

Ebenfalls Bestandteil der TIMS-Studie war ein intensiverer Drei-Länder-Vergleich zwischen den hinsichtlich ihres Lebensstandards ähnlichen Ländern Japan (das im Spitzenfeld lag), USA und Deutschland (die vergleichbare Ergebnisse erzielten). Hier traten interessante Unterschiede zutage: In Japan wird anspruchsvollerer mathematischer Stoff früher unterrichtet und in der Folge rhythmisch, aber eher knapp, wieder aufgegriffen. Der Unterricht dort zeichnet sich durch intelligente Anwendungen und Übungsformate aus:

> Japanischer Mathematikunterricht ist Problemlöseunterricht. Er schult mathematisches Verständnis und mathematisches Denken. [...] Die oftmals offenen Aufgabenstellungen [...] lassen Lösungen unterschiedlicher Güte zu (Baumert et al. 1997, S. 31 f.).

Angesichts dieser aus deutscher Sicht bedenklichen Ergebnisse der ersten Vergleichsstudie nach 30 bzw. 25 Jahren der „Unverglichenheit" startete die Bund-Länder-Kommission (BLK) 1998 ein Programm zur Steigerung der Effizienz des mathematisch-naturwissenschaftlichen Unterrichts (SINUS), das nach fünf Jahren auslief. Es nahmen 180 Schulen unter der Koordinierung durch das Leibniz-Institut für die Pädagogik der Naturwissenschaften und Mathematik (IPN) in Kiel teil. Im Rahmen dieses Programms wurden Kernproblemfelder des deutschen mathematisch-naturwissenschaftlichen Unterrichts identifiziert und Lösungsansätze in Form von elf sogenannten Modulen erarbeitet.

4.1.2 Die PISA-Studien ab 2000

Mit PISA wurde ein langfristig angelegtes Projekt ins Leben gerufen, welches in regelmäßigen Abständen untersucht, inwieweit die Schüler in der Lage sind, ihre Kenntnisse und Fähigkeiten in realistischen Situationen anzuwenden und diese auch zur Bewältigung von Alltagsproblemen zu nutzen. Darüber hinaus wird geprüft, ob die Schüler ein vertieftes Verständnis für zentrale Konzepte entwickelt haben und diese in unterschiedlichen Kontexten anwenden können.

PISA 2000

Im Jahr 2000 nahm Deutschland erstmals an der internationalen Vergleichsstudie der OECD teil; der Fokus der Studie richtete sich in diesem Jahr zwar auf die Lesekompetenz der 15-jährigen Teilnehmer, sie enthielt aber auch Testteile zur mathematischen und naturwissenschaftlichen Grundbildung. Die deutschen Schüler erreichten im Durchschnitt 490 Punkte und lagen damit zehn Punkte unter dem OECD-Durchschnitt, d. h. im unteren Mittelfeld. Mit 24 % war der Anteil der 15-Jährigen, deren mathematische Fähigkeiten das Grundschulniveau nicht übersteigen, auch hier ungewöhnlich groß. Dieses Ergebnis im mathematischen Bereich findet sich ganz ähnlich auch in den gemessenen Leistungen der

Lesekompetenz (−16 Punkte) und der naturwissenschaftlichen Grundbildung (−13 Punkte) wieder.

Die Veröffentlichung der Ergebnisse im Jahr 2001 fand einen immensen Widerhall in der gesellschaftlichen und bildungspolitischen Diskussion, der die Reaktionen auf TIMSS weit übertraf – obwohl die Aussagen beider Studien im Kern dieselben waren. Nach Jahrzehnten ohne deutsche Teilnahme an internationalen Bildungsstudien sorgte der „PISA-Schock" für die Aufdeckung lange Zeit unentdeckter, schwerwiegender Probleme. Als langfristig wichtigste Reaktion begann die Ständige Konferenz der Kultusminister der Länder in der Bundesrepublik Deutschland (KMK) ihre Arbeit an bundesweit gültigen Standards, die ab 2003 zunächst für die Fächer Mathematik, Deutsch und die erste Fremdsprache erschienen. Darüber hinaus – und als logische Ergänzung zu verstehen – wurde in den Folgejahren ein ganzer Maßnahmenkatalog zur Qualitätsentwicklung deutscher Schulen verfasst, der das Bildungsmonitoring („Gesamtstrategie der Kultusministerkonferenz zum Bildungsmonitoring", 2006) und die Unterrichtsentwicklung („Konzeption der Kultusministerkonferenz zur Nutzung der Bildungsstandards für die Unterrichtsentwicklung", 2009) ebenso umfasst wie die Schaffung neuer Institutionen wie das Institut zur Qualitätsentwicklung im Bildungswesen (IQB 2004), das die Implementierung der Bildungsstandards überwacht und auf nationaler Ebene Evaluationen durchführt, und das Zentrum für internationale Bildungsstudien (ZIB 2010).

Außerdem spielt die Europäische Kommission (mit dem Rat der Europäischen Union), die sich als koordinierender Partner und als Plattform zum internationalen Austausch sieht, eine zunehmende Rolle sowohl in der normativen als auch in der evaluativen Bildungspolitik. Die von ihr im Jahr 2009 unter dem Titel *ET 2020* definierten Ziele mit den zugehörigen Indikatoren schreiben eine gemeinsame europäische Bildungsperspektive fest. Ein jährlicher Anzeiger für die allgemeine und berufliche Bildung (*Education and Training Monitor*) verfolgt derzeit weiterhin die Fortschritte in jedem Mitgliedsstaat.

PISA 2003

An der Folgestudie im Jahr 2003 nahm Deutschland als einer der 41 Teilnehmerstaaten erneut teil. Die Studie legte ihren Schwerpunkt einerseits auf die mathematischen Fähigkeiten und Fertigkeiten der 15-jährigen Teilnehmer, zum anderen wurde eine Testung der fächerübergreifenden Fähigkeit zum Problemlösen vorgenommen.

Im Bereich der mathematischen Grundbildung erreichte Deutschland über die vier Bereiche hinweg einen Durchschnittswert von 503 (500 Punkte im Bereich *Space and Shape*, 507 Punkte im Bereich *Change and Relationship*, 514 Punkte im Bereich *Quantity* und 493 Punkte im Bereich *Uncertainty*). Betrachtet man diese Ergebnisse im Vergleich zu denen aus dem Jahr 2000, ergeben sich leichte Verbesserungen für *Space and Shape* und klarere Verbesserungen für *Change and Relationship*. Zu den anderen zwei Testbereichen kann wegen der Anlage der PISA-2000-Tests keine vergleichende Aussage gemacht werden.

Im eigens getesteten Bereich zu den Problemlösefähigkeiten lag der erzielte Mittelwert bei 513 Punkten, was einem Rang zwischen 10 und 15 in den OECD-Ländern entspricht.

Etwa 40 % der deutschen Schüler befanden sich allerdings unterhalb von oder auf Level eins (von drei) der angelegten Problemlösekompetenz-Skala, sind also als *Weak or Emergent Problem Solvers* bzw. *Basic Problem Solvers* einzustufen. Wie auch für die mathematischen Befunde liegen in Deutschland die Ergebnisse der Schüler weiter auseinander als in fast allen anderen Ländern, die einen ähnlichen Durchschnitt erzielten.

Besteht ein Zusammenhang zwischen den mathematischen Fähigkeiten der Schüler und ihren Kompetenzen im Bereich Problemlösen? Auch zu dieser Frage äußerte sich der PISA-Bericht, und zwar wie folgt: Es besteht, über die gesamte Studie hinweg betrachtet, ein Zusammenhang von 0,89 zwischen den Problemlösefähigkeiten und der festgestellten mathematischen Grundbildung, der die Werte für den Zusammenhang zu Lesekompetenz respektive naturwissenschaftlicher Grundbildung signifikant übertrifft. Für Deutschland lässt sich außerdem die Feststellung treffen, dass die Problemlösefähigkeiten der Schüler statistisch signifikant über ihren mathematischen Fähigkeiten liegen, was „darauf hinweisen mag, dass Schüler allgemeine Fertigkeiten besitzen, die durch das Mathematikcurriculum nicht gänzlich ausgeschöpft werden“ (OECD 2005, S. 56).

Der vergleichende Blick, den die Studie selbst auf die Ergebnisse aus 2003 und 2006 wirft, zeigte, dass die deutschen Ergebnisse, wie die der Mehrheit der Teilnehmerländer, im Wesentlichen unverändert blieben.

4.1.3 Die jüngsten PISA-Studien bis 2018

Die im Jahr 2012 durchgeführte PISA-Studie beinhaltete erneut einen eigenen Teil zur Problemlösefähigkeit, und die Ergebnisse zwölf Jahre nach der ersten PISA-Studie in Deutschland wurden mit Spannung erwartet. Dabei wurde die Problemlösefähigkeit nicht nur in Verknüpfung mit mathematischen Fähigkeiten abgeprüft, sondern es wurde auch untersucht, ob ein Zusammenhang zwischen der Problemlösefähigkeit einerseits und der Lesefähigkeit und Naturwissenschaften andererseits besteht.

Die deutschen 15-Jährigen nahmen einen Rang im oberen Mittelfeld der Teilnehmerstaaten ein. Erneut zeigte sich, dass gute Leistungen über die Gebiete Mathematik, Lesen und Naturwissenschaften hinweg korrelieren und dass zwischen der Problemlösekompetenz und der allgemeinen mathematischen Performanz ein mit einem Wert von 0,81 engerer Zusammenhang statistisch nachweisbar ist als zwischen der Problemlöse- und der Lesefähigkeit bzw. Problemlösen und Naturwissenschaften. Die sehr differenzierte Analyse zeigte jedoch noch etwas sehr deutlich: Deutsche Schüler schneiden im Problemlösen, gemessen an ihren allgemeinen Fähigkeiten in Mathematik, Lesen und Naturwissenschaften, unterdurchschnittlich ab.

2015 nahm Deutschland erneut als eines von 73 Ländern weltweit an der PISA-Studie teil. Schwerpunkt der Studie bildeten, nach 2006 zum zweiten Mal, die naturwissenschaftlichen Kompetenzen der 15-jährigen Teilnehmer. Neben Aufgaben aus dem Bereich der Naturwissenschaften, Mathematik und Lesen erhob PISA erstmals die kollaborative Problemlösekompetenz, die als die Fähigkeit, sich effektiv und zielorientiert am Lösungsprozess einer Problemsituation mit mindestens zwei weiteren Akteuren zu beteiligen, definiert wird. Die kollaborative Problemlösekompetenz wird somit in der Fähigkeit gesehen, komplexe, nichtroutinierte Anforderungen gemeinsam mit anderen zu lösen, indem die Akteure ein gemeinsames Verständnis entwickeln und ihr Wissen und ihre Fertigkeiten vereinen. Durchgeführt wurde die Testung am Computer in Form einer simulationsbasierten Erhebung mit programmierten Teammitgliedern, bei der die Kommunikation mit den anderen Akteuren, der wechselseitige Interaktionsprozess sowie die Beschaffung notwendiger Informationen den Schwerpunkt der Aufgaben bildeten. Die deutschen 15-Jährigen lagen in der kollaborativen Problemlösekompetenz im Mittel zwar eine viertel Standardabweichung über dem OECD-Durchschnitt, allerdings erreichten 21 % der Schülerinnen und Schüler nur Kompetenzstufe I oder blieben darunter, was im internationalen Vergleich als unerwünscht hoch einzustufen ist.

Im Mittelpunkt der im Jahr 2018 durchgeführten PISA Studie stand die Lesekompetenz. Bei der darüber hinaus durchgeführten Testung allgemein mathematischer Kompetenzen konnte bei den deutschen Schülerinnen und Schülern im Vergleich zu PISA 2012 ein signifikanter Rückgang der mathematischen Kompetenz verzeichnet werden. Dabei verfügte mehr als ein Fünftel der 15-Jährigen in Deutschland lediglich über rudimentäre mathematische Kenntnisse. Die Ergebnisse von PISA 2018 zeigten, dass das insgesamt erreichte Kompetenzniveau in den Domänen Naturwissenschaften, Mathematik und Lesen der 15-jährigen Schülerinnen und Schüler in Deutschland jedoch wie bereits in PISA 2015 über dem Durchschnitt der OECD-Staaten liegt (vgl. Zehner et al. 2019).

Auch wenn die reinen Punktzahlen und Ränge in Tab. 4.1 sicherlich kein umfassendes Bild der Bildungssituation wiedergeben können, ist nach nun fast zwei Jahrzehnten der international vergleichenden Bildungsforschung durch die OECD zumindest abzulesen, dass sich keine „Trendwende" oder gar eine „Kehrtwende" im deutschen Schulsystem abzeichnet. Wenn überhaupt lässt sich eine Verbesserung der Schülerleistungen mit einem Höhepunkt um das Jahr 2012 erkennen; seither sind die Werte wieder etwa auf den Stand von 2003 gesunken.

Tab. 4.1 Übersicht zu den von Deutschland erzielten Punkten/Rangplatzierungen in den PISA-Studien

	2000	2003	2006	2009	2012	2015	2018
Punkte/Rang M	490/20	503/19	504/20	513/16	514/18	506/15	500/20
Punkte/Rang LK	484/21	491/21	495/18	497/20	508/20	509/11	498/15
Punkte/Rang NW	487/20	502/18	516/13	520/13	524/12	509/16	503/15
Punkte/Rang PL		513/16			509/17	525/12	
Korr M–PL		0,89			0,81	0,70	
Korr LK–PL		0,82				0,74	
Korr NW–PL		0,80				0,77	

M Mathematik, *LK* Lesekompetenz, *NW* Naturwissenschaften, *PL* Problemlösen, *Korr* Korrelation

Neben den in Punkten gemessenen Ergebnissen und der daraus entstandenen Rangfolge waren es vor allem drei Aspekte der frühen PISA-Studien, die Aufmerksamkeit erregten und zu andauernden politischen, gesellschaftlichen und wissenschaftlichen Debatten führten, die die Umgestaltung des deutschen Bildungssystems seitdem begleiten:

1. Auffallend große Spannweite innerhalb der Ergebnisse deutscher Schüler (vgl. Anmerkung unten)
2. Extreme Abhängigkeit der gemessenen Fähigkeiten und Fertigkeiten vom sozioökonomischen Hintergrund
3. Negatives Verhältnis von Bildungsinvestition und Bildungsertrag

Es ist in den letzten fast 20 Jahren allerdings gelungen, die Spannweite zu verringern, wobei Deutschland diesbezüglich dennoch nur 2015 im OECD-Durchschnitt lag und davor und seither wieder eine größere Streuung festzustellen ist. Der Anteil schwacher Schüler im Bereich Mathematik (unter Stufe II) konnte seit PISA 2000 insgesamt verringert werden, hat sich nach Stagnation zwischen 2012 und 2015 jedoch schulartübergreifend wieder auf über 20 % vergrößert. Auf der anderen Seite ist an den Gymnasien der Anteil besonders begabter Schüler zwischen 2012 und 2015 zurückgegangen; dennoch sind mit 12,9 % der getesteten Schüler signifikant mehr Schüler auf den Kompetenzstufen V und VI zu verorten als im OECD-Durchschnitt.

Mit Blick auf die jüngsten Studien lässt sich feststellen, dass im Bereich Mathematik durch die bislang getroffenen Maßnahmen weder die Gruppe der leistungsschwachen Schüler verringert noch der Anteil der leistungsstarken Schüler vergrößert werden konnte – beides Ziele, die schon nach den ersten Studien formuliert worden waren. Die Geschlechterdisparität ist in Deutschland auffallend stark ausgeprägt, und auch der sozioökonomische Hintergrund ist noch immer ein entscheidendes Kriterium für den schulischen Erfolg, auch in Mathematik.

4.1.4 Die Bildungsstandards

In Deutschland waren es die PISA-Resultate aus dem Jahr 2000, die letztlich umfassend Reformen auslösten. Unter dem Druck der ersten PISA-Ergebnisse versucht die Mathematik auch in Deutschland bzw. im europäischen Raum zunehmend zu einem Fach zu werden, das den Lernern Raum für echte eigene Forschung lässt und ihnen erlaubt, ihre Begründungs- und Argumentationsfähigkeiten zu entwickeln, aber auch auszuprobieren und kreativ zu arbeiten:

> Die internationalen Leistungsvergleiche Third International Mathematics and Science Study (TIMSS) und Programme for international Student Assessment (PISA) klärten zwar nicht die Frage der curricularen Ausrichtung der Schulmathematik, führten aber zu einer weiteren konzeptionellen Verlagerung und Verdichtung. Dem Verhältnis von Struktur und Anwendung übergeordnet gilt nunmehr Problemorientierung als Leitbegriff für die Gestaltung von Mathematikunterricht (Gellert 2009, S. 351).

Nach dem Scheitern deutscher Schüler bei ersten internationalen Vergleichsstudien entschied die KMK im Oktober 1997 mit dem Konstanzer Beschluss, das deutsche Schulsystem künftig regelmäßig international vergleichen zu lassen, um Erkenntnisse über die Stärken und Schwächen der Schüler in den einzelnen Kompetenzbereichen zu gewinnen. Während im deutschen Schulsystem bis dato die Steuerung schulischer Leistungen vorherrschend über die Lehrpläne erfolgte und damit inputorientiert war, zeigte sich, dass die Staaten, in denen eine systematische Rechenschaftslegung in Form von Schulleistungsstudien, zentralen Prüfungen oder einer Schulevaluation stattfand, deutlich bessere Leistungen erzielten. Die daraufhin von der KMK eingeleitete Bildungsreform legt einen Schwerpunkt ihrer Arbeit auf die Entwicklung und Einführung bundesweit einheitlicher Bildungsstandards, die eine allgemeine Vergleichbarkeit der Schulabschlüsse, die Qualität schulischer Bildung sowie die Durchlässigkeit des Bildungssystems sichern sollen (KMK 2004a, S. 5, 9). Der Wechsel weg von inputorientierten Bildungszielen in Form von Curricula hin zu outputorientierten Standards und der so mögliche Einsatz von Indikatoren bilden die Grundlage, um Qualitätsentwicklung und Qualitätssicherung im deutschen Bildungswesen zu implementieren und zu evaluieren.

Im Dezember 2003 wurden die Bildungsstandards für die Fächer Mathematik, Deutsch und erste Fremdsprache für den Mittleren Bildungsabschluss verabschiedet. Grundlage für die Erarbeitung der deutschen Bildungsstandards bildeten die Standards der amerikanischen Mathematikdidaktikervereinigung (NCTM), der Gemeinsame Europäische Referenzrahmen für Sprachen, die Kompetenzstufen in Anlehnung an die Large-Scale-Untersuchungen sowie die Klieme-Expertise „Zur Entwicklung nationaler Bildungsstandards“ (KMK 2004a, S. 15), die zuvor von der Bundesregierung in Auftrag gegeben wurde.

Die Konzeption der Bildungsstandards für das Fach Mathematik greift die in der PISA-Studie verwendete Unterscheidung in prozessbezogene und inhaltsbezogene Kompetenzen auf und formuliert sechs allgemeine mathematische Kompetenzen, die im Lernprozess erworben werden sollen. Die im Rahmen der PISA-Studie überprüfte Problemlösekompetenz wird als Kompetenz K2 „Probleme mathematisch lösen“ in den Bildungsstandards verankert, worunter die Fähigkeiten, „vorgegebene und selbst formulierte Probleme bearbeiten, geeignete heuristische Hilfsmittel, Strategien und Prinzipien zum Problemlösen auswählen und anwenden und die Plausibilität der Ergebnisse überprüfen sowie das Finden von Lösungsideen und die Lösungswege reflektieren“ (KMK 2004b, S. 8) zusammengefasst werden.

Neben diesem fachimmanenten Anspruch soll durch die Bearbeitung von Fragen und Problemen mit mathematischen Mitteln auch die allgemeine Problemlösefähigkeit erworben und entwickelt werden, die eine der drei zentralen *Grunderfahrungen* im Mathematikunterricht ist und zur überfachlichen Bildung der Schüler gehören soll.

4.2 Die Umsetzung in den deutschen Lehrplänen

Mit der Einführung der Bildungsstandards im Jahr 2004 wurden alle Bundesländer zur Implementierung und Anwendung bundeseinheitlicher Standards verpflichtet. Für die Bundesländer bedeutete dies, ihre Lehrplanschriften oftmals radikal zu überarbeiten oder gänzlich neu zu schreiben, um sie an den Bildungsstandards mit ihren klaren Kompetenzformulierungen auszurichten. Dieser erste Schritt der Bildungsreform nahm in den Bundesländern unterschiedlich viel Zeit in Anspruch und zeigte sehr unterschiedliche Ergebnisse, wie im Folgenden zu sehen sein wird.

Doch auch 15 Jahre nach der Einführung der Bildungsstandards blieben die mathematischen und problemlösebezogenen Leistungen der deutschen Schülerinnen und Schüler in der PISA-Studie 2018 deutlich hinter den Erwartungen zurück, ja sie verschlechterten sich im langjährigen Vergleich sogar. Es gibt sicherlich zahlreiche Gründe, warum in den internationalen Vergleichsstudien bislang nicht die erhoffte Steigerung der Leistungen deutscher Schüler zu beobachten ist.

Die Autoren vertreten die These, dass ein entscheidender Grund in der unzureichenden, teils misslungenen Integration der Bildungsstandards in die Lehrpläne zu suchen ist.

4.2.1 Vorbemerkungen

Die Bildungshoheit der Länder, in Verbindung mit den Reformbemühungen der letzten Jahre, hat eine große Begriffsvielfalt in den schriftlichen Vorgaben für schulischen Unterricht erzeugt. So ist darauf hinzuweisen, dass die Bezeichnungen „Bildungsplan", „Rahmenlehrplan", „Lehrplan", „Kerncurriculum", „Kernlehrplan" usw. Verwendung finden, womit jeweils die von den Bildungsministerien der Bundesländer gefassten verbindlichen Bestimmungen zum (Mathematik-)Unterricht gemeint sind. Hier wird zusammenfassend der Begriff *Lehrplan* oder *Lehrplanschrift* verwendet, ohne damit eine Einschränkung zu implizieren.

Seit der Veröffentlichung der Bildungsstandards im Jahr 2004 sind die dort für das Ende der Doppeljahrgangsstufen 5/6, 7/8 und 9/10 verankerten Kompetenzformulierungen sowie die vorangestellten Überlegungen zu der Art des angestrebten Unterrichts und seinen Ergebnissen Bezugsrahmen für die Lehrplanschriften aller 16 Bundesländer.

Ein Blick auf die Publikationsdaten der Lehrpläne (Abb. 4.1) zeigt, dass die erste Welle der bildungsstandardgebundenen Lehrplanreform erst im Jahr 2014 und damit zehn Jahre nach der Einführung der Bildungsstandards bundesweit vollständig abgeschlossen war. Allerdings wurden in Deutschland Bildungsreformen schon zuvor zögerlich oder in manchen Fällen gar nicht umgesetzt, und insgesamt reagiert das deutsche Bildungssystem im europäischen Vergleich ausgesprochen schwerfällig (vgl. Becker 2012, S. 124). Inzwischen haben die meisten der 16 Bundesländer bereits teils umfassende Überarbeitungen eingeführt. Nur vier Bundesländer arbeiten noch nach den ersten Lehrplänen (Saarland, Rheinland-Pfalz, Hessen und Bremen).

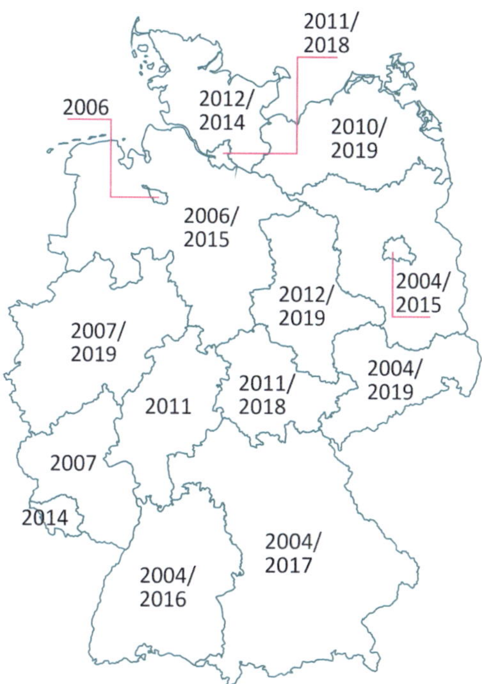

Abb. 4.1 Übersicht zu den Erstveröffentlichungs- und Aktualisierungsjahren der derzeit geltenden Lehrplanschriften Mathematik in der Bundesrepublik Deutschland (Stand Juni 2019)

Die Schriften unterscheiden sich erheblich bezüglich ihrer Struktur, ihres Umfangs, ihres unterrichtlichen Konkretheitsgrades, der verwendeten Terminologie und ihrer fachdidaktischen Kategorisierung. Die anschließende Bestandsaufnahme geht folgenden Fragen nach und stellt die Ergebnisse übersichtlich dar:

1. Welchen Begriff haben die einzelnen Bundesländer zur Bezeichnung ihrer Richtlinien gewählt, welche supplementären Schriften enthalten verbindliche Maßgaben für den Mathematikunterricht, und mit welchen anderen Kompetenzen gemeinsam wird das Problemlösen aufgeführt?
2. Was wird unter Problemlösen verstanden, welche Bedeutung wird ihm beigemessen, und welchen Stellenwert besitzt es, gemessen an der Ausführlichkeit der Darstellung und seinem Integrationsgrad in die Gesamtkonzeption (d. h. wie eng ist die Verschränkung mit den fachlichen Inhalten)?
3. Inwieweit werden Fachbegriffe im Zusammenhang mit der Kompetenz des Problemlösens gebraucht (und welche), und mit welchen fachlichen Inhalten wird das Problemlösen verknüpft?

Die Bildungsstandards benennen und erläutern sechs „allgemeine mathematische Kompetenzen", auf die sich die Lehrplanschriften beziehen, die Tab. 4.2 zu entnehmen sind.

Sechs Bundesländer haben die Bezeichnung „allgemeine mathematische Kompetenzen" übernommen. Acht Länder sprechen von „prozessbezogenen (mathematischen)

Tab. 4.2 Die sechs „allgemeinen mathematischen Kompetenzen“ gemäß Bildungsstandards. (KMK 2004b)

K1	Mathematisch argumentieren
K2	Probleme mathematisch lösen
K3	Mathematisch modellieren
K4	Mathematische Darstellungen verwenden
K5	Mit symbolischen, formalen und technischen Elementen der Mathematik umgehen
K6	Kommunizieren

Kompetenzen“ und verweisen damit stärker auf den grundlegend anderen Charakter der hierunter gefassten Fähigkeiten und Fertigkeiten.

Interessanter als die jeweils gewählten Bezeichnungen sind jedoch die übernommenen, zusammengefassten oder ausgelassenen Kompetenzen. Und vielleicht noch einmal so spannend ist die inzwischen über mehr als 15 Jahre währende Auseinandersetzung mit diesen Inhalten, die nach 2015 noch einmal Anpassungen und erneute Überarbeitungen der Lehrplanschriften ergeben haben. In den letzten knapp fünf Jahren wurden sechs Lehrplanschriften signifikant überarbeitet, wobei sich teilweise die grundlegende Festschreibung der Kompetenzen selbst geändert hat.

Tab. 4.3 gibt einen Überblick über Bezeichnungen der Lehrplanschriften, Ergänzungsschriften und die in den Ländern festgelegten allgemeinen mathematischen Kompetenzen vor und nach 2015.

Acht Bundesländer haben die sechs Kategorien der Bildungsstandards unverändert in ihre Lehrpläne übernommen, zwei weitere haben nur Reihenfolge und Benennung minimal adaptiert. In den anderen Bundesländern wurden Kompetenzen verschmolzen, wovon aber das Problemlösen in keinem Fall betroffen war; in allen Ländern, die eine konkrete Benennung der prozessbezogenen/überfachlichen/allgemeinen Kompetenzen vorlegen, wird das Problemlösen also als eigenständiger Kompetenzbereich benannt und somit auch zum verwandten Kompetenzbereich „Modellieren“ abgegrenzt. Es fällt des Weiteren auf, dass sich in den letzten Jahren auch Länder, die zuvor – im Widerspruch zu den Forderungen der Bildungsstandards – keine Kompetenzen festgeschrieben hatten, dies nun nachgeholt haben; in einigen Bundesländern hat sich die Zahl der Kompetenzen durch Ausdifferenzierung von vier auf fünf oder auch von fünf auf sechs erhöht, wohingegen nirgendwo eine Zusammenfassung vorgenommen wurde.

Es ergibt sich kein klares Bild, was die Integration der in den Bildungsstandards verankerten Kategorien als solche oder ihre terminologische Einordnung betrifft. Kritisch anzumerken ist, dass in keiner Lehrplanschrift die Wahl ihrer jeweiligen Begrifflichkeit reflektiert oder expliziert wird, was eine fachdidaktische Einschätzung zusätzlich erschwert.

Tab. 4.3 Überblick zu Lehrplanschriften und allgemeinen mathematischen Kompetenzen in den 16 Bundesländern (Stand 2019)

Bundesland	Kernschriften zum Unterricht	Ergänzungsschriften	Bezeichnung für die allgemeinen (mathematischen) Kompetenzen bis 2015	Stand 2019
Baden-Württemberg	Bildungsplan	Hinweise zur Umsetzung des Bildungsplans	Vier überfachliche Kompetenzbereiche: 1. Lernen 2. Begründen 3. Problemlösen 4. Kommunizieren	Fünf prozessbezogene Kompetenzen: 1. Argumentieren und Beweisen 2. Probleme lösen 3. Modellieren 4. Mit symbolischen, formalen und technischen Elementen der Mathematik umgehen 5. Kommunizieren
Bayern	Lehrplan	Lehrplan Plus mit ergänzenden Informationen	Keine explizite Listung oder Benennung	Sechs prozessbezogene Kompetenzen: 1. Argumentieren 2. Probleme lösen 3. Modellieren 4. Darstellungen verwenden 5. Mit symbolischen, formalen und technischen Elementen der Mathematik umgehen 6. Kommunizieren
Berlin	Rahmenlehrplan		Sechs prozessbezogene mathematische Kompetenzen: 1. Argumentieren 2. Probleme lösen 3. Modellierungen 4. Darstellungen verwenden 5. Mit symbolischen, formalen und technischen Elementen der Mathematik umgehen 6. Kommunizieren	Sechs prozessbezogene mathematische Standards: 1. Mathematisch argumentieren 2. Probleme mathematisch lösen 3. Mathematisch modellieren 4. Mathematische Darstellungen verwenden 5. Mit symbolischen, formalen und technischen Elementen der Mathematik umgehen 6. Mathematisch kommunizieren

Tab. 4.3 (Fortsetzung)

Bundesland	Kernschriften zum Unterricht	Ergänzungsschriften	Bezeichnung für die allgemeinen (mathematischen) Kompetenzen bis 2015	Stand 2019
Brandenburg	Rahmenlehrplan		Siehe Berlin	Siehe Berlin
Bremen	Bildungsplan		Drei prozessbezogene Kompetenzen: 1. Argumentieren und Kommunizieren 2. Problemlösen (gegliedert in: Erkunden, Lösen, Reflektieren) 3. Modellieren	Unverändert
Hamburg	Bildungsplan		Fünf allgemeine mathematische Kompetenzen: 1. Modellieren 2. Argumentieren und Kommunizieren 3. Probleme lösen 4. Darstellungen verwenden 5. Mit symbolischen, formalen und technischen Elementen der Mathematik umgehen	Unverändert
Hessen	Kerncurriculum	Leitfaden Sekundarstufe I	Sechs Kompetenzbereiche: 1. Darstellen 2. Kommunizieren 3. Argumentieren 4. Umgehen mit symbolischen, formalen und technischen Elementen 5. Problemlösen 6. Modellieren	Unverändert

Tab. 4.3 (Fortsetzung)

Bundesland	Kernschriften zum Unterricht	Ergänzungsschriften	Bezeichnung für die allgemeinen (mathematischen) Kompetenzen bis 2015	Stand 2019
Mecklenburg-Vorpommern	Rahmenplan	Hinweis auf Internetplattform mit Aufgaben (www.mathe-mv.de)	Vier allgemeine mathematische Kompetenzen (Rahmenplan 5/6): 1. Mathematisch argumentieren und kommunizieren 2. Aufgaben (Probleme) mathematisch lösen (gegliedert in: Erkunden, Lösen, Reflektieren) 3. Mathematisch modellieren und mathematische Darstellungen verwenden 4. Mit symbolischen, formalen und technischen Werkzeugen umgehen	Unverändert
			Sechs allgemeine Kompetenzen (Rahmenplan Regionale Schule 7–10) 1. K1 – Mathematisch argumentieren 2. K2 – Probleme mathematisch lösen 3. K3 – Mathematisch modellieren 4. K4 – Mathematische Darstellungen verwenden 5. K5 – Mit symbolischen, formalen und technischen Elementen der Mathematik umgehen 6. K6 – Mathematisch kommunizieren	Unverändert

Tab. 4.3 (Fortsetzung)

Bundesland	Kernschriften zum Unterricht	Ergänzungsschriften	Bezeichnung für die allgemeinen (mathematischen) Kompetenzen bis 2015	Stand 2019
Niedersachsen	Kerncurriculum		Sechs prozessbezogene Kompetenzbereiche: 1. Mathematisch argumentieren 2. Probleme mathematisch lösen 3. Mathematisch modellieren 4. Mathematische Darstellungen verwenden 5. Mit symbolischen, formalen und technischen Elementen der Mathematik umgehen 6. Kommunizieren	Unverändert
Nordrhein-Westfalen	Kernlehrplan	Unterstützungsmaterialien und Hinweise zum Kernlehrplan sowie exemplarische konkretisierte Unterrichtsvorhaben	Vier prozessbezogene Kompetenzen: 1. Argumentieren/Kommunizieren 2. Problemlösen 3. Modellieren 4. Werkzeuge	Fünf Kompetenzbereiche: 1. Operieren (mit und ohne Werkzeuge) 2. Modellieren (Strukturieren, Mathematisieren, Interpretieren und Validieren) 3. Problemlösen (Erkunden, Lösen, Reflektieren) 4. Argumentieren (Vermuten, Begründen, Beurteilen) 5. Kommunizieren (Rezipieren, Produzieren Diskutieren)
Rheinland-Pfalz	Rahmenlehrplan	Anregungen zur Umsetzung 5–6 Anregungen zur Umsetzung 7–8 Anregungen zur Umsetzung 9–10	Sechs allgemeine mathematische Kompetenzen: 1. K1 – Mathematisch argumentieren 2. K2 – Probleme mathematisch lösen 3. K3 – Mathematisch modellieren 4. K4 – Mathematische Darstellungen verwenden 5. K5 – Mit symbolischen, formalen und technischen Elementen der Mathematik umgehen 6. K6 – Kommunizieren	Unverändert

Tab. 4.3 (Fortsetzung)

Bundesland	Kernschriften zum Unterricht	Ergänzungsschriften	Bezeichnung für die allgemeinen (mathematischen) Kompetenzen bis 2015	Stand 2019
Saarland	Lehrplan		Sechs prozessbezogene mathematische Kompetenzen: 1. K1 – Mathematisch argumentieren 2. K2 – Probleme mathematisch lösen 3. K3 – Mathematisch modellieren 4. K4 – Mathematische Darstellungen verwenden 5. K5 – Mit symbolischen, formalen und technischen Elementen der Mathematik umgehen 6. K6 – Kommunizieren	Unverändert
Sachsen	Lehrplan		Fünf allgemeine fachliche Ziele: 1. Entwickeln von Problemlösefähigkeiten 2. Entwickeln eines kritischen Vernunftgebrauchs 3. Entwickeln des verständigen Umgangs mit der fachgebundenen Sprache unter Bezug und Abgrenzung zur alltäglichen Sprache 4. Entwickeln des Anschauungsvermögens 5. Erwerben grundlegender Kompetenzen im Umgang mit ausgewählten mathematischen Objekten	Unverändert

Tab. 4.3 (Fortsetzung)

Bundesland	Kernschriften zum Unterricht	Ergänzungsschriften	Bezeichnung für die allgemeinen (mathematischen) Kompetenzen bis 2015	Stand 2019
Sachsen-Anhalt	Fachlehrplan	Grundsatzband Niveaubestimmende Aufgaben	Vier allgemeine mathematische Kompetenzen: 1. P – Probleme mathematisch lösen 2. M – Mathematisch modellieren 3. A – Mathematisch argumentieren und kommunizieren 4. D – Mathematische Darstellungen und Symbole verwenden	Unverändert
Schleswig-Holstein	Lehrplan/-Fachanforderungen	Leitfaden zu den Fachanforderungen Präsentation/ Einführung der Fachanforderungen	Keine Listung oder Benennung	Sechs prozessbezogene mathematische Kompetenzen in den Fachanforderungen formuliert: 1. K1 – Mathematisch argumentieren 2. K2 – Probleme mathematisch lösen 3. K3 – Mathematisch modellieren 4. K4 – Mathematische Darstellungen verwenden 5. K5 – Mit symbolischen, formalen und technischen Elementen der Mathematik umgehen 6. K6 – Mathematisch kommunizieren
Thüringen	Lehrplan	Hinweise zu den weiterentwickelten Lehrplänen Hinweise zur Lehrplanimplementierung	Sechs allgemeine mathematische Kompetenzen: 1. Mathematisch argumentieren (K1) 2. Probleme mathematisch lösen (K2) 3. Mathematisch modellieren (K3) 4. Mathematische Darstellungen verwenden (K4) 5. Mit symbolischen, formalen und technischen Elementen der Mathematik umgehen (K5) 6. Mathematisch kommunizieren (K6)	Unverändert

4.2.2 Analyse der Lehrplanschriften

Die folgenden Auswertungen basieren auf der Inhaltsanalyse der aktuellen Lehrplantexte und Supplementschriften (für eine vollständige qualitative Untersuchung s. Krichel 2017, Kap. 3). Die Erfassung der in den Schriften enthaltenen Informationen in Tabellenform erlaubt es, einen Überblick über die formulierten Erwartungen innerhalb der Bundesländer zu gewinnen, aber auch den Vergleich zwischen den Bundesländern im Hinblick auf das Problemlösen im Mathematikunterricht anzustellen.

Auf Basis der den Lehrplänen mehrheitlich zugrunde liegenden Struktur werden zunächst die auf das Problemlösen bezogenen Aussagen innerhalb der allgemeinen Aufgaben und Ziele des Mathematikunterrichts synoptisch betrachtet und verglichen (Abschn. 4.2.2.1). Daran anschließend werden diejenigen Aussagen zum Problemlösen tabellarisch erfasst und, gerade mit Blick auf die vorausgegangenen Zielformulierungen, die in den eigentlichen Lehrplanschriften des Faches enthalten, aber nicht Teil der jahrgangsstufenbezogenen Kompetenzerwartungen sind, kritisch kommentiert (Abschn. 4.2.2.2). Schließlich wird der Blick auf die Einbettung der Problemlösefähigkeiten in die mathematischen Teilgebiete bzw. Leitideen gerichtet, um zu ermitteln, ob und inwieweit sich hier eine Schwerpunktsetzung, möglicherweise sogar über Ländergrenzen hinweg, erkennen lässt (Abschn. 4.2.3).

4.2.2.1 Aufgaben und Ziele des Mathematikunterrichts

Alle Lehrplantexte verfügen in der einen oder anderen Form über einen Einleitungsteil, der in Anlehnung an die Bildungsstandards die Ziele des Mathematikunterrichts darlegt. Tab. 4.4 zeigt, welche Aspekte die Bundesländer in Bezug auf die Kompetenz des Problemlösens als Ziele ihres jeweiligen Mathematikunterrichts benennen.

14 der 16 deutschen Bundesländer haben in ihren einleitenden Ausführungen zu *Aufgaben und Zielen des Mathematikunterrichts* (wobei die Bezeichnungen landesspezifisch abweichen) die Entwicklung grundlegender Problemlösestrategien klar als Unterrichtsziel definiert (Tab. 4.4, Sp. 1). Nur Mecklenburg-Vorpommern erhebt diesen Anspruch nicht explizit, was angesichts der auch dort geltenden Bildungsstandards Fragen aufwirft.

Für die anderen Bundesländer gilt, dass sich trotz der Einigkeit, dass Problemlösestrategien erworben werden sollen, die weiteren Formulierungen, wie dieses Ziel erreicht werden kann und welche Aspekte für relevant erachtet werden, ganz erheblich unterscheiden. Beim Blick auf andere, im weiteren Sinne problembezogene Formulierungen in diesen Texten, die in Tab. 4.4 erfasst sind, lassen sich einige interessante Beobachtungen machen: Eine zentrale Forderung der Bildungsstandards besteht in der verknüpften Lehre von inhalts- und prozessbezogenen Kompetenzen, die sich in fast allen Bundesländern auch als klare Zielformulierung für den Mathematikunterricht insgesamt wiederfindet (Sp. 4). Auf der anderen Seite stehen mit Rheinland-Pfalz, Hamburg, Hessen und Schleswig-Holstein vier Bundesländer, die zwar die Forderung übernehmen, ihrem eigenen Anspruch nach Analyse ihrer Lehrplanschriften allerdings nicht gerecht werden.

Tab. 4.4 Formulierungen bezüglich der Problemlösekompetenz in den Aufgaben und Zielen des Mathematikunterrichts, geclustert nach Häufigkeit der Erwähnung

	Entwicklung grundlegender Problemlösestrategien	Selbständiges Arbeiten fördern	Unterschiedliche Lösungswege und/oder Lösungen zulassen	Verknüpfung von inhalts- und prozessbezogenen Kompetenzen gefordert/umgesetzt	Problemlösende Aufgaben/offene Aufgabenstellungen	Horizontale Vernetzung/fächerübergreifendes Arbeiten	Entwicklung von Kreativität und/oder Fantasie	Entdeckendes Lernen	Ausdauer fördern (u. a. zur Überwindung von Schwierigkeiten beim Problemlösen)	Zielstrebigkeit
Spaltennummer	1	2	3	4	5	6	7	8	9	10
Rheinland-Pfalz	x	x	x	x/–	x	x	x	x	x	x
Baden-Württemberg	x	x	x	x	x	x		x	x	x
Bayern	x			x/x	x	x	x	x	x	x
Saarland	x	x	x	x/x	x	x	x	x		
Hamburg	x	x	x	x/–	x	x	x	x		
Berlin	x	x	x	x/x	x	x	x	x		
Brandenburg	x	x	x	x/x	x	x	x	x		
Niedersachsen	x	x	x	x/x	x		x	x	x	
Schleswig-Holstein	x	x	x	x/–	x	x	x	x		
Sachsen	x	x	x		x	x	x	x		

Tab. 4.4 (Fortsetzung)

	Entwicklung grundlegender Problemlösestrategien	Selbständiges Arbeiten fördern	Unterschiedliche Lösungswege und/oder Lösungen zulassen	Verknüpfung von inhalts- und prozessbezogenen Kompetenzen gefordert/umgesetzt	Problemlösende Aufgaben/offene Aufgabenstellungen	Horizontale Vernetzung/fächerübergreifendes Arbeiten	Entwicklung von Kreativität und/oder Fantasie	Entdeckendes Lernen	Ausdauer fördern (u. a. zur Überwindung von Schwierigkeiten beim Problemlösen)	Zielstrebigkeit
Spaltennummer	1	2	3	4	5	6	7	8	9	10
Hessen	x	x	x	x/–	x	x	x			
Sachsen-Anhalt	x	x	x	x/x	x				x	
Thüringen	x	x		x/x			x		x	x
Mecklenburg-Vorpommern		x	x	x/x		x			x	x
Nordrhein-Westfalen	x		x	x/x			x	x		
Bremen	x	x		x/x				x		

Selbständiges Arbeiten (Sp. 2) wird in allen Bundesländern angestrebt mit Ausnahme von Bayern und Nordrhein-Westfalen, während das Zulassen unterschiedlicher Lösungswege bzw. Lösungen (Sp. 3) in insgesamt 13 Bundesländern für den Mathematikunterricht angestrebt wird, darunter auch in Mecklenburg-Vorpommern.

Zwölf Bundesländer schreiben die Arbeit mit problemlösenden Aufgaben bzw. offenen Aufgaben als Ziel fest (Sp. 5); auf der anderen Seite fehlt der Hinweis auf diese Aufgabentypen in Thüringen, Hessen, Mecklenburg-Vorpommern, Bremen und Nordrhein-Westfalen. Ein anderer häufig mit problemorientiertem Arbeiten verknüpfter Aspekt, die horizontale Vernetzung bzw. das fächerübergreifende Arbeiten (Sp. 6), ist in zwölf Bundesländern Teil der Aufgaben und Ziele.

Zwölf Länder sehen in der Entwicklung von Kreativität und/oder Fantasie ebenfalls eine Aufgabe des Mathematikunterrichts (Sp. 7); diese Zielformulierung lässt sich zumindest teilweise in Verbindung mit den zur Problemlösung notwendigen eigenständigen, kreativen Denkleistungen bringen. Einen Einbezug des entdeckenden Lernens fordern zwölf Bundesländer (Sp. 8). Dagegen sieht nur noch eine klare Minderheit von sieben bzw. fünf Ländern in der Förderung von Ausdauer (Sp. 9) und Zielstrebigkeit (Sp. 10) allgemeine Ziele ihres Mathematikunterrichts.

Der Blick auf die Gesamtübersicht spiegelt so durchaus einen weitreichenden Konsens über immerhin acht der zehn gefundenen, direkt oder indirekt mit dem Problemlösen verknüpften Kategorien wider. Elf der 16 Bundesländer benennen sieben oder mehr der erfassten zehn Kategorien in ihren Aufgaben und Zielen und legen so grundsätzlich einen Schwerpunkt auf den Erwerb von Problemlösefähigkeiten im Mathematikunterricht. Die Rangfolge der Länder, gemessen an den von ihnen formulierten heuristisch-problemlösebezogenen, allgemeinen Unterrichtszielen, ist der Sortierung in der linken Spalte zu entnehmen.

4.2.2.2 Allgemeine Aussagen zum Problemlösen

Die Analyse der *Aufgaben und Ziele des Mathematikunterrichts* (Abschn. 4.2.2.1) hat gezeigt, welchen Stellenwert dem Problemlösen im Mathematikunterricht durch die Bildungsministerien der Länder grundsätzlich zugedacht ist; nun soll untersucht werden, was die Lehrplanschriften unter dem Begriff des Problemlösens verstehen und wie die Problemlösefähigkeit insgesamt charakterisiert wird. Dazu sind in Tab. 4.5 Aussagen zum Problemlösen, die sich in den nicht auf bestimmte Jahrgangsstufen bezogenen Teilen der Lehrplanschriften finden, zusammengetragen. Mit Blick auf die oben bereits angesprochenen zahlreichen Überarbeitungen der letzten Jahre sind sowohl die bis 2015 geltenden Lehrplanschriften als auch die im Jahr 2019 gültigen Lehrplanschriften erfasst, um die jüngsten Veränderungen und Weiterentwicklung der Inhalte zum Problemlösen sichtbar zu machen und zu dokumentieren. Dies entfällt bei den genannten vier Bundesländern Saarland, Rheinland-Pfalz, Hessen und Bremen, in denen keine neuen Lehrpläne herausgegeben wurden.

Auch in Tab. 4.5 sind die Bundesländer nach der Anzahl berücksichtigter Aspekte sortiert, um Schwerpunkte und Einzelnennungen besser erkennbar zu machen. Die rei-

Tab. 4.5 Allgemeine Aussagen zu den Problemlösefähigkeiten in den nicht jahrgangsstufenspezifischen Teilen der Lehrplanschriften, geclustert nach Häufigkeit

Stand		Definition Problemlösen	Lösungswege, Strategien und Lösungen reflektieren und bewerten	Strategien/mathematische Lösungsverfahren erwerben/verwenden	Probleme in inner- und außermathematischen Zusammenhängen erkennen, beschreiben mit eigenen Worten wiedergeben …	Hilfsmittel angemessen nutzen	Computereinsatz zur Problemlösung	Erwerb von Fertig- und Fähigkeiten nach Heinrich Winter	Verschiedene Darstellungsformen nutzen	Vorgegebene und selbst formulierte Probleme bearbeiten	Hinweis auf Unterschiede des Anforderungsniveaus	Untersuchen von Mustern/Symmetrien	Vermutungen aufstellen	Probleme in Teilprobleme zerlegen	Probleme vereinfachen, Beispiele bilden und untersuchen	Texte erschließen, analysieren und relevante Informationen entnehmen	Anzahl der Nennungen	Tendenz
	Spaltennummer	1	2	3	4	5	6	7	8	9	10	11	12	13	14	15		
2019	Baden-Württemberg	x	x	x	x	x	x	x	x	x	x	x	x	x	x		14	↗
2015	Baden-Württemberg		x	x	x	x	x										5	
2019	Berlin	x	x	x	x	x	x	x	x	x	x	x			x		12	→
2015	Berlin	x	x	x	x	x	x	x	x	x	x	x			x		12	
2019	Nordrhein-Westfalen	x	x	x	x	x		x	x	x		x	x	x	x		12	↗
2015	Nordrhein-Westfalen	x	x		x			x	x				x	x			7	
2019	Brandenburg	x	x	x	x	x	x	x	x	x	x	x			x		12	↗

Tab. 4.5 (Fortsetzung)

Stand		Definition Problemlösen	Lösungswege, Strategien und Lösungen reflektieren und bewerten	Strategien/mathematische Lösungsverfahren erwerben/verwenden	Probleme in inner- und außermathematischen Zusammenhängen erkennen, beschreiben mit eigenen Worten wiedergeben …	Hilfsmittel angemessen nutzen	Computereinsatz zur Problemlösung	Erwerb von Fertig- und Fähigkeiten nach Heinrich Winter	Verschiedene Darstellungsformen nutzen	Vorgegebene und selbst formulierte Probleme bearbeiten	Hinweis auf Unterschiede des Anforderungsniveaus	Untersuchen von Mustern/Symmetrien	Vermutungen aufstellen	Probleme in Teilprobleme zerlegen	Probleme vereinfachen, Beispiele bilden und untersuchen	Texte erschließen, analysieren und relevante Informationen entnehmen	Anzahl der Nennungen	Tendenz
	Spaltennummer	1	2	3	4	5	6	7	8	9	10	11	12	13	14	15		
2015	Brandenburg	x	x	x	x	x		x	x	x	x	x			x		11	
2019	Hamburg		x	x	x	x	x	x	x	x	x	x					10	→
2015	Hamburg		x	x	x	x	x	x	x	x	x	x					10	
2019	Sachsen-Anhalt	x	x	x		x		x	x	x	x			x		x	10	↗
2015	Sachsen-Anhalt	x		x		x		x								x	5	
2019	Schleswig-Holstein	x	x	x	x	x			x	x	x	x	x				10	↗
2015	Schleswig-Holstein		x	x	x	x			x	x	x						7	
2019	Thüringen	x	x		x	x		x		x	x	x					8	↗
2015	Thüringen	x	x		x	x		x		x							6	

Tab. 4.5 (Fortsetzung)

Stand		Definition Problemlösen	Lösungswege, Strategien und Lösungen reflektieren und bewerten	Strategien/mathematische Lösungsverfahren erwerben/verwenden	Probleme in inner- und außermathematischen Zusammenhängen erkennen, beschreiben mit eigenen Worten wiedergeben …	Hilfsmittel angemessen nutzen	Computereinsatz zur Problemlösung	Erwerb von Fertigkeiten und Fähigkeiten nach Heinrich Winter	Verschiedene Darstellungsformen nutzen	Vorgegebene und selbst formulierte Probleme bearbeiten	Hinweis auf Unterschiede des Anforderungsniveaus	Untersuchen von Mustern/Symmetrien	Vermutungen aufstellen	Probleme in Teilprobleme zerlegen	Probleme vereinfachen, Beispiele bilden und untersuchen	Texte erschließen, analysieren und relevante Informationen entnehmen	Anzahl der Nennungen	Tendenz
	Spaltennummer	1	2	3	4	5	6	7	8	9	10	11	12	13	14	15		
2019	Mecklenburg-Vorpommern	x	x	x			x	x	x		x	x					8	↗
2015	Mecklenburg-Vorpommern		x	x			x										3	
2019	Rheinland-Pfalz	x	x	x			x			x	x			x			7	→
2019	Hessen	x	x	x		x		x	x								6	→
2019	Bayern	x	x	x		x		x					x				6	↗
2015	Bayern		x	x		x							x				4	

Tab. 4.5 (Fortsetzung)

Stand		Definition Problemlösen	Lösungswege, Strategien und Lösungen reflektieren und bewerten	Strategien/mathematische Lösungsverfahren erwerben/verwenden	Probleme in innerund außermathematischen Zusammenhängen erkennen, beschreiben mit eigenen Worten wiedergeben …	Hilfsmittel angemessen nutzen	Computereinsatz zur Problemlösung	Erwerb von Fertig- und Fähigkeiten nach Heinrich Winter	Verschiedene Darstellungsformen nutzen	Vorgegebene und selbst formulierte Probleme bearbeiten	Hinweis auf Unterschiede des Anforderungsniveaus	Untersuchen von Mustern/Symmetrien	Vermutungen aufstellen	Probleme in Teilprobleme zerlegen	Probleme vereinfachen, Beispiele bilden und untersuchen	Texte erschließen, analysieren und relevante Informationen entnehmen	Anzahl der Nennungen	Tendenz
	Spaltennummer	1	2	3	4	5	6	7	8	9	10	11	12	13	14	15		
2019	Saarland	x	x	x			x				x						5	→
2019	Niedersachsen	x					x		x		x						4	↗
2015	Niedersachsen						x		x								2	
2019	Sachsen	x	x	x		x											4	→
2015	Sachsen	x	x	x		x											4	
2019	Bremen				x												1	→

ne Anzahl dieser Nennung ist qualitativ wenig aussagekräftig – sie stellt lediglich ein potenzielles Richtmaß für die eigenen Ansprüche in Bezug auf das Problemlösen im Mathematikunterricht dar. Inwiefern eine konkrete Beschreibung dieser Forderungen für die Kompetenzerwartungen der Jahrgangsstufen folgt, wird im nächsten Kapitel zu sehen sein.

Eine Gegenüberstellung der Einzelnennungen der Lehrplanschriften aus den Jahren 2015 und 2019 zeigt, dass elf der 16 Bundesländer ihre Lehrplanschriften überarbeitet und das Problemlösen nach dieser Überarbeitung deutlich stärker berücksichtigt haben. Die größte Veränderung zeigt sich in Baden-Württemberg: Wurden bis 2015 nur fünf Nennungen zu den Problemlösefähigkeiten in den nicht jahrgangsstufenspezifischen Teilen der Lehrplanschriften getätigt, waren es 2019 14. Damit steht Baden-Württemberg jetzt an der Spitze der Länder, die dem Problemlösen einen sehr hohen Stellenwert in ihren Lehrplanschriften einräumen. Ein ähnliches Bild zeichnet sich auch in Nordrhein-Westfalen, Sachsen-Anhalt und Mecklenburg-Vorpommern ab, in denen Einzelnennungen bezogen auf das Problemlösen nach der Überarbeitung der Lehrplanschriften deutlich zugenommen haben. Dass die Kompetenz des Problemlösens in nahezu allen Bundesländern in den letzten Jahren offenbar an Bedeutung gewonnen hat, zeigt sich auch an anderer Stelle: Während bis 2015 nur acht der 16 Bundesländer den Begriff des Problemlösens als solchen überhaupt definiert hatten (Sp. 1), haben bis 2019 – mit Ausnahme von Bremen – alle Bundesländer den Begriff definiert oder sich zumindest um eine Definition bemüht.

Zwei weitere Aspekte seien hier hervorgehoben, da sie auf allgemeinere didaktische Ideen verweisen: Im Jahr 2015 haben sich sieben Länder klar auf den Erwerb von Fertig- und Fähigkeiten nach Heinrich Winter (Abschn. 1.4.4.4) bezogen. Vier Jahre später waren es bereits zehn Bundesländer, die den Erwerb in ihren Lehrplanschriften festgeschrieben haben (Sp. 7). 2019 erwähnen neun Bundesländer im Zusammenhang mit dem Problemlösen Unterschiede im Anforderungsniveau und damit drei mehr als noch im Jahr 2015 (Sp. 10).

Eine Reihe weiterer Tätigkeitsformulierungen tritt in Verbindung mit dem Lösen von Problemen in den Lehrplanschriften auf; dabei handelt es sich um wenig spezifische Anforderungen wie die angemessene Nutzung von Hilfsmitteln (Sp. 5) oder den Computereinsatz zur Problemlösung (Sp. 6), wobei sich hier keine nennenswerten Unterschiede zwischen 2015 und 2019 ergeben haben. Anders verhält es sich beim Untersuchen von Mustern bzw. Symmetrien (Sp. 11): Haben bis 2015 lediglich drei Bundesländer diese Tätigkeit in Zusammenhang mit dem Problemlösen beschrieben, stellten bis 2019 acht Länder diesen Zusammenhang her. Insgesamt lässt sich eine eindeutige Stärkung des Problemlösens in den allgemeinen Teilen der Lehrplanschriften beobachten.

In Tab. 4.6 werden die im allgemeinen Teil der Lehrplanschriften explizit genannt und heuristischen Vorgehens- und Verhaltensweisen aus den Jahren 2015 und 2019 einander gegenübergestellt, um eine mögliche inhaltliche Entwicklungslinie in Bezug auf die Problemlösekompetenz aufzuzeigen.

Tab. 4.6 Konkrete Nennungen heuristischer Vorgehens-/Verhaltensweisen im allgemeinen Teil der Lehrplanschriften aus den Jahren 2019 und 2015

Bundesland	Problemlösende Tätigkeiten, die in den seit 2019 geltenden Lehrplanschriften konkret benannt werden	Problemlösende Tätigkeiten, die bis 2015 konkret benannt wurden
Baden-Württemberg	Beispiele untersuchen Systematisches Probieren Probleme in Teilprobleme zerlegen Einführen von Hilfslinien oder Hilfsgrößen Äquivalenzumformung als formale Rechenstrategie Regelmäßigkeiten oder Muster erkennen Vorwärts- und Rückwärtsarbeiten Sonderfälle oder Verallgemeinerungen untersuchen Rückführen auf Bekanntes/Analogien herstellen	
Bayern	Verwenden von Skizzen, Figuren, Tabellen Einzeichnen von Hilfslinien Systematisches Probieren Vorwärts- und Rückwärtsarbeiten Zerlegen oder Ergänzen Nutzen von Symmetrien oder Analogien	
Berlin	Vom Probieren zum systematischen Probieren Wechsel zwischen Darstellungsformen Rechenstrategien	Einzeichnen von Hilfslinien Auswählen von Hilfsgrößen Systematisches Probieren Informative Figuren Vorwärts- und Rückwärtsarbeiten
Brandenburg	Vom Probieren zum systematischen Probieren Wechsel zwischen Darstellungsformen Rechenstrategien	Einzeichnen von Hilfslinien Auswählen von Hilfsgrößen Systematisches Probieren Informative Figuren Vorwärts- und Rückwärtsarbeiten
Bremen	Unverändert	Beispiel finden Überprüfen durch Probieren Skizzen Tabellen Zurückführen auf Bekanntes Spezialfälle finden Verallgemeinern
Hamburg	Unverändert	Denkstrategien entwickeln bewusstmachen und einüben

Tab. 4.6 (Fortsetzung)

Bundesland	Problemlösende Tätigkeiten, die in den seit 2019 geltenden Lehrplanschriften konkret benannt werden	Problemlösende Tätigkeiten, die bis 2015 konkret benannt wurden
Hessen	Unverändert	Systematisches Probieren Einzeichnen von Hilfslinien Auswählen von Hilfsgrößen Vorwärts- und Rückwärtsarbeiten
Mecklenburg-Vorpommern	Skizzen anfertigen Systematisches Probieren Zerlegen und Ergänzen Symmetrien verwenden Extremalprinzip Invarianten finden Vorwärts- und Rückwärtsarbeiten	Beispiele finden Überprüfen durch Probieren Zurückführen auf Bekanntes Spezialfälle finden Verallgemeinern
Niedersachsen		
Nordrhein-Westfalen	Schätzen und Überschlagen Beispiele finden Spezialfälle finden Analogiebetrachtung Systematisches Probieren oder Ausschließen Darstellungswechsel Zerlegen und Ergänzen Symmetrien verwenden Invarianten finden Zurückführen auf Bekanntes Zerlegen in Teilprobleme Fallunterscheidung Vorwärts- und Rückwärtsarbeiten Schlussfolgern Verallgemeinern	Überschlagen Beispiele finden Systematisches Probieren Schlussfolgern Zurückführen auf Bekanntes Verallgemeinern
Rheinland-Pfalz		
Saarland		
Sachsen		
Sachsen-Anhalt	Kombiniertes Vorwärts- und Rückwärtsarbeiten Extremalprinzip Analogieprinzip Probleme in Teilprobleme zerlegen Zurückführen auf Bekanntes	Vorwärtsarbeiten Rückwärtsarbeiten Probleme in Teilprobleme zerlegen Zurückführen auf Bekanntes Systematisches Probieren
Schleswig-Holstein	Skizzen Informative Figuren Tabellen Experimentelle Verfahren	Parkettierung Zerlegungs- und Ergänzungsprinzip

Tab. 4.6 (Fortsetzung)

Bundesland	Problemlösende Tätigkeiten, die in den seit 2019 geltenden Lehrplanschriften konkret benannt werden	Problemlösende Tätigkeiten, die bis 2015 konkret benannt wurden
Thüringen	Skizze anfertigen Systematisch probieren Zerlegen und ergänzen Symmetrien verwenden Vorwärts- und Rückwärtsarbeiten Invarianten finden Extremalprinzip anwenden Spezialfälle untersuchen	

Während bis 2015 neun Bundesländer in ihren Lehrplanschriften beispielhaft Verhalten bzw. Vorgehensweisen, die dem Problemlösen zuordnen sind, genannt haben, sind es seit 2019 bereits 13 Bundesländer.

Betrachtet man nun die logische Stringenz der Lehrplanschriften bezüglich ihrer Forderungen nach Problemlösefähigkeiten (Tab. 4.5, Sp. 3), einer Definition des Problemlösens (Tab. 4.5, Sp. 1) und inhaltlicher Konkretisierung (Tab. 7.6) zeigt sich, dass Rheinland-Pfalz, das Saarland und Sachsen trotz vorheriger Zielangabe und Definition auf Konkretisierungen nach wie vor verzichten. Bremen hingegen weist konkrete zu erwerbende Strategien aus, obwohl der Erwerb dieser nicht eindeutig als Ziel festgelegt und eine Definition des Problemlösebegriffs nach wie vor fehlt. Hamburg hingegen fordert, dass Strategien verwendet, reflektiert und bewertet werden, ohne den Problembegriff zu definieren oder konkrete Strategien zu benennen, und Niedersachsen definiert das Problemlösen, verzichtet jedoch ebenfalls auf eine Konkretisierung. Alle übrigen Bundesländer bemühen sich hingegen, das Problemlösen in allen drei Stufen – Zielerklärung, Definition, Konkretisierung – zu berücksichtigen.

Ein Vergleich der in den Lehrplanschriften konkret genannten heuristischen Verhaltens- und Vorgehensweisen aus den Jahren 2015 und 2019 legt nahe, dass viele Bundesländer einen Handlungsbedarf erkannt und ihre Lehrplanschriften gerade auch in Bezug auf eine Konkretisierung problemlösender Tätigkeiten einer umfassenden Überarbeitung unterzogen haben. Bis 2015 herrschte kein einheitlich-verbindlicher Rahmen zur Klassifizierung heuristischer Tätigkeiten, so dass viele Bundesländer den Forderungen der KMK dadurch begegneten, dass sie unterschieds- und kommentarlos verschiedenste Handlungs- und Repräsentationsformen vermischt benannt und diese als heuristische Vorgehens- und Verhaltensweisen ausgewiesen haben. Aus Tab. 4.6 (insbesondere auch im Vergleich zu der Analyse in Krichel 2017) ist abzulesen, dass wenigstens die terminologische Basis einige Verbesserungen erfahren hat. Auch wenn eine fachlich zufriedenstellende Anbindung an die fachdidaktische Forschung nach wie vor fehlt, bemühen sich die Lehrplanschriften doch um eine strukturiertere Darstellung ihrer Vorstellungen dessen, was Problemlösefähigkeiten ausmacht.

4.2.3 Zur Verknüpfung mit den Teilgebieten

Entsprechend den Bildungsstandards müssen die allgemeinen mathematischen Kompetenzen, gleich welchen Namen sie in den jeweiligen Bundesländern tragen, fortwährend in den Mathematikunterricht integriert unterrichtet werden. Tab. 4.7 fasst – bezogen auf die beteiligten mathematischen Teilgebiete – zusammen, in welchen Doppeljahrgangsstufen die Lehrpläne der Bundesländer eine Verknüpfung mit der Problemlösekompetenz vorsehen. Der Überblick lässt sowohl die ungleichmäßige Berücksichtigung der Teilgebiete (insbesondere in Bremen und Sachsen) als auch Brüche im sukzessiven Aufbau der Problemlösekompetenz innerhalb der Teilgebiete (siehe insbesondere Berlin und Brandenburg) erkennen. Der Mangel an Verknüpfung in vielen Lehrplanschriften lässt sich aus der tabellarischen Übersicht ebenfalls leicht ablesen.

Tab. 4.7 Verknüpfung von mathematischen Teilgebieten mit Problemlösefähigkeiten in den Lehrplänen

Bundesland	Inhalt											
	Arithmetik/Algebra			Funktionen			Geometrie			Stochastik		
	Jg. 5/6	Jg. 7/8	Jg. 9/10	Jg. 5/6	Jg. 7/8	Jg. 9/10	Jg. 5/6	Jg. 7/8	Jg. 9/10	Jg. 5/6	Jg. 7/8	Jg. 9/10
Baden-Württemberg	x	x			x		x	x	x		x	x
Bayern	x	x			x	x	x	x	x		x	x
Berlin		x				x		x	x			
Brandenburg		x				x		x	x			
Bremen				x	x	x		x				
Hamburg									x			
Hessen					x							
Mecklenburg-Vorpommern	x							x				
Niedersachsen												
Nordrhein-Westfalen	x	x	x	x	x	x	x	x	x		x	x
Rheinland-Pfalz	x	x	x		x	x	x	x	x	x	x	
Saarland	x	x			x		x	x			x	
Sachsen	x	x					x	x	x		x	
Sachsen-Anhalt	x	x	x	x	x	x	x	x	x	x	x	
Schleswig-Holstein												
Thüringen	x	x	x				x	x	x			
Summe x	**9**	**10**	**4**	**3**	**8**	**7**	**8**	**12**	**10**	**2**	**7**	**3**

Es sei an dieser Stelle darauf hingewiesen, dass Schleswig-Holstein die Kompetenzerwartungen lediglich für das Ende der Sekundarstufe I formuliert und damit auf eine Aufschlüsselung nach Doppeljahrgangsstufen verzichtet, weshalb hier keine Daten eingearbeitet werden konnten.

Auch wenn auf den ersten Blick der Eindruck entsteht, dass die Kompetenz des Problemlösens einen großen Raum in den verschiedenen Themenfeldern des Mathematikunterrichts einnimmt, so ist zu berücksichtigen, dass die Tabelle lediglich die Stellen markiert, an denen das Problemlösen in Bezug auf eines der Fachgebiete *genannt* wird. Ein Indiz für die Ausführlichkeit oder den Konkretheitsgrad der genannten heuristischen Vorgehens- und Verhaltensweisen stellt es hingegen nicht dar. So wurden konkrete Aussagen wie „Die Schülerinnen und Schüler befassen sich mit spezifisch mathematischen und alltäglichen Problemen [...] und entwickeln dadurch auch über die Mathematik hinausgehende, nützliche heuristische Fähigkeiten“ (Berlin-Brandenburg 2015, S. 3) oder „Einblicke gewinnen in die heuristischen Verfahren Vorwärts- und Rückwärtsarbeiten“ (Sachsen 2004/2009/2011/2013, S. 18) in der Tabelle ebenso berücksichtigt wie die Angabe „geeignete heuristische Hilfsmittel, Strategien und Prinzipien zum Problemlösen auswählen und anwenden“ (MBWJK 2007, S. 54). Auch Hinweise wie „Die Schülerinnen und Schüler erkunden“ (Bremen 2006, S. 1) wurde in diesem Zusammenhang berücksichtigt, da die Tätigkeit des „Erkundens“ dem Problemlösen zuzuordnen ist.

Das am häufigsten mit der Problemlösefähigkeit in Verbindung gebrachte mathematische Teilgebiet ist die Geometrie (30 Verknüpfungen), gefolgt von Arithmetik und Algebra (23). Die anderen beiden große Themen der Sekundarstufenmathematik – Funktionen (18) und Stochastik (12) – fallen weit dahinter zurück. Sieben Bundesländer streben die Verknüpfung heuristischer Fertigkeiten mit der Geometrie über alle sechs Jahrgangsstufen hinweg an. Bei der Arithmetik und Algebra sind es nur vier Länder, die diese Möglichkeit der durchgehenden Anbindung sehen bzw. verbindlich fordern.

Die Aufschlüsselung derselben Daten nach Doppeljahrgangsstufen in Tab. 4.8 lenkt den Blick darauf, ob ein kumulativer Aufbau der Problemlösekompetenz über die Jahrgangsstufen hinweg in den Lehrplanschriften konzeptionell vorgesehen ist – unbesehen der daran zu beteiligenden Teilgebiete des Faches.

Es zeigt sich bei mehr als der Hälfte der Bundesländer ein wenig überzeugendes Gesamtbild, wenn eine solche Verknüpfung gar nicht (Niedersachsen und Schleswig-Holstein), nur in einer einzigen der drei Doppeljahrgangsstufen (Hamburg und Hessen) oder in nur zwei der insgesamt vier Themenbereichen (Thüringen) vorgesehen ist. Positiv ist zu ersehen, dass diejenigen Bundesländer, die über alle drei Doppeljahrgangsstufen eine Verknüpfung einfordern, diese dann auch innerhalb verschiedener Themenbereiche verwirklicht sehen wollen (siehe Baden-Württemberg, Bayern, Nordrhein-Westfalen, Rheinland-Pfalz, Sachsen, Sachsen-Anhalt und Thüringen).

Betrachtet man die Verteilung auf die Doppeljahrgangsstufen, zeigt sich auch in dieser Darstellung der Schwerpunkt der angestrebten Vermittlung problemlösender Fähigkeiten in den Jahrgangsstufen 7 und 8; nicht nur schreiben hier 13 der 16 Bundesländer das Problemlösen als Teil ihrer Kompetenzerwartungen fest, es wird auch die durchgängig

Tab. 4.8 Verknüpfung von mathematischen Teilgebieten mit Problemlösefähigkeiten in den Lehrplänen

Bundesland	Inhalt											
	ArAl	Fkt	Geo	Sto	ArAl	Fkt	Geo	Sto	ArAl	Fkt	Geo	Sto
	Jahrgang 5/6				Jahrgang 7/8				Jahrgang 9/10			
Baden-Württemberg	x		x		x	x	x	x			x	x
Bayern	x	x	x		x	x	x	x		x	x	x
Berlin					x		x			x	x	
Brandenburg					x		x			x	x	
Bremen		x				x	x					
Hamburg											x	
Hessen						x						
Mecklenburg-Vorpommern	x						x					
Niedersachsen												
Nordrhein-Westfalen	x	x	x		x	x	x	x	x	x	x	x
Rheinland-Pfalz	x		x	x	x	x	x	x	x	x	x	
Saarland	x		x		x	x	x	x				
Sachsen	x		x		x		x	x			x	
Sachsen-Anhalt	x	x	x	x	x	x	x	x	x	x	x	
Schleswig-Holstein												
Thüringen	x		x		x		x		x		x	
Summe x	**23**				**37**				**23**			

ArAL Arithmetik und Algebra, *Fkt* Funktionen, *Geo* Geometrie, *Sto* Stochastik

größte Bandbreite an Anknüpfungsbereichen gefordert: In sechs Ländern über alle vier Teilgebiete hinweg, in einem Land über drei und in vier weiteren Ländern über wenigstens zwei Teilgebiete.

In der Doppeljahrgangsstufe 9/10 setzen die Länder die Anknüpfung weitgehend fort, wobei sich eher geringe Verschiebungen erkennen lassen; es sind im Wesentlichen dieselben Länder und dieselben Teilgebiete angesprochen. Dass die Problemlösefähigkeit in den letzten beiden Jahrgangsstufen der Mittelstufe weniger intensiv gefordert wird, darf insofern verwundern, als die mathematischen Fachkenntnisse im Normalfall angewachsen sind und sich dadurch mehr Kontexte auch zur kreativeren Arbeit an Problemaufgaben böten. Dennoch fällt die Zahl der Nennungen auf den Wert der Orientierungsstufe zurück.

Das weniger große Anknüpfungsspektrum in der Orientierungsstufe lässt sich unter anderem allerdings darauf zurückführen, dass hier der Funktionsbegriff noch keine oder nur eine sehr untergeordnete Rolle spielt und auch im Bereich der Stochastik nur vergleichsweise wenige Inhalte vorgesehen sind.

4.3 Fazit und Kommentar

Die bereits in den Kurzanalysen der bundesdeutschen Lehrplanschriften deutlich hervorgetretene Uneinheitlichkeit bei der Verwendung heuristikbezogener Termini ist nach genauer Untersuchung der spezifischen Kompetenzerwartungen (vgl. Krichel 2017, Kap. 4) eher ein sekundäres Problem. Schwerwiegender ist der Befund, dass ein gemeinsamer fachdidaktischer Referenzrahmen für das Problemlösen fehlt, der es erlaubt, die Vorgaben der KMK umzusetzen – oder dieses Ziel wenigstens anzustreben. Die 16 Bundesländer haben – im Rahmen ihres beträchtlichen Gestaltungsspielraumes – ihre ganz eigene Auslegung und Interpretation von Heurismen vorgenommen mit dem Ergebnis, dass an zahllosen Stellen von „heuristischen Vorgehens- und Verhaltensweisen" die Rede ist, ohne dass das dort Beschriebene im Entferntesten die Tragweite und den Sinn eines echten Heurismus widerspiegelt. Diese Wahllosigkeit und Beliebigkeit sind Ausdruck der zugrunde liegenden Unsicherheit in Bezug auf das Wesen, aber auch die Bedeutung von Heurismen – eine Unsicherheit, die sicherlich durch die in Abschn. 1.4.4 und 1.4.5 skizzierte unklare Gemengelage in der Fachliteratur mit bedingt ist. In der Praxis konnte sich bisher weder eine einheitliche Systematik durchsetzen noch gelang eine verbindliche Festlegung „elementarer" Heurismen für die Sekundarstufe I.

Es fehlt ebenso die systematische Anknüpfung der prozessbezogenen Kompetenzen – und insbesondere des Problemlösens – an die fachlichen Inhalte, obwohl die Bildungsstandards explizit fordern, dass „die [. . .] allgemeinen mathematischen Kompetenzen [. . .] von Schülerinnen und Schülern in der Auseinandersetzung mit mathematischen Inhalten erworben" werden (KMK 2004b, S. 9). Zwar formuliert die Mehrheit der Bundesländer die Verknüpfung der inhalts- und prozessbezogenen Kompetenzen als klares Ziel (Tab. 4.4), aber nur wenigen Ländern gelingt es, dieses Ziel auch zu erreichen. Darüber hinaus fehlen oftmals Hinweise zur Konkretisierung und eine Systematisierung (auch bezogen auf den angestrebten Kompetenzzuwachs) der Kompetenzerwartungen. Dies kann sicherlich als ein Grund angesehen werden, warum die Vermittlung der Problemlösekompetenz auch 15 Jahre nach Einführung der Bildungsstandards immer noch nicht effektiv und nachhaltig in den Unterricht implementiert worden ist. Die Bildungsstandards fordern damit zwar das Problemlösen als zu erwerbende Kompetenz ein, die Heuristik, die der Schlüssel zu einer erfolgreichen Problemlösung ist, wird dagegen weder explizit erwähnt noch berücksichtigt.

Angesichts der sehr oberflächlichen didaktischen Ausgestaltung kommen dem Leser und Anwender dieser Schriften sicherlich Zweifel daran, ob die aufgezeigten Verknüpfungen wenn nicht bindenden, so zumindest wegweisenden Charakter besitzen – oder ob vielmehr nur beispielhafte Verknüpfungsmöglichkeiten benannt werden.

Diese seltsame Doppeldeutigkeit stellt den Praktiker immer wieder vor große Probleme: Auf der einen Seite wurde mit Einführung der Bildungsstandards eine größere Freiheit bei der Planung des individuellen Mathematikunterrichts eröffnet (da ja lediglich Zielvorgaben in Zweijahresschritten vorliegen), auf der anderen Seite bleiben die zentralen Forderungen betreffend der allgemeinen mathematischen Kompetenzen durch Formulierungen wie „vorgegebene und selbst formulierte Probleme bearbeiten" oder „geeignete heuristische Hilfsmittel, Strategien und Prinzipien zum Problemlösen auswählen und anwenden" (KMK 2004b, S. 8) meist vage und verlieren viel von ihrem verbindlichen Charakter. Beide Umstände zusammengenommen dürften entscheidend dazu beitragen, dass die Lehrer weder wissen, welche Anforderungen die Bildungsstandards (in Gestalt der Lehrpläne ihres Bundeslandes) an sie stellen, noch, wie sie dem holistischen Ansatz, die Problemlösekompetenz (um nur eine der prozessbezogenen Kompetenzen zu nennen) in steter fachinhaltlicher Auseinandersetzung zu vermitteln, nachkommen könnten/sollten. „Mehr Freiheit" im Mathematikunterricht mutet da vielen Fachlehrern als fast zynische Absage auf die Frage nach vernünftigen, praktikablen Umsetzungsmöglichkeiten an: Die potenzielle Freiheit wird nicht empfunden, weil die Erwartungen selbst bei intensivem Studium der Lehrplanschriften und Bildungsstandards völlig unklar bleiben – und weil Begrifflichkeiten sowie neue Elemente des reformierten Mathematikunterrichts in diesen Schriften oftmals in sowohl unterrichtspraktisch wie auch wissenschaftlich unbefriedigender Weise undefiniert, unkommentiert und „undidaktisiert" zusammengeworfen werden. Dies zeigt sich innerhalb der Lehrplanschriften unter anderem in den fehlenden Erläuterungen und Hinweisen zu den Umsetzungs- und Verknüpfungsmöglichkeiten sowie in den fehlenden Definitionen des Problemlösebegriffs einerseits und den fehlenden konkreten Benennungen der zu erwerbenden Heurismen andererseits. Dadurch entsteht der Eindruck, dass viele Länder zwischen Treue zu den Bildungsstandards und Ratlosigkeit zur Einbindung der dort formulierten Forderungen daran gescheitert sind, logisch geschlossene, durchdachte und schulpraktisch umsetzbare Vorgaben zu formulieren.

Da sich die länderspezifischen Vorgaben zumindest im Hinblick auf die Vermittlung der Problemlösekompetenz als augenscheinlich nicht praktikabel erwiesen haben, wird beim Entwurf des neuen Unterrichtskonzepts der Integrierten Heuristiklehre im Mathematikunterricht (IHiMU; Teil III) vorwiegend auf die gemeinsam geltende Basis, die Bildungsstandards, rekurriert.

Nach allem, was über die internationalen Vergleichsstudien, die deutschen Bildungsstandards und schließlich über die in den Bundesländern geltenden Lehrplanschriften gesagt wurde, sei hier noch kurz zur Frage des „implementierten Lehrplans" Stellung genommen, denn ein Einwand, der gegen die vorhergehenden Betrachtungen und daraus gezogener Schlussfolgerungen über das gegenwärtige deutsche Bildungssystem erhoben werden könnte, liegt auf der Hand: In keinem Klassenraum werden die Lehrplanvorgaben vollständig und allzeit „korrekt" abgebildet. Das kann beispielsweise bedeuten: Es werden Leitideen in gewissen Jahren aus dem spiralförmigen Curriculum ausgelassen, bestimmte Anforderungsbereiche sind unterrepräsentiert oder prozessbezogen, und fachliche Kompetenzen werden nicht verknüpft unterrichtet.

Sind solche Betrachtungen, wie sie im vorliegenden Kapitel angestellt wurden, also überflüssig? Ganz im Gegenteil:

Für alle drei gerade genannten Defizite kann es – alltagspraktisch gute – Gründe geben: Die Heterogenität der Lerngruppe kann es dem Lehrer unmöglich machen, gewisse Unterrichtsreihen in der erwarteten Zeit zu einem sinnvollen Abschluss zu bringen, und durch verschiedenste schulorganisatorische Faktoren bleibt keine Zeit, um die eine oder andere Leitidee vertiefend wieder aufzugreifen. Wiederum aufgrund der höchst individuellen Lernzuwächse kommt es vor, dass nicht alle Schüler über den Anforderungsbereich II hinausgelangen – zumindest nicht innerhalb der Zeit, die ihnen in der Schule zur Verfügung gestellt werden kann. Was allerdings das letzte Problem angeht, so liegen die Gründe hierfür in erster Linie in einem System von Bildungsvorschriften, das ganz bestimmte Ergebnisse erwartet, ohne den dafür erforderlichen strukturellen Anpassungen Rechnung zu tragen. Prozessbezogene Kompetenzen neben die althergebrachten Fachinhalte zu stellen, die ihrerseits lediglich zu „Kompetenzformulierungen" umgearbeitet wurden – das ist weder ein Konzept noch eine gesunde Basis für das, was ganz klar gebraucht wird: eine veränderte Unterrichtskultur.

Und: Es geht nicht um die angeblich durch die Lehrplanreform gewonnenen „Wahlmöglichkeiten und Freiheiten" für Lehrer und Lerner. Es geht um die Frage, wie alle Beteiligten vernünftig, mit vertretbarem Aufwand und gemeinsam eine Umgestaltung des Unterrichts bewirken können – und das geht nur mit verständlichen und anwendbaren Vereinbarungen.

Wie auch immer man den Grad der Implementierung der kompetenzorientierten Lehrpläne einschätzt, interessant wird es immer dann, wenn das vorgeschriebene Fundament konzeptuelle und strukturelle Schwächen offenbart – denn diese sind es, die Reformen letztlich ins Straucheln bringen. Wie die BLK selbst feststellte, hat die Implementationsforschung ergeben, dass „in professionellen Handlungszusammenhängen sich Veränderungen nur dann entwickeln und Bestand haben, wenn diese von den Lehrkräften subjektiv angenommen und erfolgreich in veränderte Handlungsroutinen eingebaut werden können" (Prenzel 2000, S. 103 f.). Nach Analyse der bundesweiten Lehrplanschriften kann aber angenommen werden, dass die sehr abstrakt gehaltenen Bildungsstandards und die Mängel der daraus entstandenen Konkretisierungsversuche der Bundesländer als Hauptgründe gesehen werden können. Damit hat die KMK das Ziel, mit den Bildungsstandards die Unterrichtsprozesse zu optimieren, um den Bildungsertrag zu steigern, verfehlt.

Die hier benannten Gründe sind sicher weder vollständig noch allein dafür verantwortlich, dass eine erfolgreiche Umsetzung Problemlösekompetenz in den Mathematikunterricht nach wie vor große Schwierigkeiten bereitet oder bislang gescheitert ist. Der Blick auf die PISA-Ergebnisse der vergangenen beinahe 20 Jahre zeigt jedoch, dass keine nachhaltige Entwicklung angestoßen werden konnte. Nach anfänglichen Verbesserungen, die möglicherweise mit der ersten Welle der überarbeiteten Lehrplanschriften in Verbindung stand – oder vielleicht auch gar nichts damit zu tun hatte –, haben sich die mathematischen Fähigkeiten nicht weiter in der angestrebten Weise entwickelt (Abschn. 4.1.2), sondern sinken seit 2012 wieder dem Niveau der ersten PISA-Teilnahme entgegen. Dabei ist hochinteressant, dass deutsche Schülerinnen und Schüler in der Kompetenz des kooperativen Problemlösens offensichtlich erfreuliche Fortschritte machen konnten – nur dass dies offenbar ohne maßgebliche Beteiligung des Faches Mathematik geschah.

Literatur

Baumert, J., Lehmann, R., Lehrke, M., Schmith, B., Clausen, M., Hosenfeld, I., Köller, O., & Neubrand, J. (1997). *TIMSS – Mathematisch-naturwissenschaftlicher Unterricht im internationalen Vergleich. Deskriptive Befunde*. Opladen: Leske + Budrich Verlag.

Becker, R. (2012). Bildung. Die wichtigste Investition in die Zukunft. In S. Hradil (Hrsg.), *Deutsche Verhältnisse. Eine Sozialkunde* (S. 121–149). Bonn: Bundeszentrale für politische Bildung.

Berlin-Brandenburg (2015). *Rahmenlehrplan für die Jahrgangsstufen 1–10 der Berliner und Brandenburger Schulen, Mathematik*. Berlin, Potsdam: Ministerium für Bildung, Jugend und Sport des Landes Brandenburg.

Senator für Bildung und Wissenschaft (2006). *Mathematik. Bildungsplan für das Gymnasium Jahrgangsstufe 5–10*. Bremen: Senator für Bildung und Wissenschaft.

Gellert, U. (2009). Mathematik. In K.-H. Arnold, U. Sandfuchs & J. Wiechmann (Hrsg.), *Handbuch Unterricht* (S. 350–353). Bad Heilbrunn: Klinkhardt.

Gispert, H. (2014). Mathematics education in France: 1800–1980. In A. Karp & G. Schubring (Hrsg.), *Handbook on the history of mathematics education* (S. 229–240). New York: Springer.

KMK (Ständige Konferenz der Kultusminister der Länder in der Bundesrepublik Deutschland) (2004a). *Bildungsstandards der Kultusministerkonferenz. Erläuterungen zur Konzeption und Entwicklung*. München: Luchterhand.

KMK (Ständige Konferenz der Kultusminister der Länder in der Bundesrepublik Deutschland) (2004b). *Bildungsstandards im Fach Mathematik für den Mittleren Schulabschluss*. München: Luchterhand.

Krichel, K. (2017). *Problemlösen, Heuristik und Geometrie: Zwei Konzepte für einen neuen Mathematikunterricht der Orientierungsstufe, Bd A, Heute und Morgen*. Dissertation. Wuppertal: Bergische Universität Wuppertal.

MBWJK (Ministerium für Bildung, Wissenschaft, Jugend und Kultur, Rheinland-Pfalz) (2007). *Rahmenlehrplan Mathematik (Klassenstufen 5–9/10)*

NCTM (National Council of Teachers of Mathematics) (1989). *Curriculum and evaluation standards for school mathematics*. Reston: NCTM.

NCTM (National Council of Teachers of Mathematics) (2013). *Supporting the common core state standards for mathematics*. Reston: NCTM.

NCTM (National Council of Teachers of Mathematics) (2014). *Principles to Actions: Ensuring Mathematical Success for All*. Reston: NCTM.

OECD (2005). *Problem solving for tomorrow's world: first measures of cross-curricular competencies from PISA 2003*. Paris: OECD Publishing.

Prenzel, M. (2000). Steigerung der Effizient des mathematisch-naturwissenschaftlichen Unterrichts. Ein Modellversuchsprogramm von Bund und Ländern. *Unterrichtswissenschaft, 2000*(28), 103–126.

Sachsen (2004/2009/2011/2013/2019): Lehrplan Gymnasium. Mathematik. Sächsisches Staatsministerium für Kultus, Dresden

Zehner, F., Weis, M., Vogel, F., Leutner, D., & Reiss, K. (2019). Kollaboratives Problemlösen in PISA 2015. Deutschland im Fokus. *Zeitschrift für Erziehungswissenschaft, 3*(22), 617–646.

Neue Wege: Heuristik

5

> Die Vision, die Veränderung des Mathematikunterrichts in einer Weise vorzunehmen, welche die Vermittlung heuristischer Strategien des Problemlösens in den Fokus rückt und die Mathematik als Produkt kognitiver, kreativer Prozesse im menschlichen Geist verständlich macht, scheint legitim vor dem Hintergrund zweier Zielsetzungen: Kurzfristig soll den Reformbemühungen auf der Basis der Bildungsstandards zum Erfolg verholfen werden, und längerfristig soll die Schlüsselstellung der Mathematik für das Verständnis von Zusammenhängen und Handlungsmustern, die zu Problemlöseprozessen führen, für die schulische Bildung nutzbar gemacht werden. Unverzichtbar dafür ist eine sekundarschulorientierte Kategorisierung von Heurismen, die aus Lehrersicht praktikabel unter Beachtung des Spiralprinzips gelehrt und aus Schülersicht sinnstiftend erlernt werden können. Eine solche Systematik nach Krichel und Stiller wird in diesem Kapitel vorgestellt und an charakteristischen Beispielen erläutert.

Die Betrachtungen zu den Zusammenhängen zwischen Problemlösen und Mathematikdidaktik (Kap. 2 und 3) sowie der kritische Blick auf die gegenwärtige Situation und die jüngsten Entwicklungen im deutschen Bildungssystem (Kap. 4) lassen kaum Zweifel, dass die angestrebten Veränderungen auch nach inzwischen über 15 Jahren seit Einführung der Bildungsstandards nicht die erhofften und erwarteten Erfolge erzielen. Neben den bereits herausgearbeiteten Defiziten liegt eine entscheidende Schwäche der aktuellen Lehrplanschriften darin, dass die fundamentale Rolle des Problemlösens zugleich anerkannt und verkannt wird.

5.1 Problemlösen – nur eine Kompetenz unter vielen?

Dem Problemlösen wird in den Lehrplänen der jüngsten deutschen Bildungsreform didaktisch-konzeptuell eine zentrale Stellung zugewiesen. Wie groß seine Bedeutung eingeschätzt wird, lässt sich bereits dem Stufenmodell des Deutschen Bildungsrates

D. Stiller, K. Krichel, W. Schwarz, *Heuristik im Mathematikunterricht*,
https://doi.org/10.1007/978-3-662-63752-4_5

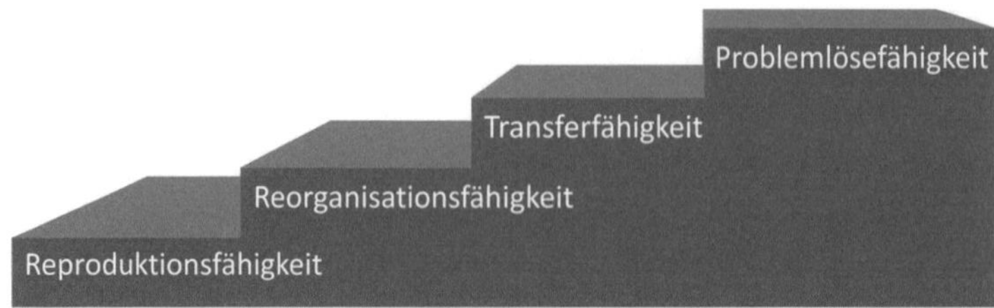

Abb. 5.1 Stufenmodell des Verhaltens aufgrund von Informationen (gemäß Deutscher Bildungsrat)

(Abb. 5.1) zweifelsfrei entnehmen, wenngleich die fachbezogenen Lehrplanschriften dieser Grundanforderung in vielen Fällen nur unzureichend gerecht werden, wie die Analyse der erhobenen Forderungen zum Problemlösen einerseits und die strukturellen und inhaltlichen Defizite andererseits zeigen (Abschn. 4.2).

Die Kompetenz des Problemlösens, also die Fähigkeit und Fertigkeit, Probleme zu lösen, ist inner- wie außermathematisch eine „Königsdisziplin", die als Indikator für den gesamten Bildungserfolg Aussagekraft besitzt. Bemerkenswert ist dabei, dass die Frage nach der Legitimität dieser Forderung weitgehend offenbleibt: Weder die Bildungsstandards noch die Lehrplanschriften legen dar, wie sie zu der Festlegung ihrer prozessbezogenen Kompetenzen kommen oder woraus sich ihre Gewichtung respektive Bedeutung ergibt – gleichwohl sie den Status geltender, verpflichtender Grundlagen für den Mathematikunterricht an deutschen allgemeinbildenden Schulen besitzen. Viele Autoren erklären das aktuell große Forschungsinteresse an und die curriculare Betonung der Problemlösefähigkeiten aus dem schlechten Abschneiden deutscher Schüler bei TIMSS und PISA; diese Beobachtung ist fraglos richtig, liefert aber keine sachlogischen Argumente für die Bedeutung des Problemlösens. Diese Lücke wurde mit den Ausführungen in Kap. 2 und 3 geschlossen.

Ungeachtet dessen bezeichnet der Deutsche Bildungsrat, in Übereinstimmung mit der OECD, unter deren Ägide die PISA-Studien entstanden, die Fähigkeit zum Problemlösen als oberstes Bildungsziel (Abschn. 4.1). Unter diesem Blickwinkel jedoch ist die in den Bildungsstandards vorgenommene Beiordnung des Problemlösens neben andere allgemeine/allgemein-mathematische/prozessbezogene Kompetenzen irreführend. Folgt man den Kompetenzdefinitionen der KMK, so drängen sich unmittelbar folgende Überlegungen und Fragen auf:

- *Mathematisch argumentieren:* Kann diese Kompetenz wirklich eigenständig gefasst werden? Setzt sie nicht immer eine vorangehende Beschäftigung (bis hin zur geistigen Durchdringung) mit einer mathematischen Fragestellung voraus? Wie sollen Argumente sinnstiftend und glaubhaft sein, wenn kein Bezugsrahmen existiert, in dem argumentiert werden muss?
- *Mathematisch modellieren:* Wie kann die Fähigkeit zu modellieren ohne konkrete Problemstellungen geschult werden? Und wichtiger, welchen Zweck hat es, ein Modell

zu entwickeln, wenn sich keine weitergehende Frage anschließt, die die Nutzung des Modells erfordert?

- *Mathematische Darstellungen verwenden:* Rezeptiver Umgang mit solchen Darstellungen beinhaltet automatisch, dass etwas in den Darstellungen repräsentiert wird, sei es ein mathematisches Modell, ein innermathematischer Sachverhalt oder ein Realweltproblem. Um die Darstellungen tatsächlich zu verwenden, ist eine Erfassung des Dargestellten unabdingbar. Die eigene Erstellung solcher Darstellungen erfordert darüber hinaus noch praktisch-technische Fertigkeiten.
- *Mit symbolischen, formalen und technischen Elementen der Mathematik umgehen:* Diese Elemente sind das, was Alphabete und Phoneme für die Linguistik sind. Abseits ihres Einsatzgebiets sind sie inhalts- und bedeutungslos. Ein Umgang mit diesen Elementen ist also nur in konkreten Verwendungszusammenhängen sowohl sinnvoll als auch verständlich und erlernbar.
- *Kommunizieren:* Welche genaue Unterscheidung wird hier zum Argumentieren aufgebaut? Gelten hier nicht die gleichen Einschränkungen bzw. Erwägungen wie für die Kompetenz des mathematischen Argumentierens?
- *Probleme mathematisch lösen:* Welche distinkte Kompetenz ist hier gemeint? Lassen sich „Probleme mathematisch lösen", ohne mathematisch argumentieren zu können? Ist das mathematische Modellieren nicht integraler Bestandteil des Problemlöseprozesses? Inwieweit sind mathematische Darstellungen und auch die symbolischen, formalen und technischen Elemente der Mathematik nicht gerade Ausdruck des Bemühens, Probleme zu lösen? Und schließt die erfolgreiche Lösung eines Problems nicht auch oft die Kommunikation mit ein, potenziell auf allen Stufen des Problemlöseprozesses?

Besonders deutlich tritt die Problematik bei der beigeordneten Kompetenz „Modellieren" hervor, die ausschließlich als Teil eines umfassenderen Problemlöseprozesses verständlich ist (vgl. Greefrath 2006, S. 17). Die auch visuell dargestellte isolierte Juxtaposition der prozessbezogenen Kompetenzen in den Bildungsstandards ist aus diesen Überlegungen heraus unzutreffend. Vielmehr lassen sich alle diese Kompetenzen umgekehrt als integrale Bestandteile der Problemlösekompetenz betrachten.

Daher soll hier eine adaptierte Darstellung der prozessbezogenen Kompetenzen, wie sie in den deutschen Lehrplanschriften für den Mathematikunterricht festgelegt sind, vorgeschlagen werden.

In dem in Abb. 5.2 illustrierten Modell ist ein Problem Kern mathematischen Handelns – sofern der Problembegriff nicht in unzulässiger Weise eingegrenzt verstanden wird. Und damit sind große Teile des mathematischen Handelns immer (auch) Akte des Problemlösens. Es sei an dieser Stelle betont, dass die Bedeutung der Teilkompetenzen keineswegs infrage gestellt wird. Die oben gestellten Fragen und Anmerkungen reflektieren bereits die Bidirektionalität der Verknüpfung.

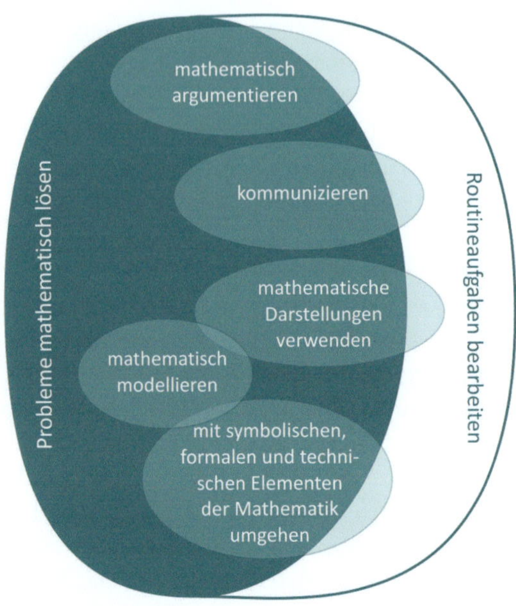

Abb. 5.2 Zum Zusammenhang zwischen Problemlösen und den anderen prozessbezogenen Kompetenzen

5.2 Aktuelle Ideen und ihre Grenzen

Die durch die Bildungsstandards geforderte Etablierung der prozessbezogenen Kompetenz Problemlösen im Mathematikunterricht an deutschen Schulen schlägt sich nicht nur in den aktuellen Schulbuchreihen nieder, sondern hat ihre Spuren auch in einem wachsenden Angebot an ergänzender Literatur und sogenannten Aufgabensammlungen gefunden – was einen weiteren Hinweis darauf geben mag, dass die Unzulänglichkeiten sowohl der Vorgaben als auch der üblicherweise zur Verfügung stehenden Unterrichtsmittel rasch nach deren Inkrafttreten und Einführung offenbart wurden.

Um ein (mathematisches) Problem zu lösen, benötigt der Problemlöser neben Fachwissen auch heuristische Techniken, die ein zielgerichtetes und planmäßiges Vorgehen auf dem Weg zur Problemlösung unterstützen oder sogar ermöglichen. Dass diese zusätzlichen, heuristischen Kenntnisse und Fertigkeiten im Unterricht offensichtlich nicht angemessen vermittelt oder gelernt wurden, hat dazu geführt, dass sich auch die fachdidaktische Diskussion in den letzten Jahren verstärkt mit der Problemlösekompetenz beschäftigt hat. Auf Sekundarschulebene haben sich im deutschsprachigen Raum in erster Linie Regina Bruder und Christina Collet (2011) mit einer Schulstudie des Themas angenommen. Dabei ging es auch um die grundlegende Frage, ob sich problemlöserische Kompetenz effektiv unterrichten lässt.

5.2.1 Problemlösen lernen im Mathematikunterricht – Studie zum Wirkprinzip heuristischer Bildung

Bruder und Collet (2011) befassen sich in ihrem Buch *Problemlösen lernen im Mathematikunterricht* ausführlich mit dem Thema des Problemlösenlernens im Kontext der schulischen Allgemeinbildung und zeigen Wege auf, mit denen die Problemlösekompetenz der Schüler (weiter-)entwickelt und als Lerngegenstand sowie Lernziel im Mathematikunterricht implementiert werden kann. Ziel ist dabei nicht (nur), den Forderungen der von der KMK festgeschriebenen Bildungsstandards zu entsprechen, sondern den Lernenden Wege aufzuzeigen, komplexe Lerninhalte zu erfassen, zu bearbeiten und schließlich erfolgreich lösen zu können und damit das „Wirkprinzip heuristischer Bildung" zu skizzieren. Grundlage des in dem Buch vorgestellten Unterrichtskonzepts bildet ein von 2000 bis 2006 durchgeführtes Studienprojekt, an dem sich 48 Mathematiklehrkräfte und 49 Schulklassen unterschiedlicher Schulformen der Sekundarstufe I beteiligt haben. In dieser Feldstudie wurde ein auf Material gestütztes Unterrichtskonzept zur Förderung der Problemlösefähigkeiten in Verbindung mit Selbstregulation entwickelt und erprobt.

Von der Annahme ausgehend, dass ein Mangel an geistiger Beweglichkeit die Fähigkeit, Probleme zu lösen, erheblich beeinträchtigt, zielte dieses Konzept darauf ab, eben diese geistige Beweglichkeit durch den Erwerb heuristischer Vorgehensweisen zu fördern und die Problemlösefähigkeit zu schulen. Die typischen Erscheinungsformen geistiger Beweglichkeit zeigen sich in der Fähigkeit zu Reduktion, Nutzung von Reversibilität, Aspektbeachtung, Aspektwechsel und Transfer. Unter *Reduktion* wird in diesem Zusammenhang die (intuitive) Fähigkeit verstanden, ein vorhandenes Problem auf seine Kernaussagen zu reduzieren und es auf diese Weise zu abstrahieren. *Reversibilität* bezeichnet die Umkehrbarkeit von Gedankengängen, das heißt, die Fähigkeit, Gedankengänge oder Schlussfolgerungsketten rückwärts nachzuvollziehen. Bei der *Aspektbeachtung* werden mehrere Problemaspekte gleichzeitig betrachtet, oder es werden Abhängigkeiten erkannt und gezielt variiert. Beim *Aspektwechsel* wird durch den Wechsel von Annahmen und Kriterien das Problem unter verschiedenen Gesichtspunkten betrachtet, wodurch neue Lösungsideen oder -wege eröffnet werden können. *Transfer* schließlich bezieht sich auf die Fähigkeit, bereits bekannte Verfahren auf andere Situationen oder Kontexte zu übertragen.

In einem Vier-Phasen-Modell wird durch schrittweises Bewusstmachen heuristischer Hilfsmittel, Strategien und Prinzipien versucht, einem Mangel an geistiger Beweglichkeit auf Seiten der Schüler entgegenzuwirken beziehungsweise diesen zu verringern:

1. Die Schüler werden durch typische Fragestellungen an heuristische Vorgehensweisen herangeführt, ohne jedoch die Heuristik als solche zu thematisieren.
2. Anhand eines prägnanten Beispiels wird auf die verschiedenen Schülertätigkeiten eingegangen, und es werden mögliche heuristische Vorgehensweisen zum Lösen der Aufgaben vorgestellt.
3. Unter veränderten Bedingungen und Anforderungsniveaus folgt eine Übungsphase, in der das zuvor angewandte Verfahren bewusst eingeübt wird.

4. Der Fokus liegt auf der Anwendung der Heurismen, indem die kennengelernten Heurismen flexibel, bewusst oder unbewusst zum Lösen von Problemen in unterschiedlichen Kontexten eingesetzt werden.

Wie die Kapitel zum Problemlösen, die in allen gängigen Mathematiklehrwerken aufgenommen wurden (vgl. Krichel 2017, Abschn. 6.3), ist auch das Konzept von Bruder und Collet ein erster Ansatz, die Kompetenz des Problemlösens als zentralen Bestandteil in den Mathematikunterricht zu integrieren. Es stellt sich jedoch die Frage, ob und wie nach einem solchen Konzept Mathematikunterricht gestaltet werden kann, ohne dass die Lehrkräfte Unterstützung in Form einer Fortbildung und/oder auf den Unterricht abgestimmte Materialien erhalten.

Die von Bruder und Collet erarbeiteten und erprobten „Unterrichtsszenarien" sind in sich sehr wohl schlüssig und nachvollziehbar; allerdings steht in diesen Szenarien der Erwerb eines Heurismus oder mehrerer Heurismen im Vordergrund, während die mathematischen Inhalte keiner der Leitideen zugeordnet oder einem spiralförmigen Curriculum anzugliedern sind. Stattdessen wurden die Inhalte nach den zu erlernenden Heurismen ausgewählt, so dass die Heuristiklehre und das Problemlösen nicht als integrierter Bestandteil des Mathematikunterrichts, sondern wieder als zusätzlicher, losgelöster „Themenblock" erscheinen. Diese Struktur birgt die Gefahr, dass Lehrer das Konzept nicht in ihren regulären Unterricht einbeziehen, sondern das Problemlösen allenfalls – wie in den meisten Mathematikschulbüchern vorgesehen – als gesonderte (Projekt-)Einheit behandeln, anstatt es in aktiver Auseinandersetzung mit den übrigen mathematischen Fachinhalten zu vermitteln.

Auf diese Weise nimmt das Problemlösen nach wie vor eine Sonderrolle ein; es wird weder als gleichberechtigte Kompetenz neben den mathematischen Inhalten verstanden und erworben, noch wird die Bedeutung des Problemlösens als zentrale und übergeordnete Kompetenz auf der Metaebene der Heuristik deutlich. Darüber hinaus bleibt die Frage offen, inwieweit eine konsequente Wiederholung der einmal vermittelten Heurismen erwartet werden kann, wenn das vorgestellte Konzept nicht erkennbar weitere Lerneinheiten vorsieht oder zumindest impliziert, etwa durch eine jahrgangsübergreifende Gesamtplanung, die für die fachlichen Inhalte im Sinne eines „spiralförmigen" Curriculums inzwischen unbestritten als notwendig angesehen wird.

Die Studie nach Bruder und Collet konnte belegen, dass Unterricht in Problemlösestrategien grundsätzlich wirksam ist – und das ist ihr größter Wert. Die explizierten Szenarien, die in der Studie zum Einsatz kommen, waren jedoch nicht mehr als eine zeitliche und thematische Ergänzung des bestehenden Mathematikunterrichts und können nicht als ein zukunftsweisendes Modell für eine unterrichtliche Heuristiklehre verstanden werden. Der Erwerb der Problemlösefähigkeit und ein langfristiger Kompetenzaufbau erfordern eine konsequente, strukturierte und gut eingebettete Behandlung im Unterricht und sollte im Idealfall Gegenstand jeder Mathematikstunde sein.

5.2.2 „Wer suchet, der findet" – oder nicht? Aufgaben zum Erwerb der Problemlösekompetenz

Es gibt inzwischen umfassende Literatur und auch Materialdatenbanken im Internet (www.problemloesenlernen.de, www.madaba.de, www.pikas.dzlm.de, www.sinus-transfer.de, www.primas.ph-freiburg.de u. v. m.), in denen sehr gute kompetenzorientierte Aufgaben zusammengestellt sind. Online-Datenbanken ermöglichen darüber hinaus eine digitale Auslese nach bestimmten Suchkriterien wie Jahrgangsstufen, Leitideen oder allgemeinen Kompetenzen. Es ist jedoch zu bedenken, dass diese Angebote als mögliche Unterstützung, die Verwendung solcher Aufgaben jedoch keinesfalls als hinreichend für eine kompetenzorientierte Umgestaltung des Mathematikunterrichts verstanden werden können. Die meisten Aufgabensammlungen und Entwurfsbeispiele zum Erwerb der Problemlösefähigkeit sind als Ergänzung zum allgemeinen Mathematikunterricht angelegt und bieten keine didaktisch-methodisch durchkonzipierte Basis für eine integrative unterrichtliche Behandlung der Problemlösefähigkeit. Auch steht nicht in allen Fällen eine heuristische Aufbereitung oder Analyse zur Verfügung, bzw. ist diese durch die nun schon mehrfach angesprochene terminologische Uneinheitlichkeit nicht immer mit dem eigenen Verfahren kompatibel.

Es kommt hinzu, dass der Einsatz und der Umgang mit solchen ergänzenden Materialien viel Eigeninitiative erfordern und zusätzlich Zeit und Arbeit investiert werden müssen, um aus dem großen und vielfältigen Angebot das für den eigenen Unterricht passende herauszufiltern. Was dann immer noch bleibt ist die Frage, an welcher Stelle und wie diese Materialien zum Einsatz kommen und wie damit Problemlösen langfristig und nachhaltig gelehrt und gelernt werden kann.

5.3 Heuristik und Terminologie (Krichel und Stiller)

Frage

- Was unterscheidet einen Heurismus von einer einfachen, mathematischen Handlung?
- Welche Vorgehens- und Verhaltensweisen lassen sich auf eine Vielzahl von Problemsituationen anwenden und besitzen damit einen „universellen" Charakter im Rahmen der Problemlöseprozesse?
- Welche Heurismen können aus Lehrersicht praktikabel gelehrt und aus Schülersicht nachvollziehbar und sinnstiftend gelernt werden?
- Welche Heurismen lassen sich realistischerweise in der Sekundarstufe I lehren und lernen, so dass sie das Curriculum spiralförmig durchziehen, damit ein langfristiger Kompetenzaufbau ermöglicht wird?

Ein kompetenzorientierter Mathematikunterricht stellt insgesamt hohe Erwartungen an die Lehrenden, denn mit ihm steht und fällt der Erfolg der Standardeinführung in den Unterricht. Unterstützung sollen Lehrende durch die standardkonformen Lehrpläne und die zur Verfügung stehenden Unterrichtsmaterialien erhalten. Wie in Abschn. 4.2 herausgearbeitet wurde, liegt eine der Hauptschwierigkeiten, einen heuristikaffinen Mathematikunterricht durchzuführen, darin, dass kein gemeinsamer fachdidaktischer Referenzrahmen für das Problemlösen existiert. Außerdem fehlt in den bildungspolitischen Vorgaben eine systematische Anknüpfung der Problemlösekompetenz an die fachlichen Inhalte sowie die Konkretisierung und Systematisierung der Kompetenzerwartungen (Kap. 4).

Um einen für das deutsche Schulsystem tragfähigen Vorschlag zu entwickeln, wird im Folgenden eine Systematik vorgestellt, die eine Neubewertung der bereits durch andere Forscher und Didaktiker beschriebenen Heurismen vornimmt und sich dabei vor allem an zwei Grundideen orientiert:

1. Für einen Unterricht in Heuristik sind nur solche Heurismen relevant, die das Curriculum der Sekundarstufe I spiralförmig durchziehen können und sich immer wieder auf neue mathematische Inhalte und Problemstellungen anwenden lassen.
2. Um Heuristik für die Schüler sinnstiftend unterrichten zu können, müssen Heurismen so definiert sein, dass sie sich deutlich voneinander abgrenzen, eine eindeutige Bezeichnung möglich und ihr Nutzen auch für Schüler einsichtig ist.

Kurz: Der verwirrenden Begriffsvielfalt soll entgegengewirkt und die Anzahl der zu vermittelnden Heurismen reduziert werden, damit am Ende eine für die Sekundarstufe I adäquate, strukturierte, normierte und konsensfähige Kategorisierung steht, deren Praktikabilität für Lehrer wie Schüler gegeben ist.

Für beide neuen Unterrichtskonzepte IHiMU (Kap. 6) und CHIME (Kap. 7) wird daher eine Neukategorisierung und -bezeichnung der Heurismen selbst vorgenommen sowie eine für den Erwerb der Problemlösekompetenz sinnvolle Auswahl von Heurismen getroffen. Orientiert an dem Problemlöseprozess nach Pólya werden im Folgenden drei Kategorien vorgestellt, die verschiedene heuristische Techniken einerseits und Heurismen andererseits in sich vereinen.

Da es darum geht, für Schüler einsichtige und nachvollziehbare Heurismen zu erarbeiten, mit denen sich eine Vielzahl von Problemstellungen angehen lassen, wird von einer Ausdifferenzierung in „Spezialheurismen" abgesehen. Eine unüberschaubare Menge von Heurismen, die sich nicht klar voneinander abgrenzen lassen und zudem nur in wenigen Einzelfällen Erfolg versprechen, wäre nach Analyse der bundesweiten Lehrplanschriften (zusätzlich) kontraproduktiv. Das bedeutet aber keineswegs, dass die Möglichkeit einer weiteren Unterscheidung unter geeigneten Umständen und in dazu fähigen Lerngruppen nicht auch bereits in der Mittelstufe thematisiert werden kann und soll.

Die heuristischen Techniken und Heurismen werden dazu zunächst definiert, erläutert und im Anschluss anhand von Beispielen konkretisiert. Die Beispielaufgaben sind so gewählt, dass aus ihnen die Anwendbarkeit und der Nutzen der heuristischen Techniken und Heurismen auf dem Weg zur Problemlösung deutlich hervortreten. Damit stehen die Heuristik und ihr Wirkungsbereich als Schlüssel zu einer erfolgreichen Problemlösung im Fokus und nicht die beweisende Mathematik oder die Findung neuer Sätze. Entscheidend ist zu zeigen, wie mithilfe der Heuristik ein Zugang zur Problemstellung geschaffen werden kann sowie Ideen entwickelt und Pläne umgesetzt werden können. Dass sich die vorgestellten Beispielaufgaben mit dem entsprechenden (Vor-)Wissen auch anders, einfacher oder vielleicht „eleganter" lösen lassen, steht außer Frage. Auch dass sich die Aufgaben mit anderen zur Verfügung stehenden heuristischen Techniken, Heurismen oder einer Kombination aus beiden lösen lassen, soll nicht in Abrede gestellt werden.

Tab. 5.1 Synopse des Vier-Phasen-Modells nach Pólya (1995) und der heuristischen Kategorien nach Krichel (2017) und Stiller (2017)

Vier-Phasen-Modell nach Pólya	Heuristische Kategorien nach Krichel und Stiller
Phase I: Verstehen der Aufgabe – Was ist unbekannt? – Was ist gegeben? – Wie lautet die Bedingung? – Zeichne eine Figur! – Führe passende Bezeichnungen ein! – Trenne die verschiedenen Teile der Bedingung! Kannst du sie hinschreiben?	Kategorie I: Techniken der Abstraktion, Visualisierung und Strukturierung – Tabellen – Gleichungen – Grafische Repräsentationsformen – De- und Rekonstruktion
Phase II: Ausdenken eines Plans – Hast du die Aufgabe oder eine ähnliche schon früher gesehen? – Kennst du einen Lehrsatz der förderlich sein könnte? – Kannst du die Aufgabe anders ausdrücken? – Kannst du eine allgemeinere, speziellere oder analoge Aufgabe lösen? – Kannst du einen Teil der Aufgabe lösen? – Hast du alle Daten benutzt? – Hast du die ganze Bedingung benutzt?	Kategorie II: Heurismen der Analyse und Adaption – Heurismus der Affinität – Heurismus der Strukturnutzung
Phase III: Ausführen des Plans – Wenn du deinen Plan der Lösung durchführst, so kontrolliere jeden Schritt. – Kannst du sehen, dass er richtig ist? – Kannst du es beweisen?	Kategorie III: Heurismen der konkreten Handlung – Vorwärtsarbeiten – Rückwärtsarbeiten – Systematisches Probieren
Phase IV: Rückschau – Kannst du das Resultat kontrollieren? – Kannst du den Beweis kontrollieren? – Kannst du das Resultat auf verschiedene Weise ableiten? – Kannst du es auf den ersten Blick sehen? – Kannst du das Resultat oder die Methode für irgendeine andere Aufgabe gebrauchen?	

Tab. 5.1 soll den Zusammenhang zwischen dem Phasenmodell und den darin enthaltenen „Leitfragen“ nach Pólya (1995) und der heuristischen Kategorisierung nach Krichel und Stiller aufzeigen. Die drei Kategorien vereinen dabei diejenigen heuristischen Techniken und Heurismen in sich, die in der jeweiligen Problemlösephase dazu beitragen (können), die von Pólya formulierten Fragen zu beantworten und so den Problemlöseprozess in Gang zu setzen, eine Lösungsidee zu entwickeln und das Problem erfolgreich zu lösen.

Für die Phase der Rückschau, die bei Pólya als vierte Phase im Problemlöseprozess ausgewiesen wird, wird kein Heurismus definiert, da die Autoren in der Rückschau eine heuristisch notwendige Tätigkeit sehen, die aber nicht sinnvoll der Systematik der unmittelbar heuristischen Vorgehensweisen unterworfen werden kann – zum einen, weil der Reflexionsvorgang Bestandteil jedes Modellierungsprozesses ist, zum anderen, weil die Möglichkeiten der praktischen Ausgestaltung dieser Phase bei potenziell gleichbleibender Qualität extrem variabel sind, und insbesondere auch, weil nach Überwindung der Hindernisse kein im definitorischen Sinne problemlösender Prozess mehr stattfindet.

5.3.1 Kategorie I: Techniken der Abstraktion, Visualisierung und Strukturierung

Da das Wort „Technik“ sinnverwandt mit den Begriffen „Erfahrung“, „Fertigkeit“, „Geübtheit“, „Gewandtheit“, „Routine“, „Übung“, „Arbeitsweise“, „Methode“, „Plan“, „Strategie“, „Verfahren“, „Vorgehensweise“, „Weg“ und „Werkzeug“ ist und damit die meisten der in der Literatur genutzten Begriffe umfasst, die in Verbindung mit der Heuristik gebraucht werden, wird hier definiert:

► Unter *heuristischen Techniken* werden Vorgehensweisen zusammengefasst, die dazu beitragen, die in einer vorliegenden Problemsituation enthaltenen Daten und Informationen zu strukturieren, zu abstrahieren und auf die wesentlichen Kernaussagen zu reduzieren, so dass der Mathematisierungsprozess in Gang gesetzt und die Anwendung zielführender Heurismen eröffnet wird.

Die Kategorie *Techniken der Abstraktion, Visualisierung und Strukturierung* wird hier als Erste von insgesamt drei Kategorien behandelt. Diese Kategorie I umfasst alle heuristischen Tätigkeiten, die – lose orientiert an der ersten Phase des Problemlöseprozesses nach Pólya „Identifikation des Problems und Verstehen der Aufgabe“ – dazu beitragen, ein Problem innerhalb eines gegebenen Sachverhalts zu identifizieren, zu verstehen und den Mathematisierungsprozess in Gang zu setzen. Nicht selten ist ein Wechsel zwischen verschiedenen heuristischen Techniken notwendig, bevor eine weiter- oder zielführende Darstellungsweise der Problemstellung gefunden wird. Zu den Techniken der Abstraktion, Visualisierung und Strukturierung zählen:

1. Anfertigen von Tabellen
2. Erstellen grafischer Repräsentationsformen (Skizzen, Lösungsgraphen und Koordinatensysteme)
3. Aufstellen von Gleichungen
4. De- und Rekonstruktion

Neben ihrer eigenständigen Funktion werden die heuristischen Techniken vielfach in einem direkten Zusammenspiel mit den Heurismen der Kategorie II und III genutzt; sie bedingen oder unterstützen deren Anwendung. So wird beispielsweise das *Anfertigen einer Tabelle* oft in Kombination mit dem *Heurismus des systematischen Probierens* (Abschn. 5.3.3.1) verwendet, während der *Heurismus der Affinität* (Abschn. 5.3.2.1) häufig die heuristische Technik der *De- und Rekonstruktion* nutzt.

5.3.1.1 Anfertigen einer Tabelle

Durch das *Anfertigen einer Tabelle* lassen sich Texte oder Daten strukturieren, auf wesentliche Aussagen reduzieren, nach bestimmten Kriterien ordnen und übersichtlich darstellen. Damit sind Tabellen sehr oft eine geeignete Darstellungsform, um einen Überblick über die zugrunde liegenden Informationen und verschiedene Lösungswege und -möglichkeiten zu erhalten. Nicht selten liefern Tabellen bereits eine Lösung oder einen Lösungsansatz.

► *Tabellen* sind eine Strukturierungshilfe, die ein verbal gegebenes Problem abstrahieren, Zusammenhänge zwischen Daten visualisieren, sie auf die Kernaussagen reduzieren und so erste Anhaltspunkte für mögliche Lösungswege und -ideen liefern.

Anfertigen einer Tabelle – ein Beispiel

Paula feiert ihren Geburtstag. Nach und nach treffen ihre Gäste ein. Jeder neu eintreffende Gast begrüßt zunächst Paula und dann alle schon anwesenden Gäste mit einem Händeschütteln. Als alle Gäste auf der Feier sind, wurden insgesamt 55-mal Hände geschüttelt.

Wie viele Personen befinden sich auf Paulas Feier?

Lösungsvorschlag Die Anzahl der Partygäste kann mithilfe einer Tabelle ermittelt werden: Paula ist die erste Person und Gastgeberin. Als der erste Gast eintrifft, gibt er Paula die Hand, so dass ein Vorgang des Händeschüttelns gezählt wird. Mit dem zweiten Gast ist die dritte Person auf der Feier, der sowohl Paula als auch dem anderen Gast die Hand gibt. Damit haben insgesamt drei Aktionen des Händeschüttelns seit Beginn der Feier stattgefunden. Allgemein schüttelt der n-te Gast genau n Hände, nämlich die der Gastgeberin und die der bereits anwesenden $(n-1)$ Gäste.[1] In einer Tabelle liest sich das folgendermaßen:

Anzahl anwesender Personen	Anzahl anwesender Gäste	Händeschütteln durch den neuen Gast	Händeschütteln. insgesamt
1 (Paula)	0	0	0
2	1	1	$0+1=1$
3	2	2	$1+2=3$
4	3	3	$3+3=6$
5	4	4	$6+4=10$
6	5	5	$10+5=15$
7	6	6	$15+6=21$
8	7	7	$21+7=28$
9	8	8	$28+8=36$
10	9	9	$36+9=45$
11	10	10	$45+10=55$

Wenn der 10. Gast eingetroffen ist und jeden begrüßt hat, wurden 55 Hände geschüttelt. Mit Paula befinden sich somit 11 Personen auf der Feier. ◄

5.3.1.2 Erstellen grafischer Repräsentationsformen

Auch durch das *Erstellen grafischer Repräsentationsformen* lassen sich, ähnlich wie mit Tabellen, verbal gegebene Probleme abstrahieren und auf die wesentlichen Informationen reduzieren. Durch das Anfertigen einer Zeichnung können wichtige Beziehungen zwischen den Angaben hergestellt und Zusammenhänge aufgedeckt werden. Gleichzeitig können abstrakte Problemstellungen visualisiert und algebraische Zusammenhänge verifiziert werden. Eine „gute" Zeichnung führt nicht selten schon auf die Lösung oder eine Lösungsidee hin.

Grafische Repräsentationsformen finden auch bei algebraischen Fragestellungen Anwendung. Algebraische Objekte lassen sich oft durch eine geeignete Darstellung auf den Gegenstandsbereich der Geometrie übertragen, was einer Visualisierung der algebraischen Objekte entspricht. Dies zeigt sich zum Beispiel in einer Punktmenge, die eine bestimmte Anzahl visuell zum Ausdruck bringt, bei den figurierten Zahlen oder bei Strecken, Rechtecken und Kreisflächen, die eine Größe oder einen Anteil repräsentieren. Der Flächeninhalt eines Rechtecks kann das Produkt von zwei Zahlen abbilden und das Volumen eines Quaders das Produkt dreier Zahlen. Auch lassen sich Zuordnungen in einem Koordinatensystem darstellen. Die figurierten Zahlen (dezentrale und zentrierte Polygonalzahlen, pronische Zahlen, [quadratische] Pyramidenzahlen), die arithmetische Folgen bilden, schlagen außerdem den Bogen zur Arithmetik.

[1] Damit ist auch klar, dass die Summe der ersten n natürlichen Zahlen (die sog. n-te Dreieckszahl) die Anzahl der Händeschüttelvorgänge angibt, die erfolgt sind, wenn der n-te Gast jeden begrüßt hat.

► *Grafische Repräsentationsformen* tragen dazu bei, ein vorliegendes, verbal gegebenes, algebraisches oder arithmetisches Problem zu identifizieren, zu abstrahieren und auf die wesentlichen Informationen zu reduzieren. Auf diese Weise werden wichtige Beziehungen innerhalb der Daten und Zusammenhänge aufgezeigt, so dass erste Lösungsideen gefunden und der Lösungsprozess in Gang gesetzt werden kann.

Erstellen einer grafischen Repräsentation – Beispiel

Die Seiten eines Quadrats mit der Seitenlänge a werden jeweils um b verlängert, so dass wieder ein Quadrat entsteht.[2]

Um wie viel wird der Flächeninhalt vergrößert?

Wie groß ist der Flächeninhalt des neuen Quadrats?

Lösungsvorschlag Bevor mit der Erstellung einer geeigneten grafischen Repräsentationsform begonnen wird, ist es sinnvoll, in Anlehnung an den Problemlöseprozess nach Pólya, der Aufgabenstellung die gegebenen und die gesuchten Daten zu entnehmen.

Gegeben ist ein Quadrat mit der Seitenlänge a.

Gesucht ist die Differenz der Flächeninhalte des Ausgangsquadrats mit der Seitenlänge a und des Quadrats mit der Seitenlänge $(a + b)$.

Durch das Anfertigen einer Zeichnung zu dem gegebenen Sachverhalt und die Einführung passender Bezeichnungen können nun wichtige Beziehungen zwischen den Angaben aufgezeigt, die Problemstellungen visualisiert und algebraische Zusammenhänge verifiziert werden.

Zeichne das Ausgangsquadrat mit der Seitenlänge a und führe passende Bezeichnungen ein:

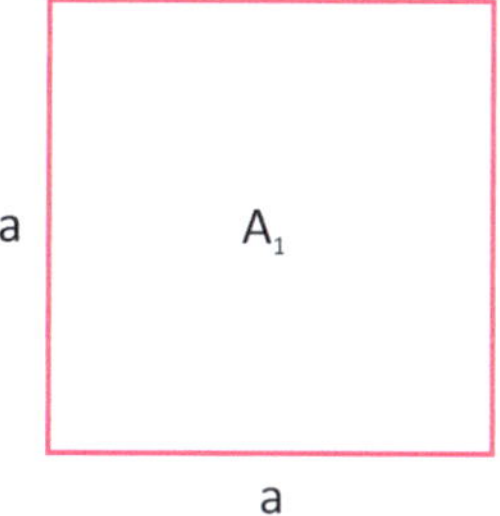

Zeichne ein Quadrat mit der Seitenlänge $(a + b)$ und führe passende Bezeichnungen ein.

[2] Die Aufgabe ist angelehnt an die Aufgabe „Wachsende Quadrate“ der Jahrgangsstufe 8 der TU Darmstadt (o.J.).

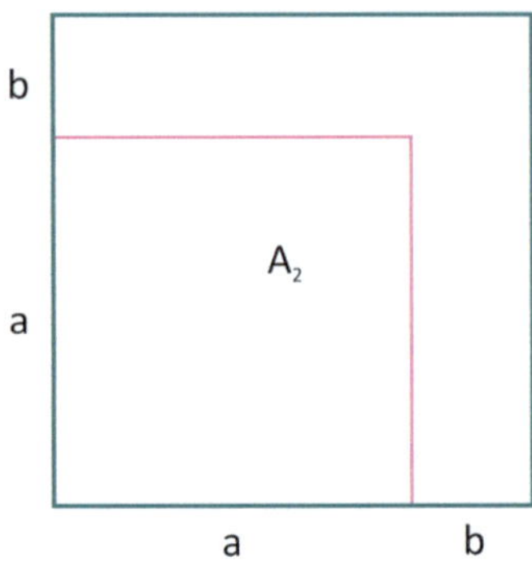

Der Flächeninhalt des Ausgangsquadrats A_1 beträgt:

$$A_1 = a \cdot a = a^2 \,.$$

Der Flächeninhalt A_2 des vergrößerten Quadrats beträgt:

$$A_2 = (a + b) \cdot (a + b) = (a + b)^2 \,.$$

Die gesuchte Größe ist die Differenz $A_2 - A_1$.

Die Lösung lässt sich aus der obigen Zeichnung durch das Hinzufügen geeigneter Hilfslinien ermitteln. Wie nachfolgende Abbildung zeigt, zerfällt die Differenzfläche in zwei gleich große Rechteckflächen mit den Seitenlängen a und b sowie eine quadratische Fläche mit der Seitenlänge b.

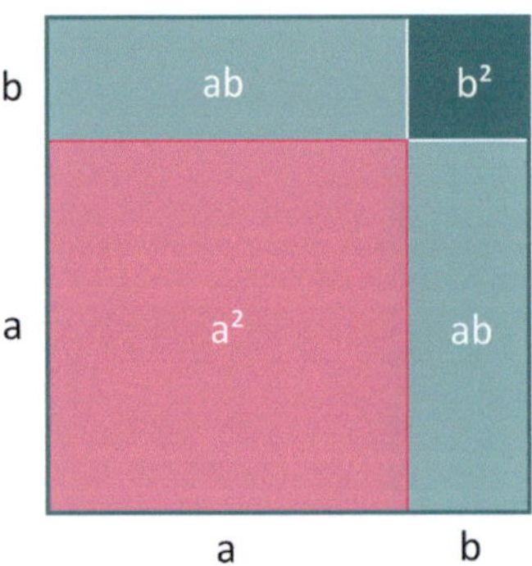

Die Gesamtdifferenz beträgt also $A_2 - A_1 = 2ab + b^2$.

Über die grafisch gewonnenen Erkenntnisse lässt sich nun die Frage nach dem Flächeninhalt des vergrößerten Quadrats (und damit die erste binomische Formel) herleiten:

$$\begin{aligned} A_2 - A_1 &= 2ab + b^2 \\ A_2 - a^2 &= 2ab + b^2 \\ A_2 &= a^2 + 2ab + b^2 \\ (a+b)^2 &= a^2 + 2ab + b^2 \,. \end{aligned}$$

Sind binomische Formeln bereits bekannt, ist die Frage nach dem Flächeninhalt des vergrößerten Quadrats bereits beantwortet und die Differenz zwischen beiden Quadraten rechnerisch leicht zu bestimmen als:

$$\begin{aligned} A_2 - A_1 &= (a+b)^2 - a^2 \\ &= a^2 + 2ab + b^2 - a^2 \\ &= 2ab + b^2 \,. \end{aligned}$$ ◀

5.3.1.3 Gleichungen aufstellen

Durch das Aufstellen einer Gleichung wird ein verbal gegebenes Problem auf die rechnerische Bestimmung unbekannter Größen reduziert und die Beziehung zwischen den Daten mathematisch beschrieben. Damit sind Gleichungen „ein ideales Instrument der Informationsreduktion in der Phase des Verstehens eines Problems [. . .]“ (Bruder und Collet 2011, S. 67).

► *Gleichungen* mathematisieren einen verbal gegebenen Sachverhalt, setzen Daten zueinander in Beziehung und reduzieren die Problemstellung auf die Bestimmung unbekannter Größen.

Gleichungen – ein Beispiel

Um eine Entfernung von 1800 m zurückzulegen, muss das Vorderrad eines Fahrzeugs, dessen Umfang 1 m kleiner ist als der des Hinterrades, 150 Umdrehungen mehr machen als dieses.

Wie oft dreht sich jedes der beiden Räder auf dieser Strecke?[3]

Lösungsvorschlag Im ersten Schritt ist es sinnvoll, die gegebenen und die gesuchten Größen aus der Aufgabenstellung zu entnehmen und zu notieren.

Gegeben sind:

- die zurückgelegte Distanz
- die Differenz der Umfänge beider Räder
- die Differenz der Gesamtumdrehungsanzahl beider Räder über die Gesamtdistanz

[3] Die Aufgabenstellung entspricht der Aufgabe „Räder“ für die Jahrgangsstufe 9 der TU Darmstadt (o.J.).

Im zweiten Schritt wird notiert, was gesucht wird: die Anzahl der Umdrehungen des kleinen Rades und die Anzahl der Umdrehungen des großen Rades über die Gesamtdistanz.

Nachdem die gegebenen und gesuchten Daten herausgeschrieben wurden, werden in einem weiteren Schritt passende Bezeichnungen eingeführt. Auf diese Weise werden die Angaben in die algebraische Sprache übersetzt.

- Zurückgelegte Distanz: 1800 m
- Umfang des kleinen Rades: y [Meter]

Da der Umfang des großen Rades laut Aufgabenstellung um 1 m größer ist, folgt:

- Umfang des großen Rades: $(y + 1)$ [Meter]
- Anzahl der Umdrehungen des kleinen Rades: x

Da das große Rad laut Aufgabenstellung 150 Umdrehungen weniger macht als das kleine Rad, ergibt sich:

- Anzahl der Umdrehungen des großen Rades: $(x - 150)$

Nachdem passende Bezeichnungen eingeführt wurden und die Daten in die Sprache der Algebra übersetzt wurden, sollten die in der Aufgabestellung aufgeführten Bedingungen noch einmal unter Verwendung der gewählten Bezeichnungen notiert werden.

Das kleine Rad hat einen Umfang von y [Meter] und macht x Umdrehungen auf einer Distanz von 1800 m, während das große Rad mit einem Umfang von $y + 1$ [Meter] auf gleicher Distanz $(x - 150)$ Umdrehungen macht.

Setzt man die Angaben über Umfang und Anzahl der Umdrehungen beider Räder mit der zurückgelegten Distanz in Beziehung, erhält man ein Gleichungssystem mit zwei Gleichungen und zwei Unbekannten:

$$\begin{aligned} x \cdot y &= 1800 \text{ [kleines Rad]} \\ (x - 150) \cdot (y + 1) &= 1800 \text{ [großes Rad]} . \end{aligned}$$

Zweckmäßigerweise löst man in der zweiten Gleichung die Klammern auf und setzt den Zusammenhang aus der ersten Gleichung ein; dann erhält man $x = 150y + 150$, und mithife der ersten Gleichung ergibt sich:

$$\begin{aligned} 150y^2 + 150x &= 1800 \\ y^2 + y &= 12 \\ y^2 + y - 12 &= 0 \\ (y + 4) \cdot (y - 3) &= 0 . \end{aligned}$$

Als einzige positive Lösung kann man $y = 3$ ablesen und erhält dazu aus der ersten Gleichung $x = 600$.

Gemäß den mithilfe der Instruktionsfragen eingeführten Bezeichnungen gibt x die Anzahl der Umdrehungen des kleinen Rades an; das kleine Rad macht demnach auf einer Distanz von 1800 m 600 Umdrehungen. Es wurde ferner festgestellt, dass die Anzahl der Umdrehungen des großen Rades durch $x - 150$ gegeben ist; also dreht sich das große Rad auf gleicher Distanz 450-mal. Damit ist die Frage vollständig beantwortet. ◄

5.3.1.4 De- und Rekonstruktion

Mithilfe der *De- und Rekonstruktion* lassen sich komplexe Problemstellungen in mehrere Teilprobleme zerlegen (dekonstruieren), so dass das Gesamtproblem überschaubarer wird. Die Teilprobleme werden, weitgehend unabhängig voneinander, gelöst und anschließend die gewonnenen Teilergebnisse zusammengefügt (rekonstruiert) und auf das Ausgangsproblem zurück übertragen.

Dieses Vorgehen ist mit der aus der Informatik stammenden Problemlösestrategie, der sogenannten *Divide-and-Conquer-Methode* vergleichbar, die auf der Idee basiert, ein Problem in kleinere, möglichst gleich große und voneinander unabhängige Unterprobleme zu zerlegen (*divide*), diese Teilprobleme rekursiv zu lösen (*conquer*) und schließlich die Teillösungen zu einer Lösung des Gesamtproblems zu (re-)konstruieren. Schwarz (2006, S. 226 f.) spricht vom Heurismus der Modularisierung, bei dem ein gegebenes Problem in Subprobleme zerlegt wird, für die jeweils Lösungen gesucht werden, die schließlich zusammengesetzt und auf das Ausgangsproblem übertragen werden.

Da es hier darum geht, die Heuristik als Instrument einer erfolgreichen Problemlösung den Schülern der Sekundarstufe I zu vermitteln, wird die Grundidee des Heurismus der Modularisierung aufgegriffen und als heuristische Technik der De- und Rekonstruktion bezeichnet. Durch diese Begriffswahl sollen die zwei Handlungen des Zerlegens eines Problems in überschaubare und lösbare Teilprobleme und das anschließende Zusammensetzen der Teillösungen zu einer Lösung für das ursprüngliche Problem verdeutlicht werden.

Oft ermöglicht eine Dekonstruktion, zumindest bei Teilen des gegebenen Problems, Beziehungen zu bereits bekannten, gelösten Problemen zu erkennen und zu nutzen, d. h., sie kann auf den *Heurismus der Affinität* (Abschn. 5.3.2.1) hinführen.

► Mithilfe der *Dekonstruktion* wird ein komplexes Problem in ein System überschaubarer und lösbarer Teilprobleme zerlegt, für die Lösungen ermittelt werden. Die Lösungen werden anschließend im Rahmen der Rekonstruktion zusammengeführt und auf das Ausgangsproblem, gegebenenfalls in adaptierter Form, übertragen.

De- und Rekonstruktion – ein Beispiel

Gegeben ist ein gerader Kreiszylinder mit der Höhe h und dem Radius r.

Wie groß ist seine Oberfläche?

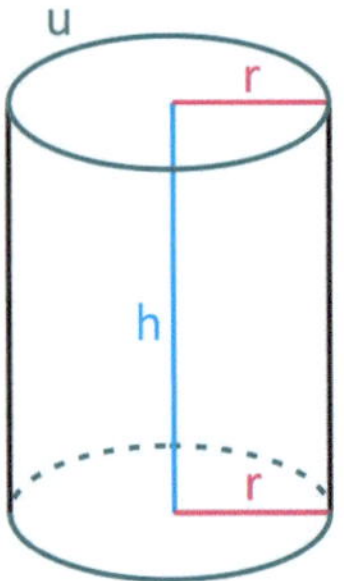

Lösungsvorschlag Zunächst werden der Aufgabenstellung die gegebenen und die gesuchten Daten entnommen.

Gegeben sind die Höhe h und der Radius r des Zylinders.

Gesucht ist die Oberfläche O des Zylinders.

Mithilfe der Dekonstruktion lässt sich die vorliegende Problemstellung in überschaubare Teilprobleme zerlegen. Im Rahmen der Dekonstruktion wird der Zylinder durch Aufschneiden und Abwickeln in seine Einzelteile zerlegt. Das so entstandene Netz des Zylinders liefert die nachfolgenden Teilflächen:

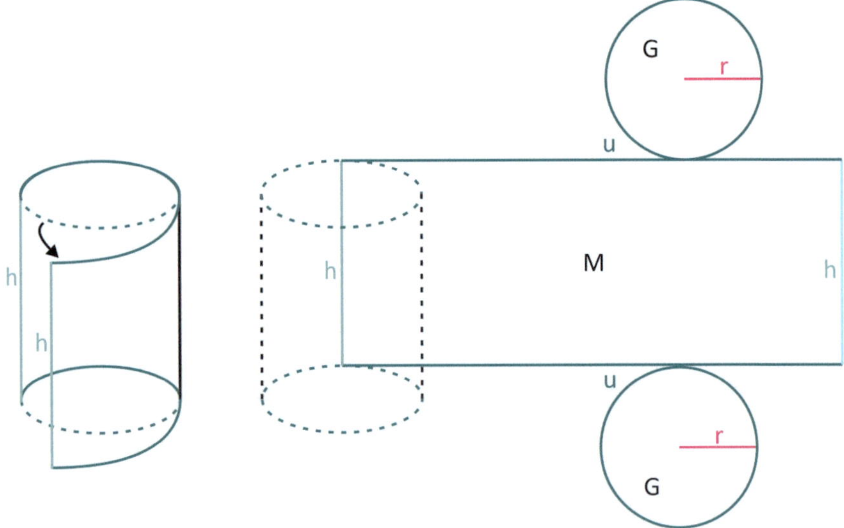

Unter der Annahme, dass die Umfangs- und Flächeninhaltsformel für Rechtecke und Kreise bekannt sind, können die Flächeninhalte der Teilflächen wie folgt ermittelt werden: Der Flächeninhalt A_M des rechteckigen Mantels M berechnet sich nach der Formel Länge mal Breite. Der Skizze kann entnommen werden, dass die Breite des Mantels durch die Zylinderhöhe h gegeben ist. Durch das Abwickeln des Mantels kann ferner gefolgert werden, dass die Länge des Mantels dem Umfang u der kreisrunden Deck- bzw. Grundfläche entspricht, der durch $u = 2 \cdot \pi \cdot r$ (als bekannt vorausgesetzt) gegeben ist. Daraus ergibt sich für den rechteckigen Mantel ein Flächeninhalt von $A_{\mathrm{M}} = 2 \cdot \pi \cdot r \cdot h$.

Der Flächeninhalt der kreisförmigen Grundfläche G mit gegebenem Radius r ist gegeben durch $A_{\mathrm{K}} = \pi \cdot r^2$.

Damit sind alle Teilflächen bestimmt.

Um das Ausgangsproblem zu lösen, werden abschließend mithilfe der Rekonstruktion die gewonnenen Teilergebnisse zusammengeführt, so dass die Oberfläche O_{Zylinder} eines beliebig dimensionierten Zylinders wie folgt bestimmt werden kann:

$$\begin{aligned} O_{\mathrm{Zylinder}} &= A_{\mathrm{M}} + 2 \cdot A_{\mathrm{K}} \\ &= 2 \cdot \pi \cdot r \cdot h + 2 \cdot \pi \cdot r^2 \\ &= 2 \cdot \pi \cdot r \cdot (h + r)\,. \end{aligned}$$ ◄

Wird die Dekonstruktion im Sinne von „etwas aufteilen“ oder „etwas separieren“ genutzt, findet diese heuristische Technik in nahezu allen mathematischen Bereichen Anwendung. Insbesondere Konstruktionsaufgaben lassen sich mithilfe dieser Technik ohne Umwege und komplizierte oder spezielle Formelkenntnisse lösen.

Dekonstruktion – ein Beispiel

Gegeben ist ein regelmäßiges Achteck. Der blaugrün hervorgehobene Teil des Achtecks hat einen Flächeninhalt von $A = 3\,\mathrm{cm}^2$.

Wie groß ist der Flächeninhalt des Achtecks?[4]

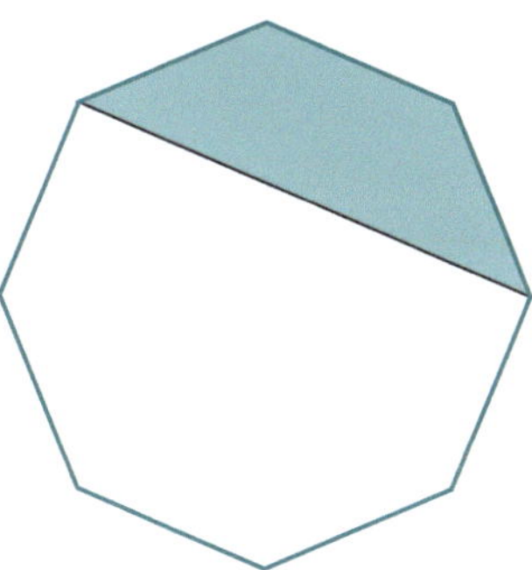

[4] Die Beispielaufgabe ist adaptiert nach Noack et al. (2015, S. 65).

Lösungsvorschlag Durch eine geeignete Zerlegung des Achtecks erhält man die folgende Darstellung, die sich aus vier paarweise kongruenten Rechtecken und acht paarweise kongruenten gleichschenklig-rechtwinkligen Dreiecken zusammensetzt. Das Ausgangsteilstück, dessen Flächeninhalt bekannt ist, setzt sich aus drei dieser zwölf Figuren zusammen, nämlich aus einem Rechteck und zwei gleichschenklig-rechtwinkligen Dreiecken.

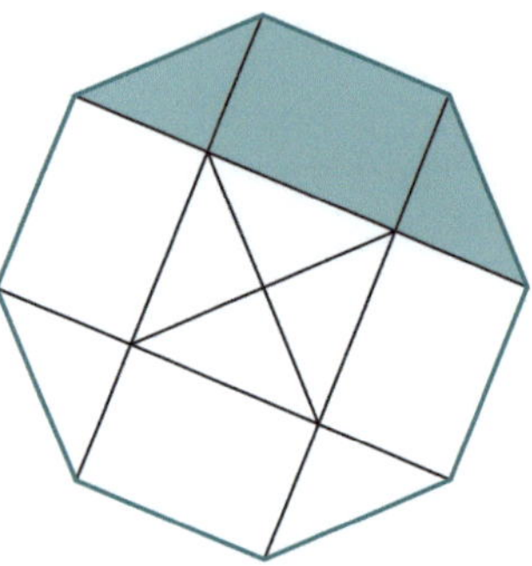

Die Fläche des Achtecks setzt sich aus vier solchen Teilflächen (ein Rechteck plus zwei gleichschenklig-rechtwinklige Dreiecke) zusammen, wie Einfärben oder Abzählen ergeben.

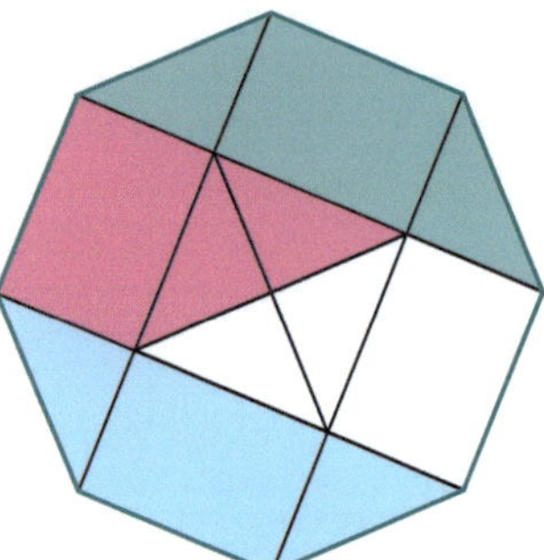

Folglich beträgt der Flächeninhalt des Achtecks $4 \cdot 3\,\text{cm}^2 = 12\,\text{cm}^2$. ◀

5.3.2 Kategorie II: Heurismen der Analyse und Adaption

Wurde das Problem identifiziert und gegebenenfalls in einen geeigneten Repräsentationsmodus transformiert, können in der zweiten Phase des Problemlöseprozesses die Analyse und Adaption der nun vorliegenden mathematisierten Ausgangslage zur Entwicklung weiterführender Lösungsideen hilfreich sein. Unter einer Analyse wird dabei die Untersuchung der vorliegenden Daten auf Muster und Strukturen oder bestimmte Kriterien verstanden und unter Adaption eine gezielte Manipulation der Bedingungen oder auch eine Umformulierung der Problemstellung. Diese Kategorie beinhaltet zwei Heurismen.

5.3.2.1 Heurismus der Affinität

Unter dem *Heurismus der Affinität* sollen Vorgehensweisen verstanden werden, bei denen die Suche nach ähnlichen, bereits gelösten Problemen, also strukturellen Gemeinsamkeiten mit bereits bekannten Problemlösungen im Mittelpunkt steht. Fragen wie „Hast du die Aufgabe schon einmal gesehen?“, „Hast du eine ähnliche Aufgabe schon einmal gelöst?“ und „Kommt dir an dieser Aufgabe etwas bekannt vor?“, die sich an der zweiten Phase im Problemlöseprozess nach Pólya orientieren, können Anknüpfungspunkte zu bereits vorhandenem Wissen schaffen und Lösungsideen liefern.

► Der *Heurismus der Affinität* beschreibt eine problemlösende Vorgehensweise, bei der bereits gelöste Probleme auf ihre Ähnlichkeit oder strukturelle Vergleichbarkeit zu einem neuen Problem hin untersucht und dann zur systematischen Planung und Durchführung der Problemlösung genutzt werden. Die Affinität kann sich dabei auf die Vorgehensweise, die Darstellungsform, die Fragestellung oder andere strukturelle Merkmale einer Aufgabe beziehen.

Heurismus der Affinität – ein Beispiel

Gegeben ist eine Kugel mit dem Radius r.
Wie groß ist die Oberfläche O der Kugel?

Lösungsvorschlag Zunächst werden die gegebenen und gesuchten Daten aus der Aufgabenstellung notiert.

Gegeben ist eine Kugel mit dem Radius r.
Gesucht wird die Oberfläche O der Kugel.

Als Nächstes werden alle für den Sachverhalt wichtigen Lehrsätze bzw. Formeln notiert. Die Formel für das Volumen V der Kugel wird als bekannt vorausgesetzt und ist gegeben durch:

$$V_{\text{Ku}} = \frac{4}{3} \cdot \pi \cdot r^3 .$$

Bei dem *Heurismus der Affinität* steht die Suche nach ähnlichen, bereits gelösten Problemen oder nach strukturellen Gemeinsamkeiten mit bereits gelösten Problemen im Mittelpunkt der Betrachtung. Die Frage *„Hast du eine ähnliche Aufgabe schon einmal gelöst?“* führt zu den Berechnungen am Kreis zurück, die als bekannt vorausgesetzt werden.

Aus den Berechnungen am Kreis sei bekannt:

- Kreisumfang $u_{\text{Kr}} = 2 \cdot \pi \cdot r$
- Kreisflächeninhalt $A_{\text{Kr}} = \pi \cdot r^2$

Ziel ist es, diese bekannten Lehrsätze für den Kreis auf das Ausgangsproblem zu übertragen und so Lösungsideen für die Berechnung der Kugeloberfläche zu entwickeln.

Es gilt also, sich zunächst Gedanken zu machen, ob und wie sich vom Kreisflächeninhalt auf den Kreisumfang schließen lassen könnte. Im Normalfall ist die Herleitung für den Kreisflächeninhalt bereits bekannt, bevor die Frage der Herleitung der Oberflächenformel für die Kugel gestellt wird. Die Gedankenfolge ist in der linken Spalte der folgenden Tabelle nachgezeichnet. In der rechten Spalte befinden sich die daran anknüpfenden Überlegungen zur Kugeloberfläche.

Kreis	Kugel
Ein Kreis lässt sich näherungsweise aus paarweise kongruenten, gleichschenkligen Dreiecken zusammensetzen. 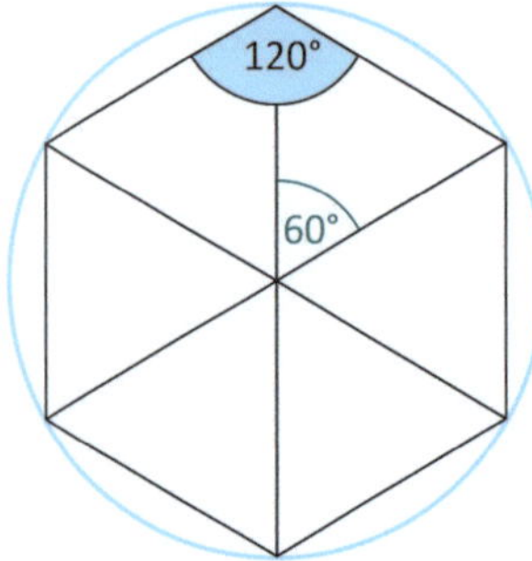	Eine Kugel lässt sich näherungsweise aus paarweise kongruenten Dreieckspyramiden zusammensetzen. 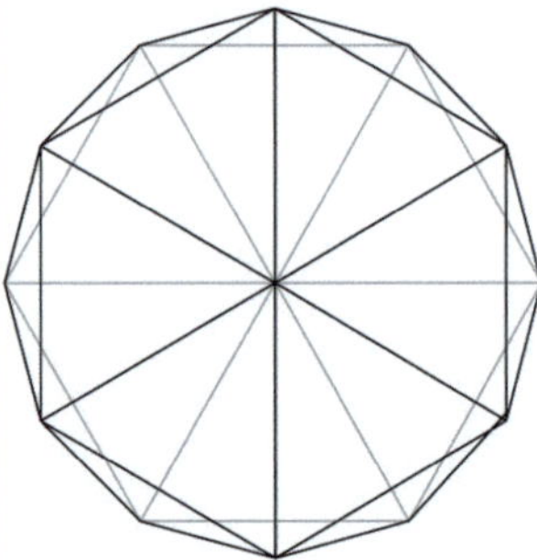
Der Flächeninhalt jedes dieser Dreiecke mit der Grundseite g, der Schenkellänge r und der Höhe h ist gegeben durch: $A_D = \frac{1}{2} \cdot g \cdot h$	Das Volumen jeder einzelnen Pyramide mit der Grundfläche G, den Seitenkanten r und der Höhe h ist gegeben durch: $V_{Py} = \frac{1}{3} \cdot G \cdot h$
Je mehr Dreiecke dem Kreis einbeschrieben werden, desto mehr nähert sich die Figur dem Kreis an. 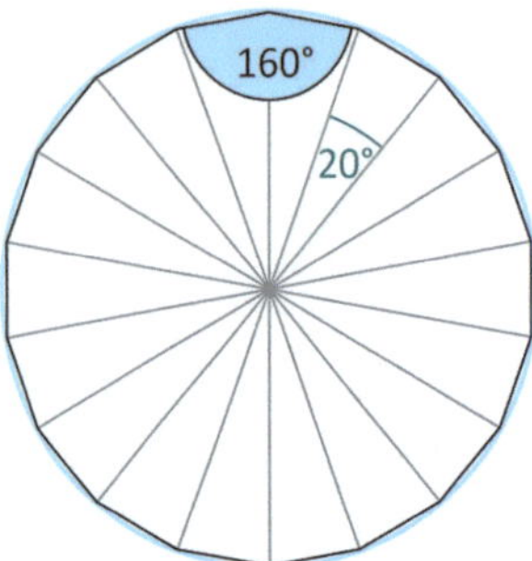	Je mehr Pyramiden der Kugel einbeschrieben werden, desto mehr nähert sich der Körper der Kugel an. 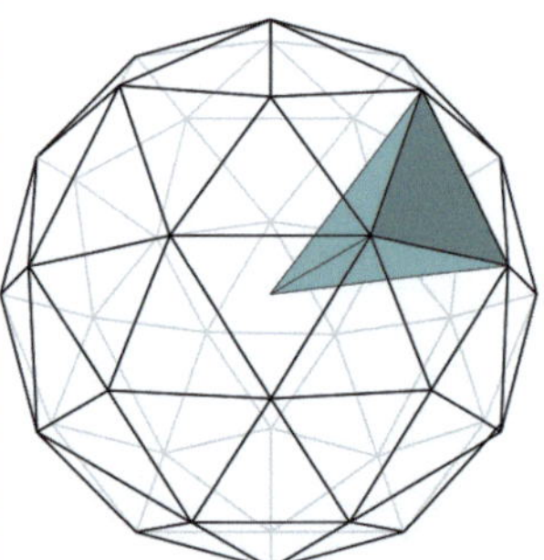
Gleichzeitig verringert sich mit wachsender Anzahl kongruenter, gleichschenkliger Dreiecke die Länge der Dreiecksgrundseite g, so dass sich die Summe aller Grundseiten g dem Umfang u_{Kr} des Kreises annähert.	Gleichzeitig verringert sich mit wachsender Anzahl kongruenter Dreieckspyramiden die Pyramidengrundfläche G, so dass sich die Summe aller Grundflächen G der Oberfläche O_{Ku} der Kugel annähert.

Kreis	Kugel
Je kürzer die Dreiecksgrundseiten g werden, desto mehr nähert sich die Höhe h den jeweiligen Schenkeln des Dreiecks an, bis schließlich die Höhe h näherungsweise der Schenkellänge und damit dem Radius r des Kreises entspricht. Betrachtet man den Flächeninhalt des Vielecks, welches sich aus einer beliebigen Anzahl kongruenter, gleichschenkliger Dreiecke zusammensetzt, so ist dieser gegeben durch: $A_{\text{Vieleck}} = \frac{1}{2} \cdot \sum g \cdot r$ Wegen $\lim_{g \to 0} h = r$ und $\lim_{g \to 0} \sum g = u_{\text{Kr}}$ und $\lim_{g \to 0} A_{\text{Vieleck}} = A_{\text{Kr}}$ liefert der Grenzübergang für $g \to 0$ die Kreisflächeninhaltsformel: $A_{\text{Kr}} = \frac{1}{2} \cdot u_{\text{Kr}} \cdot r$	Je kleiner die Pyramidengrundflächen G gewählt werden, desto mehr nähert sich die Höhe h den jeweiligen Seitenkanten r an, bis schließlich die Höhe h näherungsweise der Seitenkante und damit dem Kugelradius r entspricht. Betrachtet man den Rauminhalt des Körpers, welcher sich aus einer beliebigen Anzahl identischer Pyramiden zusammensetzt, ist dieser gegeben durch: $V_{\text{Körper}} = \frac{1}{3} \cdot \sum G \cdot r$ Wegen $\lim_{G \to 0} h = r$ und $\lim_{G \to 0} \sum G = O_{\text{Ku}}$ und $\lim_{G \to 0} V_{\text{Körper}} = V_{\text{Ku}}$ liefert der Grenzübergang für $G \to 0$ die Kugelvolumenformel: $V_{\text{Ku}} = \frac{1}{3} \cdot O_{\text{Ku}} \cdot r$
Da die Kreisflächeninhaltsformel ihrerseits bekannt ist (s. oben), ergibt sich als Bestimmungsgleichung für u_{Kr}: $\pi \cdot r^2 = \frac{1}{2} \cdot u_{\text{Kr}} \cdot r$	Da die Kugelvolumenformel bereits bekannt ist (s. oben), ergibt sich als Bestimmungsgleichung für O_{Ku}: $\frac{4}{3} \cdot \pi \cdot r^3 = \frac{1}{3} \cdot O_{\text{Ku}} \cdot r$
Durch einfache Gleichungsumformung erhält man daraus die Kreisumfangsformel: $2 \cdot \pi \cdot r = u_{\text{Kr}}$	Durch einfache Gleichungsumformung erhält man darauf die Kugeloberflächenformel: $4 \cdot \pi \cdot r^2 = O_{\text{Ku}}$

Wie konnte diese Herleitung gelingen? Entscheidend ist es zu erkennen, dass sich die beim Kreis erfolgreich eingesetzte Idee der infinitesimalen Ausschöpfung der Kreisfläche (durch Dreiecksflächen) auch bei der Kugel zur Anwendung bringen lässt (durch infinitesimale Ausschöpfung des Kugelkörpers durch Pyramiden), wobei Kreisumfang und Kugeloberfläche sowie Kreisflächeninhalt und Kugelvolumen jeweils einander entsprechen.

Die Einsicht in diese Analogien konstituiert den *Heurismus der Affinität*. ◄

5.3.2.2 Heurismus der Strukturnutzung

Unter dem *Heurismus der Strukturnutzung* sind die oft als Symmetrieprinzip oder auch Mustererkennung bezeichneten heuristischen Verfahren gefasst. Der Begriff „Struktur" bezeichnet die Gesetzmäßigkeiten (Regelmäßigkeit, Wiederholung, Ähnlichkeit), nach denen eine Menge von Daten eines (komplexen) Systems miteinander korreliert. Muster sind als Teilmenge von Strukturen aufzufassen und zeichnen sich durch die gleichbleibende, wiederholende Anordnung von Elementen aus, die eine geschlossene Einheit bilden. Die Anordnung der Elemente sowie die Relation zwischen diesen unterliegen bestimmten Gesetzmäßigkeiten, die wiederum die Struktur innerhalb des Musters bilden.

Die Analyse eines Problems kann zum Auffinden einer zugrunde liegenden Struktur führen, auf deren Grundlage Aussagen getroffen und Lösungen gefunden werden können, oder die Erzeugung eines Musters (Symmetrie, Identität, Harmonie oder Passung) indizieren, das in Beziehung zu einer bereits bekannten Struktur gesetzt wird. Der *Heurismus der Strukturnutzung* ist dadurch mit dem Heurismus der Affinität verknüpft, jedoch keineswegs mit diesem identisch, da der generative Aspekt in den Vordergrund tritt. Auch für diesen Heurismus lassen sich Fragen entwickeln, die im Stile Pólyas seine Anwendung im Problemlöseprozess anstoßen helfen können, wie „Erkennst du im vorliegenden Problem Wiederholungen?", „Kannst du das Problem so darstellen, dass du ein Muster siehst?" und „Wenn dies nicht der Fall ist, kannst du das Problem so verändern, dass ein Muster entsteht?".

► Der *Heurismus der Strukturnutzung* bezeichnet die vorbereitende, auf einer Analyse beruhende Bearbeitung eines Problems, die durch Identifizierung von Mustern und Strukturen oder deren gezielte Generierung den Weg zur Problemlösung öffnen kann.

Heurismus der Strukturnutzung – Beispiel 1

Die Abbildung zeigt die ersten fünf Dreieckszahlen.

Bestimme ohne großen Rechen- und Zeitaufwand die 100. Dreieckszahl.

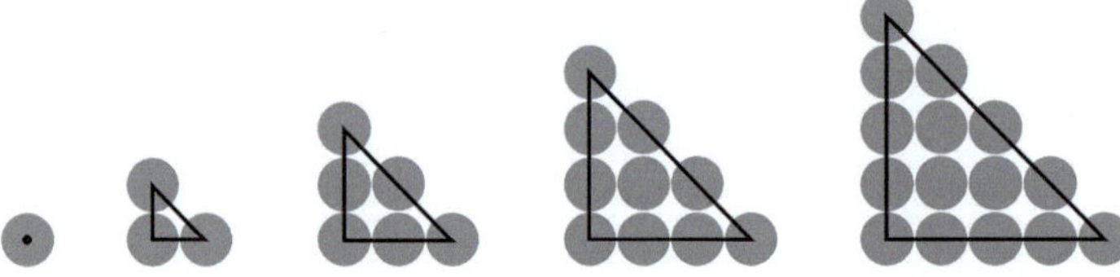

Lösungsvorschlag Zu Beginn werden die gegebenen und gesuchten Daten notiert.

Gegeben sind die ersten fünf Dreieckszahlen.

Gesucht wird die 100. Dreieckszahl.

Zunächst werden, wie in der Aufgabe gefordert, die ersten fünf Dreieckszahlen grafisch dargestellt:

Betrachtet man die grafische Struktur der Dreieckszahlen, lässt sich innerhalb der Darstellungsweise bereits ein Muster erkennen. Aus diesem geht hervor, dass sich die n-te Dreieckszahl als Summe aus ihrem Vorgänger und n selbst bildet.

- 1. Dreieckszahl $D(1) = 1$
- 2. Dreieckszahl $D(2) = D(1) + 2 = 3$

- 3. Dreieckszahl $D(3) = D(2) + 3 = 6$
- 4. Dreieckszahl $D(4) = D(3) + 4 = 10$
- 5. Dreieckszahl $D(5) = D(4) + 5 = 15\ldots$

Die grafische Struktur liefert ohne großen Rechenaufwand die numerischen Werte der ersten fünf Dreieckszahlen. Um die 100. Dreieckszahl zu bestimmen, müsste jedoch die Summe der Zahlen von 1 bis 100 ermittelt werden:

- 100. Dreieckszahl $D(199) = D(99) + 100 =?$

Um die 100. Dreieckszahl ohne einen größeren Rechenaufwand zu ermitteln, wird nach Mustern und Strukturen gesucht. Welches Muster kann erzeugt werden? Gibt es möglicherweise eine weitere Darstellungsform, aus der sich die Dreieckszahlen unmittelbar ablesen bzw. sogar berechnen lassen?

Werden die Dreieckszahlen zu Rechtecken ergänzt, entsteht z. B. das folgende Bild:

Das n-te Rechteck besteht aus zwei n-ten Dreieckszahlen $D(n)$ und repräsentiert das Doppelte der Dreieckszahl in Form eines Rechteckmusters mit n Spalten und $(n + 1)$ Zeilen. Die (bunt gefärbten) Dreieckszahlen $D(n)$ können nun berechnet werden, indem die Anzahl der Kästchen im n-ten Rechteck durch 2 dividiert wird:

$$D(1) = \frac{1 \cdot 2}{2} = 1$$
$$D(2) = \frac{2 \cdot 3}{2} = 3$$
$$D(3) = \frac{3 \cdot 4}{2} = 6$$
$$D(4) = \frac{4 \cdot 5}{2} = 10$$
$$D(5) = \frac{5 \cdot 6}{2} = 15$$

Die Untersuchung der Rechtecke zu den ersten fünf Dreieckszahlen zeigt, dass die Breite identisch mit n ist, die Höhe mit $n + 1$.

Allgemein: $D(n) = \frac{n \cdot (n+1)}{2}$

Auf diese Weise kann die 100. (oder jede beliebige andere) Dreieckszahl wie gefordert ohne Rechen- und Zeitaufwand bestimmt werden; man erhält:

$$D(100) = \frac{100 \cdot 101}{2} = 5050 \quad \blacktriangleleft$$

Heurismus der Strukturnutzung – Beispiel 2

Gegeben ist ein Rechteck $ABCD$ mit einem Flächeninhalt von $18\,\text{cm}^2$. Die Punkte M und N sind die Mittelpunkte der Seiten $\overline{AD}$ und $\overline{BC}$.

Gesucht ist der Flächeninhalt des blauen Vierecks $MBND$.[5]

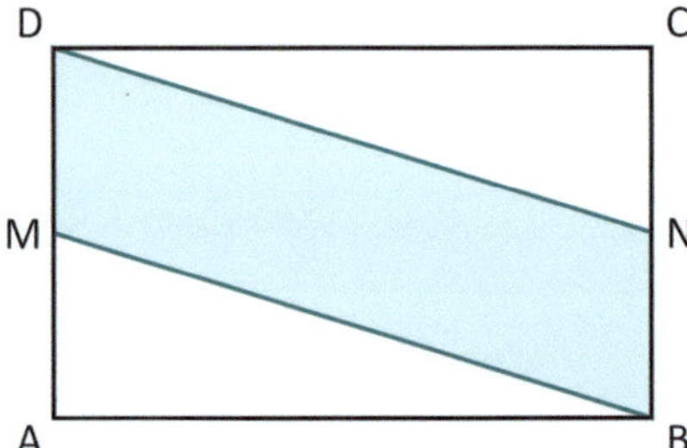

Lösungsvorschlag Zunächst betrachtet man die gegebenen und die gesuchten Daten.

Gegeben sind:

- ein Rechteck $ABCD$
- der Flächeninhalt des Rechtecks vom $18\,\text{cm}^2$
- der Mittelpunkt M der Strecke $\overline{AD}$
- der Mittelpunkt N der Strecke $\overline{BC}$

Gesucht ist der Flächeninhalt des Vierecks $MBND$.

Orientiert an der zweiten Phase im Problemlöseprozess nach Pólya können gezielte Fragestellungen wie „Kannst du durch Einzeichnen von Hilfslinien oder Ergänzungen bekannte Strukturen erzeugen oder sichtbar machen?“ auf eine Idee führen, die das Lösen des Problems ermöglicht.

Betrachtet man das Rechteck $ABCD$, wird durch Einzeichnen der Mittelparallele $\overline{MN}$ das folgende Bild erzeugt.

[5] Die Beispielaufgabe ist adaptiert nach Noack et al. (2015, S. 62).

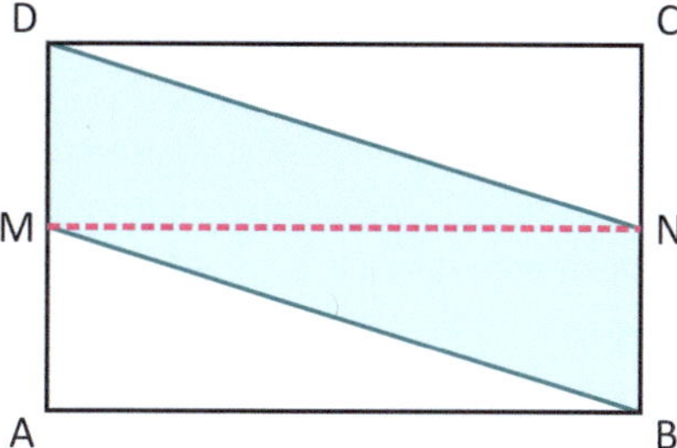

Die Mittelparallele zerlegt das Rechteck $ABCD$ in zwei kongruente Rechtecke $MABN$ und $MNCD$.

An dieser Stelle kann überprüft werden, ob eine ähnliche Aufgabe schon früher einmal gelöst wurde oder ob ein Lehrsatz Anwendung findet.

Unter der Annahme, dass Rechtecke und deren Eigenschaften bekannt sind, kann man der Abbildung entnehmen, dass die Diagonale $\overline{DN}$ das Rechteck $MNCD$ in zwei kongruente und flächeninhaltsgleiche Dreiecke MND und NCD zerlegt.

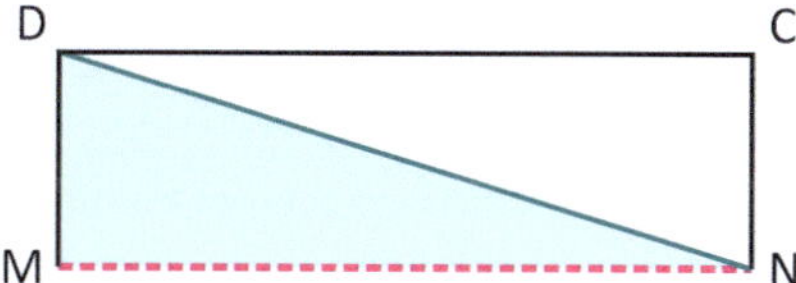

Damit ist der Flächeninhalt des blaugrün gefärbten Dreiecks DMN halb so groß wie der Flächeninhalt des Rechtecks $MNCD$.

Entsprechend wird das Rechteck $ABNM$ durch die Diagonale $\overline{MB}$ in zwei kongruente und flächeninhaltsgleiche Dreiecke MAB und BNM zerlegt. Folglich haben alle vier in dem Rechteck $ABCD$ durch das Einzeichnen der Hilfslinie erzeugten Dreiecke denselben Flächeninhalt.

Die so gewonnenen Erkenntnisse lassen sich nun auf die Ausgangssituation übertragen.

Da das Parallelogramm $MBND$ aus zwei dieser vier Dreiecke zusammengesetzt ist, beträgt sein Flächeninhalt $\frac{18\,\text{cm}^2}{2} = 9\,\text{cm}^2$. ◄

In der hier beschriebenen zweiten Kategorie wurden verschiedene heuristische Vorgehensweisen zu (nur) zwei Heurismen zusammengefasst, da die Bearbeitung adäquater Beispiele zur Veranschaulichung der Heurismen immer wieder gezeigt hat, dass sich im schulischen Kontext der Sekundarstufe I das *Rückführen auf Bekanntes* schwer von der *Analogiebildung* abgrenzen lässt. Der *Heurismus der Strukturnutzung* wird in dieser allgemein gehaltenen Form berücksichtigt, da er sich so situationsangepasst auch in der Sekundarstufe I immer wieder verwenden lässt.

5.3.3 Kategorie III: Heurismen der konkreten Handlung

Wie bereits gezeigt, tragen die in der Kategorie I *Abstraktion und Visualisierung* vereinten heuristischen Techniken dazu bei, ein gegebenes Problem zu strukturieren, es auf die wesentlichen Informationen zu reduzieren oder durch eine geeignete Darstellungsform zu abstrahieren, bevor die *Heurismen der Analyse und Adaption* greifen und den neuen, mathematisierten Sachverhalt auf Strukturen untersuchen und variieren, um eine Lösungsidee zu entwickeln oder bereits eine Lösung zu liefern.

Die dritte Kategorie umfasst diejenigen Heurismen, die der dritten Phase nach Pólya, dem „Ausführen des Plans", zuzuordnen sind und grundsätzlich das Auffinden einer konkreten Lösung anstreben. Zu den *Heurismen der konkreten Handlung* gehören *systematisches Probieren*, *Vorwärtsarbeiten* und *Rückwärtsarbeiten*.

5.3.3.1 Systematisches Probieren

Das systematische Probieren ist ein zielgerichtetes, planvolles und strukturiertes Vorgehen, bei dem Problemvariablen verändert und die Gesamtheit der daraus entstehenden Phänomene oder Ergebnisse auf ihren Beitrag zur Lösung des Problems hin evaluiert werden, mit dem Ziel, über die Fortsetzung schließlich die eigentliche Lösung zu identifizieren. Je nach Problemsituation werden offene oder geschlossene Formen des systematischen Probierens angewandt; diese sind komplementär und werden durch das Einsetzen und Ausschließen von Lösungsmöglichkeiten – oder einem Wechsel zwischen beidem – realisiert.

► Der *Heurismus des systematischen Probierens* bezeichnet das planvolle Auswählen, Abändern oder Ausschließen im gegebenen Problem enthaltener Variablen, mit dem Ziel, durch das beobachtete Verhalten (der veränderten Ergebnisse) Schlüsse auf die zugrunde liegende Struktur des Problems zu ziehen; diese werden unmittelbar zur Lösung des Problems genutzt.

Offenes systematisches Probieren – ein Beispiel

Anna möchte ein eigenes Blumenbeet anlegen. Dazu erhält sie von ihren Eltern eine Drahtrolle, auf der sich 24 m Draht befinden, mit der sie ihr Beet einfassen soll. Anna möchte ein möglichst großes, rechteckiges Beet anlegen.

Welchen Flächeninhalt kann Annas Beet höchstens haben, wenn sie zum Einrahmen den gesamten Draht verbraucht?

Lösungsvorschlag Im ersten Schritt werden die gegeben und die gesuchten Daten herausgeschrieben.

Gegeben sind:

- 24 m Draht
- ein rechteckiges Beet

Gesucht wird der maximale Flächeninhalt eines rechteckigen Beetes, dessen Umfang 24 m beträgt.

Als Nächstes werden passende Bezeichnungen eingeführt, um die formale Schreibweise in die Sprache der Algebra zu transformieren.

Der Draht mit einer Länge von 24 m entspricht dem Umfang u des rechteckigen Beetes, so dass gilt:

$$u_{\text{Rechteck}} = 24\,\text{m} .$$

Der Flächeninhalt A eines Rechtecks mit den Seitenlängen a und b ist gegeben durch:

$$A_{\text{Rechteck}} = a \cdot b .$$

Betrachtet man die Bedingungen aus der Aufgabenstellung, so ergibt sich:

Gegeben sind 24 m Draht, mit denen ein rechteckiges Beet mit den Seitenlängen a und b eingezäunt werden soll, so dass der Flächeninhalt A des Beetes maximal wird.

Setzt man die Daten zueinander in Beziehung, so erhält man:

Der Flächeninhalt A des rechteckigen Beetes ist gegeben durch $A_{\text{Rechteck}} = a \cdot b$.

Der Umfang u des Beetes ist gegeben durch $u_{\text{Rechteck}} = 24\,\text{m} = 2a + 2b$.

Die Längen der Seiten a und b werden unter Beachtung der Bedingungen schrittweise variiert, so dass sich durch systematisches Probieren das folgende Bild ergibt:

Länge Seite a	Länge Seite b mit $\boldsymbol{b} = \frac{u-2a}{2}$	Flächeninhalt mit $\boldsymbol{A} = \boldsymbol{a} \cdot \boldsymbol{b}$
2 m	10 m	20 m^2
4 m	8 m	32 m^2
5 m	7 m	35 m^2
6 m	6 m	36 m^2
7 m	5 m	35 m^2

Es wurden systematisch ganzzahlige Lösungen ausprobiert; der maximale Flächeninhalt in dieser Situation liegt bei $a = b = 6\,\text{m}$. Verlängert man a um ε, so muss b um ε verkürzt werden, damit der Umfang konstant bleibt. Die Fläche beträgt dann $(6 + \varepsilon) \cdot (b - \varepsilon) = 36 - \varepsilon^2 < 36$. Damit ist für alle und nicht nur ganzzahlige Längen $a = b = 6\,\text{m}$ optimal.

Anna erhält demnach mit ihren 24 m Draht das größte rechteckige Blumenbeet, wenn sie ein quadratisches Beet mit den Seitenlängen $a = b = 6\,\text{m}$ anlegt. ◄

Geschlossenes systematisches Probieren – ein Beispiel

Jim bewirbt sich bei der Donut Company in New York um einen Job als Lieferant. Jims zukünftiger Chef möchte seinen neuen Mitarbeiter auf die Probe stellen und bittet ihn, drei seiner Kunden mit Donuts zu beliefern. Doch statt Jim die Adressen zu nennen, gibt er ihm nur die folgenden Hinweise:

Die zu beliefernden Cafés liegen an verschiedenen Straßen zwischen der 1. und der 154. Straße. Zwei Geschäfte derselben Kette liegen an Straßen, deren Nummern zusammen 50 ergeben, das dritte Café liegt nur zwei Straßen von einem der anderen beiden entfernt. Alle drei Straßennummern sind außerdem Primzahlen.

Zum Glück gibt der Chef Jim einen letzten Tipp und nennt ihm die letzte Ziffer des Produkts der Straßennummern.

Schafft Jim es, alle Cafés zu beliefern? Bekommt er den Job?[6]

Lösungsvorschlag Unter Teilausnutzung zweier der gegebenen Informationen (Summe beider Straßennummern ist 50, und Primzahlen sind ungerade) lässt sich eine Liste erstellen, die diejenigen Straßen erfasst, an denen die beiden Cafés derselben Kette liegen können:

Café 1	Café 2
1	49
3	47
5	45
7	43
9	41
11	39
13	37
15	35
17	33
19	31
21	29
23	27
25	25

Dann werden diejenigen Listungen ausgeschlossen, bei denen nicht beide Straßennummern Primzahlen sind; nur vier Möglichkeiten bleiben übrig. Wie in dem Beispiel zuvor wird auch in diesem Fall die Tabelle als Strukturierungshilfe herangezogen, um ein planvolles und systematisches Vorgehen zu gewährleisten.

Café 1	Café 2
3	47
7	43
13	37
19	31

Für jede dieser vier Möglichkeiten sind unter der gestellten Bedingung vier Straßennummern für das noch nicht berücksichtigte dritte Café möglich. Diese lassen sich

[6] Die Beispielaufgabe ist adaptiert nach Herr et al. (1994, S. 55 f.).

in einer dritten Spalte ergänzend sammeln, und anschließend lassen sich diejenigen Straßen ausschließen, bei denen es sich nicht um Primzahlen handelt.

Café 1	Café 2	Café 3
3	47	~~1~~, 5, ~~45~~, ~~49~~
7	43	5, ~~9~~, 41, ~~45~~
13	37	11, ~~15~~, ~~35~~, ~~39~~
19	31	17, ~~21~~, 29, ~~33~~

Sechs mögliche Lösungen wurden identifiziert. Um die letzte Information zur Ermittlung der richtigen Lösung nutzen zu können, werden die Produkte gebildet:

Café 1	Café 2	Café 3	$\prod$
3	47	5	705
7	43	5	1505
7	43	41	12.341
13	37	11	5291
19	31	17	10.013
19	31	29	17.081

Es würde im Übrigen auch genügen, die letzten Ziffern zu berechnen und zu notieren. Mit Blick auf die Endziffern der Ergebnisse wird klar, dass die drei Cafés, die Jim beliefert, nur an der 19., 17. und 31. Straße liegen können – nur diese Lösung kann über die letzte Ziffer eindeutig identifiziert werden. ◄

5.3.3.2 Vorwärtsarbeiten

Bei dem in der Literatur als *Vorwärtsarbeiten* ausgewiesenen Heurismus handelt es sich um ein progressives Vorgehen, bei dem man mit der Lösungssuche bei den gegebenen Daten beginnt und sich zu dem gesuchten Zielzustand vorarbeitet. Das reine Vorwärtsrechnen setzt voraus, dass die Struktur eines Problems identifiziert wurde und es erlaubt, geradewegs zum Zielzustand zu gelangen. Oft ist der Heurismus aber auch hilfreich, um sich über Teilziele fortschreitend und unter erneutem Einbezug der Anfangsdaten oder durch Nutzung weiterer heuristischer Techniken dem Zielzustand anzunähern. Das Vorwärtsarbeiten basiert auf der Möglichkeit, ein vorliegendes Problem von einem Ausgangs- bis zu einem Endzustand zu betrachten.

► Unter der Voraussetzung, dass die Struktur des vorliegenden Problems identifiziert werden kann, wird unter dem *Vorwärtsarbeiten* ein progressives Vorgehen verstanden, bei dem man sich vom Ausgangszustand und den darin enthaltenen und gegebenen Daten zum gesuchten Zielzustand vorarbeitet.

Vorwärtsarbeiten – ein Beispiel

Ein Mann pflückt den ganzen Tag lang Äpfel. Am Abend hat er 382 Äpfel gesammelt. Um zurück nach Hause zu kommen, muss er sieben Tore passieren. An jedem Tor steht ein Wächter und verlangt von ihm die Hälfte seiner Äpfel und einen Apfel mehr.

Wie viele Äpfel bleiben dem Mann, wenn er das letzte Tor passiert hat?[7]

Lösungsvorschlag Aus der vorliegenden Problemstellung lassen sich die gegebenen Daten direkt entnehmen. Auch lässt sich die Struktur des Problems ohne Weiteres identifizieren, so dass hier das Vorwärtsarbeiten als Schlüssel zur Problemlösung gesehen werden kann.

Was ist gegeben?

Gegeben sind 382 Äpfel.

Was wird gesucht?

Die Anzahl der Äpfel hinter dem siebten Tor.

Was lässt sich aus den gegebenen Größen und der Problemstruktur unmittelbar berechnen?

Zu Beginn hat der Mann 382 Äpfel. An jedem der sieben Tore muss er die Hälfte seiner Äpfel und einen weiteren Apfel abgeben.

Durch die explizite Fragestellung kann die Lösung durch ein schrittweises und strukturiertes Vorgehen ermittelt werden; aus n Äpfeln vor einem Tor werden nach Passieren des Tores $n - \left(\frac{n}{2} + 1\right) = \frac{n}{2} - 1$ Äpfel. Dies führt auf folgende Anzahlen von Äpfeln hinter den einzelnen Toren:

- Tor 1: $\frac{382}{2} - 1 = 190$
- Tor 2: $\frac{190}{2} - 1 = 94$
- Tor 3: $\frac{94}{2} - 1 = 46$
- Tor 4: $\frac{46}{2} - 1 = 22$
- Tor 5: $\frac{22}{2} - 1 = 10$
- Tor 6: $\frac{10}{2} - 1 = 4$
- Tor 7: $\frac{4}{2} - 1 = 1$

Wenn der Mann das siebte Tor passiert hat, bleibt ihm noch ein Apfel. ◄

5.3.3.3 Rückwärtsarbeiten

Das *Rückwärtsarbeiten* ist die Suche nach einem Sachverhalt, aus dem heraus die vorhandene (vorgegebene) Situation erreicht werden kann. Ausgehend von dem Gegebenen gelangt man durch das Rückwärtsschreiten über einzelne Teilergebnisse vom gegebenen Problem (als Endzustand) zur Ausgangssituation oder zu einer bereits bekannten Aussage, womit das Problem als gelöst betrachtet werden kann, sofern (!) die Möglichkeit gegeben ist, den rückwärts beschrittenen Weg auch in umgekehrter Richtung zu gehen!

[7] Vgl. Bruder und Collet (2011, S. 80).

Dass dies nicht immer der Fall ist, zeigt sich z. B. bei sogenannten „Gewinnumformungen“ algebraischer Gleichungen, mit denen zwar Kandidaten für Lösungen herausgefiltert werden können, die sich am Ende aber nicht als Lösungen erweisen (vgl. Schwarz 2018, S. 219 ff.).

► Das *Rückwärtsarbeiten* basiert auf der Möglichkeit, ein vorliegendes Problem von seinem End- zum Ausgangszustand hin zu betrachten. Gelingt dies, so kann durch logisches, schrittweises Bearbeiten der Problemsituation – oftmals über Zwischenziele – der gesuchte Ausgangszustand erreicht und damit das Problem gelöst werden, sofern der Weg vom End- zum Ausgangszustand auch wieder zurückgegangen werden kann.

Rückwärtsarbeiten – ein Beispiel

Bei einem Tanzwettbewerb starten alle Paare gleichzeitig. Im Abstand von 5 min scheidet jeweils die Hälfte der teilnehmenden Paare aus. Nach 25 min steht das Siegerpaar fest.

Wie viele Tanzpaare haben an dem Wettbewerb teilgenommen?

Lösungsvorschlag Es ist bekannt, dass ein Paar den Wettbewerb gewonnen hat und über einen Gesamtzeitraum von 25 min alle 5 min die Hälfte der Teilnehmer ausgeschieden ist. Unter Berücksichtigung dieser Informationen kann die Zahl der Gesamtteilnehmer mit dem Rückwärtsarbeiten ermittelt werden.

Zeitpunkt vor Ende des Wettbewerbs	Anzahl der noch im Wettbewerb befindlichen Paare
0 (Ende des Wettbewerbs)	1
5 min	$1 \cdot 2 = 2$
10 min	$2 \cdot 2 = 4$
15 min	$4 \cdot 2 = 8$
20 min	$8 \cdot 2 = 16$
25 min	$16 \cdot 2 = 32$

Es haben 32 Tanzpaare an dem Wettbewerb teilgenommen.

Die Bidirektionalität des zur Lösung beschrittenen Weges wird hier dadurch gewährleistet, dass die Operationen des Verdoppelns und des Halbierens einander invertieren. ◄

5.4 Zusammenfassung

Die in diesem Kapitel vorgestellte Systematik nach Krichel und Stiller wurde entwickelt, um der schwer überschaubaren Vielfalt bereits existierender heuristischer Terminologie eine Systematik entgegenzustellen, die eine tragfähige Basis für einen heuristikaffinen

Mathematikunterricht schafft. Es wurde eine für den schulischen Erwerb der Problemlösekompetenz sinnvolle Auswahl elementarer und für die Sekundarstufe I relevanter Heurismen getroffen und zugleich auf eine möglichst unkomplizierte Begriffswahl geachtet. Durch die Neustrukturierung wurden heuristischen Techniken und Heurismen im Vergleich zu anderen aktuellen Systematiken teilweise zusammengefasst und neu definiert, so dass sie sich deutlich voneinander abgrenzen lassen und ihr Nutzen und ihre Anwendbarkeit für Lehrer wie für Schüler gleichermaßen erkennbar und einsichtig werden.

Diese Systematik wird im Rahmen des in Kap. 6 vorgestellten IHiMU-Konzepts und des in Kap. 7 entwickelten CHIME-Konzepts verwendet.

Um den Forderungen der KMK gerecht zu werden und eine veränderte Unterrichtskultur an deutschen Schulen zu erreichen, muss langfristig eine Umorientierung stattfinden, so dass die Lehrer bei ihrer Unterrichtsplanung neben den inhaltlichen auch die allgemeinen mathematischen Kompetenzen stärker berücksichtigen (können). Dass diese Aufgabe nicht von einem Lehrer allein bewältigt werden kann, steht dabei außer Frage.

Mit dem in Kap. 6 vorgestellten Konzept zur Integrierten Heuristiklehre im Mathematikunterricht (IHiMU) soll praxisnah und anschaulich ein Weg zu einem heuristikaffinen Mathematikunterricht aufgezeigt werden, in dem die Kompetenz des Problemlösens in Gestalt der oben unterschiedenen und definierten Heurismen in der Auseinandersetzung mit den im Lehrplan NRW vorgesehenen geometrischen Inhalten der Orientierungsstufe erwerben lassen. Abb. 5.3 veranschaulicht die Zusammenhänge und Wechselbeziehungen zwischen den heuristischen Techniken und den Heurismen dieser Systematik.

Es wurde in den Beispielen bereits an verschiedenen Stellen offensichtlich, dass einzelne Heurismen kaum je in ihrer „Reinform" zum Einsatz kommen, sondern zur Problem-

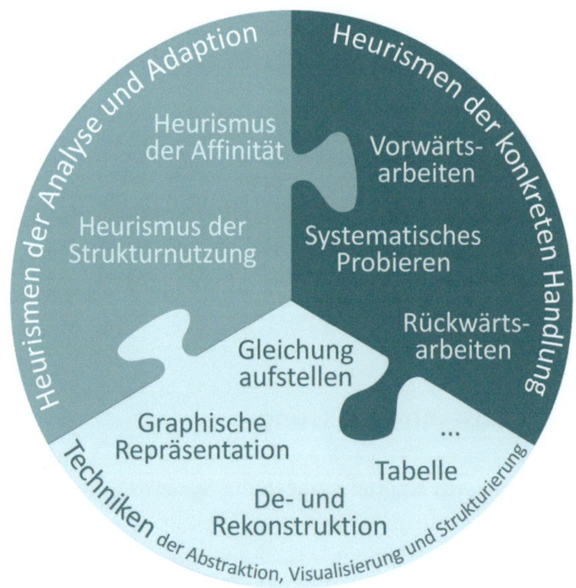

Abb. 5.3 Die Einteilung heuristischer Techniken und Heurismen für die Sekundarstufe I in drei Kategorien. (Nach Krichel 2017 und Stiller 2017)

lösung synchrone oder sukzessive Kombinationen angewendet werden müssen. Der Kreis in Abb. 5.3 symbolisiert zum einen die Einheit der drei Kategorien, die in Kombination – dargestellt durch die Puzzleteile – den Problemlöseprozess tragen. Gleichzeitig wird deutlich, dass nicht unbedingt mit der hier als Kategorie I benannten Phase begonnen werden muss und ein Wechsel nicht nur zwischen den Techniken und Heurismen, sondern auch zwischen den drei Kategorien jederzeit möglich ist.

Ziel ist es, heuristische Techniken und Heurismen mit geeigneten mathematischen Inhalten zu verschränken und deren Erwerb didaktisch und methodisch zu kommentieren. Dabei wird unter anderem an die Idee des Aufgabenöffnens angeknüpft und gezeigt, wie die Kompetenz des Problemlösens anhand adäquater Aufgaben in den Mathematikunterricht der Orientierungsstufe integriert und in Auseinandersetzung mit entsprechenden mathematischen Inhalten erworben werden kann. Auf diese Weise soll dem Lehrer eine Grundlage zur Verfügung gestellt werden, die es ihm erlaubt, den Anforderungen der KMK im Hinblick auf die Problemlösekompetenz gerecht zu werden und einen langfristigen Kompetenzaufbau zu ermöglichen und zu fördern.

Literatur

Bruder, R., & Collet, C. (2011). *Problemlösen lernen im Mathematikunterricht*. Berlin: Cornelsen Verlag Scriptor.

Greefrath, G. (2006). *Modellieren lernen – mit offenen realitätsnahen Aufgaben*. Köln: Aulis Verlag Deubner.

Herr, T., Johnson, K., & Kysh, J. (1994). *Crossing the river with dogs. Problem solving for college students*. Berkeley: Key College Publishing.

Krichel, K. (2017). *Problemlösen, Heuristik und Geometrie: Zwei Konzepte für einen neuen Mathematikunterricht der Orientierungsstufe, Bd. A, Heute und Morgen*. Dissertation. Wuppertal: Bergische Universität Wuppertal.

Noack, M., Unger, A., Geretschläger, R., & Stocker, H. (2015). *Mathe mit dem Känguru. Die schönsten Aufgaben von 2012 bis 2014*. München: Hanser.

Pólya, G. (1995). *Schule des Denkens. Vom Lösen mathematischer Probleme* (4. Aufl.). Tübingen: Francke.

Schwarz, W. (2006). *Heuristische Strategien des Problemlösens. Eine fachmethodische Systematik für die Mathematik*. Münster: WTM.

Schwarz, W. (2018). *Problemlösen in der Mathematik. Ein heuristischer Werkzeugkasten*. Berlin: Springer Spektrum.

Stiller, D. (2017). *Problemlösen, Heuristik und Geometrie: Zwei Konzepte für einen neuen Mathematikunterricht der Orientierungsstufe, Bd. B, Gestern und Übermorgen*. Dissertation. Wuppertal: Bergische Universität Wuppertal.

TU Darmstadt (Technische Universität Darmstadt), Fachbereich Mathematik, Arbeitsgruppe Fachdidaktik Material Mathe + X: problemloesenlernen.de, Informationen und Material zum Themenbereich Problemlösen & Selbstregulation. http://www.problemloesenlernen.dvlp.de

Integrierte Heuristiklehre im Mathematikunterricht – das IHiMU-Konzept

6

► In diesem Kapitel wird das IHiMU-Konzept vorgestellt – ein Weg zu einem heuristikaffinen Mathematikunterricht, bei dem mathematische Inhalte und Problemlösekompetenz parallel gelehrt und gelernt werden. IHiMU orientiert sich an vorgegebenen Fachinhalten des regulären, aktuellen Mathematikunterrichts, schafft aber durch den gezielten Einsatz eines überschaubaren Spektrums methodischer und unterrichtspraktischer Maßnahmen besondere Lernumgebungen, die es erlauben, im Sinne der Bildungsstandards kompetenzorientiert das Problemlöseverhalten der Lernenden effizient zu fördern. Hierbei zeigt sich die Tragfähigkeit der Kategorisierung heuristischer Aktivitäten nach Krichel und Stiller, und es wird deutlich, dass sich die hier für die zentralen geometrischen Themenfelder der Orientierungsstufe ausgearbeiteten Konzeptionen problemlos auf andere mathematische Themenbereiche übertragen ließen. Auf diese Weise könnte auch im Rahmen aktueller inhaltlicher Vorgaben und organisatorischer Gegebenheiten eine Neuorientierung des Mathematikunterrichts erfolgen, die dem Problemlösenlernen, welches in nahezu allen Lebensbereichen von elementarer Bedeutung ist, eine zentrale Rolle zuweist.

Das erste hier vorgestellte Unterrichtskonzept soll in allen Bundesländern umsetzbar sein und der gemeinsamen Grundlage aller Lehrpläne, den Bildungsstandards, genügen. Die Bildungsstandards für das Fach Mathematik wurden nicht schulformspezifisch definiert, sondern beziehen sich auf den jeweils angestrebten Schulabschluss bzw. ein Übergangsprofil und sind somit für die Primarstufe, den Hauptschulanschluss, den mittleren Schulabschluss und die Allgemeine Hochschulreife formuliert. Das IHiMU-Konzept wurde auf Basis der Kompetenzerwartungen für den mittleren Schulabschluss erstellt, so dass die Konzeptidee auch unabhängig von der Schulform ist. Da jedoch nur die Lehrplanschriften der Länder und nicht die Bildungsstandards Kompetenzerwartungen für einzelne oder Doppeljahrgangsstufen ausweisen, war es unumgänglich, eine spezifische Lehrplanschrift und ihre Kompetenzformulierungen für die Orientierungsstufe als Grundlage zu

D. Stiller, K. Krichel, W. Schwarz, *Heuristik im Mathematikunterricht*,
https://doi.org/10.1007/978-3-662-63752-4_6

nehmen; die folgenden Ausführungen, insbesondere in Abschn. 6.3, beziehen sich daher auf die Vorgaben des Landes Nordrhein-Westfalen. Mit dem Ziel, das Konzept darüber hinaus möglichst wenig einzuschränken, wurden die in diesem Kapitel zugrunde gelegten Aufgaben aus Schulbüchern für das Gymnasium entnommen – denn eine Reduktion der Komplexität und Anpassung an schwächere Lerngruppen bereitet in aller Regel weniger Probleme, als den umgekehrten Weg zu gehen.

6.1 IHiMU-Steckbrief

Dem Konzept zur Integrierten Heuristiklehre im Mathematikunterricht (IHiMU) liegen folgende Überlegungen und Überzeugungen zugrunde, die sich aus den bisherigen Betrachtungen herleiten:

- Ein gemeinsamer fachdidaktischer und terminologischer Referenzrahmen für die Kompetenz des Problemlösens, der es erlaubt, die Vorgaben der KMK umzusetzen, ist unabdingbar.
- Die Problemlösekompetenz kann nur in Auseinandersetzung mit konkreten Lerninhalten, also unter Nutzung inhaltsbezogener Kompetenzen erworben und weiterentwickelt werden (vgl. KMK 2004, S. 9; Nordrhein-Westfalen 2007, S. 12), so dass eine Verschränkung beider Kompetenzen notwendig ist.
- Die Problemlösekompetenz kann als eine übergeordnete Kompetenz betrachtet werden, die die übrigen prozessbezogenen Kompetenzen unter sich vereint.
- Historisch gesehen stehen die Begriffe „Problem“, „Heuristik“ und „Geometrie“ in einem engen Zusammenhang (Kap. 2 und 3), so dass es sich aus „genetischen“ Gründen anbietet, die Problemlösekompetenz in Auseinandersetzung mit dem Unterrichtsgegenstand der Geometrie zu erwerben.
- Erst durch die Reflexion problemlösender Tätigkeit kann die heuristische Kompetenz aufgebaut werden.

IHiMU ist ein Unterrichtskonzept und beinhaltet als solches verschiedene Methoden und Lernarrangements, die situationsbedingt und mit Blick auf das jeweilige Zielbündel eingesetzt werden.

► *IHiMU* ist ein in den regulären Mathematikunterricht eingebettetes und an der steten und planmäßigen Fortentwicklung problemlösender Fähigkeiten und Fertigkeiten im Wechselspiel mit den vorgegebenen Fachinhalten orientiertes Unterrichtskonzept. Dabei werden die medialen Lernangebote systematisch so gewählt bzw. umgestaltet und außerdem der Unterricht methodisch so angelegt, dass der Aufbau heuristischer Kenntnisse gefördert wird. Im Verbund mit spezifischen Hilfsmitteln zur Sicherung und Reflexion problemlösenden Verhaltens ermöglicht IHiMU so innerhalb des Rahmens aktueller Vorgaben und organisatorischer Gegebenheiten eine Neuorientierung des Mathematikunterrichts.

IHiMU basiert auf folgenden grundlegenden Annahmen: Nachhaltiger Wissenserwerb erfolgt konstruktiv in Abhängigkeit von Vorerfahrungen, Vorkenntnissen und Handlungskontexten und vollzieht sich individuell und selbstorganisiert. Der Erfolg hängt maßgeblich von der Eigenaktivität der Lerner und affektiven Faktoren ab, also davon, für wie subjektiv bedeutsam die neu zu gewinnenden Kenntnisse oder Fertigkeiten empfunden werden.

IHiMU weist daher folgende Merkmale auf:

- Das Konzept ist didaktisch-methodisch ganzheitlich orientiert. Die Stoffinhalte ergeben sich aus den Vorgaben der Lehrpläne, die ihrerseits auf den Bildungsstandards basieren.
- Im Mittelpunkt steht der verschränkte Aufbau von Sachkenntnissen und Problemlösefähigkeiten, der durch eigene Erkundungen und Entdeckungen sowie durch Dokumentation, Erprobung und Reflexion der Lösungswege und der Ergebnisse zu einer stetig wachsenden heuristischen Kompetenz führt.
- Der Lehrer übernimmt dabei die notwendige Planung, Strukturierung und Organisation sowohl vor als auch während des Unterrichtsgeschehens und fungiert als Moderator, Unterstützer und Berater. Er ist zudem maßgeblich dafür verantwortlich, dass der mittel- und langfristige inhalts- wie prozessbezogene Kompetenzaufbau ermöglicht wird, indem er dafür sorgt, dass die Arbeits- und Lernergebnisse entsprechend dokumentiert und ergänzt werden.
- Die Forscheraufgaben, das Forscherheft sowie die Problemlöse- und Merksatzbox sind die zentralen Konzeptbausteine, die in ihrer Funktion maßgeblich dazu beitragen, die geforderten mathematischen Fachinhalte einerseits und die – in Auseinandersetzung mit den Inhalten möglichen – Heurismen und heuristischen Techniken andererseits zu erwerben, stetig zu erweitern, zu vertiefen und langfristig zu sichern.
- Das Unterrichtsgeschehen ist von kooperativen Lernformen geprägt, durch die das Potenzial der Forscheraufgaben und des Forscherheftes effektiv ausgeschöpft werden können. Darüber hinaus werden die sozialen wie kognitiven Kompetenzen durch kooperative Lernformen gefördert, die Eigenverantwortung gestärkt, das Arbeiten auf differenziertem und individuellem Niveau unterstützt, die Lernkompetenz und Selbständigkeit entwickelt und die prozessbezogenen Kompetenzen des Argumentierens und Kommunizierens sowie die des Problemlösens ausgebildet.

6.2 Konzeptbausteine

Der traditionelle Mathematikunterricht ist geprägt von der zentralen Rolle der Lehrkraft, die wesentliche Impulse gibt, vormacht und erklärt, bevor die Schüler das Vorgeführte nachmachen und üben. Die Einführung eines (neuen) mathematischen Themas erfolgt in der Regel über Definitionen, deren Inhalte und Bedeutung durch Beispiele illustriert werden. Ein oder mehrere Einstiegsaufgaben sollen zum Nachmachen animieren, und die zahlreichen Übungsaufgaben sollen dazu beitragen, die Bezeichnungen und Verfahren zu übernehmen und zu verinnerlichen. Diese Vorgehensweise führt jedoch dazu, dass die Inhalte meist auf ihre Definitionen reduziert werden und auf diese beschränkt bleiben. Dem Schüler wird eine passive Rolle zugewiesen, offene Herangehensweisen werden insbesondere zu Beginn eines neuen Themas selten berücksichtigt. Statt die Mathematik zu erfahren, zu erkunden und zu erforschen, erscheint sie oft noch als fertiges Produkt, aufgebaut auf einer strengen Logik. Durch Forscheraufgaben und passend gewählte Unterrichtsmethoden lassen sich derartige Vorgehensweisen vermeiden, und dies eröffnet Wege zu einem kompetenzorientierten, allen voran zu einem problemlöseorientierten und damit heuristikaffinen Mathematikunterricht.

Ein Unterricht, der die Problemlösekompetenz in besonderem Maße berücksichtigt, muss bestimmte Rahmenbedingungen erfüllen, damit der Lernprozess erfolgreich verlaufen kann. In dem vorliegenden Kapitel sollen die Konzeptbausteine vorgestellt und erläutert werden, die einen heuristikaffinen Mathematikunterricht begünstigen.

Dazu sollen diese Fragen im Folgenden beantwortet werden:

- Welche Aufgaben eignen sich, um die Problemlösekompetenz gezielt zu entwickeln?
- Welche Lernformen eignen sich am besten, um die Problemlösefähigkeit zu erwerben?
- Welche Methoden unterstützen das Wirkprinzip heuristischer Bildung am effektivsten?
- Welchen Stellenwert nimmt das Üben in diesem Zusammenhang ein?
- Welche Bedeutung kommt der Sicherung der Ergebnisse zu?
- Welche Maßnahmen, Werkzeuge und Hilfsmittel können den langfristigen Kompetenzaufbau fördern und sichern?

6.2.1 Forscheraufgaben als Kern der IHiMU

Offene Aufgaben fördern ein divergentes Arbeiten auf einem individuellen und differenzierten Niveau, sprechen eine Vielzahl bereits erworbener mathematischer Kompetenzen an und verknüpfen diese miteinander. Darüber hinaus ermöglichen sie eine aktive und konstruktive Auseinandersetzung mit einem vorliegenden Sachverhalt, bieten eine „echte" Entscheidungsmöglichkeit bezüglich des Lösungsweges, ermöglichen die Anwendung verschiedener Verfahren und lassen Raum für die Entwicklung neuer Ansätze (Abschn. 1.2.2).

Forscheraufgaben lassen sich als eine sehr komplexe Form offener Aufgaben beschreiben, bei denen Beziehungen untersucht, Muster und Gesetzmäßigkeiten gefunden, Zusammenhänge entdeckt, beschrieben und begründet werden. Gleichzeitig werden vielfältige Möglichkeiten eines kreativen und entdeckenden Arbeitens eröffnet, die die Möglichkeiten einer (Selbst-)Differenzierung geben. Forscheraufgaben eröffnen damit die Chance, gleiche inhaltliche Kontexte in unterschiedlicher Komplexität und auf unterschiedlichen Niveaus bearbeiten zu lassen, so dass leistungsstarke wie leistungsschwache Schüler gleichermaßen handeln und interagieren können. Forscheraufgaben eignen sich somit in besonderem Maße, den Erwerb der Problemlösekompetenz zu fördern. Aus diesem Grund

und um die Komplexität existierender Aufgabenformate zu reduzieren, sollen Forscheraufgaben den Kern einer jeden Unterrichtsstunde bilden, in denen eine heuristische Technik oder ein Heurismus thematisiert wird.

6.2.2 Forscherheft

Die in der Literatur als Forscherheft, Logbuch oder auch Lerntagebuch ausgewiesene Dokumentationsform (vgl. Hußmann 2003; Barzel et al. 2007; Fabricius 2009; Strauch et al. 2009) dient dazu, die individuellen Lernprozesse und Lernwege zu protokollieren und zu reflektieren. Im Gegensatz zu einer reinen Ergebnissicherung am Stundenende beinhaltet das Forscherheft sämtliche Schüleraktivitäten, die während einer Bearbeitungsphase durchlaufen werden. Dazu zählen die Art und Weise der Durchdringung des Arbeitsauftrags, Schwierigkeiten und deren Bewältigung, Lernerfolge und Rückschläge, Skizzen und allgemein angewandte Lösungsverfahren, zugrundegelegte Sätze, Definitionen oder Formeln, neu gewonnene Erkenntnisse und die abschließende Reflexion, die die Schüler mit eigenen Worten festhalten.

Durch das Führen eines Forscherheftes werden all die Schüleraktivitäten gefordert und gefördert, die zum Erwerb der Problemlösekompetenz maßgeblich beitragen. Damit das Forscherheft seiner Funktion, den Problemlöseprozess in Gang zu setzen und diesen zu unterstützen, gerecht werden kann, sind offene Aufgabenformate unabdingbar, denn durch sie wird der Raum für die genannten Schüleraktivitäten geschaffen, so dass individuelle Lösungsideen entwickelt, mathematische Kompetenzen miteinander verknüpft, neue Erkenntnisse gewonnen und weiterführende Fragestellungen, Wahrheiten oder Problemstellungen gefunden werden können. Gleichzeitig wird durch die Arbeit mit dem Forscherheft das individuelle Vorgehen dokumentiert und kann zur späteren Reflexion sowie zur Ergebnissicherung herangezogen werden. Die Arbeit mit dem Forscherheft soll zudem ein differenziertes Arbeiten ermöglichen, so dass davon auszugehen ist, dass leistungsstarke Schüler bestimmte Zusammenhänge und Gesetzmäßigkeiten früher erkennen als andere Schüler und nicht alle Aufgabe gleichermaßen bearbeitet werden. Eine für alle Schüler verbindliche Ergebnissicherung findet auf Grundlage der Problemlösebox sowie der Merksatzbox statt.

Um das dahinterliegende Ziel des Forscherheftes zu erreichen und gerade zu Beginn auch Startschwierigkeiten und daraus möglicherweise erwachsende Demotivierung zu umgehen, ist es sinnvoll, den Schülern eine differenzierte Strukturierungshilfe zu geben, die sie bei ihrer Arbeit unterstützt. Diese kann zum Beispiel durch ein Verlaufsprotokoll erfolgen, auf dem die wichtigsten Kernpunkte sowie weiterführende Hinweise und Fragestellungen formuliert sind; diese dienen als Orientierung und erleichtern das Führen des Forscherheftes, wie Tab. 6.1 exemplarisch verdeutlicht.

Durch die Verwendung eines Verlaufsprotokollbogens ist eine Differenzierung nach den durch die Bildungsstandards geforderten drei Anforderungsbereichen möglich, indem Art und Umfang der Hinweise sowie Leitfragen auf den Bögen gezielt variiert werden. Auf

Tab. 6.1 Aufbau und gemäß der Anforderungsbereiche I bis III differenzierte Leitfragen des Verlaufsprotokolls zur Dokumentation von Forscheraufgaben

Kernpunkte	Was soll ich machen?	Leitfragen/Wie soll ich es machen?	Reflexion
Thema der Stunde	I: Ich wähle eine Überschrift, die zu der Stunde passt.	I: Um welches Thema geht es in dem Arbeitsauftrag?	I: Habe ich den Kern der Stunde erfasst?
	II: Ich wähle eine Überschrift, die zum Lerninhalt passt.	II: Worum geht es?	II: siehe I
	III: Ich wähle eine passende Überschrift.	III: Was ist der Kern der heutigen Stunde?	III: siehe I
Arbeitsauftrag	I: Ich überlege, wie ich einem Mitschüler erkläre, was er tun soll.	I: Was soll ich konkret machen?	I: Habe ich alle Fragen notiert?
	II: Ich notiere in Stichworten, was ich machen soll.	II: Was soll ich warum herausfinden?	II: siehe I
	III: Ich gebe die Problemstellung mit eigenen Worten wieder.	III: Was soll ich warum herausfinden? Warum will ich das wissen?	III: siehe I
Verstehen der Aufgabe	I: Ich sortiere die Daten nach Gegebenem und Gesuchtem. Ich überlege, ob ich einen Teil lösen kann. Ich überlege, ob ich die Aufgabe anders darstellen kann.	I: Was ist gegeben? Was ist gesucht? Kann ich Teile der Aufgabe lösen? Kann ich aus den Angaben eine Zeichnung, eine Tabelle oder eine Gleichung aufstellen?	I: Habe ich alle Daten und Bedingungen berücksichtigt?
	II: Ich reduziere die Daten auf die wesentlichen Informationen und versuche, das Problem auf verschiedene Weisen darzustellen.	II: Was ist gegeben? Was ist gesucht? Kann ich Teile der Aufgabe lösen? Welche Bedingungen müssen erfüllt sein? Wie lässt sich der Sachverhalt darstellen?	II: siehe I
	III: Ich versuche, die Daten zu abstrahieren, zu visualisieren oder zu mathematisieren.	III: siehe II	III: siehe I

Tab. 6.1 (Fortsetzung)

Kernpunkte	Was soll ich machen?	Leitfragen/Wie soll ich es machen?	Reflexion
Lösungsplan entwickeln (durch Analyse und Adaption der strukturierten Daten)	I: Ich überlege, ob ich eine ähnliche Aufgabe schon einmal gelöst habe und wie ich dabei vorgegangen bin.	I: Habe ich ähnliche Aufgaben schon einmal auf diese Weise gelöst? Welche Sätze, Definitionen und Formeln brauche ich? Welche (heuristischen) Vorgehensweisen können weiterhelfen?	I: Habe ich alle Daten und Bedingungen berücksichtigt?
	II: Ich untersuche die Daten auf Wiederholungen. Ich ändere die Bedingungen. Ich formuliere die Frage neu.	II: Habe ich ähnliche Aufgaben schon einmal gelöst? Welche Sätze, Definitionen und Formeln können mir weiterhelfen? Welche (heuristischen) Vorgehensweisen können weiterhelfen?	II: siehe I
	III: Ich untersuche auf Muster und Strukturen, stelle Vermutungen auf und versuche, Verallgemeinerungen zu finden. Ich verändere das Problem so, dass Muster entstehen. Ich ändere die Bedingungen. Ich formuliere die Frage neu.	III: siehe II	III: siehe I
Führe den Plan aus (durch konkrete Handlungen)	I: Ich gehe systematisch, planvoll und zielgerichtet vor. Ich arbeite mich (schrittweise) vom Gegebenen zum Gesuchten vor. Ich nähere mich dem Ziel über Teilziele und -ergebnisse an.	I: Wie kann ich systematisch vorgehen? Welche Darstellung hilft mir dabei? Kann ich über die Teilergebnisse das Ausgangsproblem lösen?	I: Kontrolliere jeden Schritt. Überprüfe dein Ergebnis. Habe ich alle Daten und Bedingungen berücksichtigt?
	II: siehe oben	II: siehe oben	II: siehe I
	III: siehe oben	III: siehe oben	III: siehe I
Kontrolliere und vollziehe nach	Kontrolliere das Ergebnis. Vollziehe den Lösungsweg nach. Notiere die Vorgehensweisen, die die Lösung geliefert haben (Sätze, Formeln, Vorgehensweisen).	Was habe ich gemacht? Welche Idee hat mich weitergebracht? Wie bewerte ich mein Vorgehen?	Kontrolliere das Ergebnis. Vollziehe den Lösungsweg nach. Notiere die Vorgehensweisen, die die Lösung geliefert haben (Sätze, Formeln, Vorgehensweisen).

diese Weise können schwächere Schüler durch Hilfsformulierungen und Anweisungen schrittweise durch die Aufgabenstellung bis hin zu einer Problemlösung geführt werden, während leistungsstarke Schüler nur Teilhinweise oder ausgewählte Leitfragen erhalten, um sie in ihrem Löseprozess nicht zu beeinflussen und die Entwicklung eigener Ideen zu ermöglichen. Die aufgeführten strategischen oder auch methodischen Hinweise orientieren sich an dem Phasenmodell von Pólya. Der Aufbau eigener Denkstrukturen wird unterstützt, die Schüler verinnerlichen langfristig betrachtet den Ablauf des dahinterstehenden Problemlöseprozesses und lernen dennoch, ihre ganz eigenen Fragestellungen und Vorgehensweisen zugrunde zu legen.

6.2.3 Methodik und Lernarrangements der IHiMU

Die Forscheraufgaben und das Forscherheft bilden zusammen mit der Problemlöse- und Merksatzbox die Kernelemente des hier entwickelten heuristikaffinen Mathematikunterrichts. Um das Potenzial der Forscheraufgaben und die des Forscherheftes effektiv auszuschöpfen, müssen darauf abgestimmte Unterrichtsmethoden ausgewählt werden. Daher soll nun kurz auf die geeignete Unterrichtsmethodik eingegangen werden, die als Teilgebiet der Didaktik verstanden wird und einerseits Antworten auf Fragen nach der Art und Weise des Unterrichtens gibt, andererseits aber auch Möglichkeiten zum Erreichen bestimmter Lehr- oder Lernziele aufzeigt.

Unterrichten vollzieht sich anhand von didaktischen Modellen, die normative Vorgaben, zugleich aber auch Anregungen und strukturelle Raster für die Planung und Beurteilung des Unterrichts liefern. Didaktische Modelle sind keine starren Regelwerke (schon gar nicht für den praktischen Unterricht), sondern sie geben Strukturhilfen, an denen man sich in der Unterrichtspraxis orientiert. Heute findet man im Unterricht meist eine Mischform verschiedener didaktischer Modelle verwirklicht, indem einzelne „Elemente ausgewählt, kombiniert und weitergehend im Zuge gesellschaftlicher Veränderungen sowie neuer wissenschaftlicher Erkenntnisse modifiziert werden“ (Heckmann und Padberg 2012, S. 60). Der Lehrplan NRW fordert, dass die inhaltliche und die methodische Gestaltung des Mathematikunterrichts aufeinander abgestimmt werden und eine Vielfalt an Unterrichtsformen, die von einer Wissensvermittlung durch den Lehrer bis hin zur selbständigen Erarbeitung durch den Schüler reicht, Anwendung finden soll. Der Mathematikunterricht soll zudem entdeckendes Lernen anhand komplexer Problemstellungen ermöglichen.

Kooperative Lernformen haben sich im kompetenzorientierten Mathematikunterricht besonders bewährt, denn durch den Austausch mit anderen Schülern können die prozessbezogenen Kompetenzen des Argumentierens und Kommunizierens gefordert und gefördert, Begriffe und Vorgehensweisen entwickelt und reflektiert, Lösungswege verglichen und verschiedene Darstellungsformen angewandt werden. Auf diese Weise ergibt sich nicht nur ein tieferes mathematisches Verständnis, vielmehr werden simultan die fachlichen, persönlichen, sozialen und methodischen Kompetenzen ausgebildet. Grundlage des kooperativen Lernens bilden die drei Prinzipien *Denken*, *Austauschen* und *Vorstellen*, die mit anderen Lehr- und Lernformen kombiniert werden. In der Literatur wird dieser Dreischritt auch als *Think-Pair-Share-* oder *Ich-Du-Wir-Methode* bezeichnet und stellt die Grundstruktur des kooperativen Lernens dar:

1. *Denken:* Ausgangspunkt ist dabei stets die individuelle Denkzeit, die den Schülern die Möglichkeit gibt, sich innerhalb eines vorgegebenen Zeitraums in Einzelarbeit mit der Aufgabenstellung oder dem Arbeitsauftrag auseinanderzusetzen. Diese Phase gilt als besonders wichtig, da sich auf diese Weise alle aktiv und eigenverantwortlich mit dem Arbeitsauftrag beschäftigen und nur so ihren Beitrag in der Austauschphase leisten können. Darüber hinaus hat jeder die Chance, seine eigenen (Lösungs-)Ideen, Ansichten und Meinungen zu entwickeln, ohne Gefahr zu laufen, sich unter Druck setzen zu lassen oder sich vor der Klasse zu blamieren. Zudem steigen die Qualität und die Quantität der Antworten, wenn Lernen nach dem Stellen einer Frage Zeit zum Nachdenken zur Verfügung stellt.
2. *Austauschen:* Die Austauschphase trägt zu einer fachlichen wie auch individuellen Förderung bei, denn hier haben die Schüler die Möglichkeit, mit einem Partner oder innerhalb einer Gruppe ihre Ergebnisse und Informationen auszutauschen, Verständnisfragen zu klären und Fehler auszuräumen. Durch die Arbeit in einem solchen geschützten Raum gewinnen die Schüler Sicherheit bezüglich des eigenen Verständnisses. Gleichzeitig wird durch das Zusammentragen der individuell gewonnenen Erkenntnisse die Qualität der Beiträge verbessert und der Kompetenzbereich *Argumentieren und Kommunizieren* gefördert. Die Partner- oder Gruppenarbeitsphase bietet darüber hinaus einen geschützten Raum, in dem die Schüler sich auf die anschließende Präsentation der Ergebnisse im Plenum vorbereiten können und die dafür notwendige Sicherheit erlangen.
3. *Vorstellen:* In der abschließenden Vorstellungsphase werden die Ergebnisse aus der zweiten Phase im Plenum präsentiert, verglichen, gegebenenfalls korrigiert und ergänzt, kommentiert und bewertet. Hier sollte jeder Schüler in der Lage sein, die Ergebnisse seiner Kleingruppe vorzustellen, da alle Beteiligten am Ende der Austauschphase über den gleichen Wissensstand verfügen sollten.

Durch die drei Grundelemente Denken, Austauschen und Vorstellen werden somit auch persönliche Verantwortung, innere Aktivierung und Beteiligung, Sicherheit und Angstreduzierung und die Qualität der Beträge angesprochen und gefördert.

Franke (2003, S. 67) stellt fest, dass in dieser kooperativen Arbeitsform „die Strategiefindung über den Problemlösedialog erfolgen" kann, denn „durch das Wechselspiel von Sprechen und Zuhören, bei dem durch Fragen, Zustimmung, Ablehnung und Beurteilen ein gemeinsames Verständnis aufgebaut wird, werden neue Ideen, Lösungsansätze und Strategien entwickelt". Auch Zech (2002, S. 320) sieht in der Gruppenarbeitsphase eine „geeignete Vorstufe für das Problemlösen des einzelnen", da auf diese Weise sowohl kognitive als auch affektive Voraussetzungen für das Problemlösen geschaffen werden: Seiner

Einschätzung nach trägt das Problemlösen in Kleingruppen dazu bei, dass die Schüler lernen, ihr Vorwissen zu reaktivieren, Informationen aus dem Gesamtkontext zu entnehmen, einen Lösungsplan aufzustellen, Ideen zu entwickeln und zu diskutieren, Schlussfolgerungen zu ziehen, Lösungswege und -ergebnisse zu kontrollieren und zu formulieren, Heurismen zu erwerben und diese zielgerichtet einzusetzen, so dass die Schüler langfristig in der Lage sind, mathematische Probleme selbständig zu bearbeiten, zu lösen und auf neue Sachzusammenhänge anzuwenden.

6.2.3.1 Placemat-Verfahren

Der Einsatz von Placemats (vom englischen *place mats* für „Platzdeckchen") kann dabei helfen, die Gedanken, den Austausch und die gemeinsam gewonnenen Ergebnisse zu strukturieren, zu veranschaulichen und „sichtbar" viele verschiedene Ideen miteinander zu vereinen. Gleichzeitig wird der Beitrag eines Einzelnen zum Gesamtergebnis erkennbar. Der Einsatz von Placemats ist sinnvoll, wenn es sich um eine offene Aufgabenstellung handelt, bei der auf individuelles Vorwissen zurückgegriffen werden muss und verschiedene Lösungswege möglich sind. Während die individuelle Denkzeit auch hier den Ausgangspunkt bildet, werden in der Austauschphase die Ergebnisse oder Fragen in Kleingruppen (drei bis vier Schüler) auf einem Blatt notiert. Das Blatt ist so vorbereitet, dass jeder Schüler ein eigenes Feld für seine Ergebnisse und Ideen vor sich liegen hat. Die Schüler müssen also in der Lage sein, ihre Gedanken so zu formulieren und zu dokumentieren, dass die anderen sie verstehen und nachvollziehen können. Nachdem jeder sein Feld ausgefüllt hat, finden der Austausch und Vergleich statt, indem das Blatt im Uhrzeigersinn so lange gedreht wird, bis jeder die Ideen der anderen gelesen hat. Dann haben alle die Möglichkeit, ihre Ergebnisse zu verbessern, Fragen zu stellen und Diskussionen anzuregen. Gemeinsam wird schließlich geklärt, welches Gesamtergebnis in das freie Feld in der Mitte des Blattes von der Gruppe notiert wird. Die Vorstellphase findet im Plenum statt, wobei der Bogen mit den Ergebnissen als Präsentation zu Hilfe genommen werden kann.

6.2.3.2 Das Drei-Schritt-Interview

Diese kooperative Methode eignet sich insbesondere dann, wenn das Vorwissen der Schüler reaktiviert oder persönliche Interessen im Fachunterricht formuliert werden sollen. Darüber hinaus bietet sie sich auch an, wenn Arbeitsergebnisse oder -prozesse diskutiert werden sollen. Durch diese Methode werden zudem die Fähigkeiten gefördert, Fragen über einen konkreten Sachzusammenhang zu stellen sowie genau und aktiv zuzuhören. Die erste Phase ist auch hier eine Einzelarbeitsphase, in der jeder Schüler den Arbeitsauftrag individuell bearbeitet. Die daran anschließende Austauschphase gliedert sich in drei Schritte:

1. Je zwei Schüler bilden ein Team und wählen einen Interviewer, der den anderen Schüler gezielt nach seinen Ergebnissen aus der Einzelarbeitsphase befragt und sich Notizen dazu macht.

2. Die Rollen werden gewechselt, so dass der Befragte zum Interviewer wird.
3. Jeder Schüler stellt den Mitgliedern aus den anderen Gruppen die Ergebnisse nach demselben Prinzip vor.

Am Ende werden anhand der Notizen die wichtigsten Aussagen im Plenum vorgestellt.

6.2.3.3 Gruppenpuzzle

Grundlegendes Prinzip dieser Methode ist der Wechsel zwischen der Wissenserarbeitung in themengleichen Expertengruppen und der Wissensvermittlung in Stammgruppen:

1. Begonnen wird mit der Einteilung der Stammgruppen und der Verteilung der Themen.
2. Die Wissenserarbeitung erfolgt anhand eines Arbeitsauftrags in themengleichen Expertengruppen, zunächst jedoch in Einzelarbeit. Hier bearbeiten alle Schüler dasselbe Thema und bilden sich anschließend untereinander zu „Experten" aus.
3. Die Wissensvermittlung findet wieder in den Stammgruppen statt. Dort werden die Ergebnisse aus der Expertenarbeit den Mitschülern präsentiert. Diese Phase kann mit einer Aufgabe abgeschlossen werden, zu deren Lösung das Wissen aller Experten notwendig ist und somit gemeinsam bearbeitet werden muss.

Offene Fragen können in der Plenumsphase geklärt werden, die als Abschlussphase anzusehen ist.

6.2.4 Intelligentes Üben

Üben ist ein wichtiger Bestandteil im Lernprozess, denn (mathematische) Fähigkeiten müssen nicht nur erworben, sondern auch eingeübt werden. Dabei geht es beim Üben nicht nur darum, etwas sehr oft und nach gewissen Regeln zu wiederholen, um es dadurch zu routinisieren. Üben im Sinne von *intelligentem Üben* bedeutet vielmehr, sich bewusst zu machen, was genau geübt werden soll. Leuders et al. (2009, S. 130 ff.) unterscheiden zwischen den folgenden sieben Fähigkeitsaspekten, die alle zu erwerben und auch einzuüben sind:

1. *Kenntnisse:* Sie befähigen dazu, den Lerngegenstand mit eigenen Worten oder durch eine Definition wiederzugeben.
2. *Fertigkeiten:* Sie hingegen ermöglichen die Durchführung von konkreten Berechnungen.
3. *Verstehen:* Beim Verstehen ist der Betreffende in der Lage, den Lerngegenstand an einem Beispiel zu erläutern.
4. *Anwendungsfähigkeit:* Diese Fähigkeit heißt, auch in unbekannten Situationen mithilfe der Kenntnisse des Lerngegenstands, Probleme zu lösen.

5. *(Übergreifende) Strategien:* Sie befähigen dazu, in unbekannten Kontexten weiterführende Lösungsideen unter Berücksichtigung des Kerngedankens des Lerngegenstands zu entwickeln.
6. *Reflexionsfähigkeit:* Sie meint, den Nutzen des Gelernten in einem bestimmten Kontext zu beurteilen,
7. *Einstellung:* Sie bezeichnet die allgemeine und notwendige Leistungsbereitschaft.

Ziel eines guten Unterrichts sollte es sein, all diese Fähigkeitsaspekte zu fördern. Damit das gelingt, müssen Aufgaben so konzipiert sein, dass intelligentes Üben ermöglicht wird, das heißt, die Übungsaufgaben sollen einen sinnstiftenden, entdeckungsoffenen, selbstdifferenzierten und reflexiven Charakter haben. Auf diese Weise entstehen transparente, für individuelle Lösungswege offene, leistungsdifferenzierte und weiterführende Übungsaufgaben, die für alle Schülergruppen geeignet sind. Nach Leuders lassen sich durch die Anwendung bestimmter Techniken aus herkömmlichen Schulbuchaufgaben produktive Übungsaufgaben konstruieren. Wichtig ist, sich über das zu erreichende Ziel, also was genau geübt werden soll, klar zu werden. Mögliche Antworten auf diese Frage sind zum Beispiel die Wiedergabe des reinen (Fach-)Wissens, das Ausführen von Verfahren, die Anwendung von Begriffen oder das Herstellen von Beziehungen.

> Von „intelligentem Üben" möchten wir sprechen, wenn wir nicht nur Routinen als Selbstzweck gepflegt werden, sondern wenn dabei allgemeine Begriffe „begreifbar" gemacht, Stoffgebiete vernetzt, neue Erkenntnisse entdeckt und begründende Kommunikationen angestoßen werden (Blum et al. 2006, S. 114).

6.2.5 Sicherung der Ergebnisse

Lerner können nur dann ein solides Grundwissen aufbauen, wenn ihnen die Möglichkeit gegeben wird, bereits erworbenes Wissen zu wiederholen, es auf neue Inhalte anzuwenden und mit diesem zu vernetzen. Durch die Sicherung erhalten die Schüler ein umfassendes und vollständiges Bild über neu gewonnene Lerninhalte und können darauf zurückgreifen und aufbauen, so dass die Sicherung eine entscheidende Phase einer jeden Unterrichtsstunde ist. Die Ergebnissicherung fasst die wesentlichen Unterrichtsinhalte in komprimierter Form zusammen und erfolgt meist durch die Formulierung von Sätzen, Definitionen oder Formeln. Gleichzeitig sollten in dieser Phase die getroffenen Aussagen auf ihre Richtigkeit und Vollständigkeit hin überprüft und Lösungswege, die insbesondere bezogen auf den Erwerb der Problemlösekompetenz entscheidend für den weiteren Lernerfolg sind, reflektiert werden. Durch die Reflexionsphase können angewandte Verfahren und Strategien konkretisiert, bezüglich ihrer Effizienz bewertet und gegebenenfalls auch benannt werden. Außerdem können an dieser Stelle weiterführende Anregungen gegeben, zuvor nicht genannte Alternativen aufgeführt und Verständnisfragen geklärt werden. Durch die Dokumentation werden Lernergebnisse und zugleich auch Mindestanforderungen verbindlich festgehalten, so dass in den Folgestunden auf die gewonnenen Erkenntnisse zurückgegriffen und auf sie aufgebaut werden kann.

Die Schüler sollten sich der Bedeutung der Ergebnissicherung bewusst sein und die Dokumentation als Lern- und Erinnerungshilfe (an)erkennen und nutzen. Das bedeutet jedoch auch, dass eine einfache Handhabung und die Praktikabilität im Unterrichtsalltag gewährleistet werden müssen. Im Laufe der Jahre haben sich im Schulbetrieb viele verschiedene Möglichkeiten etabliert, mit denen Ergebnisse gesichert und Lernfortschritte protokolliert werden können; diese reichen von Hefteinträgen über Tafelnotizen, das Anfertigen eines Lernplakats, die Abfrage in Form eines Lückentextes bis hin zum Führen eines Lerntagebuches.

Angesichts des im IHiMU erhobenen Anspruchs, die prozessbezogenen Kompetenzen in Auseinandersetzung mit mathematischen Inhalten als kumulativen und langfristig angelegten Kompetenzaufbau zu fördern, ist eine präzise und für Schüler einsichtige Verschriftlichung der individuellen Lernprozesse wie auch der (gemeinsam) gewonnenen Erkenntnisse unerlässlich. Es werden nun zwei Lernbegleiter vorgestellt, die diesen Anforderungen genügen und damit grundlegende Bausteine des IHiMU-Konzepts bilden.

6.2.6 Problemlösebox und Merksatzbox

Neben dem *Forscherheft* (Abschn. 6.2.2), in dem der Lernprozess stichpunktartig und mit eigenen Worten festgehalten wird, ist es wichtig, die Lernergebnisse in Form von (Fach-)Wissen, Fähigkeiten und Fertigkeiten zu formulieren, zu präzisieren, zu strukturieren und zu dokumentieren. Mit einer Problemlöse- und Merksatzbox lassen sich die gewonnenen Erkenntnisse archivieren, so dass ein Wissensspeicher entsteht, der über die Jahrgangsstufen hinweg stetig ergänzt und erweitert werden kann, so dass der langfristige Kompetenzaufbau gewährleistet wird (Tab. 6.2).

Um ein Problem erfolgreich lösen zu können, muss der Problemlöser zum einen über ein solides Basiswissen in Form von Sätzen, Definitionen, Regeln und Formeln verfügen, die in der *Merksatzbox* über Jahrgangsstufen hinweg gesammelt und archiviert werden.

Tab. 6.2 Inhalte, die in Problemlösebox und Merksatzbox gesammelt und systematisiert werden

Problemlösebox	Merksatzbox
Sammlung von Problemaufgaben, die durch Anwendung einer bestimmten Vorgehensweise erfolgreich oder teilweise gelöst werden konnten	Sicherung von (Merk-)Sätzen, Definitionen und erarbeiteten Formeln
Beschreibung heuristischer Vorgehensweisen	Konstruktionsbeschreibungen
Bewertung heuristischer Handlungen und Vorgehensweisen	

Darüber hinaus benötigt der Betreffende eine Auswahl an Heurismen oder heuristischen Techniken, die ein planvolles, organisiertes und strukturiertes Vorgehen auf dem Weg zu einer erfolgreichen Problemlösung ermöglichen. Heurismen und heuristische Techniken werden in einer dafür vorgesehenen *Problemlösebox* gesammelt, erweitert und ebenfalls archiviert.

6.3 Das IHiMU-Konzept konkret

Es existiert bereits eine ganze Reihe von Unterrichtskonzepten, die vom entdeckenden oder genetischen Lernen über den offenen oder problemorientierten und -lösenden Unterricht bis hin zum projektorientierten, schülerorientierten, handlungsorientierten oder auch wissenschaftsorientierten Unterricht reicht.

Das hier entwickelte Konzept ist ein Zusammenschluss ausgewählter Aspekte aus verschiedenen Unterrichtskonzepten, die um weitere, für das Konzept der integrierten Heuristiklehre spezifische Aspekte ergänzt werden. Für den heuristikaffinen Mathematikunterricht werden die oben benannten Konzeptbausteine berücksichtigt, auf denen ein problemorientierter und entdeckender Mathematikunterricht basiert. Ziel ist es, den vorwiegend inhaltsorientierten Mathematikunterricht zugunsten der prozessbezogenen Kompetenzen zu öffnen, allen voran der Problemlösekompetenz, die nicht nur in der Mathematik, sondern in nahezu allen Lebensbereichen von elementarer Bedeutung ist.

Unter Berücksichtigung der in Abschn. 6.1 zusammengefassten Überlegungen und der im Anschluss daran vorgestellten Konzeptbausteine können sich für das IHiMU-Konzept sowohl Vor- als auch Nachteile ergeben.

Mögliche Vorteile von IHiMU

- Bessere Identifikation der Schüler mit mathematischen und heuristischen Fragestellungen durch Forscheraufgaben.
- Die Schüler übernehmen durch die grundsätzlich individualisiert angelegte Unterrichtsgestaltung entscheidend Mitverantwortung für den Verlauf und Erfolg des Unterrichts.
- Ergebnisse werden von den Schülern durch die Reflexion selbst bewertet, wodurch eine demokratische Kritik und Kontrolle der Unterrichtsarbeit möglich wird.
- Methodische, soziale und personale Kompetenz können gezielt gefördert werden.
- Disziplinierungsprobleme reduzieren sich in der Regel durch offenere Unterrichtsformen.
- Durch Synergieeffekte können materiale und zeitliche Ressourcen effektiver ausgeschöpft werden.

Mögliche Nachteile von IHiMU

- Die Leistungsbewertung prozessbezogener Kompetenzen stellt eine große Herausforderung für die Lehrer dar.

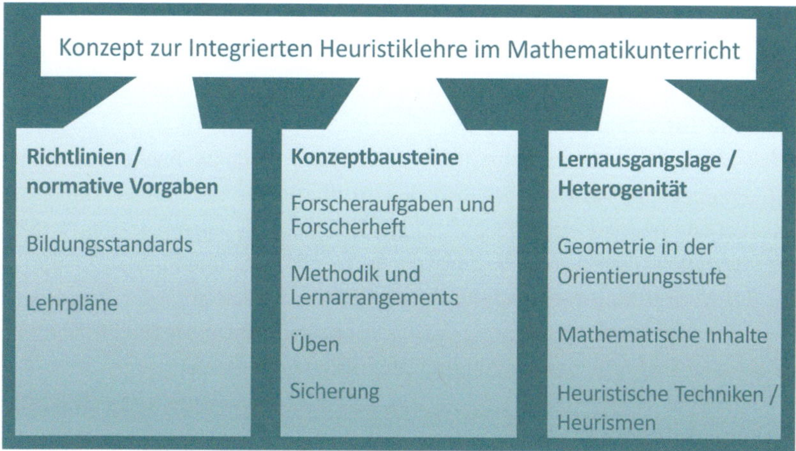

Abb. 6.1 Die drei Säulen des IHiMU-Konzepts

- Die Vorbereitung solcher Unterrichtsstunden erfordern ein hohes Maß an Planung und Organisation.
- Die Unterrichtsmethoden müssen von den Schülern beherrscht werden.
- Der relativ hohe Schreibaufwand durch das Führen des Forscherheftes kann bei einigen Schülern auf Ablehnung stoßen.

Die drei Säulen des IHiMU-Konzepts
Zusammenfassend lassen sich die drei Säulen (Abb. 6.1) betrachten, auf denen das IHiMU-Konzept ruht: auf der aus historischen Vorläufern und aktuellen Entwürfen einer didaktisierten Heuristikterminologie entwickelten eigenen sekundarschulbezogenen Einteilung und Definition heuristischer Techniken und Heurismen (Kap. 5), auf den komplexen Rahmenbedingungen des schulischen Unterrichts und schließlich auf den zuletzt dargestellten Konzeptbausteinen.

Struktur des IHiMU-Konzepts
Im Folgenden wird das Konzept in folgenden vier Schritten für die zentralen geometrischen Inhalte der Orientierungsstufe entwickelt:

1. *Geometrische Inhalte:* Zuerst werden die nach dem Lehrplan NRW vorgesehenen für die heuristische Analyse sowie für das IHiMU-Arrangement relevanten geometrischen Inhalte für die Orientierungsstufe kurz vorgestellt und in die Fachsystematik eingebettet. Dabei wird gegebenenfalls eine Selektion getroffen, soweit dies für die Konzeptdarstellung verlustfrei möglich ist und damit Redundanzen vermieden werden. Ein Transfer der konzeptionellen Idee auf die übrigen Inhalte erschließt sich dem Fachdidaktiker.

2. *Darstellung in Schulbüchern:* Im Anschluss wird überprüft, wie die geforderten Inhalte in gängigen Schulbüchern eingeführt und thematisiert werden. Es folgt eine kurze Bewertung, inwieweit die Darstellung in den Schulbüchern Anknüpfungspunkte für heuristische Tätigkeiten bietet.
3. *Heuristische Analyse:* In der heuristischen Analyse werden die mathematischen Inhalte auf ihr Potenzial für den Erwerb und den Aufbau eines tieferen Verständnisses von Heurismen und heuristischen Techniken hin analysiert.
4. *IHiMU-Arrangement/heuristisch-didaktische Analyse:* Schließlich steht die Art und Weise der Vermittlung elementarer Heurismen im Mittelpunkt der Betrachtung. An konkreten mathematischen Inhalten wird gezeigt, wie die Heuristiklehre in den Mathematikunterricht effektiv und nachhaltig integriert werden kann.

Zentrale geometrische Inhalte
Die ausgewählten fachlichen Inhalte, die nachstehend in diesem Vier-Schritt-Konzept betrachtet werden, sind:

1. Begriffsbildung und Grundkonstruktionen
2. Symmetriebegriff
3. Ebene Figuren – Schwerpunkt Vierecke
4. Flächeninhaltsberechnung von Vierecken

6.3.1 Begriffsbildung und Grundkonstruktionen

Im Mathematikunterricht in Nordrhein-Westfalen sollen in der Orientierungsstufe die Begriffe „Strecke“, „Gerade“, „Winkel“, „Radius“, „senkrecht“, „parallel“ und „Abstand“ erworben bzw. vertieft werden. Im Zentrum der Betrachtung stehen die Begriffsbildung, die Durchführung und Beschreibung der Konstruktionen sowie die Anwendung der Begriffe zur Beschreibung ebener und räumlicher Figuren.

6.3.1.1 Geometrische Inhalte

Ziel der Begriffsbildung ist es, die hinter einem Begriff stehenden Merkmale und Eigenschaften zu verstehen, Beziehungen und Verknüpfungen zwischen den Begriffen und ihren Eigenschaften herzustellen sowie die Gesamtheit aller unter einem (Ober-)Begriff zusammengefassten Objekte zu erfassen.

Der Erwerb und Aufbau von Begriffsvorstellungen, Begriffswissen und zugehörigen Kenntnissen sind ein langfristig angelegter Prozess, der sich über verschiedene Denkebenen vollzieht. Ausgehend von einer intuitiven Begriffsvorstellung wird das Verständnis über verschiedene Stufen vertieft und erweitert, bis schließlich ein abstraktes Verständnis mathematischer Begriffe entwickelt ist. Vollrath (1984) hat sich intensiv mit dem Begriffslehren befasst und beschreibt, wie sich das Lernen in fünf Stufen vollzieht, die nachfolgend kurz beschrieben und für den Gegenstandsbereich der Geometrie konkretisiert werden sollen.

Erste Stufe: Das intuitive Begriffsverständnis
Die erste Stufe bildet das intuitive Begriffsverständnis, bei dem die Begriffsbezeichnung eingeführt und der Begriff selbst zunächst als ein Phänomen in der Umwelt wahrgenommen und ein Bezug zur Lebenswelt der Schüler hergestellt wird.

Für die Ausbildung einer angemessenen (Begriffs-)Vorstellung spielt die Handlung an konkreten Objekten eine wichtige Rolle, bei der vorgestellte Objekte durch Veränderung der Größen oder durch Transformation variiert, also beispielsweise Operationen in Form von Schneiden, Falten, Legen oder Verschieben durchgeführt werden können. Durch das Handeln mit konkretem Material können die wesentlichen Eigenschaften eines Begriffs erfasst und Begriffe aus der Handlung heraus entwickelt werden, so dass von einer konstruktiven Begriffsbildung gesprochen wird. Ist eine Operation verinnerlicht, zeigt sich dies in der Fähigkeit, die Handlungen mental, flexibel und beweglich durchzuführen.

Zweite Stufe: Das inhaltliche Begriffsverständnis
Die zweite Stufe umfasst das inhaltliche Begriffsverständnis, bei dem die charakteristischen Eigenschaften eines Begriffs herausgearbeitet und zueinander in Beziehung gestellt werden und der Begriff damit inhaltlich durchdrungen wird.

Neben der konkreten Handlung sind für das Verstehen neuer Begriffe Konstruktionen von elementarer Bedeutung, durch die die Eigenschaften eines Begriffs herausgearbeitet werden können. Ausgehend von einer Menge geometrischer Objekte und einem System von Beziehungen, werden durch Konstruktionen neue Objekte und Beziehungen hergestellt. Bereits durch Grundkonstruktionen, bei denen Figuren in der Ebene unter ausschließlicher Verwendung von Zirkel und Lineal ohne Messskala konstruiert werden, lassen sich neue Begriffe einführen, konstruktiv erwerben, charakterisieren, Zusammenhänge entdecken und Handlungsvorschriften begrifflich erfassen. Gleichzeitig werden der Umgang mit den Werkzeugen sowie die zeichnerischen Fähigkeiten gefördert.

Zu den elementaren Grundkonstruktionen zählen das Abtragen von Strecken und das Antragen eines Winkels in einem Punkt an eine Gerade. Darauf aufbauend erfolgt die Konstruktion der Mittelsenkrechten und Winkelhalbierenden, die wiederum die Grundlage für die Konstruktion der Parallelen zu einer Geraden durch einen Punkt außerhalb der Geraden, der Konstruktion einer Parallelen zu einer Geraden im vorgegebenen Abstand, dem Errichten der Senkrechten zu einer Geraden in einem Punkt der Geraden und dem Fällen des Lotes von einem Punkt auf eine Gerade bilden. Diese Grundkonstruktionen sind ihrerseits die Basis für weitere, komplexere Konstruktionen.

Durch den konstruktiven Begriffserwerb wird sowohl Handlungswissen (prozedurales Wissen) als auch Sachwissen erworben, das dazu befähigt, Begriffe zu erzeugen und die hinter den Begriffen stehenden Eigenschaften zu benennen und voneinander abzugrenzen. Konstruktionsbeschreibungen und das Beschreiben geometrischer Objekte tragen ebenfalls zum Aufbau einer angemessenen (Begriffs-)Vorstellung bei, die oft mit optischen

Darstellungen und Handlungen verbunden wird. Durch sie werden Handlungen reflektiert, Lösungswege dokumentiert sowie die mathematische Fachsprache gebildet und angewandt. Zudem können so durchgeführte Konstruktionen zu einem späteren Zeitpunkt nachvollzogen werden.

Dritte Stufe: Das integrierte Begriffsverständnis
Beim integrierten Begriffsverständnis werden Beziehungen zwischen den Eigenschaften hergestellt, Zusammenhänge zwischen diesen erkannt und Eigenschaften formal wiedergegeben, so dass schließlich darauf aufbauend Definitionen formuliert werden können.

Neben den Fähigkeiten, aktiv und mental zu operieren und geometrische Objekte und Begriffe zu beschreiben, steht die Entwicklung einer ganzheitlichen Vorstellung von Objekten im Fokus, durch die Objekte in ihrer Gesamtheit und unabhängig von ihrer Lage erfasst und wahrgenommen werden können. Um einen (geometrischen) Begriff in seiner ganzen Tragweite zu verstehen und Aufgaben- und Problemstellungen erfolgreich bearbeiten zu können, müssen neben der Begriffsvorstellung auch Kenntnisse über die hinter den Begriffen stehenden Eigenschaften, die Beziehungen zwischen diesen Eigenschaften sowie die Beziehungen zwischen verschiedenen Begriffen und darüber hinaus Fähigkeiten, die einen flexiblen Umgang und die Anwendung dieses Begriffswissens ermöglichen, erworben werden. Zu diesen Fähigkeiten gehören das Konstruieren, die Durchführung konkreter Berechnungen sowie das Problemlösen.

Vierte Stufe: Das formale Begriffsverständnis
Die vorletzte Stufe ist die des formalen Begriffsverständnisses, bei dem die verschiedenen Eigenschaften miteinander verknüpft werden, so dass mit den Begriffen operiert werde kann und sie zu einer komplexen Problemlösung herangezogen werden können.

Wurden die charakteristischen Merkmale eines Begriffs erfasst und können diese verbal formuliert werden, lassen sich darauf aufbauend Definitionen erarbeiten.

Fünfte Stufe: Das kritische Begriffsverständnis
Das kritische Begriffsverständnis stellt die höchste Stufe dar, die sich in der Fähigkeit zeigt, Definitionen und zu ihnen äquivalente Aussagen zu formulieren; diese Stufe des Begriffsverständnisses ist allerdings erst für die Oberstufe von Relevanz.

► Mit Blick auf die Bedeutung dieses Wissens für die Ausbildung heuristischer Fähigkeiten sind zwei Aspekte zu betonen:

- Die Geometrie kann den Weg in die Welt der Heuristik weisen, aber nur, wenn die begrifflichen Grundlagen tragfähig sind und so den sukzessiven Erwerb von heuristischen Techniken und Heurismen erlauben.
- Geometrische Grundelemente stellen als Teil der heuristischen Technik der grafischen Repräsentationsformen einen nicht zu überschätzenden Schlüssel für den Zugang zu vielen – keineswegs nur geometrischen – Problemstellungen dar.

6.3.1.2 Darstellung in Schulbüchern

Die Grundbegriffe „senkrecht", „parallel" und „Abstand" werden in den untersuchten Schulbüchern vorwiegend über eine knappe Begriffsbeschreibung eingeführt, an deren Ende die zu erwerbenden Grundbegriffe definiert werden. Die Beschreibung sowie die Definitionen werden durch Abbildungen ergänzt, die entweder der Visualisierung dienen oder auch die praktische zeichnerische Umsetzung der Begriffe mit dem Geodreieck darstellen (vgl. Koullen und Wennekers 2008, S. 64; Baum et al. 2009, S. 54).

Bei der Einführung zur Abstandsmessung zeigt sich ein ähnliches Bild, bei dem die statische Präsentation als Messverfahren mithilfe des Geodreiecks überwiegt (vgl. Lütticken und Uhl 2013, S. 108).

Es folgen in der Regel Übungs- und Anwendungsaufgaben, bei denen die Konstruktion und der Umgang mit dem Geodreieck sowie das Anwenden der zuvor kennengelernten Begriffe im Mittelpunkt stehen. Die exemplarisch ausgewählten Schulbuchseiten zeigen, dass die Begriffe vorwiegend oder ausschließlich konstruktiv gebildet werden. Dabei wird von den Schülern erwartet, dass sie die Begriffe „senkrecht", „parallel" und „Abstand" auf Basis einer Definition und losgelöst von jeder Kontexteinbettung durch Nachahmung einer im Bild schematisch dargestellten Handlung bilden. Ob damit das Ziel der Begriffsbildung, nämlich die hinter einem Begriff stehenden Merkmale und Eigenschaften zu verstehen und die Beziehungen und Verknüpfungen zwischen den Begriffen und ihren Eigenschaften herzustellen, erreicht werden kann, ist fraglich.

6.3.1.3 Heuristische Analyse

Der konstruktive Begriffserwerb spielt auf dem Weg zu einem gesicherten Begriffsverständnis eine entscheidende Rolle. Beim Handeln durch Nachahmen, wie es in den meisten Schulbüchern vollzogen wird, können erste Erfahrungen mit dem Begriff gesammelt und auch Eigenschaften entdeckt werden.

Dem gegenüber steht das freie Handeln, bei dem ein Zielzustand durch eigene Handlungen und Überlegungen erreicht werden soll, d. h., es werden Objekte durch eigenes Ausprobieren konstruiert, so dass Erkenntnisse gewonnen, Zusammenhänge erkannt und Beziehungen hergestellt werden.

Betrachtet man die Merkmale der heuristischen Technik *Erstellen grafischer Repräsentationsformen* nach Krichel und Stiller (Abschn. 5.3.1.2), so besteht eine offensichtliche Relation zum konstruktiven Begriffserwerb. Sowohl durch Konstruktionen als auch durch grafische Repräsentationsformen lassen sich mathematische Begriffe aus ihrer Abstraktion herauslösen und „sichtbar" machen, weshalb sie beide beim Aufbau von mathematischem (Begriffs-)Wissen eine wichtige Rolle spielen können. Nach dem Bruner'schen EIS-Prinzip (EIS = enaktiv – ikonisch – symbolisch) stellen solche Repräsentationen das ikonische Bindeglied zur voll abstrahierten Symbolmathematik dar. Durch eine Visualisierung mathematischer Grundbegriffe können verschiedene Aspekte in den Vordergrund gerückt, Perspektiven eröffnet und neue Anknüpfungspunkte zu anderen Begriffen erkannt werden, so dass das Begriffsverständnis gefestigt wird. Gleichzeitig können wichtige Beziehungen zwischen den Angaben hergestellt und Zusammenhänge aufgezeigt oder entdeckt werden.

Während in der euklidischen Geometrie unter Konstruieren die exakte zeichnerische Darstellung einer Figur ausschließlich mithilfe von Zirkel und Lineal verstanden wird, sind bei der Erstellung grafischer Repräsentationsformen weitere Hilfsmittel wie ein Lineal mit Maßeinteilung, Winkelmesser oder ein Geodreieck erlaubt. Ebenso ist aber auch der Einsatz von Planfiguren bis hin zu Skizzen möglich, die deutlich weniger formalen Anforderungen genügen müssen und doch sicheres, (intuitives) geometrisches Wissen erfordern und widerspiegeln. Im Gegensatz zu der euklidischen Konstruktion mit Zirkel und Lineal stehen bei der Arbeit mit einer geeigneten grafischen Repräsentationsform zu einem gegebenen Sachverhalt die Ideenfindung und der kreative Umgang im Vordergrund; grafische Repräsentationen können in Konstruktionen bestehen, jedoch auch über diese hinausgehen, und sind damit vielseitig und flexibel einsetzbar. Ein Vergleich und eine Bewertung verschiedener Darstellungsmöglichkeiten bauen zudem das heuristische Metawissen aus, sofern der evaluative Aspekt berücksichtigt wird. Außerdem lassen sich durch grafische Darstellung Gedankengänge erfassen, die dann für die Lösung von Problemstellungen nutzbar gemacht werden können.

Aus dieser Sicht ist es sinnvoll, die heuristische Technik *Erstellen grafischer Repräsentationsformen* in Auseinandersetzung mit der Begriffsbildung und den Grundkonstruktionen im Mathematikunterricht (einführend) zu thematisieren. Zwar kann die heuristische Technik nicht anhand dieses mathematischen Inhalts allein umfassend erworben und in ihrer ganzen Tragweite erfasst werden, es wird jedoch deutlich, dass selbst im Anfangsunterricht der Sekundarstufe I eine Sensibilisierung für die Heuristik allgemein und für die heuristische Technik im Speziellen erfolgen kann. Dass Heurismen und die heuristischen Techniken ebenso wie die mathematischen Inhalte erst durch die fortgesetzte Auseinandersetzung und Anwendung in immer wieder neuen Sach- und Problemkontexten erworben und vertieft werden können, steht dabei außer Frage.

6.3.1.4 IHiMU-Arrangement

Möchte man von Beginn an neben den mathematischen Grundbegriffen und (notwendigen) Konstruktionen auch den Umgang mit heuristischen Techniken und Heurismen fördern, kann dies wirkungsvoll über Forscheraufgaben (Abschn. 6.2.1) gelingen.

Der Abstandsbegriff wird in den untersuchten Schulbüchern meist durch eine Handlung konkretisiert, die aufgegriffen und so adaptiert werden soll, dass sich die Begriffe senkrecht, parallel und Abstand als geometrische Inhalte einerseits und die heuristische Technik *Erstellen grafischer Repräsentationsformen* (einschließlich der Grundkonstruktionen) andererseits erwerben lassen (vgl. Koullen und Wennekers 2008, S. 64). Statt die mathematischen Grundbegriffe über solch eine Begriffsbeschreibung und Definition mit den entsprechenden Abbildungen einzuführen, wird die folgende Forscheraufgabe formuliert:

Aufgabe

Die Fußballmannschaft des FC Niederwesel bereitet sich auf ein wichtiges Spiel vor und trifft sich zum Training. Zum Training sind acht Spieler und der Torwart erschienen. Die Spieler stellen sich zu Trainingsbeginn nebeneinander auf der Strafraumlinie auf. Der Torwart steht mittig auf der Torlinie im Tor.

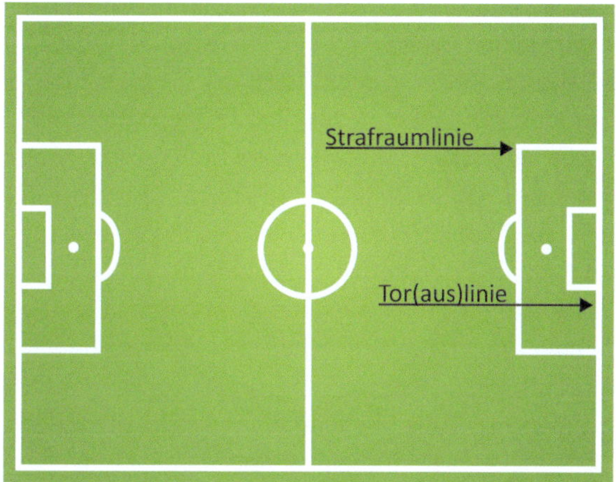

1. Markiere auf der linken Hälfte deines Spielfeldes die Position des Torwarts und die der acht Spieler.
2. Beim heutigen Torwarttraining soll der Torwart möglichst viele Bälle halten. Dazu schießen die Spieler von ihrer Position aus nacheinander gezielt in Richtung des Torwarts.
3. Stelle die Situation in deiner Zeichnung grafisch dar, indem du die Schussbahn des Balles (vom Spieler bis zum Torwart) einzeichnest. Nutze dazu nur ein Lineal und einen Bleistift.
4. Welche Schussbahn ist die kürzeste, welches die längste? Notiere, wie du vorgegangen bist, um die Frage zu beantworten.
5. Wo muss/müsste der Spieler stehen, damit er die kürzeste Schussbahn zum Torwart hat? Wie gehst du vor, um die Frage zu beantworten? Zeichne die Position des Spielers ein. Welche Beobachtungen kannst du machen?
6. Vergleiche nun deine Ergebnisse mit deinem Nachbarn. Was fällt euch auf?
7. Betrachte nun die Torauslinie. Zeichne von jedem Spieler aus die kürzeste Verbindung zur Torauslinie. Nutze erneut nur ein Lineal und einen Bleistift. Wie gehst du vor? Was fällt dir auf?
8. Betrachte nun das Geodreieck und überlege: An welcher Stelle wäre das Geodreieck als Werkzeug besser geeignet gewesen als das Lineal? Begründe deine Antwort. ◄

Es wird angenommen, dass zum Zeitpunkt der Bearbeitung der vorstehenden Aufgabe die Begriffe „Punkt“, „Strecke“ und deren Länge sowie Geraden bekannt sind.

Für die Auswahl eines solchen Forschungsszenarios spricht, dass man annehmen kann, dass die Mehrheit der Schüler mit dem geschilderten Sachverhalt vertraut ist und sich diesen (bildlich) vorstellen kann. Dennoch sollten vor Beginn der Bearbeitung Verständnisfragen geklärt und (Konstruktions-)Vereinbarungen getroffen werden. Um eine Realsituation im Rahmen der Modellbildung in ein Realmodell zu transformieren, wird aus den gegebenen Informationen eine problemstellungsbezogene Auswahl getroffen und die Realität vereinfacht dargestellt. So wird beispielsweise vereinbart, dass Einflüsse wie Luftwiderstand, Reibung und Gravitation unberücksichtigt bleiben und die potenziell parabelförmige Flugbahn des Balles in dem Modell als geradlinig dargestellt wird.

Nach dieser Einführung erhalten die Schüler das Fußballfeld mit den wichtigsten Bezeichnungen als Arbeitsgrundlage. Auf diese Weise lernen die Schüler zum einen, sich innerhalb einer grafischen Darstellung zu orientieren, wenn sie die Linienbezeichnungen auf die andere Spielfeldhälfte übertragen und für die weitere Bearbeitung nutzen. Zum anderen lernen sie, dass sich verbal gegebene Informationen und Begriffe (zunächst bezogen auf das Fußballfeld) grafisch darstellen lassen und dass durch diese Form der Visualisierung die hinter den Begriffen stehende Bedeutung und die damit verbundenen Eigenschaften, Vorschriften und Regeln buchstäblich vor Augen geführt werden können. Es ist damit zu rechnen, dass einige Schüler die Problemstellung erst schrittweise, parallel mit der visuellen Umsetzung wirklich erfassen werden – ein Aha-Effekt, der für den Unterricht sehr gewinnbringend sein kann.

Die Schüler werden in einem ersten Arbeitsschritt dazu angeleitet, die vorliegende Sachsituation in einer Zeichnung darzustellen, diese also zu abstrahieren und damit auf die wesentlichen und für den weiteren Verlauf der Aufgabe notwendigen Elemente zu reduzieren. Die Schüler erfahren so gleich im praktischen Einsatz, dass die grafische Darstellung ein erster Schritt bei der Bearbeitung einer Forscheraufgabe sein kann. Außerdem werden auf der fachinhaltlichen Ebene erste einfache Konstruktionen mit dem Lineal durchgeführt, und es wird an die bekannten Begriffe „Punkt“, „Gerade“ und „Strecke“ produktiv angeknüpft. Die notwendigen Zeichnungen zunächst nur mit dem Lineal durchführen zu lassen, kann später helfen, die Vorteile und den Nutzen des Geodreiecks als Werkzeug hervorzuheben.

Die hier beschriebene Vorgehensweise weist viele typische Elemente der ersten Phase des Problemlöseprozesses nach Pólya auf, in der die heuristischen Techniken allgemein – und in dem vorliegenden Fall die Erstellung einer grafischen Repräsentationsform im Speziellen – dazu beitragen, ein verbal gegebenes Problem zu abstrahieren und den Mathematisierungsprozess in Gang zu setzen.

Für leistungsschwache Schüler kann, unter Nutzung des Forscherheftes (Abschn. 6.2.2) eine Differenzierung erfolgen, indem erweiterte Hilfestellungen zur Erstellung der Zeichnung gegeben werden. Ein solcher Tipp könnte wie folgt lauten: „Stell dir vor, du beobachtest das Geschehen aus der Luft. Wo stehen die Spieler, wo steht der Torwart? Kennzeichne die Personen durch verschiedenfarbige Punkte.“

Durch die Dokumentation ihrer Überlegungen und Vorgehensweise sollen die Schüler lernen, ihre einzelnen Handlungsschritte unter zunehmender Verwendung der mathematischen Fachsprache verbal zu formulieren und zu reflektieren. Gleichzeitig wird das neue Wissen vernetzt, indem die Aufgabe unmittelbar an das Vorwissen der Schüler anknüpft, da Kenntnisse über die hinter den mathematischen Fachbegriffen stehenden Konzepte von Punkt, Strecke und Gerade für diese Forscheraufgabe notwendig sind. Des Weiteren erwerben die Schüler erste Kenntnisse über das Anfertigen einer Konstruktionsbeschreibung, wie sie auch in anderen Bereichen und Fächern von elementarer Bedeutung sind.

Während in der ersten Arbeitsphase die Konstruktion mit dem Lineal, das Abstraktionsvermögen sowie der Einsatz der mathematischen Fachsprache im Mittelpunkt stehen, sollen die Schüler in der zweiten Phase durch Ausprobieren und Experimentieren Ergebnisse sammeln und weiterführende Entdeckungen machen.

Der Vergleich der Längen der verschiedenen Schussbahnen s_i, die durch die Strecke zwischen Standort S_i des Spieler und Standort T des Torwarts gegeben sind, führt zu der Erkenntnis, dass diese – bei unveränderter Position des Torwarts – umso größer ist, je weiter sich der Standpunkt S des Spielers links oder rechts auf der Strafraumlinie st befindet (Abb. 6.2).

Eine weitere mögliche Entdeckung, die auf Grundlage der Zeichnung gemacht werden kann, ist die, dass auch die Winkelfelder, welche von der Schussbahnlinie s_i und der Torlinie t eingeschlossen werden, je nach Standpunkt S_i der Spieler variiert. Darüber hinaus kann ein Zusammenhang zwischen dem Winkel α bzw. β und der Länge der Schussbahn s_i und/oder der Position S_i des Spielers und dem Winkel α bzw. β hergestellt werden. Auch wenn der Winkelbegriff zu diesem Zeitpunkt noch nicht ausführlicher Unterrichtsgegenstand war, so kann dieser doch als entscheidendes Kriterium für die Länge der Flugbahn und damit für die Entfernung zwischen Spieler und Torwart wahrgenommen und erkannt werden.

Unmittelbar anknüpfend kann die Frage beantwortet werden, welche Position der Spieler mit der kürzesten Entfernung zum Torwart einnimmt: Er muss so positioniert werden, dass die Winkelfelder links und rechts von der Schussbahnlinie s_i kongruent zueinander, α und β somit gleich groß sind und die Verbindungsstrecke $\overline{S_i T}$ damit *senkrecht* auf die Torlinie t trifft (Abb. 6.3). Diese Verbindungsstrecke $\overline{S_i T}$ ist das Lot von T auf st mit dem Lotfußpunkt S_i. Der Spieler steht damit dem Torwart T genau gegenüber. Der Vergleich mit dem Nachbarn zeigt, dass auch anders gewählte Positionen der Spieler schließlich

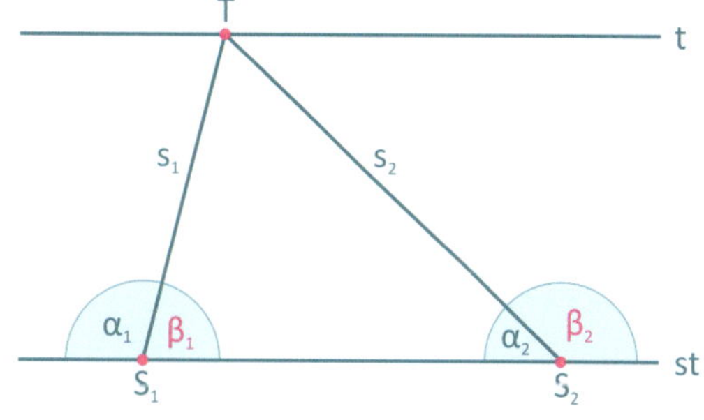

Abb. 6.2 Aus der Schussbahnlinie s_i resultierende Winkelfelder mit den Scheiteln S_1 und S_2 und den Schenkeln st und s_1 bzw. s_2

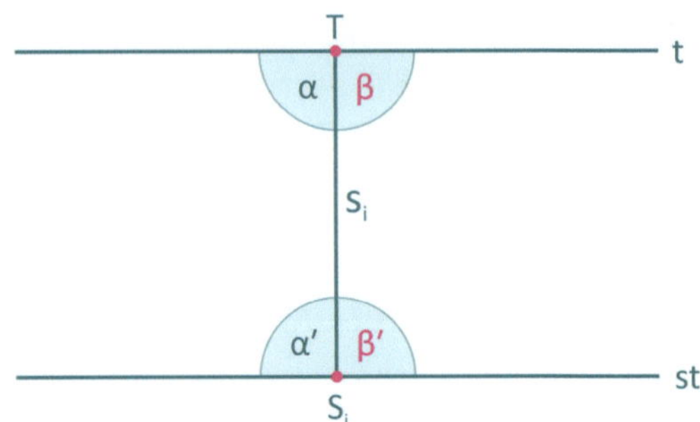

Abb. 6.3 Lot von T auf st mit dem Lotfußpunkt S_i

zu dem gleichen Ergebnis führen, und kann dazu dienen, die eigenen Vermutungen zu untermauern, zu diskutieren und gegebenenfalls auch zu verteidigen.

Die letztgenannte Problemstellung verfolgt zwei Ziele: Zum einen sollen durch sie der Abstand eines Punktes P zu einer Geraden g bestimmt werden, so dass darauf aufbauend die Begriffe „senkrecht" und „parallel" thematisiert werden können. Zum anderen sollen hier der die Bedeutung des Geodreiecks und der Umgang mit ihm thematisiert werden. Die Schüler haben in ihren Arbeitsaufträgen herausgefunden, dass die kürzeste Schussbahn von demjenigen Spieler ausgeht, der dem Torwart genau gegenübersteht. Das Einzeichnen des Lotes l_i vom Spieler S_i zur Torauslinie t zeigt, dass das Lineal zwar die Funktion eines Zeicheninstruments erfüllt, zum Einzeichnen der Lote jedoch nur bedingt geeignet ist.

An dieser Stelle kann das Geodreieck eingeführt und der richtige Umgang mit diesem Werkzeug vermittelt werden, indem die kürzeste Verbindung zwischen jedem Spieler und Tor(aus)linie mithilfe des Geodreiecks eingezeichnet wird. Durch diese Konstruktionen rückt schließlich der Begriff der *Parallelität* in den Mittelpunkt der Betrachtung, der aus dem Zusammenspiel von Strafraumlinie st, Tor(aus)linie t und des Lotes l, die von jedem Spieler aus auf die Tor(aus)linie gefällt wurde, ersichtlich wird (Abb. 6.4).

Das Anschauungsbeispiel zeigt, dass durch die Nutzung grafischer Repräsentationsformen in Verbindung mit einer Forscheraufgabe geometrische Begriffe nicht nur gelernt, sondern auch in ihrer Funktion und mit ihren charakteristischen Eigenschaften entwickelt und gebildet werden können. Durch die Möglichkeiten der eigenen konstruktiven Aktivität – statt einer bloßen Nachahmung – können Zusammenhänge sichtbar gemacht, aus

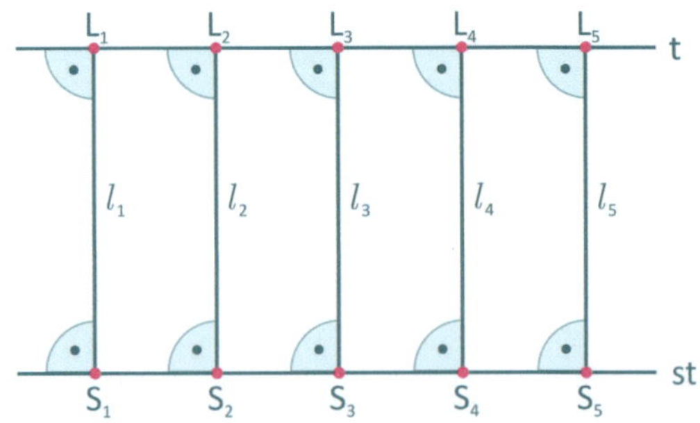

Abb. 6.4 Die Lote l_i von st auf t mit den Lotfußpunkten L_i

bekanntem Wissen Neues erzeugt, Beziehungen zwischen den Begriffen hergestellt und diese voneinander abgegrenzt werden, so dass eine langfristige Begriffsbildung und damit ein vernetzter Wissenserwerb ermöglicht werden.

Die in Auseinandersetzung mit der Bearbeitung der Forscheraufgabe gewonnenen Erkenntnisse werden abschließend in der Problemlösebox (Abschn. 6.2.6) festgehalten; sie stehen jederzeit zur Nutzung zur Verfügung und können kontinuierlich ergänzt werden. So kann auf Grundlage der im Rahmen dieser Forscheraufgabe gewonnenen Erkenntnis zum Beispiel der Winkelbegriff zu einem späteren Zeitpunkt aufgegriffen und vertieft werden.

6.3.2 Symmetriebegriff

Nachdem bis zum Ende der Jahrgangsstufe 4 der Symmetriebegriff auf einer intuitiven Ebene entwickelt und die Eigenschaften der Achsenspiegelung erarbeitet sowie Muster ergänzt, nachgezeichnet, verglichen und beschrieben wurden, wird dieses Thema in der Orientierungsstufe vertieft. Bis zum Ende der Jahrgangsstufe 6 sollen die Schüler die Grundbegriffe „achsensymmetrisch" und „punktsymmetrisch" kennen und zur Beschreibung ebener und räumlicher Figuren nutzen und Muster zeichnen können. Das Auffinden von Symmetrien, die Herstellung und Konstruktion symmetrischer Figuren sowie die Beschreibung ebener und räumlicher Figuren unter Verwendung der Begriffe „Punktsymmetrie" und „Achsensymmetrie" stehen dabei unterrichtlich im Vordergrund.

6.3.2.1 Geometrische Inhalte

Symmetrien begegnen uns in allen Lebensbereichen und spielen in unserem Alltag eine große Rolle. Symmetrische Objekte werden aufgrund ihrer Struktureigenschaften intuitiv als schön und ästhetisch empfunden und können schneller erfasst, gespeichert und analysiert werden. Symmetrische Gegenstände weisen zudem eine hohe Funktionalität und Stabilität auf und genügen somit oft auch praktischen Anforderungen in besonderem Maße.

Dem Stufenmodell nach Vollrath (Abschn. 6.3.1) folgend wird in der Grundschule das Begriffswissen zunächst auf intuitiver Ebene erworben, dann in der Sekundarstufe I vertieft und zu einem inhaltlichen Begriffsverständnis erweitert, ehe es schließlich in der Sekundarstufe II formal durchdrungen wird. Die Begriffsentwicklung erfolgt in der Grundschule und zu Beginn der Sekundarstufe I über die Suche nach Symmetrien in Umwelt, Natur, Kunst und Technik, durch das selbständige (enaktive) Herstellen symmetrischer Figuren durch Spiegeln, Schnitt- und Faltübungen sowie durch das Aufspüren von Symmetrieachsen in gegebenen ebenen Figuren. Um den Symmetriebegriff inhaltlich zu durchdringen, müssen daran anschließend die charakteristischen Eigenschaften von spiegel-, dreh- oder verschiebungssymmetrischen Figuren erkannt und zueinander in Beziehung gesetzt werden, so dass darauf aufbauend symmetrische Figuren als solche identifiziert und eigene Figuren konstruiert werden können. Damit eine flexible Handhabung mit dem Begriffswissens möglich ist, müssen Beziehungen zwischen den Eigenschaften hergestellt und Zusammenhänge zwischen diesen erkannt werden; so entsteht eine ganzheitliche Vorstellung des Symmetriebegriffs. Im unterrichtlichen Kontext werden dazu Figuren hinsichtlich ihrer Symmetrieeigenschaften klassifiziert und der Zusammenhang zwischen Kongruenzen und Symmetrien erarbeitet, was zur Entwicklung eines integrierten Begriffsverständnisses führt.

Mathematisch gesehen geht es bei Symmetriebetrachtungen ebener Figuren um die Untersuchung des Verhaltens geometrischer Figuren bei bestimmten bijektiven Abbildungen in der Ebene. Diesbezüglich lassen sich Figuren nach Eigenschaften ordnen und klassifizieren, Begriffe definieren und Konstruktionen durchführen. Der Symmetriebegriff zeichnet sich durch einen hohen Aspektreichtum aus, der formale, algebraische, ästhetische, ökonomisch-technische und arithmetische Aspekte unter sich vereint. Darüber hinaus besitzen Symmetrien einen engen Alltagsbezug, ermöglichen besonders auf der enaktiven und ikonischen Ebene verschiedene Arten des Zugangs und weisen zudem einen hohen inneren Beziehungsreichtum auf, weswegen sie als eine fundamentale Idee des Geometrieunterrichts gelten.

Man spricht von einer symmetrischen Figur, wenn es neben der identischen Abbildung id mindestens eine weitere Kongruenzabbildung gibt, bei der die Figur auf sich selbst abgebildet wird. Die Symmetrie ist damit eine *Eigenschaft* geometrischer Figuren. In der Sekundarstufe I werden die Faltübungen oder praktischen Spiegelungen durch Konstruktionen mit dem Geodreieck – später auch mit Zirkel und Lineal – abgelöst. Auf diese Weise können symmetrische Figuren sowohl erzeugt als auch Figuren auf Symmetrieeigenschaften hin untersucht werden. Dieser aktiv-konstruktive Umgang erlaubt es, den Symmetriebegriff selbst zu erschließen und den Begriff der Kongruenzabbildung zu erarbeiten.

Ist die Symmetrie als eine Eigenschaft von Figuren auf enaktiver Ebene begriffen und erfasst, können die Merkmale einer Achsenspiegelung erarbeitet und die Achsenspiegelung auch konstruktiv durchgeführt werden – wodurch der Aspekt der Kongruenzabbildung in den Fokus rückt. Eine geometrische Abbildung, die zueinander kongruente Figuren in der Ebene aufeinander abbildet, nennt man Kongruenzabbildung. Den unterschiedlichen Kongruenzabbildungen entsprechend werden in der Orientierungsstufe in aller Regel zwei Arten von Spiegelungen unterschieden und näher betrachtet: die *Achsenspiegelung* und die *Punktspiegelung*. Da alle übrigen Kongruenzabbildungen (Drehung, Verschiebung und Schubspiegelung) durch eine Verkettung von höchstens drei Achsenspiegelungen erzeugt werden können, kann die Achsenspiegelung als fundamental bezeichnet werden. Aus diesem Grund soll die Achsenspiegelung im Folgenden beschrieben und im Rahmen des IHiMU-Arrangements näher beleuchtet werden.

Achsenspiegelung

Eine Achsenspiegelung an der Spiegelachse g ist eine Abbildung der Ebene auf sich, die jedem Punkt P einen Bildpunkt P' zuordnet und die durch folgende Bedingungen festgelegt ist:

Abb. 6.5 Achsenspiegelung an der Spiegelachse g

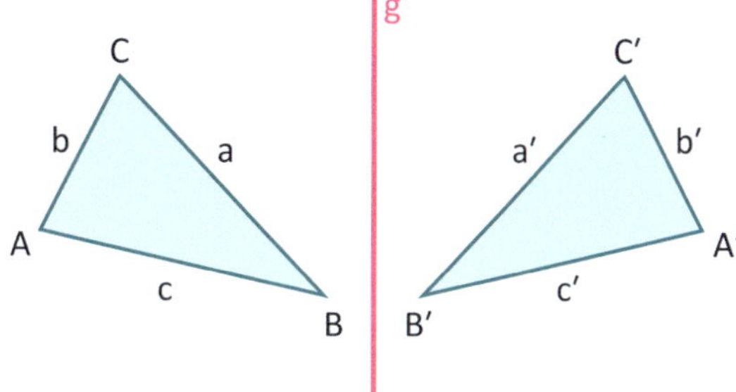

1. Punkte, die auf der Spiegelachse g liegen, werden auf sich selbst abgebildet, so dass für alle $P \in g$ $P' = P$ gilt.
2. Für alle Punkte, die nicht Element der Spiegelachse g sind, ist g die Mittelsenkrechte der Verbindungsstrecke zwischen Punkt und Bildpunkt:
   Für alle $P \notin g$ gilt $g \perp \overline{PP'}$ und $|PS| = |P'S|$, wobei S der Schnittpunkt der Spiegelachse g mit der Geraden durch die Punkte P und P' ist.

Achsenspiegelungen sind unter anderem winkeltreu, geradentreu und längentreu, und der Umlaufsinn kehrt sich um (Abb. 6.5).

Doppelspiegelung
Die Verkettung zweier Achsenspiegelungen an den Spiegelachsen g und h ergibt je nach Lage von g und h entweder eine Verschiebung oder eine Drehung. Sind die Spiegelachsen g und h parallel, so lässt sich die Doppelspiegelung – zunächst an g und danach an h – durch eine Verschiebung rechtwinklig zu g und um das Doppelte des Abstands von g zu h, in Richtung von g nach h, beschreiben. Dabei legt die Reihenfolge der Achsenspiegelungen die Richtung der Verschiebung fest, so dass die Spiegelungen nicht vertauschbar sind. Der Umlaufsinn bleibt erhalten (Abb. 6.6).

Schneiden sich die Spiegelachsen g und h in einem Punkt Z im Winkel σ, so lässt sich die Doppelspiegelung als eine Drehung um den Drehpunkt Z gegen den Uhrzeigersinn

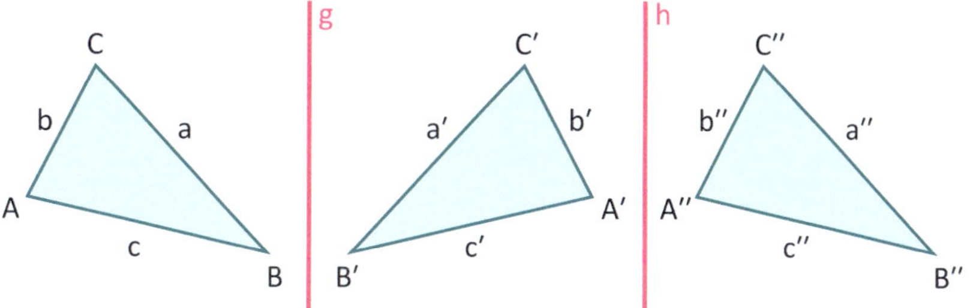

Abb. 6.6 Verkettung zweier Achsenspiegelungen an den zueinander parallelen Spiegelachsen g und h

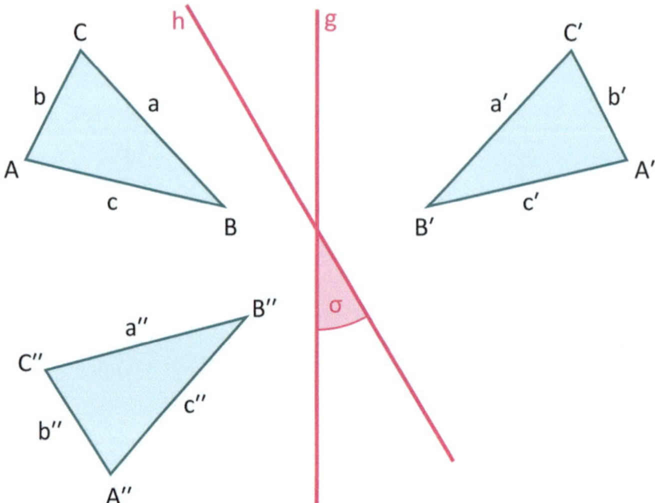

Abb. 6.7 Verkettung zweier Achsenspiegelungen an den Spiegelachsen g und h, die im Winkel σ aufeinandertreffen

mit einem Drehwinkel von 2σ beschreiben (Abb. 6.7). Auch hierbei kommt es auf die Reihenfolge der Spiegelungen an; eine Vertauschung führt auf die inverse Drehung.

Liegen die beiden Spiegelachsen orthogonal zueinander, so ist die Doppelspiegelung eine Drehung um den Drehpunkt Z mit einem Drehwinkel von 180°. Eine solche Drehung um 180° um das Drehzentrum Z wird auch Punktspiegelung genannt (Abb. 6.8); dabei kommt es auf die Reihenfolge der Spiegelungen nicht an, denn die Drehung mit einem Drehwinkel von 180° ist zu sich selbst invers („involutiv").

Abb. 6.8 Verkettung zweier Achsenspiegelungen zu 180°-Drehung

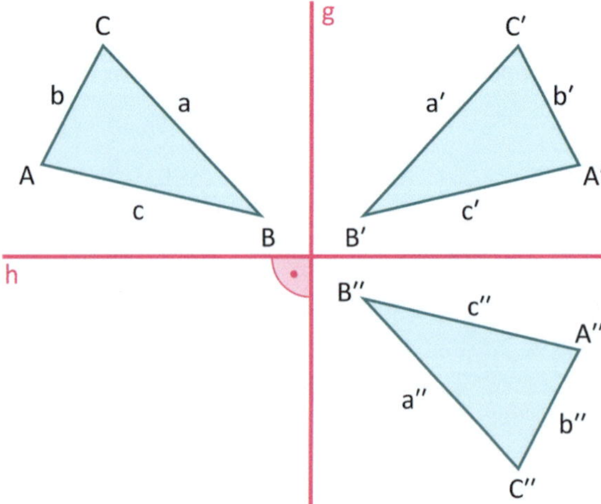

Muster

Muster bilden eine Einheit und sind durch symmetrische Grundstrukturen geprägt, die unter anderem durch Kongruenzabbildungen beschrieben werden können. Durch das Auffinden dieser Strukturen innerhalb eines Musters können Verallgemeinerungen formuliert, Beziehungen zwischen den Elementen erkannt, Vorhersagen getroffen, Lösungen gefunden und Regeln und Gesetzmäßigkeiten erfasst werden. Um Muster zu erfinden, nachzulegen oder fortzusetzen, müssen also die inneren Strukturen des Musters erfasst, Beziehungen hergestellt und Gesetzmäßigkeiten erkannt werden, wodurch die Fähigkeit des Sortierens, Ordnens, Vergleichens und Verallgemeinerns gefördert und neues Wissen aufgebaut wird. Erklärtes Ziel des Mathematikunterrichts ist es, mithilfe von Mustern das Symmetrieverständnis zu erweitern, das geometrische Vorstellungsvermögen sowie das visuelle Wahrnehmungsvermögen zu schulen, die Kreativität anzuregen, den Umgang der mathematischen Fachsprache zu vertiefen und geometrische Grundfertigkeiten durch den Umgang mit mathematischen Werkzeugen zu fördern. Aus diesem Anspruch heraus werden Muster und Strukturen den Kern der nachfolgenden heuristischen Analyse bilden.

6.3.2.2 Heuristische Analyse

Die Bildungsstandards für das Fach Mathematik benennen schon für die Primarstufe „Muster und Strukturen" als eine von insgesamt fünf mathematischen Leitideen, denen das Erkennen, Beschreiben und Darstellen von Gesetzmäßigkeiten als zu erwerbende inhaltsbezogene Kompetenzen zugeordnet werden, d. h., dass die Schüler „Gesetzmäßigkeiten in geometrischen und arithmetischen Mustern (z. B. in Zahlenfolgen oder strukturierten Aufgabenfolgen) erkennen, beschreiben und fortsetzen, arithmetische und geometrische Muster selbst entwickeln, systematisch verändern und beschreiben" sollen (KMK 2005, S. 8 f.).

Muster werden aufgrund ihrer strukturellen Beschaffenheit in der Regel schnell erfasst, prägen sich besser ein und können meist länger im Gedächtnis gespeichert und in der Regel detailgetreuer wiedergegeben werden als andere memorierte Objekte. Die Wahrnehmung von Mustern gehört zu den angeborenen, wenn auch individuell unterschiedlich stark ausgeprägten Fähigkeiten des Menschen und erlaubt es uns, Regelmäßigkeiten, Wiederholungen, Ähnlichkeiten und Gesetzmäßigkeiten in einer Menge von Daten zu identifizieren. Die Mathematik wird heute vielfach als die Wissenschaft von Mustern und Strukturen bezeichnet (vgl. Devlin 2002; Schweda 2014), so dass die Identifikation und Beschreibung von Mustern als eine elementare mathematische Tätigkeit gesehen werden können.

Die in Mustern besonders gut erkennbaren Strukturen lassen sich abbildungsgeometrisch durch Kongruenzabbildungen beschreiben. Symmetrien können dabei als eine basale und niederschwellige Realisierungsform mathematischer Strukturen bezeichnet werden und eignen sich somit sehr gut, um den Weg in die komplexere Welt allgemeiner gefasster Strukturen auch jenseits der Anschaulichkeit ebener Geometrie zu weisen. Wer die abstrakte Idee einer Kongruenzabbildung im Allgemeinen auf Grundlage eines soliden Verständnisses zunächst der Achsensymmetrie und der zugrunde liegenden Kongruenzabbildung begreift, besitzt das Rüstzeug, um sich (nicht nur geometrischen) Problemstellungen mit analytischem Blick und auf der Suche nach strukturellen Auffälligkeiten bzw. Regelmäßigkeiten zu nähern und Ideen zu entwickeln, wie eine Aufschlüsselung mithilfe des *Heurismus der Strukturnutzung* (Abschn. 5.3.2.2) gelingen könnte. Die Beschäftigung mit Mustern und Strukturen ist schließlich keineswegs allein auf die Geometrie beschränkt, sondern in nahezu allen Gebieten der Mathematik von elementarer Bedeutung. Damit ist der *Heurismus der Strukturnutzung* eine fundamentale Idee des heuristisch orientierten Mathematikunterrichts.

Während beim *Heurismus der Strukturnutzung* das Auffinden oder Erzeugen von Strukturen im Fokus steht, so dass Regelmäßigkeiten erkannt und Gesetzmäßigkeiten abgeleitet werden können, kann der *Heurismus des systematischen Probierens* (Abschn. 5.3.3.1) diesen Prozess optimieren, wenn er dazu eingesetzt wird, die vorliegenden Daten systematisch und damit zielgerichtet und strukturiert auf Muster und Strukturen hin zu analysieren. Ein systematisches Vorgehen zeigt sich in einem wohlüberlegten, logischen Vorgehen und stellt somit (im Idealfall) sicher, dass die Daten vollständig erfasst und berücksichtigt werden. Als Strukturierungshilfe kann die heuristische Technik *Anfertigen einer Tabelle* (Abschn. 5.3.1.1) herangezogen werden, mit deren Hilfe Daten strukturiert und geordnet erfasst werden, so dass Aussagen getroffen und damit erste Anhaltspunkte für Lösungsideen entnommen werden können.

Das Thema *Symmetrie* eröffnet zudem Möglichkeiten, den *Heurismus des Rückwärtsarbeitens* (Abschn. 5.3.3.3) zu behandeln, bei dem ein vorliegendes Problem von seinem End- zum Ausgangszustand hin betrachtet wird. Durch Nutzung dieses Heurismus können beispielsweise das Verständnis über die hinter einem Begriff stehenden Eigenschaften überprüft, das Begriffswissen vertieft und Zusammenhänge zwischen Begriffen hergestellt werden.

6.3.2.3 IHiMU-Arrangement

Um den *Heurismus der Strukturnutzung* in Auseinandersetzung mit dem Unterrichtsgegenstand der Symmetrie zu thematisieren, gibt es verschiedene Anknüpfungspunkte und didaktische Möglichkeiten. Ein möglicher und leicht umsetzbarer Ansatz wäre, die Vorgehensweise in den Schulbüchern zu erweitern und – anstatt ausgehend von einer Definition und einer bloßen Ergänzung vorgegebener Figuren – zu einer achsen- oder punktsymmetrischen Figur auf Karopapier (vgl. *mathe live 5*; Lütticken und Uhl 2013; Baum et al. 2009) den Symmetriebegriff und die damit verbundenen Symmetrieeigenschaften über Forscheraufgaben selbst erarbeiten zu lassen. Unter der Voraussetzung, dass die Begriffe „Abstand", „parallel" und „senkrecht" bekannt sind, wäre folgende Forscheraufgabe denkbar:

Forscheraufgaben

Aufgabe

Sieh dir die folgende Fotografie genau an und beschreibe, was du siehst.

◀

Das Foto zeigt eine Stadt, die am Wasser gelegen ist und in diesem gespiegelt wird. Durch die Wahl eines Fotos und eines sich spiegelnden Gegenstands wird ein unmittelbarer Bezug zur Lebenswelt der Schüler geschaffen und an das Vorwissen der Schüler angeknüpft. Man darf davon ausgehen, dass zur Beschreibung des Fotos Begriffe wie „Spiegel", „Spiegelbild" oder auch „gespiegelt" gebraucht werden. Auf diese Weise wird ein direkter Zugang zum Themenbereich der Spiegelungen hergestellt, und es werden auch erste wichtige (Fach-)Begriffe eingeführt.

Aufgabe

Betrachte die Stadt und wähle sechs Punkte aus, markiere diese und kennzeichne sie mit den Buchstaben A, B, C, D, E und F.

Überlege dir, wo die dazugehörigen Punkte im Spiegelbild liegen, und kennzeichne diese entsprechend mit den Buchstaben A', B', C' D', E' und F'. Begründe deine Entscheidung. ◀

Die frühzeitige Einführung von Fachbegriffen soll die Kommunikation in dieser und den weiteren Unterrichtsstunden erleichtern. Mit der freien Punktewahl können die Schüler individuell für sie markante Stellen auswählen, so dass das Auffinden der Spiegelpunkte vereinfacht wird. Durch dieses Vorgehen erfahren die Schüler, dass Urbild und Bild die gleichen Merkmale aufweisen und einander in allen einzelnen Punkten symmetrisch entsprechen. Die Zuordnung der Buchstaben zu den Ur- und Bildpunkten soll noch einmal den Zusammenhang zwischen den beiden Bildern verdeutlichen und erleichtert zudem das weitere Arbeiten.

Aufgabe

Suche auf dem Foto die Grenze zwischen Stadtbild und Spiegelbild. Welche Form hat diese Grenze? Zeichne sie mit einem geeigneten Werkzeug ein.

Die Grenze zwischen dem originalen Stadtbild (Urbild) und dem Spiegelbild (Bild) wird auch Spiegelachse genannt. Hast du eine Idee, warum das so ist? Erläutere in eigenen Worten. ◄

Mithilfe solcher (und ähnlicher weiterer) Fragestellungen können praktisch alle neuen Fachbegriffe erarbeitet und die hinter den Begriffen stehenden Eigenschaften erfasst werden, so auch, dass die geradenförmige Spiegelachse Urbild und Bild voneinander so trennt, dass jedem Punkt P ein Bildpunkt P' zugeordnet wird, der dadurch bestimmt ist, dass die Verbindungsstrecke $\overline{PP'}$ durch die Spiegelachse rechtwinklig halbiert wird.

Aufgabe

Verbinde jeden Punkt durch eine Strecke mit seinem Bildpunkt. Was fällt dir auf?
Untersuche nun die Lage der Spiegelachse und der Verbindungsstrecken zueinander. Was stellst du fest? (Nutze dazu dein Geodreieck.) ◄

Durch das Einzeichnen der Verbindungsstrecke zwischen Punkt und Bildpunkt wird an das zuvor erworbene Wissen (Gerade, Strecke, Abstand, senkrecht, parallel) angeknüpft, das Begriffswissen vertieft und der richtige Umgang mit den Werkzeugen weiter eingeübt. Gleichzeitig werden durch das angeleitete, schrittweise Ergänzen der Abbildung Merkmale herausgearbeitet und damit Strukturen sichtbar. So kann der (wachsenden) Zeichnung entnommen werden, dass die Verbindungsstrecken senkrecht auf der Spiegelachse stehen und durch diese genau halbiert werden, dass also Punkt und Bildpunkt denselben Abstand von der Spiegelachse haben. Durch diese Vorgehensweise werden Eigenschaften achsensymmetrischer Figuren weitgehend selbständig erforscht und erarbeitet, bekannte Begriffe in neuen Kontexten angewandt und neue Begriffe gebildet.

Aufgabe

Miss den Abstand von jedem Punkt bzw. Bildpunkt zur Spiegelachse und halte deine Ergebnisse in einer Tabelle fest. Was fällt dir auf? ◄

Durch die Ergebnissammlung in einer Tabelle lassen sich ohne großen Aufwand der *Heurismus des systematischen Probierens* und die heuristische Technik der *Tabelle* einführen bzw. reaktivieren, durch die ein strukturiertes und systematisches Vorgehen begünstigt wird und auf deren Grundlage die gewonnenen Daten analysiert und zur Ergebnissicherung herangezogen werden können. Der Vergleich zeigt rasch, dass Punkt und Bildpunkt denselben Abstand zur Spiegelachse haben, womit also eine weitere Eigenschaft achsensymmetrischer Figuren erarbeitet wurde. Die Tabelle stellt zudem die Begriffe und die darin gefassten Eigenschaften von Punkt und Bildpunkt sowie von Strecke und Bildstrecke in einen direkten Zusammenhang, so dass die strukturellen Merkmale systematisch erfasst und verinnerlicht werden können. Durch dieses (eigenaktive) Erforschen achsensymmetrischer Objekte werden die zugrunde liegenden Strukturen gezielt herausgearbeitet und damit sichtbar und bewusst gemacht, so dass Aussagen über die Eigenschaften des untersuchten Gegenstands getroffen werden können.

Um nun allgemeingültige Aussagen machen zu können, ist es notwendig, aus den erkannten Strukturen und Zusammenhängen der Einstiegsaufgabe allgemeine Gesetzmäßigkeiten abzuleiten. Dazu müssen weitere achsensymmetrische Figuren aus der Umwelt oder allgemeine Polygone erforscht werden, um die gewonnenen Erkenntnisse systematisch zu überprüfen. Denkbar wäre eine Sammlung verschiedener Abbildungen im Rahmen des Forscherheftes und damit verbundene Arbeitsaufträge. Durch die Wahl der Abbildungen und alternative Fragestellungen kann das Anforderungsniveau variiert werden, wie die nachfolgenden Beispiele verdeutlichen.

Inhalte der Problemlösebox und Merksatzbox erarbeiten

Aufgabe

Betrachte die folgende Abbildung und markiere die Spiegelachse g rot.

Zeichne nun die Verbindungsstrecken zwischen jedem Punkt und seinem Bildpunkt ein. Halte die Ergebnisse in einer Tabelle fest. Was fällt dir auf?

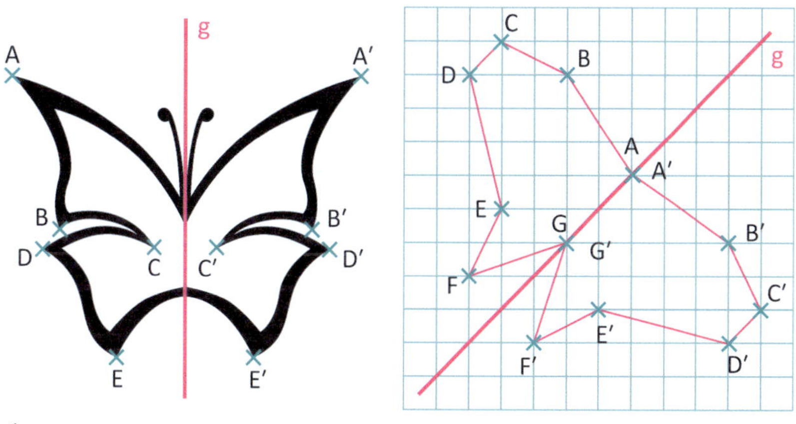

◄

Diese Aufgabe ist eng an die Einstiegsaufgabe angelehnt. Durch die vertikale bzw. schräg eingezeichnete Spiegelachse wird deutlich, dass 1) die Spiegelachse beliebig orientiert sein kann und 2) die Verbindungsstrecken zwischen Punkt und Bildpunkt davon unabhängig immer senkrecht auf der Spiegelachse stehen. Zudem werden zuvor gebildete Begriffe aufgegriffen, so dass Begriffswissen gefordert und strukturelle Gemeinsamkeiten zur Ausgangsaufgabe hergestellt werden.

Aufgabe

Die Abbildung zeigt eine sich spiegelnde Wasserburg und eine achsensymmetrische Figur mit einigen eingezeichneten Urpunkten und Bildpunkten.

Benenne die vorgegebenen Punkte sinnvoll. Zeichne die Verbindungsstrecken zwischen Urpunkten und ihren Bildpunkten. Zeichne auch die Spiegelachse ein. Wie gehst du vor? Welche Hilfsmittel hast du verwendet? Begründe deine Auswahl.

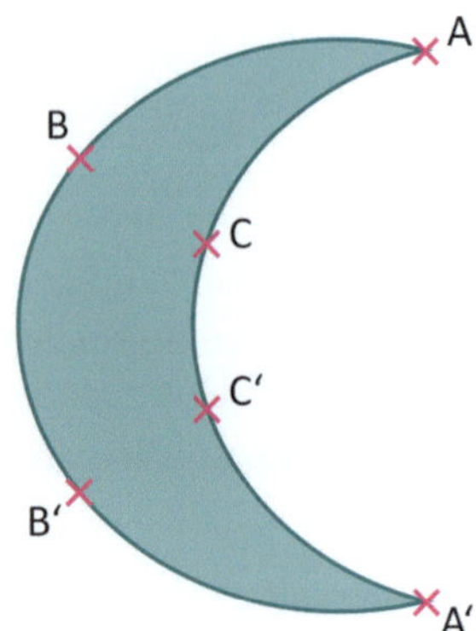

◀

Durch das Einzeichnen der Verbindungsstrecken zwischen Punkt und Bildpunkt wird noch einmal der Zusammenhang zwischen einander entsprechenden Punkten und ihrer Verbindungsstrecken zur Spiegelachse herausgearbeitet. Die Anordnung der Punkte lässt darüber hinaus eine wiederkehrende Struktur zu den vorausgegangenen Aufgaben erkennen.

Aufgabe

Die Figuren in der folgenden Abbildung sind achsensymmetrisch.

Finde ihre Spiegelachsen und zeichne sie ein. Wie gehst du dabei vor? (Vergleiche mit deinem Partner, ob ihr gleich gearbeitet habt.)

◀

Durch diese Aufgabe wird die Aufmerksamkeit auf weitere symmetrische Objekte gelenkt, die bei Spiegelung an der Spiegelachse in sich selbst übergehen. Im Gegensatz zu den vorherigen Aufgaben müssen hier Punkt und Bildpunkt selbständig ausgewählt werden.

Aufgabe

Sieh dir die nachfolgenden „Spiegelungen" genau an. Welche sind richtig, und bei welchen stimmt etwas nicht? Überlege, wie du deine Vermutung überprüfen kannst. Wie gehst du vor?

Tipp: Fertige eine Tabelle an. Welche Informationen würdest du dort eintragen?

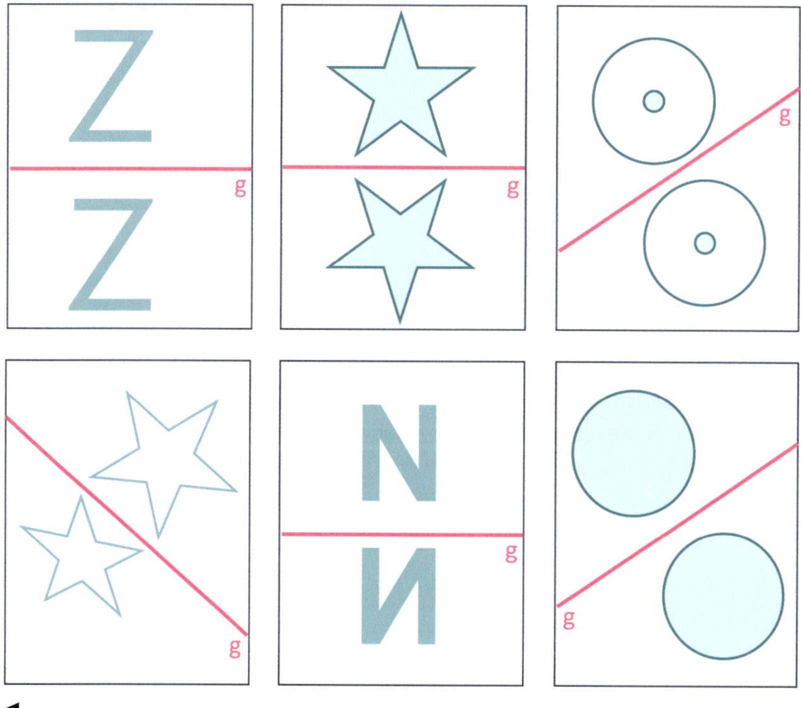

◄

Mit dieser Aufgabe soll das zuvor erworbene Wissen nun kritisch angewandt und die (echten) Spiegelungen zugrunde liegende Struktur sollen erkannt und gegebenenfalls sichtbar gemacht werden. Dabei wird der *Heurismus des systematischen Probierens* explizit angesprochen. Um die Frage nach der Richtigkeit der angebotenen „Spiegelungen" beantworten zu können, müssen die Eigenschaften achsensymmetrischer Figuren (unter Verwendung der mathematischen Fachsprache) systematisch überprüft werden, bis alle notwendigen Merkmale innerhalb der Objekte – oder zumindest so viele, bis ein klarer Widerspruch zu den geforderten Eigenschaften auftritt – erfasst und darauf aufbauend konkrete Aussagen gemacht werden können. Mit dem Tipp, eine Tabelle anzufertigen, wird noch einmal an ein planvolles und strukturiertes Vorgehen erinnert, und gleichzeitig werden die Bedeutung der Tabelle als heuristische Technik sowie der Heurismus des systematischen Probierens für eine erfolgreiche Problemlösung hervorgehoben.

Aufgabe

Spiegle die vorgegebenen Figuren an der Spiegelachse. Wie gehst du vor?

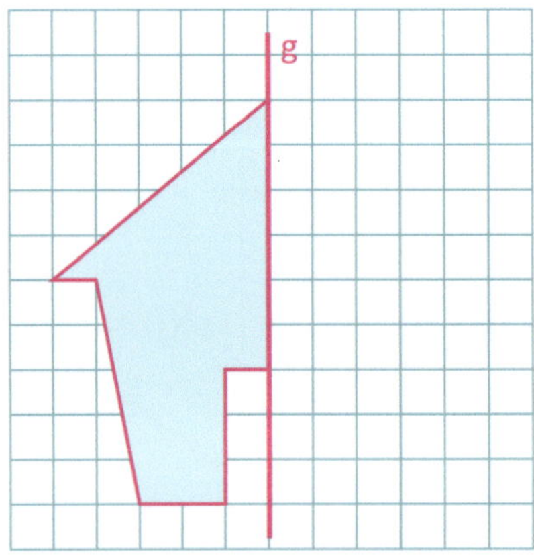

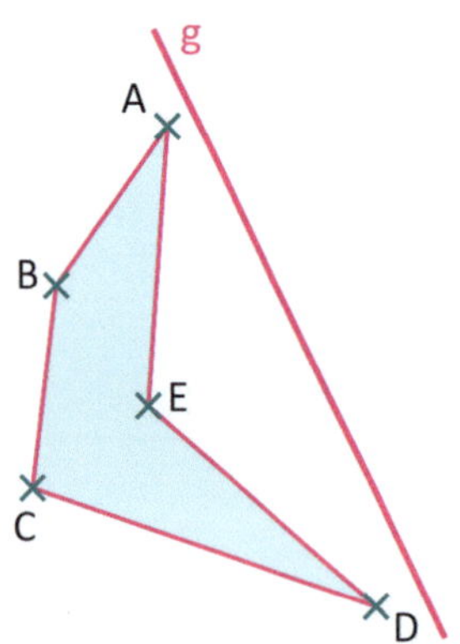

◄

Das Spiegeln der Figuren läuft nach dem Muster ab, das die Schülerinnen und Schüler in den Aufgaben zuvor entdeckt und analysiert haben, d. h., die Schüler besitzen die theoretischen Kenntnisse und praktischen Fähigkeiten, eine Achsenspiegelung selbständig durchzuführen, indem sie das zuvor erworbene Wissen über achsensymmetrische Figuren nun produktiv anwenden.

Aufgabe

Spiegle das Dreieck ABC. A' ist der Bildpunkt von A.

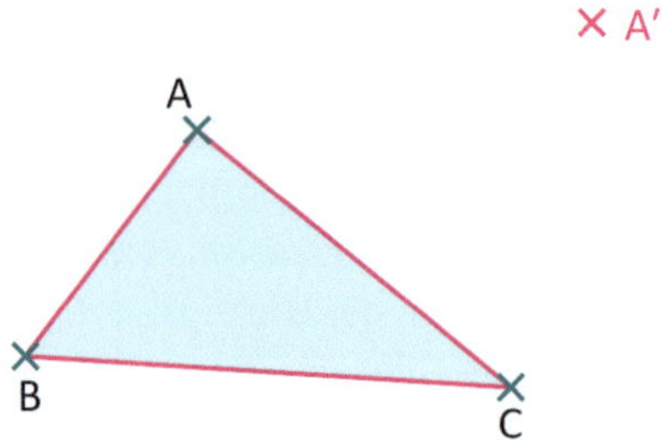

◄

Die Struktureigenschaften einer achsensymmetrischen Figur müssen nun vollständig selbständig erzeugt und alle Zusammenhänge, charakteristische Eigenschaften und Gesetzmäßigkeiten achsensymmetrischer Figuren in einer Aufgabe produktiv angewandt werden. Hier ist es insbesondere zwingend erforderlich, sich auch an Grundkonstruktionen wie die der Mittelsenkrechten einer Strecke, hier der zuvor selbst gezeichnete Strecke

$\overline{AA'}$, zurückzuerinnern. Die Aufgabe ist zudem an den *Heurismus des Rückwärtsarbeitens* angelehnt, der in diesem Zusammenhang thematisiert werden kann und sollte.

Durch solches Erforschen mehrerer achsensymmetrischer Figuren lassen sich strukturelle Eigenschaften nicht nur innerhalb einer Abbildung, sondern auch komparativ zwischen verschiedenen Abbildungen beobachten, so dass auch auf dieser Ebene der *Heurismus der Strukturnutzung* angesprochen wird, auf dessen Grundlage Verallgemeinerungen getroffen und Gesetzmäßigkeiten formuliert werden können. In den vorliegenden Beispielaufgaben können die Begriffe „Spiegelachse", „Achsensymmetrie", „achsensymmetrisch", „Urbild" und „Bild", „Urpunkt", „Bildpunkt" und „Strecke" erarbeitet und die Eigenschaften achsensymmetrischer Figuren systematisch erforscht und entdeckt werden. Durch die immer wiederkehrenden Strukturen in verschiedenen symmetrischen Abbildungen können Aussagen getroffen werden, die in der Merksatzbox und der Problemlösebox dokumentiert werden.

Die nachfolgenden Sätze sollen exemplarisch aufzeigen, wie die Dokumentation der so gewonnenen Erkenntnisse in der Merksatz- bzw. Problemlösebox erfolgen kann. Die Inhalte müssen sich in konkreter Ausgestaltung und Formulierung nach den im Unterricht durch die Schülerinnen und Schüler erarbeiteten Ergebnissen richten; daher ist zu erwarten, dass sie von den nachfolgenden Beispielaussagen in Art und gegebenenfalls auch im Umfang abweichen können.

Merksatzbox

- Eine Figur ist achsensymmetrisch, wenn sie bei einer Spiegelung an einer Geraden in sich selbst übergeht.
- Eine Figur wird an einer Achse gespiegelt, indem jedem Punkt der Figur ein Bildpunkt zugeordnet wird, wobei sich beispielsweise Folgendes beobachten lässt:
  1. Punkt und Bildpunkt liegen gleich weit von der Spiegelachse entfernt.
  2. Die Verbindungstrecke zwischen Punkt und Bildpunkt stehen senkrecht auf der Spiegelachse.
  3. Strecke und Bildstrecke schneiden die Spiegelachsen im selben Punkt und im selben Winkel.
  4. Urstrecke und Bildstrecke sind gleich lang.
  5. Urbilder und Bildfiguren haben in ihren Bezeichnungen einen umgekehrten Umlaufsinn.
  6. weitere Beobachtungen sind möglich

Parallel zu diesen fachmathematischen Inhalten wurden verschiedene Heurismen und heuristische Techniken eingeführt und genutzt. Um auch diese weiter auszubauen und für künftige Problemstellungen nutzen zu können, werden die für das Problemlösen relevanten Erkenntnisse und Vorgehensweisen in der Problemlösebox festgehalten.

Problemlösebox

Um Aussagen über Bilder und Figuren machen zu können, können diese untersucht werden, indem man

- Bezeichnungen einführt,
- besondere Punkte einzeichnet,
- Entfernungen zwischen besonderen Punkten misst und vergleicht,
- die Lage von Geraden beschreibt,
- Größe und Lage von Winkeln beschreibt,
- systematisch vorgeht, um Fehler zu vermeiden, und
- Tabellen nutzt, um das Vorgehen zu strukturieren.

Zwischenfazit

Es wurde gezeigt, dass und wie mithilfe von Forscheraufgaben wichtige Begriffe der Achsensymmetrie gebildet, die hinter den Begriffen stehenden Eigenschaften, Beziehungen zwischen diesen Eigenschaften sowie Beziehungen zwischen verschiedenen Begriffen hergestellt werden und auch der *Heurismus der Strukturnutzung*, der *Heurismus des systematischen Probierens* sowie die heuristische Technik *Anfertigen einer Tabelle* eingeführt oder vertieft werden können.

Um das Wissen zur Symmetrie und zugleich die nun erworbenen heuristischen Fähigkeiten weiter auszubauen, können punktsymmetrische Figuren in analoger Weise behandelt werden; im Anschluss und darauf aufbauend können auch Muster verglichen, vorgegebene Muster fortgesetzt oder eigene Muster hergestellt werden. Um ein gegebenes Muster fortzusetzen, müssen Regelmäßigkeiten erkannt und generativ umgesetzt werden, während der Vergleich von Mustern zusätzlich eine genaue Analyse der vorgegebenen Struktur erfordert. In beiden Fällen ist die Struktur von elementarer Bedeutung.

6.3.3 Ebene Figuren – Schwerpunkt Vierecke

In der Orientierungsstufe werden die aus der Grundschule erworbenen Kenntnisse über ebene Figuren und Körper weiterentwickelt, indem die Begriffsbildung auf spezielle Figuren und Körper ausgeweitet wird. Ziel ist es, ebene Figuren wie Rechteck, Quadrat, Parallelogramm, Raute, Trapez, Kreis und Dreiecke sowie die Grundkörper Quader und Würfel benennen, unter Verwendung der bereits erworbenen Grundbegriffe charakterisieren, sie in der Umwelt identifizieren und zeichnen zu können. Darüber hinaus werden Methoden zur Bestimmung von Umfang und Flächeninhalt ebener Figuren und Oberflächen und Volumina von Körpern entwickelt.

6.3.3.1 Geometrische Inhalte

In der Geometrie werden die zweidimensionale Ebene und der dreidimensionale Raum unterschieden, die allgemein als Punktmengen aufgefasst werden können, so dass eine

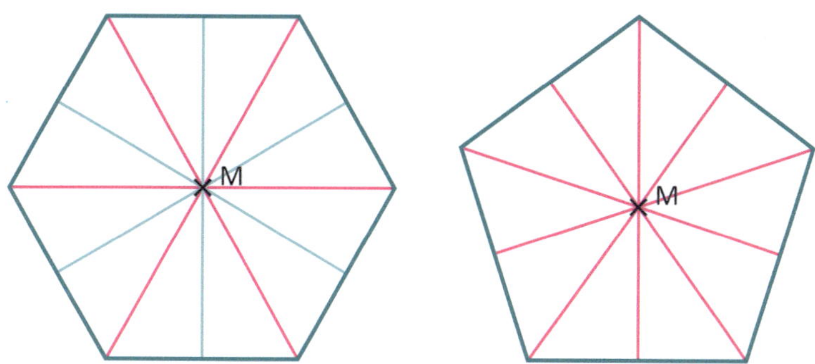

Abb. 6.9 Sechseck und Fünfeck mit eingezeichneten Symmetrieachsen

geometrische Figur als Teilmenge einer solchen Ebene beschrieben werden kann. Die Figurenklasse der Polygone erhält man, indem man mindestens drei nichtkollineare Punkte paarweise durch Strecken miteinander verbindet. Bei einem regelmäßigen Polygon sind alle Seiten kongruent zueinander, alle Innenwinkel gleich groß, und die Ecken liegen auf einem gemeinsamen Kreis, wobei benachbarte Ecken unter dem gleichen Mittelpunktswinkel erscheinen. Einfache regelmäßige Polygone sind stets konvex, und die Symmetriegruppe ist die Diedergruppe $\mathcal{D}_n$ der Ordnung $2\,n$, die aus genau n Drehungen und n Spiegelungen besteht. In einem regelmäßigen Polygon mit gerader Eckenzahl n gibt es insgesamt Symmetrieachsen, die entstehen, wenn jeweils gegenüberliegende Ecken durch eine Gerade miteinander verbunden werden, und weitere $\frac{n}{2}$ Symmetrieachsen, die durch die Verbindungsgerade der Mittelpunkte jeweils gegenüberliegender Seiten gegeben sind. Ist n ungerade, verlaufen alle Symmetrieachsen durch eine Ecke und den Mittelpunkt M der gegenüberliegenden Seite (Abb. 6.9). Jedes regelmäßige Polygon mit gerader Eckenzahl ist zudem punktsymmetrisch bezüglich seines Mittelpunktes.

Jedes Polygon mit n Ecken, $n > 3$, besitzt mindestens zwei Diagonalen. Die Diagonalen d eines n-Ecks verbinden zwei nicht benachbarte Ecken des Polygons miteinander, so dass jede Ecke mit genau $n - 3$ anderen Ecken durch Diagonalen verbunden werden kann. Die Gesamtzahl der Diagonalen in einem n-Eck ist gegeben durch $\frac{n(n-3)}{2}$.[1] Bei ungerader Eckenzahl entsteht durch die Diagonalen im Inneren ein Polygon, das ähnlich zu dem Ausgangspolygon ist (Abb. 6.10).

Polygone lassen sich bezüglich der Anzahl ihrer Ecken, ihrer Seiten-, Winkel-, Diagonalen- und Symmetrieeigenschaften sowie nach der Existenz von In- beziehungsweise Umkreis klassifizieren.

[1] Eine Figur heißt konvex, wenn die Verbindungsstrecke zweier Punkte der Figur stets innerhalb der Figur verläuft. Ein *Polygon* ist konvex, wenn die Verbindungsstrecke zwischen zwei beliebigen *Ecken* immer innerhalb des Polygons verläuft. Bei benachbarten Ecken ist diese Verbindungsstrecke identisch mit einer Seite des Polygons.

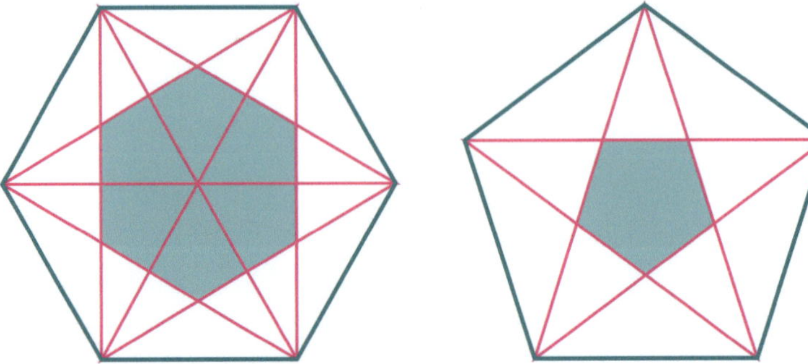

Abb. 6.10 Diagonalen im Sechseck und Fünfeck

Dreiecke

Dreiecke stellen die einfachste Polygonform dar und nehmen gleichzeitig eine Sonderrolle ein, da sich jedes konvexe Polygon durch seine Diagonalen stets wieder in die kleinste (gemessen an der Anzahl der paarweise miteinander verbundenen Punkte) Polygonform, nämlich in Dreiecke, zerlegen lässt. Dreiecke lassen sich nach dem Verhältnis der Lage der Seiten in gleichseitige, gleichschenklige oder unregelmäßige und nach den Winkeln in rechtwinklige (ein Winkel beträgt 90°), spitzwinklige (alle Winkel sind <90°) oder stumpfwinklige (ein Winkel ist >90°) Dreiecke einteilen. Die Innenwinkelsumme in einem planaren Dreieck beträgt stets 180°. Die Summe zweier Seiten ist immer größer als die Länge der dritten Seite, wie mittels der Dreiecksungleichung nachgewiesen werden kann.

Einfache regelmäßige Polygone mit drei Ecken bezeichnet man als gleichseitige Dreiecke. Gleichseitige Dreiecke haben drei gleich lange Seiten, die Innenwinkel betragen je 60°, und sie besitzen drei Symmetrieachsen, die mit den Höhen h, den Seitenhalbierenden s, den Mittelsenkrechten m und den Winkelhalbierenden w (der Innenwinkel) zusammenfallen und sich im Schwerpunkt S des Dreiecks schneiden.

Dreiecke mit zwei gleich langen Seiten bezeichnet man als gleichschenklig. Sie besitzen eine Symmetrieachse, die mit der Winkelhalbierenden w_c des von den beiden gleich langen Seiten des eingeschlossenen Winkels γ, der Höhe h_c, der Mittelsenkrechten m_c und Seitenhalbierende s_c zusammenfällt. Sind alle drei Seiten unterschiedlich lang und alle Winkel unterschiedlich groß, spricht man von einem unregelmäßigen Dreieck (Abb. 6.11).

Dreiecke werden zudem nach der Größe eines ihrer Innenwinkel als spitzwinklig, rechtwinklig oder stumpfwinklig klassifiziert (Abb. 6.12).

An und mithilfe von Dreiecken lassen sich zahlreiche geometrische Definitionen und Sätze herleiten. Trotz ihrer Sonderrolle werden Dreiecke in den untersuchten Schulbüchern der Orientierungsstufe nicht explizit oder nur oberflächlich behandelt. Zwar tauchen sie in zahlreichen Kontexten immer wieder auf, werden jedoch nicht systematisch vertieft. Aufgrund ihrer Sonderrolle werden Dreiecke in Form eines Ausblicks im Anschluss an das IHiMU-Arrangement zu Vierecken thematisiert (Abschn. 6.3.3.4).

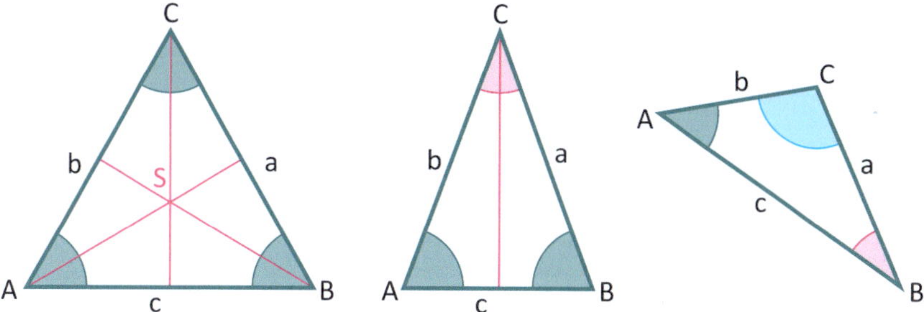

Abb. 6.11 Beispiel für ein gleichseitiges Dreieck mit eingezeichnetem Schwerpunkt *S*, Winkelhalbierenden, Symmetrieachsen, Höhe und Mittelsenkrechte (*links*) und ein gleichschenkliges Dreieck mit eingezeichneter Symmetrieachse, die zugleich eine Winkelhalbierende und Höhe ist (*Mitte*), sowie ein unregelmäßiges Dreieck mit drei verschiedenen Winkelgrößen und Seitenlängen (*rechts*)

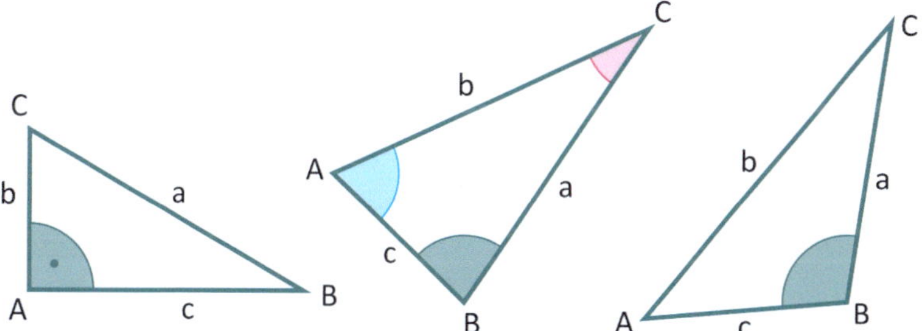

Abb. 6.12 Beispiele für ein rechtwinkliges (*links*), spitzwinkliges (*Mitte*) und stumpfwinkliges (*rechts*) Dreieck

Vierecke

Da in der Orientierungsstufe die Vierecke den Schwerpunkt des Themenbereichs ebene Figuren bilden und es unter anderem Ziel des Mathematikunterrichts sein sollte, die Zusammenhänge zwischen verschiedenen Viereckarten zu erkennen und ihre Eigenschaften zu verstehen, bezieht sich die heuristische Analyse in Abschn. 6.3.3.2 vorwiegend auf allgemeine Vierecke, die hier kurz betrachtet werden sollen. Beliebige Polygone mit vier Ecken nennt man Vierecke. Vierecke lassen sich nach verschiedenen Gesichtspunkten wie Symmetrieeigenschaften, der Länge ihrer Seiten, der Größe der Winkel, der Lage ihrer Seiten oder Diagonalen klassifizieren; sie können je nach Merkmalsauswahl im sogenannten Haus der Vierecke dargestellt und zueinander in Beziehung gesetzt werden. Ein Viereck ($n = 4$) besitzt gemäß der Formel $\frac{n(n-3)}{2}$ zwei Diagonalen. Jedes Viereck wird durch jede seiner Diagonalen in zwei Dreiecke zerlegt.

Quadrat, Rechteck, Parallelogramm und Raute

Ein Blick in die Schulbücher zeigt, dass Quadrate, Rechtecke, Parallelogramme und Rauten in nahezu allen Schulbüchern thematisiert werden, während Trapezen und Drachen eine eher geringe Bedeutung beigemessen wird. Aus diesem Grund liegt der Schwerpunkt

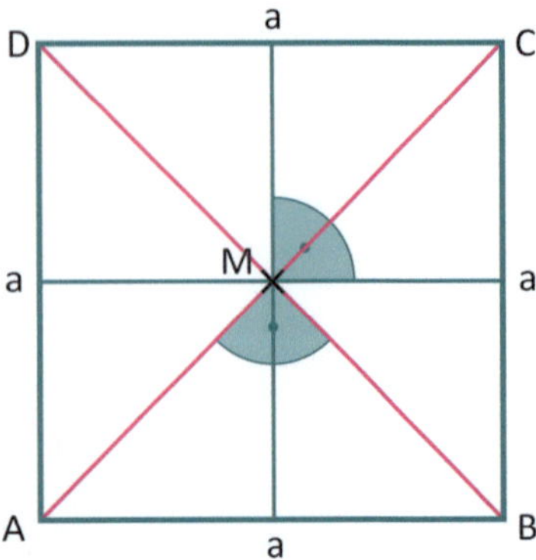

Abb. 6.13 Quadrat mit eingezeichneten Symmetrieachsen

des IHiMU-Arrangements und der fachlichen Kurzbetrachtung an dieser Stelle auf Quadrat, Rechteck, Parallelogramm und Raute.

▶ **Quadrat** Regelmäßige Polygone mit vier Ecken werden als Quadrate bezeichnet. Sie stimmen in der Länge aller vier Seiten und der Größe aller Winkel überein. Die beiden Diagonalen sind gleich lang, halbieren einander, stehen senkrecht aufeinander und stimmen mit den Winkelhalbierenden der Winkel $\sphericalangle(DAB)$ und $\sphericalangle(BCD)$ überein. Ein Quadrat besitzt vier Symmetrieachsen, von denen zwei den Diagonalen und die anderen beiden den Mittelsenkrechten der Strecken $\overline{AB}$ und $\overline{BC}$ entsprechen. Das Quadrat ist punktsymmetrisch zum Mittelpunkt M (Abb. 6.13).

▶ **Rechteck** Ein Polygon mit vier Ecken und vier rechten Winkeln heißt Rechteck; gegenüberliegende Seiten sind gleich lang, beide Diagonalen sind gleich lang und halbieren einander.

Das Rechteck ist punktsymmetrisch bezüglich des Diagonalenschnittpunktes (Drehzentrum Z). Ein Rechteck besitzt zwei Symmetrieachsen, die mit den Mittelsenkrechten der Strecken $\overline{AB}$ und $\overline{BC}$ übereinstimmen und damit senkrecht aufeinanderstehen (Abb. 6.14).

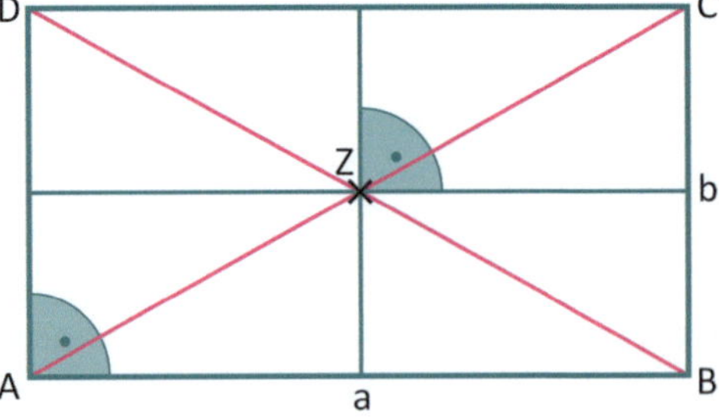

Abb. 6.14 Rechteck mit eingezeichneten Diagonalen, Mittelsenkrechten und Symmetrieachsen

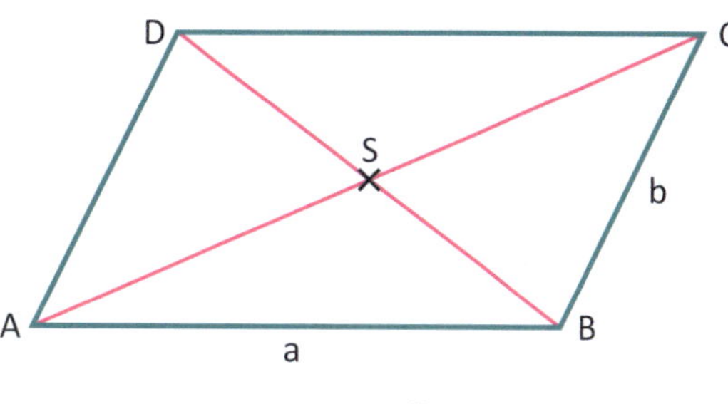

Abb. 6.15 Parallelogramm mit eingezeichneten Diagonalen

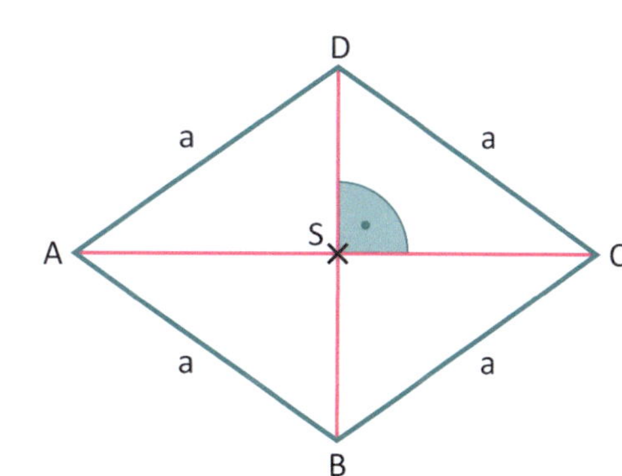

Abb. 6.16 Raute mit eingezeichneten Diagonalen

▶ **Parallelogramm** Ein Viereck, bei dem die gegenüberliegenden Seiten parallel zueinander sind, nennt man Parallelogramm. In einem Parallelogramm sind gegenüberliegende Seiten gleich lang und gegenüberliegende Winkel gleich groß. Die Summe zweier benachbarter Winkel beträgt 180°. Die Diagonalen des Parallelogramms halbieren einander, und jede teilt das Parallelogramm in zwei kongruente Dreiecke. Das Parallelogramm ist punktsymmetrisch bezüglich seines Diagonalenschnittpunktes S (Abb. 6.15).

▶ **Raute** Ein Viereck, bei dem alle Seiten gleich lang, gegenüberliegende Seiten parallel und gegenüberliegende Winkel gleich groß sind, nennt man Raute oder Rhombus. Die beiden Diagonalen stehen senkrecht aufeinander und halbieren einander. Die Raute ist achsensymmetrisch bezüglich ihrer beiden Diagonalen und punktsymmetrisch zum Diagonalenschnittpunkt S. Jeder Innenwinkel wird durch eine Diagonale halbiert. Benachbarte Winkel ergänzen sich zu 180°Grad (Abb. 6.16).

Ähnlichkeit

Da im nachstehenden IHiMU-Arrangement zum Thema *Ebene Figuren – Schwerpunkt Vierecke* der Begriff der Ähnlichkeit an verschiedenen Stellen Anwendung findet, soll für das weitere Verständnis eine kurze Begriffserläuterung gegeben werden.

In der Geometrie sind zwei Figuren F_1 und F_2 ähnlich zueinander, wenn es eine Ähnlichkeitsabbildung aus der Verkettung einer zentrischen Streckung mit einer Kongruenzabbildung (Verschiebung, Drehung, Spiegelung) gibt, bei der F_1 auf F_2 abgebildet wird. Man spricht von einer zentrischen Ähnlichkeit, wenn Figur F_1 durch eine zentrische Streckung auf Figur F_2 abgebildet werden kann. Ähnliche Figuren stimmen bezüglich des

Längenverhältnisses einander entsprechender Seiten überein, und einander entsprechende Winkel sind gleich groß.

Neben dieser geometrischen Sicht gibt es aber auch eine allgemeine, nichtmathematische Sicht, die für das nachfolgende Arrangement ebenfalls eine wichtige Rolle spielt. Danach wird unter Ähnlichkeit die Beziehung zwischen zwei oder mehreren Objekten verstanden, die bezüglich einer oder mehrerer, jedoch nicht in all ihren Eigenschaften oder (äußeren) Merkmalen übereinstimmen. Je mehr Eigenschaften oder Merkmale den Objekten gemeinsam sind, desto „ähnlicher" sind sie. Stimmen die zu vergleichenden Objekte in all ihren Eigenschaften überein, spricht man von gleichen bzw. identischen Objekten.

6.3.3.2 Heuristische Analyse

Vierecke lassen sich auf sehr viele verschiedene Weisen nach ihren Eigenschaften definieren und im Haus der Vierecke systematisieren. Die Klassifikation der Vierecke erfolgt dabei nach verschiedenen Merkmalen wie nach Art, Anzahl und Lage der Seiten, Winkel und Diagonalen, nach vorhandenen Symmetrien oder auch nach der Anzahl der notwendigen Bestimmungsstücke. In den untersuchten Schulbüchern findet überwiegend (wenn überhaupt) eine Klassifizierung nach Lage der Seiten statt. Ob es sich hierbei um eine sinnvolle Anordnung oder um eine für die Orientierungsstufe vermeintlich besonders geeignete Klassifizierung handelt, bleibt offen.

Es kann und sollte jedoch nicht Ziel des Mathematikunterrichts sein, Vierecke isoliert und primär mit Blick auf ihre jeweiligen Eigenschaften zu betrachten und zu definieren. Der Fokus sollte vielmehr darauf liegen, die Zusammenhänge, also verbindende wie unterscheidende Merkmale, zwischen verschiedenen Viereckarten zu erkennen und Vierecke unabhängig von ihrer Form und Lage als solche identifizieren zu können. Möchte man die Eigenschaften eines Vierecks verstehen, muss man sich Klarheit über seinen strukturellen Aufbau verschaffen. Mithilfe des Heurismus der Strukturnutzung und der damit verbundenen Analyse lassen sich die Strukturmerkmale von Vierecken erfassen, auf ihrer Grundlage Zusammenhänge herstellen, charakteristische Eigenschaften ableiten und schließlich (eigene) Definitionen formulieren. Das Haus der Vierecke, in dem die Vierecke hierarchisch angeordnet werden, veranschaulicht diese Systematik.

Um die große Anzahl verschiedener Strukturmerkmale zu überschauen und um konkrete Aussagen über die gewonnenen Erkenntnisse zu machen, kann die *Tabelle* als heuristische Technik in Kombination mit dem *Heurismus des systematischen Probierens* angewandt werden. Ein systematisches Vorgehen, bei dem jedes Viereck auf bestimmte strukturelle Eigenschaften hin überprüft oder variiert wird, kann (weitestgehend) sicherstellen, dass alle relevanten Figuren erfasst und einer angemessenen Überprüfung unterzogen werden.

Neben dem *Heurismus der Strukturnutzung* und dem *Heurismus des systematischen Probierens* kann in Zusammenhang mit den ebenen Figuren insbesondere auch der *Heurismus der Affinität* eingeführt oder reaktiviert werden. Dabei steht eine problemlösende Vorgehensweise im Mittelpunkt, bei der bereits gelöste Probleme auf ihre Ähnlichkeit oder strukturelle Vergleichbarkeit zu einem neuen Problem hin betrachtet und zur systematischen Planung und Durchführung der Problemlösung herangezogen werden (Abschn. 5.3.2.1). Ist ein Viereck strukturell erfasst, können mithilfe des *Heurismus der Affinität* weitere Viereckarten darauf aufbauend analysiert, entwickelt, klassifiziert und definiert werden.

6.3.3.3 IHIMU-Arrangement

Es gibt viele verschiedene Wege, ebene Figuren allgemein und Vierecke im Speziellen in der Orientierungsstufe einzuführen. Um neben dem zu vermittelnden Fachwissen auch die Heuristik möglichst umfassend anzusprechen, sollen hier Forscheraufgaben ebenfalls das zentrale Gestaltungselement des Unterrichts sein, so dass die Eigenschaften der Vierecke selbständig erforscht und entdeckt werden, Regelmäßigkeiten erkannt, Zusammenhänge hergestellt und erste eigenen Definitionen hergeleitet werden können. In Zusammenhang mit den Vierecken sollen die Heurismen der Strukturnutzung, der Affinität und des systematischen Probierens sowie die heuristische Technik *Anfertigen einer Tabelle* Anwendung finden.

Wie oben erläutert lässt sich das Haus der Vierecke nach verschiedenen Ordnungskriterien aufbauen. Die Anordnung erfolgt dabei entweder nach der Art, Anzahl oder Lage der Seiten, der Größe und Lage der Winkel, der Lage der Diagonalen, den Symmetrieeigenschaften oder nach der Anzahl der Bestimmungsstücke. In der Regel wird die Hierarchie im Haus der Vierecke nur in eine Richtung aufgebaut, und zwar meist absteigend, vom Besonderen zum Allgemeinen. Ebenso gut kann aber auch der umgekehrte Weg vom Allgemeinen zum Besonderen gewählt werden, damit Veränderungen der Eigenschaften erfasst und Zusammenhänge zwischen den Eigenschaften hergestellt werden können. Das nun folgende IHiMU-Arrangement zeigt eine Möglichkeit auf, mit der die Eigenschaften der Vierecke über einen forschend-entdeckenden Ansatz im Rahmen problemlösender Tätigkeit eigenständig erarbeitet werden können, so dass eine Ordnung der Vierecke nach individuell gewählten Kriterien erfolgen kann.

Es wird davon ausgegangen, dass zum Zeitpunkt der Bearbeitung die Begriffe – und die hinter den Begriffen stehenden Eigenschaften und Zusammenhänge – senkrecht, parallel, rechter Winkel, Abstand, Punktsymmetrie und Achsensymmetrie – bekannt sind und die Problemlösebox mit ersten Vermerken über den *Heurismus der Strukturnutzung* und den *Heurismus des systematischen Probierens* sowie über *Tabellen* als heuristisches Hilfsmittel zur Verfügung steht.

Forscheraufgaben

Die Schüler erhalten unter der Themenüberschrift „Alles Vierecke?!“ verschiedene Karten, auf denen Strecken(züge) abgebildet sind, und den folgenden Arbeitsauftrag:

Aufgabe

Auf den Karten sind einige der Seiten von Vierecken versehentlich ausradiert worden.

Ergänze jedes der Bilder so, dass wieder ein Viereck entsteht. Nutze dazu ein Lineal oder Geodreieck. Zeichne die fehlenden Seiten mit einem andersfarbigen Stift ein.

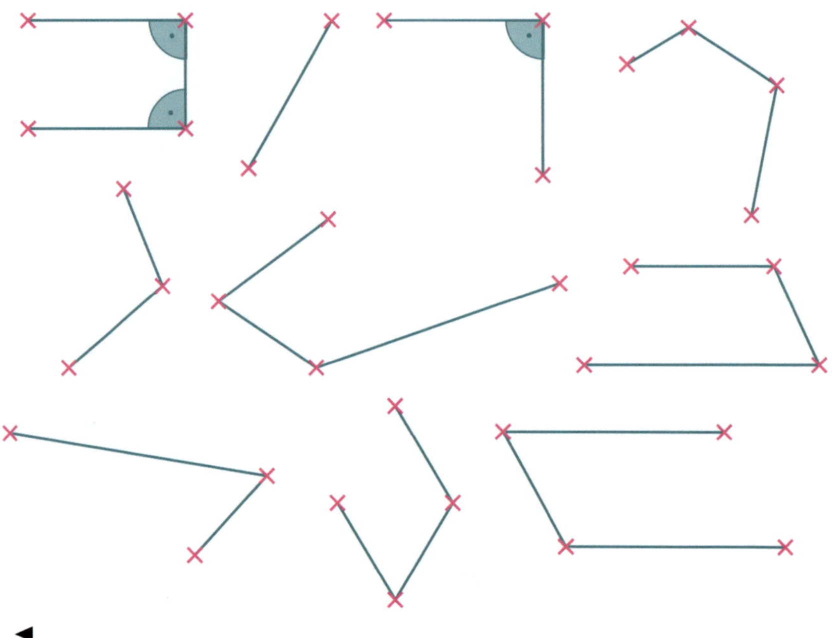

◀

Statt wie sonst oft üblich, die Eigenschaften und die Definitionen der Vierecke vorzugeben, rückt bei dieser Vorgehensweise der generative Aspekt in den Mittelpunkt: Die Eigenschaften unterschiedlicher Vierecke werden durch die zeichnerisch-umsetzende Erfassung und die Nutzung struktureller Merkmale Schritt für Schritt erarbeitet. Gleichzeitig wird an zuvor erworbenes Wissen angeknüpft und der Umgang mit Lineal und Geodreieck gefördert. Um ein Problembewusstsein zu schaffen und den Systematisierungsprozess anzuregen oder zu unterstützen, kann sich folgende Aufgabe anschließen:

Aufgabe

Vergleiche deine Ergebnisse mit deinem Nachbarn. Welche eurer Vierecke sind gleich, welche unterscheiden sich? Ordnet die Vierecke nach „sind gleich" und „sind verschieden".

Vergleicht nun die beiden Gruppen. Was fällt euch auf? Gibt es eine Regel? ◀

Durch die Arbeit mit einem farbigen Stift fällt der Blick unweigerlich darauf, dass ein Viereck eindeutig bestimmt werden konnte, wenn nur eine einzige Seite zu ergänzen war.

Es lässt sich daher schnell erkennen, dass die Anzahl vorgegebener Strecken darüber entscheidet, ob es eine eindeutige Lösung gibt, ein entsprechendes Viereck zu zeichnen oder nicht. Die Karten, auf denen drei Strecken gegeben sind, können eindeutig zu einem Viereck ergänzt werden, während in allen anderen Fällen beliebige (frei wählbare) Vierecke entstehen.

Durch das darauffolgende Ordnen wird eine erste Klassifizierung vorgenommen, ohne die determinierenden Eigenschaften vorzugeben. Nach dem Sortieren liegen diejenigen Vierecke zusammen, bei denen drei Seiten gegeben waren. Vierecke, die aus nur ein oder zwei gegebenen Seiten konstruiert wurden, unterscheiden sich hingegen zwischen den Schülern.

Aufgabe

Alles Vierecke, aber ... ? Manche Vierecke sehen sich ähnlicher als andere. Warum ist das so?

Legt die Vierecke, die euch besonders ähnlich scheinen, zu Gruppen zusammen. Wie viele verschiedene Gruppen erhaltet ihr am Ende? ◄

Es wird eine weitere, nun engere Klassifizierung vorgenommen, bei der aber die Strukturmerkmale, nach denen geordnet wird, frei wählbar sind. Die Schüler sollen sich (diskursiv) mit den unterschiedlichen Viereckarten auseinandersetzen und eigene, für sie individuell bedeutsame Unterscheidungsmerkmale auswählen. Mit dieser Forscheraufgabe wird der *Heurismus der Strukturnutzung* explizit angesprochen, bei dem das Auffinden von Strukturen im Zentrum der Betrachtung steht (Abschn. 5.3.2). Gleichzeitig erfolgt eine Differenzierung, da die Anzahl der zugrunde gelegten Merkmale von den Schülern selbst gewählt wird. Durch die Arbeit mit losen und auch unbeschrifteten Viereckkärtchen wird verhindert, dass den Vierecken eine bestimmte Lage vorgegeben wird. Stattdessen lassen sich die Vierecke drehen, so dass ein umfassender, multiperspektivischer Vergleich möglich wird. Durch den Begriff der Ähnlichkeit wird der *Heurismus der Affinität* implizit angesprochen und der Blick erneut auf strukturelle Gemeinsamkeiten und Unterschiede gelenkt. Je nachdem, welches Strukturmerkmal für die Schüler in seiner Bedeutung hervorsticht, kann eine Klassifikation nach der Länge der Seiten, ihrer Lage zueinander oder nach der Größe der Winkel erfolgen.

Es spielt an dieser Stelle noch keine Rolle, nach welchen Kriterien diese Einteilung erfolgt, da hier zunächst die strukturellen Gemeinsamkeiten und Unterschiede im Vordergrund stehen sollen und nicht die charakterisierenden Eigenschaften der definierten Vierecktypen.

Aufgabe

Schreibt die Gemeinsamkeiten, nach denen ihr die Vierecke sortiert habt, in die Tabelle[2] ein.

Gemeinsamkeiten	Gruppe 1: Kartennummer	Gruppe 2: Kartennummer	...
Zwei gleich lange Seiten			
Vier gleich lange Seiten			
...			

◄

Mit dieser Forscheraufgabe wird der Blick auf die strukturellen Gemeinsamkeiten der Vierecke gelenkt, die mithilfe von Fachbegriffen beschrieben werden. So wird an vorhandenes Wissen angeknüpft, und es erfolgt eine erneute, genauere Klassifizierung, die sich an den Gemeinsamkeiten orientiert. Gleichzeitig wird durch diese Vorgehensweise der *Heurismus des systematischen Probierens* angesprochen, der sich in der planmäßigen Suche nach gleich langen oder parallelen Seiten, nach senkrecht aufeinanderstehenden Seiten oder der Anzahl rechter Winkel zeigt. Die *Tabelle* dient als Strukturierungshilfe und unterstützt das systematische Vorgehen, so dass der *Heurismus des systematischen Probierens* sowie die *Tabelle* als hilfreich und zielführend erfahren werden.

Da nicht davon ausgegangen werden kann, dass alle Schüler die Gemeinsamkeiten vollständig und unter Verwendung der Fachbegriffe erfasst haben, schließt die folgende Aufgabe an:

Aufgabe

Nehmt für die weitere Bearbeitung eure Problemlösebox zu Hilfe.

Findet weitere gemeinsame Eigenschaften zwischen den Figuren und ergänzt eure Tabellen. Wie geht ihr vor?

Lassen sich die Vierecke in andere Gruppen einteilen?

Tipp: Nehmt das Geodreieck als Winkelmesser oder zum Finden paralleler oder senkrechter Seiten zu Hilfe. ◄

Mithilfe dieser Aufgabe soll die obige Tabelle bezüglich der strukturellen Merkmale von Vierecken vervollständigt und weitere charakteristische Eigenschaften der einzelnen Vierecke herausgearbeitet werden.

Durch den Einsatz der Problemlösebox werden die bis zu diesem Zeitpunkt darin enthaltenen Heurismen – allen voran der *Heurismus der Strukturnutzung* und der *Heurismus des systematischen Probierens* – reaktiviert, vertieft und erweitert (Abschn. 6.3.2). Gleichzeitig sollen damit die Nützlichkeit und Anwendbarkeit der dort festgehaltenen

[2] Welche Inhalte in dieser Tabelle bereits eingetragen sind oder ob auf Vorgaben verzichtet werden kann, hängt von der Art der Lerngruppe ab und kann außerdem gezielt als weiteres differenzierendes Instrument verwendet werden.

Vorgehensweisen für die Bearbeitung neuer Problemstellungen vermittelt werden. Die Problemlösebox enthält zu diesem Zeitpunkt Handlungsschritte, die unter anderem dem *Heurismus der Strukturnutzung* zugeordnet sind und die auf die vorliegende Problemstellung übertragen werden können. Hierzu zählen neben dem allgemeinen Auffinden oder Erzeugen von Strukturen das Einführen von Bezeichnungen, das Einzeichnen von besonderen Punkten, die Abstandsbestimmung zwischen zwei Punkten, die Lage von Geraden beziehungsweise Seiten zueinander und das Verhältnis der Winkel untereinander. Mithilfe der Box lassen sich nun die Vierecke nach weiteren Strukturmerkmalen analysieren und ordnen. Der Hinweis, das Geodreieck zu nutzen, kann insbesondere für schwächere Schüler hilfreich sein, da auf diese Weise bestimmte Strukturmerkmale indirekt vorgegeben werden und so eine Entlastung stattfindet.

Die Schüler haben zu diesem Zeitpunkt die verschiedenen strukturellen Merkmale der Vierecke Schritt für Schritt selbständig erarbeitet sowie erste eigene Klassifizierungen vorgenommen und Zusammenhänge hergestellt. In einem weiteren Schritt werden die gewonnenen Erkenntnisse unter Verwendung der mathematischen Fachsprache präzisiert und systematisiert, um darauf aufbauend tragfähige Definitionen formulieren zu können.

Aufgabe

Lies dir die nachfolgende Tabelle sorgfältig durch und überlege, welche Vierecke die dort beschriebenen Merkmale besitzen. Trage dazu die entsprechenden Zahlen auf den Karten in die freie Spalte ein.

Strukturmerkmale	Kartennummer
Alle Seiten sind gleich lang.	
Jeweils gegenüberliegende Seiten sind gleich lang.	
Genau zwei Seiten sind gleich lang.	
Je zwei (Paar) benachbarte(r) Seiten sind gleich lang.	
Jeweils gegenüberliegende Seiten sind parallel.	
Genau zwei Seiten sind parallel.	
Alle benachbarten Seiten stehen senkrecht aufeinander.	
Gegenüberliegende Winkel sind gleich groß.	
...	

Auch hier tritt die Tabelle als Werkzeug in Erscheinung, durch das die maßgeblichen Informationen vollständig, übersichtlich und nach bestimmten Kriterien angeordnet werden können. Darüber hinaus wird so erneut ein systematisches Vorgehen gewährleistet, da alle Viereckkärtchen mit den aufgeführten Merkmalen nacheinander abgeglichen werden können. Zudem erhalten die Schüler auf diese Weise einen Überblick über die Vielzahl charakteristischer Merkmale, auf deren Grundlage (weitere) konkrete Aussagen getroffen werden können. So belegt die Tabelle beispielsweise, dass ein Viereck über mehrere charakteristische Merkmale verfügt und dass unterschiedliche Vierecke einzelne gleiche Strukturmerkmale aufweisen können.

Ein weiterer Vorteil dieser Darstellungsform ist die problemlose Erweiterungsmöglichkeit der Tabelle um weitere Eigenschaften. Mithilfe der Tabelle lassen sich die Vierecke nach unterschiedlichen Gesichtspunkten wie nach der Länge der Seiten, der Lage der Seiten, nach der Winkelgröße oder nach ihren Symmetrieeigenschaften gruppieren und schließlich im Haus der Vierecke anordnen. Darüber hinaus können mithilfe der Informationen aus der Problemlöse- sowie der Merksatzbox die dort bereits erarbeiteten und dokumentierten Eigenschaften achsensymmetrischer Figuren auf die Vierecke übertragen werden, so dass die Symmetrieeigenschaften von Vierecken als eine weitere Merkmaleigenschaft in der Tabelle berücksichtigt werden können.

Zur weiterführenden Differenzierung und besonders auch zur Förderung begabter Schülerinnen und Schüler könnten zusätzliche Begriffe wie der der Diagonalen, des In- oder Umkreises ergänzt werden, auf deren Grundlage sich die Vierecke nach weiteren Merkmalen analysieren und ordnen lassen.

Mit der nächsten Forscheraufgabe werden schließlich die Fachbegriffe eingeführt und Definitionen formuliert.

Aufgabe

Ordne die Viereckkärtchen der passenden Definitionen zu. Trage dazu die jeweiligen Kartennummern in die freie Spalte ein.

Definition	Kartennummer
Ein Viereck, bei dem alle vier Seiten gleich lang sind und benachbarte Seiten senkrecht aufeinanderstehen, nennt man Quadrat.	
Ein Viereck mit vier gleich langen Seiten nennt man Raute.	
Ein Viereck, bei dem benachbarte Seiten senkrecht aufeinanderstehen, nennt man Rechteck.	
Ein Viereck, bei dem benachbarte Seiten senkrecht aufeinanderstehen und gegenüberliegende Seiten parallel zueinander sind, nennt man Rechteck.	
Ein Viereck, bei dem benachbarte Seiten senkrecht aufeinanderstehen und gegenüberliegende Seiten parallel zueinander und gleich lang sind, nennt man Rechteck.	
...	

◄

Nachdem die Strukturmerkmale untersucht und erfasst, die Zusammenhänge zwischen den Figuren hergestellt und charakteristische Eigenschaften abgeleitet wurden, werden auf dieser Basis die geometrischen Fachbegriffe eingeführt und tragfähige Definitionen formuliert. Die Schüler erfahren, dass geometrische Termini durch exakt beschreibbare Merkmale charakterisiert werden, nachdem sie die Beziehungen und Zusammenhänge zwischen den verschiedenen Begriffen bereits selbst hergestellt haben.

Die ausgefüllte Tabelle zeigt, dass es je nach zugrunde gelegtem Merkmal verschiedene Definitionen gibt, durch die ein Viereck mehr oder weniger eindeutig bestimmt wird. Gleichzeitig werden die Beziehungen zwischen den Begriffen noch einmal verdeutlicht, insbesondere dann, wenn eine Definition so formuliert wurde, dass sie verschiedene Vierecke unter sich vereint. Fasst man hingegen bestimmte Strukturmerkmale zusammen, kann jedes Viereck eindeutig bestimmt werden, wie die nachfolgende Aufgabe zeigt:

Aufgabe

1. Konstruiere ein Viereck, bei dem alle vier Seiten gleich lang sind und benachbarte Seiten senkrecht aufeinanderstehen.
2. Konstruiere ein Viereck, bei dem alle vier Seiten gleich lang sind.

Vergleiche deine Ergebnisse mit deinem Nachbarn. Was fällt euch auf? ◄

Bevor abschließend eindeutige Definitionen formuliert werden, sollen die Schüler noch einmal dafür sensibilisiert werden, dass die Wahl bestimmender Merkmale entscheidend für die Tragfähigkeit und Eindeutigkeit einer Definition ist. Je weniger (eindeutige) Merkmale zur Beschreibung herangezogen werden, desto mehr Lösungsmöglichkeiten gibt es.

Aufgabe

Finde eine passende und möglichst genaue Definition[3] zu den abgebildeten Vierecken. Überprüfe die Genauigkeit deiner Definition, indem du deinen Nachbarn ein Viereck nach deinen Angaben zeichnen lässt.

Tipp: Nutze die Ergebnisse aus der vorherigen Aufgabe.

Eigene (eindeutige) Definition	Viereck
Ein Viereck, bei dem alle vier Seiten gleich lang sind und benachbarte Seiten senkrecht aufeinanderstehen, nennt man Quadrat.	Quadrat
Ein Viereck, bei dem alle Seiten gleich lang und jeweils gegenüberliegenden Winkel gleich groß sind, nennt man Raute.	Raute
Ein Viereck, bei dem benachbarte Seiten senkrecht aufeinander stehen, jeweils gegenüberliegende Seiten parallel zueinander und gleich lang sind, nennt man Rechteck.	Rechteck
...	...

Mit der Formulierung eigener und „eindeutiger“ Definitionen soll verdeutlicht werden, dass eine Definition von der Wahl ihrer Strukturmerkmale abhängig ist und ein Viereck unterschiedlich definiert werden kann.

[3] Die in der Tabelle aufgeführten Definitionen sind nur exemplarisch zu sehen. Ein derart „minimalistisches“ Vorgehen ist jedoch keineswegs erforderlich. Art und Umfang richten sich nach den im Unterricht erworbenen Inhalten.

In diesem Zusammenhang kann der *Heurismus der Affinität* explizit angesprochen, eingeführt oder reaktiviert werden, bei dem bereits gelöste Probleme auf ihre Ähnlichkeit oder strukturelle Vergleichbarkeit zu einem neuen Problem hin untersucht werden, die schließlich zu einer systematischen Planung und Durchführung der Problemlösung herangezogen werden (Abschn. 5.3.2). Durch die Tabellen als immer wiederkehrende Darstellungsform wurde innerhalb dieses Themenbereichs ein systematisches und strukturiertes Arbeiten gefördert, so dass dieses Vorgehen auch auf die vorliegende Aufgabe übertragen werden kann. Darüber hinaus wurden Kenntnisse über die Strukturmerkmale von Vierecken erworben, Beziehungen zwischen diesen hergestellt und Zusammenhänge in Form von Gemeinsamkeiten und Unterschieden zwischen den Vierecken erkannt und beschrieben.

Auf diesen Kenntnissen aufbauend kann nun der Vergleich vorliegender Abbildungen Lösungsideen liefern. Durch das Herausarbeiten struktureller Gemeinsamkeiten und Unterschiede der abgebildeten Figuren können die fehlenden Definitionen aus bereits vorliegenden abgeleitet werden. Durch den zusätzlich konstruktiven Aspekt wird nicht nur die Eindeutigkeit der Definitionen überprüft, sondern auch die „augenscheinliche" Ähnlichkeit zwischen den Figuren noch einmal herausgearbeitet.

Merksatzbox

In der Merksatzbox werden die erarbeiteten mathematischen Inhalte in Form von Definitionen, Sätzen oder Eigenschaften festgehalten, so dass auf diese zu einem späteren Zeitpunkt bzw. in anderen Sachkontexten zurückgegriffen und die Inhalte entsprechend ergänzt werden können. Welche Eigenschaften und Definitionen tatsächlich am Ende in der Merksatzbox dokumentiert werden, richtet sich nach der jeweiligen Schwerpunktsetzung und den innerhalb einer Unterrichtseinheit erarbeiteten Inhalte und kann somit in der Umsetzung von diesem Beispiel abweichen. Die nachfolgend aufgeführten Inhalte sind somit keinesfalls bindend, sondern sollen vielmehr einige der möglichen Formulierungen für die Merksatzbox zeigen:

- Ein Viereck, bei dem alle Seiten gleich lang sind und benachbarte Seiten senkrecht aufeinanderstehen, nennt man Quadrat.
- Ein Viereck mit vier gleich langen Seiten und einem rechten Winkel nennt man Quadrat.
- Ein Viereck mit drei rechten Winkeln und zwei gleich langen Diagonalen nennt man Quadrat.
- Ein Viereck mit gleich langen sich rechtwinklig halbierenden Diagonalen nennt man Quadrat.
- Ein Quadrat ist ein Rechteck mit vier gleich langen Seiten.

Parallel zu den fachmathematischen Inhalten wurden auch verschiedene Heurismen und heuristische Techniken thematisiert, deren Kernelemente in der Problemlösebox festgehalten werden.

Problemlösebox
Vierecke besitzen verschiedene Strukturmerkmale, nach denen sie charakterisiert und klassifiziert werden können. Man kann Vierecke voneinander unterscheiden und eindeutig benennen, indem man

- die Lage der Seiten, Diagonalen oder Symmetrieachsen beschreibt (parallel/senkrecht zueinander),
- die Länge der Seiten bestimmt und miteinander vergleicht,
- die Anzahl gleicher Lagebeziehungen (wie viele Seiten sind gleich lang/parallel/senkrecht) bestimmt und miteinander vergleicht,
- die Anzahl und Lage gleicher Winkel bestimmt,
- systematisch vorgeht, um Fehler zu vermeiden, und
- Tabellen nutzt, um das Vorgehen zu strukturieren.

Es wurde gezeigt, dass und wie mithilfe von Forscheraufgaben Vierecke in ihrer Struktur erfasst, miteinander verglichen und nach individuellen Gesichtspunkten hierarchisch angeordnet werden können. Darüber hinaus wurde ein Weg aufgezeigt, mit dem Fachbegriffe eingeführt und gebildet, die hinter den Begriffen stehenden Eigenschaften, Beziehungen zwischen diesen Eigenschaften sowie Beziehungen zwischen verschiedenen Begriffen hergestellt und Definitionen eigenständig formuliert werden können. Auch wurden Möglichkeiten vorgestellt, den *Heurismus der Strukturnutzung*, den Heurismus des systematischen Probierens, den Heurismus der Affinität sowie die heuristische Technik *Anfertigen einer Tabelle* einzuführen oder zu vertiefen. Um das Wissen über Vierecke und zugleich die hier erworbenen heuristischen Fähigkeiten weiter auszubauen, können auf dieselbe Weise andere Figurenklassen wie Dreiecke oder auch geometrische Körper thematisiert werden.

6.3.3.4 Ausblick: Dreiecke

Dreiecke spielen in der ebenen (euklidischen) Geometrie eine besondere Rolle, da mithilfe von Dreiecken als einfachstem Polygon zahlreiche geometrische Definitionen und Sätze hergeleitet werden können und sich zudem jedes beliebige Vieleck in Dreiecke zerlegen lässt. Trotz dieser Sonderrolle und der Tatsache, dass Dreiecke laut Lehrplan NRW bereits für die Orientierungsstufe vorgesehen sind, werden sie in den untersuchten Schulbüchern nicht explizit erwähnt oder nur am Rande behandelt. Dass Dreiecke sich bereits in der Orientierungsstufe thematisieren lassen und ebenso wie die ebenen Vierecke Anknüpfungspunkte zur Heuristik liefern, soll im Folgenden nur kurz gezeigt werden.

Das hier vorgestellte IHiMU-Arrangement zum Thema *Vierecke* lässt sich problemlos auf Dreiecke übertragen, indem das gleiche unterrichtskonzeptionelle Vorgehen wie bei den Vierecken angewandt wird: eine Strukturanalyse der Dreiecke, die sich in dem Vergleich der Länge der Seiten, der Lage und Größe der Winkel sowie in der Anzahl gleich langer Seiten zeigt. Analog zu den Forscheraufgaben zu den Vierecken kann auch hier mit der Ergänzung fehlender Dreiecksseiten zu vollständigen Dreiecken begonnen werden, die anschließend miteinander verglichen und nach verschiedenen Strukturmerkmalen geordnet und schrittweise klassifiziert werden, so dass abschließend darauf aufbauend tragfähige Definitionen für gleichschenklige, gleichseitige, rechtwinklige und beliebige Dreiecke formuliert werden können.

Neben dem Aufbau angemessener Begriffsvorstellungen, dem Erwerb von Kenntnissen über die charakteristischen Eigenschaften von Dreiecken, den Beziehungen zwischen diesen Eigenschaften und den Beziehungen zwischen gleichschenkligen, gleichseitigen, rechtwinkligen und beliebigen Dreiecken sowie der Aneignung von Fähigkeiten, Probleme zu lösen und Konstruktionen durchzuführen, können auch hier die Heurismen der Strukturnutzung, des systematischen Probierens, der Affinität sowie die heuristische Technik der Tabelle vielfache Anwendung finden. Im Anschluss an die nun erworbenen Kenntnisse kann gezeigt werden, dass sich jedes Viereck aus zwei Dreiecken zusammensetzt, und der Begriff der Diagonalen kann auf dieser Grundlage als weiteres Strukturmerkmal ebener Vierecke eingeführt werden.

6.3.3.5 Ausblick: Körper

Überall in unserer dreidimensionalen Welt begegnen wir Figuren und geometrischen Körpern, die sich in ihrer Funktion, Farbe, Form, Größe und in ihrer materiellen Beschaffenheit voneinander unterscheiden. Um Körper in der Umwelt als solche zu erkennen und zu identifizieren, müssen wir sie abstrahieren, indem wir die geometrischen Eigenschaften der Objekte erfassen. So ist es unter anderem Aufgabe des Geometrieunterrichts, den dreidimensionalen Anschauungsraum zu erschließen, um Objekte aus der Umwelt beschreiben, charakterisieren und nach bestimmten Eigenschaften klassifizieren zu können.

Auch wenn die Analogien zwischen ebenen Figuren und geometrischen Körpern offensichtlich sind und diese auch durch die Anordnung der Themen in den untersuchten Schulbüchern hergestellt werden, so zeigt sich dennoch, dass der Behandlung von Körpern insgesamt eine eher geringe Bedeutung beigemessen wird. Dabei können Körper, ähnlich wie die ebenen Figuren, nach unterschiedlichen Strukturmerkmalen wie Anzahl der Ecken, Kanten, Flächen und nach der Art ihrer Begrenzungsflächen klassifiziert und geordnet werden. Der *Heurismus der Affinität* spielt dabei eine zentrale Rolle, der unter anderem als Suche nach strukturellen Gemeinsamkeiten mit bereits gelösten Aufgaben in Erscheinung tritt, so dass sich die im IHiMU-Arrangement beschriebenen Vorgehensweisen zur mathematischen Erschließung ebener Figuren auf die der Körper übertragen lässt.

Der *Heurismus der Affinität* (teils im Verbund mit der heuristischen Technik der *De- und Rekonstruktion*) findet weiterhin Anwendung, wenn Lösungsideen über die strukturierte Suche nach ähnlichen, bereits gelösten Problemen gefunden werden, so dass konkrete Aussagen über den Sachverhalt getroffen werden können, etwa wenn die ermittelten Eigenschaften eines Quadrats auf den Würfel übertragen werden und damit ein Zusammenhang zwischen der ebenen Figur und dem geometrischen Körper hergestellt wird.

Diese Einsicht kann an späterer Stelle auf die Flächen- und Volumenberechnung übertragen werden: Dass die geometrischen Körper in einem direkten Zusammenhang mit den ebenen Figuren stehen, zeigt sich insbesondere bei der Oberflächenbestimmung, bei der die Grund-, Deck-, Seiten- und Mantelflächen der Körper als ebene Figuren identifiziert werden, aus denen sich die Körpernetze zusammensetzen. So kann zu einem späteren Zeitpunkt die Flächeninhaltsberechnung in Beziehung zur Oberflächeninhaltsberechnung geometrischer Körper gesetzt werden und diese ermöglichen.

Es ist erkennbar, dass durch die hier umrissene Verknüpfung der beiden mathematischen Inhaltsbereiche nicht nur Wissen erworben, miteinander vernetzt und damit ein tragfähiges Begriffswissen aufgebaut wird, das auf weitere Inhalte übertragen werden kann, sondern dass auch die zuvor erworbenen Heurismen der Strukturnutzung, der Affinität und des systematischen Probierens sowie die heuristische Technik *Anfertigen einer Tabelle* reaktiviert bzw. vertieft werden können. Wird dies im Unterricht tatsächlich umgesetzt, treten der Nutzen und die vielfältigen Anwendungsmöglichkeiten sowie die übergeordnete Bedeutung heuristischer Arbeitsweisen – auch in den Augen der Schüler – deutlich hervor, und die heuristische Perspektive auf mathematisches Handeln rückt allzeit weiter in den Mittelpunkt.

6.3.4 Flächeninhaltsberechnung von Vierecken

Nachdem ebene Figuren wie Rechteck, Quadrat, Parallelogramm, Raute, Trapez und Dreiecke eingeführt, charakterisiert, klassifiziert und definiert wurden, werden Methoden zur Bestimmung von Umfang und Flächeninhalt ebener Figuren entwickelt. Laut Lehrplan NRW sollen bis zum Ende der Orientierungsstufe Umfang und Flächeninhalt von Rechtecken, Dreiecken, Parallelogrammen und daraus zusammengesetzten Figuren geschätzt und bestimmt werden können.

Da der Schwerpunkt der unterrichtlichen Behandlung auf den Flächeninhalten liegt und die Umfangsberechnung in der Regel geringere Schwierigkeiten bereitet, sollen hier die Flächeninhalte näher beleuchtet werden.

6.3.4.1 Geometrische Inhalte

Das Thema *Flächeninhalt (und Umfang)* ist ein Themenkomplex, der das Curriculum von der Grundschule, über die Sekundarstufe I bis zur Oberstufe spiralförmig durchzieht.

Beginnend bei den in der Grundschule gemachten Erfahrungen zum qualitativen und quantitativen Flächenvergleich werden die bereits erworbenen Verfahren weiter ausgebaut und in der Sekundarstufe I mithilfe arithmetischer und algebraischer Kenntnisse ausgeweitet und vertieft, bevor sie in der Sekundarstufe II schließlich in die Integralrechnung münden. Während in der Grundschule lediglich komparative Flächeninhaltsbestimmungen, aber noch keine Berechnungen durchgeführt werden, findet in der Orientierungsstufe die für die Flächeninhaltsberechnung notwendige Verknüpfung von Geometrie und Arithmetik statt, indem der Fläche einer geometrischen Figur eine Maßzahl zugeordnet wird, so dass eine Beziehung zwischen den Zahlen einerseits und den geometrischen Objekten andererseits hergestellt wird. Bevor in der Konzeptdarstellung (Abschn. 6.3.4.2) ein

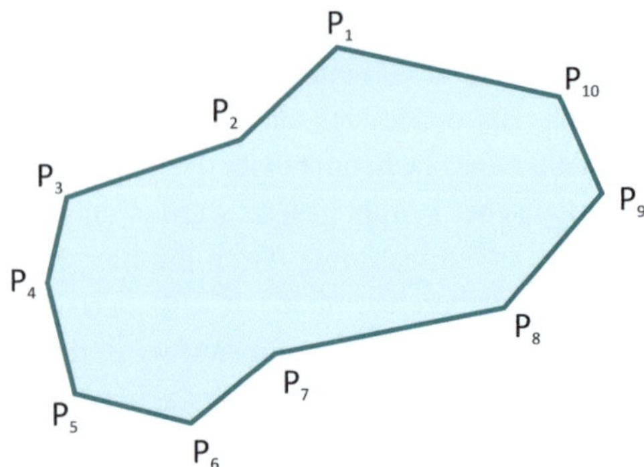

Abb. 6.17 Polygon mit eingezeichnetem geschlossenem Polygonzug

Weg aufgezeigt wird, wie Flächeninhaltsvergleich sowie Herleitung der Flächeninhaltsformeln für Rechtecke, Parallelogramme und Dreiecke unter heuristischen Gesichtspunkten vollzogen werden können, werden nun die hierfür grundlegenden fachmathematischen Aspekte kurz erläutert.

Die Figurenklasse der Polygone erhält man, indem mindestens drei nichtkollineare Punkte durch einen Streckenzug miteinander verbunden werden, dessen Anfangs- und Endpunkt zusammenfallen, wodurch ein geschlossener Streckenzug entsteht. Das umschlossene Gebiet, einschließlich des Polygonzugs selbst, nennt man Polygon. Die Strecken zwischen zwei benachbarten Punkten werden als Seiten bezeichnet, und die Punkte sind die Ecken des Polygons (Abb. 6.17).

Der Umfang eines Polygons ist durch die Summe der Längen seiner Seiten gegeben. Sind alle Seiten gleich lang und alle Innenwinkel gleich groß, spricht man von einem regelmäßigen Polygon (Abschn. 6.3.3). Die Anzahl der Ecken bestimmt den Namen des Polygons (Dreieck, Viereck, Fünfeck etc.). Dreiecke stellen die Polygonform mit geringstmöglicher Eckenanzahl dar. Durch iteratives Einfügen von Diagonalen lässt sich jedes Polygon vollständig triangulieren. Der Flächeninhalt eines Polygons kann aus der Summe der Flächeninhalte seiner durch Triangulation erzeugten Dreiecke bestimmt werden. Der Flächeninhalt A eines allgemeinen Dreiecks, von dem eine Seite und die Höhe h_{a} bekannt sind, berechnet sich nach der Formel

$$A = \frac{1}{2} a \cdot h_{\mathrm{a}} \, .$$

Der Flächeninhalt ist das Maß für die Größe einer Fläche und ist durch eine positive, reelle Maßzahl und Maßeinheit gegeben. Bevor der Flächeninhalt eines Polygons durch eine Maßzahl angegeben wird, erfolgt eine stufenweise Erschließung des Flächeninhaltsbegriffs durch den direkten und indirekten Flächenvergleich.

Ausgangspunkt bildet der unmittelbare Flächenvergleich, bei dem Flächen durch Aufeinanderlegen verglichen werden, wobei das Prinzip einer Ordnungsrelation unter Beachtung der Transitivität und der Antisymmetrie zur Anwendung gebracht wird. Lassen sich Flächen nicht unmittelbar durch Aufeinanderlegen vergleichen, werden sie zur Überprüfung ihrer Flächeninhaltsgleichheit in paarweise kongruente Teilfiguren zerlegt (Zerlegungsgleichheit) oder durch ihrerseits paarweise kongruente Figuren zu zerlegungsgleichen Figuren ergänzt (Ergänzungsgleichheit). Zerlegungsgleiche und ergänzungsgleiche Figuren besitzen den gleichen Flächeninhalt, gehorchen damit dem Prinzip der Flächeninvarianz und werden als inhaltsgleich oder flächeninhaltsgleich bezeichnet. Das Prinzip der Flächeninvarianz ist für die Herleitung der Flächeninhaltsformeln von Vielecken von elementarer Bedeutung.

In einem nächsten Schritt wird durch das Auslegen zweier Figuren mit gleichartigen (kongruenten), *ungenormten Repräsentanten* ein indirekter, nicht maßeinheitsgebundener, aber quantitativer Flächenvergleich durchgeführt. Abschließend wird durch den indirekten Vergleich mit nunmehr *standardisierten Repräsentanten* der Begriff des Flächeninhalts als Maß für eine Größe etabliert und ein genormter Repräsentant festgelegt. Für den genormten Repräsentanten wird ein Quadrat mit der Seitenlänge 1 LE und einem Flächeninhalt von 1 LE^2 zugrunde gelegt und als *Einheitsquadrat* bezeichnet. Durch das Auslegen einer Figur mit Einheitsquadraten wird der Flächeninhalt durch die Anzahl der in ihr enthaltenen Einheitsquadrate bestimmt. Die Maßzahl gibt die Anzahl der Einheitsquadrate an, die zum Auslegen der Figur benötigt werden. Die Flächenmaßeinheit richtet sich nach der Längeneinheit des jeweils verwendeten Einheitsquadrats: Je nach Kontext werden sinnvollerweise größere oder kleinere Flächenmaßeinheiten wie Quadratkilometer, Hektar, Ar, Quadratdezimeter, Quadratzentimeter oder Quadratmillimeter verwendet. Sämtliche Flächenmaßeinheiten lassen sich ineinander umrechnen.

Flächeninhaltsformel von Rechteck und Parallelogramm

Die Flächeninhaltsformel für die Berechnung des Flächeninhalts eines Rechtecks leitet sich aus dem Auslegen (Parkettieren) der Rechteckfläche mit Einheitsquadraten ab.

Dieser ergibt sich aus der Gesamtzahl aller Einheitsquadrate und berechnet sich aus der Multiplikation der Anzahl der Einheitsquadrate in der Länge l mit der Anzahl der Reihen in der Breite b multipliziert mit dem Flächeninhalt des Einheitsquadrats – für den vorliegenden Fall also $A = 8 \cdot 4 \cdot 1\,\mathrm{LE}^2$ (Abb. 6.18). Die Flächeninhaltsformel für Rechtecke ist allgemein (sofern bei der Längeneinheit LE der Zentimeter gewählt wurde) gegeben durch die Formel:

$$A = l \cdot b \cdot 1\,\mathrm{cm}^2\ .$$

Um den Flächeninhalt eines Parallelogramms zu bestimmen, wird diese Figur auf die bereits bekannte Rechteckfigur durch eine einfache Zerlegung und Zusammensetzung zurückgeführt, so dass die Flächeninhaltsformel für Parallelogramme hergeleitet werden kann.

Jedes Parallelogramm, dessen Höhe innerhalb des Parallelogramms liegt, lässt sich in ein flächengleiches Rechteck transformieren, indem die Höhe h des Parallelogramms durch Fällen des Lotes von einem Eckpunkt auf die gegenüberliegende Seite (in Abb. 6.19 von Punkt B auf die Seite a) eingezeichnet wird, so dass ein Dreieck (hier ΔBCE) entsteht. Durch Abtrennen des Dreiecks (ΔBCE) und Wiederanfügen auf der gegen-

Abb. 6.18 Herleitung der Flächeninhaltsformel für Rechtecke durch Auslegen mit Einheitsquadraten

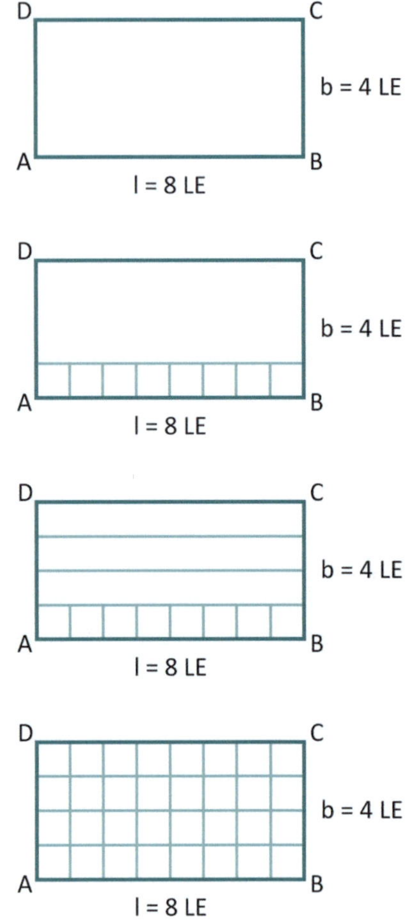

überliegenden Seite entsteht ein zum Parallelogramm flächeninhaltsgleiches Rechteck, bei dem die Länge l der Grundseite a und die Breite b der Höhe h des Parallelogramms entspricht. Der Flächeninhalt A des Parallelogramms ist somit gegeben durch:

$$A = a \cdot h_{\mathrm{a}} \,.$$

Flächeninhalt von Dreiecken

Ähnlich wie die Flächeninhaltsformel für Parallelogramme mithilfe des Zerlegens und Zusammensetzens auf die Flächeninhaltsformel für Rechtecke zurückgeführt und dadurch bestimmt werden kann, kann über das Ergänzen die Flächeninhaltsformel für Dreiecke hergeleitet werden. Da in einem Rechteck jede Diagonale dieses in zwei kongruente, rechtwinklige Dreiecke zerlegt, folgt im Umkehrschluss, dass sich zwei kongruente, rechtwinklige Dreiecke stets zu einem Rechteck ergänzen (Abb. 6.20). Dabei entsprechen die

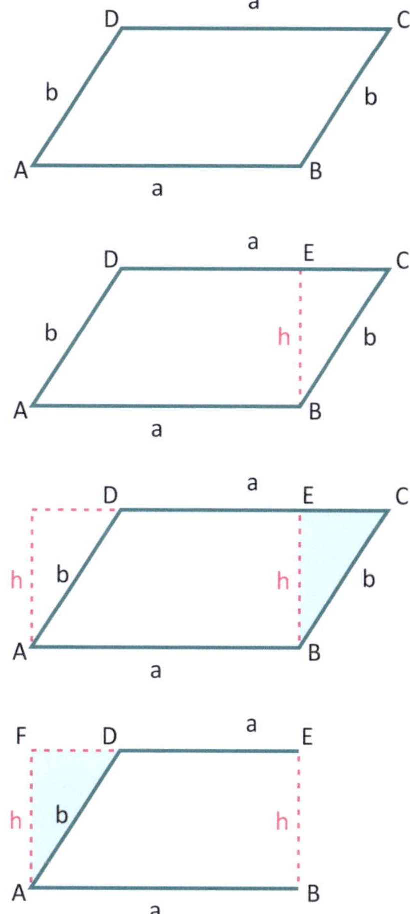

Abb. 6.19 Herleitung der Flächeninhaltsformel für Parallelogramme durch Zerlegen und Zusammensetzen zu einem Rechteck

beiden Katheten des Dreiecks der Länge l beziehungsweise Breite b des Rechtecks, und die Hypotenuse entspricht der Rechteckdiagonalen d. Der Flächeninhalt des so entstandenen Rechtecks ist doppelt so groß wie der des Dreiecks, den es zu ermitteln gilt. Der Flächeninhalt eines rechtwinkligen Dreiecks ist somit gegeben durch:

$$A = \frac{1}{2} l \cdot b \ .$$

Der Flächeninhalt nicht rechtwinkliger Dreiecke kann ebenfalls über die Ergänzung auf den eines Rechtecks zurückgeführt werden.

Dazu wird eine Höhe h des Dreiecks eingezeichnet, durch die das Dreieck in zwei rechtwinklige Teildreiecke zerlegt wird. Damit kann das oben erläuterte Prinzip für rechtwinklige Dreiecke erneut angewandt werden: Durch Anfügen (identischer) Teildreiecke an das ursprüngliche Dreieck kann dieses zu einem Rechteck ergänzt werden (Abb. 6.21).

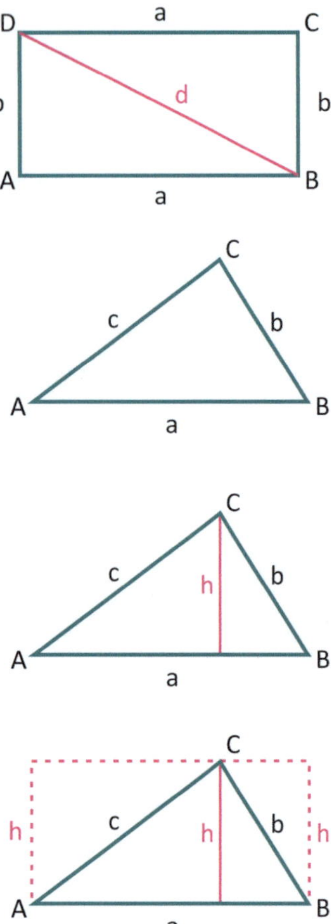

Abb. 6.20 Rechteck mit eingezeichneter Diagonale

Abb. 6.21 Herleitung der Flächeninhaltsformel für beliebige Dreiecke durch Ergänzung zu einem Rechteck

Der Flächeninhalt des so entstandenen Rechtecks ist doppelt so groß, wie der des zu bestimmenden Dreiecks. Dabei entspricht die Grundseite a des Dreiecks der Länge l des zugehörigen Rechtecks und die Höhe h_a des Dreiecks der Breite b des Rechtecks, so dass der Flächeninhalt des Dreiecks durch die Formel $A = \frac{1}{2}a \cdot h_a$ gegeben ist.

6.3.4.2 Heuristische Analyse

Ob Wände streichen oder tapezieren, Fliesen oder Teppich legen, das Dach decken, den Garten einzäunen oder einen See umrunden – überall im täglichen Leben werden wir direkt oder indirekt mit Flächen und Umfängen konfrontiert. Dabei genügt es oftmals nicht, die Flächen nach bestimmten Eigenschaften miteinander zu vergleichen oder zu klassifizieren, sondern es gilt, bestimmte Eigenschaften durch ein Maß quantitativ absolut zu beschreiben, um mit ihnen operieren zu können.

Ziel des Mathematikunterrichts sollte es sein, die verschiedenen Verfahren zum Flächeninhaltsvergleich, deren Nutzen, Anwendbarkeit, aber auch deren Grenzen herauszuarbeiten, um daraus die Notwendigkeit der Flächeninhaltsberechnung zu begründen und auf diese Einsicht gründend Formeln herzuleiten. Des Weiteren muss ein tragfähiges Begriffswissen aufgebaut werden, indem Einsichten in die hinter den Begriffen stehenden Merkmale und Strukturen gewonnen und Beziehungen zwischen den Begriffen und ihren Eigenschaften hergestellt werden.

Bereits in der Grundschule werden Flächen mit Blick auf ihre „Größe" direkt (durch direktes Aufeinanderlegen oder durch Zerlegen und Zusammensetzen) oder auch indirekt (durch das Auslegen mit Einheitsformen) miteinander verglichen. Diese Verfahren werden in der Orientierungsstufe aufgegriffen, vertieft und um die Flächeninhaltsberechnung erweitert. Die Handlung an konkreten Objekten spielt dabei eine wichtige Rolle, da durch sie eine angemessene, zunächst intuitive Vorstellung des Flächeninhaltsbegriffs entscheidend unterstützt wird, indem die wesentlichen Eigenschaften des Begriffs auf enaktiver Ebene erfasst und der Begriff aus der Handlung heraus entwickelt wird (Abschn. 6.3.1).

Zerlegt man zum Zwecke des Flächeninhaltsvergleichs zwei (oder mehr) Flächen in paarweise kongruente Teilflächen, wird nicht nur der Flächeninhaltsvergleich ermöglicht, sondern es wird auch einer der Grundgedanken der heuristischen Technik *De- und Rekonstruktion* angesprochen (Abschn. 5.3.1.4). Mithilfe dieser heuristischen Technik wird allgemein eine komplexe Problemstellung mittels Dekonstruktion in mehrere Teilprobleme zerlegt, so dass das Gesamtproblem überschaubarer wird oder strukturelle Gemeinsamkeiten zu bekannten und bereits gelösten Problemen sichtbar werden.

Das Zerlegen einer Figur in kongruente Teilfiguren kann als die einfachste Form der Dekonstruktion gesehen werden, durch die ein direkter und quantitativer Flächeninhaltsvergleich ermöglicht wird. Im Rahmen der Flächeninhaltsberechnung und der Herleitung entsprechender Formeln wird diese Technik erneut aufgegriffen, um die Rekonstruktion erweitert und führt auf den *Heurismus der Affinität.* Während die Rekonstruktion in dem vorliegenden Zusammenhang als das Zusammenfügen von Teilfiguren zu einem Ganzen gesehen werden kann, manifestiert sich der *Heurismus der Affinität* in der strukturierten Suche nach ähnlichen, bereits gelösten Problemen oder nach strukturellen Gemeinsamkeiten mit bereits gelösten Aufgaben. Die strukturellen Gemeinsamkeiten können sich auf die Vorgehensweise, die Darstellungsform, die Fragestellung oder andere strukturelle Merkmale einer Aufgabe beziehen. Ein solcher Perspektivwechsel ermöglicht mitunter, die vorliegenden Daten in einen anderen Repräsentationsmodus zu transformieren, der weitere Lösungsideen eröffnet (Abschn. 5.3.2). Der *Heurismus der Affinität* kann im Zusammenhang mit dem Themenfeld der Flächeninhaltsberechnung besonders effektiv eingesetzt werden, da mit seiner Hilfe Einsichten in die hinter den Formeln stehenden Zusammenhänge gewonnen und Beziehungen zwischen den ebenen Figuren einerseits und den zugehörigen Flächeninhaltsformeln andererseits hergestellt werden können. So lässt sich die Flächeninhaltsformel für Parallelogramme (durch Zerlegung und Zusammensetzen) auf die eines Rechtecks zurückführen.

Die heuristische Technik der *De- und Rekonstruktion* spielt in diesem Themenfeld eine besonders große Rolle, da sie hier enaktiv durch das aktive Schneiden (Dekonstruieren) und Zusammensetzen (Rekonstruieren) ikonisch durch die zeichnerische Darstellung derselben Handlungen und symbolisch durch die entsprechenden Berechnungen ganzer Flächen- oder Teilflächeninhalte eingesetzt und vollzogen werden kann, ohne dabei den Sinnzusammenhang im wahrsten Sinne des Wortes aus den Augen zu verlieren.

Das Wechselspiel zwischen heuristischer Technik *De- und Rekonstruktion* und *Heurismus der Affinität* kann bei der Flächeninhaltsberechnung zusammengesetzter Figuren vielfach zu einer erfolgreichen Problemlösung beitragen. Dabei wird die komplexe Ausgangsfigur mittels Dekonstruktion in bereits bekannte Teilfiguren zerlegt, so dass der Flächeninhalt jeder dieser Teilfiguren berechnet werden kann. Die auf diese Weise gewonnenen Teilergebnisse werden anschließend mithilfe der Rekonstruktion wieder zusammengefügt. Der Flächeninhalt der Ausgangsfigur entspricht der Summe der Flächeninhalte aller Teilflächen. Alternativ kann die Ausgangsfigur auch zerlegt und zu einer Figur, deren Flächeninhaltsformel bereits bekannt ist, zusammengefügt werden.

Obwohl die Idee des Zerlegens und Ergänzens im Schulunterricht durchaus Anwendung findet, fehlt der Hinweis, dass es sich nicht um ein nur auf den Flächeninhaltsvergleich oder die Flächeninhaltsberechnung anzuwendendes Verfahren handelt, sondern um eine heuristische, allgemein anwendbare problemlösende Vorgehensweise, die auf eine Vielzahl von Problemsituationen, auch außerhalb der Geometrie, zielführend übertragen werden kann.

Bei der Flächeninhalts- und Umfangsberechnung kann neben der heuristischen Technik *De- und Rekonstruktion* auch die heuristische Technik *Anfertigen einer Tabelle* in Kombination mit dem *Heurismus des systematischen Probierens* reaktiviert werden. Mithilfe von Tabellen lassen sich komplexe Sachverhalte strukturieren, auf die Kernaussagen reduzieren und übersichtlich darstellen, so dass bestimmte Aspekte in den Vordergrund rücken, auf deren Grundlage Beziehungen erkannt, Zusammenhänge hergestellt und schließlich Aussagen getroffen werden können. Gleichzeitig wird durch diese Darstellungsweise ein systematisches Vorgehen gefördert, bei dem alle relevanten Informationen berücksichtigt werden. Wie in Abschn. 6.3.4.3 zu sehen sein wird, lassen sich Tabellen auf vielfältige Weise in Auseinandersetzung mit der hier vorliegenden Thematik sinnvoll und sinnstiftend einsetzen.

Während der Flächeninhaltsvergleich auch in der Orientierungsstufe meist umfassend und auch auf enaktiver Ebene behandelt wird, erfolgt die Einführung der Flächeninhaltsberechnung meist auf der Grundlage von Abbildungen, Definitionen, Erläuterungen und Musteraufgaben, wodurch das Lernen durch Nachahmen im Vordergrund steht. Statt die hinter den Formeln stehenden Zusammenhänge erarbeiten zu lassen oder diese zumindest aufzuzeigen, stehen oftmals die mechanische Anwendung der Flächeninhaltsformeln und der richtige Umgang mit den Flächeneinheiten im Fokus. Damit aber die Schüler den Flächeninhalt als Eigenschaft ebener Figuren einerseits und die Formeln in ihrer Entstehung andererseits durchdringen können, sollten sie die Formel zur Berechnung der Flächeninhalte von Rechteck, Parallelogramm, Trapez oder auch von zusammengesetzten Figuren eigenständig herleiten (lernen).

Hier kann der *Heurismus des Rückwärtsarbeitens* eingesetzt werden, der das Forschen und Entdecken in den Mittelpunkt rückt, so dass selbständig Verknüpfungen hergestellt und Zusammenhänge erkannt werden; so wird der Ausbau eines umfassenden und tragfähigen Begriffswissens gefördert, das wiederum zu einem tieferen Verständnis für den Aufbau von Formeln beitragen kann. Ausgehend vom Gegebenen vollzieht sich dabei der Weg durch Rückwärtsschreiten und über bereits gewonnene Teilergebnisse bis zur Ausgangssituation oder zu bereits bekannten Aussagen, wodurch das Problem gelöst wird (Abschn. 5.3.3).

Für den Aufbau eines tragfähigen und soliden Begriffswissens ist entscheidend, dass die hinter den Begriffen stehenden Eigenschaften verstanden, Beziehungen zwischen den Eigenschaften hergestellt, Begriffe voneinander abgegrenzt und zueinander in Beziehung gesetzt werden. Mithilfe des *Heurismus der Strukturnutzung* können die Begriffe „Fläche", „Umfang" und „Flächeninhalt" erfasst und voneinander abgegrenzt werden, so dass Zusammenhänge zwischen Umfang und Flächeninhalt einer Figur hergestellt, Gesetzmäßigkeiten zwischen Figuren und deren Flächeninhalten erkannt und Formeln und Definitionen hergeleitet werden können. Durch die strukturelle Erfassung des Flächeninhalts einer Figur kann zudem der Flächeninhalt als weitere Eigenschaft einer Figur herausgearbeitet werden. Da die Anwendungsmöglichkeiten und die Vorgehensweise des *Heurismus der Strukturnutzung* bereits mehrfach und umfassend thematisiert wurden, sei hier für eine ausführliche Erläuterung auf die entsprechenden Ausführungen in Abschn. 6.3.2 und 6.3.3 verwiesen.

6.3.4.3 IHIMU-Arrangement

In dem hier vorgestellten IHiMU-Arrangement sollen der *Heurismus der Affinität, des Rückwärtsarbeitens, des systematischen Probierens* sowie die heuristischen Techniken der *De- und Rekonstruktion* und der *Tabelle* anhand beispielhaft ausgewählter mathematischer Inhalte aus dem Themenfeld *Flächeninhalts- und Umfangsberechnung* vorgestellt beziehungsweise reaktiviert werden und als gleichberechtigt und ebenso wichtig neben den zu vermittelnden mathematischen Inhalten eingeordnet werden. Ausgangspunkt bildet eine aus dem Lehrwerk *Lambacher Schweizer* (Baum et al. 2009) stammende Aufgabe, die sich aufgrund ihres forschend-entdeckenden Ansatzes eignet, um im Verbund mit den vorgesehenen mathematischen Inhalten auch verschiedene heuristische Vorgehensweisen zu lehren und zu lernen. Es wird vorausgesetzt, dass die Grundlagen ebener Figuren zu diesem Zeitpunkt bereits unterrichtlich behandelt wurden.

Forscheraufgaben

Aufgabe

Betrachte den abgebildeten Flickenteppich.

Für welche der abgebildeten Flicken wurde am wenigsten, für welche am meisten Wolle benötigt? Schneide die einzelnen Flicken aus und ordne sie nach dem Verbrauch von Wolle. Beginne mit dem Flicken, für den am wenigsten Wolle benötigt wurde. Wie gehst du vor? ◄

Die als Forscheraufgabe ausgewiesene Aufgabenstellung soll zunächst deutlich machen, dass Ausprobieren und Experimentieren ausdrücklich erwünscht und dass verschiedene Lösungswege möglich sind, wodurch auch dem Grundgedanken des Problemlösens allgemein entsprochen wird. Um den Schülern von Beginn an die richtige Vorstellung des Flächeninhaltsbegriffs zu vermitteln, wird hier bewusst nach dem Verbrauch der Wolle gefragt. Durch das aktive Schneiden wird einerseits der direkte Flächeninhaltsvergleich durch Aufeinanderlegen der Figuren ermöglicht, andererseits die Dekonstruktion der Gesamtfigur herbeigeführt und damit die heuristische Technik der *De- und Rekonstruktion* angesprochen. Da der Flickenteppich nicht nur Rechtecke, sondern auch Quadrate, Dreiecke und Parallelogramme enthält, ist ein direkter Flächenvergleich aller Figuren nicht ohne Weiteres möglich, so dass die folgende Aufgabenstellung anschließen kann:

Aufgabe

Nimm die Figur, für deren Herstellung am wenigsten Wolle benötigt wurde (die Figur mit dem kleinsten Flächeninhalt), und überprüfe, wie oft sie in die anderen Figuren hineinpasst. Notiere deine Ergebnisse in der nachfolgenden Tabelle.

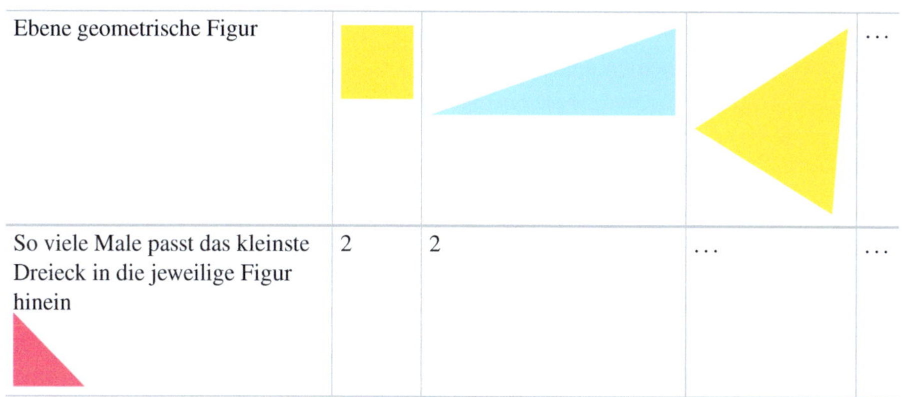

Ebene geometrische Figur				…
So viele Male passt das kleinste Dreieck in die jeweilige Figur hinein	2	2	…	…

Vervollständige mithilfe der Tabelle die folgenden Sätze:

- Das rote Dreieck passt ________________ in das gelbe Quadrat hinein.
- Zur Herstellung des gelben Quadrats wurde ________________ so viel Wolle benötigt wie zur Herstellung des roten Dreiecks.
- Damit ist der Flächeninhalt des gelben Quadrats ________________ so groß wie der Flächeninhalt des roten Dreiecks.
- Kannst du weitere Beziehungen zwischen den Flächeninhalten der Figuren herstellen? Formuliere mithilfe der Tabelle vier weitere Sätze, in denen du vergleichst. ◂

Der Umstand, dass den Schülern die ebenen Figuren in der Regel als Linienfiguren und nicht als Flächenstücke präsentiert werden, führt nicht selten dazu, dass diese die (Länge der) gezeichneten Randlinie für den Flächeninhalt einer Figur halten. Um die Entstehung solcher Fehlvorstellungen zu vermeiden, wird bereits in dieser ersten Aufgabenstellung der Flächeninhalt mit dem Verbrauch von Wolle in Beziehung gesetzt, wodurch eine konkrete Vorstellung des Flächeninhaltsbegriffs angelegt wird, die keinesfalls dem Umfang ähnelt.

Mit dieser Forscheraufgabe wird zum einen der indirekte Flächeninhaltsvergleich mithilfe eines ungenormten Repräsentanten eingeführt, zum anderen können wichtige Sätze zum Flächeninhalt erarbeitet werden. Zu Beginn wird ein geeignetes Instrument, ein „Flächenmessgerät" eingeführt, durch das die Flächen miteinander verglichen werden können. Dazu werden die aus dem Teppich isolierten Teilfiguren mit der flächeninhaltlich kleinsten Teilfigur (hier: das rote Dreieck) als ungenormtem Repräsentanten verglichen. Durch das Auszählen der zur vollständigen Parkettierung der jeweiligen Teilfiguren notwendigen Dreiecke wird ein quantitativer Flächeninhaltsvergleich ermöglicht. Das Dreieck erfüllt dabei die Funktion eines Flächenmessgeräts, und dem Flächeninhalt wird eine positive, reelle Zahl zugeordnet. Durch dieses Vorgehen wird deutlich, dass es Alternativen zu der vorherrschenden Anwendung von Formeln gibt, womit grundsätzlich eine „heuristischere", das heißt flexiblere, von der konkreten Problemstellung inspirierte Vorgehensweise ins Bewusstsein gerückt wird.

Der so gewonnenen Tabelle – die hier erneut als Strukturierungshilfe dient, um ein systematisches Vorgehen zu unterstützen – lässt sich entnehmen, dass zwei Figuren flächeninhaltsgleich sind, wenn sie sich in dieselbe Anzahl von deckungsgleichen Teilfiguren (hier: rote Dreiecke) zerlegen bzw. sich durch dieselbe Anzahl an kongruenten Teilfiguren zu neuen deckungsgleichen Figuren ergänzen lassen. Daraus lassen sich Sätze herleiten wie der, dass zerlegungsgleiche Figuren flächeninhaltsgleich sind, oder Definitionen wie die, dass zwei Figuren zerlegungsgleich heißen, wenn sie sich in paarweise kongruente Figuren zerlegen lassen. Diese und ähnliche Entdeckungen können zu einem späteren Zeitpunkt in der Merksatzbox dokumentiert werden.

Während zu Beginn die Dekonstruktion in Form des aktiven Schneidens und damit der direkte und qualitative Flächenvergleich im Vordergrund stehen, rückt nun die Rekonstruktion in den Mittelpunkt der Betrachtung, die sich in dem Auslegen der Figuren mit kongruenten Teilfiguren manifestiert, das einen indirekten und zugleich quantitativen Flächeninhaltsvergleich ermöglicht. Durch das Vervollständigen der vorgegebenen Sätze sowie die Möglichkeit, eigene Sätze zu formulieren, können Beziehungen zwischen den Flächeninhalten hergestellt und erste Rechenoperationen durchgeführt werden. Gleichzeitig tritt der Kongruenzaspekt in den Vordergrund, wonach kongruenten Figuren die gleiche Flächeninhaltsmaßzahl zugeordnet wird.

Um schließlich das Einheitsmaß als universell geeignetes Flächenmessgerät zur Flächeninhaltsbestimmung einzuführen, schließt die folgende Forscheraufgabe an:

Aufgabe

Finde heraus, welche Figur den größeren Flächeninhalt hat. Wie gehst du vor?

◄

Anders als bei dem Flickenteppich sind in den abgebildeten Figuren keine Teilfiguren erkennbar, so dass zunächst Strukturen sichtbar gemacht werden müssen, um die Flächeninhalte miteinander vergleichen zu können. Wie in der Aufgabe zuvor können die Figuren dann mittels Dekonstruktion zerlegt und die Teilfiguren auf Kongruenz überprüft und miteinander verglichen werden, wodurch allerdings nach wie vor nur ein quantitativer Flächenvergleich gelingt (Abb. 6.22).

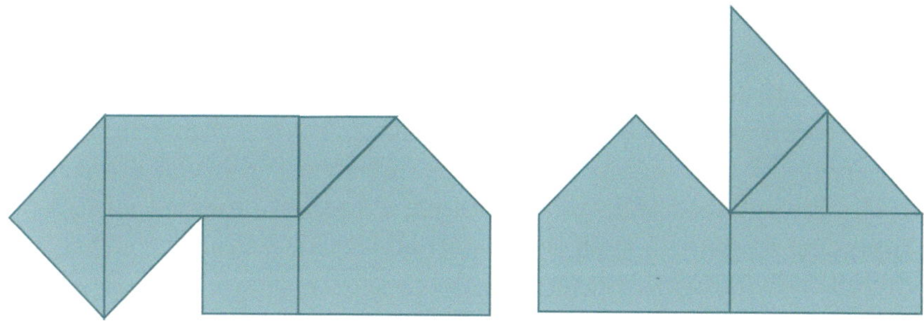

Abb. 6.22 Freie Zerlegung in kongruente Teilfiguren zum indirekten Flächeninhaltsvergleich

Um ein Maß für die Größe einer ebenen Fläche angeben zu können, wird anschließend das Einheitsquadrat als Referenzgröße und Werkzeug zur Flächeninhaltsmessung eingeführt. Die Schüler erhalten dazu folgenden Forscherauftrag:

Aufgabe

Überlege dir, wie du mithilfe des Rasters den Flächeninhalt beider Figuren miteinander vergleichen kannst. Notiere, wie du vorgegangen bist.

Kommst du zu dem gleichen Ergebnis wie in der Aufgabe zuvor? Siehst du Vor- oder Nachteile bei der Verwendung des Rasters?

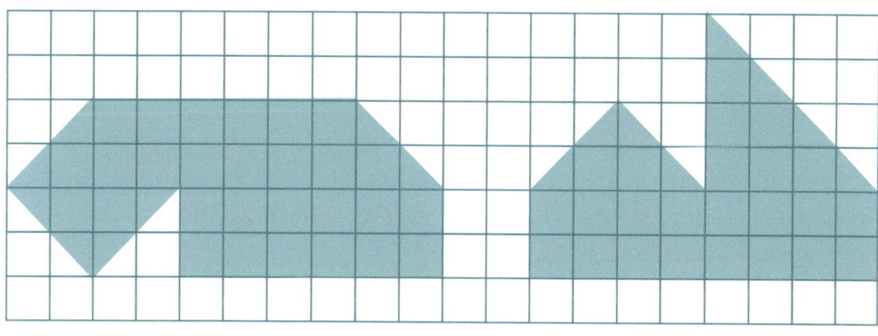

◄

Statt, wie bisher üblich, die Figuren in kongruente Teilfiguren zu zerlegen, können der zu messende Flächeninhalt nun durch Abzählen von Einheitsquadraten (und ohne Verwendung einer vorgegebenen Formel) ermittelt und die Flächeninhalte indirekt über die ermittelten Anzahlen miteinander verglichen werden, wodurch der erste Schritt auf dem Weg zur Flächeninhaltsberechnung getan ist.

Während Flächeninhalte zunächst also durch direktes Aufeinanderlegen oder durch Auslegen mit kongruenten Teilfiguren verglichen und dann durch das Abzählen von Einheitsquadraten gemessen werden, folgt schließlich die konkrete Flächeninhaltsberechnung und mit ihr verschränkt die Einführung konventioneller Maßeinheiten. Um ein Verständnis für die hinter den Formeln stehenden Zusammenhänge aufzubauen und die Formel zur Flächeninhaltsberechnung nicht als einzigen, sondern als alternativen Lösungsweg zu anderen Verfahren zu präsentieren, ist es notwendig, die Flächeninhaltsberechnung durch die Schüler selbständig erarbeiten zu lassen. So wird erreicht, dass nicht der rein formale Aspekt und die unter Umständen verständnisleere rechnerische Anwendung der Formeln im Vordergrund stehen. Erst wenn eine Formel in ihrer Entstehung durchdrungen wird, können weitere Formeln eigenständig hergeleitet und Zusammenhänge zwischen anderen Figuren sowie die auf diese anwendbaren Formeln hergestellt werden, wie durch die folgende Aufgabe verdeutlicht wird:

Aufgabe

Du erhältst 30 gleiche (gleich große) Quadrate.

1. Lege mit den Quadraten möglichst viele verschiedene Rechtecke. Benutze dabei immer alle Quadrate. Zeichne die Rechtecke mit dem Lineal/Geodreieck in dein Heft.
2. Wie viele verschiedene Rechtecke kannst du so finden?
3. Haben alle Rechtecke den gleichen Flächeninhalt? Begründe deine Antwort.
4. Kannst du die Größe der Flächeninhalte der Rechtecke durch eine (Maß-)Zahl angeben? ◄

Durch das Legen verschiedener Rechtecke mit immer der gleichen Anzahl Einheitsquadrate (im Sekundarschulunterricht wird in aller Regel 1 cm^2 benutzt) rückt die Flächeninvarianz in den Fokus. Zudem findet durch das Legen verschiedener Rechtecke die heuristische Technik der *De- und Rekonstruktion* erneut Anwendung, und es wird unmittelbar ein Zusammenhang zwischen der Anzahl der Einheitsquadrate und dem Flächeninhalt hergestellt, der für die Herleitung der Flächeninhaltsformel von entscheidender Bedeutung ist, wie nachfolgend zu sehen:

Aufgabe

Schau dir jedes Rechteck noch einmal an und notiere für jedes einzelne, wie viele Quadrate sich in einer Spalte und wie viele Quadrate sich in einer Zeile befinden. Trage die Ergebnisse in die nachfolgende Tabelle ein.

Anzahl der Quadrate in einer Zeile	1	2	3	5	6	...	...
Anzahl der Quadrate in einer Spalte	30	15	10	6	5	...	...
Anzahl aller Quadrate	30	30	30	30	30	...	...

Findest du eine Regel, wie sich die Anzahl aller Quadrate ergänzen lässt? ◄

Statt wie allgemein üblich die Formel zur Berechnung des Flächeninhalts vorzugeben, kann diese hier auf Basis der Tabelle selbständig und unter Verwendung des *Heurismus des Rückwärtsarbeitens* erarbeitet werden (Abschn. 5.3.3.3). Ausgehend von dem gegebenen Endzustand wird durch Rückwärtsschreiten versucht, zur Ausgangssituation zu gelangen. Der gegebene Endzustand ist im vorliegenden Fall der jeweilige Flächeninhalt aller Rechtecke, der durch die Anzahl der verwendeten Einheitsquadrate von Anfang an bekannt ist. Während bislang die Gesamtzahl der Einheitsquadrate durch Abzählen ermittelt wurde, soll dieses potenziell aufwendige Vorgehen durch ein einfacheres Verfahren abgelöst werden, bei dem die Gesamtzahl der Einheitsquadrate als Produkt der „Anzahl der Einheitsquadrate in der Länge" und „Anzahl der Einheitsquadrate in der Breite" erkannt und dann rechnerisch bestimmt wird.

Auf Grundlage der normierten Flächeninhaltsmaße kann so der Flächeninhalt rechnerisch bestimmt und die Flächeninhaltsformel für Rechtecke begründend hergeleitet werden. Die Tabelle zeigt sich damit erneut als nützliche und zielführende Darstellungsform, die ein systematisches und strukturiertes Arbeiten fördert, weil aus ihr besonders leicht relevante Informationen wie die Flächeninvarianz abgelesen werden können. Durch eine Erweiterung der Tabelle können weitere Zusammenhänge untersucht werden. So kann durch das Hinzufügung einer weiteren Zeile, in welcher die Umfänge eingetragen werden, gezeigt werden, dass flächeninhaltsgleiche Figuren keineswegs umfangsgleich sein müssen.

Die Schüler verfügen zu diesem Zeitpunkt nunmehr über ein Repertoire an heuristischen Arbeitsweisen, haben eine konkrete Vorstellung des Flächeninhaltsbegriffs, können Flächeninhalte auf verschiedene Weisen miteinander vergleichen und den Flächeninhalt von Rechtecken durch eine Maßzahl ausdrücken. Die Heuristik wurde dabei als zielführendes, handlungsleitendes Instrument und die Anwendung von Formeln als eine alternative Lösungsmöglichkeit kennengelernt. Aufbauend auf diesen Kenntnissen kann die Flächeninhaltsformel für Parallelogramme entwickelt werden, mit dem Ziel, erneut die hinter den Formeln stehenden Zusammenhänge zu erkennen und diese zu nutzen, Beziehungen zwischen der Figur und der Formel herzustellen und die Bedeutung der Heuristik auf dem Weg zur Problemlösung hervorzuheben. Die Schüler erhalten dazu ein auf Karopapier gezeichnetes Rechteck sowie ein flächengleiches Parallelogramm und den folgenden Forscherauftrag:

Aufgabe

Bestimme den Flächeninhalt des Rechtecks und den des Parallelogramms.

Wie gehst du vor? Was fällt dir auf?

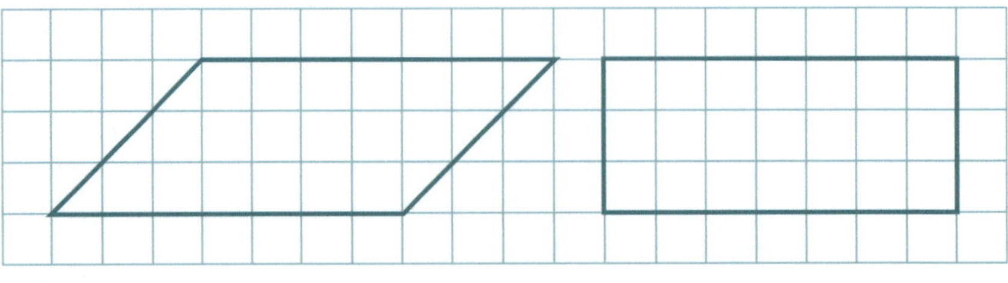

◄

Aufgrund der gewählten Darstellungsweise kann davon ausgegangen werden, dass die meisten Schüler den Flächeninhalt des Parallelogramms durch Abzählen der Einheitsquadrate ermitteln werden, während der Flächeninhalt des Rechtecks möglicherweise bereits über die nun bekannte Flächeninhaltsformel berechnet wird. Da beide Figuren denselben Flächeninhalt haben, schließt die folgende Aufgabe an.

Aufgabe

Überlege, mit welcher dir bekannten Methode du dein Ergebnis überprüfen kannst. Nutze dazu deine Problemlösebox.

Überlege, wie man den Flächeninhalt des Parallelogramms durch eine Rechnung herausfinden könnte. Nutze dazu die Erkenntnisse aus der vorangegangenen Aufgabe sowie deine Problemlösebox. ◄

Durch das Führen des Forscherheftes und der Dokumentation der gewonnenen Erkenntnisse in der Merksatz- sowie Problemlösebox kann an vorhandenes Wissen sowie an Aufgaben angeknüpft werden, bei denen sich heuristische Arbeitsweisen als zielführend erwiesen haben. Die Aufforderung, das Ergebnis auf Grundlage bereits erworbener Kenntnisse zu überprüfen, spricht explizit die strukturierte Suche nach ähnlichen, bereits gelösten Problemen oder nach strukturellen Gemeinsamkeiten mit bereits gelösten Aufgaben an, also den *Heurismus der Affinität*. Die strukturellen Gemeinsamkeiten beziehen sich in diesem Fall auf die Vorgehensweise bei vorangegangenen Forscheraufgaben, bei denen der Flächeninhaltsvergleich durch das Zerlegen durchgeführt wurde. Dieses Vorgehen kann auf die neue Aufgabe übertragen werden, indem das Parallelogramm mittels der heuristischen Technik der *De- und Rekonstruktion* in ein flächeninhaltsgleiches Rechteck überführt wird, so dass die Flächeninvarianz deckungsgleicher beziehungsweise auslegungsgleicher Figuren genutzt und das durch Abzählen der Einheitsquadrate erhaltene Ergebnis bestätigt werden kann. Neben dem *Heurismus der Affinität* findet auch der *Heurismus der Strukturnutzung* Anwendung, da die verschieden Strukturmerkmale des

Parallelogramms zunächst erkannt und sichtbar gemacht werden müssen, um die De- und anschließende Rekonstruktion sinnvoll einzusetzen.

Um die Grenzen der bislang so praktischen Methode des Abzählens aufzuzeigen, schließt die folgende Aufgabe an:

Aufgabe

Bestimme den Flächeninhalt des abgebildeten Dreiecks. Wie gehst du vor?

Überlege, wie eine Formel zur Berechnung des Flächeninhalts des Dreiecks aussehen könnte. Nutze dazu dein Wissen aus den vorangegangenen Aufgaben.

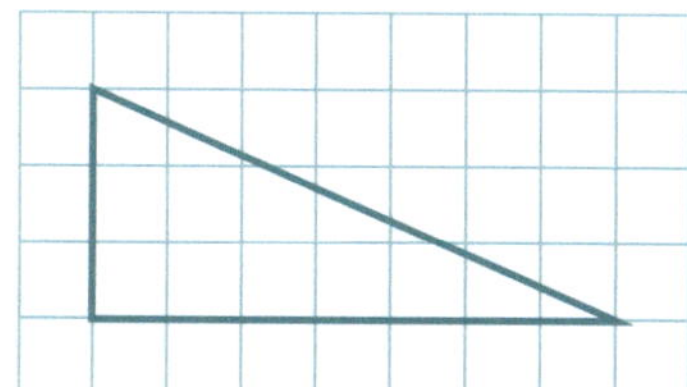

◄

Bei dieser Aufgabe zeigt sich rasch, dass der Flächeninhalt bei nicht genau anzugebenden Bruchteilen der Einheitsquadrate nicht mehr ohne Weiteres durch Abzählen ermittelt werden kann. Die Notwendigkeit einer alternativen Vorgehensweise tritt deutlich hervor. Durch den Hinweis in der Aufgabestellung, dass das Vorgehen von bereits gelösten Aufgaben auf die neue Aufgabe übertragen werden kann, wird der *Heurismus der Affinität* explizit angesprochen und zur Problemlösung herangezogen. Wird das Dreieck zu einem Rechteck ergänzt, kann der Flächeninhalt des Dreiecks als der halbe Flächeninhalt des Rechtecks angegeben werden. Ist dieser Zusammenhang erkannt, kann die Formel für Flächeninhaltsberechnung von Dreiecken formuliert werden.

Die Schüler haben inzwischen verschiedene Verfahren kennengelernt, mit denen Flächeninhalte von Figuren bestimmt werden können, und erfahren, dass die Nutzung von Formeln ein alternatives und in manchen Fällen einfacheres Vorgehen darstellt. Mit den durchgängig eingebundenen heuristischen Handlungsweisen wurde zudem vermittelt, dass für eine erfolgreiche Bestimmung von Flächeninhalten nicht die Kenntnis einer (den Schülern nicht selten willkürlich erscheinenden) Formel entscheidend ist, sondern die Fähigkeit, eine vorliegende Figur durch Zerlegen, Ergänzen oder durch Anwendung eines zu bereits gelösten Aufgaben analogen Vorgehens auf bekannte Figuren zurückzuführen, über die Aussagen getroffen werden können, die schließlich zu einer erfolgreichen Problemlösung führen. Dieses Wissen kann prinzipiell bei der Flächeninhaltsbestimmung jeder beliebigen Figur angewandt werden, wie nachfolgende Forscheraufgabe deutlich macht:

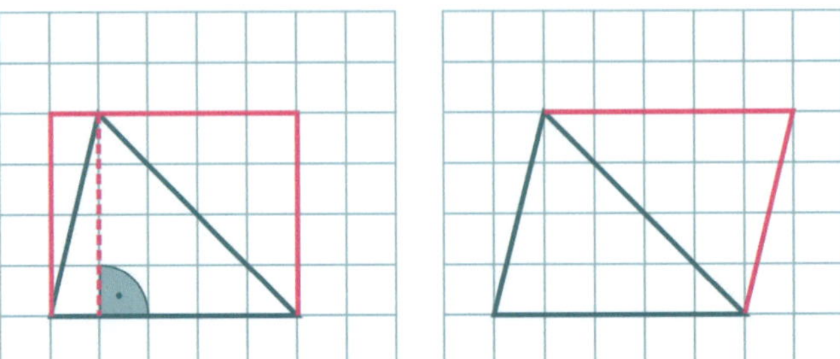

Abb. 6.23 Beliebiges Dreieck zu Rechteck bzw. Parallelogramm ergänzt

Aufgabe

Ergänze das abgebildete Dreieck so, dass eine Figur entsteht, deren Flächeninhalt du bereits berechnen kannst.

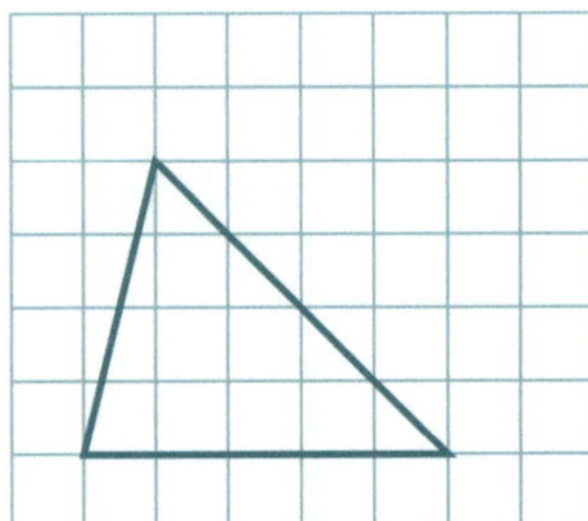

◄

Unter Anwendung des *Heurismus der Affinität* und der heuristischen Technik der *De- und Rekonstruktion* kann das Dreieck auf das bereits bekannte Rechteck oder alternativ auf das Parallelogramm zurückgeführt werden (Abb. 6.23).

Wie Abb. 6.23 zu entnehmen ist, kann der Flächeninhalt des beliebigen Dreiecks aufgrund der Bruchteile der Einheitsquadrate nicht eindeutig bestimmt bzw. durch eine unmittelbar ersichtliche Formel angegeben werden. Durch die gezielte Suche nach strukturellen Gemeinsamkeiten zu bereits gelösten Problemen können diese Kenntnisse auf das neue Problem übertragen und Lösungsideen entwickelt werden, womit der *Heurismus der Affinität* auf dem Weg zur Problemlösung erneut eine entscheidende Rolle spielt. Durch Offenlegen weiterer Strukturen kann das Dreieck auf bereits bekannte Figuren zurückgeführt und eine entsprechende Formel aufgestellt werden.

Egal, ob es um den Flächeninhaltsvergleich, die Flächeninhaltsberechnung oder das Lösen komplexerer Problemstellungen geht: Entscheidend für eine erfolgreiche Problemlösung ist es, die Ausgangssituation so zu verändern, dass bereits bekannte Elemente zum Vorschein kommen, für die eine Teillösung gefunden werden und auf deren Grundlage schrittweise das Ausgangsproblem gelöst werden kann.

Am Ende dieser Einheit werden die gewonnenen Kenntnisse, Fähigkeiten und Fertigkeiten wieder in der Merksatzbox sowie der Problemlösebox festgehalten, um sie für künftige Sachverhalte und Problemaufgaben nutzen zu können.

Merksatzbox

Die Merksatzbox sammelt zum Beispiel folgende Erkenntnisse, die aus oben skizzierten Forscheraufgaben bezüglich des Flächeninhaltsvergleichs und der Flächeninhaltsberechnung gewonnen werden konnten:

- Zwei Figuren sind flächeninhaltsgleich, wenn sie deckungsgleich, zerlegungsgleich oder auslegungsgleich sind.
- Der Flächeninhalt einer zusammengesetzten Figur ergibt sich aus der Summe der Flächeninhalte der jeweiligen Teilfiguren.
- Der Flächeninhalt einer Figur wird durch eine positive Maßzahl angegeben.
- weitere Erkenntnisse sind möglich

Verschränkt mit den fachmathematischen Inhalten wurden verschiedene Heurismen und heuristische Techniken eingeführt oder reaktiviert, deren Anwendbarkeit und Nutzen als gleichberechtigt neben dem Gebrauch von Formeln herausgearbeitet wurden. Um auch künftig bei Problemstellungen auf die heuristischen Vorgehensweisen zurückgreifen zu können, werden diese in der Problemlösebox festgehalten. Damit der universelle Charakter der heuristischen Techniken und der Heurismen gewahrt bleibt, sollte darauf geachtet werden, dass die Sätze für die Problemlösebox nicht ausschließlich auf die Inhalte bezogen werden.

Problemlösebox

Um die Flächeninhalte ebener Figuren miteinander zu vergleichen oder um allgemeine Aussagen über komplexe Figuren oder einen komplexen Sachverhalt zu treffen, können folgende Vorgehensweisen zielführend sein:

- Figuren oder Problemstellungen lassen sich durch Dekonstruktion und anschließende Rekonstruktion auf bekannte Figuren oder Sachverhalte zurückführen, so dass darauf aufbauend Lösungsideen entwickelt werden können.
- Durch die Suche nach ähnlichen, bereits gelösten Problemen oder nach (strukturellen) Gemeinsamkeiten mit bereits gelösten Aufgaben können diese auf die neue Problemsituation übertragen werden und Lösungsideen abgeleitet werden.
- Durch ein systematisches Vorgehen können Fehler vermieden werden.
- Tabellen strukturieren das Vorgehen, setzen die Daten zueinander in Beziehung und zeigen Zusammenhänge auf.
- Ausgehend vom Gesuchten bzw. vom Endzustand kann man durch Rückwärtsschreiten die Zusammenhänge zwischen den Objekten und ihren Eigenschaften herstellen und Einsichten in die Beziehungen zwischen diesen gewinnen.

Mit dem vorgestellten IHiMU-Arrangement konnte gezeigt werden, welch vielfältige Möglichkeiten es gibt, heuristische Fähigkeiten und Fertigkeiten in Auseinandersetzung mit dem Themenbereich des Flächeninhalts zu erwerben, anzuwenden und zu vertiefen und sie gleichberechtigt neben den so oft dominanten Formalismus treten zu lassen.

Besonders die heuristische Technik der *De- und Rekonstruktion* zeigt sich im Rahmen der Flächeninhaltsbestimmung und -berechnung als immer wiederkehrendes Element und rückt als zielführende Handlungsweise ins Bewusstsein. Ebenso hat sich der *Heurismus der Affinität* bei den unterschiedlichsten Problemstellungen als richtungsweisend auf dem Weg zu einer erfolgreichen Problemlösung erwiesen. Durch Anwendung des *Heurismus des Rückwärtsarbeitens* konnte ein tieferes Verständnis für die hinter den Formeln stehenden Zusammenhänge gewonnen, Wissen reaktiviert und neues Wissen aufgebaut werden.

6.3.4.4 Ausblick: Rauminhalte

So wie uns Flächen, deren Inhalte und Umfänge überall im täglichen Leben begegnen, werden wir auf dieselbe Weise mit Rauminhalten konfrontiert: „Wie viel Wasser passt in eine Badewanne?“, „Wie viel Regen fällt bei einem Wolkenbruch pro Quadratmeter?“, „Wie viele Liter soll ein Mensch pro Tag trinken?“ und „Wie viele Liter Benzin passen in den Tank eines Autos?“ sind nur einige Fragen, die uns im Alltag beschäftigen mögen.

Betrachtet man die beiden Themenbereiche *Flächeninhalt* und *Rauminhalt* genauer, so weisen sie – wenigstens bezogen auf die in der Orientierungsstufe infrage stehenden Flächeninhalts- und Volumenberechnungen – viele Parallelen auf, so dass es naheliegt, beide nicht getrennt voneinander zu betrachten, sondern sie möglichst zeitgleich oder zumindest zeitnah zu behandeln.

In der Orientierungsstufe ist die Flächeninhaltsberechnung für Rechtecke vorgesehen, die auf Quadrate, Parallelogramme und Dreiecke und in seltenen Fällen auf Trapeze ausgeweitet wird. Die Volumenberechnung ist in der Orientierungsstufe auf die des Quaders und des Würfels beschränkt, wodurch sich die in der Orientierungsstufe behandelten theoretischen Grundlagen des Flächeninhaltsbegriffs auf den Volumenbegriff übertragen lassen. So kann die Vorgehensweise zur Berechnung des Flächeninhalts von Rechtecken durch das Auslegen mit Einheitsquadraten in analoger Weise durch das Auffüllen von Quadern mit Einheitswürfeln durchgeführt werden, um sich der rechnerischen Bestimmung des Quadervolumens zu nähern. Darüber hinaus erfordert die Oberflächeninhaltsberechnung dreidimensionaler Körper lediglich eine Dekonstruktion der Gesamtoberfläche in Teilflächen, also eine Rückführung auf Bekanntes und die anschließende Rekonstruktion – heuristische Handlungsweisen, die den Schülern mittlerweile gut vertraut sind.

Durch eine derart gestaltete Verknüpfung beider Inhalte werden nicht nur Wissen miteinander vernetzt und Analogien deutlich, es werden darüber hinaus auch die bei den Flächeninhalten eingesetzten heuristischen Techniken und Heurismen, allen voran der *Heurismus der Affinität*, reaktiviert und vertieft. Gleichzeitig wird erneut deutlich, dass Heuristik nicht an bestimmte mathematische Inhalte geknüpft ist – ihre Funktion und Bedeutung gerade als universelle und überfachliche Handlungsweise auf dem Weg zur Problemlösung tritt auch für den Lerner deutlich hervor.

6.4 Kommentar

Das IHiMU-Konzept soll einen ersten Schritt auf einem zweifellos längeren Weg hin zu einem neuen Mathematikunterricht aufzeigen. Der Wunsch nach einer Veränderung der Unterrichts- und Aufgabenkultur besteht in Deutschland nicht erst in der jüngeren Vergangenheit, wie Reformbestrebungen und immer wieder vorgetragene Vorstöße verschiedener Forscher aus unterschiedlichsten didaktischen und pädagogischen Disziplinen belegen. Nur fehlte es lange Zeit an einer entweder gesellschaftlichen oder politischen Reaktion, am Diskurs. Dies kann nach den gemischten Erfahrungen mit den Reformversuchen der 1960er und 1970er Jahre nicht wirklich verwundern, hat aber in den letzten Jahrzehnten – im Grunde in einer ähnlichen Gesamtdynamik wie im vergangenen Jahrhundert – zur Bildung eines reformerischen Staus in der Unterrichtsdidaktik geführt.

Die fundamentalen Erkenntnisse, auf denen die vielzitierte und für Deutschland letztlich katalysatorisch wirksame PISA-Studie aufbaut, sind weder neu noch in Forscherkreisen umstritten. Die Grundlagen in den Bereichen Psychologie, Lehr-Lernforschung sowie allgemeiner und fachbezogener Unterrichtsforschung haben sich über das 20. Jahrhundert sukzessive entwickelt und in anderen Ländern und Teilen der Welt Reformen und politisch-gesellschaftliche Diskurse und Umwälzungen bewirkt. Auch in der deutschen Forschung zur Mathematikdidaktik wurden schon frühzeitig Stimmen laut, die sich für das einsetzten, was inzwischen weitestgehend unangefochten als Prinzipien modernen Unterrichts gelten kann: offene und flexible Unterrichtsformen, Schülerorientierung, eine grundsätzliche fächerübergreifende Unterrichts- und Aufgabenkultur, Kompetenzorientierung und dadurch die Stärkung prozessbezogener Kompetenzen und auch kreativer Aspekte des Umgangs mit fachbezogenen Inhalten. Es gab auch erste Bemühungen, diesen schon damals nicht mehr neuen Erkenntnissen im deutschen Schulsystem Raum zu geben und ihre Integration zu befördern, wie Arbeiten der BLK und auch die Schrift der Bildungskommission des Landes Nordrhein-Westfalen (1995) bezeugen.

Dennoch bedurfte es der ersten PISA-Studie, um hierzulande eine bundesweite Reform nicht nur in Gang zu setzen, sondern vor allem das Thema in die breite Bevölkerung zu tragen und ihren Blick auf Problemfelder schulischer Bildung zu richten.

Heute sind die Vorgaben der Bildungspolitik ganz eindeutig an den leitenden Prinzipien modernen Unterrichts (im oben genanntem Sinne) ausgerichtet, und zwar in Gestalt der Bildungsstandards, die als unmittelbare Reaktion auf die Ergebnisse der PISA-Studie entwickelt und durch die Konferenz der Kultusminister für das gesamte Bundesgebiet als verbindlich beschlossen wurden. In der Folge wurden die Lehrplanschriften in den Bundesländern überarbeitet und teilweise radikal modernisiert – Erfolg und Angemessenheit dieser Umgestaltung fielen jedoch sehr unterschiedlich aus, wie in Kap. 4 mit Hauptaugenmerk auf die nach dem Willen der KMK zu verankernde Kompetenz des Problemlösens detailliert aufgezeigt werden konnte. Diese Unzulänglichkeiten ergeben sich zu einem ganz wesentlichen Teil aus der Unschärfe, mit der die Bildungsstandards operieren und ihre Vorgaben präsentieren, und im Falle der Problemlösekompetenz (und keineswegs nur bezogen auf das Fach Mathematik) insbesondere aus dem Fehlen eines klaren fachdidaktischen Referenzrahmens zur Heuristik. Es fehlt den Vorgaben an innerer Stringenz, an didaktischer ebenso wie fachlicher Überzeugungskraft.

Und doch ist es möglich, auf den geltenden Grundlagen basierend – und auch mit aktuell zugelassenen Schulbüchern – im Unterricht kompetenzorientiert Problemlöseverhalten zu vermitteln. In den meisten Bundesländern bedarf es dazu allerdings mehr als der Anwendung der Lehrplanschriften. Das IHiMU-Konzept zeigt eine Möglichkeit auf, wie dies durch einen veränderten Blick auf Lehrpläne und Aufgaben aus Schulbüchern oder auch anderen Aufgabensammlungen gelingen kann, ohne dass Konflikte mit den vorgegebenen Fachinhalten oder anderen prozessbezogenen Kompetenzen entstehen – und ebenso ohne zusätzliche Belastungen materieller oder zeitlicher Natur: Durch den gezielten Einsatz eines überschaubaren, aber effektiven Bündels unterrichtspraktischer Maßnahmen und Elemente kann der Mathematikunterricht insgesamt strukturiert und heuristikaffin um- und ausgestaltet werden. IHiMU bietet Praktikern einen unmittelbaren und anwendbaren Zugang zur Umgestaltung und ist zugleich so formuliert, dass ein rezepthafter Charakter bewusst ausgeschlossen ist. Jeder Fachlehrer ist in der Lage, die hier explizierten Verfahren auf weitere Unterrichtsgegenstände und Themenkreise zu transferieren und eigene Schwerpunkte zu setzen. Auch die zentralen Elemente wie Forscherheft und Merksatzbox sind ausgesprochen wandlungsfähig und können frei an materielle ebenso wie technische, personelle und andere Notwendigkeiten angepasst werden.

Was hier für die geometrischen Inhalte der Orientierungsstufe ausgeführt wurde, lässt sich nicht nur auf die verbleibenden Jahrgangsstufen des Sekundarschulbereichs ausweiten, sondern kann perspektivisch ohne jede Schwierigkeit auch auf andere Leitideen bzw. mathematische Teilgebiete erweitert werden. Das Problemlösenlernen würde dadurch einen stetig größeren Stellenwert im Mathematikunterricht einnehmen und letztlich als zentrales Anliegen hervortreten können.

Das im nun folgenden Kap. 7 entwickelte Konzept der Content and Heuristics Integrated Mathematics Education (CHIME) schlägt den Bogen zwischen den historischen Wurzeln des Problemlösens als Ursprung allen Mathematiktreibens und den Ansprüchen der Welt des 21. Jahrhunderts; es vereint die Ideale einer Vielzahl einflussreicher reformpädagogischer Unterrichtskonzepte mit den Erfahrungen besonders erfolgreicher Teilnehmerstaaten der internationalen Vergleichsstudien. Im Unterschied zu IHiMU bricht CHIME radikal mit traditionellen Vorstellungen und Überzeugungen und entwirft einen schulischen Mathematikunterricht, der buchstäblich überall stattfindet, der eine ganz andere, transzendente Rolle einnimmt.

Literatur

Barzel, B., Büchter, A., & Leuders, T. (2007). *Mathematik Methodik. Handbuch für die Sekundarstufe I und II*. Berlin: Cornelsen Verlag Scriptor.

Baum, M., Bellstedt, M., Buck, H., Dürr, R., Freudigmann, H., Haug, F., Hußmann, S., Jörgens, T., Jürgensen-Engl, T., Leuders, T., Richter, K., Riemer, W., Schermuly, H., Sonntag, R., & Surrey,

I. (2009). *Lambacher Schweizer 5, Mathematik für Gymnasien, Nordrhein-Westfalen.* Stuttgart: Klett.

Bildungskommission NRW. (1995). *Zukunft der Bildung. Schule der Zukunft, Denkschrift der Kommission „Zukunft der Bildung – Schule der Zukunft" beim Ministerpräsidenten des Landes Nordrhein-Westfalen.* Neuwied: Luchterhand Verlag.

Blum, W., Drüke-Noe, C., Hartung, R., & Köller, O. (Hrsg.). (2006). *Bildungsstandards Mathematik: konkret. Sekundarstufe I: Aufgabenbeispiele, Unterrichtsanregungen, Fortbildungsideen.* Berlin: Cornelsen Scriptor.

Devlin, K. (2002). *Muster der Mathematik. Ordnungsgesetze des Geistes und der Natur.* Heidelberg: Spektrum.

Fabricius, S. (2009). Lerntagebücher im Mathematikunterricht. Wie Kinder in der Grundschule auf eigenen Wegen lernen. In E. Rathgeb-Schnierer & S. Schütte (Hrsg.), *Oldenbourg Fortbildung.* München: Oldenbourg.

Franke, M. (2003). *Didaktik des Sachrechnens in der Grundschule.* Heidelberg, Berlin: Spektrum akademischer Verlag.

Heckmann, K., & Padberg, F. (2012). *Unterrichtsentwürfe Mathematik Sekundarstufe I.* Berlin: Springer Spektrum.

Hußmann, S. (2003). Lerntagebücher – Mathematik in der Sprache verstehen. In T. Leuders (Hrsg.), *Mathematik-Didaktik. Praxishandbuch für die Sekundarstufe I und II* (S. 75–92). Berlin: Cornelsen.

Koullen, R., & Wennekers, U. (Hrsg.). (2008). *Zahlen und Größen 5. Gesamtschule Nordrhein-Westfalen.* Berlin: Cornelsen.

KMK (Ständige Konferenz der Kultusminister der Länder in der Bundesrepublik Deutschland) (2004). *Bildungsstandards der Kultusministerkonferenz. Erläuterungen zur Konzeption und Entwicklung.* München: Luchterhand.

KMK (Ständige Konferenz der Kultusminister der Länder in der Bundesrepublik Deutschland) (2005). *Bildungsstandards im Fach Mathematik für den Primarbereich (Jahrgangsstufe 4).* München: Luchterhand.

Leuders, T., Hefendehl-Hebeker, L., & Weigand, H.-G. (Hrsg.). (2009). *Mathe Magische Momente.* Berlin: Cornelsen Verlag.

Lütticken, R., & Uhl, C. (Hrsg.). (2013). *Fokus Mathematik 5. Nordrhein-Westfalen Gymnasium.* Berlin: Cornelsen.

Ministerium für Schule und Weiterbildung des Landes Nordrhein-Westfalen (2007). *Kernlehrplan für das Gymnasium – Sekundarstufe I (G8) in Nordrhein-Westfalen. Mathematik.* Frechen: Ritterbach.

Schweda, R. (2014). *Warum Mathematik schön ist. Mustern und Strukturen auf der Spur.* Hamburg: Diplomica.

Strauch, A., Jütter, S., & Mania, E. (2009). *Kompetenzerfassung in der Weiterbildung. Instrumente und Methoden situativ anwenden.* Bielefeld: wbv.

Vollrath, H.-J. (1984). *Methodik des Begriffslehrens im Mathematikunterricht.* Stuttgart: Klett.

Zech, F. (2002). *Grundkurs Mathematikdidaktik. Theoretische und praktische Anleitungen für das Lehren und Lernen von Mathematik.* Weinheim: Beltz.

Content and Heuristics Integrated Mathematics Education – das CHIME-Konzept 7

> Gestützt auf die gewonnenen Erkenntnisse wird in diesem Kapitel die Vision einer heuristikzentrierten, in Sachfächer eingebetteten Vermittlung geometrischer (bzw. allgemein mathematischer) Kenntnisse, Fähigkeiten und Fertigkeiten ausgestaltet, welche die engen Fachgrenzen und aktuellen politischen Vorgaben auflöst. Das CHIME-Konzept realisiert eine kontinuierliche, stringente Integration einer mathematischen oder mathematikaffinen Heuristiklehre in möglichst viele Unterrichtsfächer; heuristische Module, die mathematische Inhalte mit fachimmanenten Problemstellungen verbinden und dabei kategorial sehr offen gestaltet werden können, werden akkumulativ unter Beachtung des Spiralprinzips zu Sequenzen heuristischer Tätigkeiten vernetzt, mit dem Ziel, spezifische Strategien und Metawissen über diese Strategien zu vermitteln. Eine Konkretisierung des CHIME-Konzepts wird an dieser Stelle exemplarisch für die Geometrie in der Orientierungsstufe vorgenommen. Dabei stehen heuristische Analysen im Vordergrund, welche die Potenziale sachfachlicher Kontexte und fachmathematischer Inhalte für die Einbettung heuristischer Aspekte untersuchen. Diese Analysen orientieren sich an der Systematik heuristischer Techniken und Heurismen nach Krichel und Stiller und an jeweils passenden Repräsentanten des Fächerkanons Gesellschaftslehre, Kunst und Textiles Gestalten, Technik und Werken, Naturwissenschaften und Sport. Gemeinsam mit dem IHiMU-Konzept kann CHIME als Kontinuum einer Evolution des Mathematikunterrichts verstanden werden, an deren Ende der rein transcurriculare heuristisch-mathematische Unterricht steht.

7.1 Konzeptdimensionen und -dimensionierung

CHIME (Content and Heuristics Integrated Mathematics Education) ist ein Konzept eines neuen, transcurricularen Unterrichts in Heuristik in Auseinandersetzung mit mathematischen Fachinhalten eingebettet in sachfachliche Bedeutungszusammenhänge und Problemstellungen. Die Schüler bauen ihr mathematisches Wissen und ihre heuristischen

D. Stiller, K. Krichel, W. Schwarz, *Heuristik im Mathematikunterricht*,
https://doi.org/10.1007/978-3-662-63752-4_7

Kenntnisse eingebettet in Sachsituationen auf und aus. Das bedeutet nicht, dass zusätzlicher „autonomer“ Mathematikunterricht ausgeschlossen ist.

Die Beschränkung auf das Teilgebiet der Geometrie ist dem Umfang der Ausführungen und der besonderen Eignung dieses Teilgebiets für das Erlernen der Heuristik geschuldet. Es wurde vor allem aus drei Gründen für die exemplarische Entwicklung eines neuen Mathematikunterrichts gewählt:

1. *Enge historische Verzahnung:* Die Geometrie ist eine gleichberechtigte Disziplin neben Arithmetik und Algebra; wie das vorherige Kapitel gezeigt hat, ist sie mit Blick auf das Problemlösen möglicherweise sogar bedeutender als die beiden anderen Großthemen, da viele der primären, klassischen Probleme, die es zu lösen galt und die zur Entwicklung der Mathematik in unserem heutigen Sinne entscheidenden Anteil hatten, der Geometrie entstammen.
2. *Besondere Eigenschaften ihrer Objekte:* Wie Schwarz (2006, S. 5) feststellt, besitzen „manche symbolischen Darstellungen in der Mathematik (Geometrie, Graphentheorie) zusätzlich ikonischen Charakter [...], was sie für Klärungen von Problemsituationen besonders leistungsfähig macht“. Er beschreibt die Situation hier aus der Warte der grafischen Repräsentationsformen – aber natürlich folgt, dass die Geometrie, nicht als heuristische Technik eingesetzt, sondern als eigentlicher Inhalt, dieselbe ikonische Kraft besitzt. Da die Graphentheorie für eine Vermittlung in der Sekundarstufe oder gar Orientierungsstufe weniger infrage kommt, bleibt die Geometrie, um diese Fähigkeit mit Blick auf heuristische Prozesse in der Schule nutzbar zu machen.
3. *Umfassenden heuristische Abdeckung:* Alle wichtigen heuristischen Techniken und Heurismen lassen sich am Gegenstand der Geometrie erlernen, weshalb eine exemplarische Demonstration, beschränkt auf geometrische Inhalte, grundsätzlich erfolgversprechend ist.

Es gibt keine sachlogischen Gründe, die andere mathematische Teilgebiete von einer analogen unterrichtlichen Umstrukturierung ausschlössen.

Aus vergleichbaren Gründen wird der besondere Augenmerk auf die Orientierungsstufe gelegt; eine Ausweitung auf die verbleibenden drei bzw. vier Schuljahre der Sekundarstufe I und darüber hinaus der Sekundarstufe II ist ohne Weiteres denkbar und würde den nächsten logischen Schritt für den Ausbau des Konzepts darstellen.

Um den Begründungszusammenhang für die Erarbeitung des vorliegenden Konzepts transparent zu machen, werden folgende drei Dimensionen im Vorfeld diskutiert:

1. *Legitimatorisches:* Darstellung der Ansatzpunkte und Grundideen für ein Konzept, das sich teils radikal von der aktuellen Bildungsrealität abgrenzt, in Form von Fragen und Antworten.
2. *Transcurricularität – das Missing Link:* Erläuterung des Begriffs mit Blick auf das CHIME-Konzept und die künftige Bedeutung schulischer Fächer, besonders der Mathematik.

3. *Personen:* Überlegungen zur veränderten Rolle der am schulischen Lehr-Lernprozess primär beteiligten Personen Schüler und Lehrer.

Während sich Abschn. 7.1 und 7.2 auf die Kernelemente des Konzepts bezieht und diese immanent entwickelt, stehen die darauffolgenden Abschnitte im Dialog mit der aktuellen wie mittelfristig zu erwartenden Realität an öffentlichen Schulen. Daher finden sich im weiteren Verlauf auch Überlegungen zur Implementierbarkeit, zu erwartbaren Schwierigkeiten, zu notwendigen Umgestaltungen des Schulapparats, zu voraussichtlichen affektiven Problemen bei den Beteiligten usw.

7.1.1 Legitimatorisches

Ein Unterrichtskonzept entsteht in der Regel aufgrund von Defiziten in der Unterrichtspraxis und beinhaltet keine umfassende Theoriebildung, sondern stellt eine Veränderung der Lehr-Lernstruktur in den Mittelpunkt der Betrachtung, wie Köck (2000, S. 206) definiert:

► Ein *Unterrichtskonzept* bezeichnet die theoriegeleitete Grundeinstellung des Lehrers [...] bezüglich Zweck, Anlage und Durchführung des Unterrichts.

Folgende Beobachtungen beziehungsweise Überzeugungen sind für die Begründung des neuen Konzepts konstituierend:

1. Jegliches mathematische Handeln dient – und jede Weiterentwicklung der eigenen mathematischen Fähigkeiten vollzieht sich letztlich an – der Lösung von Problemen. Dabei kann es sich um direkt lebensweltbezogene, fachimmanente ebenso wie transzendente Beweisprobleme handeln.
2. Der Mathematiklehrer steht immer wieder vor der Herausforderung, für die Inhalte, die er zu unterrichten verpflichtet ist, geeignete, d. h. motivierende, sinnstiftende und aus Schülersicht relevante, Lernkontexte zu (er)finden.
3. Wo diese Kernaspekte – Sinnhaftigkeit und Problemorientierung – vergessen oder ignoriert werden, entsteht „totes Wissen", das kein Wissen im echten Sinne, sondern unproduktiver Ballast im geistigen Gesamtkonstrukt der Lerner ist.

Es existiert bereits eine Reihe von Unterrichtskonzepten, die vom entdeckenden oder genetischen Lernen über den offenen oder problemorientierten und -lösenden Unterricht bis zum projektorientierten, schülerorientierten, handlungsorientierten oder auch wissenschaftsorientierten Unterricht reichen (Abschn. 3.9; Meyer 1994, S. 210 ff.); einige dieser Konzepte fußen auf ähnlichen Grundsätzen und versuchen ihrerseits, die festgestellten Defizite des (Mathematik-)Unterrichts zu beheben. Das im Folgenden vorgestellte CHIME Konzept integriert ausgewählte Aspekte aus verschiedenen, bereits bestehenden

Unterrichtskonzepten und ergänzt sie durch weitere, für das CHIME-Konzept spezifische Aspekte.

So wird ein Mathematikunterricht entwickelt, der sich von demjenigen in der bestehenden Form grundlegend unterscheidet, indem es mathematisches heuristisches Wissen durchgängig an die Inhalte anderer Fächer anbindet, die entdeckende und forschende Eigenaktivität des Schülers konsequent einfordert und damit die Mathematik als vielfach verknüpftes, praktisches und problemlösendes Konstrukt im Lerner wachsen lässt. Totes Wissen, leere Formeln und vage Erinnerungen an rezeptartiges Abarbeiten von Handlungsanweisungen sollen so weitgehend ausgeschlossen werden.

7.1.1.1 Problemlösen und Heuristik sind Kern allen Mathematikunterrichts

In Kap. 2, 3 und 4 wurde ausführlich herausgearbeitet, welche Bedeutung im Bildungsdiskurs dem Lösen von Problemen im Mathematikunterricht zugeschrieben wurde und aktuell wird. In Verbindung mit den explizierten Zusammenhängen zwischen Problemlösen und Mathematik (Geometrie) ist noch einmal zu betonen, dass das Problemlösen und seine übergeordnete Ebene, die Heuristik, von den Autoren als Kern des Mathematikunterrichts verstanden werden. Diese Auffassung folgt im Kern den durch die OECD formulierten definitorischen Beschreibungen mathematischer Kompetenzen. Der Umstand, dass eine klare Unterscheidung zwischen Problemlösen und Heuristik nicht nur in weiten Teilen der aktuell gültigen Lehrplanschriften, sondern bereits in den zugrunde liegenden Bildungsstandards fehlt, scheint auf die linguistische Problematik der englischsprachigen Bezugsschriften zurückzuführen sein sowie auf die fehlende inhaltliche Aufarbeitung, die intensiv kritisch in Krichel (2017, Kap. 3 und 4) besprochen wird. Gellert beschreibt das aktuelle curriculare Postulat (!) folgendermaßen:

> Im Vordergrund steht die aktive, gemeinsame, strategische, argumentative mathematische Auseinandersetzung der Lernenden. Kerntätigkeiten im Mathematikunterricht sind das Suchen und Erzeugen von Mustern, das Äußern und Überprüfen von Vermutungen, Generalisieren und Stellen von Warum-Fragen, Systematisieren und Klassifizieren, das Suchen nach Methoden und Aufstellen von Regeln sowie das Definieren, Begründen und Beweisen. Im Zentrum der curricularen Konzeption stehen nicht die mathematischen Lerninhalte (der „Stoff"), sondern die mathematischen Tätigkeiten der Lernenden gleichsam als das Äquivalent mathematische Lernprozesse. Ausdruck dieser Dynamisierung ist der Anspruch einer neuen Aufgabenkultur (Gellert 2009, S. 351).

Frage

Wenn das Problemlösen eine nicht-fachspezifische Fähigkeit ist, warum sollte die Mathematik die Aufgabe seiner Vermittlung maßgeblich übernehmen?

Diese Frage ist durchaus gerechtfertigt, denn wenn Probleme in allen Fächern auftreten und zur Beschäftigung anregen, kann sich der Mathematikunterricht dann nicht gerade aus diesem Bereich zurückziehen? Die Antwort ist ein klares Nein: Die Relevanz des Problemlösens in anderen Schulfächern kann die inhaltliche Problematik reduzieren, aber gerade wenn es um die strategische, langfristige Entwicklung von Problemlösefähigkeiten geht (um den Aufbau heuristischer Kompetenzen), spielt das mathematische Verständnis eine herausragende Rolle, wie schon die PISA-Studie 2003 zeigen konnte:

Der statistische Zusammenhang zwischen der Fähigkeit, Probleme zu lösen, und den allgemeinen mathematischen Fähigkeiten liegt bei 0,89 (zwischen Problemlösen und Lesekompetenz bei 0,82 und zwischen Problemlösen und naturwissenschaftlicher Grundbildung 0,80). Der Zusammenhang zwischen Problemlösen und mathematischer Grundbildung ist außerdem der signifikanteste, der zwischen allen drei getesteten Kompetenzfeldern festgestellt werden konnte. Er entspricht dem ermittelten Zusammenhang zwischen den vier Fachbereichen (*Space and Shape*, *Change and Relationship*, *Quantity* und *Uncertainty*) innerhalb der mathematischen Grundbildung. Zugleich zeigen diese Zahlen, dass sehr wohl signifikante interdisziplinäre Einflüsse auch der anderen beiden Fachgruppen bestehen: ein Potenzial, das die Schule bislang kaum ausschöpft.

Der in sich geschlossene und vollständig logische Aufbau des mathematischen Wissens begünstigt und unterstützt außerdem eine systematische Erfassung und Aufarbeitung der durchlaufenen Problemlöseprozesse und gewährt so auf besonders klare, transparente Weise den Blick auf das eigene Handeln. Für den Erwerb metastrategischen, d. h. in diesem Falle heuristischen Wissens ist das ein unschätzbarer Vorteil. Selbstverständlich lassen sich problemlösende Verhaltensweisen auch an nichtmathematischen Problemstellungen erwerben und studieren – doch mathematische Objekte, Operationen und Modelle sind in ihrer Prägnanz und Eindrücklichkeit von anderer Qualität und Überzeugungskraft. Hinzu kommt, dass auch in anderen Disziplinen oftmals Problemstellungen für eine erfolgreiche Bearbeitung letztlich auf mathematische Modelle reduziert werden.

Frage

Ist Unterricht in Heuristik überhaupt möglich?

Eine Zeit lang wurde die Relevanz einer Heuristiklehre bezweifelt, da Schoenfeld (1985) in einer Studie aus den 1980er Hinweise gefunden hatte, dass eine solche Unterweisung ohne Effekt sei. Neuere Untersuchungen Bruders (Bruder und Collet 2011) haben jedoch eindeutig belegt, dass sich die Sinnfrage einer unterrichtlichen Heuristiklehre positiv beantworten lässt, und dies bestätigt auch die explorativen Studie von Rott (2013), in der das mathematische Problemlöseverhalten sowie die zugrunde liegenden Problemlöseprozesse von Schülern einer 5. Klasse untersucht wurden.

Die Heuristik nimmt die Metaebene der systematisch übergeordneten Betrachtung von Problemlöseprozessen ein, um wiederkehrende Strukturen und Muster zu erkennen, die dann induktiv zur Optimierung von Lösungsprozessen neuer Problemstellungen nutzbar gemacht werden. Dass eine Unterweisung in „geistiger Flexibilität" weder nach demselben Muster noch mit derselben unmittelbaren Nachweisbarkeit ihrer Effekte gelingen kann, liegt im Grunde auf der Hand. Da das Lösen von (mathematischen) Problemen sich nur im aktiven Tun, im tatsächlichen problemlösenden Handeln vollziehen kann und der Ausbau des metakognitiven Überbaus letztlich nur auf dieser Grundlage und im evaluierenden Rückblick geschieht, gibt es keine einheitliche, einfache Möglichkeit, eine erfolgreiche Herausbildung heuristischer Fähigkeiten und Fertigkeiten zu „programmieren" – die Faktoren, von denen der Fortschritt abhängt, sind zu vielfältig und zahlreich.

Aus praktischer Sicht ist zu bedenken, dass wie bei allen anderen Lernfeldern auch motivationale Faktoren eine große – hier vielleicht sogar eine besonders große – Rolle spielen. Es erscheint plausibel, dass es einer umfassenden und langfristigen Veränderung der Unterrichts- und Aufgabenkultur bedarf, um das Verständnis (und auch die Akzeptanz) für diese Art von Lerninhalten aufzubauen. Dies gilt für alle am Bildungsprozess beteiligten Parteien:

- Lerner, die erst nach mehreren Jahren traditionellen, fragend-entwickelnden Unterrichts mit dieser Art von Lernen und Problemlösekontexten konfrontiert werden, werden zu einem beträchtlichen Anteil weder fachlich noch methodisch damit umzugehen wissen, und es wird wie immer auch Personen geben, die sich einer solchen Umstellung verweigern. Selbst Lerner, die von Beginn ihrer Bildungskarriere an Problemkontexte und heuristische Praktiken herangeführt werden, werden möglicherweise nicht sämtlich zu fähigen Problemlösern und kompetenten Nutzern heuristischer Techniken und Heurismen werden, wenn Grundanlagen oder Interessenslagen dem entgegenstehen.
- Lehrer, die nicht gewohnt sind, ihren Unterricht an Problemstellungen auszurichten und die eigenaktive Auseinandersetzung ihrer Lerner in den Mittelpunkt der unterrichtlichen Aktivitäten zu stellen, werden Schwierigkeiten unterschiedlicher Art bei der Umsetzung eines solchen andersartigen Unterrichtskonzepts erfahren. Bei nicht wenigen sind Ressentiments gegen jeglichen Unterricht zu erwarten, der kompetenzorientiert formuliert ist und damit nicht operationalisierte Lernschritte vorgibt. Speziell mit Blick auf den problemorientierten Schwerpunkt bzw. eine explizite Ausrichtung an heuristischen Leitfragen werden Lehrer Wirksamkeit oder Umsetzbarkeit infrage stellen. Die fachlichen Kenntnisse zu Problemlöseprozessen sind nicht bei allen Lehrern in gleichem Maße vorhanden, und die Bereitschaft zu einer solch umfassenden Umorientierung wird nicht von jedem erfolgreich einzufordern sein.
- Eltern, die zumindest für die Zeit der schulischen Bildung ihrer Kinder entscheidenden Einfluss ausüben können, beziehen sich in aller Regel auf ihre eigenen Bildungserfahrungen; Unterschiede zu teils Jahrzehnte zurückliegenden Unterrichtspraktiken und -anforderungen sind aus ihrer Warte oft eklatant, nicht erklärlich und erscheinen nicht selten negativ. Vergleiche zur (angeblich herrschenden) Disziplin und Arbeitsatmosphäre in „früheren Zeiten" werden auch heute noch immer wieder gezogen. Abgesehen von den meist dahinterstehenden allgemeinen erzieherischen Schieflagen drücken solche Äußerungen ein Unbehagen aus, wann immer Schule sich ernsthaft um eine Öffnung und eine Orientierung am Lerner bemüht. In den Augen von didaktischen und pädagogischen Laien ist der Unterschied zu einer Hinwendung zur „Spaßkultur" nicht immer klar ersichtlich. Nun üben Eltern mit ihren Einstellungen aber unbestreitbar einen Einfluss auf Lernerperformanz aus, der in den frühen Schuljahren besonders groß sein dürfte.

Aus diesen Überlegungen wird bereits deutlich, dass ein guter Teil der Frage nach der Machbarkeit eines erfolgreichen Heuristikunterrichts sich vielleicht gar nicht unter Bezug auf diesen Unterricht selbst beantworten lässt. Ein planvoller und wohl durchdachter Umbau des Gesamtsystems muss vielmehr alle Beteiligten – und eben nicht nur die Lerner – in die Lage versetzen, erfolgreichen Heuristikunterricht zu ermöglichen oder zuzulassen.

Frage

An welchen mathematischen Inhalten sollte Heuristik gelernt werden?

Wie in Kap. 1 bis 3 dargestellt bilden die Begriffe „Problem", „Heuristik" und „Geometrie" ein enges historisches und kausales Gefüge. In der Einleitung dieses Kapitels wurden bereits die entscheidenden Gründe genannt, weshalb hier auf das Gebiet der Geometrie fokussiert wird. Es sind dieselben Gründe, die für eine Wahl dieses Teilgebiets beim Einstieg in einen Unterricht in Heuristik sprechen. Das bedeutet keineswegs, dass andere Fachinhalte grundsätzlich geringeres Potenzial für eine Heuristiklehre besitzen. Dennoch spricht zumindest in der Orientierungsstufe für die Wahl der Geometrie, dass mit ihr die enaktive und ikonische Ebene (nach Bruner) besonders gut und nutzbringend angesprochen werden können. Im Prinzip gilt aber, dass Problemlösekompetenzen an allen mathematischen Inhalten erworben und vertieft werden können – und vor allem auch sollten. Die Frage nach der fachimmanenten Kontextualisierung ist gewissermaßen zweitrangig hinter der Feststellung, dass das Lösen von Problemen den Kern des mathematischen Handelns bilden soll.

7.1.1.2 Problemlösen und Heuristik sind nicht fachgebunden

Alle Lehrplanschriften, die nach der verbindlichen Einführung der Bildungsstandards der KMK im Jahr 2004 eingeführt worden sind, folgen dem grundlegenden Prinzip der Kompetenzorientierung – dies betrifft die modernen Fremdsprachen ebenso wie die naturwissenschaftlichen Fächer oder auch das Fach Latein, das sich ähnlich schwer mit dieser Umstrukturierung tut wie das Fach Mathematik. Hier hat die vergleichende Untersuchung der Forderungen und Kompetenzformulierungen der aktuellen deutschen Lehrpläne in Bezug auf die Kompetenz des Problemlösens in Kap. 4 sowie Krichel (2017, Kap. 4) Folgendes klar gezeigt:

- Die deutschen Lehrpläne weisen dem Problemlösen mehrheitlich, in Anlehnung an die Bildungsstandards, eine herausragende Bedeutung für den Mathematikunterricht und den allgemeinbildenden Unterricht insgesamt zu.
- Die Mehrheit der Lehrplanschriften sieht eine (vorrangige) Verbindung zwischen der Problemlösefähigkeit und dem Teilgebiet der Geometrie.
- Die Verknüpfung mit mathematischen Fachinhalten erfolgt nicht konsequent und nachvollziehbar.
- Eine Progression im Sinne eines sukzessiven Kompetenzaufbaus lässt sich nicht feststellen.

Dieser negative Befund der letztgenannten beiden Aspekte muss insofern erstaunen, als die Bund-Länder-Kommission (BLK) bereits in dem Konzeptpapier zu ihrem Programm zur Steigerung der Effizienz des mathematisch-naturwissenschaftlichen Unterrichts (SINUS), das ab 2000 durchgeführt wurde, eben diese Schwachpunkte klar diagnostizierte und kritisch benannt hat.

Die im Rahmen des Programms entworfenen elf Entwicklungsmodule (BLK 2003, S. 8) zeichnen den Weg vor, der zur Verbesserung der Situation nach dem Willen der SINUS-Verantwortlichen und der BLK gegangen werden sollte. Sie geben einen guten Eindruck von den Zielvorstellungen:

1. Weiterentwicklung der Aufgabenkultur
2. Naturwissenschaftliches Arbeiten
3. Aus Fehlern lernen
4. Sicherung von Basiswissen – verständnisvolles Lernen auf unterschiedlichen Niveaus
5. Zuwachs von Kompetenz erfahrbar machen – kumulatives Lernen
6. Fächergrenzen erfahrbar machen – fachübergreifendes und fächerverbindendes Arbeiten
7. Förderung von Mädchen und Jungen
8. Entwicklung von Aufgaben für die Kooperation von Schülern
9. Verantwortung für das eigene Lernen stärken
10. Prüfen – Erfassen und Rückmelden von Kompetenzzuwachs
11. Qualitätssicherung innerhalb der Schule und Entwicklung schulübergreifender Standards

Der Schlüssel zu einer Steigerung der Effizienz des mathematisch-naturwissenschaftlichen Unterrichts wird ganz wesentlich in der Stärkung der nicht-fachgebundenen Unterrichts- und Erziehungsziele (Modul 1, Modul 6, Modul 7, Modul 8, Modul 9) und speziell im Aufbau von Kompetenzen (Modul 3, Modul 4, Modul 5, Modul 9, Modul 10) im oben umrissenen Sinne gesehen. Damit weist das SINUS-Programm in dieselbe Richtung, die auch das CHIME-Konzept anvisiert.

Mit Blick auf die auch im Programm der BLK noch explizit benannte „Förderung von Mädchen und Jungen“ ist anzumerken, dass sich viele der im naturwissenschaftlich-mathematischen Bereich immer wieder gemessenen geschlechtsspezifischen Leistungsunterschiede für das Problemlösen nicht nachweisen lassen oder so gering (und zwar in beide Richtungen) ausfallen, dass sie statistisch nicht signifikant sind. Wie die OECD (2005, S. 119) schreibt, „mag dies darauf hinweisen, dass geschlechtsspezifische Stärken in oder Vorlieben für bestimmte Fächer kompensiert werden können, wenn es um das Lösen von interdisziplinären Problemen geht“.

Frage

Wie lassen sich nicht-fachgebundene, allgemeine Kompetenzen unterrichten?

Es sind, auch nach bildungspolitischem Willen, die Öffnung des Unterrichts und der Gedanke der Fächerverbindung, die hier die größte Rolle spielen. In einigen Fächern, besonders im Bereich der Fremdsprachendidaktik, wurden diese Gedanken in den letzten zehn Jahren besonders intensiv (weiter-)entwickelt und erfolgreich umgesetzt, weshalb nun ein Beispiel aus der Fremdsprachendidaktik eine aktuelle und praktisch erprobte Umsetzung nicht-fachgebundenen schulischen Unterrichts verdeutlichen soll. Als Umsetzungsbeispiel soll hier das Konzept eines Content and Language Integrated Learning (CLIL) genannt werden. Angelehnt an Coyle et al. (2010, Abschn. 1.1) seien die wichtigsten Merkmale von CLIL wie folgt zusammengefasst:

Merkmale von CLIL

- CLIL basiert auf der gleichzeitigen Vermittlung und Nutzung der Fremdsprache; sie ist Lernziel und Kommunikationsmittel. Es steht damit weder der Fachinhalt noch die Sprache allein im Mittelpunkt, sondern beide sind verwoben, und der Schwerpunkt wechselt im Lauf der Zeit.
- CLIL wird durch den Sachfachinhalt vorangetrieben, wodurch es sich deutlich von allen bisherigen Sprachlernkonzepten unterscheidet.
- CLIL kann an alle denkbaren Kontexte angepasst werden, solange die theoretische Basis bestehen und transparent bleibt; es geht um einen holistischen Ansatz für den Lerner der Fremdsprache.
- CLIL hat sich als hochadaptiv erwiesen und ermöglicht Lernerfolge *sowohl* in der Sprache *als auch* im Sachfach, die inzwischen durch Erkenntnisse aus der interdisziplinären Forschung der Neuro- und Bildungswissenschaften gestützt werden (vgl. CERI 2007).

Auf viele der hier angesprochenen Aspekte wird in Zusammenhang mit CHIME zurückzukommen sein. Die Bedeutung und Verbreitung des Konzepts zeigen sich beispielhaft auch in der Arbeit des Goethe-Instituts, das in seinem FüDaF (fächerübergreifendem Deutsch-als-Fremdsprache-Unterricht) mittlerweile CLIL speziell mit den sogenannten MINT-Fächern kombiniert.

In der Fremdsprachendidaktik gilt CLIL als Königsweg des (schulischen) Sprachenlernens, und das aus einem entscheidenden Grund: Das echte Kommunikationsbedürfnis der Schüler trägt im CLIL den schwierigen Prozess des Spracherwerbs, und auf dieser Grundlage gelingt der Aufbau situativ verankerten, vielfach vernetzten und gerade dadurch transferierbaren Wissens und Könnens.

▸ Was authentisches Kommunikationsbedürfnis für den Erwerb der Fremdsprache ist, ist das Lösen relevanter Probleme für den Erwerb der Problemlösefähigkeit.

Eine analoge Unterrichtung auch innermathematischer Fachinhalte, besonders aber der in den meisten Bundesländern so treffend als „überfachlich" oder „allgemein" bezeichneten Kompetenz Problemlösen ist aus den gleichen Gründen didaktisch sinnvoll und methodisch geboten. Bezüge zwischen scheinbar so fremden Disziplinen herzustellen, ist gerade einer der Motoren, die die Evolution der Bildung derzeit antreiben: Die strengen Fächergrenzen werden in vielen sowohl älteren reformpädagogischen Bewegungen als auch neueren Unterrichtskonzepten als lebensfremd und damit lernerunfreundlich und lernpsychologisch ungünstig kritisiert. Wie bereits festgestellt, haben außerdem in der jüngsten deutschen Lehrplanreform in allen Fächern Kompetenzformulierungen die operationalisierten Lernziele abgelöst, so dass es folgerichtig ist, für alle Fächer analoge didaktisch-methodische Umstrukturierungen zu entwickeln. Was wäre darunter für den Mathematikunterricht zu verstehen?

7.1.2 Transcurricularität – das Missing Link

Gellert stellt fest:

> Die gescheiterte curriculare Reform hinterließ ein weitgehend ungeklärtes Verhältnis von Anwendungs- und Strukturorientierung. Noch im heutigen Unterricht spiegelt sich dies wider. Zwar dienen Praxisbezüge als Anknüpfungspunkte für mathematische Begriffsbildung, doch fungieren die außermathematischen Situationen hierbei lediglich als Motivationsversuche. Auch werden nach der Erarbeitung eines mathematischen Theoriestücks oder Algorithmus so genannte Sach- oder Anwendungsaufgaben formuliert, doch sind die Sachkontexte beliebig, austauschbar und die Aufgaben dienen meist nur der Einübung erarbeiteter Inhalte (Gellert 2009, S. 351).

Treffender kann man das noch immer herrschende Defizit nicht beschreiben. Das CHIME-Konzept möchte einen Vorschlag machen, wie der letzte Schritt zur Überbrückung zwischen nicht-fachgebundenen Unterrichtskonzepten und den letztlich auf Task-Based Learning und Situated Learning zurückgehenden Weiterentwicklungen der Fremdsprachendidaktik mit Bezug auf den Sachfachunterricht gelingen kann. Auf dieser Grundlage und der aktuell fortschreitenden Ausgestaltung nicht-fachgebundener Unterrichtskonzepte soll hier eine andere Antwort auf diese alte, reformpädagogische Frage gegeben werden.

Frage

Was, wenn man nach anderen leitenden Prinzipien als einer bloßen Auflösung von Fächergrenzen eine Neustrukturierung schulischen Lernens denkt?

Das CHIME-Konzept nimmt diesbezüglich folgende Grundhaltung ein: Kenntnisse und Fertigkeiten mit nicht-fachgebundenem Charakter sollten nicht-fachgebunden unterrichtet werden.

Zurzeit werden viele solche Kompetenzen wenig koordiniert und so oft wenig effizient in den verschiedensten Fachunterrichten vermittelt. Das Problem liegt in einer fehlenden curricularen Verankerung und didaktischen Gestaltung solcher Inhalte, die transcurricular gedacht und geplant werden müssten. CHIME wendet sich damit nicht grundsätzlich gegen die Existenz von Fachunterricht – es vertritt aber die Position, dass es Kompetenzen gibt, die sich (auch wenn sie schwerpunktmäßig in gewissen Fachgebieten angesiedelt sind oder in bestimmten wissenschaftlichen Zusammenhängen eine Rolle spielen) im Rahmen des klassischen Fachunterrichts minder gut lernen und unterrichten lassen, und dass eine der Kompetenzen, die dies ganz besonders betrifft, die Problemlösefähigkeit ist. Folgende Liste, die sich durch die Problemlösefähigkeit nahtlos ergänzen ließe, soll diesen Gedanken veranschaulichen:

- *Lesen und Schreiben:* Im Fach Deutsch sind diese grundlegenden Kulturfertigkeiten natürlich Kerninhalte des Unterrichts. Dennoch wird niemand in Abrede stellen, dass sie in allen schulischen Fächern benutzt, aber auch – und das ist vielleicht weniger allgemeiner Konsens – gelernt und (weiter-)entwickelt werden.
- *Hörverstehen:* In der Muttersprache bereitet diese Fähigkeit oft keine großen Probleme (allerdings häufig doch größere, als der Fachlehrer dies zu Beginn annehmen mag, wenn es um Detailverstehen und zielgerichtetes Zuhören geht). In der Fremdsprachendidaktik dagegen ist das „Hörenlernen" explizit Unterrichtsinhalt, weswegen nicht selten erst in der ersten Fremdsprache systematisch Techniken erlernt werden, die das Hörverstehen erleichtern und verbessern. Das Hörverstehen spielt – fachunabhängig – im fragend-entwickelnden Unterricht fraglos eine zentrale Rolle, so dass man auch hier von einer fächerübergreifenden Anwendung und Fortentwicklung sprechen kann.
- *Räumliche Wahrnehmung und Vorstellung:* Geometrische Objekte auch in drei Dimensionen sind in unserer Lebenswelt allgegenwärtig. Dennoch lassen sich signifikante Unterschiede in den Fähigkeiten beim (gedanklichen und realen) Umgang mit Räumlichkeit beobachten. Im Fach Mathematik werden räumliche Objekte sehr genau untersucht, systematisiert und definiert. Im Fach Technik spielt vor allem der realpraktische, in der Physik oft auch der abstrakte Umgang mit Objekten eine große Rolle. Dabei sind geistige Beweglichkeit und das „räumliche Vorstellungsvermögen" notwendig, um bestimmte Manipulationen zielgerichtet planen und durchführen zu können. Auch das Fach Kunst kann durchaus intensiv das Verständnis für den Raum einfordern und ausbilden, wenn entsprechende Impulse gesetzt werden.
- *Hand-Augen-Koordination:* Auch dies ist eine Fertigkeit, die aufgrund ihrer allgegenwärtigen Bedeutung oft übersehen wird. Doch nicht nur in der Primarstufe, sondern durchaus auch in der Sekundarstufe I befindet sich diese Grundfähigkeit noch in der Entwicklung, und sie spielt in sämtlichen schulischen Fächern eine Rolle; aktiv geför-

dert wird sie jedoch nur in einer kleineren Auswahl, so im Sportunterricht, im Werken oder in Bildender Kunst, möglicherweise auch noch im Mathematikunterricht, wenn der Umgang mit Zeichengeräten vertieft wird und die zeitlichen Rahmenbedingungen es zulassen, das Zeichnen auch wirklich gemeinsam zu üben.

- *Argumentationsfähigkeit:* Die Fähigkeit, die eigenen Gedanken in einer Form zu präsentieren, die es nicht nur erlaubt, sich auf emotionaler Ebene anderen Menschen mitzuteilen, sondern sich über sachliche Fragen und komplizierte Sachverhalte gewinnbringend auszutauschen und möglicherweise die eigenen Erkenntnisse so zu präsentieren, dass andere die Richtigkeit der eigenen Überlegungen nachvollziehen können, ist eine weitere Kompetenz, die sich in den unterschiedlichsten fachlichen Zusammenhängen realisiert. In den Sprachfächern wird die Fähigkeit zur Argumentation unterschiedlich stark betont, spielt aber sicher – wenn auch auf unterschiedlichen qualitativen Ebenen – eine wichtige Rolle. Auch in Fächern wie Philosophie, Religion oder Ethik ist diese Kompetenz aber von überragender Bedeutung und zentrales Unterrichtsziel.

Die Bedeutung solcher allgemeinen Kompetenzen liegt gerade darin, dass sie als Bindeglieder zwischen den verschiedenen Fachgebieten fungieren könnten – nur steht dem in der schulischen Realität oft einiges entgegen. Mit Blick auf die in Abschn. 7.1.1.1 und 7.1.1.2 ausgeführten Argumente bietet sich Heuristik, und damit ist die strukturierte Problemlösefähigkeit als eigentliche Zielkompetenz allen Mathematikbetreibens gemeint, hier als Schlüsseldisziplin an – als Schlüssel zum Erwerb tieferer Einsichten in Sachfächer und mathematisches Grundwissen. Unter direkter Bezugnahme auf die von Coyle et al. (2010) benannten Aspekte von CLIL weist ein mathematisch-heuristischer Sachfachunterricht, wie ihn CHIME entwirft, folgende Merkmale auf:

► - CHIME hat einen doppelten bzw. dreifachen Fokus in einer innovativen Fusion: Sachinhalte – Problemlösen – Mathematik.
- CHIME ist inhaltsbestimmt.
- CHIME ist flexibel und an unterschiedlichste Kontexte anpassbar. Es integriert potenziell eine Reihe von Unterrichtsmodellen, so dass ein ganzheitlicheres Lernen möglich wird.
- CHIME ist für alle Schularten und Niveaustufen eine Möglichkeit, echte Kompetenzorientierung umzusetzen und dadurch Lernergebnisse und Kompetenzzuwächse zu realisieren, die sich in einem getrennten heuristisch-mathematischen Unterricht nicht erzielen lassen.

Hier sei an den von Wolfgang Klafki entwickelten Unterricht an Schlüsselproblemen erinnert (Klafki 1995a, 1995b), der ebenfalls heuristische Fähigkeiten und Fertigkeiten berücksichtigt, die sich gerade in Verbindung mit mathematischen Problemlösefähigkeiten exemplarisch betrachten und erlernen lassen – durch die mathematische Perspektive können Probleme eingegrenzt und etwa im Teilgebiet Geometrie auch anschaulich aufgearbeitet werden. Das CHIME-Konzept fügt sich so nicht nur grundsätzlich in Klafkis

Idee des Unterrichts durch Schlüsselprobleme ein, sondern füllt auch eine theoretische Lücke, wenn es um einen geistigen „Ort" geht, an dem die praktisch gewonnenen Eindrücke und Erkenntnisse systematisiert und reflektiert werden können: die Metaebene des Problemlösens – die Heuristik.

Leuders (2003, S. 165 f.), einer der meistrezipierten deutschsprachigen Mathematikdidaktiker der Gegenwart, führt zwei Strukturmodelle an – das „diktatorische" und das „demokratische" –, die hier jedoch um eine weitere Möglichkeit ergänzt werden sollen, die weder eine Projektarbeit im Sinne einer koordinierten, zeitlich begrenzten Zusammenarbeit meint noch einen Transport vereinzelter mathematischer Inhalte in ein anderes Schulfach, sondern eine Integration der prozessbezogenen Kompetenz Problemlösen bzw. der Heuristik über Fachgrenzen hinweg, aber in steter Einbettung in den fachlichen, curricularen Sachzusammenhang. Hierfür soll der Begriff *transcurricular* stehen, der zum einen die Existenz sachfachlicher Curricula voraussetzt, zum anderen aber diese Curricula überschreitende und zugleich zwischen diesen vermittelnde Kompetenzen anerkennt. Anstelle des Begriffs „transcurricular" wäre auch die Verwendung des Begriffs „transdisziplinär" denkbar, der jedoch weniger gut den Gedanken transportiert, dass sich diese Kompetenzen auf einer übergeordneten Ebene der didaktischen Inhalte, Strukturen und Planung befinden. Dass die Problemlösefähigkeit als eine dieser transcurricularen Kompetenzen dennoch eine besonders enge Verbindung mit mathematischen Fähigkeiten und Fertigkeiten aufweist, ergibt sich etwa aus den Ergebnissen der OECD-Studien.

7.1.2.1 Transcurriculare Module als Alternative zur Unterrichtseinheit

Frage

Was unterscheidet CHIME von anderen Unterrichtkonzepten, die sich entweder als nicht-fachgebunden oder als „problemorientiert" verstehen?

Grundsätzlich liegt der Gedanke nahe, mathematische Grundbildung und prozessbezogene Kompetenzen in Verknüpfung mit Sachinhalten zu vermitteln; das Konzept des problemorientierten Mathematikunterrichts – oder noch allgemeiner des Problem-Based Learning (PBL) – wendet sich in dieselbe Richtung. Es bedeutet jedoch einen immensen Aufwand, stets „passende" Probleme in den Mathematikunterricht zu transportieren. Dem Praktiker ist das Phänomen bekannt, dass die „Probleme", die zur Erarbeitung von Fachwissen herangezogen werden sollen, den Schülern oft entweder (inklusive ihrer Lösung) bereits bekannt sind oder im Gegenteil so weit von ihrem Erfahrungshorizont entfernt liegen, dass sie losgelöst aus einem größeren Sachzusammenhang keinerlei subjektive Relevanz besitzen.

Anstatt also Probleme als Lernanlässe künstlich in den Mathematikunterricht hineinzutragen, sollen die Fächergrenzen nicht nur zeitweise aufgehoben werden – wie es bereits der fächerverbindende Unterricht fordert –, sondern diejenigen Teile der Mathematik, die sich unmittelbar aus den Fragestellungen anderer Fächer ergeben oder an diesen entwickeln lassen, in mathematischen Moduleinheiten innerhalb dieser Fächer erarbeitet werden. Ein Modul ist in diesem Zusammenhang ein Baustein, der eine Brücke zwischen der Mathematik und grundsätzlich allen anderen Disziplinen schlägt. Das CHIME-Konzept beschränkt sich zunächst auf die Ausarbeitung dieses Ansatzes für das Teilgebiet Problemlösefähigkeit am Beispiel geometrischer Problemstellungen. Mit diesem Ansatz wird – zumindest auf den Erwerb und den Aufbau mathematischen Wissens bezogen – der rein additive „fächerübergreifende“ Unterricht im Stil des Rechenblattes in Pferdeform verunmöglicht. Module in Sachfächer zu integrieren, würde an konventionell arbeitenden Schulen zunächst einmal ein rein organisatorisches Problem darstellen. Diese Module inhaltlich, also didaktisch und methodisch, zu gestalten und Umsetzungsmöglichkeiten im realen Umfeld Schule institutionalisiert zu entwerfen, bleibt den folgenden Abschnitten vorbehalten.

7.1.2.2 Grad der Integration

Das CHIME-Konzept erlaubt bzw. postuliert seinem Ansatz nach eine Weiterentwicklung in Richtung einer vollständigen Umgestaltung des Mathematiklernens und -lehrens in der Schule. Folgt man dem Grundgedanken, das Problemlösen als Kern allen Mathematiktreibens zu definieren, dann wird klar, dass sich nicht nur die Geometrie in Gestalt des hier entwickelten modularen, transcurricularen Unterrichtsmodells vermitteln lässt, sondern dass dies in der vollständig integrierten Entwicklungsstufe für alle mathematischen Inhalte gilt. Erforderlich ist eine solche Vollintegration jedoch nicht. Um den Rahmen nicht zu sprengen, soll im Folgenden ein Mittelweg eingeschlagen werden, der das CHIME-Konzept einerseits aussagekräftig darstellt, andererseits aber noch nicht die völlige Integration des gesamten Mathematikunterrichts in andere Sachfächer in den Blick nimmt: Die geometrischen Fachinhalte der Orientierungsstufe werden verschränkt mit den zu erwerbenden heuristischen Techniken und Heurismen integriert in Sachfächern entwickelt, nichtgeometrische Fachinhalte dagegen könnten sowohl parallel in separaten Mathematikstunden erworben (CHIME-Integrationsstufe II; Abschn. 7.3.1.2) als auch ebenfalls modular umgesetzt werden.

Tab. 7.1 stellt fünf Integrationsgrade (von unten nach oben aufsteigend), außerdem denkbare Parameter (nicht vollständige Listung) innerhalb der beiden Teilintegrationsstufen (Grad I und Grad II) dar.

Um es noch einmal klar zu formulieren: Die Beschränkung auf das Teilgebiet der Geometrie ist der besonderen Eignung dieses Teilgebiets für das Erlernen der Heuristik geschuldet. Es gibt keine sachlogischen Gründe, die andere mathematische Teilgebiete von einer analogen unterrichtlichen Umstrukturierung ausschließen würden. Aus vergleichbaren Gründen wurde hier das besondere Augenmerk auf die Orientierungsstufe gelegt; eine Ausweitung auf die verbleibenden drei bzw. vier Schuljahre der Sekundarstufe I und darüber hinaus der Sekundarstufe II ist ohne Weiteres denkbar und würde den nächsten logischen Schritt für den Ausbau des Konzepts darstellen. Und: Die Schüler bauen ihr geometrisches Wissen und ihre heuristischen Kenntnisse eingebettet in Sachsituationen aus. Das bedeutet keineswegs, dass damit zusätzlicher „autonomer“ Mathematikunterricht ausgeschlossen ist (Abschn. 7.3.1).

Tab. 7.1 Integrationsgrade von CHIME und Parameter für Teilintegrationen

<table>
<tr><td rowspan="7">Fortschreitender Integrationsgrad →</td><td colspan="3">Vollintegration durch modularen heuristisch-mathematischen Unterricht in Sachfächern
(CHIME Grad III)</td></tr>
<tr><td colspan="3">Teilintegration durch heuristisch-mathematische Module in Sachfächern
(CHIME Grad II)</td></tr>
<tr><td>Auf einzelne Sachfächer beschränkt</td><td>Auf bestimmte mathematische Teilgebiete beschränkt</td><td>Auf bestimmte Jahrgangsstufen beschränkt</td></tr>
<tr><td colspan="3">Teilintegration durch nicht-fachgebundene Heuristiklehre in Sachfächern
(CHIME Grad I)</td></tr>
<tr><td>Auf einzelne Sachfächer beschränkt</td><td>auf bestimmte mathematische Teilgebiete beschränkt</td><td>Auf bestimmte Jahrgangsstufen beschränkt</td></tr>
<tr><td colspan="3">Integrierte Heuristiklehre im Mathematikunterricht (IHiMU)</td></tr>
<tr><td colspan="3">Additive Heuristiklehre im Mathematikunterricht</td></tr>
</table>

Kommentar: Mathematik als Geisteswissenschaft, kulturelle Leistung und eigenständige Disziplin

Mathematik ist eine Geisteswissenschaft besonderer Güte. Es ist nun sicherlich mehr eine persönliche Interpretationssache, ob man in der hier vorgetragenen Konzeption zur Integration der Mathematik in Sachfächer eine Degradierung oder eine Adelung sieht. Beabsichtigt ist im Grunde genommen keines von beidem, da sachlogische Gründe für eine solche Umgestaltung des traditionellen Mathematikunterrichts vorliegen. Es soll jedoch betont sein, dass keinesfalls eine Herabsetzung der Mathematik – sei es in ihrer kulturellen, ihrer wissenschaftlichen, ihrer hermeneutischen oder epistemologischen Bedeutung – intendiert ist: Die Mathematik ist gerade wegen ihrer Qualitäten in all diesen Bereichen prädestiniert, transcurricular zu agieren. Sie bewegt sich – und dies sicher besonders in ihrer höchsten Ausprägung, dem Problemlösen – gleichsam außerhalb und innerhalb vieler wissenschaftlicher Disziplinen, in denen sie als quasi-apodiktische Kontrollinstanz dient, liefert theoretische Fundamentierung und zukunftsweisende Spekulationsmodelle.

Dem Aufschrei von Fachkollegen, die hier eine Reduzierung, ja Degradierung des Faches zur „Hilfswissenschaft" argwöhnen und dementsprechend vehement betonen, dass die Mathematik (vor allem) eine Wissenschaft mit transzendenteren Zielen als dem schnöden Lösen von Alltagsproblemen sei, soll hier entgegengehalten werden, dass unter dem Begriff des Problems keineswegs lediglich zu lösende Sachverhalte aus Lebensweltbereichen, sondern ebenso gut das Führen eines schlüssigen Beweises verstanden werden kann; es sei aber gern zugegeben, dass mit Blick auf die hier zu betrachtende Orientierungsstufe und die dort zu vermittelnden Grundfähigkeiten in der Heuristik (sowie aus didaktischen Gründen) wann immer möglich der Betrachtung solcher Problemstellungen der Vorzug gegeben werden soll, die sich für Schüler in ihrer Bedeutung erschließen. Es mag sicherlich Lerngruppen geben, denen ein Zugang auch zu abstrakten Problemen bereits frühzeitig möglich ist, und ganz sicher stellt sich die Auswahl der Probleme zur Weiterentwicklung heuristischer Fähigkeiten für spätere Jahrgangsstufen anders dar, als es die Auswahl historischer Aufgabenbeispiele in Teil II sowie die Überlegungen zur Entwicklung eines Unterrichtskonzepts für die Klassen 5 und 6 im Folgenden möglicherweise zu suggerieren scheinen.

7.1.3 Personen

Wie für eine Öffnung des Systems Schule im Allgemeinen und für offene Unterrichtsformen in der Fachliteratur beschrieben, verlangt auch das CHIME-Konzept ein verändertes Verständnis der Rollen von Lerner und Lehrendem – und zwar in dieser Reihenfolge, wie sich unmittelbar aus den konstruktivistischen Grundüberzeugungen ergibt. Auf die unterrichtspraktischen Konsequenzen dieser Rollenänderung wird bei der Konzeptexplikation an verschiedenen Stellen einzugehen sein; nun soll es um zwei zentrale Aspekte gehen, die sich durch die Grundidee von CHIME besonders tiefgreifend verändern und langfristig weiterentwickeln lassen: die Lernerautonomie und Lehrerprofessionalität.

7.1.3.1 Lernerautonomie

Die Autonomie der Lerner (in dem hier betrachteten schulischen Rahmen also der Schüler) umfasst sowohl den Aspekt einer größeren Freiheit als auch den der damit unmittelbar verknüpften größeren Verantwortung für das eigene Lernen. Die Anforderungen an die Schüler, die im Rahmen eines transcurricularen heuristisch-mathematischen Unterrichts zu erwarten sind, unterscheiden sich nicht von denen, die für andere Formen des offenen und nicht-fachgebundenen Unterrichts bereits vielfach beschrieben wurden. Die tatsächlichen Auswirkungen hängen vom Grad der Integration und den damit unmittelbar verbundenen Unterschieden in der möglichen didaktischen und methodischen Gestaltung des Lernprozesses zusammen. Entscheidend ist, dass den Lernern Strukturierungsmittel an die Hand gegeben werden müssen, die ihnen helfen, transcurricular erworbenes Wissen und Können adäquat zu sammeln, zu sichern und zu entwickeln. Auf dieses Thema wird in Abschn. 7.3.4 vertiefend eingegangen.

Die Möglichkeiten, die sich auf der anderen Achse „Freiheit“ ergeben, sind ebenso abhängig von der Ausgestaltung und sehr viel größer, als dies im traditionellen Mathematikunterricht möglich wäre. Die für Projektunterricht und nicht-fachgebundene Unterrichtsformen herausgestellten Vorteile bezüglich einer Orientierung an individuellen Interessen und Stärken der Schüler gelten hier in Teilen ebenfalls, wenn bei der (Neu-) Gestaltung eines solchen transcurricularen Unterrichts entsprechend methodisch flexibel geplant wird. Hinzu tritt ein Spezifikum des Problemlösens als Aktivität: Schüler werden automatisch unterschiedliche Zugänge zu Problemen finden; sie werden Probleme verschieden angehen, untersuchen und lösen. Die ernsthafte Beschäftigung mit der Problemstellung vorausgesetzt, ist so ein individualisierter Lernprozess unvermeidlich. Diese Freiheit mag auch eine Gefahrenquelle darstellen, wenn sie nicht verantwortungsvoll genutzt und wertgeschätzt wird. Es ist daher keineswegs so, dass der Schüler sich selbst überlassen bleiben kann oder darf – denn zur Eroberung der Metaebene der Heuristik bedarf es der kommunikativen Auseinandersetzung mit den Mitschülern und möglicherweise verschiedentlich der Unterstützung durch den moderierenden und die Lernumwelt vorbereitenden Lehrer.

7.1.3.2 Lehrerprofessionalität

Der Anspruch, heuristisch-mathematische Inhalte transcurricular zu unterrichten, stellt also neue Anforderungen an die beteiligten Lerner, aber eben auch an die Lehrenden (in dem hier betrachteten schulischen Rahmen also die Lehrer). Der Lehrer tritt in dem oben umrissenen Szenario in der Rolle des Mentors, Organisators, Gesprächsleiters, Beobachters usw. auf, jedoch sicherlich sehr viel weniger als belehrende Instanz des traditionellen fragend-entwickelnden Unterrichts. Damit soll hier kein methodisches Absolutum gesetzt sein (dass auch fragend-entwickelnde Elemente ihren Platz haben, wird noch zur Sprache kommen), aber es liegt auf der Hand, dass sich Erwerb und Aufbau heuristischer Kompetenzen einer Bearbeitung und Erklärung im Gleichschritt ihrem Wesen nach entziehen. Dieses Umdenken betrifft keineswegs nur die Mathematiklehrer, denn das Gelingen transcurricularen Unterrichts hängt fundamental von der Kooperationsbereitschaft sowie von der Kooperationsfähigkeit aller beteiligten Lehrer ab. Gemeint ist die Kompetenz, transcurricularen Unterricht fachinhaltlich (inhaltliche Dimension) und didaktisch-methodisch (didaktische Dimension) gemeinsam zu gestalten. Selbst wenn die Bereitschaft zu einer solchen gemeinsamen Gestaltung der Lernumgebung gegeben ist, wäre eine neue, kooperative Kultur der Unterrichtsplanung und -gestaltung eine letztlich notwendige Professionalisierungsmaßnahme in der Aus- und Weiterbildung von Lehrern.

Um die zu erwartende Schwierigkeit zu verdeutlichen – und im Folgenden Lösungen bei der Konzeptentwicklung mitdenken zu können –, sollen hier einige Gründe angesprochen werden, aus denen heraus im aktuellen Unterricht außermathematische Kontexte so wenig einbezogen werden, obwohl „die meisten Lehrer eine stärkere Einbeziehung [...] für sinnvoll halten“ (Westermann 2003, S. 151):

- *Lehrer sind nicht ausgebildet:* Dieser Einwand wird insbesondere mit Blick auf die Sachfachinhalte erhoben, die in den Mathematikunterricht hereingeholt werden sollen. Bei CHIME wird dieses Problem (es geht nicht um das oben angesprochene Kooperations- und Koordinationsproblem und darf nicht damit verwechselt werden) durch die Beteiligung mehrerer, in den jeweils beteiligten Fächern ausgebildeter Lehrkräfte verringert oder vermieden.
- *Es stehen keine geeigneten Materialien zur Verfügung:* Das in aller Regel zur Verfügung stehende Material – meist Schulbuch, Arbeitsheft und gelegentlich noch einige Zusatzmaterialien im Besitz der Schule (z. B. Demonstrationskoffer mit geometrischen Körpern) – weist zu selten Bezüge zu außermathematischen Kontexten auf. Bei CHIME ist dieses Problem durch die Arbeit an den Sachfachinhalten und -materialien bereits deutlich reduziert.

- *Es entsteht ein großer Vorbereitungsaufwand:* Wegen der beiden genannten Schwierigkeiten ist der Vorbereitungsaufwand groß. CHIME setzt auf Synergieeffekte, die nicht nur den Lernprozess und die Steigerung der Effizienz des Unterrichts (Kompetenzzuwachs) betreffen, sondern auch und gerade den Lehrern neue Möglichkeiten zur Nutzung gemeinsamer Ressourcen und Entlastung durch Kooperation bieten.
- *Anwendungen kosten Unterrichtszeit:* Eine zusätzlich zur innermathematischen „Behandlung“ durchgeführte Arbeit anhand kontextualisierter Anwendungen lässt sich schon aus Zeitgründen oft nicht realisieren. Hier greifen wieder die bereits angesprochenen Synergieeffekte von CHIME. Da die Probleme nicht zusätzlich in den Mathematikunterricht getragen werden, sondern „reale“ Probleme der Sachfächer zum Lernanlass genommen werden, steht Zeit sozusagen aus beiden Stundentafeln zur Verfügung.
- *Außermathematische Kontexte zu behandeln, bringt Unsicherheiten in den Unterricht:* Dies dürfte in Wahrheit der Kern des Unbehagens der meisten Lehrer sein, die sich mit der Umsetzung eines offeneren Mathematikunterrichts befassen (müssen). Tatsächlich ist die Prozessorientierung nunmehr aber kein Kann mehr, sondern längst ein Muss, weshalb das Argument im Grunde keines mehr ist. CHIME versteht diese sogenannten Unsicherheiten (z. B. bezüglich Operationalisierbarkeit des Lernprozesses, nicht vorhersehbarer Fragen aus dem sachfachlichen Kontext heraus, mehrerer Lösungswege oder sogar Lösungen, Fragen der Leistungsbewertung) gerade als bereichernden Aspekt, der die Prozessorientierung und den damit verbundenen sinnstiftenden Realitätsbezug für die Lerner ausmacht und begreifbar macht.

Zu möglichen Rollenverteilungen zwischen Mathematiklehrer und dem Lehrer des Sachfaches wird in Abschn. 7.3.1 Stellung bezogen.

7.2 Allgemeines Strukturmodell CHIME

Aus den historischen Betrachtungen sowie unter Beachtung der aktuellen fachdidaktischen Bewegungen zu einem anwendungsorientierten und auf die Lebenswelt bezogenen Mathematikunterricht und unter Berücksichtigung einer zukünftigen schulischen Unterrichtsrealität entwickelt CHIME eine regelmäßige, implizite und mit geeigneten Aufgaben durchgeführte Heuristikschulung. Der Unterricht in Heuristik spielt sich bei gleichzeitigem Erwerb der mathematischen Kenntnisse ab, die von den Lehrplänen gemeinhin gefordert werden und die man als „globales mathematisches Curriculum“ auch für die Zukunft als Inhalte voraussetzen kann. Dass sich die so erworbenen heuristischen Techniken und Heurismen grundsätzlich auch auf andere Sachzusammenhänge übertragen lassen und dort produktiv angewandt werden können, wird vorausgesetzt, da dies durch die PISA-Ergebnisse zumindest empirisch gesichert erscheint. Das Ziel ist damit „funktionale mathematische Bildung“ (i. S. v. Leuders 2003, S. 52).

7.2.1 Konzeptbeschreibung

Frage

Welche Eigenschaften muss eine Form des Unterrichts aufweisen, der anstrebt, bestimmte übergreifende Inhalte in verschiedene Sachfächer zu integrieren?

Dem CHIME-Konzept liegen folgende Überlegungen und Überzeugungen zugrunde, die sich aus den bisherigen Betrachtungen herleiten:

1. Das Problemlösen als prozessbezogene Kompetenz kann nur im Wechselspiel mit fachlichen Inhalten erworben und aufgebaut werden. Mathematische Inhalte sind dazu in besonderer Weise geeignet.
2. Das Problemlösen im weiteren Sinne stellt eine übergeordnete Kompetenz zu den anderen prozessbezogenen Kompetenzen dar und vereinigt diese potenziell in sich.
3. Nur die Reflexion problemlösender Tätigkeit erlaubt den Aufbau heuristischer Kompetenz. Mathematisches Problemlösen ist dazu in besonderer Weise geeignet.

Es geht um eine kontinuierliche, stringente Integration einer mathematischen oder mathematikaffinen Heuristiklehre in möglichst viele Unterrichtsfächer, um die Anknüpfungspunkte im Wissensnetz der Schüler von Anfang an zu mehren und außerdem dem grundsätzlich transcurricularen Charakter dieser Fähigkeit Rechnung zu tragen.

Dass dabei auch mathematische Fachinhalte transportiert werden, ist ein Nebeneffekt, der ganz sicher Anlass gibt nachzudenken, inwieweit eine Umgestaltung des gesamten Mathematikunterrichts in dieser Weise möglich und geboten wäre. An einigen Stellen werden solche weiterführenden transcurricularen Anwendungen der gewonnenen heuristischen Fähigkeiten der Schüler aufgezeigt – den Mittelpunkt müssen allerdings solche Beispiele und Erarbeitungszusammenhänge bilden, bei denen die Mathematik (und hier speziell die Geometrie) als Grundlage in anderen Fächern dient und an ihr das Problemlöseverhalten (in Auseinandersetzung mit geometrisch-mathematischen Inhalten) entwickelt wird.

CHIME als Unterrichtskonzept beinhaltet verschiedene Methoden und Lernarrangements, die situationsbedingt und mit Blick auf das jeweilige Zielbündel eingesetzt werden.

► *CHIME* ist ein an Problemen, die im sachfachlichen Unterricht in Erscheinung treten, orientierter und durch den verschränkten Aufbau prozessualer und fachlicher Kompetenzen charakterisierter, modular angelegter Mathematik- und Heuristikunterricht, bei dem Sachfach- und Mathematiklehrer kooperativ den Lernprozess begleiten und in dem das Finden von Problemlösungen die Gestaltung des Unterrichtsprozesses bestimmt; die Schüler sollen durch von Beginn an hochfrequentes sowohl mathematisch als auch sachfachlich situiertes und reflektierendes Problemlösen tragfähige heuristische Kompetenzen aufbauen.

► CHIME basiert auf folgenden grundlegenden Annahmen über den Lerner:

- Wissen wird grundsätzlich in Verbindung mit allen Vorerfahrungen und Vorkenntnissen durch den Lerner konstruiert (konstruktivistische Perspektive).
- Der Erfolg einer solchen Konstruktion hängt maßgeblich von der Eigenaktivität und affektiven Faktoren ab, also davon, als wie subjektiv bedeutsam die neu zu gewinnenden Kenntnisse oder Fertigkeiten empfunden werden.

Weder die Nähe des Namens zum in der Fremdsprachendidaktik geprägten CLIL (Content and Language Integrated Learning) noch der gewählte Anglizismus sind zufällig: In einer Zeit stetig zunehmender Globalisierung wird auch Bildung im Zusammenspiel und im Diskurs internationaler Körperschaften ausgehandelt. Als kulturelles Konstrukt unterliegt der Bildungsbegriff ebenso vielen Anpassungen und Anforderungen wie so viele andere längst nicht mehr national gebundene gesellschaftliche Erscheinungen. Der Anglizismus verweist so einerseits auf den engen Zusammenhang der Bildungsreformen mit Vorläuferbewegungen in den Vereinigten Staaten von Amerika, zum anderen auf eine grundlegende didaktische Ausrichtung, die zwischen den Begriffen „Fach für die Sachinhaltsbereiche" und „Fach als schulische Organisationsform" als losgelöst, im 45-Minuten-Takt operierende Einheit scharf trennt. Die inhaltlichen Parallelen und fruchtbaren Erfahrungen des Fremdsprachenlernens wurden in Abschn. 7.1.1.2 angerissen.

Ziele von CHIME

Das übergeordnete Ziel von CHIME ist funktionale, zum Problemlösen befähigende heuristisch-mathematische Bildung.

Als konstituierende Unterziele[1] will CHIME

- aktives Lernen initiieren,
- konstruktivistischen Wissensaufbau realisieren,
- das Lösen von Problemen in unterschiedlichsten Kontexten mit mathematischen Mitteln kultivieren,
- durch Reflexion erfolgreicher Problemlösungen auf einem schülerangemessenen Niveau heuristische Kompetenzen aufbauen,
- zum effektiven Argumentieren und Kommunizieren sowohl in schriftlicher als auch mündlicher Form befähigen,
- allgemeine Kritikfähigkeit fördern,
- Neugier und kreatives Denken befördern und entwickeln,
- anwendungsbezogenes, verknüpftes Wissen aufbauen,
- Schüler für Neues und für die Multiperspektivität der Realität sensibilisieren,

[1] Es handelt sich um keine vollständige Listung. Weitere Unter- oder Teilziele innerhalb der bereits benannten Unterziele lassen sich festlegen und können von äußeren Faktoren, Lerngruppenspezifika oder materialen Zwängen beeinflusst werden.

- einen auf allen Ebenen (material, methodisch, thematisch) vielseitigen und offenen Unterricht schaffen, der auch Schülerwünsche einbezieht, und
- Lernstrategien vermitteln.

Merkmale von CHIME

1. CHIME ist grundsätzlich ganzheitlich angelegt und folgt damit mit Blick auf den Lerner Bruners EIS-Prinzip (Abschn. 3.6.5), mit Blick auf den enthaltenen unterrichtlichen Stoff ist CHIME transcurricular (Abschn. 3.7.3 und 7.1.1.2), und die methodische Gestaltung vermeidet in diesem Sinne jegliche Engführung.
2. CHIME ist schüleraktiv und selbsttätig. Nur durch eigene Aktivität kann Problemlösefähigkeit wachsen.
3. Im Mittelpunkt des CHIME-Konzepts steht der verschränkte Aufbau von Sachkenntnissen und Problemlösefähigkeiten, der durch Entdeckung, Erprobung und Reflexion von Lösungswegen zu wachsender heuristischer Kompetenz führt; diese Kompetenz muss durch kommunizierbare Ergebnisse in Form von konkreten Lösungswegen fassbar sein. Die kritische Reflexion dieser Ergebnisse ist integraler Bestandteil der weiteren unterrichtlichen und individuellen Arbeit.
4. CHIME ist darum bemüht, subjektiv relevante Problemstellungen zu finden, die außerdem Raum für individuelle Ausgestaltungen lassen: Diese Freiräume bewegen sich innerhalb der weit gesteckten Themenfelder, die moderne Lehrpläne den Sachfächern im Allgemeinen einräumen, es bindet sich nicht an das Prinzip der Projektarbeit.
5. Die Situiertheit in unterschiedlichen Sachfachgebieten bietet CHIME stets verschiedene Zusammenhänge zu Erwerb, Wiederholung und Vertiefung von Kenntnissen und Fertigkeiten.
6. CHIME verlangt und befördert zugleich eine größere Offenheit schulischer und pädagogischer Strukturen. Mit Blick auf den Unterricht stehen die Individualisierung des Lernprozesses und die Aufbrechung von Fächergrenzen im Vordergrund. Mit Blick auf die Position von Unterricht und Schule in der Lebenswelt der Lerner wird durch die transcurriculare Arbeitsweise eine realistische(re) Perspektive auf die Interdependenzen von Wissensgebieten eröffnet und konsequent beibehalten.
7. Der Lehrer nimmt im CHIME-Konzept eine organisierende und vorstrukturierende Rolle ein und zieht sich aus den aktiven Denkvorgängen so weit wie möglich zurück; als Moderator bei der Aushandlung der Arbeitsergebnisse ist er maßgeblich für den mittel- und langfristigen Kompetenzaufbau mitverantwortlich.

Mögliche Vorteile von CHIME

- Bessere Identifikation der Lerner mit mathematischen und heuristischen Fragestellungen durch unmittelbare und stete Anbindung an verschiedene Sachfächer.
- Lerner übernehmen durch die grundsätzlich individualisiert angelegte Unterrichtsgestaltung entscheidend Mitverantwortung für Verlauf und Erfolg des Unterrichts.
- Ergebnisse werden von den Lernern auch selbst bewertet. Demokratische Kritik und Kontrolle der Unterrichtsarbeit werden möglich.

- Methodische, soziale und personale Kompetenzen können gezielt gefördert werden.
- Disziplinprobleme reduzieren sich in der Regel durch offenere Unterrichtsformen.
- Durch Synergieeffekte können materiale und zeitliche Ressourcen effektiver ausgeschöpft werden.

Mögliche Nachteile von CHIME

- Abhängig von der institutionellen Entwicklung des Systems Schule können sich Probleme bei der inhaltlichen wie organisatorischen Abstimmung mit anderen Lehrkräften ergeben.
- Die modulare Arbeit erfordert eine enge und verlässliche Abstimmung und Planung über Fachgrenzen hinaus.
- Mangelnde Orientierung könnte bei Lernern eintreten, vor allem in der individuellen bzw. institutionellen Einführungsphase.
- Bei Schulwechseln könnten sich negative Auswirkungen durch die abweichende Gewöhnung zeigen.

7.2.2 Ziele und Indikatoren

Die moderne Bildungsforschung verlangt neben der Formulierung klarer Ziele eine damit korrespondierende Listung von Indikatoren, die eine Überprüfung und Evaluation ermöglichen. Ohne Anspruch auf Vollständigkeit zu erheben, soll daher an dieser Stelle zusammenfassend mit Tab. 7.2 eine solche Liste vorgestellt werden.

Die Tabelle lässt erneut erkennen, warum sich das Teilgebiet Problemlösen besonders gut für das Anliegen des gesamten Konzepts eignet. Problemlösenlernen ist stets mit individueller aktiver Teilhabe verbunden. Der Aufbau von Wissen in einer solchen aktiven Auseinandersetzung mit fachlichen und überfachlichen Inhalten folgt den Prinzipien eines konstruktivistischen Lernverständnisses. Durch die unvermeidliche Pluralität der Zugänge und Lösungen während des Problemlösens ist eine kommunikative Auseinandersetzung praktisch nicht vermeidbar – die Divergenzen verlangen, ja erzwingen, von den Vertretern unterschiedlicher Positionen eine Untersuchung, ein Aushandeln und letztlich eine Einigung; dass die allgemeine Kritikfähigkeit davon profitiert, wenn solche Aushandlungsprozesse selbstverständlicher Teil des Unterrichts sind, liegt auf der Hand, da die Fähigkeit zur sachlichen Kritik ebenso wie die Argumentationsfähigkeit allgemein in nicht unerheblichem Maße kulturelle und damit konventionengebundene menschliche Fähigkeiten sind, die es in einem sozialen Raum zu erlernen und einzuüben gilt.

Auf Rätsel, Hindernisse, Probleme zu stoßen, die man lösen und überwinden kann, stellt sicherlich eine der potenziell wirkmächtigsten Erfahrungen des Lernens dar; die Neugier auf bislang Unbekanntes ist die Triebfeder eines geradezu unerschöpflichen Arbeitseifers, den man bei kleinen Kindern und auch im Grundschulalter noch sehr oft beobachten kann. Jahrelange Routinen und ewig gleiche Handlungsmuster im Unterricht setzen dem meist ein Ende. Doch gerade das Lösen von Problemen kann diese Neugier

Tab. 7.2 Ziele des CHIME-Konzepts und ihre Indikatoren (keine vollständige Listung)

Unterziele	Indikatoren
Aktives Lernen wird initiiert.	Jeder einzelne Schüler ist aktiv.
Konstruktivistischer Wissensaufbau erfolgt.	Schüler erweitern ihre Kompetenzen durch eigenes Handeln, nicht durch das Befolgen von Handlungsschritten.
Das Lösen von Problemen wird in unterschiedlichsten Kontexten mit mathematischen Mitteln kultiviert.	Problemorientierung ist in den beteiligten Sachfächern konsequent und planvoll integriert.
Durch Reflexion erfolgreicher Problemlösungen auf einem schülerangemessenen Niveau werden heuristische Kompetenzen aufgebaut.	Es gibt einen fest institutionalisierten unterrichtlichen Raum für die Evaluation erfolgreicher und gescheiterter Problemlösungen.
Die Lerner werden zum effektiven Argumentieren und Kommunizieren sowohl in schriftlicher als auch mündlicher Form befähigt.	Kooperative Lernformen dominieren, gemeinsame Lernprodukte stehen im Vordergrund.
Allgemeine Kritikfähigkeit wird gefördert.	Der reflektierende, sachlich-wertende Austausch ist regelmäßig Teil des Unterrichts.
Neugier und kreatives Denken werden befördert und entwickelt.	Schüler bringen eigene Vorschläge und Ideen ein und tragen eigene Interpretationen vor.
Anwendungsbezogenes, verknüpftes Wissen wird aufgebaut.	Das Lernen findet in echten Kontexten statt und lehnt sich möglichst eng an die Lebensrealität der Schüler an.
Schüler werden für Neues und für die Multiperspektivität der Realität sensibilisiert.	Entdeckendes Lernen unter besonderer Berücksichtigung mehrerer möglicher Zugänge oder Lösungen wird realisiert.
Ein auf allen Ebenen (material, methodisch, thematisch) vielseitiger und offener Unterricht wird geschaffen, der auch Schülerwünsche einbezieht.	Der Unterricht wird nicht durch eine einzige Methode, einen einzigen Zugang, vorgegebene Themen oder Lernzugänge dominiert.
Lernstrategien werden vermittelt.	Schüler reflektieren ihr Lernhandeln und entwickeln individuelle, flexible Lernstrategien.

wieder wecken und durch das explizite Zulassen neuer, eigener Ideen (und nicht die perfekte Durchführung zuvor vorgeführter Handlungsmuster) den Stellenwert des kreativen Denkens wieder heben.

Problemlösen lässt sich sowohl auf abstrakter, innermathematischer Ebene als auch anwendungsbezogen umsetzen und ist in praktisch alle Kontexte integrierbar, wie mit Blick auf die schulische Lernumgebung noch im Detail dargestellt wird; insbesondere aufgrund dieser letztgenannten beiden Aspekte kann Unterricht im Problemlösen auch effektiv die Aufmerksamkeit auf Neues lenken, da sich Denkmuster bei der Suche nach Unbekanntem und dem Bearbeiten von Rätseln über die Zeit einschleifen.

7.2.3 Heuristische Module und Sequenzen

CHIME bekennt sich zu einer Abkehr von den traditionellen unterrichtlichen Handlungsmustern ebenso wie traditionsbedingten organisatorischen didaktisch-methodischen Festschreibungen. Wie weit diese Auflösung reicht, hängt von dem Grad der Integration ab, wie in Abschn. 7.1.2.2 erläutert. Da sich eine willkürliche, allzeitige Vermischung heuristisch-mathematischen Unterrichts mit den Sachfächern aber verbietet, um die zu Recht kritisierten Effekte eines Gesamtunterrichts zu vermeiden und den Kritikpunkten der Gegner jeglichen nicht-fachgebundenen Unterrichts zu begegnen, ist CHIME modular konzipiert. Diese Gestaltung in Modulen verbindet planerische Klarheit mit Flexibilität in der Verortung in verschiedenen Sachfächern und im Gesamtjahresplan einer Jahrgangsstufe.

▶ **Definition** Ein *heuristisches Modul* ist eine zeitlich umgrenzte Unterrichtseinheit, in der eine Problemstellung eines Sachfaches im Mittelpunkt steht. Das Problem erfordert den planmäßigen Einsatz unterschiedlicher problemlösender Handlungen und befördert durch die (parallele oder nachgestellte) Einnahme der Metaperspektive systematisch den Aufbau heuristischer Kompetenzen; heuristische Module in diesem Sinne verbinden mathematische Inhalte mit Problemstellungen anderer Fächer und können so nicht eindeutig einem Fachgebiet zugeordnet werden.

Heuristische Module können verschiedene Grade kategorialer Offenheit aufweisen, das heißt, ihr Fokus kann auf Erwerb und Anwendung ganz spezifischer heuristischer Techniken oder Heurismen liegen, oder sie können mit größeren Freiheitsgraden konzipiert werden, bis hin zur gänzlich freien Auswahl und (Re-)Kombination von eigenen oder bereits bekannten heuristischen Techniken und Heurismen.

Heuristische Module stellen die unterrichtliche Grundeinheit dar, in der heuristische Kompetenzen erworben oder in neuen sachfachlichen Zusammenhängen eingesetzt werden. Erst durch Vernetzung mehrerer Module zu einer Sequenz wird jedoch im Sinne unterrichtlicher Prinzipien – wie dem Spiralprinzip – sichergestellt, dass der Kompetenzerwerb langfristig und nachhaltig gelingt.

▶ Eine *heuristische Sequenz* ist eine akkumulativ und spiralförmig angelegte Folge heuristischer Tätigkeit, die den Erwerb einer oder mehrerer spezifischer Strategien zum Ziel hat; eine solche Sequenz erstreckt sich typischerweise über mehrere Schuljahre und dient dem sukzessiven Ausbau heuristischer Kompetenz und insbesondere auch Metakognition.

Wie in Abb. 7.1 dargestellt, ist die Vernetzung dabei sowohl *horizontal* in verschiedenen Sachfächern bzw. auch innerhalb eines Sachfaches über mehrere Themen hinweg als auch *vertikal* (über Jahrgangsstufen hinweg) oder *diagonal* (in verschiedenen Sachfächern über Jahrgangsstufen hinweg) möglich, jedoch bei der Planung jeweils auf ihren didaktischen Wert im Gesamtzusammenhang der geplanten CHIME zu überprüfen. Das heißt,

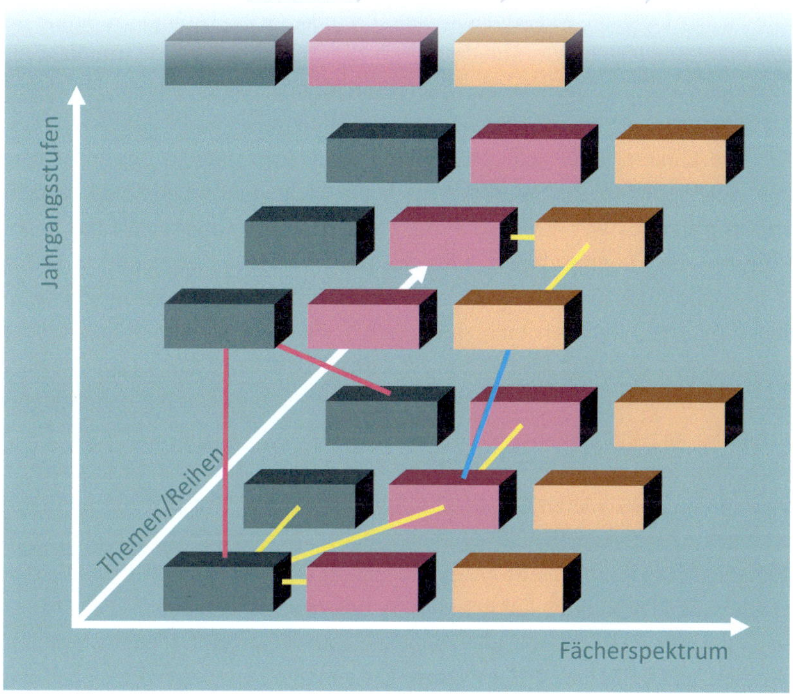

Abb. 7.1 Veranschaulichung von vertikaler (*magenta*), horizontaler (*gelb*) und diagonaler (*blau-grün*) Vernetzung heuristischer Module zu heuristischen Sequenzen (schematisch)

nur mit Blick auf das gesamte Kontinuum der geplanten CHIME lässt sich entscheiden, welche heuristischen Techniken und Heurismen wann und in welchem sachfachlichen Problemzusammenhang eingeführt, wieder aufgegriffen und weiterentwickelt werden sollen.

7.2.4 Beteiligte Fachgebiete und ihre Themenfelder – eine Auswahl

Die konkreten Möglichkeiten für die Verortung der beschriebenen Module in den Sachfächern sollen nun schlaglichtartig aufgezeigt werden, indem aktuelle Lehrplanvorgaben auf Anknüpfungspunkte hin gesichtet werden. Auch wenn CHIME sich innerhalb des existierenden Bildungssystems ohne weitergehende Umgestaltungen nicht realisieren lässt, soll hier doch der Rahmen der geltenden Schulrealität mit ins Auge gefasst sein. Es ist zu erwarten, dass diejenigen Themenfelder, die in den Sachfächern nach der Bildungsreform als zentral angesehen werden, auch in der mittleren Zukunft der nächsten Jahrzehnte noch als konstituierend gelten werden; ein Blick in die geltenden Vorgaben erlaubt daher eine ungefähre Orientierung, um den Bezugsrahmen einer schulischen Sachfachunterrichtung nicht gänzlich aufzugeben.

Für die Fächer Deutsch, Mathematik, erste Fremdsprache, Biologie, Chemie und Physik liegen bundesweit geltende Standards vor, die die gemeinsame Grundlage aller aktuell geltenden Lehrplanschriften der deutschen Bundesländer bilden. Für die übrigen Fächer, insbesondere die gesellschaftswissenschaftlichen Fächer Erdkunde und Geschichte (an Gesamtschulen als Gesellschaftslehre im Fächerverbund vertreten) sowie Sport und Kunst, existieren solche Standards bis heute nicht. In Ermangelung eines bundeseinheitlichen Rahmens wurden die Lehrpläne des Landes Rheinland-Pfalz – und zwar für die integrierten Gesamtschulen – für die folgende Zusammenstellung gewählt, um dennoch über alle Bereiche hinweg einen Überblick über Themen und mögliche Anknüpfungspunkte für einen transcurricularen Unterricht geben zu können. Rheinland-Pfalz hat erst kürzlich neue Lehrpläne für die naturwissenschaftlichen Fächer (mit Ausnahme der Mathematik) und für das Fach Gesellschaftslehre an Gesamtschulen herausgegeben, die sich vollständig an Themenkreisen/Projekten orientieren und sich daher gut für das hier ausgeführte Anliegen eignen. Die Wahl der Schulform integrierte Gesamtschule hängt mit ihrer traditionell offeneren Gesamtstruktur, größeren Flexibilität hinsichtlich fächerübergreifender Arbeitsformen und der heterogenen Schülerschaft zusammen, die dem Grundgedanken der Gesamtschule entsprechend auf allen Niveaus und auf alle Abschlüsse allgemeinbildender Schulen hin gemeinsam unterrichtet werden.

Prinzipiell könnten so gut wie alle Fächer, die an allgemeinbildenden Schulen unterrichtet werden, an CHIME beteiligt werden. Dass einige Paarungen offensichtlicher sind, häufiger und/oder tiefergehende Verknüpfungspunkte bieten als andere, soll nun anhand einiger auch weniger augenfälliger Beispiele erläutert werden. Bewusst werden an dieser Stelle auch Themen angesprochen, die nicht zum Teilgebiet Geometrie gehören, um einerseits Redundanzen mit Abschn. 7.4 zu vermeiden und zum anderen zu untermauern, dass auch Arithmetik und Algebra im CHIME-Konzept umgesetzt werden können. Die folgenden Darstellungen bieten einen Überblick über Themenfelder in den Fachgebieten, innerhalb derer CHIME angesiedelt werden kann. Es wird keinesfalls Anspruch auf Vollständigkeit erhoben, und es werden nur die wichtigsten und am weitesten verbreiteten Fächer berücksichtigt. Um ein nicht zielführendes Zuviel an Informationen zu vermeiden, wird beispielsweise auf Sprachfächer an dieser Stelle nicht eingegangen, auch wenn später punktuell Bezüge hergestellt werden.

7.2.4.1 Gesellschaftslehre: Erdkunde, Geschichte und Politik in der Orientierungsstufe

Das Fach Gesellschaftslehre versteht sich in besonderem Maße dem „integrativen und inklusiven Bildungsauftrag“ (MBWWK 2013, S. 4) verbunden und orientiert sich nach eigenem Bekunden an Klafkis Prinzip der Schlüsselfragen. Dabei wird auf die Bedeutung der Vernetzung unterschiedlicher Perspektiven explizit hingewiesen – auch wenn der

Gedanke nicht-fachgebundener Arbeitsweisen nicht eigens genannt wird. Die Schlüsselfragen, um die der Rahmenlehrplan konzipiert ist, lauten:

1. Wie gelingt Persönlichkeitsentwicklung im gesellschaftlichen Kontext?
2. Wie kann ein emanzipatorisches Geschlechter- und Generationenverhältnis gewährleistet werden?
3. Welche Möglichkeiten und Grenzen einer selbstbestimmten Lebensgestaltung im Spannungsfeld ökonomischer, gesellschaftlicher und privater Interessen gibt es?
4. Wie gehen Gesellschaften mit Heterogenität um?
5. Wie können Gesellschaften demokratisch gestaltet werden?
6. Wie erhalten wir die Lebensgrundlagen für zukünftige Generationen?
7. Wie können universelle Menschenrechte verwirklicht werden?
8. Wie kann man Globalisierung nachhaltig und solidarisch gestalten?
9. Wie entstehen internationale Konflikte und wie gehen Gesellschaften damit um?

Die Darstellungen der an Schlüsselfragen entwickelten Inhalte für die Orientierungsstufe sind im Rahmenlehrplan Rheinland-Pfalz als Tableaus angelegt; diese vereinen in einer vereinheitlichten grafischen Form rund um die Schlüsselfragen Informationen wie zu erwerbende Kompetenzen und praktische Daten wie Stundenumfang und Festlegung der Doppeljahrgangsstufe. Neben diesen verbindlichen Angaben sind auch inhaltliche Vorschläge und Anregungen für die Unterrichtsgestaltung enthalten, die jedoch ausdrücklich keinen verbindlichen Charakter haben. Die Methodenbereiche (MBWWK 2013, S. 29), die im Anschluss an die Tableaus allgemein für die gesamte Sekundarstufe I gezeigt werden, belegen, welch methodisch-didaktische Nähe zu CHIME potenziell bereits besteht.

Methodenbereiche
Grafische Darstellungen ebenso wie Tabellen und Statistiken verweisen unmittelbar auf mathematische Bezüge und Bearbeitungsmöglichkeiten. Ebenso unmittelbar sind Karte und Gradnetz, aber auch Luft- und Satellitenbilder anknüpfbar und inhaltlich mathematisch aufgeladen. Wenn auch weniger augenfällig, so lassen sich viele weitere der aufgelisteten Methoden sehr gut mit heuristisch-mathematischen Ansätzen koppeln. Dies betrifft synchrone und diachrone Vergleiche, wenn die erhobenen Daten numerischer Natur sind oder überhaupt statistisch erfasst und dargestellt werden können. Ebenso betrifft dies Modelle unterschiedlichster Art, bei denen Umsetzung und Validität oftmals maßgeblich von ihrer mathematischen Qualität und der gelungenen heuristischen Planung im Vorfeld abhängen. Experimente, Simulationen und Planspiele sind als Bestandteile vieler Problemlöseprozesse ebenso heuristisch und auch mathematisch vernetzbar.

Selbst Erkundungen im realen Raum oder die Befragung von Zeitzeugen oder Experten bieten durchaus Möglichkeiten, problemlösendes Handeln zu erfahren, zu planen und zu evaluieren. Die stärksten Bezüge finden sich somit wohl im Bereich „Gewinnen, Analysieren und Interpretieren von Daten, Aussagen und Zusammenhängen", aber mit Blick auf die Grundausrichtung von CHIME finden sich auch Anknüpfungspunkte, was „Produktorientiertes Gestalten und Präsentieren" und „Reales und außerschulisches Handeln und Erfahren" anbetrifft. „Simulatives Handeln und Erfahren" weist außerdem zwangsläufig enge Bezüge zu problemlösendem und oftmals modellierendem Handeln auf.

Tableaus

Für die Orientierungsstufe hat das Land Rheinland-Pfalz (MBWWK 2013) sieben Tableaus veröffentlicht, die einen Blick lohnen, da in Abschn. 7.4 immer wieder Rückbezüge hergestellt werden und um außerdem einen Gesamteindruck von den Anknüpfungsoptionen moderner Lehrplanschriften mit CHIME zu gewinnen. Eine entsprechend markierte Übersicht ist zu finden in Stiller (2017, S. 285 ff.).

Schon die Zusammenschau zeigt eindrücklich, an wie vielen Stellen der Rahmenlehrplan Inhalte verbindlich oder vorschlagsweise beinhaltet, die sich für eine heuristisch-mathematische Behandlung eignen oder anbieten. Obwohl ganz augenfällig heuristische Techniken überall in den Anforderungen und Schlüsselproblemen des Faches Gesellschaftslehre eine Rolle spielen, scheint mit Blick auf die personelle und stundenplanerische Situation ausgeschlossen, dass in der aktuellen Schulrealität das erkennbare transcurriculare Potenzial ausgeschöpft wird oder werden kann.

7.2.4.2 Naturwissenschaften: Physik, Biologie, Chemie in der Orientierungsstufe

Naturwissenschaften als Unterrichtsfach der Jahrgangsstufen 5 und 6 an integrierten Gesamtschulen zeichnet sich durch eine „Auswahl der verbindlichen Fachinhalte aus, die den Anschluss an den fächerspezifischen Unterricht der Mittelstufe vorbereiten und fächerspezifische Aspekte in den Blick nehmen, ohne die Fachzuordnung explizit zu thematisieren" (MBWJK 2010, S. 7). Damit ist der nicht-fachgebundene Anspruch innerhalb der Gruppe naturwissenschaftlicher Fächer Biologie, Chemie und Physik umrissen. Didaktisch wird der Grundanspruch formuliert, „ein an Phänomenen und den Erfahrungen der Kinder orientierter Unterricht" (MBWJK 2010, S. 7) zu sein. Eine Nähe zu den in CHIME formulierten Zielvorstellungen lässt sich aus der folgenden Feststellung herauslesen: „Ausgangspunkte des Unterrichtsgeschehens sind lebensweltliche Kontexte, die zur Beschäftigung mit Komplexität herausfordern. Durch die interdisziplinäre und ganzheitliche Herangehensweise können natürliche und technische Phänomene vom Kontext ausgehend in fachliche Zusammenhänge gebracht werden" (MBWJK 2010, S. 7). Innerhalb der drei beteiligten Fächer werden also genau diejenigen Synergieeffekte und didaktischen Ansätze herausgestellt, die CHIME auch für das Problemlösen und den mathematischen Unterricht nutzbar machen möchte. Dass dem Bindeglied Mathematik und noch viel mehr dem Problemlösen dabei im Rahmenlehrplan Naturwissenschaften nicht ausdrücklich Raum geboten wird, muss geradezu erstaunen.

Der Lehrplan benennt viele der für CHIME als zentral herausgearbeiteten Aspekte ebenfalls als seine zentralen Anliegen. So stehen der Erwerb „handelnden Umgangs mit Wissen" und dabei nochmals die sogenannten Lebenskompetenzen ganz klar im Vordergrund. Das Kompetenzgefüge stellt der Lehrplan im Gegensatz zu vielen anderen solcher

Schriften als zweidimensionales Kontinuum zwischen Wissen und Handeln dar und wendet sich damit gegen den dominierenden einfach-hierarchischen Dreischritt. Auf diese Weise wird deutlich hervorgehoben, dass ein Zuwachs im handelnden Umgang mit Wissen nur durch die aktive Anwendung selbst hervorgehen kann – einer der Grundgedanken auch von CHIME mit seiner Forderung nach verschränktem Aufbau sachfachlicher und heuristischer Kompetenzen.

Fachinhaltlich bilden nach dem Willen der Bildungsstandards die Basiskonzepte (sie gelten also in allen Bundesländern) die Grundlage des Faches Naturwissenschaften; die unterrichtsdidaktische Strukturierungsgrundlage des Unterrichts sind die Kontexte (sie sind in ihrer Funktion mit den Schlüsselproblemen des Rahmenlehrplans Gesellschaftslehre vergleichbar), die in Form von acht Themenfeldern den Unterricht durchziehen:

1. Von den Sinnen zum Messen
2. Vom ganz Kleinen und ganz Großen
3. Bewegung zu Wasser, zu Lande und in der Luft
4. Pflanzen – Tiere – Lebensräume
5. Sonne – Wetter – Jahreszeiten
6. Geräte und Maschinen im Alltag
7. Stoffe im Alltag
8. Körper und Gesundheit

Für die fachinhaltlichen Vorgaben im engeren Sinne sei an dieser Stelle auf den Rahmenlehrplan selbst verwiesen, in dem jedes der acht Themenfelder (MBWJK 2010, S. 20 ff.) detailliert und mit Bezug auf die sieben Basiskonzepte vorgestellt und erläutert wird. Für CHIME ist insbesondere das für jedes Themenfeld entworfene Element „Struktur und Anregung für Kontexte" von Interesse, da hier Anschlussmöglichkeiten gut zu erkennen sind.[2]

Der Überblick über die Kontexte gibt einen Eindruck von möglichen Anknüpfungspunkten mit mathematisch-heuristischen Modulen und Sequenzen. Dass sich gerade im Verbundfach Naturwissenschaften mathematisch-heuristische Inhalte an zahllosen Stellen bereits nach den aktuellen Vorgaben, hier beispielhaft des Rahmenlehrplans Rheinland-Pfalz, in den Unterricht einfügen würden, ist leicht ersichtlich. Im Vergleich zu den gesellschaftswissenschaftlichen Fächern fühlen sich die Naturwissenschaften traditionell enger mit dem Fach Mathematik verbunden und nutzen bestimmte Teile als Werkzeug, weshalb vermutet werden darf, dass zumindest die fachmathematischen Inhalte auch jetzt schon immer wieder in den Unterricht Naturwissenschaften einfließen. Eine strukturierte und damit im Sinne eines nicht-fachgebunden auf Synergieeffekte setzenden Unterrichts effiziente Nutzung dieser Überschneidungen und „natürlichen" Verbindungen ist hingegen auch hier nicht zu erwarten – und sicher nicht bezogen auf die Problemlösefähigkeiten der Lerner.

[2] Eine entsprechend markierte Übersicht ist in Stiller (2017, S. 290 ff.) zu finden.

Der Rahmenlehrplan selbst sieht das Problemlösen lediglich in den Themenfeldern 1, 5 und 6 verwirklicht, wie der sehr gelungenen Übersicht zur Kompetenzentwicklung in den Themenfeldern (MBWJK 2010, S. 59) zu entnehmen ist; dies deutet auf ein sehr enges Begriffsverständnis hin. Der Blick auf andere Kompetenzen, die mit CHIME in Zusammenhang gebracht werden, zeigt jedoch, dass bei einem weiter gefassten Verständnis von Problemlösefähigkeiten und mit der Idee einer heuristischen Metaebene auch in anderen Themenfeldern Aspekte aufgegriffen werden, die sich in CHIME integrieren ließen. Hier sind insbesondere die unter „Erkenntnisgewinnung" aufgeführten Kompetenzen zu nennen sowie die Kompetenzen „multiperspektivisches Denken" und „eigene Meinung bilden" in der Kategorie „Bewertung".

7.2.4.3 Bildende Kunst in der Orientierungsstufe

Der Lehrplan für Bildende Kunst des Landes Rheinland-Pfalz stammt aus dem Jahr 1998 und wurde bis heute nicht überarbeitet. Er benennt als sein Kernziel die „auf eine persönliche Entfaltung gerichtete umfassende ästhetische Bildung [...], die Wahrnehmungs- und Urteilskompetenzen in ästhetischen Zusammenhängen vermittelt" (MBWW 1998a, S. 3). Neben diese rezeptiven Kompetenzen treten „die produktiven und reflexiven Arbeitsprozesse" (MBWW 1998a, S. 3), die zur lebensweltlichen Anbindung in sogenannte Erfahrungsfelder eingebettet werden.

Die Besonderheiten des Faches sind in seinem Individualisierungsanspruch, der Betonung des handelnden Aspekts und der Produktorientierung zu sehen, die es auch für eine Verknüpfung mit CHIME besonders interessant machen. Die Erfahrungsfelder, die es einzubeziehen und in Verschränkung mit den künstlerischen „Arbeitsbereichen" zu vermitteln gilt, lauten:

- Miteinander leben
- Natur entdecken und erleben
- Spielen und Freizeit
- Mensch und Tier
- Geschlechterdifferenz
- Verantwortlicher Umgang mit der Welt
- Multikulturelle Gesellschaft
- Not und Elend in der Welt
- Individualisierung
- Grundkenntnisse einer Geschichte der Kunst

Die Liste lässt bereits die grundsätzliche Offenheit und Anschließbarkeit an einige andere Sachfächer erkennen, und so heißt es explizit, dass das Fach Bildende Kunst „in seinen unterrichtlichen Intentionen in langer Tradition auf ein Denken gerichtet [ist], das die Grenzen des eigenen Faches übergreift" (MBWW 1998a, S. 11).

Die Arbeitsbereiche *Zeichnung*, *Malerei*, *Plastik/Werken*, *Textil* und *Bildfolgen* sind außerdem in einer exemplarischen Verknüpfungstabelle enthalten (MBWW 1998a, S. 17), in der Erfahrungsfelder und (einige) Arbeitsbereiche für die Orientierungsstufe zusammengeführt und außerdem auch Pflicht- und Fakultativinhalte dargestellt werden. Für die Arbeitsbereiche der Orientierungsstufe werden weiterhin Lernziele formuliert, die erneut eindeutige Anknüpfungsmöglichkeiten für eine CHIME erkennen lassen (eine entsprechend markierte Übersicht findet sich in Stiller 2017, S. 297 ff.).

7.2.4.4 Sport in der Orientierungsstufe

Für den Lehrplan Sport des Landes Rheinland-Pfalz gilt, wie für das Fach Bildende Kunst, dass er 1998 letztmalig überarbeitet wurde und daher ebenfalls nicht kompetenz-, sondern lernzielorientiert formuliert ist. Für unsere Zwecke ist die Zielformulierung wichtig, „dass der Sportunterricht zukünftig einen mehrperspektivischen Zugang zum Phänomen ‚Sport' zulässt und fachübergreifendes und fächerverbindendes Lernen verstärkt angeregt werden muss" (MBWW 1998b, S. 3). Es werden drei Dimensionen als zentral für den Sportunterricht betrachtet: die motorische, die soziale und die kognitive Dimension; weiterhin sind die Perspektiven, unter denen der Schulsport betrachtet, entwickelt und pädagogisch gestaltet werden soll, die folgenden:

1. Leistung (Wettkampf, Erfolg)
2. Spannung/Spiel (Risiko, Abenteuer)
3. Eindruck (Körpererfahrung)
4. Gesundheit (Fitness, Wohlbefinden)
5. Ausdruck (Darstellung, Gestaltung)
6. Miteinander (soziales Lernen, Umwelt)

Die Zusammenschau mit den Inhalten des Sportunterrichts ist dem *Lehrplan Sport – Sekundarstufe I* (MBWW 1998b, S. 10) zu entnehmen. Es wird im Lehrplan darüber hinaus zwischen Sach-, Methoden- und Sozialkompetenzen unterschieden, die alle im Sportunterricht in fachspezifischer Weise zum Tragen kommen, aber mit Blick auf die allgemeine Bildung der Schüler formuliert sind (vgl. MBWW 1998b, S. 7 f.).

Im Unterschied beispielsweise zum (aktuelleren!) Lehrplan des Landes Nordrhein-Westfalen werden im rheinland-pfälzischen Lehrplan die Möglichkeiten zum nichtfachgebundenen Arbeiten nicht nur als Ziel benannt, sondern er enthält ein eigenes Kapitel zum Thema (MBWW 1998b, Kap. 5). Hier wird die Bedeutung des nicht-fachgebundenen Arbeitens grundsätzlich herausgearbeitet, und es werden auch ganz konkrete Vorschläge für kleinere übergreifende Projekte gemacht, die die Kombinationen Sport/Biologie, Sport/Informatik, Sport/Erdkunde und Sport/Musik betreffen. Bei der Darstellung sogenannter parallelisierter Inhalte wird das Beispiel Umwelterziehung (Sport, Erdkunde, Biologie und Sozialkunde) genannt, bei einer Art übergeordneter Projektarbeit ist das Beispiel das Thema *Europäische Identität*.

Die Mathematik tritt in diesen Überlegungen nur – ungenannt – als eines von „allen Fächern" in Erscheinung, die an bestimmten Projekten mitwirken könnten. Daher soll an dieser Stelle auf eine Wiedergabe der „Stoffsammlung zum fachübergreifenden und fächerverbindenden Lernen aus der Sicht des Faches Sport" verzichtet werden. Es ist darauf hinzuweisen, dass diese fehlende Sichtbarkeit der Verknüpfbarkeit nicht mit dem tatsächlichen Potenzial zu verwechseln ist. Wie in Abschn. 7.4 zu sehen sein wird, lassen sich aus Sicht des Problemlösens und der Geometrie gerade in der Orientierungsstufe zahlreiche Verbindungen zum Fach Sport zielführend herstellen.

7.2.4.5 Wahlpflichtfächer: Technik, Werken, Wirtschaft, Verwaltung etc. in der Orientierungsstufe

Neben den oben dargestellten Fächern und den aus eingangs erklärten Gründen an dieser Stelle nicht näher erläuterten Sprachfächern gibt es insbesondere an den Gesamtschulen unterschiedlicher Ausprägung eine große Bandbreite von Wahlpflichtfächern, die (vor allem im Bereich der Neigungsdifferenzierung) hochvariabel sind. An den integrierten Gesamtschulen in Rheinland-Pfalz beginnt ab Jahrgangsstufe 7 bzw. frühbeginnend ab Jahrgangsstufe 6 das Wahlpflichtfach, das in den Jahrgangsstufen 7 und 8 dann durch ein Neigungsfach begleitet wird. Auch wenn es in erster Linie um die Möglichkeiten zur CHIME-Umsetzung in der Orientierungsstufe geht, muss hier kurz auf das besondere und große Potenzial der Neigungsfächer hingewiesen werden, die – wenigstens im Land Rheinland-Pfalz derzeit – an integrierten Gesamtschulen durch keine inhaltlichen Rahmenvorgaben des Landes vorbestimmt sind und so auch im schulischen Umfeld sehr ungewöhnliche Angebote beinhalten können. Es sprengt Rahmen und Zielsetzung dieser Ausführungen, die Möglichkeiten in diesem Bereich vollumfänglich darzustellen. Die Vorgaben und Möglichkeiten sind in den Bundesländern so vielfältig, dass eine eigene Untersuchung notwendig wäre.

Die folgende Liste gibt lediglich einen groben Überblick über weit verbreitete Wahlpflichtfachangebote in der Orientierungsstufe (Jahrgangsstufe 6) an Gesamtschulen unterschiedlichen Typs. Neben den zweiten Fremdsprachen (in der Regel Französisch und Latein) bieten diese Schularten beispielsweise folgende als Hauptwahlpflichtfächer (nicht Neigungsfächer) an:

- Arbeitslehre
- Informatik
- Wahlpflichtfach Naturwissenschaften
- Hauswirtschaft und Sozialwesen
- Technik und Naturwissenschaften
- Wirtschaft und Verwaltung
- Darstellendes Spiel
- Sport (und Gesundheit)
- Handwerk und Künste

7.3 Didaktisch-methodische Konzeption

Während sich eine Reihe grundlegender Eigenschaften eines Unterrichts auf Basis des CHIME-Konzepts aus den oben dargestellten Annahmen ergeben, bleibt wie bei allen Unterrichtskonzepten die konkrete Ausgestaltung des Unterrichts in großen Teilen offen – und dies ist für ein Konzept mit dem Ziel realer Umsetzbarkeit auch erforderlich. Daher werden in diesem Abschnitt zur didaktisch-methodischen Konzeption wichtige Fragestellungen von verschiedenen Perspektiven beleuchtet und eine Bandbreite möglicher Umsetzungen vorgestellt und kritisch evaluiert. Eine eindeutige Handlungsanweisung oder gar ein Rezept zur idealen Gestaltung hingegen wird es nicht geben, weil es sie nicht geben kann. Die Realität in Gestalt von allen am Bildungsprozess beteiligten Akteuren, Ausstattungsmerkmalen und gesellschaftlich-politischen Faktoren ist viel zu komplex und variabel, als dass eine Festschreibung in diesem Sinne irgendeinen Effekt hätte – außer das Konzept insgesamt zum Scheitern zu verurteilen, sobald der interessierte Pädagoge feststellen muss, dass ihm dieses oder jenes „integrale" Instrument des Konzepts nicht zur Verfügung steht.

Die Problematik in der Darstellung dieses Abschnitts liegt in den drei verschiedenen Integrationsstufen begründet, auf denen CHIME durchgeführt werden kann. Damit das Konzept in seiner Gesamtheit didaktisch-methodisch expliziert werden kann, werden die Unterthemen jeweils für alle drei Stufen, beginnend mit Stufe III, der Vollintegration, dargelegt.

7.3.1 Mathematik im Modul und als Unterrichtsfach

Die Frage, ob der Stundenplan neben heuristisch-mathematischen Modulen (Abschn. 7.2.3) in Sachfächern wie Sport, Technik und Naturwissenschaften auch einen Fachunterricht Mathematik beinhalten sollte, stellt sich insbesondere bei einer Vollintegration (für alle mathematischen Teilgebiete) von CHIME.

7.3.1.1 Vollintegration Stufe III

Frage

Ist es erforderlich, neben den heuristischen Modulen – und Sequenzen – Mathematik als separaten Unterricht in der Stundentafel zu verankern?

Vorausgesetzt, dass alle mathematischen Teilgebiete heuristikzentriert didaktisiert und für die transcurriculare Vermittlung in Sachfächern aufbereitet werden und eine klare, verbindliche Organisationsstruktur die Abfolge aller heuristischen Module und Sequenzen auch über Jahrgangsgrenzen hinweg koordiniert, gibt es keinen Grund, darüber hinausgehenden Mathematikunterricht für alle Schüler zu erteilen.

Vollintegration durch modularen heuristisch-mathematischen Unterricht in Sachfächern (CHIME-Grad III)

Bei diesem Szenario würden potenziell sämtliche in der Stundentafel für den Mathematikunterricht vorgesehenen Stunden (Beispiel: fünf Wochenstunden in der Jahrgangsstufe 5 und vier Wochenstunden in der Jahrgangsstufe 6 der integrierten Gesamtschulen in Rheinland-Pfalz) auf die Sachfächer umgelegt werden, so dass diesen – gerade im Falle solcher Nebenfächer wie Bildende Kunst oder Sport – ein deutlich erweiterter Stundenrahmen zur Verfügung gestellt würde. Die Fachkollegen, die die heuristisch-mathematische Bildung im Sinne des CHIME-Konzepts zu verantworten haben, würden die Klassen während der heuristischen Module in den Sachfächern führen, die Module gemeinsam mit den Sachfachkollegen planen und durch ihre mathematisch-heuristischen Fachkenntnisse die Schüler im Gesamtzusammenhang des Sachfaches unterrichten. Die Motivation, sich mit den mathematischen Sachverhalten und den Problemstellungen kreativ und produktiv auseinanderzusetzen, erwächst dabei aus der unmittelbaren Einsichtigkeit der Bedeutung einer Problemlösung.

Lehrer

Es liegt auf der Hand, dass ein heuristisch-mathematischer Unterricht, der vollständig in modularisiert in Sachfächern stattfindet, nur von qualifizierten Fachkollegen erteilt werden kann. In enger Abstimmung mit dem jeweiligen Sachfachkollegen und bei genauer Planung durch die Fachkonferenzen werden die durch die Kernlehrpläne verbindlich vorgegebenen Inhalte nicht in eigenständigen Mathematikstunden, sondern in Auseinandersetzung mit den Sachfachinhalten unter besonderer Berücksichtigung des Problemlösens erworben. Die fachliche sowie didaktische Planung der heuristischen Module und insbesondere auch der heuristischen Sequenzen setzen intensive Zusammenarbeit zwischen den Beteiligten voraus.

Mathematische Stunde, Seminarphasen und Förderangebote

Eine *mathematische Stunde* kann in der Orientierungsstufe durchaus eine sinnvolle Ergänzung zum sonst vollintegrierten Unterricht innerhalb der Sachfächer sein, wenn andernfalls eine Kontinuität der heuristischen Reflexion nicht sichergestellt werden kann oder wenn große Lücken in Grundtechniken bestehen; eine solche Stunde könnte einmal in der Woche oder auch nur phasenweise eingerichtet werden.

Ebenfalls denkbar wären *Seminarphasen*, in denen zwischen den regulären heuristischen Modulen einige Stunden in Folge für explizite Heuristiklehre oder mathematische Projekte eingeplant werden. Inwieweit solche Seminarphasen auch einmal für Mathematikunterricht im klassischen Sinne genutzt werden dürften, müsste kritisch in der Fachkonferenz diskutiert und einheitlich vereinbart werden. Zielführender und mit den Zielen des Konzepts in Einklang stünden Projekte, die sich mathematisch-vertiefend mit Inhalten befassen, die möglicherweise zuvor in den Sachfächern gestreift, aber noch nicht auf ihr mathematisch-problemlösendes Gesamtpotenzial hin erschöpfend behandelt wurden.

Es erscheint grundsätzlich durchaus bedenkenswert, auch ein kontinuierliches Angebot zu machen, in dem Grundfertigkeiten wie Rechentechniken oder der Umgang mit geometrischen Werkzeugen fortlaufend trainiert werden können. Dies ließe sich am sinnvollsten in (nachmittäglicher) Angebotsform umsetzen und sollte stets nur dort von Schülern verlangt werden, wo tatsächliche Defizite im Rahmen des Problemlösevermögens diagnostiziert wurden. Keinesfalls sollte der Besuch eines solchen Angebots zwingend sein für solche Schüler, deren aus der Grundschule vorhandenen basalen Fähigkeiten und Fertigkeiten gut entwickelt und für die erfolgreiche Teilnahme am modularisierten Unterricht nach dem CHIME-Konzept hinreichend sind. Zu schnell würden Schüler sonst durch ewig gleiche Übungen bereits bekannter Verfahren demotiviert und verlören letztlich die Lust, sich mit dem eigentlichen, dem heuristischen Teil der Mathematik zu beschäftigen, wie sie ihnen im Sachfachunterricht an den unterschiedlichsten Stellen begegnet.

Schwerpunktmodule als Differenzierung an Gesamtschulen

Gerade an Schulformen, die auf mehrere Bildungsabschlüsse hinführen, ist auch jetzt ein leistungsdifferenzierter Unterricht bereits Realität. Dabei wird zwischen einer äußeren und einer inneren Differenzierung unterschieden, die in der Regel als Erweiterungskurse und Grundkurse oder mit vergleichbaren Begrifflichkeiten bezeichnet werden. CHIME böte neben der an den Kompetenzerwartungen der Bildungsstandards ausgerichteten vollintegrierten heuristisch-mathematischen Bildung in Sachfächern auch die Möglichkeit, in den oben beschriebenen mathematischen Stunden und Seminarphasen eine solche Differenzierung vorzunehmen. Der Vorteil gegenüber dem derzeit vorherrschenden System von getrennten Erweiterungs- und Grundkursen bestünde darin, dass die Schüler die grundlegenden Inhalte anhand relevanter Problemsituationen binnendifferenziert innerhalb der Sachfächer erwerben könnten und nur in Schwerpunktmodulen eine äußere Differenzierung notwendig würde. Auch könnten für die verschiedenen Schullaufbahnprognosen angepasste „Schwerpunktmodule“ angeboten bzw. verpflichtend gemacht werden. Für Schüler, die beispielsweise den Sekundarabschluss I anstreben, könnten so gezieltere und gegebenenfalls auch stundenmäßig reduzierte Module außerhalb der integrierten Module eingerichtet werden, wohingegen für Schüler mit einer Prognose auf die Allgemeine Hochschulreife entsprechend andere Schwerpunkte gesetzt würden.

Schwerpunktmodule könnten die verschiedenen Abschlussprofile insbesondere dann sinnvoll stützen, wenn sie in der Stundentafel so geblockt würden, dass für Schüler mit Prognose auf Allgemeine Hochschulreife ihr Schwerpunktmodul stattfindet, während Schüler mit dem Ziel der Berufsreife entweder praktische, vielleicht sogar (je nach Jahrgangsstufe) konkret anwendungs- oder ausbildungsbezogene Schwerpunktmodule oder andere bildungsgangbezogene Fachangebote in derselben Zeit erhalten.

7.3.1.2 Integrationsstufe II

Etwas weniger klar stellt sich die Situation bei einer nicht vollständigen Integration des heuristisch-mathematischen Unterrichts dar (s. CHIME Grad II in Tab. 7.1). Erfolgt die

Umstellung auf Module nur teilweise, so wird das Fach Mathematik in den meisten Szenarien weiterhin als eigenständiges Unterrichtsfach erhalten bleiben.

Beschränkung auf Teilgebiete

Beschränkt sich die modularisierte Lehre auf bestimmte Teilgebiete des Faches – beispielsweise auf die Geometrie – so müssen die verbleibenden Bereiche an anderer Stelle verortet werden, im Regelfall also in einem eigenen Unterrichtsfach Mathematik. In der Praxis kann eine solche gebietsweise Einschränkung grundsätzlich auf zwei Arten durchgeführt werden. Entweder wird das gesamte Schuljahr in einem oder mehreren Sachfächern das Teilgebiet Geometrie parallel modularisiert und an Problemkontexten gelehrt. Das würde in der Stundentafel eine Umverteilung eines Teils der Stunden für das eigenständige Fach erfordern; es könnte also etwa eine der fünf Wochenstunden in Jahrgangsstufe 5 für eine begleitende heuristikzentrierte Geometrielehre in Sachfächern verwendet werden. Der Fachkollege würde die Klasse dann in einer Wochenstunde regelmäßig in einem um diese Stunde erweiterten Sachfachunterricht an geometrische Problemstellungen heranführen. Dass in der Praxis auch abweichende Organisationsformen sinnvoll sein können, also etwa eine Zusammenfassung dieser Einzelstunden zu Blöcken, liegt auf der Hand.

Beschränkung auf Sachfächer

Gut denkbar ist, dass sich nicht alle Sachfächer an einer Umstellung auf CHIME beteiligen. Solange diese Einschränkung keine Einschränkung der Unterrichtbarkeit aller heuristischen Techniken und Heurismen in Modulen nach sich zieht, wäre immer noch von einer Vollintegration zu sprechen. Allerdings ist diese etwa bei Ausschluss eines der Fächer Naturwissenschaften oder Gesellschaftslehre bzw. der hierin vereinten Fächer kaum realisierbar. Bei Ausschluss zu vieler oder ganz bestimmter Fächer würde vielmehr die Tragfähigkeit des Ganzen heuristisch-mathematischen Unterrichts auf Integrationsstufe II reduziert. Ein zusätzliches, wenn auch wie oben bereits geschildert stundenreduziertes, Unterrichtsfach Mathematik wäre damit in der Stundentafel weiterhin erforderlich.

Beschränkung auf Jahrgangsstufen

Eine weitere Variante wäre eine jahrgangsstufenbezogene Umstellung auf modularen CHIME-Unterricht. Sachzwänge (personaler oder planerischer Natur) könnten dazu führen, dass CHIME in einer Jahrgangsstufe realisiert werden kann und in der nächsten Jahrgangsstufe nicht. Solche äußeren Zwänge können hier nicht planerisch berücksichtigt und auch nicht methodisch-didaktisch sinnvoll kommentiert werden.

Aus didaktischer Perspektive wäre allerdings denkbar, dass eine sukzessive Einführung von CHIME im Verlauf der Orientierungsstufe beschlossen würde. So könnte ein gleitender Übergang von der Grundschule mit traditioneller Fächerung über eine Jahrgangsstufe 5, in der Mathematikunterricht nach dem IHiMU-Konzept durchgeführt wird, und eine Jahrgangsstufe 6 mit CHIME auf Integrationsstufe I und/oder II bis zu einer Vollintegration ab Jahrgangsstufe 7 stattfinden. Für dieses Vorgehen könnte in der Praxis einiges sprechen, wenn beispielsweise eine Schule den Wechsel zu einem heuristikzentrierten Mathematikunterricht aufsteigend plant und eine schrittweise Hinführung aller Beteiligten beabsichtigt. Die Veränderungen, die dies für die Arbeit der Lehrer und das Lernen der Schüler bedeutet, sind beträchtlich. Und auch die Rolle, die die Erwartungshaltung der Eltern an einen „richtigen" Mathematikunterricht spielt, ist nicht zu unterschätzen; eine behutsame und transparente Einführung einer so gänzlich neuen Art des Mathematikunterrichts wäre sicher angeraten und könnte durch eine solche fortschreitende Implementierung möglicherweise Schwierigkeiten auf unterschiedlichen Ebenen reduzieren und mittelfristig zum Erfolg des Wechsels beitragen.

7.3.1.3 Integrationsstufe I

Bei der Integrationsstufe I handelt es sich im Grunde um eine besondere Variante eines fächerüberschreitenden Unterrichts nach Peterßen Abschn. 3.7.2. Zwar werden hier geplant und regelmäßig Teile des Mathematikunterrichts als heuristisch-mathematische Module umgesetzt, diese Einbindung in Sachfächer ist jedoch zeitlich klar umgrenzt und strebt nicht die kontinuierliche Einbettung in den Sachfachkontext an (s. CHIME Grad I in Tab. 7.1).

Auch auf dieser Stufe kann nach denselben Parametern unterschieden werden, also ob die fächerverbindenden Anteile auf einzelne Sachfächer beschränkt sind, ob nur bestimmte mathematische Teilgebiete in dieser Weise integriert werden und ob eine Einschränkung auf bestimmte Jahrgangsstufen besteht. Die obigen Ausführungen gelten entsprechend. Auf dieser Stufe stellt sich die Frage, wie groß der modularisierte Anteil effektiv ist. Wenn nur bestimmte Teile eines einzelnen mathematischen Teilgebiets (beispielsweise bestimmte Themen aus dem Gebiet der Geometrie) in Form von heuristisch-mathematischen Modulen etwa im Fach Naturwissenschaften integriert unterrichtet werden, wird sicherlich das Kernziel des CHIME-Konzepts nicht erreicht. Dennoch gilt, wie für Integrationsstufe II geschildert, dass eine solche teilweise Implementierung sehr wohl ihre Berechtigung als Schritt auf dem Weg zur Umgestaltung des Mathematikunterrichts haben kann. Wenn dauerhaft nur einige wenige Bereiche des Mathematikunterrichts auf diese Weise ausgegliedert werden, wird das Kernanliegen des CHIME-Konzepts, der Aufbau echt funktionaler mathematischer Bildung, voraussichtlich nicht erreicht werden, da der Grad des Anwendungsbezugs vergleichsweise gering ausfällt und die Module den Charakter losgelöster „Problem-Projekteinheiten" besitzen.

Auf dieser Integrationsstufe lassen sich zwei Fälle organisatorisch, aber auch mit didaktischen Implikationen unterscheiden, die im Folgenden ausgeführt werden.

Mathematische Module werden eingebettet von einem Fachkollegen geleitet

Dies wäre eine Variante, die klar auf eine weitergehende Integration hinführen könnte. Durch die zentrale Koordination des Unterrichts in Mathematik und Heuristik durch eine Person würden die lerngruppenbezogene Kohärenz und Kontinuität optimiert; der parallel stattfindende Mathematikunterricht könnte gezielt auf die geplanten Module in den verschiedenen Sachfächern angepasst werden, diese vorbereiten, nachbereiten und reflektieren. In der stundenplanerischen Umsetzung wäre diese Variante eine Herausforderung, weil eine gewisse Flexibilität notwendig wäre, um den Kollegen tatsächlich passgenau für die erforderlichen Stunden – und das auch nur in bestimmten Phasen des Schuljahres – des Sachfachunterrichts (oder den Sprachunterricht) freizuhalten.

Eine denkbare Alternative wäre ein Modullehrer, der in einer oder zwei gesamten Jahrgangsstufen für die Durchführung aller heuristisch-mathematischen Module verantwortlich ist. In Abstimmung mit den Fachkollegen Mathematik und den Sachfachlehrern der Jahrgangsstufe(n) könnte so noch immer eine gute Passung zu den eigenständigen Mathematikstunden erzielt werden, und eine Stärke dieses Modells bestünde in der lerngruppenübergreifenden Übereinstimmung in der Heuristiklehre; auch eine Entlastung der unterrichtenden Kollegen ist zu erwarten, da die erstellten Module mehrfach, wenn auch in angepasster Form, durch dieselbe Person verwendet werden können – anders als bei der Variante des Modulunterrichts durch den jeweiligen Fachlehrer oder auf den anderen beiden Integrationsstufen. Ein Nachteil dieser Umsetzung könnte darin bestehen, dass Schüler den inneren Zusammenhang zwischen den mathematischen Fachinhalten, die sie im Rahmen der Module erwerben, und denen in den regulären Mathematikstunden durch einen personellen Wechsel weniger bewusst wahrnehmen und die kognitive Verknüpfung der Bereiche „Problemlösen mit mathematischen Werkzeugen in Sachfächern“ auf der einen Seite und anderen mathematischen Inhalten aus dem eher traditionell gestalteten, selbständigen Mathematikunterricht auf der anderen erschwert wird. So würde möglicherweise der positive Effekt der Einbettung ein Stück weit negiert werden.

Mathematische Module werden teilweise oder gänzlich von den Sachfachlehrern in Absprache mit der Fachschaft Mathematik erteilt

Die zweite Umsetzungsvariante wäre eine Verankerung heuristisch-mathematischer Module und Sequenzen innerhalb der Sachfächer mit Implementierung durch die Sachfachkollegen. Dies wäre vom stundenplanerischen Standpunkt sicher die einfachste Variante, denn es wäre nur eine wechselnde Ausweitung der Fachstunden erforderlich. Man könnte dies recht einfach durch ein ein- oder zweistündiges Band umsetzen, das im Verlauf des Schuljahres wechselnd beispielsweise dem Fach Gesellschaftslehre, Naturwissenschaften, Sport oder auch dem Mathematikunterricht zugegeben würde.

Bedenken bei dieser Variante müssen eher Belastung und Qualifikation der Kollegen hervorrufen. Selbst wenn die mathematisch-heuristischen Module sehr sorgfältig und mit viel didaktischem Gespür für die Lerngruppen der jeweiligen Schule und Schulform gestaltet werden, wäre es doch für im Bereich Mathematik fachfremde Kollegen eine große Herausforderung, die fachlichen Inhalte adäquat zu vertreten – und vor allen Dingen auf unvorhersehbare Entwicklungen angemessen zu reagieren, wie sie offenere, problemorientierte Unterrichtsformen ja gerade herausfordern. Es scheint daher, von wenigen möglichen Ausnahmen abgesehen, nicht zielführend, die heuristisch-mathematischen Module in fachfremde Hände zu legen.

Umgekehrt ist an dieser Stelle aber auch zu erkennen, dass der Erfolg der Module ebenso mit der Einbindung und kooperativen Auseinandersetzung mit den Sachfachkollegen steht oder fällt, denn Mathematiklehrer sind ebenso nicht in der Lage, auf sämtliche möglichen sachfachlichen Fragen angemessen zu reagieren. Daher muss im Idealfall und so oft wie möglich ein Teamteaching angestrebt werden, bei dem Fachkollegen beider an CHIME beteiligten Fächer den Unterricht gemeinsam durchführen. Dass sich dies in der aktuellen Schulrealität nur in Ausnahmefällen an einigen Gesamtschulen realisieren ließe, ist richtig; es weist jedoch unmittelbar in eine weitere wichtige Entwicklungszone der Schule der Zukunft.

7.3.2 Mathematik als Wahlpflichtfach

Sehr sinnvoll lässt sich bei einer Vollintegration die Idee eines Wahlpflichtfaches Mathematik ins Spiel bringen. Auf den ersten Blick erscheint dieser Gedanke möglicherweise paradox – sollte die Mathematik nicht gerade vollständig in andere Fächer eingebunden werden und damit praktisch aus der Stundentafel „verschwinden"? Bedenkt man die Begründungszusammenhänge für das CHIME-Konzept, wird jedoch klar, dass es ja nicht um eine Auflösung des traditionellen Mathematikunterrichts „aus Prinzip" geht, sondern um Legitimationsprobleme für vieles, was in diesem Rahmen unterrichtet wird und nach den bildungspolitischen Vorgaben werden muss.

Es ist zu bedenken, dass es eine erfahrungsgemäß vergleichbar kleine Anzahl von Schülern gibt, die sich nicht nur mit der im Sinne der Bildungsstandards „erforderlichen" Mathematik befassen möchten, sondern vielmehr eine Neigung zu dem Fach verspüren und gerade an den innermathematischen Strukturen und abstrakten Möglichkeiten der Geisteswissenschaft Mathematik interessiert sind. Es wäre eine verpasste Chance zur Förderung besonderer Neigungen und gegebenenfalls auch Begabungen, kein Angebot zu machen, das über die eng gesteckten Vorgaben der Bildungsstandards bzw. der auf ihnen basierenden Lehrplanschriften hinausgeht. Durch eine solche Neigungsdifferenzierung ab Jahrgangsstufe 7 bzw. 6 gewänne man enorme Freiheiten bei der Auswahl der Inhalte, die Möglichkeit, auf die jeweiligen Lerngruppen einzugehen und auch das Niveau fast beliebig weit zu erhöhen, wo dies mit Blick auf die Lerngruppe möglich ist – ein Luxus, den sich kein Mathematiklehrer in einer Regelklasse erlauben kann oder darf, sind doch die Kompetenzerwartungen für das Ende der Sekundarstufe I klar festgelegt.

7.3.3 Strukturierung eines transcurricularen Unterrichts: Lehrer

Die nun folgenden Ausführungen nehmen den höchsten Grad der Integration des CHIME-Konzepts an, also die vollständige Umgestaltung des Mathematikunterrichts zu einer transcurricularen, auf heuristisch-mathematischen in Sachfächer integrierten Modulen basierenden Bildung. Eine Umsetzung auf niedrigerem Niveau erfordert unter Berücksichtigung der in Abschn. 7.3.1 dargestellten Ideen lediglich eine Reduzierung und Vereinfachung der komplexen Planungsanforderungen für die Vollintegration.

7.3.3.1 Planungsanforderungen

Vor dem Einsatz transcurricularer Module muss eine genaue Planung der beabsichtigten Inhalte und ihrer Einbettung in inner- und außermathematische Fachinhalte angelegt werden. Für die Planung innerhalb eines Schuljahres mag Abb. 7.2 als Muster dienen. Hier könnte wochenweise in Abstimmung mit den Sach- und Sprachfächern festgestellt und in einem nächsten Schritt verbindlich festgelegt werden, wann und wo welche heuristischen Techniken und Heurismen in Verbindung mit welchen mathematischen Inhalten angebunden werden.

Die Zeile für die mathematische Stunde und Seminarphasen wäre fakultativ, falls und wenn solche vorgesehen sind. In der Zeile Förderangebote können diese parallel auf die sonstigen Inhalte angepasst oder komplementär dazu festgeschrieben werden. Sämtliche hier vorgenommenen Eintragungen sind nur als Beispiele und nicht als konkrete Vorschläge zu verstehen.

Die Farbcodierung zeigt an, in welchem Fach die in der linken Spalte genannte heuristische Technik oder der genannte Heurismus verankert werden soll. In der jeweiligen wochenbezogenen Zelle werden die mathematischen Inhalte und die sachfachlichen Inhalte eingetragen, die das mathematisch-heuristische Modul tragen.

Bei der Vollintegration von CHIME wären entweder separate Planungsraster für jedes Teilgebiet bzw. für jede Leitidee oder ein gemeinsames, damit aber noch komplexeres Raster anzulegen. Beide Vorgehensweisen hätten Vor- und Nachteile. Wie schon Abb. 7.2 erkennen lässt, gewährt diese Art der Planungshilfe einen guten Überblick sowohl über die Verteilung der heuristischen Techniken und Heurismen im Verlauf eines Lernjahres als auch die Beteiligungsgrade der verschiedenen Sachfächer; außerdem kann das „heuristische Pensum“ jeder gegebenen Woche leicht abgelesen werden, um sicherzustellen, dass es keine ungünstigen Häufungen gibt, wobei für die heuristischen Techniken gilt, dass sie eher kontinuierlich möglichst häufig – gegebenenfalls auch nur durch die Sachfachlehrer – aufgegriffen werden sollten, nachdem sie jeweils im Rahmen eines CHIME-Moduls eingeführt worden sind.

Auch wenn Teilgebiete/Leitideen bei CHIME weniger deutlich voneinander getrennt würden, als dies im traditionellen, stark reihenorientierten Mathematikunterricht der Fall ist, ist es natürlich eine Option, die Planung so anzulegen, dass eine Abfolge von Schwerpunkten bezüglich der Teilgebiete/Leitideen entsteht, dass also ein Cluster (zeitlich zusammenhängende Gruppe innerhalb des Kontinuums) von Modulen vorrangig der Leitidee Raum und Form oder Zahl oder funktionaler Zusammenhang zugeordnet wird. Ist dies der Fall, ergibt sich im Planungsraster ein fortlaufendes Kontinuum, das mit weichen Übergängen zwischen den Leitideen wechselt und dabei die kontinuierliche Entwicklung der Problemlösekompetenzen und der heuristischen Metakompetenzen in den Vordergrund stellt. Von größter Wichtigkeit ist die Festlegung der zeitlichen Abfolge (und damit ggf. der Ersteinführung eines bestimmten heuristischen oder fachlichen Elements) und des erwarteten Zeitbedarfs. Außerdem kann erfasst werden, wann die Anwesenheit des Mathematiklehrers erforderlich ist und wann Wiederholungen heuristischer Techniken oder Heurismen in Sachfachzusammenhängen durch die Fachkollegen sinnvoll sind. Eine

		Teilgebiet/Leitidee				
Schulwoche		x	x + 1	x + 2	x + 3	…
Mathematische Stunde/Seminarphase		Arbeit an der Forschermappe		Problemlösebox		
Förderangebot		Grundrechenarten				
Heuristische Techniken der Abstraktion, Visualisierung und Strukturierung	Grafische Repräsentationsformen	mathematischer Inhalt/sachfachlicher Inhalt				
	Tabellen und Listen	mathematischer Inhalt/sachfachlicher Inhalt	mathematischer Inhalt/sachfachlicher Inhalt	mathematischer Inhalt/sachfachlicher Inhalt		
			mathematischer Inhalt/sachfachlicher Inhalt	mathematischer Inhalt/sachfachlicher Inhalt		
	Gleichungen					
	De- und Rekonstruktion			mathematischer Inhalt/sachfachlicher Inhalt	mathematischer Inhalt/sachfachlicher Inhalt	
Heurismen der Analyse und Adaption	Affinität				mathematischer Inhalt/sachfachlicher Inhalt	
	Strukturnutzung					
Heurismen der konkreten Handlung	Vorwärtsarbeiten				mathematischer Inhalt/sachfachlicher Inhalt	
	Rückwärtsarbeiten					
	Systematisches Probieren	mathematischer Inhalt/sachfachlicher Inhalt	mathematischer Inhalt/sachfachlicher Inhalt			

Abb. 7.2 Beispiel: Teil eines Planungsrasters für ein Lernjahr mit CHIME. Farbcodierungen: *Grün* Naturwissenschaften, *Gelb* Gesellschaftslehre, *Orange* Sport, *Blau* Kunst, *Lila* Deutsch/Englisch

Planung dieses Zuschnitts sollte natürlich, wann immer möglich, die Synergieeffekte der beteiligten Fächer ausschöpfen.

Im Zuge der Schulreform und Bemühungen, nicht-fachgebundene Lerninhalte zu stärken, hat Nordrhein-Westfalen mit dem QUA-LiS-Partiturtool (QUA-LiS = Qualitäts- und UnterstützungsAgentur – Landesinstitut für Schule) jüngst ein Computerprogramm für die digitale Erstellung und anpassbare Darstellung sogenannter Jahrgangspartituren ent-

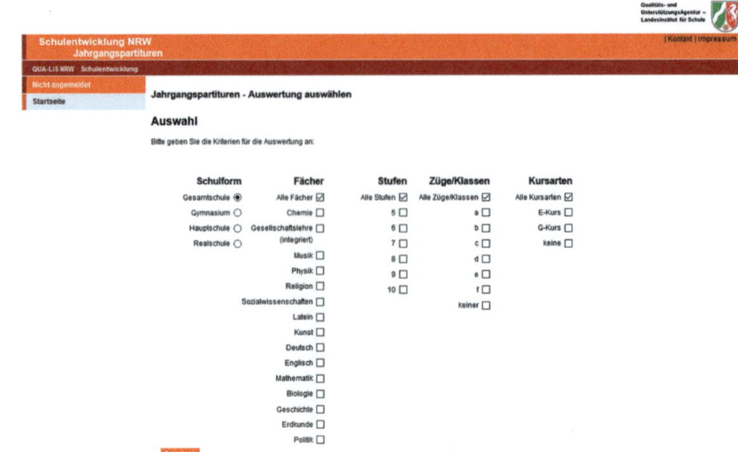

Abb. 7.3 Filtermaske (Beispiel) für die Erstellung von Jahrgangspartituren mit dem QUA-LiS-Partiturtool des Landes Nordrhein-Westfalen

Abb. 7.4 Ausgabebeispiel des QUA-LiS-Partiturtools bei Filter über drei Fächer in einer Jahrgangsstufe des Landes Nordrhein-Westfalen

wickelt, das kostenlos zur Verfügung gestellt wird. Dieses Werkzeug stellt die Planungen eines gesamten Schuljahres über alle Fächer hinweg dar und vereinfacht dadurch die Koordinierung über Fachgrenzen hinweg. Es könnte ohne Schwierigkeiten auch als technische Planungshilfe für CHIME verwendet werden (Abb. 7.3 und 7.4).

7.3.3.2 Methodische Gestaltung

Wie andere moderne Unterrichtskonzepte schreibt auch CHIME keine Methoden vor, allein schon um jeglicher Methodenmonokultur entgegenzutreten und den Eindruck zu vermeiden, dass ein „Verknüpfungszwang" vorliegen könnte. Im Sinne eines vieldimensional bildenden Unterrichts werden jedoch kooperative Lernformen und freies Arbeiten in vielen Fällen dem fragend-entwickelnden Unterrichtsgespräch vorzuziehen sein. Da die Individualisierung des Lernprozesses integraler Bestandteil jedes problemlösenden Unterrichts sein muss, ergibt sich der Einsatz bestimmter Methoden an bestimmten Stellen der heuristisch-mathematischen Module schlicht als logische Notwendigkeit. Sollen beispielsweise ins Fach Naturwissenschaften eingebettet geometrische Zusammenhänge selbständig erkannt werden, so müssen Phasen der eigenständigen Beschäftigung mit dem vorliegenden Sachverhalt Teil der Unterrichtsplanung sein; ob diese Phasen im konkreten Fall als erste Phase einer kooperativen Think-Pair-Share-Sequenz, als Teil eines groß angelegten Gruppenpuzzles oder als arbeitsteilige Partnerarbeit realisiert wird, liegt im Ermessen des unterrichtenden Lehrers bzw. der Fachkonferenz, die methodische Schwerpunktsetzungen nach den jeweiligen Erfordernissen vornimmt. In Krichel (2017, Abschn. 7.2.3) werden die wesentlichen Unterrichtsmethoden, die sich für einen heuristikzentrierten Unterricht eignen, dargestellt und erläutert.

7.3.4 Strukturierung eines transcurricularen Unterrichts: Schüler

In der Praxis begegnet man sehr oft Lernern, die (mathematischen) Problemsituationen – und zwar im doppelten Sinne sowohl der realweltlichen Erscheinungsformen um sie herum als auch den Strukturen innerhalb der Mathematik – hilflos gegenüberstehen. CHIME arbeitet mit drei auf unterschiedlichen personalen und affektiven Ebenen operierenden Instrumenten (die des IHiMU-Konzepts aufgreifend und erweiternd; Abschn. 6.2) (Tab. 7.3).

Tab. 7.3 Steuerungs- und Sicherungsinstrumente beim inkrementellen, individualisierten Aufbau heuristischer Kompetenz über Jahrgangsstufen hinweg

	Bezugsgruppe/-person	Instrument
Fortschreitender Individualisierungsgrad	Lerngruppenbezogen	Problemlösenetz
	Lerngruppenbezogen Kleingruppenbezogen Individuell	Forschermappe
	Individuell	Methodenbox

7.3.4.1 Die Methodenbox als individuelles Strukturierungsinstrument

Es ist unbestritten, dass transcurriculares Lernen von den Lernern wie auch Lehrern das Vermögen zu vernetztem Denken einfordert – dieses aber, so die zugrunde liegende Erwartung, auch ganz besonders fördert und wachsen lässt. Wie lassen sich jedoch Wissen, Erfahrungen, Fähigkeiten und Fertigkeiten strukturiert festhalten, die zum einen aus so vollkommen unterschiedlichen Erfahrungswelten wie Kunst, Sport und Technik stammen und zum anderen auch zeitlich nicht in dem engen Zusammenhang stehen, wie dies im traditionellen Fachunterricht Mathematik die Regel ist? Auf der individuellen Ebene ist hier die heuristische Methodenbox als zentrales Mittel zu nennen, das verschiedene Aspekte in sich vereint bzw. vereinen kann:

1. *Sammlung besonderer Erfahrungen aus dem Bereich der Problembearbeitung:* Hier können gelöste Probleme archiviert werden und solche verweilen, die (noch) nicht gelöst werden konnten.
2. *Dokumentation von Problemlösevorgängen:* In Schritten können erfolgreiche Problemlöseprozesse aufgezeichnet und aufbewahrt werden; außerdem können bei noch nicht gelösten Problemen die bisher erreichten Fortschritte nachvollzogen werden.
3. *Strukturerfassung wiederkehrend angewandter heuristischer Techniken und Heurismen beim Problemlösen:* Eine Sortierung der beiden vorhergehenden Kategorien kann genügen, um Gemeinsamkeiten sichtbar zu machen; zusätzliches Niederlegen von reflektierenden oder analysierenden Überlegungen zu der Sortierung führt zu einer ggf. individuellen Strukturierung heuristischen Handelns.

7.3.4.2 Das Forscherheft als Mittler zwischen Individuum, Kleingruppe und Lerngruppe

Die Idee des Forscherheftes folgt einer Reihe ähnlich konzipierter Hilfsmittel aus dem Bereich der allgemeinen Pädagogik der vergangenen Jahrzehnte, mit denen eine Individualisierung des Unterrichts verfolgt wurde und wird. Wichtige Beispiele, die ähnlich der Forschermappe arbeiten, sind „Lerntagebuch", „Logbuch" und „Journal" und weitere.

Das Forscherheft kann flexibel mit unterschiedlichen Sozialformen kombiniert eingesetzt werden, ist aber immer dann von besonderer Bedeutung, wenn konkrete Problemlöseaufgaben zu bearbeiten sind. Dabei wird die Arbeit häufig dem kooperativen Dreischritt folgen, das heißt, dass die Problemstellung zunächst individuell erfasst und bedacht werden soll, bevor eine Arbeit mit anderen Lernern eingeleitet wird. Das Forscherheft wird also einerseits als individuelles Strukturierungsmittel die Sammlung der Ideen der einzelnen Lerner erfassen, sollte aber andererseits auch die daran anschließende gemeinsame Phase widerspiegeln. Eine genauere Beschreibung des Forscherheftes findet sich in Abschn. 6.2.2.

7.3.4.3 Das Problemlösenetz als kommunes Strukturierungsinstrument

Wenn das Problemlösen heuristisch, also explizit reflektiert als Teil der mathematischen Allgemeinbildung betrieben wird, stellt sich die Frage nach einer Möglichkeit, bisher gewonnene Eindrücke, Einsichten und Erkenntnisse (wobei ganz klar festzuhalten ist, dass sich die beteiligten Lerner zu jedem Zeitpunkt auf diese drei Stufen verteilen werden) auch für die Lerngruppe festzuhalten und zu visualisieren. Hier soll das Problemlösenetz als eine Möglichkeit entwickelt werden, die sich für die Verwendung im Rahmen des CHIME-Konzepts eignet; dieses Problemlösenetz stellt ganz eigene, erweiterte Anforderungen:

- Die Vielzahl der einbezogenen Fachgebiete muss darstellbar sein.
- Die Darstellung muss auf Jahre hin erweiterungsfähig sein.
- Die Notwendigkeit einer Endgültigkeit beispielsweise der Benennungen sollte vermieden werden, da dann Entwicklungen bei der Begriffsbildung Rechnung getragen werden kann.
- Verbindende Elemente müssen klar hervortreten.
- Die Visualisierung sollte in den Phasen der heuristischen Reflexion möglichst gegenwärtig sein, damit ein Rückgriff sowohl durch Lerner als auch Lehrer erfolgen kann; nur so wäre das Instrument wirklich optimal nutzbar und für alle Beteiligten als real transcurricular fassbar.

Insbesondere der letzte Punkt stellt sich in der Realität zunächst als schwer umsetzbar dar. Es ist unwahrscheinlich und durch die Erfordernisse mancher Sachfächer (insbesondere Sport, Kunst und Chemie) auch nicht möglich, durchgehend denselben Unterrichtsraum zu nutzen. Ein Problemlösenetz wächst im Verlauf der Zeit zu einer Größe heran, die es wenig transportabel machen dürfte. Mit Blick auf die aktuelle Situation der fortschreitenden Digitalisierung allerdings sollte es in der nahen Zukunft ein gangbarer Weg sein, neben einem physischen Modell des lerngruppeninternen Problemlösenetzes, das an dem Ort verbleibt, an dem die mathematischen Stunden oder Seminarphasen stattfinden, eine digitale Version zu erstellen. Es gibt bereits viele gute Programme zur Erstellung von Mindmaps oder Flussdiagrammen, die zur Sicherung des Problemlösenetzes eingesetzt werden könnten, eine fortlaufende Pflege durch das Ergänzen neuer Elemente erlauben und außerdem in allen Fachräumen über das Schulnetzwerk aufgerufen und genutzt werden können. So würde der „heuristische Klassenraum" mit der Lerngruppe wandern und wäre außerdem beispielsweise während der Wahlpflichtfächer auch mehrfach verfügbar.

Hinweise zur Gestaltung und Pflege eines (digitalen) Problemlösenetzes

Bei der Gestaltung des Problemlösenetzes ist bei der Grundstruktur auf eine möglichst klare Einteilung zu achten. Die Begrifflichkeiten sollten von den Schülern selbst gewählt werden dürfen, um die Aneignung auch affektiv zu erleichtern. Besonders typische, erfolgreich gelöste Probleme sollten in sehr kurzer Darstellung Teil des Netzes sein, um Assoziation und Erinnerungsvermögen zu unterstützen. Ein Zuviel an Beispielen und Erläuterungen hingegen sollte vermieden werden, um die Anwendbarkeit zu erhalten – für umfassende Erklärungen und eigene Notizen besitzen alle Schüler ihre Problemlosebox bzw. ihr Forscherheft.

Die digitale Version des Netzes bietet ihrerseits Möglichkeiten zur didaktischen bis hin zur heuristischen Nutzung. Zum einen können wechselnde Schüler mit der Erweiterung und Aktualisierung beauftragt werden, so dass die Umsetzung selbst zur Reflexion mit der heuristischen Metaebene anregen kann, zum anderen bietet die so wachsende Struktur ihrerseits Erweiterungsmöglichkeiten: Perspektivisch könnten in einer digitalen Fassung eines Problemlösenetzes auch alle Probleme hinterlegt werden, denen die Lerngruppe im Lauf der Zeit begegnet. Wenn die klare Grundstruktur erhalten bleibt, können die im Unterricht bearbeiteten Probleme einfach an einer Stelle oder an mehreren Punkten des Netzes als Links eingearbeitet werden, ohne dass eine visuelle Überflutung droht.

Eine solche erweiterte Ausgestaltung würde letztlich auf eine lerngruppenbezogene digitale „Problemlösebox" hinführen, die in ihrem Charakter einem Wiki (d. h. einer durch die Nutzer selbst veränderbaren, grundsätzlich kollaborativen Website) entspräche. Mit fortschreitendem Alter der Schüler könnte eine solche Umsetzung ein eigenes herausforderndes Projekt darstellen, das unter gleichzeitigem Lernen mit und an den neuen Medien die heuristischen Kenntnisse vertiefen könnte.

7.4 Konkretisierung: CHIME für die Geometrie in der Orientierungsstufe

Die unbedingte Verschränkung der prozessbezogenen und fachlichen Kompetenzen zieht nach sich, dass im Folgenden keine isolierte Darstellung der Heuristik als Unterrichtsinhalt bzw. -ziel möglich ist. Die Heuristik als zentrales Thema des Modells ist jedoch allgegenwärtig. Die Eingrenzung erfolgt über die inhaltliche Konzentration auf die geometrischen Leitideen Raum und Form und Messen, wie sie in der Orientierungsstufe vorgesehen sind.

Es wird gezeigt, dass und wo sich alle heuristischen Techniken und Heurismen (nach Krichel und Stiller) in verschiedene sachfachliche Kontexte einbetten lassen, indem die fachlichen mathematischen Inhalte einerseits und die Themenfelder weiterer klassischer Schulfächer andererseits einer heuristischen Analyse unterzogen werden. Diese demonstriert exemplarisch, wie an zentralen Inhalten und Themenfeldern der Orientierungsstufe – gleich Kristallisationspunkten der heuristischen Grundlagenbildung – die wichtigsten heuristischen Techniken und Heurismen besonders gut durch den Mathematiklehrer eingeführt und reflektiert werden können. Dass im Folgenden die aktuellen Fachbezeichnungen verwendet werden, ist im Übrigen nicht als Hinweis darauf zu verstehen, dass diese Fächer in ihrer traditionellen Gestalt unterrichtet werden müssen. Eine alle Fachgebiete betreffende Umstrukturierung des Systems Schule kann, muss aber nicht, vor der Arbeit mit dem CHIME-Konzept stattgefunden haben. An geeigneter Stelle wird auch auf die Möglichkeit der Weiternutzung in späteren Lernzusammenhängen verwiesen.

Zur Verdeutlichung der (möglichen) Verschränkung zwischen mathematischem (geometrischem), heuristischem und sachfachlichem Inhalt werden die Kernpunkte am Ende

Abb. 7.5 Das CHIME-Dreieck stellt die gekoppelten heuristischen, mathematischen und sachfachlichen Inhalte eines Moduls zusammenfassend dar

jedes Abschnitts in Form des CHIME-Dreiecks (Abb. 7.5) zusammengefasst wiedergegeben.

7.4.1 Heuristische Techniken: Grafische Repräsentationsformen, Tabellen und Gleichungen

Die heuristischen Techniken in ihrer Gesamtheit tragen dazu bei, ein Problem innerhalb eines gegebenen Sachverhalts zu identifizieren, zu verstehen und den Problemlöseprozess in Gang zu setzen, so dass die Vermittlung bzw. fortgesetzte Anwendung heuristischer Techniken in fast allen Sachfächern und auch weniger naheliegenden Fächern wie Sport und Kunst durchgängig möglich ist, wie in den folgenden Analysen in Ausschnitten zu sehen sein wird. Da heuristische Techniken wie grafische Repräsentationsformen und Tabellen weniger umfassende heuristische Kenntnisse erfordern als Heurismen der Analyse und Adaption oder Heurismen der konkreten Handlung, ist eine kontinuierliche Integration im Sachfachunterricht auch durch Nichtmathematiker denkbar und dann wünschenswert, wenn die entsprechenden Verknüpfungen durch die Fachkonferenzen verbindlich festgelegt und übergreifend didaktisiert sind.

In der Orientierungsstufe spielen Gleichungen mit ihrem vergleichsweise abstrakten Modellcharakter noch nicht die bedeutende Rolle, die ihnen später bei der Lösung (rechnerisch) komplexerer Problemsituationen zukommt. Sie treten daher in den folgenden Beispielen sehr viel weniger stark in Erscheinung, als dies bei einer entsprechenden Aufbereitung späterer Jahrgangsstufen der Fall wäre. Dennoch werden sich immer wieder auch Möglichkeiten bieten, bei der Lösung konkreter Problemsituationen Gleichungen oder Vorläufer von Gleichungen (etwa systematische Listungen oder Tabellen) zur Problemlösung zu verwenden. Beim CHIME-Konzept mit seinen offenen und individuellen Räumen zur eigenständigen Problembearbeitung muss damit gerechnet werden, dass einzelne Schüler schon früh zu solchen Mitteln greifen möchten und dann auch in der Reflexion ihres Lösungsweges gehört werden sollten. Ausgangspunkt der folgenden Ausführungen sind die Lehrplanschriften des Landes Rheinland-Pfalz, die jedoch frei im Sinne von CHIME ergänzt werden.

7.4.1.1 Gesellschaftslehre

Das Land Rheinland-Pfalz formuliert in seinem Rahmenlehrplan für Gesellschaftslehre neben einem Kompetenzmodell auch einen Methodenkatalog, in dem den Themenbereichen verschiedene Methodenkompetenzen zugeordnet werden, die es verbindlich zu erwerben gilt. Der erste dieser Methodenbereiche, das *Gewinnen, Analysieren und Interpretieren von Daten, Aussagen und Zusammenhängen*, beinhaltet das Vergleichen, die Untersuchung grafischer Darstellungen wie Schaubilder, Diagramme, Zahlenstrahl und Skizzen sowie das Untersuchen von Tabellen und Statistiken. Mit dieser verbindlichen Forderung eröffnet der Rahmenplan eine Vielzahl an Möglichkeiten, die heuristischen Techniken *Anfertigen von Tabellen* und *Grafische Repräsentationsformen* in der Gesellschaftslehre einzuführen und zu vertiefen.

Die Vermessung der Welt – Längen- und Flächeneinheiten

Wir in unserer Schule ist einer der Themenschwerpunkte des Gesellschaftsunterrichts in der Orientierungsstufe, der unter anderem die Beschreibung von (Schul-)Wegen und des Schulgeländes sowie die Orientierung im realen Raum zum Gegenstand hat. Die geometrischen Aspekte dieses Kernanliegens sind offensichtlich. Die Schüler sollen erkennen, dass Karten vereinfachte und verkleinerte Abbildungen der Landschaft und ihrer Ausstattung sind, und mithilfe der Legende den Inhalt eines Kartenausschnittes grob erfassen und beschreiben können. Hier lässt sich die grafische Repräsentationsform erstmals auch unter heuristischer Perspektive thematisieren, deren Ziel es ist, einen gegebenen Sachverhalt zu abstrahieren und auf die wesentlichen Informationen zu reduzieren.

Darüber hinaus sollen die Schüler die Karte nutzen lernen, um sich in der Landschaft zu orientieren, Orte zu identifizieren, ihren eigenen Wohnort zu lokalisieren sowie ihren Schulweg zu protokollieren, diesen in die Karte einzuzeichnen und schließlich eine eigene Karte (in Form eines Kinderstadtführers oder eines geographischen Rundweges (vgl. MBWWK 2013, S. 17)) anzufertigen. Beim Anfertigen einer solchen (Karten-)Skizze werden räumliche Strukturen vereinfacht dargestellt, ohne dass die maßstäbliche Genauigkeit und inhaltliche Vielfalt im Mittelpunkt stehen, sondern ausgewählte Gegebenheiten und Eigenschaften hervorgehoben werden, so dass die heuristische Technik *Erstellen einer grafischen Repräsentationsform* explizit gefordert wird. Das Problem, das es an dieser Stelle zu lösen gilt, ist nämlich zunächst keines der maßstäblich korrekten Wiedergabe, sondern das einer Karte, die Relevantes und Notwendiges deutlich herausstellt und die Orientierung sicher gewährleistet.

Erweitern und vertiefen lassen sich diese heuristischen Fähigkeiten und Fertigkeiten in Zusammenhang mit den Themenbereichen *Reisen und Erholung*, *Natur- und Lebensräume Deutschland*, bei dem die Orientierung auf regionale, nationale und internationale Räume ausgeweitet wird. Durch das Erstellen von Profilskizzen können zudem explizit Anknüpfungspunkte sowohl zu grafischen Repräsentationsformen als auch zum Unterrichtsfach Mathematik hergestellt werden, wie das nachfolgende Beispiel zeigt:

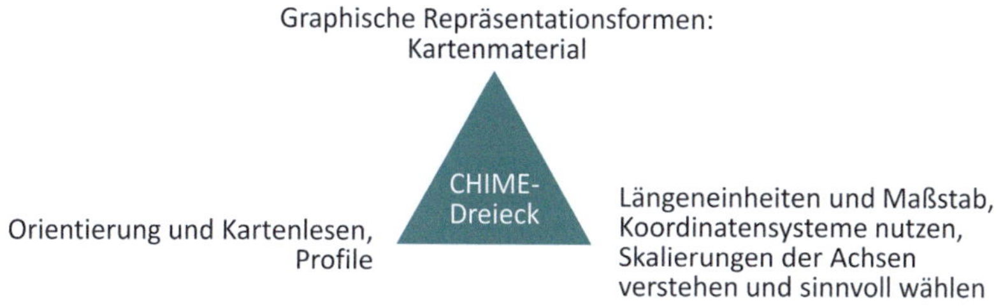

Graphische Repräsentationsformen:
Kartenmaterial

CHIME-
Dreieck

Orientierung und Kartenlesen,
Profile

Längeneinheiten und Maßstab,
Koordinatensysteme nutzen,
Skalierungen der Achsen
verstehen und sinnvoll wählen

Abb. 7.6 CHIME-Dreieck zum Beispiel *Die Vermessung der Welt – Längen- und Flächeneinheiten*

Erstellen einer Profilskizze – ein Beispiel

Um die Oberflächenform einer Landschaft beschreiben zu können, wird ein sogenannter Querschnitt, auch als Profil bezeichnet, erstellt. Soll das Relief einer Landschaft dargestellt werden, wird ein sogenanntes Höhenprofil angefertigt.[3] Grundlage bildet der Ausschnitt einer Höhenschichtkarte des Landstriches (hier: von Nordamerika), von dem das Höhenprofil erstellt werden soll.

Zwei Punkte A und B, die den Anfangs- und Endpunkt des Profils darstellen, werden in die Karte (hier: W-O-Profil durch Nordamerika, entlang des 40° Breitenkreises) eingezeichnet. Anschließend wird ein Koordinatensystem erstellt, in das die Profilskizze eingetragen wird. Die Länge der x-Achse wird durch die Punkte A und B bestimmt und gibt den Längenmaßstab an, die y-Achse den Höhenmaßstab. ◄

Auf dieser Stufe der Kartenarbeit lässt sich der Bogen zur mathematischen Dimension von Maßstäblichkeit schlagen und die geometrische Ähnlichkeit vorbereitend thematisieren (Abb. 7.6).

Kartographie – Koordinatensystem

Das Gradnetz der Erde ist ein imaginäres, über die gesamte Erdkugel gezogenes Liniennetz, das aus sich senkrecht schneidenden Breiten- und Längenkreisen besteht und der Bestimmung der geographischen Lage und der Orientierung auf der Erde dient. Mithilfe der Längen- und Breitengrade kann die geographische Lage eines Ortes eindeutig bestimmt werden. Von dieser Idee ausgehend bzw. perspektivisch darauf hinführend kann das rechtwinklige Koordinatensystem als Möglichkeit zur Ortsbestimmung eingeführt werden. Die Schüler lernen, dass in Atlanten Koordinaten zur Ortsbeschreibung verwendet werden und somit eine mathematische Beschreibung von Punkten in der Ebene möglich ist.

Die Beschriftungshinweise für die Achsen (Buchstabe/Zahl) können als Merkhilfe für die Einhaltung der Reihenfolge beim Zeichnen der Punkte herangezogen werden. Abb. 7.7 zeigt, dass die Arbeit in realitätsnahen Kontexten wie diesen jedoch auch eine kritisch-reflektierende Dimension umfassen muss. Zum einen muss der Unterschied zwischen

[3] Das hier referenzierte Beispiel steht als Online-Ressource des Klett Verlags unter https://www2.klett.de/sixcms/media.php/82/02_Angloamerika_044_045_26650.pdf zur Verfügung.

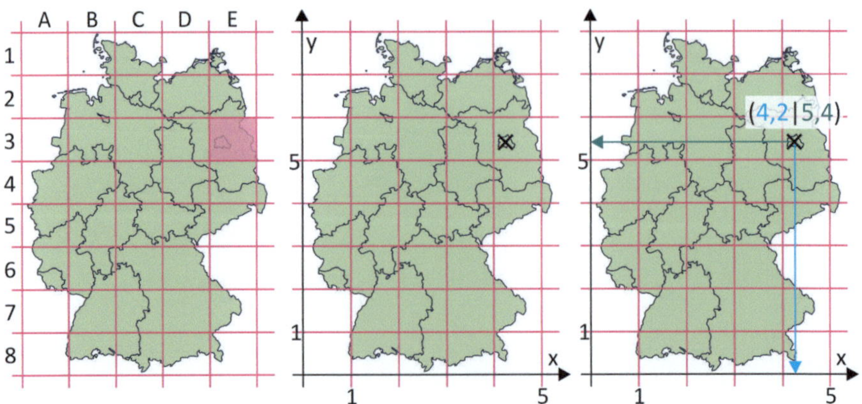

Abb. 7.7 Orte genau bestimmen – vom Atlas zu Koordinaten

dem globalen Orientierungssystem mit seinen Längen- und Breitengraden und dem (zusätzlichen) einfachen Orientierungsraster auf Teilkarten herausgearbeitet werden. Beide lassen sich mit der Idee des Koordinatensystems vernetzen; entscheidet man sich jedoch für das für Schüler in der Orientierungsstufe zugänglichere – da überschaubarere – Orientierungsraster, müssen mehr Unterschiede in der Benennungslogik herausgearbeitet werden, denn bei Landkarten werden die Spalten von links nach rechts mit den Buchstaben des Alphabets versehen und die Zeilen von oben nach unten nummeriert. Im kartesischen Koordinatensystem der Mathematik werden hingegen beide Achsen nummeriert. Der Schnittpunkt der Abszisse mit der Ordinate ist der Nullpunkt.

Menschheitsgeschichte – ganze Zahlen und Längenverhältnisse

Um sich allgemein in Raum und Zeit orientieren zu können und die Großchronologie für die Schüler zu einer fassbaren Größe werden zu lassen, wird die Zeitleiste oder die Zeittafel eingeführt. Die Zeitleiste ermöglicht es, historisches Lernen strukturierend zu begleiten und beinhaltet zwei korrespondierende Dimensionen, die eine Erschließung von Zeit und Gesellschaft/geographischen Räumen ermöglichen.

Neben dem Zeitbewusstsein, bei dem die Unterscheidung von Vergangenheit, Gegenwart und Zukunft im Vordergrund steht, werden auch das Wirklichkeitsbewusstsein sowie das Historizitätsbewusstsein geschult. Die Zeitleiste fungiert als optische Chronologie und verankert die innerhalb der Großchronologie ausgewählten Themenschwerpunkte, die exemplarisch über den wissenschaftlich-kulturhistorischen Ansatz aufgearbeitet werden.

Die Zeitleiste ist eine grafische Darstellungsform, bei der Zeitabläufe in Form einer Geraden beschrieben werden, die sowohl vertikal als auch horizontal angelegt sein kann. Die Gerade wird in gleichmäßige Zeitabstände unterteilt (das Thema *Skalierung* kann hier aufgegriffen werden); sie verhält sich symmetrisch zum Zeitpunkt 0 unserer Zeitrechnung, und wichtige Ereignisse werden durch eine die Gerade kreuzende Markierung kenntlich gemacht. Phasen und Zeiträume werden als Strecken oder Rechtecke (Abb. 7.8)

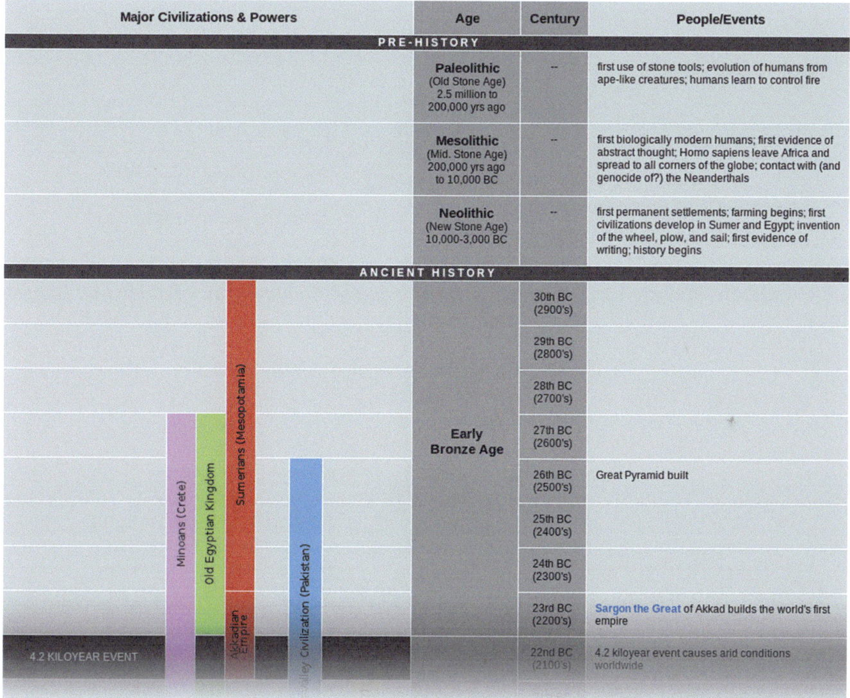

Abb. 7.8 Ausschnitt aus einer Zeitleiste zur Alten Geschichte mit vertikaler Zeitachse (in Jahrhunderten)

parallel zur Zeitleiste selbst dargestellt. Propädeutisch eignen sich entsprechend gestaltete Zeitleisten auch als Vorbereitung des Koordinatensystems; sollte dieses bereits an anderer Stelle eingeführt worden sein, lassen sich hier Rückgriffe und Vergleiche anstellen. Darüber hinaus bietet die Arbeit mit einer den Zeitpunkt 0 beinhaltenden Zeitleiste unmittelbar die Möglichkeit, nicht nur die ganzen Zahlen anschaulich begründet einzuführen, sondern auch ihre Symmetrieeigenschaften hervorzuheben. Das CHIME-Dreieck Abb. 7.9 stellt die gekoppelten heuristischen, mathematischen und sachfachlichen Inhalte dieses Moduls im Überblick dar.

Darüber hinaus lassen sich auch Zeiträume wie z. B. Epochen grafisch darstellen, indem der Abschnitt zwischen zwei Ereignissen farblich hervorgehoben wird (hier ist eine Verknüpfung mit dem mathematischen Konzept des Betrags möglich). Werden verschiedene Zeitleisten über- oder nebeneinander dargestellt, lassen sich die parallel ablaufenden Prozesse gegenüberstellen und miteinander vergleichen. Die besondere ikonische Stärke der heuristischen Technik lässt sich hier gewinnbringend einsetzen und auch herausarbeiten. Werden Zeitspannen maßstäblich als Längen repräsentiert, treten die Verhältnisse zwischen ihnen klar hervor und lassen sich visuell sofort erfassen. So könnte die Be-

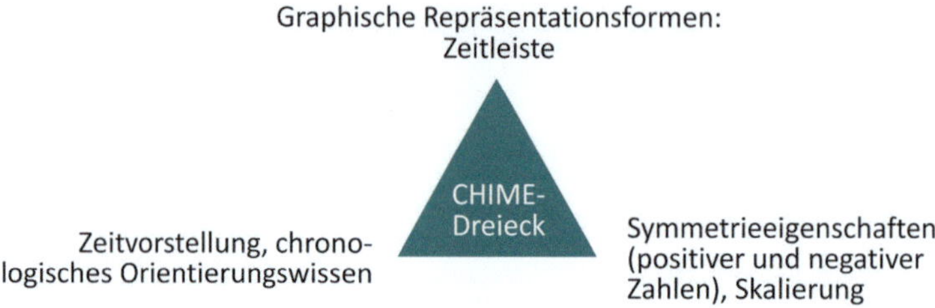

Abb. 7.9 CHIME-Dreieck 1 zum Beispiel *Menschheitsgeschichte – ganze Zahlen und Längenverhältnisse*

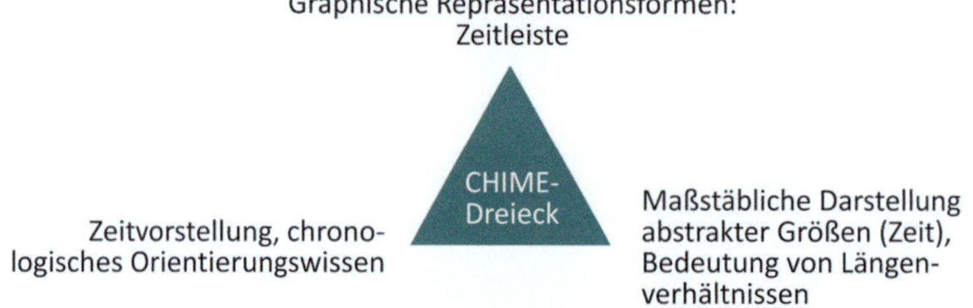

Abb. 7.10 CHIME-Dreieck 2 zum Beispiel *Menschheitsgeschichte – ganze Zahlen und Längenverhältnisse*

stehensdauer der altägyptischen Kultur mit der der Bundesrepublik Deutschlands verglichen werden, nachdem diese in einer Zeitleiste in ihrer Länge markiert wurden. Durch anleitende Forscheraufgaben und mit gestuften Entlastungen wie einer vorbereiteten oder selbst zu erstellenden Zeitleiste kann hier der Frage entdeckend und eigenaktiv auf Grundlage von unterschiedlichen textlichen Quellen nachgegangen werden, deren Bearbeitung eine der Grundsäulen des Geschichtsunterrichts (und damit dieses Teils der Gesellschaftslehre) darstellt. Das CHIME-Dreieck Abb. 7.10 stellt weitere heuristische, mathematische und sachfachliche Inhalte dieses Moduls dar.

Menschheitsgeschichte – statistische Sammlungen und Darstellungen
Zeittafeln erfassen Daten oder Zeiträume in tabellarischer Form und listen diese in chronologischer Reihenfolge auf. Somit lässt sich in diesem Zusammenhang auch die heuristische Technik *Anfertigen einer Tabelle* aufgreifen oder vertiefen. Mithilfe von Tabellen können vorliegende Texte oder Daten strukturiert, auf die wesentlichen Aussagen reduziert, nach bestimmten Kriterien geordnet und übersichtlich dargestellt werden, so dass Tabellen sich sehr häufig gut eignen, um einen Überblick über eine Vielzahl von gesammelten Daten und Informationen zu gewinnen (Abb. 7.11).

Neben der Zeittafel lassen sich zahlreiche allgemeinere Anwendungsfelder für die heuristische Technik *Anfertigen einer Tabelle* finden wie beispielsweise bei den Themen

Abb. 7.11 CHIME-Dreieck 1 zum Beispiel *Menschheitsgeschichte – statistische Sammlungen und Darstellungen*

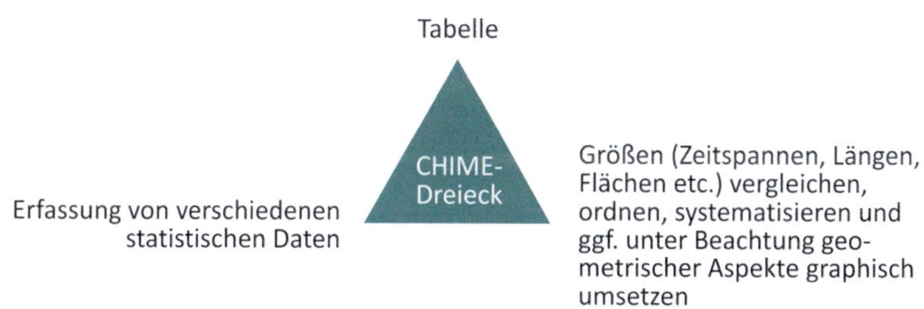

Abb. 7.12 CHIME-Dreieck 2 zum Beispiel *Menschheitsgeschichte – statistische Sammlungen und Darstellungen*

Schule früher – Schule heute, *Reisen früher und heute*, *Vergleich früher Hochkulturen*, *Vergleich der Bedeutung des Nils früher und heute* oder bei dem Vergleich von Tagesabläufen. Nicht alle diese Beispiele führen gleichermaßen zwingend auf eine nachfolgende geometrische Behandlung hin, allerdings lassen sich diese auch bewusst mit einbeziehen; so können gezielt (auch) geometrische Objekte selbst diachron verglichen werden (z. B. Größen von Herrschaftsgebieten), oder es kann eine geometrische Umsetzung von erfassten statistischen Größen verlangt werden, um das Verständnis – wie oben für Zeitspannen geschildert – auch für andere Größen auf enaktiver und ikonischer Ebene zu festigen (z. B. maßstabsgerechte, grafische Darstellungen sich verändernder Bevölkerungsgrößen oder zurückgelegter Wegstrecken bei Eroberungsfeldzügen) (Abb. 7.12).

7.4.1.2 Kunst und Textiles Gestalten

Der visuelle Schwerpunkt des Faches erlaubt eine besonders enge Verzahnung mit geometrischen Inhalten, bietet aber auch mathematisch-heuristisch viele Möglichkeiten der Vernetzung. Die Problemstellungen, die sich aus gestalterischen Zusammenhängen ergeben, sind sehr vielfältig und bieten oftmals affektiv hohe Anreize für die Schüler, eine zufriedenstellende Lösung zu erarbeiten. Dabei spielt auch die Ästhetik eine besondere Rolle, die im traditionellen Mathematikunterricht oft weniger Beachtung findet.

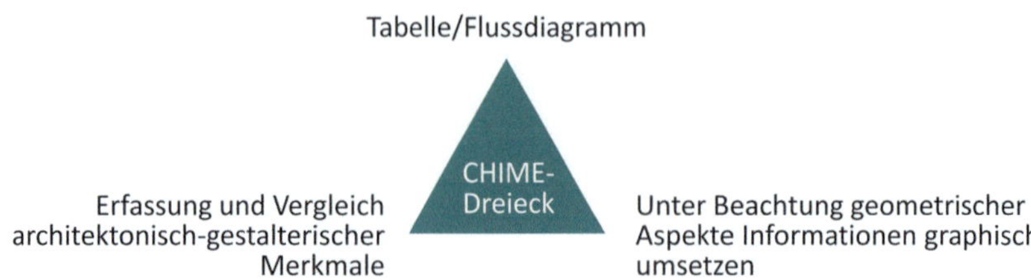

Abb. 7.13 CHIME-Dreieck zum Beispiel *Architektur – Merkmale erfassen, beschreiben, systematisieren*

Architektur – Merkmale erfassen, beschreiben, systematisieren

Gemäß dem Lehrplan für Bildende Kunst des Landes Rheinland-Pfalz sollen die Schüler das Thema *Gebäudegliederung* in der Orientierungsstufe als einen Arbeitsbereich kennenlernen. Neben Wissen über unterschiedliche Gebäudearten wie Häuser, Schlösser und Türme sollen sie Kenntnisse über deren Gliederungsmöglichkeiten durch ihre Innen- und Außengestaltung wie Stockwerkhöhen, Dachformen, Fenster und Treppenformen gewinnen.

Hier kann die heuristische Technik *Anfertigen einer Tabelle* sinnvoll eingesetzt werden, indem die Gebäudearten und die Gliederungsmöglichkeiten tabellarisch erfasst werden, so dass eine übersichtliche Darstellung der charakteristischen Merkmale entsteht. Auch Flussdiagramme, die über Abfrage unterschiedlicher Kriterien die Zuordnung zu einem Gebäudetypus erlauben, wären denkbar und könnten von den Schülern selbst entwickelt werden (Abb. 7.13).

Wohnraum und Raumform – geometrische Grundelemente und Orientierung

Weiterhin werden der *Wohnraum* sowie die *Raumform* verschiedener Epochen thematisiert. Bei diesem Thema sollen die Schüler die unterschiedlichen Wohn- und Raumformen des sesshaften sowie nomadischen Wohnens sowie verschiedene Grundrisse kennenlernen. Auch hier kann die Tabelle zur Einordnung historischer wie gegenwärtiger Wohnsituationen herangezogen werden.

Das Thema *Grundrisse* ist eine spezielle Ausprägung des so wichtigen Maßstabs, welcher mathematisch wiederum auf die Ähnlichkeit mit ihren vielfältigen Verbindungen zu weiteren geometrischen und heuristischen Inhalten verweist. Der Gedanke eines abstrahierten „Blicks von oben“ auf geometrische Objekte wie Zimmereinrichtung oder die Gebäude selbst in Verbindung mit Manipulationen und planerischen Überlegungen erlaubt detaillierte Untersuchungen geometrischer Bedingungen in Wohn-, Arbeits- oder Produktionsräumen, die sich nicht nur in Tabellen, sondern auch in Flussdiagrammen systematisieren lassen (Abb. 7.14). Stumme Grundrisse könnten anhand solch sukzessiver Merkmalsabfragen plausibel gefüllt werden und zur Grundlage sachlicher Argumentations- und Kommunikationsübungen unter Nutzung zahlreicher fachlicher Termini werden.

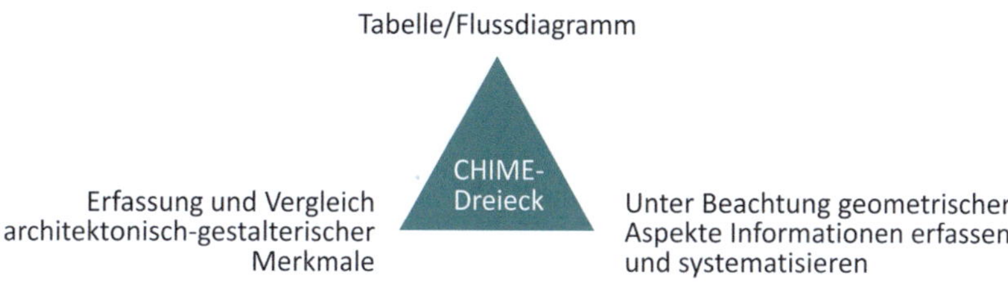

Abb. 7.14 CHIME-Dreieck zum Beispiel *Wohnraum und Raumform – geometrische Grundelemente und Orientierung*

Druckgrafik – geometrische Grundbegriffe

Auch beim Thema *Druckgrafik* kann die Tabelle (Abb. 7.15) verwendet werden, um zu veranschaulichen, „dass sich mit Hilfe eines einzigen Formzeichens neue Zusammenhänge [. . .] [durch] Wiederholen, Anordnen, Variieren, Kombinieren gleicher/verschiedener Formzeichen [und] Streuung, Reihung [und] Ballung" herstellen lassen (MBWW 1998a, S. 27), oder auch um die verschiedenen Materialien experimentell auf ihre Oberflächenstruktur, Festigkeit, Strukturen und ähnliche Merkmale hin zu überprüfen. In beiden Fällen trägt die Tabelle dazu bei, nach bestimmten Merkmalen kriteriengeleitet zu ordnen und sich so einen Überblick über die zugrunde liegenden Daten zu verschaffen. Ähnliche Möglichkeiten für den Einsatz von Tabellen findet man auch in Verbindung mit den Themen *Malerei*, *Textil* und *Werken*.

Farben und Materialien – Merkmale numerisch, geometrisch und qualitativ erfassen

Der Farbton bildet zusammen mit der Helligkeit und der Farbsättigung die Eigenschaften einer Farbe, die durch diese drei Merkmale eindeutig beschrieben werden kann. Farben können daher nach diesen Merkmalen auch (tabellarisch) eingeordnet und klassifiziert werden. Die Angaben, die dazu notwendig sind, sind teils (bzw. je nach fortgeschritte-

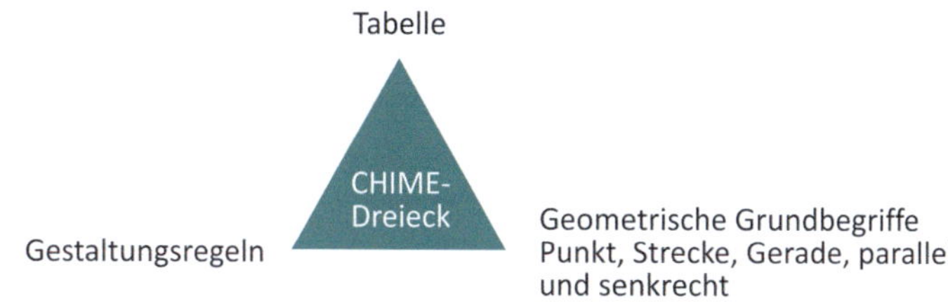

Abb. 7.15 CHIME-Dreieck zum Beispiel *Druckgrafik – geometrische Grundbegriffe*

Tab. 7.4 Holzarten im Vergleich

Bezeichnung	Fichtenholz	Eschenholz	Teakholz
Holzart	Heimisches Nadelholz	Heimisches Laubholz	Exotenholz
Farbe	Fast weiß, hellbraun	Blassrosa bis hellbraun	Goldbraun
Kontrast Jahresringe	Lebhaft	Deutlich erkennbar	Wenig Kontrast
Struktur	Feine Harzkanäle	Grob ringporig	Grobporig
Fasern	Langfaserig	Langfaserig	Sehr kurzfaserig
Härte	Weich	Hart	Weich bis mittelhart
Festigkeit	Weniger fest	Zäh, sehr stabil	Mittlere Stabilität
Bearbeitung	Sehr leicht	Gut	Gut, Schärfe stumpfend
Außenanwendung	Nur imprägniert	Ungeeignet	Sehr gut geeignet
Verwendung	Bauholz	Werkzeugstiele	Gartenmöbel
	Dachstühle	Sportgeräte	Terrassendielen
	Tischerarbeiten	Möbel	Schiffsbau

ner Kenntnis zur Klassifikation von Farbtönen über das RGB[4]- oder das CMYK[5]-Modell sämtlich) numerischer Natur und können so auch unter mathematischen Gesichtspunkten betrachtet werden. Diese Möglichkeit bietet sich ganz praktisch bei der Farbmischung, die neben den bruchrechnerischen Aspekten auch mit dem ebenfalls geometrisch zugänglichen Farbkreis zusammen betrachtet werden kann.

Beim Themenfeld *Textil* sollen die Schüler Kenntnisse über die gebräuchlichsten textilen Materialien, deren Herkunft, Eigenschaft und Verarbeitung gewinnen. Auch diese Merkmale können teilweise mathematisch bzw. geometrisch erfasst werden (z. B. Webdichte, Gewicht bezogen auf Flächenmaße, Materialbedarfe für bestimmte Produktionsmengen). Ähnliche Anwendungsmöglichkeiten eröffnen sich beim Thema *Werken*, bei dem die Schüler unter anderem verschiedene Materialien wie Ton, Papier, Metall, Holz und Kunststoffe kennenlernen. Diese lassen sich hinsichtlich ihrer Eigenschaften, Beschaffenheit, Funktion oder Gestaltungsmöglichkeiten in Tabellen ordnen, sortieren und klassifizieren. Tab. 7.4 zeigt ein Beispiel aus dem Werkunterricht zum Thema *Holzarten*, Tab. 7.5 eine Grundlage zur Kategorisierung von Merkmalen verschiedener Holzarten durch Schüler.

Das CHIME-Dreieck Abb. 7.16 fasst die gekoppelten heuristischen, mathematischen und sachfachlichen Inhalte dieses Moduls zusammen.

Architektur – maßstäbliche Darstellungen

Der oben bereits angesprochene Themenbereich *Gebäudegliederung* ermöglicht bei der Behandlung von Grundrissen die Einführung oder Vertiefung einer weiteren heuristischen

[4] Additives Farbmodell basierend auf Rot (R) Gelb (G) Blau (B).

[5] Subtraktives Farbmodell basierend auf Cyan (C), Magenta (M), Gelb (Y) und Schwarz (K).

Tab. 7.5 Eine teils vorgegebene Tabelle als Strukturierungshilfe zur Informationserfassung durch die Schüler

	Struktur des Holzes	Technische Eigenschaften	Verwendung
Hartholz (z. B. Esche, Buche, Eiche)			
Weichholz (z. B. Linde, Pappel, Erle, Weide)			
...			

Tabelle

CHIME-Dreieck

Merkmale von Medien und Werkstoffen nach funktional selbst gewählten oder vorgegebenen Kriterien erkunden und dokumentieren

Informationen sammeln, darstellen und analysieren; problemorientierte Messverfahren und Kriterien ersinnen, entwickeln und auswählen

Abb. 7.16 CHIME-Dreieck zum Beispiel *Farben und Materialien – Merkmale numerisch, geometrisch und qualitativ erfassen*

Abb. 7.17 CHIME-Dreieck zum Beispiel *Architektur – maßstäbliche Darstellungen*

Technik, um Analysen und Vergleiche durchzuführen. Die maßstäbliche Darstellung ist in diesem Zusammenhang (wie weiter unten für das Werken beschrieben) ein Kerninstrument, um Raumkonfigurationen darzustellen (Abb. 7.17). Die mathematischen Bezüge sind dabei allgegenwärtig und lassen sich über die maßstäbliche Darstellung in Grundrissen sehr gut auf das Thema der geometrischen Grundelemente in der Ebene (geometrische Figuren) ausweiten. Werden auch dreidimensionale Modelle der besprochenen Architekturen zeitgleich oder zu einem späteren Zeitpunkt mit einbezogen, sind auch die Grundelemente des Raumes (geometrische Körper) sofort zugänglich. Eine mathematisch-heuristische Behandlung ergibt sich aus den verschiedensten denkbaren Problemstellungen in diesem Zusammenhang.

Piktogramme und Comics – Informationen (anders) darstellen

Die grundsätzliche Bedeutung grafischer Repräsentationsformen kann darüber hinaus bei dem Arbeitsbereich *Design – Piktogramme* erneut aufgegriffen und vertieft werden, wenn den Schülern vermittelt wird, dass Sprachinhalte nonverbal durch Bild- oder Schriftzeichen oder eben durch eine grafische Repräsentationsform zum Beispiel in Form einer Skizze übermittelt werden können (vgl. MBWW 1998a, S. 25). Dieser Gedanke ist in seinem Kern von außerordentlicher Tragweite für die Idee grafischer Darstellungsformen als heuristisches Instrument insgesamt und sollte deutlich herausgearbeitet werden. Schließlich ist es oft der Wechsel der Darstellungsform, der einen anderen Blick auf einen Sachverhalt oder einen Zusammenhang erlaubt, welcher letztlich auf neue Ideen bei einer Problemlösung hinführen kann.

Auch beim Thema *Bildfolgen – Comic* kann die heuristische Technik vielfach eingesetzt werden. Comics bieten die Möglichkeit und verlangen es, zeitliche Abläufe mit den Mitteln der Bild- und Seitengestaltung darzustellen. Um einen Comic lesen und nachvollziehen zu können, muss die Kontinuität von Zeit, Raum oder Logik gewahrt bleiben. Dabei spielen die Leserichtung, die den chronologischen Ablauf einer Handlung bestimmt, die Bildgestaltung (je nach eingesetztem Gestaltungselement kann sie den Leser in seiner Leserichtung und Interpretation des Gesehenen maßgeblich beeinflussen) und das Seitenlayout eine entscheidende Rolle. Eine kleine Auswahl von Seitenlayouts wird in Tab. 7.6 gezeigt.

Bei der Beschäftigung mit Comics wird unmittelbar deutlich, welche Bedeutung der grafischen Darstellung zukommt. Je nach Anordnung und Gestaltung der Panels werden die Leserichtung, Bedeutung und Sinnzusammenhang maßgeblich beeinflusst. Solche Strategien des Zusammenfassens von visuellen Objekten spielen auch bei mathematischen Überlegungen eine Rolle. Was bei Betrachtung der in Tab. 7.6 genannten Beispiele der Seitengestaltung unter heuristischem Aspekt sogleich auffällt, sind die Anbindungsmöglichkeiten zur heuristischen Technik *De- und Rekonstruktion*, auf die in Abschn. 5.3.1.4 näher eingegangen wird. Das CHIME-Dreieck Abb. 7.18 fasst die gekoppelten heuristischen, mathematischen und sachfachlichen Inhalte dieses Moduls zusammen.

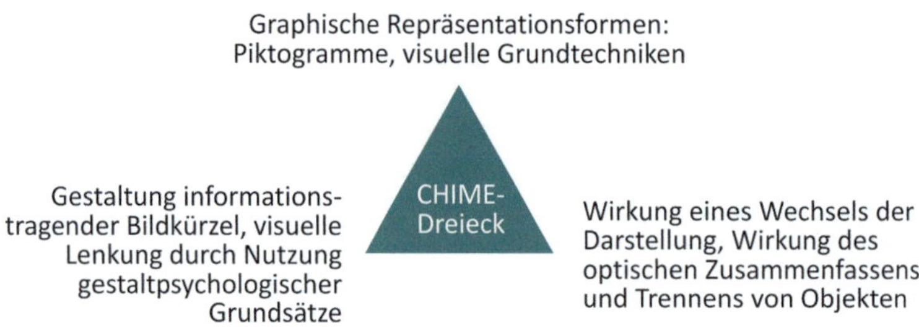

Abb. 7.18 CHIME-Dreieck zum Beispiel *Piktogramme und Comics – Informationen (anders) darstellen*

Tab. 7.6 Seitengestaltung lenkt Wahrnehmung

Seitenlayout	Informationen
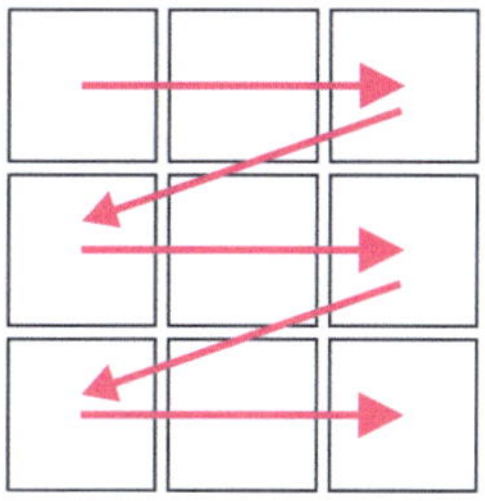	Diese Anordnung ist das Grundleseraster mit gegebener Leserichtung. Natürlich können bewusst Störungen dieser gewohnten Leseweise erzeugt werden, um Monotonie beim Lesen des Comics zu vermeiden und auch inhaltlich wichtige Stellen hervorzuheben.
	Die sogenannte Ziegelmaueranordnung der Panels lenkt den Blick des Betrachters noch stärker zum zeilenweisen Lesen als das Grundraster; die durchgehenden horizontalen Trennungen führen dazu, dass die Bilder in „Streifen“ wahrgenommen werden.

 Der Text... SWOSH ... geht weiter.	Zwei (oder mehr) Panels können durch übergreifende Schriftzüge oder grafische Elemente unmittelbar zueinander in chronologische oder kausale Beziehung gesetzt werden.

Zeichnen als Kunstform – Zeichnen in Technik und Geometrie

Außerdem kann die heuristische Technik *Erstellen grafischer Repräsentationsformen* beim Arbeitsbereich Zeichnen aufgegriffen werden, indem z. B. das Zeichnen in verschiedenen Kontexten als gängige Dokumentationsform (Skizze, Entwurf) thematisiert, verglichen und kritisch hinterfragt wird (Abb. 7.19). Eine Anbindung an technisches Zeichnen und geometrische Zeichenkonventionen wie für Schrägbilder ließe sich leicht realisieren und könnte durch die gemeinsame Einführung besonders effektiv Synergieef-

Abb. 7.19 CHIME-Dreieck zum Beispiel *Zeichnen als Kunstform – Zeichnen in Technik und Geometrie*

fekte nutzen, die die Verwendung der Zeichenmaterialien einerseits und die Einübung der zeichnerischen Praxis (Zeichnen des 45°-Winkels, des rechten Winkels und ggf. auch Einhaltung eines gewählten Maßstabs, Handhabung des Geodreiecks) anhand gestalterisch herausfordernder und motivierender Kontexte umfasst.

7.4.1.3 Technik und Werken

Der Werkunterricht bietet in vielen Teilen vergleichbare Möglichkeiten zur Integration heuristisch-mathematischer Module wie Kunst und textiles Gestalten, nur dass andere Materialien eine Rolle spielen und technische Aspekte oft stärker in den Vordergrund rücken. Auf die Nennung solcher sich wiederholender Ansatzpunkte wird im Folgenden verzichtet.

Materialnutzung – Anteile verstehen

Beim Werken lernen die Schüler verschiedene Materialien kennen, die nicht nur nach verschiedenen Merkmalen geordnet und nach bestimmten Kriterien klassifiziert werden können; sie lassen sich auch nach ihren Einsatz- bzw. Verwendungsmöglichkeiten in einem Diagramm grafisch darstellen, wie Abb. 7.20 zeigt.

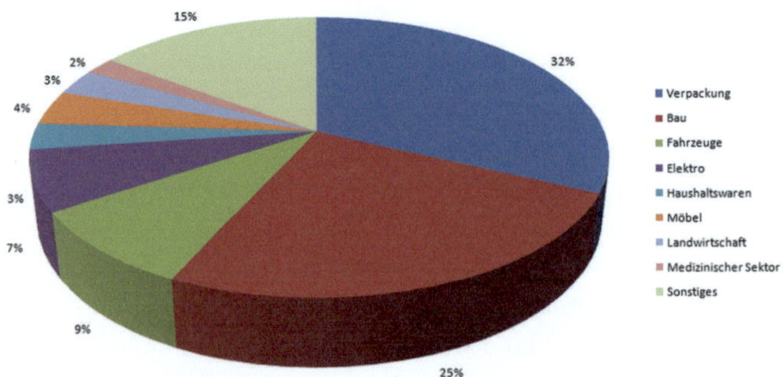

Abb. 7.20 Verwendung von Materialien, die auch im Fach Werken eingesetzt werden (Beispiel Kunststoff)

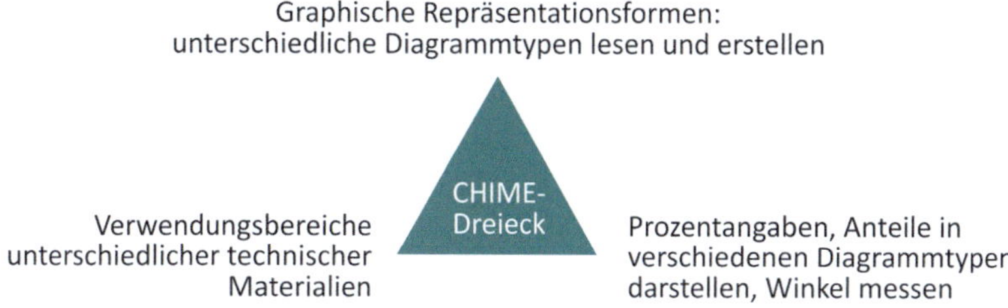

Abb. 7.21 CHIME-Dreieck zum Beispiel *Materialnutzung – Anteile verstehen*

Durch solche Darstellungen werden (prozentuale) Anteile am Konkreten fassbar (sie könnten nun zur Einführung des Prozentbegriffs entwickelt werden), und die Art der visuellen Darstellung bietet zahlreiche Möglichkeiten zur Weiterarbeit mit Blick auf verschiedene Diagrammtypen, deren Stärken, Schwächen und daraus folgend passenden Einsatzgebieten (Abb. 7.21). Wenn dann noch die ökologische Dimension in die Betrachtung einfließt, lässt sich an diesem kleinen Beispiel bereits erkennen, wie ein allseitig sinnstiftender und multiperspektivisch gestalteter Unterricht aussehen könnte.

Technische Zeichnungen – räumliche Orientierung und Projektionen

Ebenfalls kann im Rahmen des Werkunterrichts das Anfertigen einer technischen Zeichnung zur Herstellung eigener Produkte erarbeitet oder eine fertige Zeichnung als Grundlage zum Nachbau vorgelegt werden. Neben dem Zeichnen (auch von Teilschritten, Einzelelementen und verschiedenen Ansichten) wird dabei insbesondere die Leitidee Messen vertieft, und die Schüler erhalten Einblicke in die notwendigen Materialien, den Materialverbrauch sowie über das Endprodukt (Abb. 7.22).

Mit Blick auf das heuristische Potenzial ist das technische Zeichnen einerseits bei den heuristischen Techniken zu verorten, da es sich eindeutig der Gruppe grafischer Repräsentationsformen zuordnen und für die Lösung verschiedenster Problemzusammenhänge nutzen lässt und auch bei der *De- und Rekonstruktion* eine Rolle spielen kann; andererseits

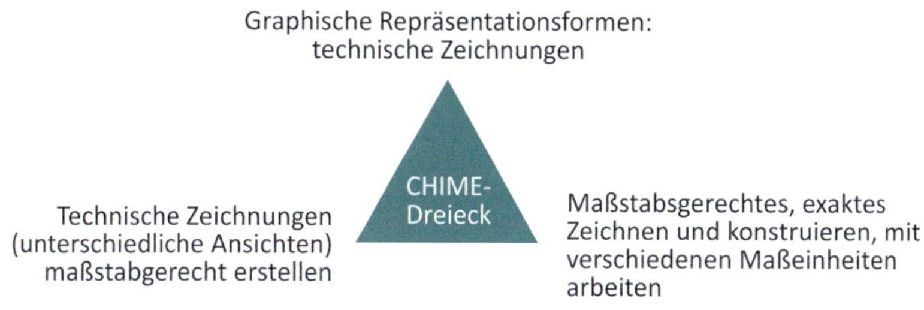

Abb. 7.22 CHIME-Dreieck zum Beispiel *Technische Zeichnungen – räumliche Orientierung und Projektionen*

können auch komplexere Heurismen wie der *Heurismus der Affinität* oder der *Heurismus der Strukturnutzung* mit dem technischen Zeichnen verknüpft werden, was es zu einem außerordentlich fruchtbaren Integrationsfeld im Sinne von CHIME macht. Es wäre in dieser Hinsicht wünschenswert, wenn zukünftig derartiger Unterricht für alle Schüler verpflichtend wäre – alternativ sollten Wege überlegt werden, wie solche praktisch-konstruktiven Fertigkeiten systematisch in anderen Zusammenhängen ebenfalls unterrichtet werden könnten (beispielsweise über eine Stärkung produktionstechnischer Aspekte auch im Bereich Kunst und textile Gestaltung oder in den Wahlpflichtfächern).

7.4.1.4 Naturwissenschaften

Von den Sinnen zum Messen lautet der erste Themenschwerpunkt im Fach Naturwissenschaften des Landes Rheinland-Pfalz, indem die „Schülerinnen und Schüler den Umgang mit Geräten, Messgrößen und Maßeinheiten“ lernen und die „selbst aufgenommenen Messdaten [...] [mit] den daraus angefertigten Grafiken und Wertetabellen“ vergleichen (MBWJK 2010, S. 17). Damit werden bereits die heuristischen Techniken *Anfertigen einer Tabelle* und *Erstellen grafischer Repräsentationsformen* direkt verlangt, die in unterschiedliche Sachkontexten eingebettet werden können.

Bewegung – Längen, Zeit und Geschwindigkeit

Im Themenfeld *Bewegung zu Wasser, zu Land und in der Luft* wird die Tabelle erneut explizit mit den Worten gefordert: „Ein Vergleich von Lebewesen zeigt die Angepasstheiten des Bewegungsapparates an verschiedene Lebensräume [...] [und] Analogien in Natur und Technik fordern Schülerinnen und Schüler zum Vergleichen auf. Die Entwicklung von Vergleichskriterien bildet einen Schwerpunkt im Kompetenzbereich Erkenntnisgewinnung. Grundlage von Vergleichen ist unter anderem die Entnahme von Informationen aus altersgemäßen Materialien [...]. Die Ergebnisse, die sich aus kriteriengeleitetem Vergleichen und Recherchieren ergeben, lassen sich besonders gut in Tabellen darstellen“ (vgl. MBWJK 2010, S. 25). Über die Wahl der Vergleichskriterien können aus mathematischer Perspektive viele weitere Aspekte wie Bewegungsgeschwindigkeit oder Energieverbrauch in das Thema eingebracht werden (Abb. 7.23).

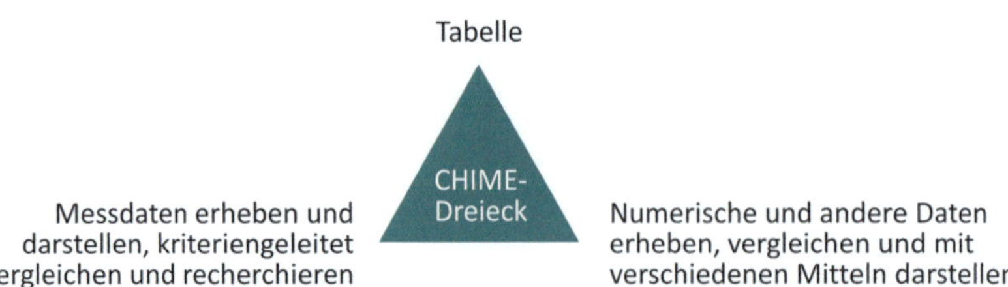

Abb. 7.23 CHIME-Dreieck zum Beispiel *Bewegung – Längen, Zeit und Geschwindigkeit*

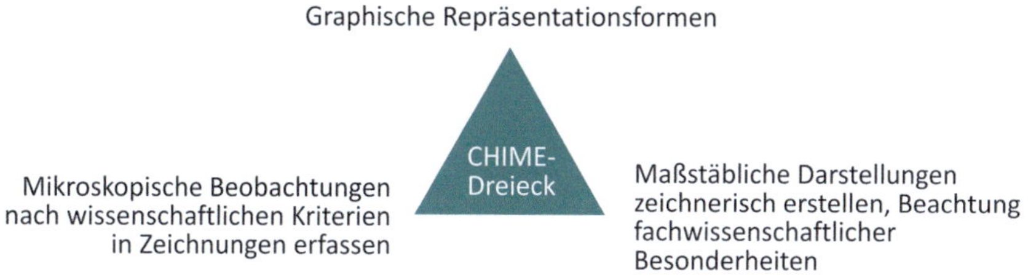

Graphische Repräsentationsformen

CHIME-Dreieck

Mikroskopische Beobachtungen nach wissenschaftlichen Kriterien in Zeichnungen erfassen

Maßstäbliche Darstellungen zeichnerisch erstellen, Beachtung fachwissenschaftlicher Besonderheiten

Abb. 7.24 CHIME-Dreieck zum Beispiel *Mikro- und Makrokosmos – große und kleine Einheiten*

Vergleichbare Anknüpfungspunkte findet man auch in Zusammenhang mit dem Themenkomplex *Pflanzen – Tiere – Lebensräume*, innerhalb dessen die Schüler beim „Sammeln und Ordnen von Lebewesen" wiederkehrende Muster finden und beschreiben (MBWJK 2010, S. 29). Das Sammeln und Ordnen von Daten in den unterschiedlichsten Zusammenhängen hebt den universalen Charakter von Tabellen als heuristische Technik deutlich hervor.

Mikro- und Makrokosmos – große und kleine Einheiten

Innerhalb des Themenfeldes *Vom ganz Kleinen und ganz Großen* findet man Anknüpfungspunkte, um neben der Tabelle auch grafische Repräsentationsformen zu vertiefen (Abb. 7.24). Neben dem Aufbau des Sonnensystems und der Orientierung am Sternenhimmel werden auch Kristalle und Zellen thematisiert. Hier sollen die Schüler „Zellstrukturen mit Hilfe eines Mikroskops" erkennen und sie zeichnerisch darstellen (MBWJK 2010, S. 22). In diesem Zusammenhang wird (erneut) deutlich, dass grafische Repräsentationsformen reale Gegebenheiten vereinfacht darstellen und dabei (unterschiedlichen!) wissenschaftlichen Konventionen genügen müssen. Bei der Protokollierung biologischer Beobachtungen durch grafische Repräsentationsformen wird außerdem die Bedeutung der Beschriftung hervorgehoben.

Prozesse im Bild festhalten – Eigenschaften geometrisch untersuchen

Das Anfertigen von Skizzen wird im Rahmen von *Geräte und Maschinen im Alltag* explizit gefordert, wenn es heißt, dass die Schüler Skizzen anfertigen, „um die funktionalen Beziehungen der Bauteile eines Alltagsgeräts zu erkennen" und „Schaltpläne mit Schaltzeichen zu einfachen Stromkreisen" zeichnen (MBWJK 2010, S. 38). Beim Thema *Stoffe im Alltag* wird gefordert, dass die Schüler „Prozesse (z. B. Herstellung von Creme, Salzgewinnung) in einem Ablaufdiagramm" und „Versuchsaufbauten in Skizzen" darstellen (MBWJK 2010, S. 42). Um die Stoffe nach Eigenschaften oder Klassen zu ordnen, kann erneut die Tabelle als Strukturierungsmittel herangezogen werden.

Doch die zeichnerische Bearbeitung erstreckt sich gerade im Fach Naturwissenschaften noch auf viele weitere Themenfelder, bei denen nicht nur Versuchsaufbau und Zusammen-

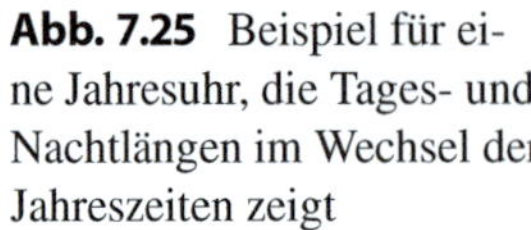

Abb. 7.25 Beispiel für eine Jahresuhr, die Tages- und Nachtlängen im Wechsel der Jahreszeiten zeigt

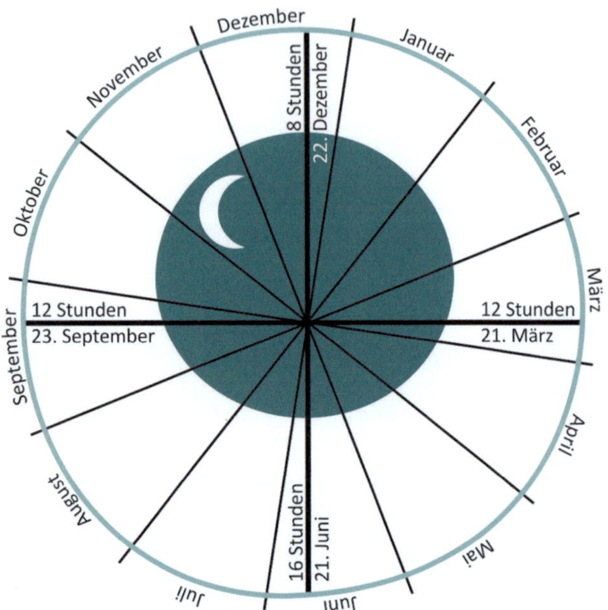

setzung komplexerer Systeme veranschaulicht werden, sondern die zugrunde liegenden physikalischen Prozesse und Gesetzmäßigkeiten grafisch erfasst und dadurch begreifbar werden. Ein für die Orientierungsstufe anspruchsvolles Beispiel stellt etwa eine Jahresuhr dar (Abb. 7.25).

Ein weiteres gutes Beispiel hierfür sind auch Brechungsversuche an unterschiedlichen Materialien oder an Flüssigkeiten, die geometrisch zahlreiche Möglichkeiten eröffnen, die weit über die Nutzung heuristischer Techniken hinausgehen und auf die an späterer Stelle einzugehen sein wird. Das CHIME-Dreieck Abb. 7.26 fasst mögliche heuristische, mathematische und sachfachliche Inhalte zusammen.

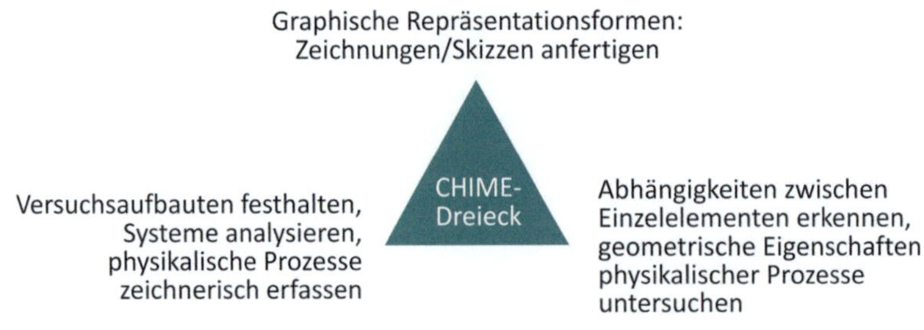

Abb. 7.26 CHIME-Dreieck zum Beispiel *Prozesse im Bild festhalten – Eigenschaften geometrisch untersuchen*

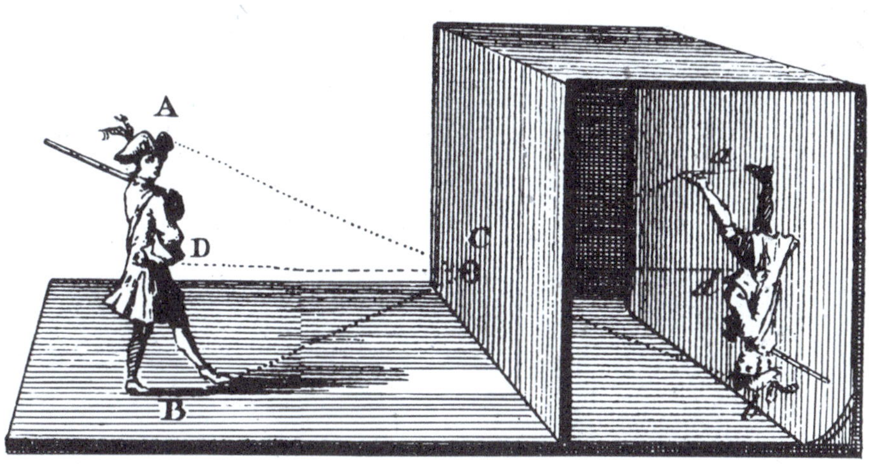

Abb. 7.27 Prinzip der Camera obscura aus dem 18. Jahrhundert

Das Auge als Organ – Punktsymmetrie

Im Themenfeld *Körper und Gesundheit* lassen sich weiterhin besonders viele Ansatzpunkte für heuristisch-mathematische Module finden. Wenn der menschliche Körper auf seine unterschiedlichen Organe als Funktionseinheiten hin untersucht wird, lässt sich beispielsweise das Auge mit seiner besonderen Bedeutung für unsere Wahrnehmung herausgreifen und intensiv erforschen (Abb. 7.28). Dass sich dabei die Frage nach der genauen Funktionsweise auch für die Schüler unmittelbar stellt, liegt auf der Hand.

Über die technische Umsetzung in einem Modell als *Camera obscura* (Abb. 7.27) können vielfältige Einsichten gewonnen werden, die sich wiederum nahtlos an geometrische Kenntnisse anschließen lassen. Eine geistige Durchdringung des Themas wird so auf verschiedenen Ebenen und durch unterschiedliche Zugänge (*enaktiv* durch den Bau eines Funktionsmodells, *ikonisch* durch eine zeichnerische Umsetzung der Beobachtungen,

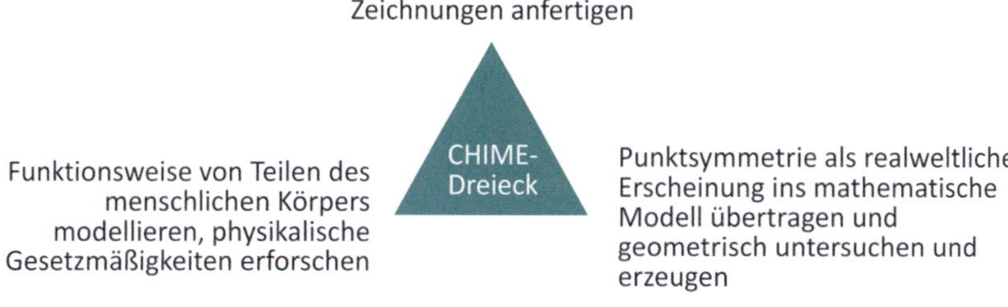

Abb. 7.28 CHIME-Dreieck zum Beispiel *Das Auge als Organ – Punktsymmetrie*

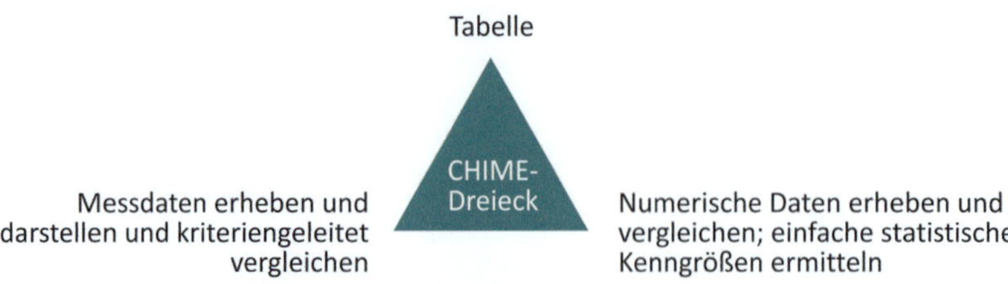

Abb. 7.29 CHIME-Dreieck zum Beispiel *Daten sammeln – Statistische Grundgrößen*

symbolisch durch eine reduziert mathematische Darstellung und ggf. auch eine rechnerische Behandlung) ermöglicht.

7.4.1.5 Sport

Tabellen und grafische Repräsentationsformen können insbesondere in Kombination mit dem Fach Sport, unabhängig von den derzeitigen Lehrplanrichtlinien, vielfach zum Einsatz kommen. Wie bereits erläutert lassen sich mithilfe von Tabellen Daten strukturieren, nach bestimmten Kriterien ordnen und übersichtlich darstellen, so dass sie auch bei Wettkämpfen wie den Bundesjugendspielen eingesetzt werden.

Daten sammeln – Statistische Grundgrößen

Neben einer Übersicht über die verschiedenen Disziplinen können die von den Schülern erreichten Zeiten und Entfernungen erfasst, nach verschiedenen Kriterien wie Jahrgang oder Geschlecht geordnet und die so gewonnenen Daten verglichen und analysiert werden. Auf diese Weise kann die Bedeutung von Tabellen als Strukturierungshilfe alltagsrelevant herausgearbeitet werden, und die Schüler vertiefen ihre Fähigkeiten, Tabellen zu lesen, die Daten zu interpretieren und Aussagen über die dargestellten Zusammenhänge zu treffen (Abb. 7.29). Das Thema eignet sich darüber hinaus gut, um statistische Grundbegriffe (z. B. Minimum, Maximum, Mittelwert, Quartile) situativ zu erarbeiten.

Strategie im Bild – Schaubilder nutzen

Darüber hinaus lassen sich grafische Repräsentationsformen auch in anderen Kontexten einbinden. So können beispielsweise das Basketball- oder Fußballfeld grafisch dargestellt und die Standardpositionen der Spieler darin eingezeichnet werden (Abb. 7.30).

Neben der Nutzung als strategischem und erklärendem Instrument des Trainers oder Sportlehrers kann mit diesen Schaubildern auch ein Blick auf geometrische Bedingungen und Kenngrößen beliebter Sportarten geworfen werden. Diese lassen sich direkt an den Gedanken der Grundrissdarstellung in Kunst und textiles Gestalten anschließen und ermöglichen die Vermittlung des Maßstabes in einem ganz anderen Zusammenhang.

Auch Konstruieren, Messen und der Umgang mit Größen können über erweiterte Fragestellungen eingebracht werden. Gegeben sind ein Fußballfeld und die Positionen der

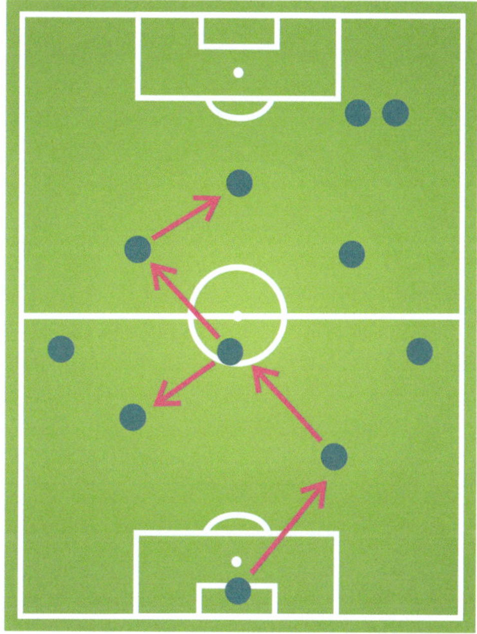

Abb. 7.30 Beispiel für den Einsatz von Diagrammen im Sportunterricht

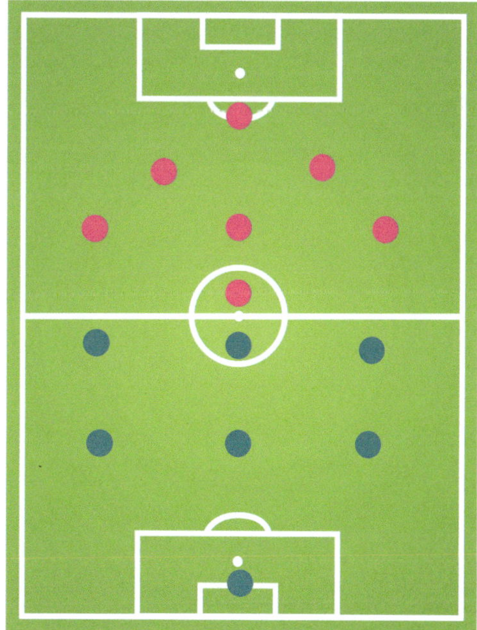

Abb. 7.31 Beispiel für ein taktisches Schaubild mit zwei verschiedenen Spielsystemen

Spieler (Abb. 7.31). Anhand dieser grafischen Darstellung können wichtige geometrische Begriffe eingeführt und thematisiert werden. So kann beispielsweise der Spieler mit der kürzesten Verbindung zum Torwart, der Abstand zwischen verschiedenen Spielern bestimmt oder die ideale Spielerposition ermittelt und damit die Begriffe „Abstand" und „senkrecht" thematisiert werden. Die Schüler werden so dazu angeleitet, die Sachsituation in der Zeichnung darzustellen und diese damit zu abstrahieren. Zugleich werden auf der fachinhaltlichen Ebene erste einfache Konstruktionen mit dem Lineal durchgeführt, und an die bekannten Begriffe „Punkt", „Gerade" und „Strecke" wird produktiv angeknüpft (Abschn. 6.3.1).

Des Weiteren können die Schüler, auch unter Bezug auf die Spielfeldmarkierungen in der Sporthalle (Abb. 7.32), eigene maßstabsgerechte Skizzen anfertigen, um darauf aufbauend Spielverläufe zu planen, einzuzeichnen, zu diskutieren oder Choreographien für Tanzstücke zu entwickeln und einzustudieren. Das CHIME-Dreieck Abb. 7.33 fasst gekoppelt heuristische, mathematische und sachfachliche Inhalte zusammen.

Daten präsentieren – Möglichkeiten statistischer Darstellungen

Um ein erweitertes Verständnis für die so gewonnenen Daten zu erzielen, kann auf dieser Grundlage die heuristische Technik *Erstellen grafischer Repräsentationsformen* in Form

Abb. 7.32 Übliche Markierungen auf dem Boden einer Sporthalle

Abb. 7.33 CHIME-Dreieck zum Beispiel *Strategie im Bild – Schaubilder nutzen*

von Linien-, Säulen- oder Kreisdiagrammen sinnvoll thematisiert werden (Abb. 7.34). Dabei lernen die Schüler einerseits, dass die Daten aus den Tabellen die Grundlage für grafische Darstellungsformen liefern, und andererseits, dass die Daten visualisiert werden können. Dabei entscheidet die Darstellungsform über den Aussagegehalt der Grafik. Während bei einem Liniendiagramm der Verlauf der Werte mit gleichen Einheiten wiedergegeben wird, werden in einem Säulendiagramm (Stab-, Balkendiagramm) die Häufigkeiten von Merkmalen erfasst, und im Kreisdiagramm kann der prozentuale Anteil abgelesen werden. Über Boxplots können die Verteilungen der oben genannten Kenngrößen grafisch dargestellt werden. Darüber hinaus lässt sich mithilfe eines Boxplots visuell leicht erfassen, in welchem Wertebereich die Daten liegen und wie sie sich über diesen Bereich verteilen.

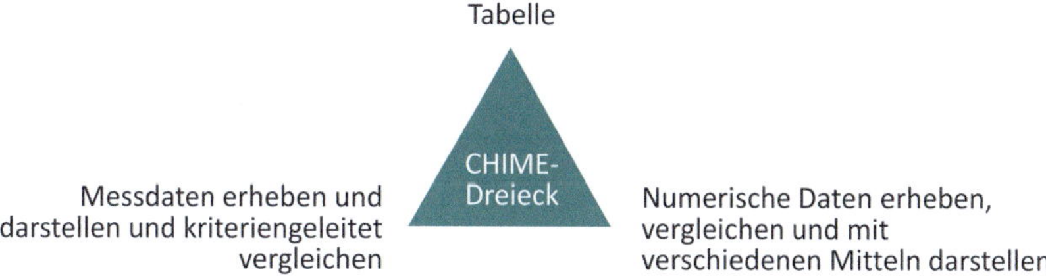

Abb. 7.34 CHIME-Dreieck zum Beispiel *Daten präsentieren – Möglichkeiten statistischer Darstellungen*

7.4.1.6 Andere Fächer

Klassenleiterunterricht

Die Erfassung statistischer Daten kann in der Orientierungsstufe besonders gut auch in den Klassenleiterunterricht integriert werden. Soziale Aspekte der neuen Klassengemeinschaft, das Lernen lernen und organisatorische Elemente stehen hier im Vordergrund, wobei sich häufig Anknüpfungspunkte zum Problemlösen ergeben. Vom Erstellen eines Sitzplanes über die Planung einer Exkursion bis hin zur Analyse des eigenen Tagesablaufs mit Lern- und Ruhephasen sind hier unzählige Felder denkbar, in denen heuristische Techniken ausgesprochen alltagsbezogen und schülerrelevant umgesetzt werden könnten.

Sprachfächer

In sämtlichen Sprachfächern, aber insbesondere in den Fremdsprachen, stellt die Kategorie- und Begriffsbildung einen wichtigen Teil des Unterrichts dar. Vokabeln werden nach Wortarten systematisiert, Funktionen im Satz müssen erfasst, definiert und produktiv zum Einsatz gebracht werden. Die Einsatzmöglichkeiten von Strukturierungshilfen sind hier zahlreich, und ihre Einführung gerade im beginnenden Fremdsprachenunterricht von großer Wichtigkeit. Darüber hinaus lassen sich zur Zeitleiste (Abschn. 7.4.1.1) Bezüge herstellen, wenn es um die Funktion verschiedener Zeitformen geht.

7.4.2 Heuristische Technik: De- und Rekonstruktion

Anknüpfungspunkte für Einführung und Wiederaufgriff der *De- und Rekonstruktion* finden sich an vielen Stellen und in unterschiedlichsten unterrichtlichen Zusammenhängen. Die Idee einer Dekonstruktion, also einer immer wieder unterschiedlich gearteten Zerlegung eines Problems, einer Aufgabe oder eines konkreten „Gegenstands" mit dem Ziel der besseren Fassbarkeit und Bearbeitbarkeit gehört wohl zu den heuristischen Techniken mit dem größten (propädeutischen) Potenzial im Rahmen von CHIME in der Orientierungsstufe.

7.4.2.1 Gesellschaftslehre

Die ägyptische (aber prinzipiell auch jede andere frühe) Hochkultur bietet vielfältigste Möglichkeiten, in Verbindung mit der Technik der *De- und Rekonstruktion* konkrete Sachprobleme eigenständig erforschen und lösen zu lassen. Es sind insbesondere die sehr eindrucksvollen architektonischen Hinterlassenschaften, die Anlässe zum geometrischen Arbeiten bieten.

Das Alte Ägypten – geometrische Körper und Rauminhalte

In den Steinbrüchen des Alten Ägypten finden sich einfache geometrische Körper, insbesondere Sandsteinquader, die geometrisch aufgearbeitet werden können, um in der Folge – im wahrsten Sinne des Wortes – als Grundbausteine für weiterführende Untersuchungen und Fragestellungen zu dienen. Eingebettet in die Frage „Wie schwer waren die Steinblöcke (für die Cheops-Pyramide, den Edfu-Tempel usw.)?“ kann in einem thematischen Feld der Rauminhalt gemeinsam mit der Idee der Dichte und der aus beiden Produkten resultierenden Masse mit ihren Einheiten heuristisch zusammenhängend erarbeitet und erfasst werden.

Gerade in Auseinandersetzung mit den verschiedenen Baustrukturen sind dabei zahllose arbeitsteilige Forschungsaufgaben denkbar, die physikalische Aspekte (z. B. Dichte) ebenso in den Fokus nehmen können wie bautechnische (wenn beispielsweise der Grabbau im Tal der Könige aufgegriffen wird, wo Bauvolumina nicht errichtet, sondern aus bestehendem Gestein entfernt werden mussten). Durch geschickte gewählte Progression kann so die Idee einer zunächst willkürlichen (Raum-)Maßeinheit hin zu vereinheitlichten (Raum-)Maßeinheiten an unterschiedlichen Untersuchungsobjekten entwickelt werden. Bei diesem absolut grundlegenden Gedanken der verschiedenen Raummaßeinheiten spielt das De- und Rekonstruieren in einfachster Form bereits eine tragende Rolle:

Sachinformation für eine Forscheraufgabe

Die Cheops-Pyramide ist die größte der ägyptischen Pyramiden. Sie hatte ursprünglich eine Höhe von rund 147 m und eine Grundfläche von 230,4 m × 230,4 m. Insgesamt wurden 2,3 Mio. Steinblöcke verbaut. Die sichtbaren Steinblöcke sind quaderförmig mit einer Länge von 1 m und einem durchschnittlichen Gewicht von 2,5 t je Block. Das ursprüngliche Gesamtvolumen ohne Abzug der Hohlräume betrug 2,58 Mio. m^3 und nach Abzug aller bekannten Hohlräume 2,5 Mio. m^3. ◄

Auf Grundlage dieser in Textform gegebenen Sachinformationen können viele Fragestellungen und die Technik der *De- und Rekonstruktion* explizit entwickelt werden (Abb. 7.35).

Abb. 7.35 CHIME-Dreieck zum Beispiel *Das Alte Ägypten – geometrische Körper und Rauminhalte*

Historische Maßeinheiten – vergleichen und umrechnen

Für einen vertieften und verständigen Aufbau von Orientierungswissen ebenso wie geometrischen Kernkompetenzen eignen sich auch historische Maßeinheiten (Abb. 7.36). Die Willkür von Konventionen wird den Schülern bewusst gemacht, und über den (praktischen, grafischen und symbolisch-numerischen) Vergleich von Längen-, Flächen- und Raummaßeinheiten werden Zusammenhänge diachron, aber auch synchron sichtbar. Über eine kritische Untersuchung lassen sich sowohl Gemeinsamkeiten als auch Unterschiede in den Messtechniken herausarbeiten und reflektieren. Die Bedeutung der heute meistgebrauchten Bezeichnungen mit den Präfixen „Quadrat" und „Kubik" tritt klarer hervor, wenn sie in Relation zu sehr alten Flächenmaß- und Raummaßeinheiten gesetzt werden (bereits die Bezeichnungen Ar und Hektar erlauben hier Einsichten in die – durchbrochene – Systematik). Die Technik der *De- und Rekonstruktion* kann eingesetzt werden, um die Zerlegung von Einheiten in kleinere Untereinheiten (maßeinheitimmanent) zu erfassen oder aber um Vergleiche zwischen unterschiedlichen Systemen anzustellen. Hier spielt der Gedanke von Verhältnisbildungen ebenfalls eine Rolle. Außerdem regen insbesondere nichtquadratisch bzw. nichtkubisch angelegte Maßsysteme, wie das ägyptische Streifenflächenmaß bzw. Schichtraummaß (bei denen nicht alle Dimensionen einheitlich sind) weiterführende Überlegungen zu Vorteilen und Nachteilen unterschiedlicher solcher Grundstrukturen an.

Altägyptische Maßeinheiten sind durch Grabungsfunde (Ellenmaßstäbe, Messstricke) sowie aus Abbildungen und in Schriftstücken überliefert. Im Alten Ägypten wurde die Elle als Längenmaß verwendet. Als Standard diente die sogenannte königliche Elle, die vom Ellenbogen bis zur Spitze des Mittelfingers reichte und umgerechnet 52,5 cm lang war.

Die Elle wurde in sieben Handbreiten und diese wiederum in je vier Fingerbreiten unterteilt: Eine Elle entspricht 52,5 cm und ist gleich sieben Handbreiten. Somit entspricht eine Handbreite 7,5 cm beziehungsweise 28 Fingerbreiten. Eine Handbreite entspricht vier Fingerbreiten. Somit misst eine Fingerbreite 1,875 cm. Für die Vermessung längerer Strecken wurden genormte Messstricke von 100 Ellen verwendet.

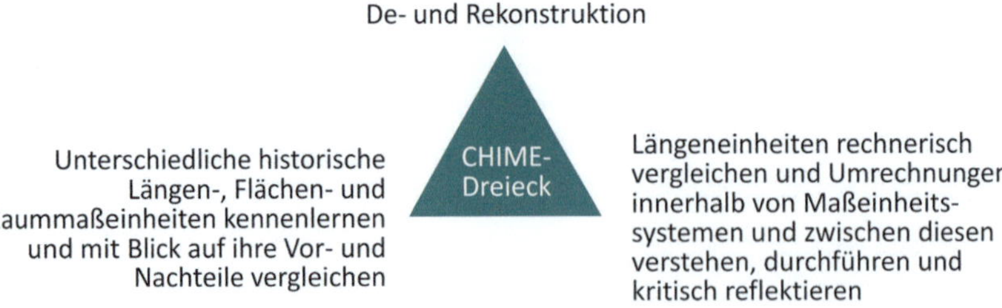

Abb. 7.36 CHIME-Dreieck zum Beispiel *Historische Maßeinheiten – vergleichen und umrechnen*

Mit diesen Angaben können heute gängige Maßeinheiten in die alten ägyptischen Maße umgerechnet werden.

Aufgabe

Gegeben sind jeweils die Höhe (h) und die Breite (b) der Grundfläche zweier Pyramiden.

Rechne diese Werte zunächst in die Maßeinheit der alten Ägypter (Ellen) um:

- Pyramide 1: $h = 123\,\text{m} =$ ______________ Ellen/$b = 189\,\text{m} =$ ________________ Ellen
- Pyramide 2: $h = 117\,\text{m} =$ ______________ Ellen/$b = 220\,\text{m} =$ ________________ Ellen[6]

usw. ◀

Das Alte Ägypten – Pyramidenforschung

Die Lernanlässe, die sich rund um Pyramiden ergeben, sind ausgesprochen vielfältig, so dass in der unterrichtlichen Umsetzung des Themenkomplexes eine Auswahl getroffen werden muss. Die nicht aufgegriffenen Punkte lassen sich an späterer Stelle auch in anderen Kontexten verwirklichen. Die Frage nach dem Volumen der Pyramide (oder der Anzahl der verbauten Steinquader) führt unmittelbar auf die Idee einer Dekonstruktion hin, da den Schülern der Gedanke einer einfachen Pyramidenvolumenformel in der Orientierungsstufe mehrheitlich noch ausgesprochen fremd sein dürfte. Über exemplarische Überlegungen an kleinen Modellen kann diese Dekonstruktion auf interessante Ideen zum systematischen Abzählen bis hin zu figurierten Zahlen führen, um ein Muster in dem lagenweise aufgebauten Pyramidengesamtkörper zu ermitteln. Insbesondere die „fehlenden", also umbauten Hohlräume innerhalb der Pyramide können gezielt dazu genutzt werden, auch den Gedanken der Differenzbildung zwischen Vollkörper und ausgesparten Teilvolumina zu entwickeln (die im Sinne des *Heurismus der Affinität* auf zweidimensionale entsprechende Problemsituationen übertragen werden können; vgl. hierzu obiges Beispiel unter „Das Alte Ägypten – geometrische Körper und Rauminhalte").

Dass sich weitere, nicht primär geometrische Modellierungsfragen nach Nahrungsbedarfen, der Abhängigkeit von Anzahl der Arbeiter und Bauzeiten oder Transportmethoden etc. anschließen lassen, ist offensichtlich und deutet an, wie weit der heuristische Bogen ist, der an einem einzelnen historischen Thema gespannt werden mag.

Ein weiterer Aspekt desselben Themas, bei dem die *De- und Rekonstruktion* als heuristische Technik eingesetzt kann, ist die Mantelfläche der Pyramide – ebenso wie die Frage nach der Form der Grundfläche. Untersuchungen der dreieckigen Einzelflächen führen zu

[6] Angelehnt an die „Unterrichtsmaterialien zur ägyptischen Archäologie" des Deutschen Archäologischen Instituts: https://www.dainst.org/documents/10180/64826/Mathematik+im+alten+%C3%84gypten/. Zugegriffen: 24.10.2020.

verschiedenen Darstellungsmöglichkeiten, leiten auf das Thema Netze über, die als Vereinigung aller Seitenflächen, aber auch Dekonstruktion von Körpern immer wieder eine Rolle bei geometrischen Problemsituationen spielen. Die heuristischen, mathematischen und sachfachlichen Inhalte dieses Moduls sind CHIME-Dreieck Abb. 7.35 zu entnehmen.

Landgrößen vergleichen und messen – Flächeninhalte unregelmäßiger Flächen
In den verschiedensten Kontexten tritt die Frage nach der Größe ungleichmäßiger (also nicht gradlinig-regelmäßig umgrenzter) Flächen in der Gesellschaftslehre auf. Ein Beispiel ist das Römische Reich, das durch Expansion lange Zeit immer weiter an Größe zunahm. Die Arbeit mit historischen Karten erlaubt unmittelbar anschließende Fragen nach der Bedeutung des dort Dargestellten zunächst im direkt vergleichenden Sinne: Wie hat sich die Größe des von den Römern beherrschten Gebiets in der angegebenen Zeitspanne geändert? Von solchen Fragen ausgehend lässt sich über praktische Zerlegungen (als einfachster Ausprägung der Dekonstruktion) der Ausgangsfläche das ungefähre Verhältnis zur späteren Größe des Herrschaftsgebiets ermitteln, ohne dass zunächst Standardflächenmaßeinheiten notwendig sind (Abschn. 6.3.3.3).

Abb. 7.37 gibt einen Eindruck von der Entwicklung des Römischen Reiches von 270 v. Chr. bis zum 3. Jahrhundert n. Chr. Mithilfe der *De- und Rekonstruktion* können die Größe und Ausdehnung des Römischen Reiches im Laufe der Zeit oder auch einzelner Provinzen (nicht in dieser Karte dargestellt) in ihrer Flächenausdehnung bestimmt werden. Neben dem Auslegen mit Einheitsquadraten können die Flächen enaktiv durch Zerlegen und Ergänzen verglichen werden. Je nach Zeitpunkt der Vermittlung kann diese heuristische Verfahrensweise verschränkt mit solchen historisch-geographischen Problemstellungen erarbeitet werden, oder es handelt sich um eine Zusammenführung bereits erworbener Kenntnisse aus anderen Sachkontexten, nämlich Kenntnissen zum Kartenlesen und dem zugrunde liegenden Maßstab und der Annäherung nicht regelmäßiger Flächen durch einbeschriebene geometrische Figuren, die man bereits genauer mathematisch bearbeiten kann. Dies wäre der eigentliche de- und rekonstruktive Anteil (Abb. 7.38). Diese wirkmächtige Idee ist in abstrakter Form auch im *Heurismus der Affinität* enthalten.

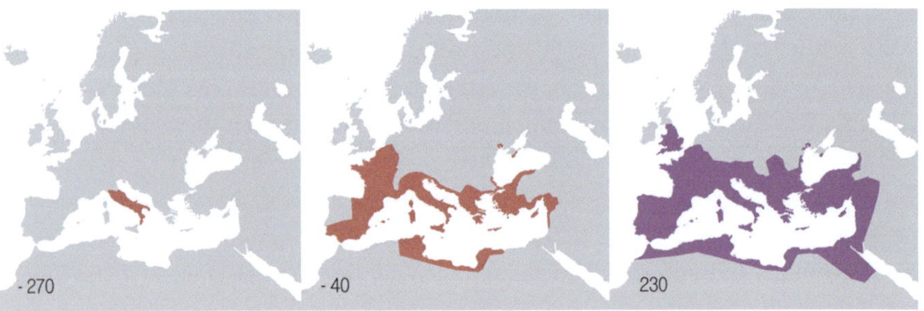

Abb. 7.37 Ungefähre Ausdehnung des Römischen Reiches um 270 v. Chr., 40 v. Chr. und 230 n. Chr

De- und Rekonstruktion

Größenvorstellungen und Orientierungswissen anhand von Kartenmaterial entwickeln, geographische Größen abschätzen, erfassen und vergleichen können

Unregelmäßige Flächen durch geometrische Figuren annähern und so Flächeninhalte näherungsweise ermitteln; maßstäbliche Darstellungen zum direkten wie indirekten Flächenvergleich in sehr großen Skalierungen nutzen

Abb. 7.38 CHIME-Dreieck zum Beispiel *Landgrößen vergleichen und messen – Flächeninhalte unregelmäßiger Flächen*

7.4.2.2 Kunst und Textiles Gestalten

Im Bereich von Kunst und textilem Gestalten spielt die Technik der *De- und Rekonstruktion* fast dauernd eine – wenn auch oftmals subtile – Rolle. Schließlich liegt der analytischen Wahrnehmung aller Objekte die neuropsychologische Fähigkeit zugrunde, Formen voneinander zu trennen, merkmalgeleitet Kategorien zu bilden und so die Realwelt in wiederkehrende, verständliche Teile zu zerlegen. Ohne diese Fähigkeit zur Abstraktion wären visuell weder ästhetische noch überhaupt sinnstiftende Wahrnehmungen möglich.

Bilder lesen – Formen und geometrische Figuren

Schon bei den einfachsten Bildbesprechungen hängt das Gelingen der Kommunikation von geometrischen Grundkenntnissen ab. Bei der Orientierung im Bildraum ebenso wie bei der Beschreibung dargestellter „Objekte" – die letztlich stets nur Farb- oder Strukturflächen sind, die das menschliche Gehirn als Repräsentanten realgegenständlicher visueller Eindrücke interpretiert – muss die Gesamtheit des Bildes also dekonstruiert werden.

Dieser Prozess kann nun im Rahmen des Kunstunterrichts auf verschiedene Arten sichtbar gemacht und mit den zugrunde liegenden geometrischen Begriffen und Definitionen verknüpft werden. Der besondere Reiz für die Schüler liegt in dem immer wieder möglichen Wechsel zwischen Rezeption und Analyse (vorgegebener oder selbst erstellter Bilder) und der aktiven, kreativen Umsetzung neu erlernter oder genau definierter geometrischer Einheiten. Die Problemsituationen können dabei rein zweidimensional beispielsweise das Füllen der Blattfläche nach ganz bestimmten Kriterien umfassen oder die Erzeugung eines dreidimensionalen Effekts. Die Beschäftigung mit Kunst, insbesondere unter Einbezug der bereits genannten Architektur oder plastischer Arbeiten, ermöglicht die heuristische Erschließung sämtlicher im Orientierungsstufenunterricht üblicherweise verankerten geometrischen Figuren und Körper, die im Regelfall erst durch den gerade als heuristische Technik bewusst zu machenden Akt der Dekonstruktion aus ihrem Gesamtzusammenhang herausgelöst werden müssen.

Zur Betonung des rekonstruktiven Aspekts können Bilder auf verschiedene Arten erzeugt werden, am einfachsten in Form eines Mosaiks oder einer Rasterumsetzung, bei der

De- und Rekonstruktion

Zwei- und dreidimensionale Darstellungen und Objekte in ihrem ästhetischen und geometrischen Aufbau erfassen, beschreiben und selbst gestalten

Geometrische Grundbegriffe, Figuren und Körper in der (reduzierten) Welt der Kunst erforschen und kontextuell sicher erwerben

Abb. 7.39 CHIME-Dreieck zum Beispiel *Bilder lesen – Formen und geometrische Figuren*

nicht die Formen (Figuren) die Endwirkung des Bildes bestimmen, sondern deren Farb- bzw. Helligkeitswerte. So tritt die Bedeutung kleiner oder kleinster Teileinheiten zur gezielten, absichtsvollen Herstellung größerer Wahrnehmungseinheiten besonders deutlich hervor (Abb. 7.39).

Patchwork – Materialnutzung planen, Materialmengen bestimmen

An solche Grundkenntnisse lässt sich beispielsweise im Rahmen des textilen Gestaltens anknüpfen. Eine besonders intensive und vertiefende Auseinandersetzung nicht nur mit den Eigenschaften geometrischer Figuren, sondern auch ihrer exakten Konstruktion und nachfolgenden Herstellung aus verschiedenen Materialen ist – eingebettet in das Thema *Patchwork* (sowie analog bei Mosaiken und Intarsien aus Holz im Fach Werken) – möglich (Abb. 7.40). Beim Patchworken spielen auch die *Heurismen des Vorwärts- und Rückwärtsarbeitens* eine große Rolle, auf die jedoch an späterer Stelle eingegangen wird (Abschn. 7.4.6 und 7.4.7).

Die *De- und Rekonstruktion* wird bei Planung und Durchführung eines Patchworkprojekts auf besonders fassbare und umfassende Weise deutlich. Beginnend mit dem Entwurf eines eigenen Designs (meist aus Polygonen), das sehr genau in eine technische Planungszeichnung überführt werden muss, über die auch technisch herausfordernde Übertragung auf das Arbeitsmaterial Stoff bis hin zur Planung der notwendigen Nahtzugaben (Parallelen mit festgelegtem Abstand) und darüber letztlich materialsparende Zuschnittpläne, treffen die Schüler bei der Durchführung eines solchen Projekts auf die unterschiedlichsten Herausforderungen, die sich zu einem heuristisch-mathematischen Modul besonders enger Kohärenz verbinden lassen (Abb. 7.41).

Eine Differenzierung ist hier ausgesprochen gut zu realisieren, da der Schwierigkeitsgrad maßgeblich von den im Muster verwendeten Polygonen (oder auch kurvilinearen Formen) abhängt. Der haptisch-motorische Aspekt spielt, wie häufig im Bereich Kunst und textiles Gestalten, ebenfalls eine wichtige Rolle, was zu einer ganzheitlichen Entwicklung auch des geometrischen bzw. räumlichen Denkvermögens beiträgt.

Abb. 7.40 Beispiele für einfache und komplexere polygonale sowie kurvilineare Patchworkdesigns

Abb. 7.41 CHIME-Dreieck zum Beispiel *Patchwork – Materialnutzung planen, Materialmengen bestimmen*

Architektur – Wohn-/Raumformen

Wie bereits erwähnt sieht der Lehrplan Kunst des Landes Rheinland-Pfalz für die Orientierungsstufe das Thema *Wohn- und Raumformen* vor, worunter auch verschiedene Grundrisse gefasst werden, die es zu vergleichen gilt. Ähnlich wie bei den geographischen Problemstellungen können auch im Fach Kunst und textiles Gestalten mithilfe der *De- und Rekonstruktion* verschiedene Grundrisse ineinander überführt und dadurch die Flächen sowohl direkt als auch indirekt verglichen werden (Abb. 7.42).

Typographie – Buchstaben erfinden

Als letztes Beispiel aus dem Bereich Kunst soll hier ein Blick auf die Typographie und das Erfinden eigener Schriftarten geworfen werden (Abb. 7.43). Druckschrift lässt sich als ein allgegenwärtiges Beispiel (unter anderem) für die Technik der *De- und Rekonstruktion* sehr schülernah und anschaulich in den Mittelpunkt kreativer Problemlöseprozesse rücken, die erneut ästhetische mit technischen und geometrischen Fragestellungen verknüpfen. Die Analyse verschiedener Schriften lässt schnell wiederkehrende Elemente erkennen, insbesondere wenn aus den heute jederzeit millionenfach verfügbaren Computerschriftarten zielgerichtet ausgewählt wird.

Abb. 7.42 CHIME-Dreieck zum Beispiel *Architektur – Wohn-/Raumformen*

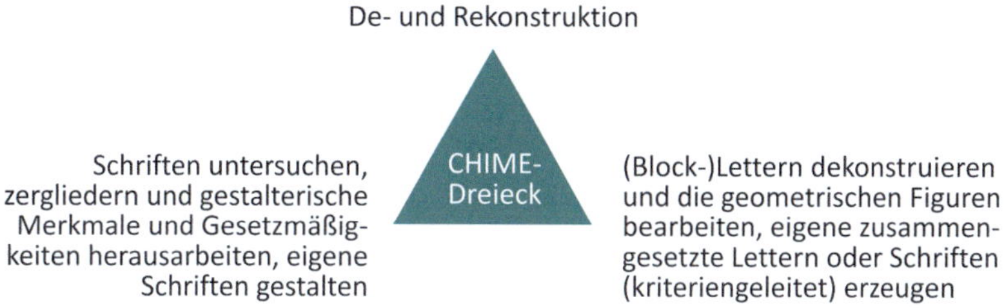

Abb. 7.43 CHIME-Dreieck zum Beispiel *Typographie – Buchstaben erfinden*

Schüler identifizieren die Grundbausteine einzelner Buchstaben und können diese auf geometrische Grundfiguren (insbesondere Rechtecke, Quadrate, Trapez und Parallelogramme) zurückführen, deren jeweilige Eigenschaften in unterschiedlicher Tiefe untersucht werden können. Soll eine eigene durch eine Drucktechniken wie Stempelungen erzeugbare Schriftart entwickelt werden, müssen die gewonnenen Erkenntnisse praktisch konstruktiv und je nach Ausstattung der Schule und Zielsetzung des Unterrichts entweder mit einfachen zeichnerischen Werkzeugen oder gegebenenfalls mit digitalen Geometrieprogrammen rekonstruierend umgesetzt werden.

Typographie bietet darüber hinaus viele Vertiefungsmöglichkeiten, die auch in andere Teilgebiete der Mathematik verweisen, wenn etwa die Laufweite von Buchstaben (die Abstände zwischen unterschiedlichen Buchstaben einer Schriftart ist nicht einheitlich, sondern richten sich nach der Breite der Letter) betrachtet wird.

7.4.2.3 Technik und Werken

Dass die Technik der *De- und Rekonstruktion* in technischen und handwerklichen Zusammenhängen ausgesprochen häufig und in vielfältiger Weise zum Einsatz kommt, liegt auf der Hand. Der Bau komplexer Objekte ist immer wieder Anlass, strategische Entscheidungen zu treffen, die die Gesamtkonstruktion aus möglichst wenigen oder möglichst einfach zu produzierenden Teilen erlauben. Welche Teile einfach herzustellen sind, hängt maßgeblich auch von der technischen Ausstattung ab. Das folgende Beispiel Bienenhotel ist rein exemplarisch als eines von vielen auf dem Niveau der Orientierungsstufe möglichen Bauvorhaben gewählt worden.

Insektenhotel bauen – Materialzurichtung und -bedarfe bestimmen

Das Bienenhotel bietet neben den augenfälligen Bezügen zur *De- und Rekonstruktion* auf planerischer und manueller Ebene auch besondere Möglichkeiten, den Gedanken, dass eine (geometrische) Gesamteinheit auf grundsätzlich verschiedene Weisen, nämlich additiv oder subtraktiv, hergestellt werden kann, zu etablieren. Abb. 7.44 zeigt verschiedene Arten, auf die die Räume für Insekten geeignet gestaltet werden können. Dabei geht es in allen Fällen um die Schaffung von Schlupfen. In den oberen beiden „Etagen“ wurden die-

Abb. 7.44 Beispiel für ein Insektenhotel mit unterschiedlicher Raumgestaltung

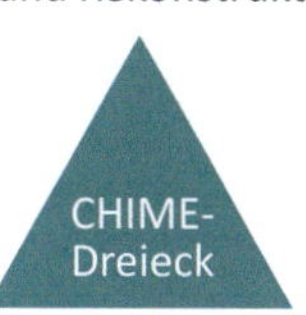

Abb. 7.45 CHIME-Dreieck zum Beispiel *Insektenhotel bauen – Materialzurichtung und -bedarfe bestimmen*

se durch lose arrangierte Voll- und Hohlobjekte erzeugt – in der unteren „Etage" hingegen wurde der Effekt durch das Ausbohren eines massiven Holzblocks erzielt. Hier können unterschiedlichste Untersuchungen anschließen, die sich mit dem den Insekten zur Verfügung gestellten Raum, mit Vor- und Nachteilen hinsichtlich der genauen geometrischen Form und Einheitlichkeit der Schlupflöcher oder mit ökologischen Aspekten und Verhaltensbeobachtungen befassen (die wiederum Verknüpfungen zur Statistik bieten).

Außerdem lässt sich die Technik der *De- und Rekonstruktion* an der Ermittlung erforderlicher Baustoffmengen entwickeln, und zwar auf individuell verschiedene Arten, was zugleich den Blick auf die Flexibilität heuristischer Vorgehensweisen lenkt. Auch lässt sich dies gut mit dem Einsatz einer originalgroßen oder maßstäblich verkleinerten Bauzeichnung verbinden, die der Idee des Zerlegens auf ikonischer Ebene einen konkreten Sinn verleiht, bevor die rechnerische Bestimmung des Materialbedarfs thematisiert wird (Abb. 7.45).

Verpackungen planen – Netze konstruieren

Der Bereich *Technik und Werken* bietet den praktischen Rahmen auch für einen weiteren geometrischen Inhalt, der die *De- und Rekonstruktion* als Handlungsprinzip bzw. heuristische Technik in den Mittelpunkt rücken kann. Bei der Gestaltung attraktiver und ungewöhnlicher Verpackungen werden nicht nur die als Seiten der Schachtel benötigten Teilfiguren wichtig, sondern durch die Dreidimensionalität des Zielprodukts spielt auch die Rekonstruktion eine funktionstragende Rolle. Die Gestaltung einer eigenen Verpackungslösung kann über unterschiedliche Zugänge erfolgen, durch experimentelles Gestalten mit Resten, die nur grob im Prozess der Lösungssuche angepasst werden, über die Verwendung von Modellsoftware oder durch Abwandlung existierender Verpackungen. Bei jeder Herangehensweise werden andere Schwerpunkte gesetzt, die mal den de-, mal den rekonstruierenden Aspekt des zu lösenden Problems betonen und außerdem differenzierend eingesetzt werden können. Letztlich führen die Bemühungen auf eine detaillierte und vor allem exakte Planung in Form einer geometrischen Gesamtkonstruktion (Netz) hin, die sich aus allen benötigten Seitenflächen ergibt (Abb. 7.46).

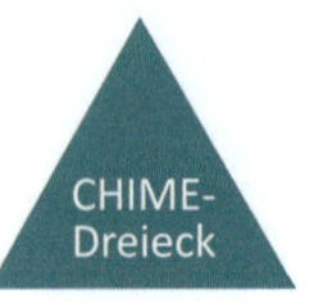

Abb. 7.46 CHIME-Dreieck zum Beispiel *Verpackungen planen – Netze konstruieren*

Im Sinne der kritischen Reflexion der Arbeitsergebnisse ist eine solche Auseinandersetzung mit Verpackungen als besonders selbstevident einzustufen, weil jede Ungenauigkeit oder jeder Fehler in der Planung im Gesamtprodukt unweigerlich erkennbar wird. Da die Materialkosten vergleichsweise gering sind, können solche fehlerhaften Ergebnisse ohne Probleme durch eine neue, verbesserte Arbeit ersetzt werden.

7.4.2.4 Naturwissenschaften

Das Fernglas – Licht lenken
Das Fernglas bietet einen guten Kontext, um die Wirksamkeit geometrischer Modelle im Zusammenspiel mit der *De- und Rekonstruktion* komplexer Systeme auszuleuchten. Die Untersuchung verschiedener Linsenformen kann dann zur experimentellen und anschließenden bzw. begleitenden auch geometrischen Erschließung und Konstruktion eines (einfachen) Fernglases führen (Abb. 7.47). In einigen Lehrwerken sind derartige Bauprojekte enthalten.

Der abstraktere Sinn der heuristischen Technik kommt hier insofern vertiefend ins Spiel, als aus den Erkenntnissen über Einzellinsen eine Gesamtlösung für das Problem

Abb. 7.47 CHIME-Dreieck zum Beispiel *Das Fernglas – Licht lenken*

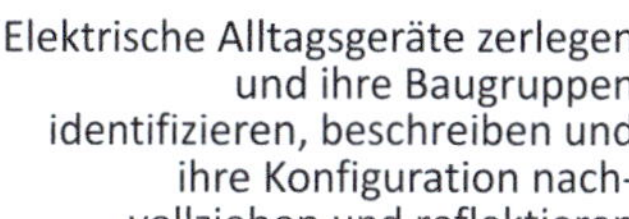

Abb. 7.48 CHIME-Dreieck zum Beispiel *Technische Geräte – Bauteile und geometrische Aspekte*

eines (möglichst kleinräumigen) Vergrößerungsgeräts erarbeitet werden kann und dabei schrittweise die Ergebnisse der Lichtbrechungen in allen beteiligten Linsen als eine einzige Kausalkette betrachtet werden muss – die darüber hinaus auch noch weitere geometrische Gestaltungen erlaubt, die aus dem einst langen, ausziehbaren Fernrohr das kompakte und noch heute gebräuchliche Fernglas machten.

Technische Geräte – Bauteile und geometrische Aspekte
Die Geometrie technischer Bauteile bietet zahlreiche Möglichkeiten, ihre Gestaltung in Abhängigkeit von ihrer Funktion zu untersuchen und zu verstehen (Abb. 7.48). Dass ein Ventilator, eine Pumpe oder Turbine als Rotationsobjekte einen (in einer Ebene) runden Querschnitt besitzen muss, leitet zu Überlegungen über, wie Bauteile und Baugruppen mit ihren technischen Notwendigkeiten sinnvoll angeordnet werden können. Dabei können ästhetische Kriterien entscheiden, technische oder auch praktische Nutzungsüberlegungen. Durch das Zerlegen von Alltagsprodukten kann auf Grundlage der erarbeiteten Einsichten eine Umgestaltung von existierenden Geräten durchgeführt werden. Hier wird der erfinderische ebenso wie der kreativ-künstlerische Teil der Schüler angesprochen.

7.4.2.5 Sport

Im Sportunterricht finden sich erneut zahlreiche Möglichkeiten, die Technik der *De- und Rekonstruktion* zu thematisieren – viele liegen jedoch weniger im Teilgebiet der Geometrie. Beim Strategietraining, also bei der Planung und Optimierung von Spielzügen in praktisch allen Sportarten, geht es in der Regel letztlich darum, zwei- und dreidimensionale Flächen bzw. Räume zu überwinden, um den Ball (oder ein vergleichbares Spielgerät) an eine beabsichtigte Stelle des Spielfeldes zu bewegen. Die Fläche bzw. der Raum wird dabei planmäßig zergliedert. Die Bewegungsabläufe können dann in Abschnitten trainiert und automatisiert werden. Im selben Rahmen können auch viele andere geometrische Fragestellungen betrachtet werden wie die Verteilung der eigenen und der Gegenspieler auf dem Feld bei Einhaltung bestimmter möglicher Schussweiten (Kreisbetrachtungen) oder die Gesamtstrecke, die ein Spieler während eines Durchgangs zurücklegt (Abb. 7.49).

De- und Rekonstruktion

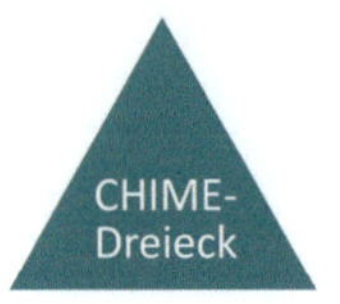

Flächen und Räume in Form von physischer Aktion (ästhetisch, zielorientiert, regelkonform) überwinden und gestalten

Den zwei- und dreidimensionalen Raum physisch erfahren (räumliches Vorstellungsvermögen entwickeln) und in Teilfiguren bzw. Teilräume untergliedern

Abb. 7.49 CHIME-Dreieck zur heuristischen Technik der De- und Rekonstruktion im Sportunterricht

Gerade auch im (durchaus verwandten) Bereich der Choreographie spielen Planung und Rhythmisierung von Bewegungen durch sich wiederholende Elemente eine große Rolle. Auch diese führen auf die Technik der *De- und Rekonstruktion* hin und können besonders anschaulich in Verbindung mit *grafischen Repräsentationsformen* erarbeitet und vermittelt werden.

Doch auch in zahllosen einfacheren Situationen im Sportunterricht kann diese heuristische Technik in Form von Flächenaufteilungen und -manipulationen zur Anwendung kommen. Ein Handballfeld mit den internationalen Standardmaßen misst genau 40 m auf 20 m. In den meisten Vereins- und Schulsporthallen sind die Felder jedoch bis zu 2 m schmaler und 3 m kürzer. Mithilfe einer Skizze kann die Größe des regulären Spielfeldes bestimmt und durch einfache De- und Rekonstruktion die kleinere Spielfeldvariante erzeugt werden. Dabei treten unmittelbar diskussionsanregende Fragestellungen auf:

Müssen alle Maße verkleinert werden, um sie auf die kleinere Halle anzupassen (in diesem Falle ginge es primär um eine maßstäbliche Verkleinerung)? Oder sollten einige Abstände erhalten bleiben, wie etwa die 7-m-Linie, da auch die Größe des Tores gleich bleibt? Wenn ja, welche möglichen Konsequenzen ergeben sich daraus für das Spiel?

7.4.3 Heurismen der Analyse und Adaption: Heurismus der Affinität

Unter dem *Heurismus der Affinität* sollen Vorgehensweisen verstanden werden, bei denen die Suche nach ähnlichen, bereits gelösten Problemen im Mittelpunkt steht. Die Affinität kann sich dabei auf die Vorgehensweise, die Darstellungsform, die Fragestellung oder andere strukturelle Merkmale einer Aufgabe beziehen (vgl. hierzu ausführlich Abschn. 5.3.2.1). Mit Blick auf die Orientierungsstufe besteht die Hauptaufgabe einer heuristischen Grundlagenbildung darin, den Schülern das Konzept einer solchen analytischen (und in der Folge adaptierenden) Herangehensweise nahezubringen und ins Bewusstsein zu rücken, also durch gezielte Reflexion als Strategie erkennbar und nutzbar zu machen.

7.4.3.1 Gesellschaftslehre

Im Fach Gesellschaftslehre kann der *Heurismus der Affinität* in den unterschiedlichsten Zusammenhängen eingeführt und thematisiert werden. Dabei stehen oft mathematische, wenn auch nicht unbedingt geometrische Aspekte im Mittelpunkt.

Befragungen zu verschiedenen Themen – statistische Daten erheben und darstellen

Der Rahmenlehrplan Gesellschaftslehre Rheinland-Pfalz sieht für die Orientierungsstufe in verschiedenen Themenbereichen vor, dass die Schüler Umfragen durchführen. Diese reichen von der Zeitzeugenbefragung über Interviews mit Kommunalpolitikern, Expertenbefragungen im Reisebüro, bei Kinderhilfswerken oder dem Jugendamt bis zur Befragung von Umweltexperten. Dieses Themenfeld bietet reichlich Raum zur Auseinandersetzung mit ganz grundsätzlichen Fragestellungen statistischen Arbeitens (Abb. 7.50).

Die Schüler müssen sich zunächst darüber verständigen, wer mit welchem Ziel befragt werden soll. Des Weiteren müssen der Ablauf und der zeitliche Rahmen festgelegt, die Fragen in eine sinnvolle Reihenfolge gebracht und die Art der Fragestellung (offen oder geschlossen) festgelegt werden. Auch muss entschieden werden, in welcher Form geschlossene Fragen formuliert werden (Tabellen, Matrizen, Skala) und wie der Fragebogen ausgewertet und die Ergebnisse dargestellt werden sollen. In diesem Gesamtzusammenhang kann der *Heurismus der Affinität* mit dem Fokus auf die Vorgehensweise thematisiert werden, indem die Planung, Organisation und Durchführung von bereits durchgeführten Befragungen auf künftige übertragen, kritisch reflektiert und gegebenenfalls modifiziert werden. Der geometrische Aspekt spielt in diesem Zusammenhang sicher nicht die größte Rolle, kann jedoch über die grafische Darstellung bzw. über die anschaulich vergleichende Auswertung erhobener Daten eingebunden werden.

Orte finden, Wege aufzeichnen, Werte vergleichen – Koordinaten universell anwenden

Ein besonders fruchtbares Themenfeld, das in den Gesellschaftswissenschaften immer wieder eine zentrale Rolle spielt, sind zunächst maßstäbliche Darstellungen in unter-

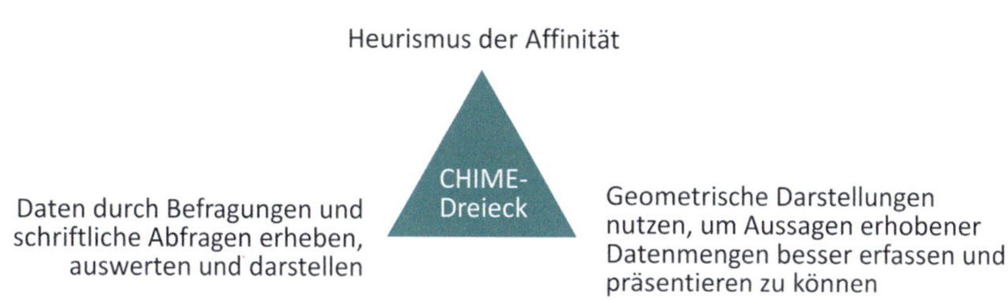

Abb. 7.50 CHIME-Dreieck zum Beispiel *Befragungen zu verschiedenen Themen – statistische Daten erheben und darstellen*

schiedlichsten Zusammenhängen (Abschn. 7.4.1.1). Daran anschließend und erweiternd lässt sich aber auch der Einsatz von (kartesischen) Koordinaten erkunden und bei der Bearbeitung verschiedener Problemsituationen oder Fragestellungen einsetzen, wobei der *Heurismus der Affinität* herausgearbeitet werden kann.

Koordinatendarstellungen werden bei der Kartenarbeit eingesetzt. Es können Land- und Seewegsrouten durch Koordinatenketten eindeutig festgelegt und auf dieser Grundlage weitere mathematische Behandlungen durchgeführt werden, um beispielsweise die Länge der Gesamtstrecke rechnerisch zu ermitteln. Bei einem Rundkurs kann außerdem auf die Betrachtung als Polygon und damit zu abstrahierenden Überlegungen übergeleitet werden. Eine Schatzsuche kann als Kombination aus Himmelsrichtungsangaben (Winkelmaßen) und Entfernungen präsentiert und durchlaufen werden, um dann durch Überführung in die Koordinatenschreibweise vergleichbar und verifizierbar gemacht zu werden.

Koordinaten können außerdem zur simultanen Erfassung und Darstellung mehrerer Kategorien genutzt werden, wie dies bei (zwei- oder dreidimensionalen) Datenclustern der Fall ist. In einer direkten Abwandlung können Netzdiagramme zur verknüpfenden Darstellung zahlreicher (mindestens jedoch dreier) numerisch erfassbarer, gleichwertiger Kategorien genutzt werden (Abb. 7.51). Bei diesen Diagrammen tritt der visuell gestützte Interpretationsvorteil besonders klar hervor, denn Unterschiede können nicht nur schnell erfasst, sondern auch quantifiziert werden, indem der eingeschlossene Flächeninhalt betrachtet wird. Das CHIME-Dreieck Abb. 7.52 zeigt auf, welche heuristischen, mathematischen und sachfachlichen Inhalte sich in diesem Zusammenhang erwerben lassen.

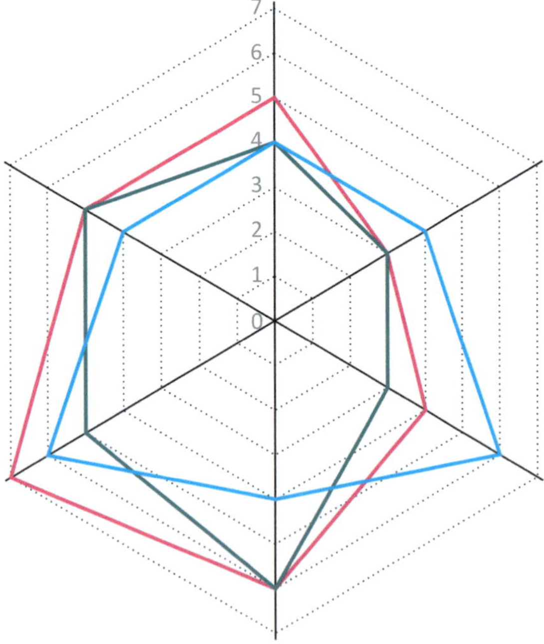

Abb. 7.51 Beispiel für ein Netzdiagramm mit sechs Kategorieachsen

Heurismus der Affinität

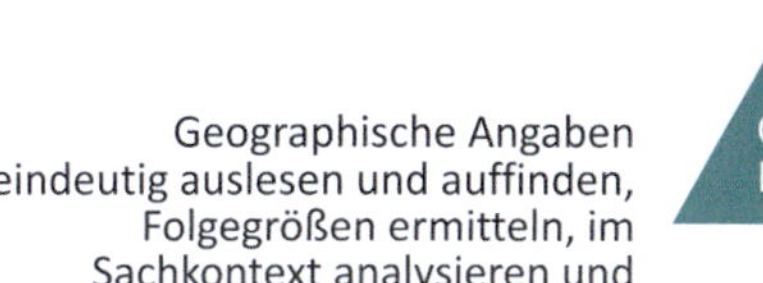

Punkte und darüber definierte geometrische Objekte aus Daten erzeugen, untersuchen und systematisch zur Problemlösung nutzen

Abb. 7.52 CHIME-Dreieck zum Beispiel *Orte finden, Wege aufzeichnen, Werte vergleichen – Koordinaten universell anwenden*

Vergleichende Kulturwissenschaft – Verfahren wiederverwenden und übertragen
Mit fortschreitenden historischen und geographischen Kenntnissen bieten sich vermehrt Möglichkeiten zur bewussten Wiedernutzung und Anpassung bereits zielführend eingesetzter Methoden, Techniken und Verfahren. In den unterschiedlichsten Kulturkreisen stellen sich immer wieder ähnliche Fragen, erlauben solche gleichen Fragestellungen doch erst den komparativen Blick auf verschiedene Kulturen, ob diese nun zeitlich oder räumlich voneinander getrennt sind.

Ein Beispiel für eine solche Problemstellung, die sich (zunächst) geometrisch lösen lässt, könnte die Ermittlung der Besiedlungsdichte zu verschiedenen Zeiten in demselben Gebiet oder zur selben Zeit in verschiedenen Teilen der Erde sein. Um solche diachronen

Abb. 7.53 Beispiel für eine durch Rasternutzung gut abschätzbare Menge von Gegenständen

Abb. 7.54 CHIME-Dreieck zum Beispiel *Vergleichende Kulturwissenschaft – Verfahren wiederverwenden und übertragen*

oder synchronen Vergleiche durchzuführen, könnten die Schüler beispielsweise flächenbezogene Abzählverfahren, wie sie oft zur Abschätzung schwer erfassbarer Mengen benutzt werden, erinnern und auf das vorliegende Problem übertragen (Abb. 7.53). Der Dichtebegriff wird durch diese Technik anschaulich begreifbar und zugleich auf eine geometrische Bezugsgröße (zwei oder dreidimensional) hin geprägt.

Das CHIME-Dreieck Abb. 7.54 fasst die heuristischen, mathematischen und sachfachlichen Inhalte zusammen, die sich in diesem Zusammenhang erwerben lassen.

Vergleichende Kulturwissenschaft – komplexe Zusammenhänge betrachten

In eine ähnliche Richtung weisen Betrachtungen zum Bodenertrag (bezogen auf bestimmte Flächeninhaltsmaße) und daraus abgeleitete weitere Fragestellungen nach der benötigten landwirtschaftlichen Fläche, um beispielsweise ein jungsteinzeitliches Dorf zu versorgen. Hier lassen sich geometrische Problemlösungen durch Affinitätsbetrachtungen unmittelbar mit grafischen Repräsentationsformen vernetzt einsetzen und vertiefen (Abb. 7.55). Bleibt man bei dem Beispiel der Nahrungsversorgung eines neolithischen Dorfes, können ebenso die individuellen Bedarfe in die Untersuchung mit einbezogen

Abb. 7.55 CHIME-Dreieck zum Beispiel *Vergleichende Kulturwissenschaft – komplexe Zusammenhänge betrachten*

und schließlich alle ermittelten Ergebnisse einer (diachronen) historischen Betrachtung ihrer Veränderung unterzogen werden: Neben den Gesamtbedarfen (in Abhängigkeit von der Einwohneranzahl) ändert sich auch die Energiedichteausbeute bezogen auf die landwirtschaftlichen Flächen (durch Zucht verbesserter Nutzpflanzen und technische Bodenbearbeitung usw.). Diese Veränderungen können bei präziser und an den Horizont der Lerner angepasster Auswahl der Kategorien nahtlos zur Leitidee des funktionalen Zusammenhangs überleiten, wenn etwa Dorfgröße und Gesamtverbrauch zueinander in Beziehung gesetzt werden.

7.4.3.2 Kunst und Textiles Gestalten

Das Fach Kunst und Textiles Gestalten ist für eine Verknüpfung von Affinitätsbetrachtungen mit geometrischen Inhalten besonders geeignet, da hier – wie oben bereits erläutert – die Geometrie fundamental vertreten ist, außerdem aber auch der Affinitätsgedanke ein zentraler Gedanke künstlerischen Schaffens ist. Über weite Teile der Kunstgeschichte war die Umsetzung der realen Welt (aus der spezifischen Sicht des Künstlers) in eine affine Raum-/Farbrepräsentation auf Holz, Leinwand und andere Materialien (bzw. plastisch) Hauptanliegen der Künstler: nicht das quasi-fotorealistische Abbild, sondern eine klar und oft nach epochen- und kulturspezifischen Regeln gestaltete „Anspielung" auf die Realität, die von den zeitgenössischen Betrachtern ohne großen Übersetzungsaufwand verstanden wurde.

Die Geometrie mit ihren mathematischen Bezügen spielt gerade auch in der modernen (mehr noch als in der postmodernen) Malerei, auf der hier das Hauptaugenmerk liegen soll, eine große Rolle. Beginnend mit dem späteren 19. Jahrhundert nahmen Kunststile zu, die den ursprünglichen Affinitätsbezug zur Realität mehr und mehr verloren bzw. sich bewusst von diesem lösten und stattdessen künstlerischen Ausdruck in Form und Farbe selbst suchten. Vom geometrischen Standpunkt aus betrachtet, traten damit an die Stelle beispielsweise der korrekten Perspektive Fragen nach den Möglichkeiten abstrakter Flächengestaltungen. Hier schließen sich nun zahlreiche Möglichkeiten nicht nur für den Einsatz des *Heurismus der Affinität*, sondern auch der Strukturnutzung (Abschn. 7.4.4.2) an.

Kandinsky – Strukturierung abstrakter Malerei

Ein sehr früh im Unterricht einsetzbares, abstraktes Kunstwerk ist Kandinskys *Farbstudie – Quadrate mit konzentrischen Ringen* aus dem Jahr 1913 (Abb. 7.56). Es bietet sehr gute Möglichkeiten, mathematische Bezüge in der Kunst aufzudecken und zu untersuchen. Ausgehend vom Titel werden zunächst die grundlegenden Begriffe „Quadrat" und „konzentrisch" geklärt und die Begriffe „Ring" und „Kreis" korreliert. Bei der näheren Betrachtung wird den Schülern schnell auffallen, dass die künstlerische Darstellung jedoch ungenau ist und es sich im mathematischen Sinne weder um „echte" Kreise (Ringe) noch Quadrate handelt. Das Verhältnis von Konstruktion zu Freihandzeichnung (Skizze) kann herausgearbeitet und auch mathematisch durchleuchtet werden.

Abb. 7.56 *Farbstudie – Quadrate mit konzentrischen Ringen* von Vassily Kandinsky, 1913

In der aktiven Auseinandersetzung durch eine mehr oder weniger eng geführte eigene Umsetzung geometrischer Figuren als künstlerische Gestaltungselemente können Freihandzeichnungen erprobt und geübt werden. Natürlich lassen sich auch über die Formen hinausgehende Untersuchungen anstellen, die sich auf die Farbgebung und die Verteilung ähnlicher Farben über die Gesamtfläche des Bildes hinweg beziehen – auch hier spielen potenziell geometrische Aspekte eine Rolle (Abb. 7.57). Im Unterrichtszusammenhang lassen sich bei Diskussionen in der Gruppe sämtliche prozessbezogenen Kompetenzen ausgezeichnet integrieren.

Das Kunstwerk bietet außerdem einen geeigneten Anlass, um über das Wesen der Geometrie und ihrer Objekte zu sprechen. Denn obwohl es sich hier ganz klar nicht um „echte" Kreise oder Quadrate handelt, wird kaum ein Schüler sich weigern, die Bezeichnung zu akzeptieren. Wie kommt es also, dass wir solche ungenauen Darstellungen – gleichsam Abkürzungen in der Schriftsprache – trotzdem problemlos als Repräsentanten geometrischer Figuren erkennen? Hier lässt sich ein weitreichender Diskurs anschließen, in welchen Fällen die genaue Konstruktion von Figuren notwendig ist und wann „Kürzel",

Abb. 7.57 CHIME-Dreieck zum Beispiel *Kandinsky – Strukturierung abstrakter Malerei*

also freihändige Skizzen, verwendet werden können oder vielleicht sogar sollten. Gerade in problemlösenden Fragestellungen und problemorientierten Kontexten spielt auch die Effizienz beim Auffinden einer Lösungsstrategie eine große Rolle. Und wo eine Freihandskizze auf die richtige Spur führt, kann sie einer aufwendig ausgeführten Konstruktion ohne Vorteil für das heuristische Kernanliegen überlegen sein.

Epochenanalyse – Entwicklung der Formensprache
Wie in der Einleitung bereits angedeutet weisen Kunststile definierende Merkmale auf, die eine Zuordnung von Kunstwerken erlauben. Stile werden meist durch einen Künstler oder eine kontemporäre Gruppe von Künstlern geprägt und verändern sich dann in unterschiedlicher Geschwindigkeit – manche werden innerhalb weniger Jahre oder Jahrzehnte von den Begründern selbst weiterentwickelt, andere existieren weit über die Lebensspanne des prägenden Künstlers, oder der Künstler, hinaus, weil sie von anderen aufgegriffen und fortgeführt werden. Die Affinität, die zwischen Kunstwerken eines Stils und damit einer Epoche besteht, erlaubt es der Kunstgeschichte, aus den Merkmalen von unbekannten Kunstwerken Rückschlüsse auf deren Entstehungszeit und Authentizität zu ziehen. Als Beispiel werden in Abb. 7.58 bis 7.59 jeweils Frauendarstellungen unterschiedlicher Zeitepochen gezeigt.

Eine Analyse offenbart schnell Gemeinsamkeiten, aber auch Unterschiede, die sich unter anderem geometrisch beschreiben lassen. Unterschiede in der Verwendung von Grundelementen wie Linien und Flächen lassen sich hier ebenso nachvollziehen wie die Modellierung oder Nichtmodellierung von Volumina und die unterschiedlichen hierzu eingesetzten Techniken. Dass sich gleichzeitig auch historisch-vergleichende Fragestellungen zur Lebensweise, Mode und zum Rollenverständnis anschließen lassen, wird schon aus den vier hier gewählten Beispielen ersichtlich.

Abb. 7.58 *Links* Frauendarstellung aus Gönnersdorf (geritzt in Schiefer), ca. 13000–9500 v. Chr. *rechts* Ägyptische Frauendarstellung aus dem Grab des Thot (Ausschnitt), Theben, ca. 1450–1420 v. Chr

Abb. 7.59 *Links* Attische rotfigurige Vase, ca. 400 v. Chr. *Rechts* Blatt aus dem Codex Manesse (Cod. Pal. germ. 848, fol. 217r), ca. 1305–1315 n. Chr

Abb. 7.60 *Links* Stichbandkeramik-Ornament, ca. 4000 v. Chr. *Rechts* Beispiele ägyptischer Ornamente

Noch deutlicher und für einige Schüler möglicherweise einfacher zugänglich sind Beispiele aus der einfachen Ornamentik, die mit weniger komplexen Beschreibungen zu erfassen sind. Abb. 7.60 bis 7.61 zeigen Beispiele von der Jungsteinzeit bis ins Hochmittelalter.

Diese Reihe ließe sich noch beliebig weit fortsetzen und geographisch erweitern, doch schon dieser knappe Überblick vermittelt einen Eindruck von der Fülle an geometrischen Untersuchungen und kreativen Auseinandersetzungen, die mit dem Material möglich sind. Der Vergleich solcher Muster führt auf Affinitäten in ihrer Erzeugung hin (Abb. 7.62). Die

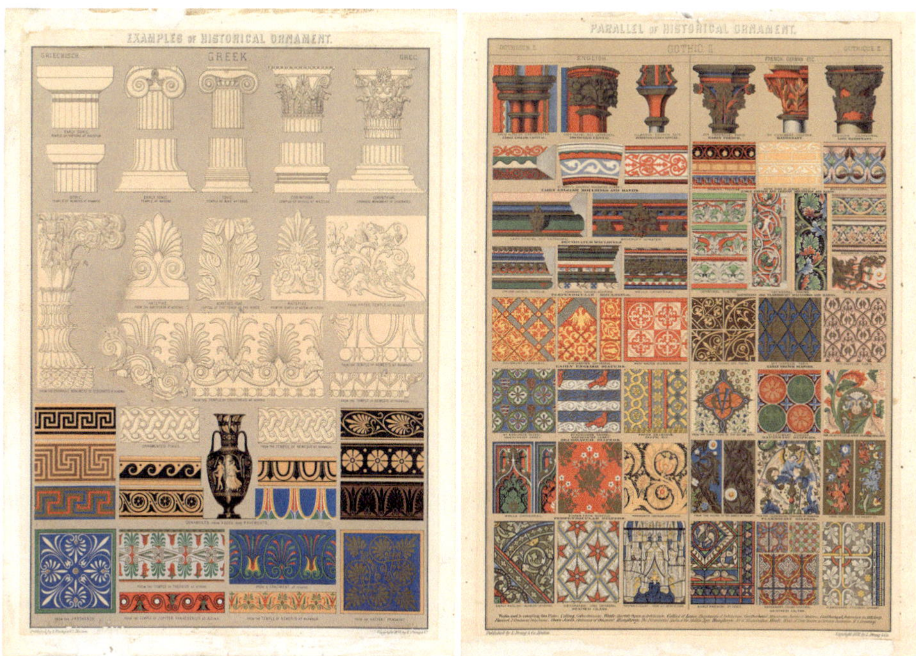

Abb. 7.61 *Links* Beispiele griechischer Ornamente. *Rechts* Beispiele gotischer Ornamente

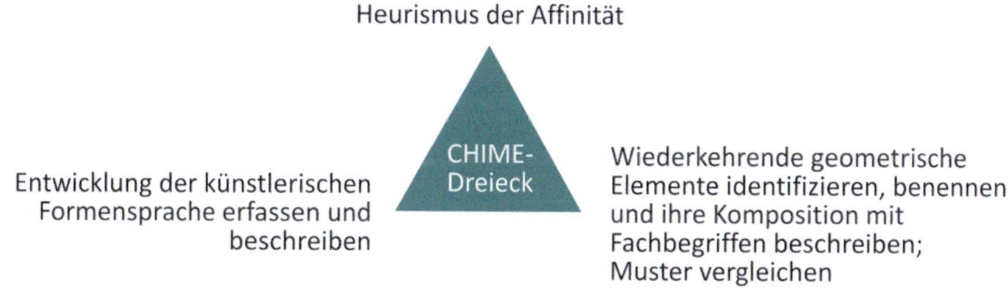

Abb. 7.62 CHIME-Dreieck zum Beispiel *Epochenanalyse – Entwicklung der Formensprache*

Problemstellung einer Rekonstruktion der Erzeugung von mitunter sehr komplexer Ornamentik ist darüber hinaus reizvoll und verweist auf den *Heurismus des Rückwärtsarbeitens* (Abschn. 5.3.3.3).

7.4.3.3 Naturwissenschaften

Der *Heurismus der Affinität*, bei dem die Suche nach ähnlichen, bereits gelösten Problemen im Mittelpunkt steht, kann auch im naturwissenschaftlichen Unterricht vielfach eingesetzt werden.

Natur inspiriert Technik – Bionik

Die Bionik, die sich mit dem Übertragen von Phänomenen der Natur auf die Technik befasst, weist viele Anknüpfungspunkte zum *Heurismus der Affinität* auf, wie sich unmittelbar aus der Definition dieser Disziplin ergibt:

> Bionik als Wissenschaftsdisziplin befasst sich systematisch mit der technischen Umsetzung und Anwendung von Konstruktionen, Verfahren und Entwicklungsprinzipien biologischer Systeme. Dazu gehören auch Aspekte des Zusammenwirkens belebter und unbelebter Teile und Systeme sowie die wirtschaftlich-technische Anwendung biologischer Organisationskriterien (Nachtigall 2013, S. 3).

So bilden beispielsweise Entenfüße und Schwimmflossen ein Analogiepaar. Beide eignen sich aufgrund ihrer großen Wasserverdrängung zum Schwimmen und erfüllen vergleichbare Funktionen. Der Rahmenlehrplan knüpft an diese Idee an, wenn dort steht, dass die Schüler in Verbindung mit dem Themenfeld *Bewegung zu Wasser, zu Lande und in der Luft* „Analogien (z. B. Fisch – U-Boot, Treibstoff – Nährstoff, Modell – Realität, …) in geeigneter Weise" darstellen (z. B. durch vergleichende Tabellen) (MBWJK 2010, S. 25). So wird „die Energie der Nährstoffe und Treibstoffe […] in Bewegungsenergie und Wärme umgewandelt. Der Energieinhalt von Stoffen kann z. B. in Form des Brennwerts angegeben werden" (MBWJK 2010, S. 27).

Sehr aktuelle Beispiele, die Schülern das Potenzial von naturwissenschaftlichen Erkenntnissen für technische Neuentwicklungen vor Augen führen, sind neue Haftmaterialien, die nicht mittels Klebstoffen, sondern nach dem Vorbild kletterfähiger Insekten, Spinnen und Reptilien mit Kontakthärchen an unterschiedlichen Untergründen haften. Für die geometrische Anbindung noch interessanter ist die Nutzung von biologischen „Konstruktionsplänen" wie Ast- und Wurzelstrukturen oder des skelettalen Knochenaufbaus bei ingenieurstechnischen Problemstellungen wie leichten Bauformen, optimaler Materialnutzung und Belastbarkeit. Ebenfalls unmittelbar aus geometrischer Perspektive lassen sich Untersuchungen aus dem Bereich der Aero- und Hydrodynamik betrachten, die durch die Beobachtung an Tieren die Bauformen von Schiffen, Flugzeugen oder Automobilen optimieren helfen. Ein sehr bekanntes Beispiel aus dem Bereich der Hydrodynamik ist die

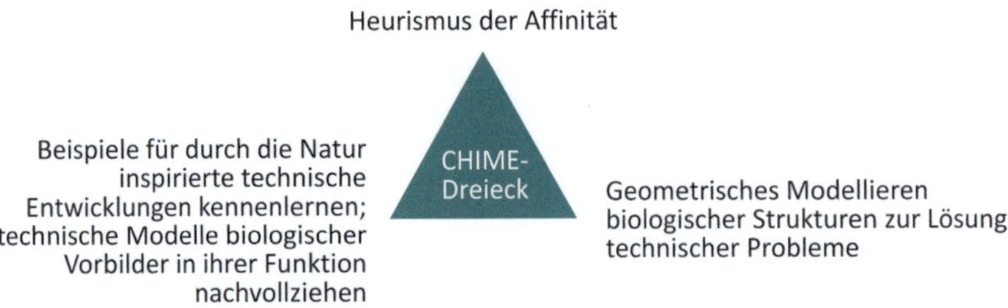

Abb. 7.63 CHIME-Dreieck zum Beispiel *Natur inspiriert Technik – Bionik*

seit einigen Jahren im Schwimmsport eingesetzte Oberfläche, die der Haifischhaut nachgebildet wurde und den Wasserwiderstand mindert. Dieselbe Technik wird heute auch an Schiffen und Flugzeugen verwendet (Abb. 7.63).

Analogiepaare – *form follows function*

Beim Thema *Körper und Gesundheit* lernen die Schüler den menschlichen Körper und seine Funktionen kennen, und in einem weiteren Themenbereich erfahren sie etwas über verschiedene Tierarten und deren Lebensräume. Darüber hinaus wird in Zusammenhang mit dem Themenbereich *Pflanzen – Tiere – Lebensräume* unter anderem „der Entwicklungsprozess vom Wildtier zum Haustier nachvollzogen (z. B. vom Wolf zum Hund)" (MBWJK 2010, S. 31). Um diesen Prozess zu beschreiben, kann der *Heurismus der Affinität* (in Kombination mit der heuristischen Technik *Anfertigen einer Tabelle*) herangezogen werden, durch den sich Analogien wie auch Unterschiede bezüglich Anatomie, Aussehen und Verhaltensweisen von Wolf und Hund herausarbeiten lassen (Abb. 7.64). Auf diesen Befunden aufbauend lässt sich die Entwicklung vom Wolf zum Haushund skizzieren – was im Übrigen weitere Möglichkeiten zur geometrischen Bearbeitung bietet, da sich die Veränderungen etwa des Knochenbaus diskret vollzogen haben dürften und so die Zwischenschritte von Wolfsanatomie bis zur Anatomie eines Haushundes interpoliert werden können.

Dieser evolutionäre Prozess betrifft gleichermaßen die Primaten. Durch Analogiebetrachtungen zwischen dem menschlichen Körperbau und dem eines Menschenaffen lassen sich sowohl Gemeinsamkeiten als auch Unterschiede detailliert herausarbeiten. Insbesondere lassen sich beispielsweise die folgenden anatomischen Bereiche vergleichen: Wirbelsäule, Brustkorb, Becken, Oberschenkelknochen, Fuß, Arme, Hirnvolumen, Verhältnis von Hirnschädel zu Gesichtsschädel, Hinterhauptsloch, Unterkiefer, Stirn, Kinn, Nasenbein.

Die gesammelten Vergleichsaspekte können unter (funktions-)geometrischer Perspektive untersucht und auch quantifiziert werden. Sie erlauben Rückschlüsse auf die Fähigkeiten, Fertigkeiten sowie auf die Lebensweisen beider Arten und bilden die Grundlage für

Abb. 7.64 CHIME-Dreieck zum Beispiel *Analogiepaare – form follows function*

die evolutionsbiologischen Theorien zur Entstehung des *Homo sapiens* vor etwa 2,5 Mio. Jahren.

7.4.3.4 Sport

Sportarten (wie Handball, Basketball, Rudern, Schwimmen, Radfahren, Tennis, Fußball, Karate, Leichtathletik und Hockey) lassen sich nach verschiedenen Kriterien klassifizieren, die sich zum Beispiel auf den Umfang und das Ziel beziehen können, mit dem der Sport betrieben wird. So werden Berufssport, Hochleistungssport, Leistungssport und Breitensport unterschieden. Auch lassen sich Sportarten nach immanenten Kriterien, also Analogien, gruppieren. Entscheidend können z. B. die Anforderungen (z. B. Kraft, Ausdauer), die notwendigen Sportgerät (z. B. Ball, Schläger), die Anzahl der Spieler oder die Zielsetzung der jeweiligen Sportart sein (Tab. 7.7).

Veränderte Spielfelder – Skalierung und Adaption

Der *Heurismus der Affinität* spielt im Sportunterricht auch eine Rolle, wenn strategische Aufstellungen von einer auf eine andere Sportart übertragen werden sollen. In Abhängigkeit von den spezifischen Anforderungen des jeweiligen Sports müssen Umstellungen

Tab. 7.7 Einteilung und Charakteristik der Sportartengruppen. (Nach Weineck 2010)

Sportart	Anforderung und Zielsetzung	Beispiele
Ausdauersportarten	lange Belastungsdauer kontinuierliche Belastung Ausdauerfähigkeit	Marathon, Triathlon Langstreckenlauf
Kraftsportarten	Maximalkraftentwicklung erhöhte Muskelmasse Schnellkraft, Koordination	Gewichtheben Kraftdreikampf Bodybuilding
Ausdauersportarten mit hohem Krafteinsatz	Kombination von Kraft, Ausdauer kontinuierliche Ausdauer	Kanu Radfahren Skilanglauf
Schnellkraftsportarten	Kombination Kraft, Schnelligkeit Maximalkraft, Kraftausdauer Koordination	Stoßdisziplinen Sprungdisziplinen Kurzstreckenläufe Turnen
Spielsportarten	intervallartige Dauerbelastungen Schnelligkeit, Schnellkraft Koordination	Fußball, Handball Tennis
Kampfsportarten	Schnelligkeit, Schnellkraft Maximalkraft, Ausdauer Beweglichkeit intervallartige Dauerbelastungen	Ringen, Judo Karate Boxen
Nicht klassifizierte Sportarten	wenig ausgeprägtes Profil (Koordination, Motorik)	Bogenschießen Segeln Motorsport Reiten

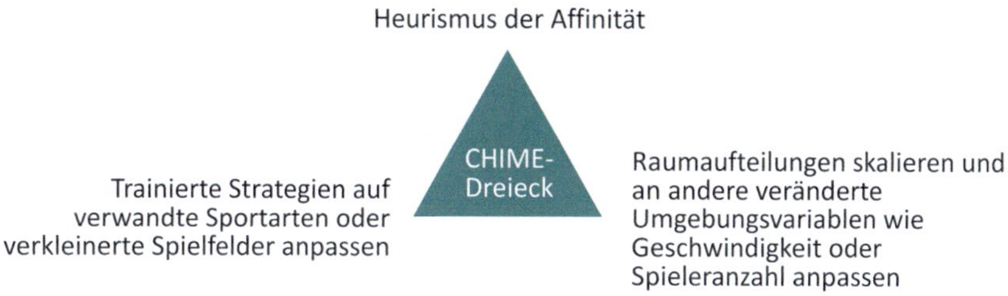

Heurismus der Affinität

CHIME-
Dreieck

Trainierte Strategien auf
verwandte Sportarten oder
verkleinerte Spielfelder anpassen

Raumaufteilungen skalieren und
an andere veränderte
Umgebungsvariablen wie
Geschwindigkeit oder
Spieleranzahl anpassen

Abb. 7.65 CHIME-Dreieck zum Beispiel *Veränderte Spielfelder – Skalierung und Adaption*

oder Anpassungen vorgenommen werden. Auch können veränderte Spieleranzahlen eine Adaption notwendig machen (Abb. 7.65).

Gerade im Schulsport, der in Hallen stattfindet, die nicht immer den Standardmaßen der Sportarten entsprechen, werden außerdem häufig reduzierte Varianten gespielt, von denen sich manche zu eigenständigen Sportarten entwickelt haben, wie etwa Streetball (eine Variante des Basketballs). Hier müssen Aufstellungen überdacht und auf die veränderten Rahmenbedingungen angepasst werden, ohne erwünschte Eigenschaften des Sports in Mitleidenschaft zu ziehen.

7.4.4 Heurismen der Analyse und Adaption: Heurismus der Strukturnutzung

Der *Heurismus der Strukturnutzung* beinhaltet die vorbereitende, auf einer Analyse beruhende Bearbeitung eines Problems, die durch Identifizierung von Mustern und Strukturen oder deren gezielte Generierung den Weg zur Problemlösung öffnen will. Der Heurismus zeigt Überschneidungen mit dem der Affinität, da Strukturnutzungen auch einen Rückbezug auf ein verwandtes Problem beinhalten können. Dennoch liegt der Schwerpunkt bei dieser Art der Vorgehensweise auf problemimmanenten Verbindungen, die den Lösungsweg weisen.

7.4.4.1 Gesellschaftslehre

Der Unterricht in Gesellschaftslehre bietet viele Möglichkeiten, auch den *Heurismus der Strukturnutzung* einzuführen und in unterschiedlichen Kontexten vertiefend aufzugreifen. So können die eigene Klassenstruktur, regionale, gesellschaftliche, wirtschaftliche, demographische bis hin zu geographischen Strukturen betrachtet, analysiert und interpretiert werden. Nicht alle dieser Sachkontexte eignen sich für eine geometrische, sehr viele jedoch für eine allgemein mathematische Bearbeitung und den Erwerb gerade auch statistischer Kenntnisse und Fertigkeiten.

Urbane Lebensräume – vom Menschen geschaffene Strukturen

Der Lebensraum Stadt bietet unzählige Möglichkeiten, die Bedeutung und Allgegenwärtigkeit struktureller Merkmale und wiederkehrender Muster in der Raum- und Flächengestaltung zu erkunden. Die europäische Stadtgeschichte lässt sich bis in antike Zeiten zurück untersuchen; dabei treten Veränderungen in Grund- und Aufriss hervor, die sich geometrisch erfassen, beschreiben, aber auch im Zusammenhang gesellschaftlicher und historischer Prozesse interpretieren lassen. Siedlungsstrukturen spiegeln immer Aufbau und Veränderungen im sozialen Gefüge wider, weshalb nicht nur auf der anschaulichen Ebene der Bauforschung (Abschn. 7.4.4.2) Strukturen analysiert, sondern auch Gesellschaftsstrukturen dazu in Beziehung gesetzt werden können.

Wie in der Bildenden Kunst lässt sich auch in der Baugeschichte eine „stilistische" Entwicklung identifizieren. Klassische Beispiele sind der Rastergrundriss römischer und die ringförmige Anlage mittelalterlicher Stadtgründungen. Diese Unterschiede sind nicht auf den ästhetischen Aspekt beschränkt, sondern betreffen insbesondere funktionale (militärische, wirtschaftliche usw.) Einheiten. Ebenso lösen herrschaftsbezogene Bauformen einander ab, wenn beispielsweise das feudalistische System des Mittelalters in der frühen Neuzeit einer zunehmend durch bürgerliche Gruppen und die aufstrebenden Städte bestimmten Ordnung weicht. Viele Städte lassen sich in kulturhistorische Stadttypen einordnen. Anhand von Kartenmaterial oder bei Erforschungen im realen Umfeld der Schüler können strukturelle Merkmale von Städte (unterschiedlichen Typus') aus verschiedenen Epochen beschrieben und analysiert werden. Dabei können vielfältige Bezüge zur Geometrie hergestellt werden. Römische Städte zeichnen sich durch ihren schachbrettartigen Grundriss aus. Den Mittelpunkt bildete entweder das Forum (bei Zivilgründungen) oder (bei militärischen Lagern) die Principia, das Stabsgebäude, von dem aus die Hauptachsen im rechten Winkel zueinander verliefen. Noch heute kann diese Struktur in Römerstädten wie Köln, Mainz oder Trier identifiziert werden (Abb. 7.66). Es lassen sich Überlegungen zur Insula-Größe, den planerischen und technischen Erfordernissen bei der Anlage einer neuen römischen Stadt und viele weitere anschließen, die mithilfe geometrischer Kenntnisse untersucht und beantwortet werden können.

Lange nach dem Zerfall des Römischen Reiches begann die Entwicklung eines mitteleuropäischen Städtesystems; im Zentrum standen die mittelalterliche Burg, die kaiserliche Pfalz oder ein Kloster, und die umgebende Ansiedlung legte sich in Ringen um diesen Mittelpunkt, ohne dass in den meisten Fällen ein Bebauungsplan eingehalten wurde, so dass sich diese Städte oftmals durch extrem enge Bebauung und einen willkürlichen, krummlinigen Straßenverlauf auszeichnen (Abb. 7.67). Auch für solche Ringstrukturen kann Köln als Beispiel genutzt werden; neben den römischen Ursprungsstrukturen im Zentrum zeigt sie auch die spätere Ringstruktur noch immer besonders deutlich.

Das CHIME-Dreieck Abb. 7.68 zeigt auf, welche heuristischen, mathematischen und sachfachlichen Inhalte sich in diesem Zusammenhang erwerben lassen.

Doch nicht nur der Blick in die ferne Vergangenheit unserer Städte kann den Blick auf die große Bedeutung der Strukturnutzung in Problemlösekontexten eröffnen: die vertikale

Abb. 7.66 Das römische Trier im Modell

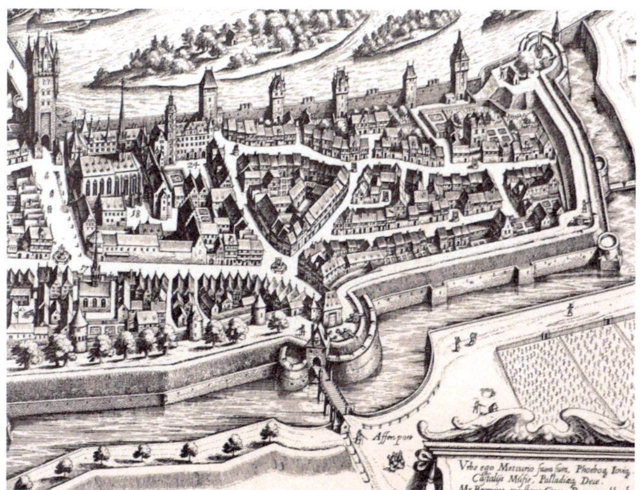

Abb. 7.67 Das frühneuzeitliche Frankfurt am Main im Stich. (Aus dem Jahr 1628, von Matthäus Merian)

Nutzung von begrenzten Flächen ist eines der großen Themen des aktuellen Städtebaus (Abb. 7.69). In asiatischen Großstädten spielen solche Vorstöße gerade auch mit Blick nicht nur auf eine effizientere Raumnutzung für Wohnraum, sondern auch für die Begrünung von Städten eine große Rolle. Hier verbinden sich ökologische mit architektonischen und geometrischen Fragestellungen und können unter unterschiedlichsten Gesichtspunkten für den problemlösenden Unterricht fruchtbar gemacht werden, etwa in Gestalt von Planung und Bau technisch realisierbarer Hochhausmodelle, die eine ganze Dorfgemein-

Abb. 7.68 CHIME-Dreieck 1 zum Beispiel *Urbane Lebensräume – vom Menschen geschaffene Strukturen*

Abb. 7.69 CHIME-Dreieck 2 zum Beispiel *Urbane Lebensräume – vom Menschen geschaffene Strukturen*

schaft inklusive Grünanlagen und landwirtschaftlicher Nutzflächen (im Sinne des Urban Gardening) in sich vereinen.

Bevölkerungsstruktur – demographische Kenngrößen untersuchen

Ähnlich wie Städte kann auch die Bevölkerung nach unterschiedlichen demographischen Aspekten wie Alter, Geschlecht, Familienstand, Religion, oder Staatsangehörigkeit betrachtet und die jeweilige Verteilung grafisch dargestellt werden. Auch ist ein Vergleich der Bevölkerungsstruktur in verschiedenen Epochen oder Ländern möglich, so dass Ursachen für ein Wachstum oder einen Rückgang der Bevölkerung diskutiert werden können.

Dabei übernehmen grafische Repräsentationsformen wie die Bevölkerungspyramide (Abb. 7.70), Kreis- oder Balkendiagramm eine wichtig Funktion, da durch sie die Bevölkerungsstrukturen visuell erfasst werden können. Eine Nutzung von Flächeninhalten bzw. Längen als Repräsentanten ganz anderer Größen wird außerdem angebahnt oder vertiefend aufgegriffen. Gerade im Zusammenhang mit der Bevölkerungspyramide kann der strukturelle Aufbau untersucht und die Erkenntnis gewonnen werden, dass die Summe der dargestellten Balken (oder präziser aller dargestellten Längen/Flächeninhalte) der

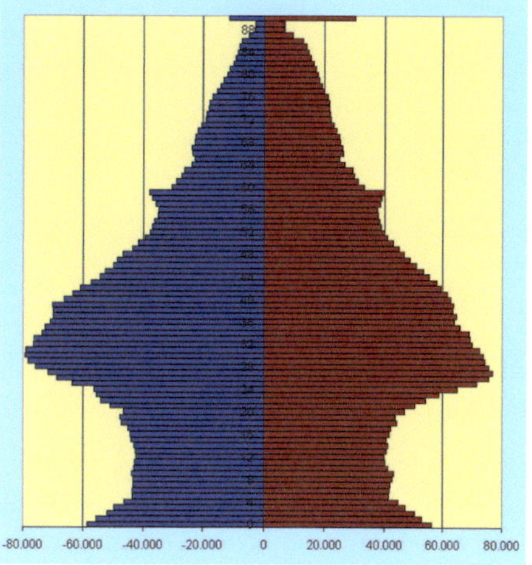

Abb. 7.70 Die Bevölkerungsstruktur Londons als Beispiel für eine Bevölkerungspyramide

Abb. 7.71 CHIME-Dreieck zum Beispiel *Bevölkerungsstruktur – demographische Kenngrößen untersuchen*

Gesamtbevölkerung entspricht. Hier ist ein Bezug zu Näherungsverfahren zur Flächeninhaltsbestimmung herstellbar (Abb. 7.71).

7.4.4.2 Kunst und Textiles Gestalten

Im Kunstunterricht an Schulen in Rheinland-Pfalz kann der *Heurismus der Strukturnutzung* auch in Verbindung mit dem Arbeitsbereich *Architektur – Gebäudegliederung* vielfach zur Anwendung gebracht werden; Schüler sollen hier Einblicke in die Gebäudearten wie Häuser, Türme, Schlösser, Fabriken, Kirchen und Villen aus Gegenwart und Vergangenheit einerseits und in ihre Gliederungsmöglichkeiten durch Gestaltungselemente wie Treppenformen, Balkone, Fenster, Türen, Dachformen etc. andererseits erhalten.

Ästhetik durch wiederkehrende Strukturen – Geometrie und Schönheit

Das Auffinden von strukturellen (architektonischen) Merkmalen ist hier der Schlüssel, um Zusammenhänge zwischen Gebäuden, Stilen und der ästhetischen Wirkung herzu-

Abb. 7.72 Zwei Beispiele für Symmetrie in herrschaftlicher Architektur: Villa Hammerschmidt (*links*), Schloss Schönbrunn (*rechts*)

Abb. 7.73 CHIME-Dreieck zum Beispiel *Ästhetik durch wiederkehrende Strukturen – Geometrie und Schönheit*

stellen und Gesetzmäßigkeiten innerhalb der Architektur zu erkennen. Diese regelhaft wiederkehrenden Strukturen können anschließend zur Beschreibung und Klassifizierung verschiedener Gebäudearten herangezogen werden (vgl. auch die Ausführungen zur städtebaulichen Strukturen in Abschn. 7.4.4.1). Werden die Gebäudearten nicht nur nach einzelnen Gestaltungselementen, sondern in ihrer Gesamtheit untersucht, kann insbesondere die Symmetrie als Struktureigenschaften thematisiert werden (Abb. 7.72).

Die Beispiele lassen leicht erkennen, wie durch die Komposition einzelner geometrischer Elemente (Rundbögen, Säulen, verschiedene Fensterformen usw.) charakteristische Eigenschaften und Gesetzmäßigkeiten achsensymmetrischer Figuren bzw. Körper entstehen, die im Kunstunterricht im Zusammenhang vermittelt und auch produktiv angewandt werden können, wobei neben vielen anderen insbesondere die Fachbegriffe „Spiegelachse", „Achsensymmetrie" und „achsensymmetrisch gemäß" der Leitidee Raum und Form vollständig situiert erarbeitet werden können (Abb. 7.73).

Piktogramme – Strukturvereinfachungen gezielt einsetzen

Der *Heurismus der Strukturnutzung* kann in analoger Weise im Arbeitsbereich *Design – Piktogramme* sowohl bei der Beschreibung und Interpretation als auch bei der Entwicklung eigener Piktogramme thematisiert werden. Piktogramme sind bildhafte Darstellun-

Abb. 7.74 Warnsymbol Funkwellen

Abb. 7.75 Warnsymbol brandfördernde Substanz

gen, die Objekte, Funktionen, Aktionen oder Prozesse abstrahieren und repräsentieren, manchmal auch nur Pars pro Toto. Viele Piktogramme sind symmetrisch gestaltet und bieten einen möglicherweise vereinfachten Zugang zu Symmetriebetrachtungen für jüngere Schüler.

Andererseits ist die Bedeutungsdimension von Piktogrammen in ihrer Problematik nicht zu unterschätzen, wie Erfahrungen mit den Gefahrensymbolen in den naturwissenschaftlichen Fächern immer wieder zeigen. Missverständnisse sind bei Gebrauch von bildlichen Kürzeln immer möglich, und zum Einstieg sollten Beispiele aus dem unmittelbaren Lebensumfeld der Schüler gewählt werden. Abb. 7.74 zeigt exemplarisch das symmetrisch gestaltete Warnsymbol vor Radiowellen – ein Symbol, das möglicherweise viele Schüler zunächst (unter Nichtbeachtung der vereinheitlichten Warnfarbgebung) auch für einen Hinweis auf ein freies WLAN-Netzwerk halten könnten.

Heurismus der Strukturnutzung

Symmetrieeigenschaften erforschen und zur Gestaltung einfacher und wiedererkennbarer Piktogramme einsetzen; die Abstraktion hinter Piktogrammen erfassen

Strukturen in abstrakten Darstellungen erkennen, und erforschen; Symmetrien auf Grundlage von Beispielen und Gegenbeispielen definieren und mit geometrischem Fachvokabular verknüpfen

Abb. 7.76 CHIME-Dreieck zum Beispiel *Piktogramme – Strukturvereinfachungen gezielt einsetzen*

Viele solche gebräuchlichen Piktogramme weichen mehr oder weniger deutlich von einer vollständigen Symmetrie ab (Abb. 7.75). Sie lassen sich erweiternd zur Erforschung und Definition der Achsensymmetrie einsetzen, indem die Unterschiede erkannt und beschrieben werden. Im Anschluss können eigene Piktogramme zu verschiedenen Themenkreisen als Halbzeichnungen angelegt und dann zunächst durch eine praktische Spiegelung mithilfe eines realen Spiegels und anschließend durch einen geometrischen Konstruktionsvorgang vervollständigt werden (Abb. 7.76).

Grafik – die Geometrie des Maurits Cornelis Escher

Auch der Bereich *Druckgrafik* bietet Möglichkeiten, den *Heurismus der Strukturnutzung* unter dem Blickwinkel der Symmetrie zu thematisieren. So sieht der rheinland-pfälzische Lehrplan für die Orientierungsstufe die ornamentale Gestaltung von Flächen- oder Bandmusterungen mithilfe von Druck- und Stempeltechniken vor. Hier kann der Symmetriebegriff erneut aufgegriffen und vertieft werden, indem verschiedene Flächen- und Bandmusterungen analysiert oder nach bestimmten (symmetrischen) Gesichtspunkten eigenständig erstellt werden.

Im Themenbereich *Grafik* eignen sich die Bilder des niederländischen Künstlers und Grafikers Maurits Cornelis Escher besonders gut auch mit Blick auf die Punktsymmetrie (die bei architektonischen Kontexten sehr viel seltener in Erscheinung tritt). Escher schuf auf einfachen Spiegelungskonstruktionen beruhende, ausgesprochen komplexe Strukturen und ist für seine geometrisch-künstlerische Methode der Parkettierung und außerdem seine optischen Täuschungen bekannt. Hier bieten sich unzählige Anknüpfungspunkte für eine geometrisch-analytische Bearbeitung und Thematisierung struktureller Merkmale, die sich insbesondere bei seinen Flächengestaltungen gut untersuchen lassen (Abb. 7.77). Schüler können durch eine angeleitete Untersuchung oder aber selbständig mithilfe der Schritt-für-Schritt-Darstellungen von Eschers Vorgehensweise bei der Entwicklung neuer Flächenornamente entdecken, welcher Zusammenhang zwischen verketteten Spiegelungen und der Verschiebung bzw. Punktspiegelung besteht (vgl. hierzu ausführlich Abschn. 6.3.2). Durch enaktive und ikonische eigene Spiegelungen auf Aus-

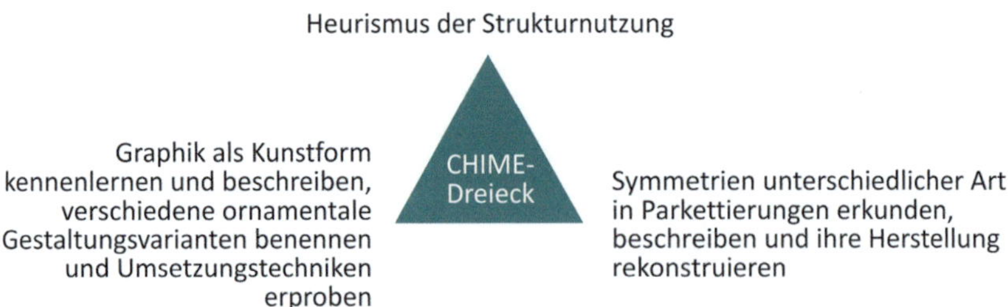

Abb. 7.77 CHIME-Dreieck zum Beispiel *Grafik – die Geometrie des M. C. Escher*

schnitten von Eschers Werken lassen sich ebenfalls Einsichten gewinnen oder Vermutungen untermauern.

Der hohe ästhetische Wert und das Erstaunen, das seine Grafiken nicht nur bei der ersten Betrachtung auslösen, machen Eschers Arbeiten zu einem im unterrichtlichen Kontext besonders gut geeigneten und motivierenden Ansatzpunkt auch für mathematische Untersuchungen, die mit dem Ziel angestellt werden können, selbst vergleichbare Kunst zu schaffen.

7.4.4.3 Naturwissenschaften

Der Rahmenplan für Naturwissenschaften in Rheinland-Pfalz greift an mehreren Stellen den Begriff der Struktur auf, so dass der *Heurismus der Strukturnutzung* vielfach zum Einsatz kommen kann. Die Schüler sollen unter anderem Kristallstrukturen unterscheiden können, Strukturen im Weltall erkennen und Modelle wie Papierflieger, Schwimmkörper, Beuger- und Strecker entwickeln, bauen und optimieren, um dabei Zusammenhänge zwischen Struktur und Funktion zu erforschen und darzustellen. Auch Lebewesen, die sich in Körperbau und Bewegung an ihren Lebensraum angepasst haben (wie Vögel oder Fische), können auf ihre Strukturen hin miteinander verglichen werden, oder es kann die Zellstruktur von Pflanzen analysiert werden. Vergleicht man beispielsweise die Blätter von Schatten- und Sonnengewächsen miteinander, können die unterschiedlichen Blattstrukturen herausgearbeitet werden, die die Funktionsweise der Pflanze maßgeblich beeinflussen. Beim Thema *Stoffe* lernen die Schüler, dass sich Stoffe strukturell voneinander unterscheiden und dass Stoffe ihre Struktur verändern können (Aggregatzustand), wobei der Strukturbegriff auf vielfältige Weise eine Rolle spielt.

Das menschliche Skelett – anatomische Strukturen und Raumorientierung

Struktureigenschaften lassen sich in der Orientierungsstufe sehr gut am menschlichen Körper erforschen. Der Skelettapparat ist symmetrisch angelegt und erfüllt dadurch bestimmte Funktionen (Abb. 7.78). Die Lage- und Richtungsbezeichnungen des Körpers dienen in der Anatomie zur Beschreibung der Position, der Lage und des Verlaufs einzelner Strukturen.

Das Fachgebiet der Anatomie erfordert die eindeutige Beschreibung von Positionen und Bewegungen des menschlichen Körpers. Während sich die standardsprachlichen Bezeichnungen (wie „oben" und „unten") je nach Körperposition ändern können, sind die fachanatomischen Lagebezeichnungen relativ zum Körper und damit unabhängig von seiner Position definiert. Die Beschreibung erfolgt dabei durch Referenzierung dreier orthogonal angeordnete Ebenen, deren Schnittpunkt im Körperschwerpunkt liegt (Abb. 7.79). In der Anatomie tragen diese drei Ebenen die Bezeichnungen *Frontalebene*, *Sagittalebene* und *Transversalebene*, deren paarweise Schnittgeraden die drei Körperachsen (Körperbreitenachse, Körpertiefenachse und Körperlängsachse) definieren – sie entsprechen dem Konzept der mathematischen Raumbeschreibung der analytischen Geometrie.

Von anatomischen Untersuchungen ausgehend lassen sich mithin die analogen Verfahren der dreidimensionalen Beschreibung und Darstellung in der Geometrie erarbeiten und

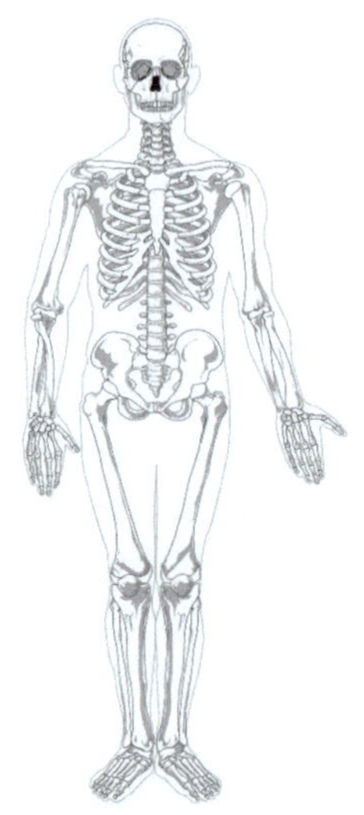

Abb. 7.78 Menschliches Skelett

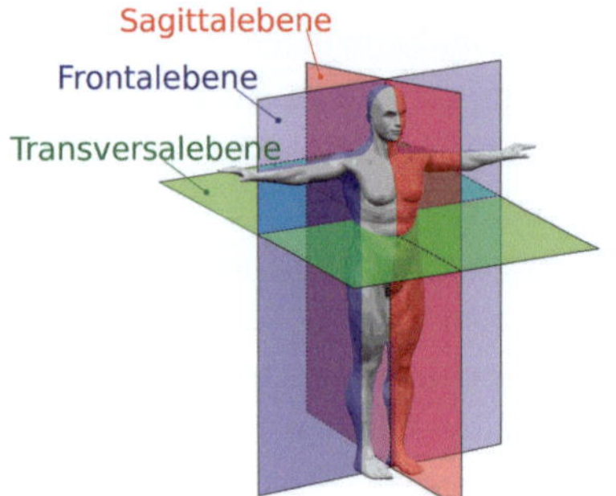

Abb. 7.79 Anatomische Grundposition und die drei lageunabhängigen Körperebenen

Heurismus der Strukturnutzung

Anatomische Grundbegriffe kennenlernen und die Orientierung am (menschlichen) Körper durch drei Ebenen bzw. Achsen als wirksames Instrument erfahren

Räumliche Orientierung und genaue Positionsbeschreibungen im anatomischen Kontext erkunden und kennenlernen, Transfer auf den geometrischen Raum

Abb. 7.80 CHIME-Dreieck zum Beispiel *Das menschliche Skelett – anatomische Strukturen und Raumorientierung*

auch zu den auf Koordinaten basierende Repräsentationsformen Verbindungen herstellen (Abb. 7.80).

Botanische Systematik – Identifizierung durch Strukturmerkmale

Systematiken spielen in der Biologie ebenso wie in anderen natur- und geisteswissenschaftlichen Fächern eine große und auch wissenschaftsgeschichtliche Rolle. Die hier nur exemplarisch ausgeführten Ideen lassen sich insbesondere auch auf geologische Fragestellungen übertragen. Als Beispiel soll hier die systematische Betrachtung von einheimischen Bäumen dienen, die sich in den naturwissenschaftlichen Unterricht der Orientierungsstufe mit ihren lebensnahen Themenfeldern nahtlos einfügt (Abb. 7.81).

Die Bestimmung heimischer wie auch exotischer Laubbäume kann durch die genaue Untersuchung verschiedener Bestandteile wie Blätter, Blüten, Früchte, Rinde bzw. Borke oder Knospen erfolgen. Um die Blattmerkmale zu erfassen, ist eine genaue Analyse der Blattstellung, der Blattform, des Blattrands und der Blattanordnung am Zweig erforderlich. Bei der Stellung der Blätter wird zwischen gegenständig und wechselständig unterschieden. Die Blattform reicht von gelappt über gebuchtet, herzförmig, eiförmig, rundlich, dreieckig, lanzettlich bis hin zu fächerförmig. Der Rand wird danach unterschieden, ob er ganzrandig, gesägt, gekerbt, gezähnt oder gelappt ist. Darüber hinaus können Blätter nach Merkmalen wie einfach oder zusammengesetzt sowie als unsymmetrisch oder symmetrisch unterschieden werden. Auf diese Weise kann eine Hierarchie, analog zu der im Haus der Vierecke (Abschn. 6.3.3), aufgebaut werden. Viele Lehrwerke für den naturwissenschaftlichen Unterricht bieten zur strukturierten Durchführung einer solchen Untersuchung Flussdiagramme an, die schrittweise die oben beispielhaft genannten und noch viele weitere Merkmale abfragen, um so letztlich botanisch präzise die vorliegende Art zu bestimmen.

Hier wird nicht nur der *Heurismus der Strukturnutzung* explizit angesprochen, sondern auch die heuristische Technik *Erstellen grafischer Repräsentationsformen* sowie der *Heurismus des systematischen Probierens*. Außerdem spielen gute geometrische Kenntnisse

Heurismus der Strukturnutzung

Erwerb eines grundlegenden Verständnisses für strukturbezogene Analyse zur kriteriengeleiteten Identifizierung im Sinne der botanischen Systematik; Durchführung praktischer Pflanzenbestimmungen

Einsatz geometrischer Fachkenntnisse zur kriteriengeleitete Strukturanalyse, geometrische Merkmale als definitorische Merkmale in unterschiedlichen Kontexten begreifen

Abb. 7.81 CHIME-Dreieck zum Beispiel *Botanische Systematik – Identifizierung durch Strukturmerkmale*

bei der Beschreibung eine ganz entscheidende Rolle, denn nur mit einem gut entwickelten Vokabular und der Fähigkeit, Merkmale mit Blick auf Symmetrien und räumliche Verteilungen klar zu identifizieren, können die Herausforderungen der botanischen Bestimmung erfolgreich bewältigt werden.

7.4.4.4 Sport

Dem Sportunterricht kommt eine besondere Rolle in der Erfahrungswelt der Schüler zu, da hier eine deutlich andere Gruppe von Fertigkeiten und Fähigkeiten zum Tragen kommt als in den meisten anderen Schulfächern. Dass sich trotzdem auch hier (ungewöhnlichere) Anlässe für das Lösen geometrischer Problemstellungen ergeben, ist in den vorhergehenden Abschnitten bereits deutlich geworden. Wenngleich das räumliche Vorstellungsvermögen bereits sehr früh vorgeprägt wird und maßgeblich von den physischen Erfahrungen im Kleinkindalter abhängt, kann der Sportunterricht der Sekundarstufe I durch gezielte Verknüpfung mit mathematisch-geometrischen Aspekten eine Verbesserung der räumlichen Orientierung und des grundlegenden Verständnisses räumlicher Strukturen anstreben.

Raum und Körper – Symmetrien mit Körpern erzeugen

Die Symmetrie spielt im Sportunterricht in Bezug auf verschiedene Funktionen der Bewegung (beispielsweise expressive und soziale Funktion) eine Rolle. Die physische Auseinandersetzung mit dem Thema *Symmetrie* kann Bewusstsein für die Funktionen des eigenen Körpers schaffen, und „ein vertieftes mathematisches Verständnis von Symmetrie unterstützt die Beidseitigkeit der Gliedmaßen und deren Bewegungsvielfalt, verbessert die Wahrnehmung des eigenen Körpers und eigenen Körperschemas, trägt dazu bei, den eigenen Körper gleichsam von außen im Verhältnis zum Raum wahrzunehmen, und sich der eigenen Position im Spielfeld bewusst zu werden“ (Valsangiacomo et al. 2015, S. 3).

Neben dieser individuellen Anwendung kann der *Heurismus der Strukturnutzung* auch zum Tragen kommen, indem Schüler in Gruppen einfache oder auch mehrfache achsen- oder drehsymmetrische Figuren mit ihren eigenen Körper darstellen, die von anderen Schülern identifiziert und benannt werden (Abb. 7.82). Für das Anfertigen einer (Planungs-)Skizze aus verschiedenen Perspektiven ist nicht nur ein ausreichendes Abstraktionsvermögen notwendig, sondern auch die Fähigkeit, dreidimensionale Sachverhalte zweidimensional und in vereinfachter Form darzustellen. Durch die so erzeugten grafischen Darstellungsformen können weitere Aussagen zu Symmetrieeigenschaften und Strukturen gemacht oder Fragestellungen untersucht werden.

Unmittelbar um die dynamische Komponente erweiternd kann der *Heurismus der Strukturnutzung* auch beim Thema *Tanz* zum Einsatz kommen, wenn Choreographien erarbeitet werden, die nach bestimmten Mustern ablaufen. Hierbei lassen sich kurze Sequenzen in Form eines (abstrakten) Musters in körperliche Bewegungen umsetzen, so dass infolge dessen Bandornamente erzeugt werden, womit erneut an den Symmetriebegriff angeknüpft werden kann.

Abb. 7.82 CHIME-Dreieck zum Beispiel *Raum und Körper – Symmetrien mit Körpern erzeugen*

Fußball und Strategie – Optimierungsfragen beim Fußball

Und auch beim Fußballspielen (und vielen weiteren Ballsportarten) kann der *Heurismus der Strukturnutzung* sinnvoll thematisiert werden, beispielsweise wenn es darum geht, das optimale Stellungsspiel und insbesondere die beste Schussposition zu bestimmen (Abb. 7.83). Durch Experimente auf dem Spielfeld können die Schüler ermitteln, dass die Schussposition dann am günstigsten ist, wenn das Tor unter einem möglichst großen Winkel gesehen wird. Die Güte der Position (also die Größe des Winkels) wird durch die zwei Einflussgrößen „Entfernung von der Torlinie" und „Abweichung von der Längssymmetrieachse des Spielfeldes" bestimmt. Während der Torschütze den zur Verfügung stehenden Winkelbereich optimieren möchte, versucht der Torwart, dies zu verhindern, indem er dem Schützen entgegenläuft und so den Torschusswinkel beeinflusst.

Auch Fragstellungen rund um die beste Anzahl von Spielern in einem Team können durch strukturelle Analysen des zur Verfügung stehenden Spielfeldflächeninhalts mathematisch und geometrisch untersucht werden, wobei der Aktionsradius eine Rolle spielt, der wiederum von einer Vielzahl von Faktoren abhängt. Auf die Möglichkeiten, die sich mit Blick auf Strategieüberlegungen ergeben, wurde bereits hingewiesen.

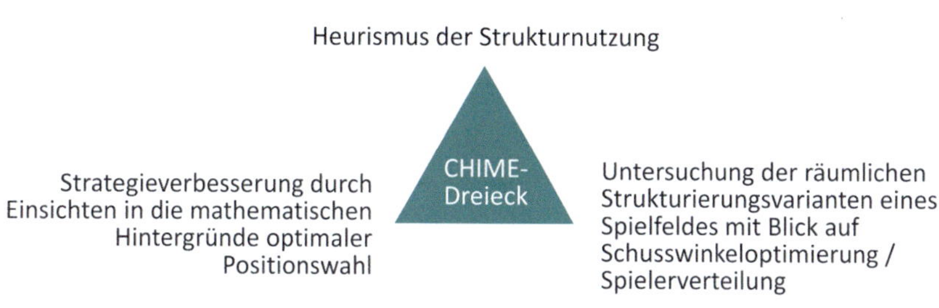

Abb. 7.83 CHIME-Dreieck zum Beispiel *Fußball und Strategie – Optimierungsfragen beim Fußball*

7.4.5 Heurismen der konkreten Handlung: Systematisches Probieren

Das systematische Probieren bezeichnet ein zielgerichtetes, planvolles und strukturiertes Vorgehen, bei dem die einer Problemstellung zugrunde liegenden Variablen ausgewählt, abgeändert oder ausgeschlossen werden, so dass die sich dadurch ergebenden Veränderungen Rückschlüsse auf die Struktur des Problems ermöglichen, die schließlich zur Problemlösung genutzt wird.

7.4.5.1 Gesellschaftslehre

Der Rahmenlehrplan Rheinland-Pfalz für Gesellschaftslehre führt neben den Kompetenzen die vier folgenden Methodenbereiche an:

1. Gewinnen, Analysieren und Interpretieren von Daten, Aussagen und Zusammenhängen
2. Produktorientierte Gestaltung und Präsentation
3. Simulatives Handeln und Erfahren
4. Reales und außerschulisches Handeln und Erfahren

Diesen Bereichen werden verschiedene verbindlich zu erwerbende Methoden zugeordnet, von denen viele ein systematisches Vorgehen voraussetzen, so dass der *Heurismus des systematischen Probierens* als ein zielgerichtetes, planvolles und strukturierten Vorgehen in praktisch allen diesen Zusammenhängen begründet eingeführt werden kann. Die in Abschn. 7.4.1.1 bereits angesprochene Zeitzeugenbefragung, das Durchführen eines Interviews, einer allgemeinen Befragung, Umfrage oder Debatte erfordern eine gute Vorbereitung, um repräsentative Ergebnisse zu erzielen, und auch das Durchführen von Experimenten oder Simulationen sollte im Vorfeld planerisch durchdacht und logisch aufgebaut sein.

Wege planen – mit System zum Ziel

Ein ergiebiges Thema zur Vermittlung und Vertiefung des systematischen Probierens ist das Themenfeld *Reisen und Erholung*, das zudem auch viele geometrische Vernetzungspunkte bietet (Abb. 7.84). Reisewege und Transportlinien können nach verschiedenen Kriterien verglichen werden; durch Forscheraufgaben kann beispielsweise die kürzeste oder schnellste Verbindung zwischen verschiedenen Orten unter Einbezug der Tabelle als Strukturierungshilfe ermittelt werden. Gesamtlängen oder -fahrzeiten von (angenäherten) Streckenzügen spielen hier ebenso eine Rolle wie die planmäßige Variation unterschiedlicher abzufahrender Zwischenhalte.

Stilisierte Pläne wie die von U-Bahnen oder Fernverkehrsverbindungen eignen sich gut für eine erste solche (auf Fahrzeiten oder Anzahl der Zwischenhalte bezogene) Untersuchungen, da sie visuell entlastet sind. In einem nächsten Schritt können diese schematischen Kartendarstellungen maßstäblichen Stadtplänen gegenübergestellt und auf Vor- und Nachteile hin verglichen werden. Auf solche maßstäblichen, aber komplexeren Darstellungen bezogen kann das systematische Probieren dann beim Erkunden der dargestellten

Heurismus des systematischen Probierens

Fahrten mit unterschiedlichen Verkehrsmitteln nach bestimmten Kriterien wie Reisezeit, Gesamtstrecke, Zwischenhalte, Energiebedarf, Kosten usw. planen, untersuchen und optimieren

Schematische und maßstäbliche Darstellungen zur Optimierung von Streckenplanungen nutzen; systematische Veränderungen auf ihre Auswirkungen hin überprüfen und geeignete Notationsformen finden

Abb. 7.84 CHIME-Dreieck zum Beispiel *Wege planen – mit System zum Ziel*

Stadt und beim Auffinden von Einrichtungen und Sehenswürdigkeiten eingesetzt werden. Hier lässt sich der Bezug zur Schülerrealität ausgezeichnet herstellen, und es lassen sich schüleraktive Szenarien für die Gestaltung eines Rundgangs einsetzen, der im Idealfall im Rahmen eines Wandertages dann auch realisiert wird.

Die Beschäftigung mit Fragestellungen dieser Art eröffnet außerdem Wege in wirtschaftliche und ökologische Diskussionen, wenn es um Energie- und Zeiteffizienz durch optimierte Streckenwahl geht. Die Möglichkeiten, hier weitere Einflussgrößen einzubinden, die erneut durch systematische Veränderungen in ihrer Auswirkung auf das Gesamtproblem untersucht werden können, sind ausgesprochen vielfältig und erlauben Bezüge zu Kontexten vieler weiterer Sachfächer.

7.4.5.2 Kunst und Textiles Gestalten

Im Rahmen des Arbeitsbereichs *Werken* lernen die Schüler früh verschiedene Materialien wie Ton, Papier, Karton, Metall, Holz, Naturstein und Kunststoffe kennen. Dass alle diese Werkstoffe unterschiedliche Eigenschaften besitzen, dürfte den meisten Schülern zwar bewusst sein, eine systematische Untersuchung haben sie aber in der Regel noch nicht vorgenommen.

Materialprüfung – Merkmale systematisch erkunden

Als erster Zugang nicht nur zum Heurismus, sondern auch zu grundlegenden naturwissenschaftlichen Arbeitsweisen werden die Materialien in einer Reihenuntersuchung nach vorgegebenen und gegebenenfalls durch die Schüler ergänzten Methoden untersucht (Abb. 7.85). Forschungsfragen können sich auf die Eignung für verschiedene Einsatzgebiete, aber auch Gestaltungs- oder Veränderungsmöglichkeiten beziehen; die Ergebnisse lassen sich am besten tabellarisch sammeln, so dass beispielsweise die in Tab. 7.8 dargestellte Übersicht entsteht.

Auf diese Weise können (mittelfristig) Einsichten in den Zusammenhang von Form, Funktion, Material und anwendbare Werkzeuge gewonnen werden, wie sie dem Lehrplan nach gefordert werden. Außerdem ist die Wiederverwendbarkeit dieser Vorgehensweise einsichtig und unkompliziert möglich, etwa wenn in anderen Fächern andere Arten von

Heurismus des systematischen Probierens

Werkstoffe (oder beliebige andere fachbezogene Objekte) systematisch – möglichst mit Blick auf eine zu bewältigende Problemstellung – hin untersuchen

Einfache Variationen erproben und systematische Notation einüben, geometrische Eigenschaften von Objekten erfassen und ihre Auswirkungen untersuchen

Abb. 7.85 CHIME-Dreieck zum Beispiel *Materialprüfung – Merkmale systematisch erkunden*

Tab. 7.8 Beispiel zur Erfassung von Merkmalen verschiedener Werkstoffe durch systematisches Probieren

	Kneten	Falten	Schneiden	Biegen	Schnitzen	Reißen	Ritzen
Ton	x		x				x
Papier		X	x			x	
Karton		X	x			x	
Holz					x		x

Objekten erforscht werden sollen. Auch wenn in diesem Beispiel nicht primär ein geometrischer Bezug angelegt ist, kann dieser etwa bei der Untersuchung von verschiedenen Werkzeugen einfließen, deren geometrische Gestaltung (Form des Querschnitts) unmittelbaren Einfluss auf ihre technischen Eigenschaften hat.

Farbmischungen – Verhältnisse systematisch variieren

In Zusammenhang mit der Malerei lernen die Schüler, „dass Farben durch Beimischen von Schwarz, Weiß und ihrer Nachbarfarben differenziert werden können“ (MBWW 1998a, S. 29). Mithilfe des systematischen Probierens lassen sich verschiedene Farbtöne erstellen, gemäß ihrer Farbanteile klassifizieren und notieren bzw. in einem Raster sammeln (Abb. 7.86).

Heurismus des systematischen Probierens

Gezieltes Mischen von Farbtönen einüben, Zusammenstellungen von Farben in ihrer Wirkung untersuchen, gestalterische Vorgaben einhalten

Farbmischungen planvoll erproben und in einem Farbraster systematisieren, Farbwirkungen statistisch erfassen und darstellen

Abb. 7.86 CHIME-Dreieck zum Beispiel *Farbmischungen – Verhältnisse systematisch variieren*

Die Bilder Richard Paul Lohses zeichnen sich durch ihre konstruktivistischen Gestaltungsregeln aus, die einer strengen Ordnung sowohl der Farbverteilung als auch der Gleichwertigkeit der einzelnen Farbtöne folgen. Grundlage sind meist quadratische Basismodule, die die Bilder strukturieren. So zeichnete Lohse ein Quadrat, das er in neun kleinere Quadrate unterteilte. Dabei benutzte er drei verschiedene Farben nach der Regel, dass nie zwei Quadrate derselben Farbe in einer Zeile oder einer Spalte vorkommen. Unter Nutzung des systematischen Probierens können Bilder nach denselben Gestaltungsregeln von den Schülern angefertigt werden. Darauf aufbauend können weitere Fragestellungen wie die nach der Anzahl der Möglichkeiten, wenn vier oder fünf verschiedene Farben verwendet werden dürfen, formuliert und als Forscheraufgaben an die Schüler gegeben werden. Außerdem erlaubt die Beschäftigung mit solchen formal sehr einfachen, klar zu beschreibenden und relativ schnell zu erstellenden Kunstwerken auch eine interessante Untersuchung der Farbwirkungen: Systematische farbliche Variationen bei gleichbleibender Grundstrukturierung können auf ihre Wirkung auf den Betrachter hin untersucht werden; Ergebnisse können wiederum mit den bereits bekannten Mitteln und Methoden der statistischen Datenerfassung und -analyse erzielt und ausgewertet werden, um ein tiefgreifendes Verständnis von der Wirkung bestimmter Mischtöne zu erhalten – und zu erfahren, dass es intersubjektive Assoziationen zu bestimmten Farbtönen gibt, was zu einer Beschäftigung auch mit wahrnehmungspsychologischen Themen anregen mag.

7.4.5.3 Naturwissenschaften

Wie eingangs gesagt spielt das systematische Probieren in vielen Wissenschaften eine fundamentale Rolle bei der Erkundung neuer Bereiche oder bei der Suche nach Optimierungsmöglichkeiten. Dies gilt insbesondere, wenn sich der allgemeintheoretische Zugang, beispielsweise in Form rechnerischer Modellierung, noch nicht offenbart hat oder aufgrund fehlender Kenntnisse gar nicht zur Verfügung steht. Das erste der folgenden Beispiele könnte auch rechnerisch bearbeitet werden, würde dabei jedoch viel von seiner Eindrücklichkeit einbüßen.

Ernährungsvarianten – Nährstoffzusammensetzung und -menge untersuchen

Die in den Lebensmitteln enthaltenen Nährstoffe Kohlenhydrate, Proteine und Fette sind für den Körper unentbehrlich. Kohlenhydrate bilden die wichtigste Energiequelle für den Körper, während Proteine als Baustoff für die Zellen notwendig sind. Fette sind die energiereichsten Nährstoffe und für den Erhalt lebenswichtiger Organfunktionen unentbehrlich. Eine Ernährung gilt als ausgewogen, wenn sie alle notwendigen Nährstoffe (und andere funktionale Inhaltsstoffe) in einem bestimmten Mengenverhältnis enthält und außerdem die Energiezufuhr dem Bedarf angepasst ist. Steigende Zahlen übergewichtiger Kinder und Jugendlicher sprechen für eine frühe, intensivierte und umfassende Gesundheitserziehung (die grundsätzlich nicht fachgebunden gedacht werden sollte).

Um den Schülern ein angemessenes Gefühl für eine ausgewogene Ernährung zu vermitteln, kann der *Heurismus des systematischen Probierens* sinnstiftend eingesetzt werden. Werden der Kalorienverbrauch eines Teenagers individuell in Form eines Rechtecks und die Kaloriengehalte (gegebenenfalls ergänzt durch die Darstellung der Nährstoffanteile und des Gewichts der Portion) der in der Ernährungspyramide enthaltenen Lebensmittel als rechteckige Karten dargestellt, können mögliche Nahrungsmittelkonstellationen systematisch erschlossen und überprüft werden. Eine besondere Stärke dieser Untersuchung liegt darin, dass die Schüler ganz unmittelbar und sehr anschaulich den Zusammenhang zwischen Kalorien, Nährstoffen und der Menge an Nahrung erfahren.

Eine Zwölfjährige mit einem Gewicht von 45 kg bei einer Körpergröße von 1,50 m und einem mäßig aktiven Tagesablauf hat einen Kalorienbedarf von ca. 2000 kcal, der sich gut als Rechteck mit einem Flächeninhalt von 20 cm^2 darstellen lässt (Abb. 7.87). Nun können häufig konsumierte Lebensmittel untersucht und entsprechende Kärtchen gestaltet werden, deren Flächeninhalt ihrem jeweiligen Gesamtenergiegehalt entspricht, wie etwa ein Hamburger mit 250 kcal (Flächeninhalt 2,5 cm^2). Neben dem reinen Energiegehalt dieser Lebensmittel kann auch die Zusammensetzung der enthaltenen Energie durch farbige Markierungen dargestellt werden. Der Hamburger besteht zu 30 g aus Kohlenhydraten, was ungefähr 120 kcal entspricht, die gelb markiert wurden, die 8,5 g Fett liefern 80 kcal (orange), und die restlichen 50 kcal (weiß) stammen aus 13 g Proteinen. Das Kärtchen liefert schriftlich außerdem die Information, dass die Portion 105 g wiegt.

Wurden individuell repräsentative Lebensmittel auf diese Weise grafisch aufbereitet, lässt sich durch Auslegen und systematische Variation lebensnah und mit vielen möglichen weiterführenden Fragestellungen das Essverhalten untersuchen. Es ist zu betonen, dass schon die Vorbereitungen eine intensive inhaltliche wie mathematische Auseinandersetzung mit Lebensmitteln, Energiegehalt und der geometrischen Darstellung sowie mit den eigenen Essgewohnheiten befördern. Gerade wenn die möglichen Zusammenstellungen von Lebensmitteln in einer Tabelle protokolliert werden, fällt bald auf, dass bei geschickter Nahrungsauswahl weitaus mehr (im Sinne der zugeführten Masse) gegessen werden kann, wohingegen Lebensmittel mit hoher Energiedichte (großer Flächeninhalt bei geringem Gewicht) nur geringe Verzehrmengen erlauben, will man den Tagesenergiebedarf nicht überschreiten.

Abb. 7.87 Schematische Darstellung des Tagesenergiebedarfs und des Energie-/Nährstoffgehalts eines Lebensmittels

Abb. 7.88 CHIME-Dreieck zum Beispiel *Ernährungsvarianten – Nährstoffzusammensetzung und -menge untersuchen*

Das CHIME-Dreieck Abb. 7.88 zeigt auf, welche heuristischen, mathematischen und sachfachlichen Inhalte sich in diesem Thema erwerben lassen.

Elektrizität – Logik des Stroms
Auch in ganz anderen Zusammenhängen spielt im naturwissenschaftlichen Unterricht das systematische Probieren eine Rolle. In der Orientierungsstufe erforschen die Schüler in der Elektrizitätslehre einfache Stromkreise, stellen eigene her und zeichnen entsprechende Schaltpläne. Der Schaltplan ist eine abstrahierte Darstellung einer elektrischen Schaltung in Form definierter Symbole für die einzelnen Bauelemente und deren elektrische Verschaltung. Der *Heurismus des systematischen Probierens* lässt sich hier auf verschiedene Weise nutzen. Ausgehend von einem Stromkreis können unterschiedliche Festkörper wie Kupfer, Glas, Aluminium, Eisen, Holz, Kohle und Kunststoffe oder Flüssigkeiten wie Wasser, Öl, Säure, Laugen und Salzwasser systematisch auf ihre Leitfähigkeit hin untersucht und in Leiter und Nichtleiter eingeteilt werden.

Schaltpläne können aufgrund ihres statischen Moments nur eine bestimmte Situation darstellen. Auf dieser Grundlage und unter Verwendung des systematischen Probierens können verschiedene Schaltpositionen getestet und ihre Auswirkungen festgehalten werden. Um die Schaltzustände eines Stromkreises zu dokumentieren, werden Schalttabellen eingeführt, in denen die Schaltpositionen aller verbauten Schalter und der daraus jeweils

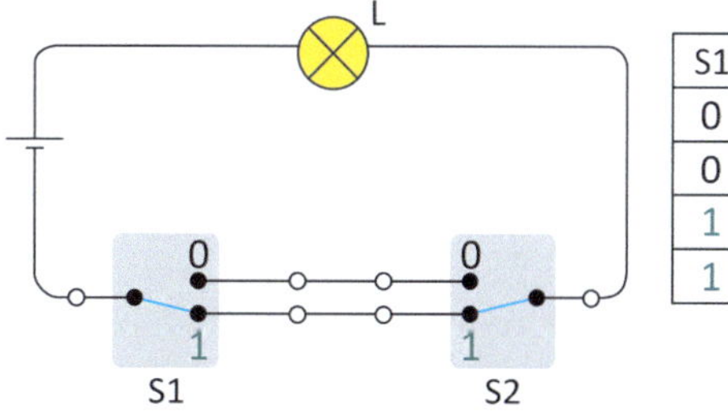

S1	S2	L
0	0	1
0	1	0
1	0	0
1	1	1

Abb. 7.89 Schaltplan zur Funktionsweise eines Schaltkreises mit Wechselschaltersystem. *L* Lampe, *S1* Schalter 1, *S2* Schalter 2, *0* ausgeschaltet, *1* eingeschaltet

Abb. 7.90 CHIME-Dreieck zum Beispiel *Elektrizität – Logik des Stroms*

folgende Status der Lampe durch genormte Einträge festgehalten werden (Abb. 7.89, rechter Rand). Die Informationskodierung durch 0 und 1 kann zu einem späteren Zeitpunkt aufgegriffen und mit Blick auf die digitale Technik vertiefend behandelt werden.

Insgesamt bietet das Thema *Stromkreise und Schaltungen* sowohl in technisch-praktischer wie in zeichnerischer Umsetzung ein reizvolles Umfeld, logische und systematisierende Denkweisen zu schulen und Dokumentationskonventionen einzuüben, die auch in anderen Zusammenhängen genutzt werden können (Abb. 7.90).

7.4.5.4 Sport

Der Sportunterricht bietet auch für das systematische Probieren ein interessantes und vielfältiges Anwendungsfeld. Ein reguläres Fußballfeld misst zwischen 45 und 90 m in der Breite und zwischen 90 und 120 m in der Länge. Eine rechteckige Form ist zudem Pflicht. Mit diesen Angaben können Fragen nach dem kleinstmöglichen oder größtmöglichen Umfang und Flächeninhalt eines regelkonformen Fußballfeldes gestellt werden, für die der *Heurismus des systematischen Probierens* unter Verwendung einer Tabelle oder Liste als Strukturierungshilfe Lösungen liefert.

Teams wählen – Kombinatorik im Sport

Doch auch anspruchsvollere und weniger augenfällig auf geometrische Grundformen bezogene Problemstellungen können Teil des Sportunterrichts sein. So lassen sich hier auch erste kombinatorische Aufgaben über das systematische Probieren lösen (Abb. 7.91). Für praktisch alle Teamsportarten kann die Frage nach möglichen Gruppen- oder Mannschaftszusammensetzungen gestellt werden: „Wie viele Möglichkeiten gibt es, aus 24 Schülern sechs Teams mit je vier Spielern zusammenzustellen?“ „Wie viele Aufstellungsvarianten gibt es für elf (gesetzte) Fußballfeldspieler?“ Solche Überlegungen können im Sportunterricht angestellt und diskutiert werden.

Neben den reinen Ergebnissen regen solche Fragestellungen insbesondere auch zur kritischen Auseinandersetzung mit Problemszenarien insgesamt an. Schließlich ist die Aufstellung bestimmter Spieler auf bestimmten strategischen Positionen keine rein zufällige Entscheidung, und auch die Zusammensetzung von Mannschaften erfolgt nach

Abb. 7.91 CHIME-Dreieck am Beispiel *Teams wählen – Kombinatorik im Sport*

bestimmten Gesichtspunkten, die oft wenig mit dem Zufall zu tun haben (sondern mindestens ebenso sehr von sozialen Faktoren abhängen wie von den spielerischen Fähigkeiten). Die Reflexion der eigenen heuristischen Vorgehensweise kann hier besonders gut erfolgen, da die Problematik der mathematischen Bearbeitung aus dem Erfahrungsschatz der Schüler unmittelbar einsichtig wird.

Sportgeräte untersuchen – zusammengesetzte geometrische Körper erkunden
Darüber hinaus können auch sportbezogene Fragen wie „Kann ein Fußball nur aus Drei-, Vier-, Fünf- oder Sechsecken bestehen?“ oder „Aus welchen geometrischen Formen kann ein Fußball zusammengesetzt werden?“ in Verbindung mit technisch-handwerklichen Fächern unter Einsatz des *Heurismus des systematischen Probierens* untersucht und beantwortet werden. Allgemeinere Fragestellungen zu platonischen und anderen geometrischen Körpern, deren Beschreibung und Klassifizierung lassen sich dabei ebenso integrieren wie die Nutzung unterschiedlicher heuristischer Hilfsmittel zur Dokumentation oder der *Heurismus des Vorwärtsarbeitens* (Abschn. 5.3.3.2).

Auch der Vergleich mehrerer Ballarten wie (Beach-)Volleybälle und Basketbälle führt zu interessanten Einsichten; so ist ein Beachvolleyball üblicherweise aus sechs Teilflächen aufgebaut, die jeweils aus zwei annähernd trapezförmigen äußeren Streifen und einem an

Abb. 7.92 Aus 18 Streifen zusammengesetzter, genähter Beachvolleyball

Abb. 7.93 CHIME-Dreieck zum Beispiel *Sportgeräte untersuchen – zusammengesetzte geometrische Körper erkunden*

den Enden beschnittenen, länglich-ovalen Element in der Mitte bestehen (Abb. 7.92). So werden sehr unterschiedliche Herangehensweisen an die Kugelapproximation deutlich, was zu einem vertieften Verständnis für die Eigenschaften der Kugel als geometrischem Körper führen kann. Auch andere Geräte, die bei unterschiedlichen Sportarten eingesetzt werden, können in ihrer Eigenschaft als zusammengesetzte geometrische Körper untersucht werden, liefern in der Mehrheit allerdings keine so klar mathematisch fassbaren Ergebnisse.

Das CHIME-Dreieck Abb. 7.93 zeigt auf, welche heuristischen, mathematischen und sachfachlichen Inhalte sich in diesem Zusammenhang erwerben lassen.

7.4.6 Heurismen der konkreten Handlung: Vorwärtsarbeiten

Der *Heurismus des Vorwärtsarbeitens* ist vielleicht der fundamentale Heurismus. Wann immer kein Lösungsweg offensichtlich ist, beginnen viele Problemlöser mit dem, was ihnen an Informationen vorliegt, und versuchen, durch Voranschreiten dem Ziel ein Stück näher zu kommen. In den bisher erläuterten Beispielen kam auch der *Heurismus des Vorwärtsarbeitens* immer wieder als selbstverständlicher Bestandteil allen problemlösenden Handelns vor.

An dieser Stelle soll auf eine ausführlichere Darstellung verzichtet werden, da sich letztlich praktisch jede offenere Fragestellung und jedes Problemszenario potenziell durch Vorwärtsarbeiten bearbeiten lässt – wenn dies auch nicht immer erfolgreich bis zur Problemlösung führt. Es wäre jedoch schwierig, eine sinnvolle Auswahl zu treffen, die einen Überblick wie in den vorherigen Kapiteln ermöglicht. Daher sollen hier nur drei Beispiele genannt sein, die die Universalität dieses heuristischen Vorgehens verdeutlichen:

- Bei der Untersuchung des Sehsinns kann die Weite des individuellen Sehwinkels mithilfe des Vorwärtsarbeitens ermittelt werden. Ein Schüler richtet den Blick auf eine vor ihm liegende Markierung; zwei Schüler bewegen beidseitig Marker in Richtung

des Sichtfeldes. In dem Moment, in dem der Proband die Marker wahrnimmt, ist sein maximales Sichtfeld eingegrenzt. Es muss nur noch der Winkel zwischen Markern und Position der Testperson ausgemessen werden.
Im Übrigen ist je nach Untersuchungsabsicht gegebenenfalls darauf zu achten, dass der Proband während der Veränderung der Markerpositionen die Augen schließt, da die Bewegungswahrnehmung früher einsetzt.

- Das in Abschn. 7.4.2.2 verwendete Beispiel *Patchwork* erfordert ebenfalls den *Heurismus des Vorwärtsarbeitens*. Bei den sogenannten freien Patchworktechniken werden Stoffstücke fortschreitend um ein zentrales Element herum angefügt. Gute Materialauswahl und die passgenaue Verarbeitung sind dabei entscheidend, damit weder Lücken entstehen noch problematische Stufen, die zu allzu großen Überlappungen führen.
- Unter Bezug auf die Grafiken M. C. Eschers, um die es in Abschn. 7.4.4.2 ging, ist die sogenannte Knabbermethode ebenfalls ein Beispiel für den *Heurismus des Vorwärtsarbeitens*. Das Problem, eine Fläche vollständig zu parkettieren, kann sukzessive durch die Veränderung einer einfachen Ausgangsfigur wie eines Quadrats gelöst werden. Dazu werden Veränderungen an einer Seite der Ausgangsfigur negativ auf die gegenüberliegende Seite übertragen, so dass die Passung bei der Parkettierung erhalten bleibt. Durch schrittweises Bearbeiten und Verändern können auf diese Weise komplexe Parkettierungen erzeugt werden.

7.4.7 Heurismen der konkreten Handlung: Rückwärtsarbeiten

Im Unterschied zum *Heurismus des Vorwärtsarbeitens* erfordert das *Rückwärtsarbeiten* eine tiefergehende Planung und Auseinandersetzung mit einem vorliegenden Problemszenario. Zunächst ist zu entscheiden, ob die Situation den Einsatz des Rückwärtsarbeitens zulässt, ob es sich also im weitesten Sinne um einen „Endzustand“ handelt oder sich als solcher interpretieren lässt. Die lineare Betrachtung und Bearbeitung des Problems müssen grundsätzlich möglich sein (oder zumindest erscheinen), um den Heurismus sinnvoll einsetzen zu können (Abschn. 5.3.3). Es gibt nicht wenige Problemszenarien, bei denen die Betrachtungsrichtung prinzipiell vertauschbar und daher der *Heurismus des Rückwärtsarbeitens* anwendbar ist, und sie finden sich in unterschiedlichsten Sachkontexten, wie folgende Beispiele zeigen.

7.4.7.1 Gesellschaftslehre

Das Relief Deutschlands zeichnet sich durch seine regionalen Unterschiede zwischen Nord-, Mittel- und Süddeutschland aus. Eines der Ziele des Unterrichts der Orientierungsstufe in Gesellschaftslehre ist es, die Natur- und Lebensräume vom Norddeutschen Tiefland über die Mittelgebirge und das Alpenvorland bis hin zu den Alpen zu betrachten.

Höhenschichten lesen – rückwärts von der Karte zum Modell

In erster Linie ermöglichen es Höhenschichtenkarten, eine Unterteilung in die genannten geographischen Großräume vorzunehmen. Um die Höhenunterschiede in einer physischen Karte darzustellen, werden unterschiedliche Höhenbereiche, die Höhenschichten, durch verschiedene Farbabstufungen gekennzeichnet: Tieflandzonen werden grün, mittlere Höhen gelblich und Gebirge sowie das Hochland durch abgestufte Brauntöne markiert. Der Verlauf der Höhengrenzen wird zudem durch Höhenlinien dargestellt, die je nach Karte mit variierender Genauigkeit anzeigen, welche Höhe (ü. NN) wo erreicht wird. Unabhängig von der spezifischen Genauigkeit der verwendeten Karte gilt, dass das reale Gelände umso steiler ist, je enger die Höhenlinien beieinanderliegen.

Um eine adäquate Vorstellung von den (tatsächlichen) Geländeformen zu entwickeln, die in der zweidimensionalen Darstellung gerade für Schüler nur schwer erfassbar sind, lassen sich – ausgehend von den Farbabstufungen und den Höhenlinien – dreidimensionale Bergmodelle anfertigen. Mithilfe des *Heurismus des Rückwärtsarbeitens* (Abb. 7.94) kann der umgekehrte Weg von einer auf der physischen Karte erkennbaren Erhöhung eines Berges oder Gebirges hin zu einem (nicht unbedingt in allen drei Dimensionen gleichmaßstäblichen) Bergmodell gegangen werden.

Dieses Beispiel erlaubt es außerdem, die Arbeit von Vermessungstechnikern praktisch und/oder modellhaft zu erforschen, da schließlich die zugrunde liegenden Daten für die vorliegende Karte erst gesammelt, ausgewertet und dann in die zweidimensionale Darstellung übersetzt worden sein müssen. Für die Schüler wird hier durch das Wechselspiel zwischen der durch Vorwärtsarbeiten entwickelter Karte und ihrem eigenen Rückwärtsabschreiten desselben Prozesses das Prinzip des *Heurismus des Rückwärtsarbeitens* besonders eindrücklich erfahr- und nachvollziehbar.

Schatzsuche planen – vom Ziel zum Start

Ein weniger anspruchsvolles und für jüngere Schüler sehr motivierendes Beispiel, bei dem der Heurismus des (Vorwärts- und) Rückwärtsarbeitens genutzt werden kann, sind eigenständige Planungen von Schatzsuchen unterschiedlicher Art. Ob die Orientierung

Heurismus des Rückwärtsarbeitens

Höhenschichtenkarten lesen, verstehen und realistische Anschauungen der kodierten Informationen entwickeln, Relationen zwischen Höhen und Entfernungen erfassen

Zweidimensionale Repräsentationen in dreidimensionale Modelle zurückübersetzen, Maßstäbe dabei dimensionsbezogen variieren

Abb. 7.94 CHIME-Dreieck zum Beispiel *Höhenschichten lesen – rückwärts von der Karte zum Modell*

Heurismus des Rückwärtsarbeitens

Entfernungs- und Richtungsangaben zur Orientierung mit verschiedenen Hilfsmitteln nutzen, vom Ziel ausgehend Wege zu einem Startpunkt finden und beschreiben

Geometrische Kenntnisse und Fertigkeiten zur Formulierung eindeutiger Beschreibungen zur Orientierung im Raum anwenden; umgekehrte Konstruktion eines Streckenzuges

Abb. 7.95 CHIME-Dreieck zum Beispiel *Schatzsuche planen – vom Ziel zum Start*

und Beschreibung innerhalb des Schulgebäudes, auf dem erweiterten Schulgelände oder in einer Stadt erfolgen soll, spielt dabei eine untergeordnete Rolle. In jedem Falle wird der Ort, an dem der Schatz gefunden werden kann, sicherlich zuerst festgelegt; von dort rückschreitend gilt es nun, eine Anleitung (Schatzkarte oder Wegbeschreibung) zu formulieren, die es realistisch ermöglicht, den Schatz ohne Gebrauch zusätzlicher Marker (wie bei einer Schnitzeljagd) zu finden.

Die mathematisch-geometrischen und anderen Kenntnisse, die dabei eingesetzt werden können, sind vielfältig. Ob Winkel oder Himmelsrichtungen, ob Meterangaben oder ganz andere Längenmaße, ob Orientierungspunkte, Peillinien, rein verbale oder gemischt verbale und grafische Hinweise und noch vieles mehr verwendet werden, hängt von dem Kenntnisstand der Lerngruppe ab – oder kann im Rahmen des Unterrichts natürlich auch reglementiert werden, um die Konzentration auf bestimmte neue Möglichkeiten zu lenken, wie etwa gerade die Verwendung des Kompasses und damit verbundener Winkelvorstellungen.

Ungeachtet der genauen Gestaltung erfordert die Planung einer solchen Schatzsuche, die davon lebt, dass sie auf Grundlage der gegebenen Informationen tatsächlich gelingen kann, ein sehr präzises Rückwärtskonstruieren. Die Angaben müssen abschließend außerdem auf Plausibilität, Eindeutigkeit und Machbarkeit überprüft werden – auch dies Arbeitsschritte, die bei der Lösung anderer Problemsituationen von großer Bedeutung sein können und die Verschränkung von Rückwärts- und Vorwärtsarbeiten als heuristischen Komplementen beispielhaft vor Augen führen (Abb. 7.95).

7.4.7.2 Naturwissenschaften

Die Naturwissenschaften sind reich an Szenarien, in denen der Gedanke der Umkehrbarkeit und Berechenbarkeit von Ereignissen und Ergebnissen eine entscheidende Rolle spielt. Jedes Experiment basiert letztlich auf der Grundannahme, dass die Naturgesetze ihre Wiederholbarkeit garantieren und so letztlich entdeckt und verstanden werden können. Somit ist der Gedanke, von einem beobachteten Verhalten auf Ursachen schließen zu können, Kern des naturwissenschaftlichen Erkenntnisgewinns

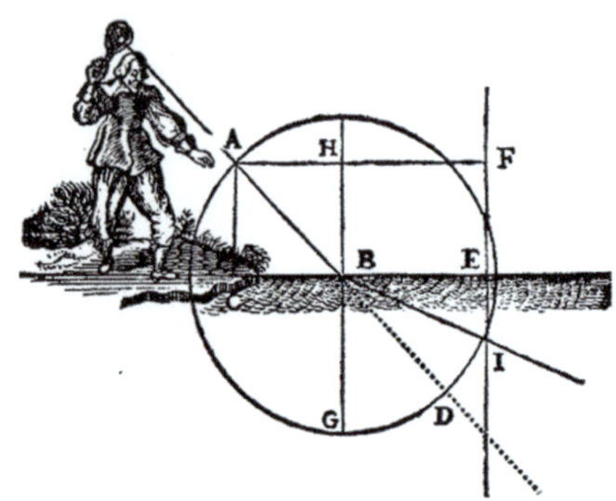

Abb. 7.96 Lichtbrechung im Wasser

Optik – Verhalten des Lichts erforschen

Einfache Brechungsversuche sind bereits in der Orientierungsstufe für den naturwissenschaftlichen Unterricht vorgesehen. Die Beobachtungen, die sich dabei ergeben, können durch Umkehrung auf Hypothesen zu den zugrunde liegenden Gesetzmäßigkeiten führen, die sich auch weiter ausdifferenzieren lassen, wenn die Brechung des Lichts durch verschiedene Medien verglichen wird (Abb. 7.96).

Vergleichbare Vorgehensweisen des Rückwärtsarbeitens lassen sich (ganz im Sinne des *Heurismus der Affinität*; Abschn. 7.4.3) auch bei anderen physikalischen, aber ebenso biologischen und chemischen Effekten einsetzen. Durch Manipulation bestimmter Umgebungsvariablen kann erforscht werden, worauf die betreffende Beobachtung zurückzuführen sein muss. Hier spielt das systematische Probieren ebenfalls eine wichtige Rolle (Abb. 7.97).

Erfinder sein – eigene Maschinen entwerfen

Die Erfindung eigener Maschinen, sei es nur in planerischer Ausführung oder im realen Bau (gegebenenfalls als Modell), weist ebenfalls starke Bezüge zum *Heurismus des Rückwärtsarbeitens* auf (Abb. 7.98). Schließlich steht am Anfang das Konzept eines Geräts

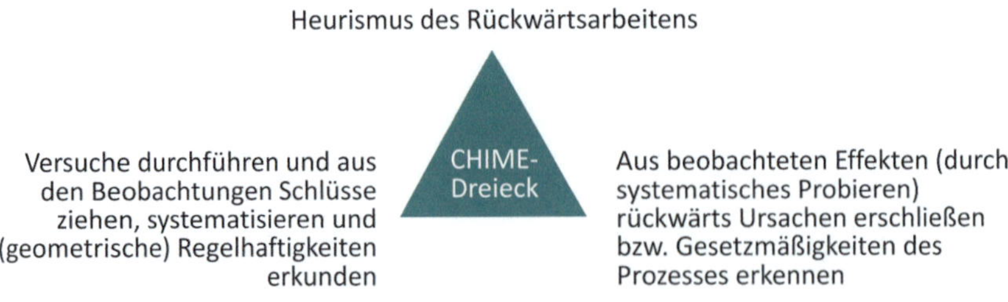

Abb. 7.97 CHIME-Dreieck zum Beispiel *Optik – Verhalten des Lichts erforschen*

Abb. 7.98 CHIME-Dreieck zum Beispiel *Erfinder sein – eigene Maschinen entwerfen*

mit einer ganz bestimmten Funktion. Die Frage, wie sich diese Anforderungen technisch tatsächlich umsetzen lassen, erfordert eine vielschrittige, rückwärts ablaufende Annäherung. Das Rückwärtsarbeiten ist hier besonders gut fassbar, wenn das Gerät zu Beginn als Designstudie entwickelt und seine Aufgabe klar benannt werden muss.

Im Übrigen können solche planerischen Aufgaben in ähnlicher Weise, wenn auch nicht mit dem Anspruch technischer Machbarkeit – was wiederum einen ganz eigenen Reiz ausmachen mag –, auch im künstlerischen Bereich gestellt werden. Selbst wenn bestimmte Mechanismen, die die Schüler einplanen und vorsehen, in der Realität so vielleicht nicht funktionieren würden, schulen auch zeichnerische Planungen „magischer" Maschinen sehr wohl das Grundverständnis für unterschiedliche Arten technischer Zeichnungen und logische Abfolgen sowie das vom gewünschten Produkt ausgehende Planungsvermögen.

7.4.7.3 Kunst und Textiles Gestalten

Ein besonders schönes Beispiel für die Wirkkraft des Rückwärtsarbeitens findet sich auch in der Bildenden Kunst (Abb. 7.99), da es nicht nur das Nachempfinden eines großen Kunstwerkes erlaubt, sondern auch noch tiefergehende Erkenntnisse geometrischer Natur gewährt. Da oben bereits M. C. Eschers Werke genutzt wurden, soll hier erneut Bezug

Abb. 7.99 CHIME-Dreieck zu Möglichkeiten des Rückwärtsarbeitens im Kunstunterricht

auf ihn genommen werden. Vergleichbare Untersuchungen und Nachbauten lassen sich jedoch selbstverständlich auch mit auf (scheinbaren) optischen Täuschungen basierenden Kunstwerken anderer Künstler durchführen. Eschers sehr bekannte Grafik mit dem Titel *Relativität* (1953) zeigt einen durch Treppen zergliederten Raum, der von den meisten Betrachtern als Unmöglichkeit angesehen wird, also in der Realität so nicht existieren könnte. Aber ist das wirklich der Fall?

Durch die Übertragung des zweidimensionalen Bildes in den dreidimensionalen Raum (z. B. mit Legosteinen) lässt sich nachweisen, dass alle geometrischen Details des Bildes nachgebaut werden können, die Raumstruktur als solche also sehr wohl möglich ist. Das einzige unmögliche Element der Grafik besteht in der Positionierung der menschlichen Figuren – sie gehorchen drei unterschiedlich gerichteten Gravitationen.

7.5 Ausblick

Der Mathematikunterricht in Deutschland hat sich in den letzten Jahren fraglos verändert. Viele dieser Innovationen sind dabei weniger neu, als es zunächst erscheinen mag; spätestens seit den 1980er Jahren begann die Entwicklung eines Mathematikunterrichts, der sich nicht nur in Fragen der Inhalte neu positionierte, wie die Neue Mathematik der 1960er und 1970er Jahre, sondern an ganz anderen Prinzipien und Kernanliegen orientierte. Das grundsätzliche Umdenken, das sich vollzog, lässt sich durch die grundlegenden Fragen fassen, die die Mathematikdidaktik beantworten wollte: Aus „Welche mathematischen Inhalte sollen und können auf welche Weise gelehrt werden?“ wurde „In welchen Situationen entsteht Mathematik in den Lernern (und wozu befähigt sie)?“.

Dieser Wandel, der schon in den frühen Reformpädagogiken angelegt ist, berührt damit verschiedene Ebenen didaktischen und pädagogischen Handelns, aber auch fachwissenschaftlicher Grundhaltung:

- Die Mathematik ist Produkt kognitiver, kreativer Prozesse im Geist des Menschen, nicht eine gegebene, fertige Größe, die „serviert“ und aufgenommen wird (konstruktivistischer Aspekt).
- Ausgangspunkt didaktischen Handelns ist nicht das Lehren, sondern das Lernen. Folglich steht der Lerner und nicht der Lehrende im Mittelpunkt der Entscheidungen.
- Der Aspekt der individuellen wie gesellschaftlichen (mit all ihren beigeordneten Facetten) Sinnhaftigkeit der ausgehandelten Bildungsinhalte tritt vor die fachimmanente und fachwissenschaftliche Legitimation.
- In einer Welt beschleunigter – insbesondere technischer – Entwicklungen treten fundamentales Verstehen und Anschlussfähigkeit vor situationsspezifisches Detailwissen; das Lösen von Problemen wird die zentrale Kompetenz.

Historisch schließt sich damit ein Bogen. Der Ursprung technisch-mathematischer und naturwissenschaftlicher Fortschritte lag in einer den Menschen überwältigenden Umwelt, die er begreifen, kontrollieren und gestalten wollte. Die Probleme, denen sich die frühen Menschen und dann die ersten Astronomen, Architekten, Ingenieure usw. gegenübersahen, hatten maßgeblichen Einfluss auf die Entstehung der Geometrie und Mathematik. Heute ist das System (nicht nur) vom technischen Standpunkt aus betrachtet komplexer und sehr viel schnelllebiger, und die Fähigkeit, flexibel zu reagieren, ist erneut entscheidend für die Bewältigung der Realität – wenn auch in einem anderen Sinne als in den Anfängen der kulturellen Evolution.

Die Mathematik als Sprache praktisch aller wissenschaftlichen Disziplinen, insbesondere aber als prägende Kraft für das Verständnis von Zusammenhängen, Mechanismen und Handlungsmustern, die zu Problemlösungen führen, tritt in diesem Kontext als universelles Instrument hervor, stiftet Ordnung und verbindet Bereiche, die sich zunehmend durch Spezialisierung voneinander zu entfremden drohen. Diese Relevanz mathematischen und insbesondere geometrischen Denkens in allen Lebenszusammenhängen ist es, die CHIME gezielt auch für die schulische Bildung der Zukunft nutzbar machen will.

Trotz der Reformbemühungen der vergangenen Jahre und Jahrzehnte und der kompetenzorientierten Neukonzeption der Lehrplanschriften der Bundesländer auf der gemeinsamen Basis der Bildungsstandards ist die aktuelle Situation in Deutschland noch weit von diesem Ziel entfernt. Nicht nur die Implementierung der geforderten Kompetenzen, sondern die formulierten Ziele selbst stehen einem erfolgreichen Aufbau problemlösender, heuristischer Kompetenzen in nicht unwesentlichem Maße im Weg, wie die Analyse der geltenden Lehrplanschriften ergab (Abschn. 4.2; Krichel 2017). Fehlende Stringenz, mangelnde Kumulativität und unklare Definitionen auf unterschiedlichen Ebenen behindern eine systematische Stärkung problemlösender Kompetenzen im Mathematikunterricht. Dennoch kann jeder einzelne Mathematiklehrer, ohne mit den geltenden Vorgaben in Konflikt zu geraten, mit dem IHiMU-Konzept erste, ganz entscheidende Schritte für eine Umgestaltung seines Unterrichts gehen. Wie in Abschn. 7.3.1 erläutert können IHiMU und CHIME als gemeinsames Kontinuum einer Evolution des Mathematikunterrichts aufgefasst werden, an deren Ende der rein transcurriculare heuristisch-mathematische Unterricht steht. Es liegt auf der Hand, dass sich die oben explizierte Gestaltung des Mathematikunterrichts nicht auf das Gebiet der Geometrie (bzw. der Leitideen Raum und Form und Messen) und ebenso wenig auf die Kompetenz des Problemlösens in einem engeren Sinne beschränken muss. Eine Ausarbeitung für weitere Themen/Leitideen und auch weitere Jahrgangsstufen ist geplant und wird die Kohärenz und Umsetzbarkeit eines solchen transcurricularen heuristisch-mathematischen Unterrichts noch deutlicher hervortreten lassen, da sich dann heuristische „Lücken" innerhalb von Schuljahren schließen und Kompetenzentwicklungen über mehrere Jahrgangsstufen hinweg nachvollziehen lassen.

Unter der Bedingung, dass sich künftig nicht nur die Anforderungen an Schüler und Lehrer weiterentwickeln, sondern dass auch der Frage nachgegangen wird, in welchem materiellen, organisatorischen, didaktischen und sozialen Rahmen die Schule der Zukunft Schüler zu den von ihnen verlangten Fähigkeiten hinführt, wird eine heute noch so fremdartig erscheinende Art von Mathematikunterricht, wie CHIME ihn vorschlägt, keine exotische Idee mehr sein; vielmehr ist eine solche echte Reform des mathematischen Lernens und Lehrens in der Schule dann die logische Konsequenz aus Erfahrungen und Erfolgen mit nicht-fachgebundenen, situierten und problemorientierten Konzepten anderer Fächer und Länder in einer globalisierten Gegenwart und Zukunft.

Literatur

Bruder, R., & Collet, C. (2011). *Problemlösen lernen im Mathematikunterricht.* Berlin: Cornelsen Verlag Scriptor.

BLK (Bund-Länder-Kommission) (2003). *Steigerung der Effizienz des mathematisch-naturwissenschaftlichen Unterrichts. Abschlussbericht des BLK-Modellversuchsprogramms.* Kiel: IPN. URN: urn:nbn:de:0111-opus-4393

CERI (Centre for Educational Research and Innovation) (2007). *Understanding the brain: the birth of a learning science.* Paris: OECD.

Coyle, D., Hood, P., & Marsh, D. (2010). *CLIL – Language and Language Integrated Learning.* Cambridge: Cambridge University Press.

Gellert, U. (2009). Mathematik. In K.-H. Arnold, U. Sanfuch & J. Wiechmann (Hrsg.), *Handbuch Unterricht* (S. 350–353). Bad Heilbrunn: Klinkhardt.

Klafki, W. (1995a). „Schlüsselprobleme" als thematische Dimension einer zukunftsbezogenen „Allgemeinbildung" – Zwölf Thesen. *Die Deutsche Schule, 3,* 9–14. Beiheft.

Klafki, W. (1995b). Schlüsselprobleme und fachbezogener Unterricht. Kommentare aus bildungstheoretischer und didaktischer Sicht. *Die Deutsche Schule, 3,* 32–46. Beiheft.

Köck, P. (2000). *Handbuch der Schulpädagogik: für Studium, Praxis, Prüfung.* Donauwörth: Auer Verlag.

Krichel, K. (2017). *Problemlösen, Heuristik und Geometrie: Zwei Konzepte für einen neuen Mathematikunterricht der Orientierungsstufe, Bd. A, Heute und Morgen.* Dissertation. Wuppertal: Bergische Universität Wuppertal.

Leuders, T. (Hrsg.). (2003). *Mathematik-Didaktik. Praxishandbuch für die Sekundarstufe I und II.* Berlin: Cornelsen.

MBWJK (Ministerium für Bildung, Wissenschaft, Jugend und Kultur, Rheinland-Pfalz) (2010). *Rahmenlehrplan Naturwissenschaften für die weiterführenden Schulen in Rheinland-Pfalz. Klassenstufen 5 und 6.* Mainz: MBWJK.

Ministerium für Bildung, Wissenschaft und Weiterbildung, Rheinland-Pfalz (1998a). *Lehrplan Bildende Kunst (Klassen 5–9/10). Hauptschule, Realschule, Gymnasium, Regionale Schule, Gesamtschule.* Mainz: MBWW.

Ministerium für Bildung, Wissenschaft und Weiterbildung, Rheinland-Pfalz (1998b). *Lehrplan Sport. Sekundarstufe I (Klassen 5–9/10). Hauptschule, Realschule, Gymnasium, Regionale Schule, Gesamtschule.* Mainz: MBWW.

MBWWK (Ministerium für Bildung, Wissenschaft, Weiterbildung und Kultur, Rheinland-Pfalz.) (2013). *Rahmenlehrplan Gesellschaftslehre für die Intergrierten Gesamtschulen und die Realschulen plus in Rheinland-Pfalz. Klassenstufen 5 und 6.* Mainz: MBWJK.

Meyer, H. (1994). *Unterrichtsmethoden I: Theorieband.* Frankfurt am Main: Cornelsen Scriptor.

Nachtigall, W. (2013). *Bionik: Grundlagen und Beispiele für Ingenieure und Naturwissenschaftler.* Heidelberg: Springer.

OECD (2005). *Problem solving for tomorrow's world: first measures of cross-curricular competencies from PISA 2003.* Paris: OECD Publishing.

Rott, B. (2013). Mathematisches Problemlösen. Ergebnisse einer empirischen Studie. In T. Fritzlar, F. Heinrich & B. Zimmermann (Hrsg.), *Ars inveniendi et dejudicandi* Bd. 2. Münster: WTM.

Schoenfeld, A. H. (1985). *Mathematical problem solving*. Orlando: Academic Press.

Schwarz, W. (2006). *Heuristische Strategien des Problemlösens. Eine fachmethodische Systematik für die Mathematik*. Münster: WTM.

Stiller, D. (2017). *Problemlösen, Heuristik und Geometrie: Zwei Konzepte für einen neuen Mathematikunterricht der Orientierungsstufe, Bd. B, Gestern und Übermorgen*. Dissertation. Wuppertal: Bergische Universität Wuppertal.

Valsangiacomo, F., Brea, N., Künzli David, C., Messmer, R., & Streit, C. (2015). Fächervernetzender Unterricht – Sport und Mathematik. https://www.mobilesport.ch/aktuell/faechervernetzender-unterricht-sport-und-mathematik

Weineck, J. (2010). *Sportbiologie*. Balingen: Spitta.

Westermann, B. (2003). Anwendungen und Modellbildung. In T. Leuders (Hrsg.), *Mathematik-Didaktik. Praxishandbuch für die Sekundarstufe I und II* (S. 148–162). Berlin: Cornelsen.

Stichwortverzeichnis

D. Stiller, K. Krichel, W. Schwarz, *Heuristik im Mathematikunterricht*,
https://doi.org/10.1007/978-3-662-63752-4

K

L

M

N

O

MIX
Papier aus verantwortungsvollen Quellen
Paper from responsible sources
FSC® C105338

If you have any concerns about our products,
you can contact us on
ProductSafety@springernature.com

In case Publisher is established outside the EU,
the EU authorized representative is:
Springer Nature Customer Service Center GmbH
Europaplatz 3, 69115 Heidelberg, Germany

Printed by Libri Plureos GmbH
in Hamburg, Germany